教育部高等学校材料类专业教学指导委员会规划教材

国家级一流本科专业建设成果教材

材料工程基础

鲁玺丽 陈 枫 田 兵 主编

FUNDAMENTALS OF MATERIALS ENGINEERING

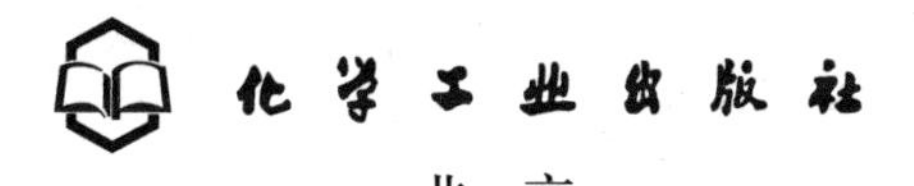

·北 京·

内容简介

本书以材料制备-加工工艺-常用工程材料-典型工程应用为主线进行编写，涵盖材料工程相关的基础理论，侧重于培养学生分析问题和解决材料领域实际工程技术问题的基本能力，提高学生的工程素质和创新思维能力。本书主要包括金属冶金、金属材料的加工工艺理论、钢铁材料工程、有色金属材料工程、高分子材料工程、陶瓷材料工程、复合材料工程、功能材料及应用等内容，并针对零件的失效分析、选材、制备及制定工艺方案等核心工程技术内容进行了系统的介绍。本书兼有基础性、知识性、实用性与实践性等特点，既可作为材料科学与工程专业或相关专业的基础课教材，也可作为材料专业工程技术人员的参考书。

图书在版编目（CIP）数据

材料工程基础 / 鲁玺丽，陈枫，田兵主编．-- 北京：化学工业出版社，2024.9．--（教育部高等学校材料类专业教学指导委员会规划教材）．-- ISBN 978-7-122-46529-0

Ⅰ．TB3

中国国家版本馆 CIP 数据核字第 20245MZ874 号

责任编辑：陶艳玲　　文字编辑：林　丹　蔡晓雅
责任校对：宋　玮　　装帧设计：史利平

出版发行：化学工业出版社
（北京市东城区青年湖南街 13 号　邮政编码 100011）
印　　装：高教社（天津）印务有限公司
787mm×1092mm　1/16　印张 20¾　字数 536 千字
2025 年 1 月北京第 1 版第 1 次印刷

购书咨询：010-64518888　　售后服务：010-64518899
网　　址：http://www.cip.com.cn
凡购买本书，如有缺损质量问题，本社销售中心负责调换。

定　　价：59.00 元

前言

材料工程基础是材料科学与工程专业的一门专业基础课程，是帮助材料科学与工程专业的学生从材料科学基础向材料加工和应用跨越的一门重要课程。《中国材料工程大典》中指出“广义的材料工程包括材料制备、测试和加工成形过程”，因此材料制备和加工过程中所涉及的技术和方法问题皆属于材料工程基础问题，而各大材料体系如金属材料工程、高分子材料工程、无机非金属材料工程和复合材料工程等则为具体工程实际应用，也就是说材料工程主要包括两方面的内容，即材料的制备及成形工艺和工程材料。本书以教学基本要求为出发点，以基本知识和基本技能的传授为主线，在工程应用环节上将不同材料体系在工程领域的新技术、最新科研成果和工程应用案例讲解编写到教材中，体现了制造技术和工程材料的发展。本书注重学生获取知识，在内容的选择和安排上既系统丰富又重点突出，在课程难点和重点把握上，强调“自主学习”的理念，根据教学规律设计相对丰富的助学、导学内容，每章前有“导读”、“学习目标”和“教学重点和难点”；为了帮助学生加深对课程内容的理解，掌握和巩固所学的知识，训练学生独立分析和解决问题的能力，每章后有“思考题”和“自测题”，自测题在网上有对应的解答，以帮助学生自己检验学习效果。让学生通过这门课程的学习，除了掌握材料工程方面基础的、共性的具体知识外，还能够了解相关新技术、科研成果和工程应用进展，学会如何分析和解决实际工程问题，建立基本的工程思维方式，提升工程应用和创新能力，培养出适应相关工程领域要求的材料科学与工程专业技术人才。

本书的编写思路：按照材料体系划分为四大类，即金属材料工程、高分子材料工程、陶瓷材料工程和复合材料工程，在每一大类中，以材料制备-加工工艺-典型材料-典型工程应用为主线展开，既保证了基本教学信息和知识点的基础性和宽泛性，又体现出具体内容的针对性和深入性。

本书的主要内容包括：金属冶金、金属材料的加工工艺理论、钢铁材料工程、有色金属材料工程、高分子材料工程、陶瓷材料工程、复合材料工程、功能材料及应用。

本书的编写分工如下：第 1 章和第 2 章由田兵编写，第 3 章由鲁玺丽和田兵编写，第 4 章、第 7 章和第 8 章由陈枫编写，绪论、第 5 章和第 6 章由鲁玺丽编写。全书由薛丽莉主审。

感谢哈尔滨工程大学教材建设资金的资助。我们深感才疏学浅，书中难免有疏漏之处，敬请读者批评、指正。

编者

2024 年 8 月

目 录

0 绪 论

第1章 金属冶金

第2章 金属材料的加工工艺理论

第6章 陶瓷材料工程

第7章 复合材料工程

第8章 功能材料及应用

0 绪 论

0.1 材料工程的内涵

(1) 材料的定义

材料是物质，但不是所有物质都可以称为材料，具体而言，材料是可以用来制造有用的构件、器件或物品等的物质，即只有当一种物质有可供利用的性质，而且可以被制造成有用的物品时才成为材料。材料是人类生产活动和生活必需的物质基础，与国民经济、国防军工以及人们生活的各个方面密切相关，具有重要的作用和地位。材料、信息、能源与生物共同被称为现代科学技术的四大支柱。

(2) 材料科学与工程的五要素

经过多年的发展，材料科学与工程已成为一门独立的交叉性学科，主要研究材料组成、结构、生产过程、材料性能与使用性能以及它们之间的关系。我们把化学成分、组织结构、制备与加工、性质以及使用效能称之为材料科学与工程的五个基本要素（见图 0-1）。

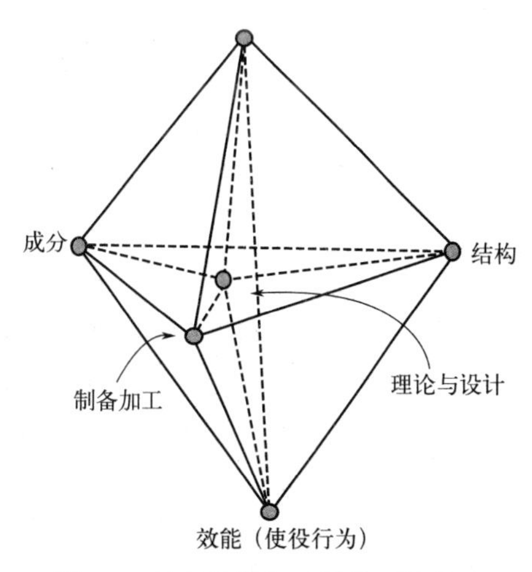

图 0-1　材料科学与工程的五要素

材料科学基础是研究材料结构与性能之间的关系，解决“为什么”的问题。材料工程基础从广义讲指材料制备和加工过程中所涉及技术和方法，是解决“怎么做”的问题，即通过制备和加工、调整组成和结构，赋予材料性能，满足使用效能。材料工程涉及的材料包括金属材料、非金属材料、高分子材料、复合材料、纳米材料等多个方面，研究人员和工程师不断地探索新的材料、新的制备方法和新的应用方式，为各个领域的发展做出贡献。

0.2 材料工程与环境及可持续发展

材料在保护和发展环境方面起着重要的先导作用，是实施可持续发展战略的基础，因此，在材料的研究开发以及选择应用等方面都应重视材料的环境特性和可持续发展战略性。

（1）可持续发展概念

可持续发展概念的定义可以追溯到1980年由自然保护联盟、环境规划署和世界自然基金会联合出版的《世界自然保护纲要》。1987年在第42届联合国环境与发展大会通过的《我们共同的未来》报告中正式使用了可持续发展的概念，将“可持续发展”表述为“既满足当代的需求，又不至损害子孙后代满足其需要之能力的发展”。如今，可持续发展这一概念正日益地被各国政府和民众普遍接受，已由单一的生态学渗透到整个自然科学和社会科学领域，并逐渐成为被全人类广泛接受和追求的发展模式。总之，可持续发展就是建立在社会、经济、人口、资源、环境相互协调和共同发展的基础上的一种发展，其宗旨是既能相对满足当代人的需求，又不能对后代人的发展构成危害。

（2）材料与环境之间的关系

材料与环境之间的相互作用是一个复杂的系统，包括材料的可持续发展、环境污染和资源利用等方面。

首先，材料的性能和使用行为在很大程度上受环境的影响，即材料的环境劣化问题，如金属材料的腐蚀、高分子材料的老化等。其次，材料的可持续发展是材料与环境之间的重要关系，现代化社会对于各种材料的需求不断增加，但资源有限，因此需要合理利用和开发新的可持续材料。可持续材料是指能够满足现代社会需求，同时对环境影响较小且能够持续利用的一类材料。最后，环境污染是材料与环境之间关系的重要问题，材料的制备和加工、使用和报废过程会产生大量的废弃物和污染物，对环境（包括资源、能源）产生重大的影响（有害作用），造成资源和能源的极大浪费、环境的严重污染。如许多传统的工业材料制备过程中所需的化学品和燃料会产生废气、废水和固体废物，这些废物会排放到大气、水体和土地中，对环境和生态系统造成危害，如涂镀材料的生产、使用与废弃，含有害元素的易切削钢，难降解材料所造成的“白色污染”，复合材料的难以回收与再生等。因此，必须探究具有功能性、经济性、环境性的材料及其制品，改进制备和加工工艺，减少废弃物的产生和污染物的排放，开发环保的废弃物处理技术和循环利用技术，将废弃物转化为资源，减少对环境的影响。

（3）材料工程与可持续发展

在材料工程领域，可持续发展意味着在材料的选择、设计和生产过程中考虑环境、社会和经济的因素，最大限度地延长材料的使用寿命和提高回收利用率，减少资源消耗、降低能源消耗和改善环境影响。例如，材料的选择应遵循选取环境材料，减少所用材料的种类，尽量选用不加涂、镀层的原材料，选用产品报废后能自然分解并为自然界吸收的材料，选用易回收、再生的材料等。

随着各类材料基础研究和应用技术日趋完善、学科交叉日渐丰富、大数据技术应用日常便捷等，材料设计、选取、制造、使用、回收等各个环节中持续地进行技术创新与工艺优化，材料已从早期的替代毒害和稀缺元素、少合金化设计、节能减排与循环利用技术等单项研发努力，发展到对材料的使用性能、资源/能源消耗和环境影响进行关联量化分析。

综上所述，材料与环境及可持续发展之间的关系是一个复杂而广泛的领域，需要在材料的选择、利用和制备过程中注重环境的保护和可持续发展。只有合理利用和开发新的可持续材料，减少材料的污染和资源的消耗，才能实现材料与环境之间良好的互动和共同发展，在可持续发展的指导下，材料工程才能实现其应有的价值，为社会创造更大的利益。

第1章 金属冶金

本章导读

材料的开发过程需要涉及材料制备与加工、组成与结构、材料性能与使用性能之间相互关系的知识及应用。材料制备的第一步就是原材料的冶炼和加工，材料冶炼的质量直接影响材料的组织和性能，金属材料的冶炼主要包括黑色金属和有色金属的冶炼。本章首先从原子结合键等基础知识开始介绍，然后对黑色金属冶炼原理、方法以及有色金属的冶炼方法和典型有色金属的冶金进行详细介绍。

本章的学习目标

通过对原子结合键等冶金工程基础知识的讲解，使学生对原子键合有较深入的了解，为金属冶炼的学习提供基础知识。通过生铁冶炼、钢的冶炼和有色金属冶炼的讲解，使学生掌握不同金属材料的冶炼原理、方法和基本过程。

教学的重点和难点

1. 将冶金工程基础知识与钢铁冶炼、有色金属冶炼的原理相结合，掌握钢铁冶炼和有色金属冶炼的基本方法和过程。

2. 能够理解钢铁冶炼和有色金属冶炼的基本特点和过程，从而进一步优化金属材料的制备和性能调控。

1.1 冶金工程基础

1.1.1 原子间的键合

材料中不同元素的原子、离子或分子间的结合力称为结合键。根据结合力的强弱可把结合键分成两大类：一次键和二次键。其中一次键的结合力较强，主要包括离子键、共价键和金属键；而二次键的结合力较弱，主要包括范德华键和氢键。

1.1.1.1 离子键

ⅠA、ⅡA族金属元素的原子最外层有少数价电子，容易逸出，而ⅥA、ⅦA族非金属原子的外壳层缺少1～2个电子，当这两类原子结合时，金属原子的外层电子转移到非金属原子外壳层上，使两者都得到稳定的电子结构，从而降低了体系的能量。此时，金属原子和非金属原子分别形成正离子和负离子，正、负离子由静电引力相互吸引，使原子结合在一起，就形成离子键。

氯化钠是典型的离子键结合，钠原子将其 3s 态电子转移到氯原子的 3d 态上，两者都达到稳定的电子结构，正钠离子与负氯离子相互吸引，稳定地结合在一起，如图 1-1 所示。

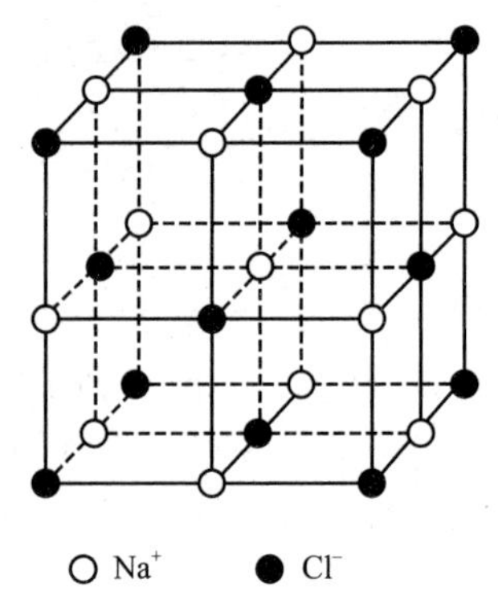

图 1-1　氯化钠晶体结构

由于离子键的结合力，因此离子晶体的硬度高，强度大，热膨胀系数小，但脆性大。离子键中很难产生可以自由运动的电子，所以离子晶体都是良好的绝缘体。在离子键结合中，由于离子的外层电子比较牢固地被束缚，可见光的能量一般不足以使其受激发，因而不吸收可见光，所以典型的离子晶体是无色透明的。陶瓷材料原子间的结合键以离子键为主，具有上述的主要性能特点。

1.1.1.2　共价键

处于周期表中间位置，价电子数为 3、4 或 5 的元素，离子化比较困难。例如，ⅣA 族的碳有 4 个价电子，要失去这些电子而达到稳态结构所需的能量很高，因此不易实现离子结合，在这种情况下，相邻原子间可以共用价电子形成满壳层的方式来达到稳定的电子结构。这种由共用价电子对产生的结合键称为共价键。

金刚石为最具有代表性的共价晶体，其结构见图 1-2。金刚石由碳原子组成，每个碳原子的 4 个价电子与周围的 4 个碳原子共有，形成 4 个共价键，达到稳定的电子结构。1 个碳原子在中心，与它共价的另外 4 个碳原子在 4 个角上，构成正四面体。

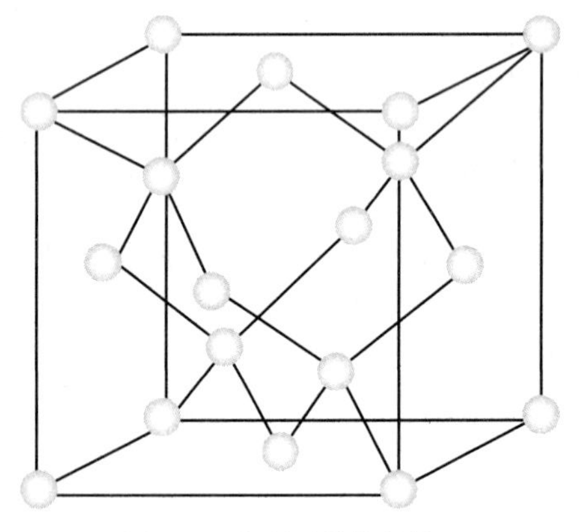

图 1-2　金刚石晶体结构

共价键结合时由于电子对之间的强烈排斥力，使其具有明显的方向性。由于方向性，不允许改变原子间的相对位置，所以材料不具有塑性且比较坚硬，像金刚石就是世界上最坚硬的物质之一。共价键的结合力很大，熔点高，沸点高，挥发性低。硅、锗、锡等元素也可构成共价晶体。属于共价晶体的还有 SiC、Si_3N_4、BN 等化合物。

1.1.1.3 金属键

周期表中Ⅰ、Ⅱ和Ⅲ族元素的原子在满壳层外有一个或几个价电子，原子很容易丢失其价电子而成为正离子。丢失的价电子不被某个或某两个原子所专有或共有，而是全体原子公有，这些公有化的电子称为自由电子，它们在正离子之间自由运动，形成电子气。正离子在三维空间呈对称规则分布，正离子和电子气之间产生强烈的静电吸引力，使全部离子结合起来，这种结合力称为金属键。图 1-3 所示为以金属键结合的镁的晶体结构。金属材料原子间的结合键以金属键为主。

在金属晶体中，价电子分布在整个晶体内，所有的金属离子都处于相同的环境，全部离子（或原子）可以被看成是具有一定体积的圆球，所以金属键没有饱和性和方向性。

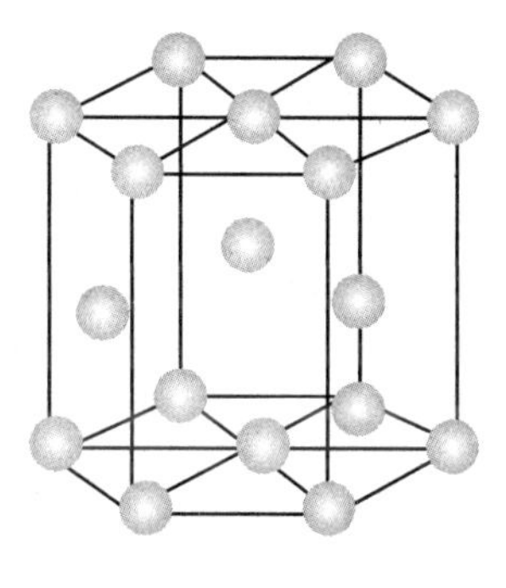

图 1-3 金属镁的晶体结构

金属主要由金属键结合，因此金属具有以下特性：

（1）良好的导电性和导热性。金属中存在大量自由电子，在电势差或外加电场作用下电子可以定向移动，使金属表现出优良的导电性。金属的导热性也很好，主要是因为自由电子的活动性很强，从而利用金属离子振动的作用导热。

（2）正的电阻温度系数。金属的电阻随温度升高而增大。大部分金属都具有超导特性，即在温度接近于绝对零度时电阻突然下降，趋近于零。加热时，离子（或原子）的振动增强，空位增多，离子（或原子）排列的规则性受干扰，电子的运动受阻，电阻增大。温度降低时，离子（或原子）的振动减弱，电子的运动阻力变小，则电阻减少。对于大部分金属，在极低的温度（$<20K$）下，自由电子之间会结合成两个电子自旋方向相反的电子对（库柏电子对），因此不易遭受散射，此时导电性趋于无穷大，从而产生超导现象。

（3）金属中的自由电子可以吸收并辐射大部分照射到表面的光能，所以金属不透明并呈现特有的金属光泽。

（4）金属键没有方向性，原子间也没有选择性，所以外力作用下原子发生相对移动时，结合键不会遭到破坏，使金属具有良好的塑性变形能力。

1.1.1.4 范德华键

原子中电子的分布具有球形对称性，并不具有偶极矩。但是，原子正负电荷中心通常会出现瞬时不重合，从而使原子一端带正电，另一端带负电，形成一个偶极矩。当原子或分子互相靠近时，一个原子的偶极矩将会影响另一个原子内电子的分布，电子密度在靠近第一个原子的正电荷处更高些，这样使两个原子产生相互静电吸引，使之结合在一起。这种由原子（或分子、原子团）的偶极吸引力产生的结合键称为范德华键，如图 1-4 所示。

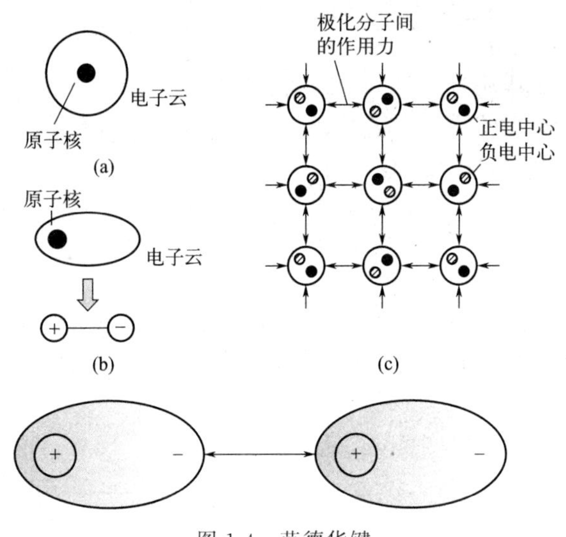

图 1-4　范德华键

显然，这种以偶极吸引力为主要作用的范德华键力远低于上述三种化学键。因此，由范德华键结合的固体材料通常熔点低、硬度也很低，由于在内部没有自由移动的电子，因而具有良好的绝缘性。以高分子材料为例，其内部的原子之间主要为共价键结合，而大分子与大分子之间的结合键则主要为范德华键。

1.1.1.5　氢键

与范德华键相似，氢键也主要通过原子（或分子、原子团）的偶极吸引力产生结合力，在氢键中起关键作用的是氢原子。氢原子很特殊，只有一个电子，当氢原子与一个电负性很强的原子（或原子团）结合成分子时，氢原子的一个电子转移至该原子壳层上，氢离子实质上是一个裸露的质子，对另一个电负性较大的原子表现出较强的吸引力，这样，氢原子便在两个电负性很强的原子（或原子团）之间形成一个桥梁，把两者结合起来，成为氢键。氢键可表达为

XH・・・・Y

氢与 X 原子（或原子团）为离子键结合，与 Y 之间为氢键结合，通过氢键将 X、Y 结合起来，X 与 Y 可以相同或不同。

水或冰是典型的氢键结合，它们的分子 H_2O 具有稳定的电子结构，但由于氢原子单个电子的特点使 H_2O 分子具有明显的极性，因此氢与另一个水分子中的氧原子相互吸引，这一氢原子在相邻水分子的氧原子之间起了桥键的作用（图 1-5）。

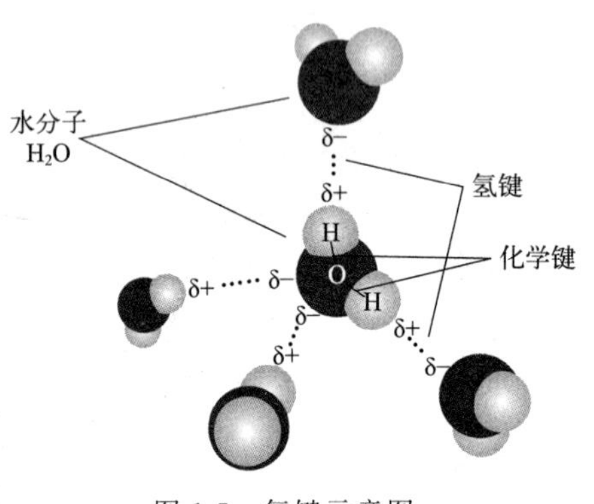

图 1-5　氢键示意图

氢键是一种较强的、有方向性的范德华键。在带有—COOH、—OH、—NH_2 原子团的高分子聚合物中常出现氢键，依靠它将长链分子结合起来。氢键在

一些生物分子如 DNA 中也起重要的作用。

1.1.1.6 混合键

材料中只有单一结合键的情况较少，前面讲的只是一些典型的例子，大部分材料的原子结合键往往是不同结合键的混合。例如，金刚石（ⅣA 族 C）具有单一的共价键，而同族元素 Si、Ge、Sn、Pb 也有 4 个价电子，但电负性自上而下逐渐下降，即失去电子的倾向逐渐增大，因此这些元素在形成共价结合的同时，电子有一定的几率脱离原子成为自由电子，即存在一定比例的金属键。因此ⅣA 族的 Si、Ge、Sn 元素的结合是共价键与金属键的混合，金属键的比例按此顺序递增，到 Pb 时，由于电负性已很低，成为完全的金属键结合。此外，金属主要是金属键，但也会出现一些非金属键，如过渡族元素（特别是高熔点过渡族金属 W、Mo 等）的原子结合中也会出现少量的共价结合，这正是过渡金属具有高熔点的内在原因。又如金属与金属形成的金属间化合物（如 CuGe），尽管组成元素都是金属，但两者的电负性不同，有一定的离子化倾向，于是构成金属键和离子键的混合键，两者的比例根据组成元素的电负性差异而定，因此，它们不具有金属特有的塑性，往往很脆。

陶瓷化合物中常出现离子键与共价键混合的情况。通常金属正离子与非金属离子所组成的化合物并不是纯粹的离子化合物，化合物中离子键的比例取决于组成元素的电负性差，电负性相差越大则离子键比例越高。

另一种类型混合键表现为两种类型的键独立地存在，如一些气体分子以共价键结合，而分子凝聚则依靠范德华键；聚合物和许多有机材料的长链分子内部是共价结合，链与链之间则为范德华键或氢键结合。又如层片状石墨碳的片层上为共价结合，而片层间则为范德华键结合。

由于大多数工程材料的结合键是混合键，混合的方式、比例又可随材料的组成而变，因此，材料的性能可在很大的范围内变化，从而满足不同的工程需要。

1.1.2 结合键与原子间距的关系

固体中原子是依靠结合键力结合起来的，下面以最简单的双原子模型来说明结合力是如何产生的。

双原子作用模型如图 1-6 所示。不论是何种类型的结合键，固体原子间总存在两种力，一是吸引力，来源于异类电荷间的静电吸引；二是同种电荷之间的排斥力。根据库仑定律，吸引力和排斥力均随原子间距的增大而减小，但排斥力为短程力，即当距离很远时，排斥力很小，只有当原子接近至电子轨道互相重叠时，排斥力才明显增大，并超过了吸引力。在某

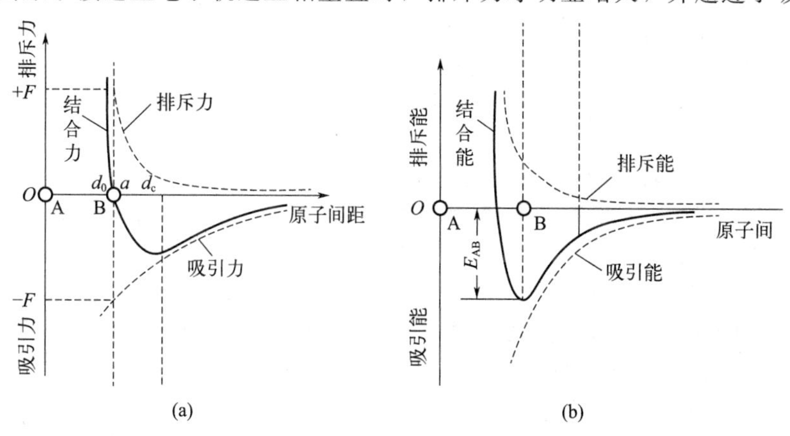

图 1-6 双原子作用模型

一距离下吸引力与排斥力相等，合力为零，两原子便稳定在此相对位置上，这一距离 d_0 相当于原子的平衡距离，或称原子间距。当原子被外力拉开时，相互吸引力使它们缩回到平衡距离 d_0；反之，当原子受到压缩时，排斥力又使之回到平衡距离 d_0。两原子相互作用的能量随距离变化。在作用力等于零的平衡距离下能量达到最低值，表明在该距离下体系处于稳定状态；当两个原子偏离平衡位置时，原子间作用位能都会促使它回到平衡位置。通常把平衡距离下的作用能定义为原子的结合能 E_{AB}。

结合能的大小相当于把两个原子完全分开所需做的功，结合能越大，则原子结合越稳定。结合能数据是利用测定固体的蒸发热而得到的，又称为结合键能。表 1-1 给出了不同结合键的结合键能的数据。由该表可见：结合方式不同，键能也不同。离子键、共价键的键能最大；金属键键能次之，金属中又以过渡族金属最大；范德华键的结合能量最低，只有约 10kJ·mol^{-1}，氢键的结合能稍高些，约几十 kJ·mol^{-1}。

表 1-1 不同材料的键能和熔点

键型	物质	键能/kJ·mol^{-1}	熔点/℃	键型	物质	键能/kJ·mol^{-1}	熔点/℃
离子键	NaCl	640	801	金属键	Fe	406	1538
	MgO	1000	2800		W	849	3410
共价键	Si	450	1410	范德华键	Ar	7.7	−189
	C（金刚石）	713	>3550		Cl_2	3.1	−101
金属键	Hg	68	−39	氢键	NH_3	35	−78
	Al	324	660		H_2O	51	0

1.1.3 结合键与性能的关系

材料结合键的类型及键能大小直接影响原子之间的结合，因此对材料的物理性能和力学性能也具有重要的影响。

1.1.3.1 物理性能

材料熔点的高低代表了材料在固态下的稳定程度。物质加热时，当热振动能足以破坏相邻原子间的稳定结合时，材料便会发生熔化，所以熔点与结合键的键能有直接的对应关系。由前面的介绍可知，共价键、离子键材料的熔点较高，其中纯共价键的金刚石具有最高的熔点；金属的熔点相对较低，这是陶瓷材料比金属更耐高温的根本原因。金属中过渡族金属有较高的熔点，特别是难熔金属 W、Mo、Ta 等熔点更高，这可能起因于内壳层电子未充满，使结合键中有一定比例的共价键混合。以二次键结合为主的材料，它们的熔点一般都较低。

材料的密度与结合键类型有关。大多数金属有高的密度，如铂、钨、金的密度达到工程材料中的最高值，其它如铅、银、铜、镍、铁等的密度也相当高。金属的高密度有两个原因：第一，金属元素有较高的相对原子质量；第二，也是更重要的，金属键的结合方式没有方向性，所以金属原子总是趋于密集排列，常得到简单的原子密排结构。相反，对于离子键或共价键结合的情况，原子排列不可能很致密，共价结合时，相邻原子的个数要受到共价键数目的限制，离子结合则要满足正、负离子间电荷平衡的要求，它们的相邻原子数都不如金属多，所以陶瓷材料的密度较低。聚合物由于其二次键结合，分子链堆垛不紧密，加上组成原子（C、H、O）的相对原子质量较小，在工程材料中具有较低的密度。

此外，以金属键为主的金属材料具有良好的导电性和导热性，而由非金属键结合的陶瓷、聚合物则在固态下不导电，它们可以作为绝缘体或绝热体在工程上应用，不同结合键组成的材料实现了工程应用中对材料性能需求的互补。

1.1.3.2 力学性能

弹性模量是材料应力-应变曲线上弹性变形阶段的斜率，以 E 表示，其表达式为

$$E=\sigma/\varepsilon$$

即 E 相当于发生单位弹性变形所需的应力。从其关系式可以看出，在给定应力下，弹性模量大的材料只发生很小的弹性应变，而弹性模量小的材料则弹性应变大。从微观角度看，材料在外力作用下，发生弹性变形对应着原子间距的变化，拉伸时从平衡距离拉开，压缩时则缩短，离开平衡距离后原子间将产生吸引力或排斥力，一旦外力卸除，原子在吸引力或排斥力作用下回到平衡距离 d_0，材料恢复原状。这种性质与弹簧很相似，故可把原子结合比喻成很多小弹簧的联结。

结合键能是影响弹性模量的主要因素，结合键能越大，则“弹簧”越“硬”，原子之间的移动所需的外力就越大，即弹性模量越大。结合键能与弹性模量两者间有很好的对应关系。金刚石具有最高的弹性模量值，E＝1000GPa，其它一些工程陶瓷如碳化物、氧化物、氮化物等结合键能也较高，它们的弹性模量为 250GPa～600GPa。由金属键结合的金属材料，弹性模量略低一些，常用金属材料的弹性模量约为 70GPa～350GPa。而聚合物由于二次键的作用，弹性模量仅为 0.7GPa～3.5GPa。

工程材料的强度与结合键能也有一定的联系。一般来说，结合键能高的材料强度也高一些，然而强度在很大程度上还取决于材料的其它结构因素，如材料的组织。因此，强度将在更宽的范围内变化，它与键能之间的对应关系不如弹性模量明显。材料的塑性与结合键类型有关，金属键赋予材料良好的塑性，而离子键、共价键结合，使塑性变形困难，所以陶瓷材料等的塑性很差。

由上述内容总结可知，原子、离子或分子间的结合键一般分为一次键（离子键、共价键和金属键）和二次键（范德华键和氢键）。大部分材料的原子结合键往往是不同键的混合。不同的结合键具有不同的结合力，因而具有不同结合键的材料具有不同的性能特点。

1.2 钢铁冶炼

钢铁工业是国家的重要工业基础，以钢铁为主的黑色金属具有强度高、韧性好、易于加工、成本较低等优点，广泛应用于国民经济的各个方面，有着不可替代的地位。钢铁工业的发展水平是国家现代化程度的重要标志之一。

钢铁冶炼通常包括从矿石到生铁的冶炼和从生铁到钢的冶炼两个部分。作为冶金原料的矿石或精矿，其中除含有所要提取的金属矿物外，还含有伴生金属矿物以及大量的脉石矿物。冶金的目的就是把所要提取的金属从成分复杂的矿物集合体中分离出来并加以提纯。冶金分离和提纯过程常不能一次完成，需要进行多次，通常包括预备处理、熔炼和精炼三个循序渐进的过程。在现代冶金中，由于矿石（或精矿）性质和成分、能源、环境保护以及技术条件等情况的不同，实现上述冶金过程的工艺流程和方法也是多种多样的。

1.2.1 钢铁冶金热力学基本原理

在等温、等压条件下，由几种物质参加的化学反应可写为

$$aA+dD=qQ+rR$$

对此反应，有以下自由能等式

$$\Delta G=(qG_{Q}+rG_{R})-(aG_{A}+dG_{D})=\sum G_{prod}-\sum G_{react}$$

$\Delta G<0$，反应正向进行；$\Delta G>0$，反应逆向进行；$\Delta G=0$，反应达到平衡。

标准生成吉布斯自由能（$\Delta G^{\ominus}$）是指处丁标准状态的最稳定单质生成处于标准状态下的物质（1mol）的吉布斯自由能变化，单位为 J/mol。在冶金过程中，常采用简单的线性二项式表示标准吉布斯自由能随温度的变化：

$$\Delta G^{\ominus}=\Delta H^{\ominus}-\Delta S^{\ominus}T$$

图 1-7 为各种氧化物的 $\Delta G^{\ominus}-T$ 关系图，可以反映纯物质和氧气生成氧化物的标准生成吉布斯自由能变化。

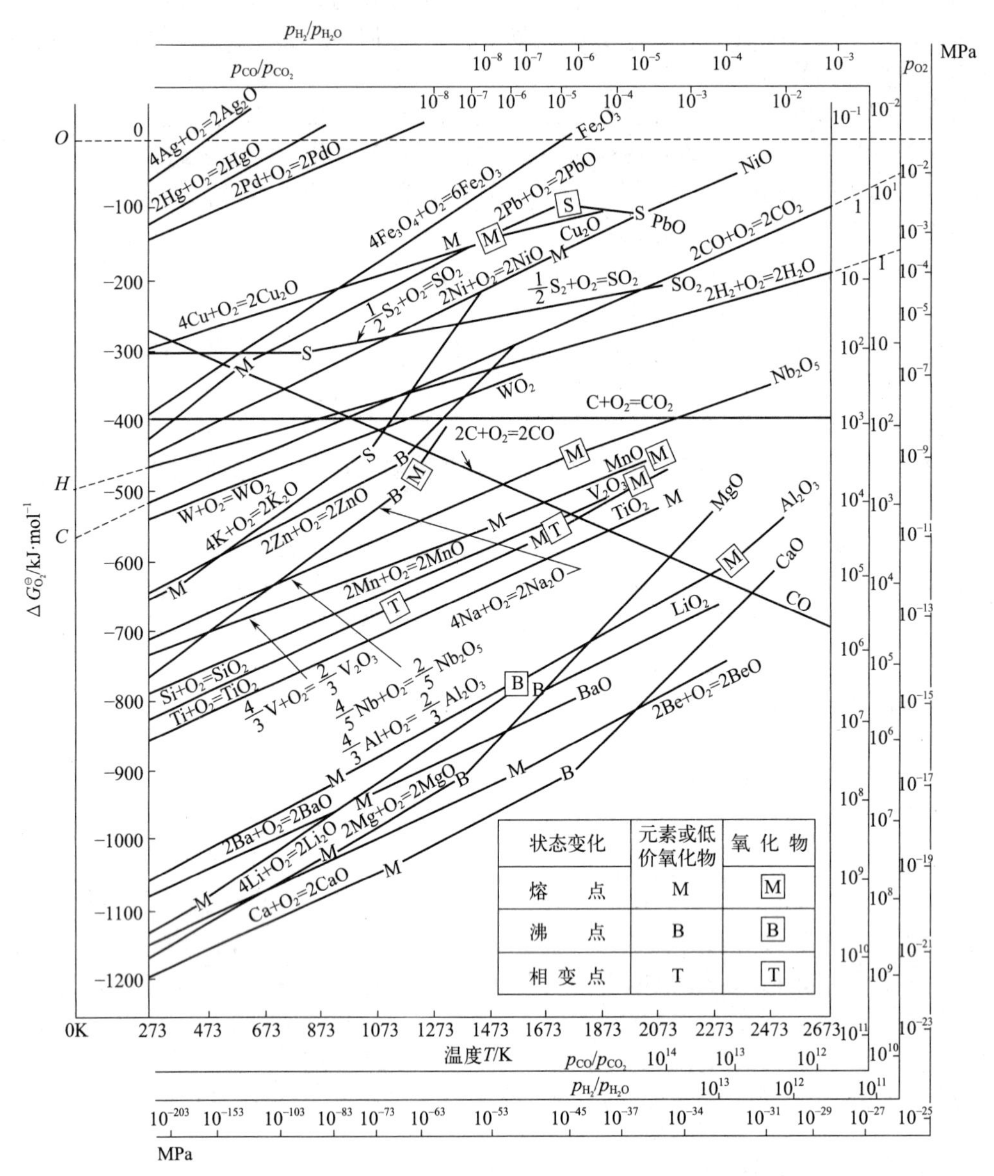

图 1-7　氧化物的标准生成吉布斯自由能与温度的关系

$$\Delta G^{\ominus}=RT\ \ln\ (\mu_{O_2}/D^{\ominus})$$

式中，$\Delta G^{\ominus}$ 为氧化物的氧势；R 为气体常数，8.314 J/（mol·K）；T 为热力学温度

(K)；μ_{O_2} 为氧分压为 p_{O_2} 时的化学势；$D^\ominus$ 为氧分压为 1 个大气压时的标准化学势，因此图 1-7 也称为氧化物的氧势图。由图可见，氧化物的氧势线越低，该氧化物越稳定，对应的金属元素越活泼。钢铁冶金中主要氧化物的稳定性由强到弱的顺序是：CaO、MgO、Al_2O_3、SiO_2、MnO、FeO、P_2O_5，FeO、P_2O_5 最不稳定，在生产过程中几乎全部被还原；MnO 大部分被还原；SiO_2 小部分被还原；CaO、MgO、Al_2O_3 几乎不被还原。

(1) 金属还原剂

在标准状态下，氧势线在下的氧化物对应的元素可以还原氧势线在上的氧化物。用位置低的元素还原位置高的氧化物时，两者相距越远越好，因为反应的 $\Delta G^\ominus$ 的负值越大，反应进行得越彻底。Mn、Si、Al 能还原 FeO；Al 还原 FeO 最彻底，Si 次之，Mn 最弱。

(2) 碳质还原剂

图 1-7 中绝大多数直线倾斜向上，说明这些氧化物的稳定性随温度升高而降低。由碳和氧反应生成 CO 的氧势线向右下方倾斜，即随温度升高，CO 的稳定性升高。由于 CO 线的斜率与其它氧化物线的斜率相反，它与每条线都有交点，交点对应的温度就是碳还原该氧化物的最低温度，高于该温度，碳即为该氧化物的还原剂。理论上讲，只要温度足够高，碳可以还原所有金属氧化物。

1.2.2 生铁冶炼

生铁是由铁矿石在高炉中经过一系列冶金物理化学过程冶炼获得的，称为高炉炼铁。高炉炼铁所用的原料主要有铁矿石、燃料（焦炭）和熔剂（石灰石）。一般冶炼 1 吨生铁需要 1.5～2 吨铁矿石、0.4～0.6 吨燃料、0.2～0.4 吨熔剂。高炉炼铁的基本过程：铁矿石、焦炭和石灰石从高炉炉顶按预先比例分层装入，热风从高炉下部风口吹入，随着风口前焦炭的燃烧，炽热的煤气流高速上升，下降的炉料被上升的煤气流加热，温度迅速升至 800～1000℃，铁矿石被炉内煤气 CO 还原，当到达 1000℃以上的高温区就会转变成半熔融状态，在 1200～1400℃的高温下被进一步还原得到铁，矿石中的铁熔化成铁液，脉石熔化成炉渣。铁液和炉渣分别从高温区焦炭之间的间隙落下并储存于炉缸中，最后从出铁口和出渣口分别排除炉外。

1.2.2.1 高炉炼铁原料

(1) 铁矿石

铁矿石主要由有用矿物和脉石矿物两部分组成，能被有效利用的矿物称为有用矿物，而目前不能经济有效利用的矿物称为脉石。

①铁矿石的种类

常见的铁矿石主要包括磁铁矿石、赤铁矿石、褐铁矿石和菱铁矿石。

a. 磁铁矿石（主要成分 Fe_3O_4）　理论含铁量为 72.4%，实际富磁铁矿石含铁量为 40%～70%。磁铁矿石结构致密、晶粒细小，颜色和条痕均为黑色，有强磁性，S、P 含量高，还原性差，脉石主要为石英、硅酸盐与碳酸盐。磁铁矿石是我国目前的主要矿种。

b. 赤铁矿石（主要成分 Fe_2O_3）　理论含铁量为 70%，实际富赤铁矿石含铁量为 55%～60%。赤铁矿石由于颜色和条痕均为樱红色而得名，赤铁矿石具有弱磁性，与磁铁矿石相比，其结构较软，易破碎，S、P 含量一般较低，还原性好。脉石多为石英和硅酸盐。

c. 褐铁矿石（主要成分 $2Fe_2O_3 \cdot H_2O$） 理论含铁量为55.2%～66.1%，实际富褐铁矿石含铁量为37%～55%。褐铁矿石颜色为黑色到褐色，无磁性，有害杂质S、P含量一般较高，焙烧后还原性好。脉石主要为砂质黏土和石英等。

d. 菱铁矿石（主要成分 $FeCO_3$） 理论含铁量为42.8%，实际富褐铁矿石含铁量为30%～40%。菱铁矿石颜色为灰色带黄褐色，无磁性。菱铁矿石经过焙烧，分解出 CO_2 气体，含铁量得到提高，矿石也变得疏松多孔，易破碎，S、P含量低，还原性好。

② 铁矿石的要求

铁矿石是高炉炼铁的主要原料，要求其含铁量高，脉石少，有害杂质少，成分稳定，还原性好，软化温度高，机械强度高，粒度合适并均匀。高炉冶炼对铁矿石的主要要求如下。

a. 铁矿石的品位 品位是衡量铁矿石质量的主要指标，它表示了铁矿石的含铁量。高炉炼铁要求含铁量高的矿石，因为含铁量高，有利于降低高炉焦比和提高生铁产量。根据生产经验，铁矿石品位升高1%，焦比可降低2%，生铁产量可提高3%。直接开采的铁矿石品位一般在30%～60%，品位高的称为富铁矿，富铁矿若含硫、磷杂质较低，并且不需回收共生元素，一般只需经过破碎、筛分至一定粒度，均匀后就能直接进入高炉冶炼。

b. 脉石成分与数量 脉石成分与数量在很大程度上决定着熔剂与燃料的消耗。冶炼时，铁矿石中的脉石含量越多，需要加入的熔剂就越多，产生熔渣的量也越多。因此，铁矿石中脉石的含量越少越好。

c. 有害杂质含量 铁矿石中的有害杂质通常指硫、磷等，硫会使钢产生“热脆”，还会降低生铁的流动性，降低钢的焊接性、耐磨性和耐蚀性，磷会使钢产生“冷脆”，还会使钢的焊接性、塑性下降。

铁矿石入炉前先要进行破碎、筛选分级、混合均匀；然后进行焙烧改变铁矿石的化学成分和内部结构，除去部分有害杂质，提高铁矿石的还原性；最后，经过选矿、造块，得到高炉使用的烧结矿和球团矿。

（2）燃料

燃料是高炉冶炼重要的原料之一。焦炭在高炉冶炼中的作用如下。

a. 发热剂 高炉冶炼所消耗热量的70%～80%由焦炭燃烧提供。

b. 还原剂 焦炭燃烧产生的CO、H_2 可与铁矿石中的铁氧化物反应，将铁还原。

c. 料柱骨架 高炉内的铁矿石和熔剂下降到高温区时，全部熔化成液体，而焦炭既不软化又不熔化，所以成为高炉内料柱的骨架，支承上部的炉料。焦炭在炉料柱中约占整个体积的1/3～1/2，焦炭是多孔的固体，可以起到改善料柱透气性的作用。

d. 渗碳剂 焦炭中的碳渗入铁中，可降低铁的熔点，保证生铁在高炉内熔化。

（3）熔剂

高炉冶炼中加入熔剂的主要作用：

a. 熔剂与铁矿石中的脉石、焦炭灰分作用生成低熔点化合物，形成易从炉缸流出的炉渣，与铁液分离。

b. 生成一定数量和有一定物理、化学性能的炉渣，去除有害杂质硫，提高生铁质量。高炉用熔剂一般在烧结矿和球团矿生产中加入。

1.2.2.2 高炉炼铁的冶炼过程

(1) 高炉

炼铁的主体设备是高炉，如图 1-8 所示。高炉炼铁的基本过程是：炉料（铁矿石、燃料、熔剂）由料车从炉顶经料钟均匀加入炉内，在自身重力作用下，自上而下运动。同时，来自热风炉的热风从高炉的下部风口进入，使燃料燃烧，产生的热炉气不断向上运动。炉料与炉气之间连续进行热交换，它们之间发生了一系列物理化学反应，使铁矿石被逐步还原，并熔化成铁液，进入炉缸，最后从高炉下部的出铁口流出。炉内的炉渣则由出渣口排出。反应后的炉气成为煤气从炉顶的煤气出口排出。图 1-9 所示为高炉炼铁过程的示意图。

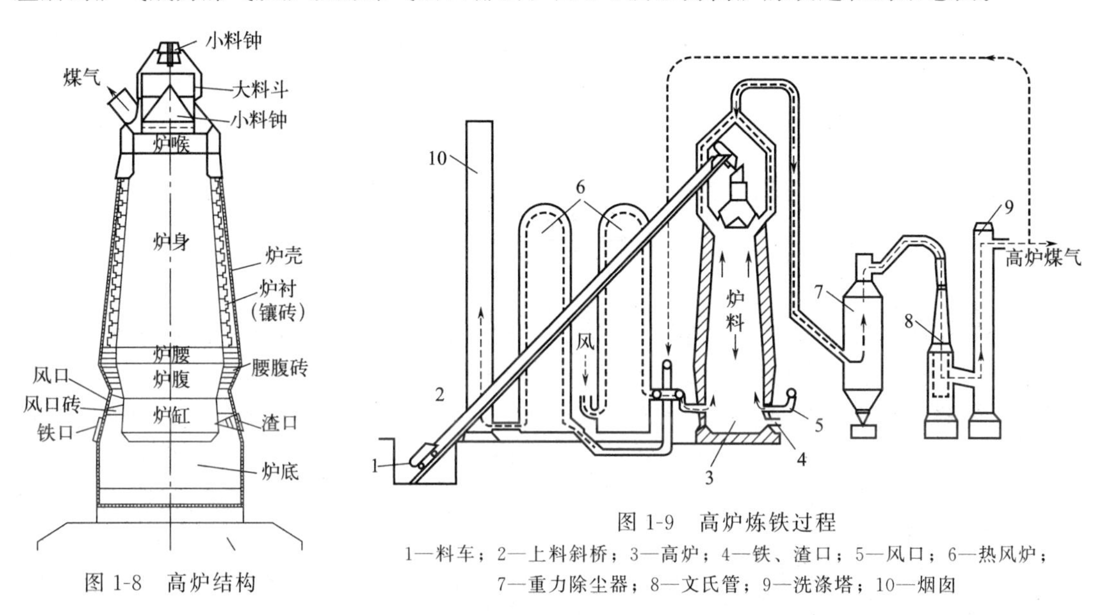

图 1-8 高炉结构

图 1-9 高炉炼铁过程

1—料车；2—上料斜桥；3—高炉；4—铁、渣口；5—风口；6—热风炉；7—重力除尘器；8—文氏管；9—洗涤塔；10—烟囱

(2) 炼铁时高炉中的物理化学过程

高炉冶炼的目的就是把铁矿石冶炼成生铁。因此，冶炼过程就是对铁矿石的还原过程和除去脉石的造渣过程。其主要反应如下。

① 燃料的燃烧

从高炉顶部加入的焦炭被逐渐加热，在风口附近与热风中的氧发生燃烧反应，燃烧反应分两步进行：$C+O_2=CO_2$，$CO_2+C=2CO$。风口前焦炭的燃烧反应为不完全燃烧，生成 CO 并放出大量的热，使炉缸部分的温度达到 1800～1900℃。焦炭中的碳除一部分参加直接还原和渗入生铁外，约有 70%的量在风口燃烧生成 CO，燃烧反应供给了高炉气体还原剂和热量，并使炉缸下部腾出空间，为高炉炉料下降提供了条件。含有大量 CO 的灼热炉气不断随炉料的下降而上升，对铁矿石的还原提供热源和还原剂。

② 铁的还原

高炉炉料中的铁氧化物被还原为金属铁，是高炉内最主要的化学反应。高炉中铁氧化物的还原是一个逐渐的还原过程，由高价向低价被逐级还原，其顺序为：当温度高于 570℃：$3Fe_2O_3 \rightarrow 2Fe_3O_4 \rightarrow 6FeO \rightarrow 6Fe$，当温度低于 570℃：$3Fe_2O_3 \rightarrow 2Fe_3O_4 \rightarrow 6Fe$。

铁矿石加入炉内后，当温度在 1000℃以下时，用煤气中的 CO 和 H_2 夺取铁氧化物中的氧，生成 CO_2 和 H_2O。在高炉冶炼中，使用 CO 和 H_2 作为还原剂，生成 CO_2 和 H_2O 的还原反应称为间接还原。铁氧化物的间接还原为放热反应，因此低温有利于铁氧化物的间接还原。所以，间接还原发生在炉温低于 800℃的区域，即高炉上部，如图 1-10 所示。

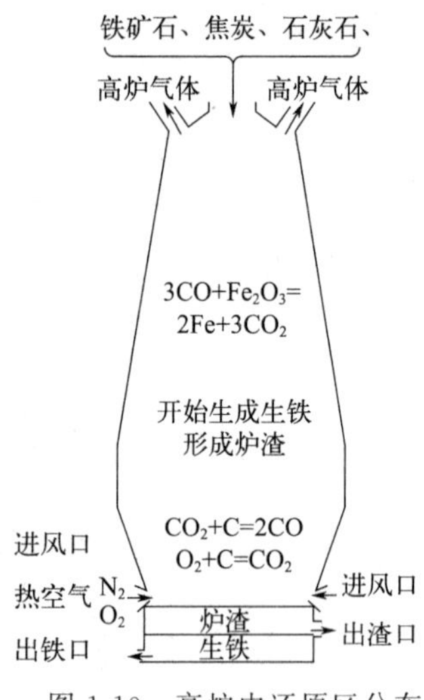

图 1-10　高炉内还原区分布

与间接还原相对应的是直接还原，高炉内用碳作为还原剂将铁氧化物还原，同时生成 CO 的还原反应称为直接还原。铁矿石在到达高炉下部高温区之前已经进行了一定程度的间接还原，残留的铁氧化物主要以 FeO 的形式存在，其直接还原由以下反应完成：$FeO+CO=Fe+CO_2$，$CO_2+C=2CO$。直接还原是吸热量很大的反应，一般在温度高于 1100℃的区域内进行，气体产物 CO_2 在高温区几乎全部与碳发生反应，直接消耗碳。

③ 其它元素的还原

冶炼的生铁中除了含有 90%以上的铁以外，还含有一定量的 Mn、Si、P、S 等元素，这些杂质元素一般是从液态炉渣中被还原进入生铁的。杂质元素的还原主要如下。

a. Si 的还原　生铁中的 Si 由炉料中的 SiO_2 还原得到。SiO_2 是较稳定的化合物，其还原温度在 1300℃左右，必须在高炉下部的高温区才能直接还原，其还原反应为：$SiO_2+2C=Si+2CO$，由于 SiO_2 在还原时需要吸收大量的热，所以 Si 在高炉中只有少量被还原，较高的炉温和较低的炉渣碱度可获得 Si 含量较高的铸造生铁。

b. Mn 的还原　含 Mn 氧化物的还原与铁氧化物相似，也是逐级还原过程：$MnO_2 \rightarrow Mn_2O_3 \rightarrow Mn_3O_4 \rightarrow MnO \rightarrow Mn$，Mn 的高价氧化物可采用间接还原，而 MnO 是稳定的化合物，必须通过直接还原获得 Mn，其直接还原温度为 1100-1200℃，直接还原需要吸收大量的热。

c. P 的还原　炉料中的 P 主要以磷酸钙 $Ca_3(PO_4)_2$ 的形式存在，磷酸钙是稳定的化合物，只能在高温下用碳直接还原，其还原反应如下：$Ca_3(PO_4)_2+5C=3CaO+2P+5CO$。在高炉冶炼中，存在对磷酸盐还原的有利因素，如 SiO_2、Fe 都能促进其还原，形成 Fe_2P 或 FeP 而溶于铁中。所以，普通生铁冶炼中，炉料中的 P 几乎全部被还原进入生铁中，影响生铁的质量。因此，控制生铁中的含 P 量，主要通过控制炉料中的含 P 量来实现。

d. S 的还原　高炉内的 S 主要来自炉料。炉料在下降过程中，焦炭燃烧生成 SO_2 进入煤气，煤气中的 S 大部分为 H_2S，小部分以其它形式存在。煤气在高炉内上升过程中，所含的 S 大部分又被渣、铁和炉料所吸收，在炉内形成 S 的循环，小部分 S 随煤气逸出炉外，或进入铁中，以 FeS 的形式存在，另一部分则进入炉渣中。

④ 石灰石的分解与造渣

石灰石在750～1000℃时会发生分解反应：$CaCO_3=CaO+CO_2$，CaO在1000℃以上与脉石中的SiO_2和Al_2O_3等结成熔渣，其反应为：$mSiO_2+pAl_2O_3+nCaO=mSiO_2\cdot pAl_2O_3\cdot nCaO$，熔渣能吸收焦炭燃烧后留下的灰分及某些未完全还原的氧化物，例如FeO、MnO等。熔渣中的CaO还促使FeS转变为CaS而熔于渣中。因此，控制炉渣成分和数量就能够冶炼出各种不同要求的生铁。

1.2.2.3 高炉炼铁的主要产品

高炉炼铁的主要产品是生铁，副产品是炉渣、煤气和炉尘。

（1）生铁

高炉生铁分为炼钢生铁、铸造生铁和铁合金。

① 炼钢生铁因其断口呈银白色又称为白口铸铁，约占生铁总量的90%以上。炼钢生铁中的碳以化合形态（Mn_3C、Fe_3C等）存在，因此，炼钢生铁硬而脆，不宜加工。炼钢生铁中C的含量为2.5%～4.5%，并含有少量的Si、Mn、P、S等元素。

② 铸造生铁要求具有良好的流动填充性和良好的可加工性，因此其含Si量较高。此外，铸造生铁为改善流动性能，应含有一定量的P（约为0.3%）。铸造生铁断口呈灰色，所以也称为灰口铸铁。

③ 铁合金是含有多种合金元素的生铁。在高炉冶炼时，加入一定量的其它元素，获得铁合金。高炉冶炼的铁合金主要是锰铁。

（2）炉渣

铁矿石中的脉石，熔剂中的各种氧化物和燃料中的灰分等熔化后形成炉渣。高炉每炼1吨生铁大约产生300～600kg的炉渣。

高炉炉渣可制成水渣、渣棉和干渣等。水渣是液态炉渣用高温水急冷粒化形成的，它是良好的制砖、制水泥的原料；渣棉是液态炉渣用高压蒸汽或高压压缩空气吹成的纤维状的渣，是良好的绝缘材料；干渣是液态炉渣自然冷凝后形成的渣，经处理后可用于铺路、制砖、生产水泥等建筑材料。

（3）煤气

煤气的成分包括：CO=20%～30%，CO_2=15%～20%，H_2=1%～3%，N_2=56%～58%和少量的CH_4。高炉每炼1吨生铁大约能产生2000～3000m^3的煤气。高炉煤气可以作燃料，回收的煤气可供热风炉、烧结、炼钢、炼焦、发电等使用。

（4）炉尘

炉尘是煤气上升时从炉内带出的细颗粒固体炉料，其中Fe为30%～50%，C为5%～15%，每冶炼1吨生铁大约吹出炉尘50～100kg。炉尘通过除尘器回收，可用作烧结配料。

1.2.2.4 高炉冶炼技术经济指标

高炉生产的技术水平和经济效益可以用技术经济指标来衡量。

① 高炉有效容积利用系数

高炉有效容积利用系数是指每1m^3高炉的有效容积平均每昼夜（d）生产出合格生铁的质量（t），其单位为：t/（$m^3\cdot d$）。该系数是衡量高炉生产效率的重要指标，利用系数越高，说明高炉的生产效率越高。

② 焦比

焦比表示高炉每冶炼1吨生铁所消耗的焦炭量（kg），其单位为：kg/t。焦比是高炉能量消耗的重要指标，降低焦比，可以有效降低生铁的冶炼成本。

③ 燃料比

高炉采用喷吹煤粉、重油或天然气后，折合每冶炼1吨生铁所消耗的燃料总量。每冶炼1吨生铁的喷煤量和喷油量分别称为煤比、油比，此时燃料比等于焦比、煤比和油比的总和。根据喷吹的煤和油置换比的不同，分别折合成焦炭（kg），再和焦比相加称为综合焦比。燃料比和综合焦比是确定冶炼1吨生铁总燃料消耗的一个重要指标。

④ 冶炼强度

冶炼强度是指$1m^3$高炉的有效容积，在一昼夜（d）内所能燃烧的干焦量，其单位为：t/（m^3·d）。冶炼强度反映了炉料下降及冶炼的速度，也表明了高炉生产强化程度的高低。冶炼强度取决于高炉所能接受的风量，风量越大，燃烧焦炭就越多，在焦比不变的情况下，高炉有效容积利用系数越高。

⑤ 生铁合格率

生铁合格率是指化学成分符合国家标准规定的生铁量占总产量的比例。这是评价生产质量的主要指标，一般合格率应在99%以上。

⑥ 生铁成本

单位生铁成本由原料、燃料、动力消耗及车间经费、管理成本等组成。一般在单位生铁成本中，原料、材料费约占成本的80%，动力消耗费约占成本的10%。生铁成本是从经济角度衡量高炉生产的重要指标。

⑦ 炉龄

高炉从开炉到停炉大修之间的时间为一代高炉的炉龄。延长高炉炉龄可以提高生产效率，降低生产成本。

1.2.3 钢的冶炼

炼钢就是通过冶炼的方法进一步降低生铁中的碳含量和去除有害杂质，再根据对钢性能的要求加入适量的合金元素，使之成为具有优良性能钢的冶炼过程。钢和生铁都是铁基合金，都含有C、Si、Mn、P、S五种元素，其主要区别见表1-2所列。

表1-2 钢和生铁的主要区别

项目	钢	生铁
含C量	$w_C \leqslant 2\%$，一般为0.04%～1.7%	$w_C > 2\%$，一般为2.5%～4.3%
含Si、Mn、P、S量	较少	较多
熔点	1450～1530℃	1100～1150℃
力学性能	强度、塑性、韧性好	硬而脆，耐磨性好
铸造性能	较好	好
锻造性能	好	差
焊接性能	好	差
可加工性能	好	好
热处理性能	好	差

1.2.3.1 炼钢的基本任务

炼钢的基本任务如下。

① 脱碳　钢的含碳量远低于生铁，因此要在高温熔融状态下对生铁进行氧化熔炼进一步降低碳含量，这是炼钢过程中最主要的工作。

② 去P、S　将生铁中的P、S含量降低到所炼钢号允许的范围以内。

③ 去气和去除非金属夹杂物　要将熔炼过程中进入钢液中的有害气体（氢和氮）及非金属夹杂物（氧化物、硫化物、硅酸盐等）去除掉。

④ 脱氧与合金化　把氧化熔炼过程中产生的过量的氧去除掉。同时调整钢液中合金元素的含量。

⑤ 调整温度　调整和提高钢液的温度，达到出钢温度要求。

⑥ 浇铸　将熔炼好的合格钢液浇铸成一定尺寸和形状的钢锭或连铸坯。

1.2.3.2 炼钢的基本方法

常见的炼钢方法有平炉炼钢、转炉炼钢和电炉炼钢。平炉炼钢由于冶炼成本高、周期长、热效率低已基本被淘汰，转炉和电炉炼钢发展迅速，成为主要的炼钢方法。

(1) 转炉炼钢

转炉构造如图1-11所示。

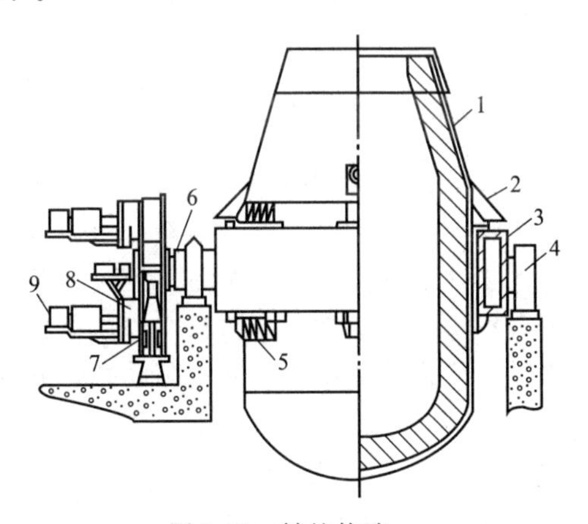

图1-11　转炉构造

1—炉壳；2—挡渣板；3—托圈；4—轴承及轴承座；5—支撑系统；6—耳轴；7—制动装置；8—减速机；9—电机及制动器

转炉主要构成如下。

① 炉壳　由锥形炉帽、圆筒形炉身和球形炉底三部分组成。炉壳是转炉的主体，其内部装有耐火材料的炉衬。

② 托圈　与炉身相连，主要起支撑炉体、传递转矩的作用。托圈与耳轴连成一体，其内部可通入冷却水。

③ 耳轴　耳轴是转炉炉体的旋转轴。转炉工艺要求炉体能正反旋转360°，在不同的操作期间，炉子要处于不同的倾动角度。一侧的耳轴与旋转机构相连带动炉体旋转，耳轴内部为空心，便于通冷却水。

④ 倾动机构　倾动机构由电动机和减速器组成，其作用是倾动炉体，以满足对铁液、

加废钢、取样、出钢、倒渣等操作的要求。倾动结构应能使炉体正反旋转 360°，停位准确，并能在起动、旋转和制动时保持平稳，安全可靠。

转炉炼钢的工艺方法分为：氧气顶吹转炉炼钢法、底吹氧气转炉炼钢法、顶底复合吹炼氧气转炉炼钢法以及全氧侧吹转炉炼钢法。图 1-12 所示为氧气顶吹转炉炼钢示意图。

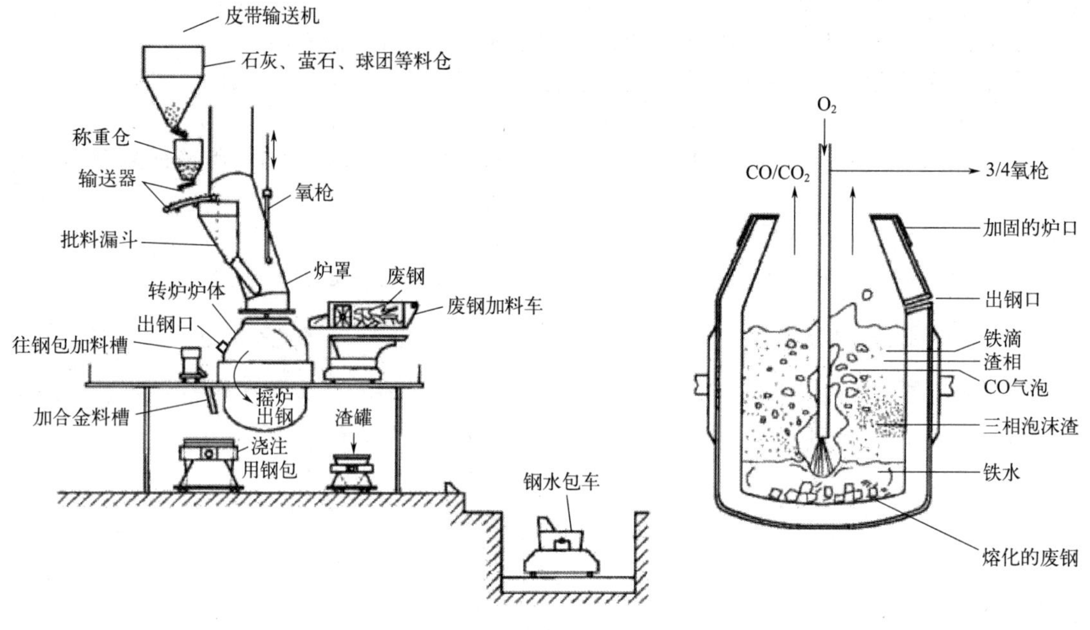

图 1-12 氧气顶吹转炉炼钢

氧气顶吹转炉炼钢工艺流程为：炉体倾斜供高温铁液、废钢→炉体直立加渣料、吹炼→倾倒炉渣→炉体二次直立加渣料、吹炼→倾倒取样→脱氧出钢→合金化、浇注。

氧气顶吹转炉炼钢的特点是：冶炼周期短，脱碳速度快，生产效率高。其热效率高，并且不需外部热源，其热源来自铁液物理热和吹炼过程中反应放热。氧气顶吹转炉炼钢对原料的适应性强，产品的品种多，质量好，成本低。氧气顶吹转炉所炼钢的深冲性能、延展性能和焊接性都比较好，适合于板带钢、钢管、线材、钢丝等产品的冶炼。转炉基建投资少，建设速度快，机械化、自动化程度高。其缺点是转炉炼钢的金属吹损大，金属吹损率达 10%左右。另外，氧气顶吹转炉的氧气流搅拌强度不够高，搅拌均匀性不足。目前，氧气顶吹转炉逐渐被顶底复合吹炼的氧气转炉所取代。

（2）电炉炼钢

电炉炼钢是生产特殊钢的主要方法，其设备有电弧炉、感应炉、电渣炉等，其中电弧炉的产量占电炉炼钢总产量的 95%以上。图 1-13 所示为电弧炉炼钢。

① 电弧炉炉体　包括炉壳、炉门、炉顶圈、出钢口和流钢槽。炉壳由炉身、炉壳底和上部加固圈组成，其主要作用是承受炉材、钢液、渣等的重量，同时还要承受高温和炉衬的膨胀作用，因此要求有足够的强度。炉门要求结构严密、开启升降灵活。炉顶圈用来支承炉盖耐火材料。出钢口和流钢槽用来保证顺利出钢。

② 炉体倾动机构　电弧炉出钢时，要求炉体能够向流钢槽一侧倾动 40°～50°，而在出渣时向炉门一侧倾斜 10°～15°，因此需要炉体倾动机构。常用的倾动机构有炉侧倾动机构和炉底倾动机构两种。

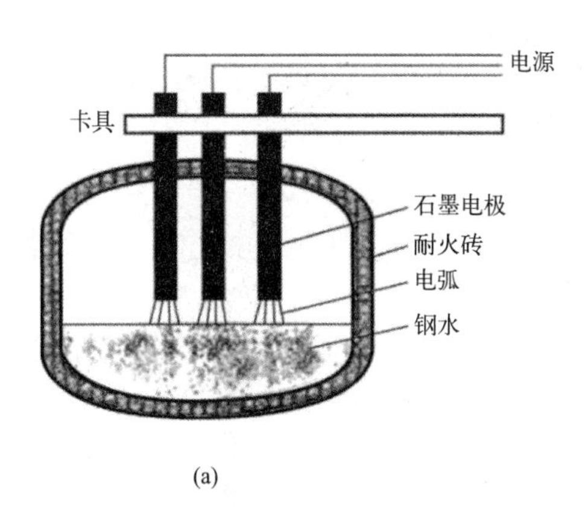

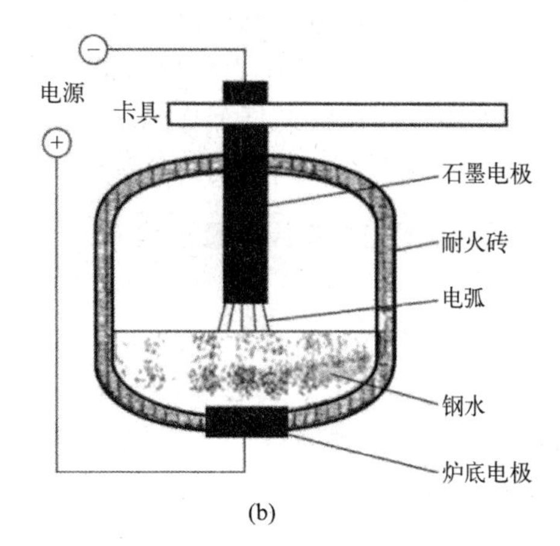

图 1-13 电弧炉炼钢

③ 炉顶装料装置　电弧炉炼钢多采用炉顶装料方式。装料时，炉顶装料装置先将炉盖和电极提起，并旋转移开，再用吊车将炉料从上部装入炉内，最后将炉盖复原。

④ 电极控制装置　包括电极夹持器、电极密封圈、电极升降机构等。电极夹持器的作用是固定电极并导电。电极夹持器要求有足够的机械强度、耐高温、抗氧化，导电性好，更换电极方便。电极密封圈的作用是对电极孔密封，防止高温气体从缝隙中逸出。同时，还可以冷却炉顶，延长炉顶的使用寿命。电极升降机构用来调整电弧长度，要求其工作平稳，升降灵活迅速。

电弧炉炼钢是利用电极与金属炉料之间形成的电弧高温快速熔化金属，然后加入铁矿石、熔剂，并吹入氧气，以加速钢中的碳、硅、锰、磷、硫等元素的氧化。当碳、磷的含量合格后，扒去氧化性炉渣，再加入石灰、氟石、电石、硅铁等造渣剂和还原剂，形成高碱性还原渣，脱去钢中的氧和硫，获得高质量的钢液。

电弧炉炼钢热效率较高，可达 65%以上。钢液的温度高，可达 1600℃，而且还可以方便地调控温度，以满足冶炼不同钢种的要求。电弧炉可以通过炉料的选择添加，既可造成炉内的氧化性气氛，又可造成还原性气氛，因此具有很强的去除有害杂质磷、硫的能力，同时还有很强的脱氧能力，所以电弧炉炼钢中非金属夹杂物含量较低，合金元素收得率较高，钢的成分易于控制，适合于冶炼各种优质合金钢。

1.2.3.3 炼钢原料

炼钢原料分为金属料，非金属料和氧化剂。

① 金属料　常用金属料包括铁液、废钢、合金钢。

铁液是转炉炼钢的主要原料，一般占装入量的 70%～100%，是转炉炼钢的主要热源。铁液成分中硅含量高，渣量增加，有利于脱磷、脱硫。铁液中含锰量高，可以减少锰铁合金的使用量，有利于提高钢液的纯净度。入炉铁液的温度应高于 1250℃，并且要相对平稳。转炉和电炉炼钢都使用废钢，氧气顶吹转炉废钢用量一般是总装入量的 10%～30%。

② 非金属料　常用非金属料包括造渣剂（石灰、氟石、铁矿石）、冷却剂（废钢、铁矿石、氧化铁、烧结矿、球团矿）、增碳剂和燃料（焦炭、石墨、煤块、重油）。

石灰的主要成分为 CaO，它是碱性炼钢方法的造渣料，是脱硫、脱磷不可缺少的材料，用量比较大。石灰的活度是衡量石灰质量的重要参数，活性石灰有利于提高脱硫、脱磷效果，减少转炉热损失和对炉衬的侵蚀。氟石的主要成分为 CaF_2，它可以加速石灰的溶解，迅速改善炉渣流动性。增碳剂的作用是当钢液中脱碳过量时向其增碳。增碳剂要求固定碳含量高，灰分、挥发物及硫、磷含量低，并且干燥、干净、粒度适中。

③ 氧化剂　常用氧化剂包括氧气、铁矿石、氧化皮。氧气是转炉炼钢的主要氧化剂，其纯度为99.5%以上，氧气压力稳定，并要脱除水分。

1.2.3.4 炼钢的基本原理及过程

（1）元素的氧化

炼钢的过程主要是通过氧化去除多余的碳和杂质元素的过程。炼钢过程中可以直接向高温金属熔池吹入工业纯氧，也可以利用氧化性炉气、铁矿石和氧化皮供氧。

氧进入金属熔池后首先与铁发生氧化反应：

$$2Fe+2O=2FeO$$

然后 FeO 再间接与金属中的其它元素发生氧化反应

$$2FeO+Si=SiO_2+2Fe;$$

$$FeO+Mn=MnO+Fe;$$

$$5FeO+2P=P_2O_5+5Fe;$$

$$FeO+C=CO+Fe;$$

当上述其它元素和直接吹入的氧气接触时，也会发生氧化反应。在氧化反应中，硅的氧化是吹氧炼钢的主要热源之一，转炉吹炼初期时大量的硅首先被氧化，熔池温度升高，然后进入碳氧化期。硅的氧化有利于保持和提高钢液的温度；锰的氧化也是吹氧炼钢的热源之一，但不是主要热源。在转炉吹炼初期，锰氧化生成 MnO 可帮助化渣，并减轻初期渣中 SiO_2 对炉衬耐火材料的侵蚀。在炼钢过程中应尽量控制锰的氧化，以提高钢液中残余锰量；碳的氧化反应是炼钢过程中极其重要的反应，炼钢过程中的碳氧化反应不仅完成脱碳任务，而且还会放热升温，有利于均匀熔池中的成分与温度，有利于熔渣的形成以及非金属夹杂物的上浮和有害气体的排出。

（2）造渣脱磷、硫

在碱性氧化法炼钢时，可通过造渣的方法去除磷和硫。

① 除磷

磷是钢中的有害元素，在碱性氧化法炼钢时，磷的氧化是在炉渣-金属液界面进行的，生成的 P_2O_5 可与 CaO 形成稳定的化合物，其反应如下：

$$2P+5FeO+3CaO=5Fe+(3CaO\cdot P_2O_5),2P+5FeO+4CaO=5Fe+(4CaO\cdot P_2O_5)$$

上述反应均为放热反应，因此在吹炼初期时就可以发生脱磷反应。相反，当钢液温度升高后将不利于脱磷进行；低温对脱磷有利，但低温不利于获得流动性良好的高碱性炉渣；渣中 CaO 的有效浓度越高，脱磷越完全，但过高的 CaO 含量会增加渣液的黏度，这也会对脱磷带来不利影响。

另外，金属液中易氧化的 Si、Mn、C 元素的含量也会影响脱磷反应，其含量较高时，脱磷过程受到抑制，这是因为这些元素能与 FeO 相互作用使渣液中的 O 含量减少而影响脱磷。

② 脱硫

硫主要来源于铁液、废钢或石灰石，也是钢中的有害元素。钢液中脱硫的方法是采用炉渣脱硫和气化脱硫，在一般炼钢操作中，炉渣脱硫占主导。硫在钢中是以［FeS］的形式存在，它可以与渣中的CaO在钢液和熔渣界面发生脱硫反应：

$$[FeS]+(CaO)=(FeO)+(CaS)$$

脱硫反应所生成的CaS溶于渣，而不溶于钢液，这样就可以通过渣排除。脱硫反应是吸热反应，所以高炉温、高碱度和大渣量有利于充分脱硫。

气化脱硫是指钢液中的［S］直接与［O］发生反应，生成SO_2气体而排出。气化脱硫效果一般低于炉渣脱硫，但在转炉炼钢中，气化脱硫也可得到较好的效果。

（3）脱氧及合金化

随着碳和其它元素被氧化，钢液中溶解的氧（以FeO形式存在）相应增多，这使钢中的氧化物夹杂含量升高，钢的质量下降，而且还有碍于钢液的合金化及成分控制。因此，炼钢后期应对钢液进行脱氧处理。按照脱氧原理可以将脱氧方法分为：沉淀脱氧法、扩散脱氧法和真空脱氧法。

① 沉淀脱氧法

指将脱氧剂（硅铁、锰铁、铝等）加入到钢液中，直接与钢液中的氧反应生成稳定的氧化物，氧化物进入炉渣被排出。沉淀脱氧法效率高，操作简单，成本低，对冶炼时间无影响。但沉淀脱氧的脱氧程度取决于脱氧剂的能力和脱氧产物的排出条件。

② 扩散脱氧法

一般用于电炉炼钢的还原期或钢液的炉外精炼，随着钢液中氧向炉渣中扩散，炉渣中（FeO）逐渐增多，为了使（FeO）保持低水平，需要在渣中加入脱氧剂（常用硅铁粉、碳粉、电石粉等），还原渣中的（FeO），这样可以保证钢液中的氧不断向渣中扩散。扩散脱氧的产物存在于熔渣中，这样加速了脱氧进程，是冶炼优质钢中较好的脱氧方法。扩散脱氧的缺点是反应速度慢，所需时间长，致使炉衬受到高温炉渣侵蚀较严重。

③ 真空脱氧法

将钢包内钢液置于真空条件下，通过抽真空，促使碳与氧反应更加完全，达到提高钢液中的碳去除氧的目的。此方法的优点是脱氧比较彻底，脱氧产物为CO气体，不污染钢液，而且排出CO气体的同时还具有脱氢、脱氮的作用。

按照脱氧程度，钢可分为：经过充分脱氧处理的镇静钢、未经完全脱氧处理的沸腾钢、介于镇静钢与沸腾钢之间的半镇静钢。

（4）炉外精炼

钢液炉外精炼是将基本熔炼炉（转炉、电炉等）熔炼出的粗炼钢液导入精炼装置，通过脱氢，脱氧（去除夹杂物），脱碳，脱硫，非金属夹杂物的形态控制，成分调整（添加合金），钢液成分和温度的微调及其均匀化，脱磷等精炼操作，得到比粗炼更高质量的钢液的冶金方法。精炼的主要操作有：搅拌（气体、机械、电磁力）；气氛调整；渣成分调整（添加熔剂）；加热（吹氧、电加热）；添加合金、喷吹（粉体吹入）等。在实际生产中，将这些方法适当组合，可提高钢的质量，缩短冶炼时间，简化工艺过程，降低生产成本。

（5）钢的浇铸

钢的浇铸就是把在炼钢炉中熔炼和炉外精炼所得到的合格钢液，经盛钢桶、中间钢包等浇注设备，注入到一定形状和尺寸的钢锭模或结晶器中，使之凝固成钢锭或钢坯的过程。钢锭与钢坯是炼钢生产的最终产品，因此浇铸工艺是控制钢的冶金质量和生产成本的重要环节。浇铸过程是钢液凝固的过程，因此要在规定的温度下完成浇铸工作，所以浇铸操作要求迅速、准确。

浇铸的方法有钢锭模铸锭法（模铸法）和连续铸钢法（连铸法）两种。

① 模铸法是将盛钢桶内的钢液注入具有一定形状和尺寸的钢锭模中，获得钢锭的浇铸方法。模铸法根据钢液由盛钢桶注入锭模的方式不同分为上注法和下注法两种。模铸法获得的钢锭经初轧开坯轧制成钢坯，然后再进一步轧制成各种钢材。

② 连铸法是使钢液经过连续铸钢机（简称连铸机）直接生产钢坯的方法，图 1-14 所示为连铸法。

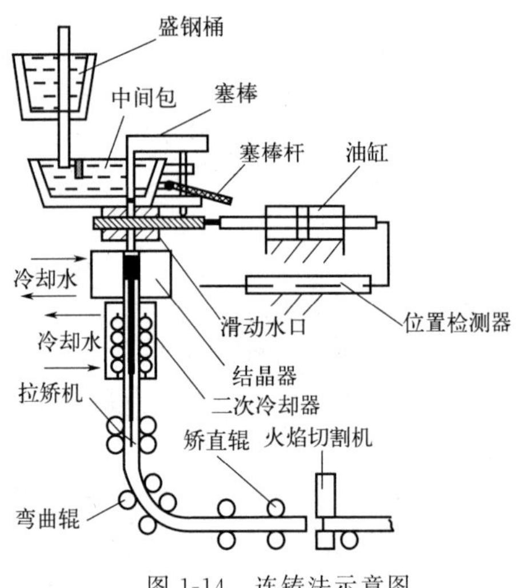

图 1-14　连铸法示意图

连铸法生产的钢坯称为连铸坯。连铸法与模铸法比较具有以下特点：连铸法可节省模铸法所需的加热炉、初轧、开坯等设备，可使钢坯成本下降 10%～25%；连铸坯的切头率比钢锭少得多，可提高成材率 10%～25%；连铸坯组织致密，夹杂少，质量高；连铸法可提高劳动生产率，改善操作条件和生产环境，实现炼钢与轧钢的自动化、连续化生产。

1.3 有色金属冶炼

1.3.1 有色金属冶炼方法

有色金属冶炼主要是指除黑色金属冶炼之外的其它金属的冶炼，包括铜、镍、铅、锌、铝、镁和其它稀有金属和贵重金属的冶炼和加工。现代冶金技术主要包括火法冶金、湿法冶金以及电冶金。

（1）火法冶金

火法冶金是指在高温下矿石经过熔炼、精炼反应及熔化过程，使其中的金属与杂质分离，获取较纯金属的过程，也称为干法冶金。上面介绍的钢铁冶炼就属于火法冶金过程。矿石中的部分或全部矿物在高温下经过一系列物理化学变化，生成另一种形态的化合物或单质，分别富集在气体、液体或固体产物中，从而将提取的金属与脉石及其它杂质分离。实现火法冶金过程所需热能，通常是依靠燃料燃烧来供给，也有依靠过程中的化学反应来供给。火法冶金是提取金属的主要方法之一，其生产成本一般低于湿法冶金。在有色金属冶金过程中，火法冶金产物往往是粗金属，通过湿法冶金对金属进一步提纯。火法冶金一般包括干燥、焙解、焙烧、熔炼、精炼、蒸馏等过程。

(2) 湿法冶金

湿法冶金通常是在常温或在100℃以下，利用溶剂处理矿石或精矿，使所提取的金属溶解于溶液中，而其它杂质不溶解，然后再从溶液中将金属分离和提取出来的过程。现代湿法冶金中的高温高压过程，温度一般也不超过200℃，极个别情况温度可达300℃。湿法冶金一般包括：浸出、固液分离、净化、金属提取等过程。

① 浸出　用适当的溶剂处理矿石或精矿，使要提取的金属呈某种离子（阳离子或络阴离子）形态进入溶液，而脉石及其它杂质不溶解，这样的过程称为浸出。浸出液经澄清和过滤，得到含金属（离子）的浸出液和由脉石矿物组成的不溶残渣（浸出渣）。对某些难浸出的矿石或精矿，在浸出前常需要进行预备处理，使被提取的金属转变为易于浸出的某种化合物或盐类。

② 净化　在浸出过程中，常有部分不需要的金属或非金属杂质与被提取金属一起进入溶液，从溶液中除去这些杂质的过程称为净化。

③ 金属提取　金属提取过程主要是利用置换、还原、电积等方法从净化后溶液中将金属分离出来的过程。

(3) 电冶金

电冶金是利用电能从矿石或其它原料中提取、回收、精炼金属的冶金过程。根据利用电能效应的不同，电冶金又分为电热冶金和电化学冶金。

① 电热冶金　电热冶金是利用电能转变为热能进行冶炼的方法。在电热冶金的过程中，按其物理化学变化的实质来说，与火法冶金过程相似，主要区别只是冶炼时热能来源不同。主要包括电弧熔炼、电阻熔炼、电阻-电弧熔炼、等离子熔炼、感应熔炼和电子束熔炼等。

② 电化学冶金（电解和电积）　电化学冶金是利用电化学反应，使金属从含金属盐类的溶液或熔体中析出。前者称为溶液电解，如铜、镍的电解精炼和锌的电积，可列入湿法冶金一类；后者称为熔盐电解，不仅利用电能的化学效应，而且也利用电能转变为热能，借以加热金属盐类使之成为熔体，故也可列入火法冶金。

从矿石或精矿中提取金属的生产工艺流程，通常既有火法过程，又包含湿法过程，即使是以火法为主的工艺流程，如硫化铜精矿的火法冶炼，最后也需经过湿法的电解精炼过程；而在湿法炼锌中，还需要用高温氧化焙烧对硫化锌精矿原料进行预先处理。

1.3.2 典型有色金属冶金

有色金属通常是指钢铁之外的所有金属。有色金属又分为有色重金属、有色轻金属、贵金属和稀有金属。

① 有色重金属一般指密度在4.5g/cm^{3}以上的金属，如铜、锌、铅、锡、镍、钴等。

② 有色轻金属一般指密度在4.5g/cm^{3}以下的金属，如铝、镁、钙、钠等。

③ 贵金属包括金、银以及铂族（锇、铱、铂、钌、铑、钯）元素。

④ 稀有金属通常指那些发现较晚、工业上应用较迟、在自然界中含量较少或分布稀散的金属。

根据矿物原料和各种金属本身特性的不同，有色金属冶炼主要包括上述的三类方法：火法冶金、湿法冶金和电冶金三类。重金属的冶炼一般先生产出粗金属，然后再进行精炼。精炼的方法有火法精炼和电解精炼。

1.3.2.1 铜冶金

铜在地壳中的含量约为0.01%，纯铜是玫瑰红色的金属，具有优良的导电性、导热性、延展性和耐蚀性。纯铜的熔点为1083℃，常温下密度为8.96g/cm^3。

铜以各种矿物形式存在，其中大部分为硫化物和氧化物，少量为自然铜。炼铜的原料主要为铜矿石，占用料的70%以上，其次是工业与生活中铜及合金废料的回收。现今90%铜产量来自硫化矿，10%来自氧化矿及自然铜矿。铜冶炼的方法主要有火法炼铜和湿法炼铜两种。

（1）火法炼铜

火法炼铜是生产铜的主要方法，世界上80%左右的铜是用火法炼铜方法生产的，其生产过程是将铜精矿和熔剂一起在高温下熔化，可以直接炼成粗铜，或先炼成冰铜（造锍），然后再炼粗铜。火法炼铜的优点是适应性强，冶炼速度快，能充分利用硫化矿中的硫，能耗低，特别适用于处理硫化铜矿和高氧化矿。

火法炼铜要使炉料中的铜尽可能全部进入冰铜，同时使炉料中的氧化物形成炉渣。然后，将冰铜和炉渣分离。为了实现这一过程，必须使炉料中有足够数量的硫来形成冰铜，同时使炉渣中含有近饱和的二氧化硅，从而使冰铜与炉渣不再混熔。

① 铜精矿熔炼

铜精矿熔炼的产物有冰铜和炉渣。熔炼时，当炉料中含有足够多的硫时，在高温下铜与硫的亲和力大于铁，而铁与氧的亲和力大于铜，则会发生以下反应：$FeS+Cu_2O=FeO+Cu_2S$，冰铜主要是Cu_2S和FeS组成的合金。炉渣主要由各种金属和非金属氧化物的硅酸盐组成。

② 冰铜的吹炼

吹炼的实质是利用空气中的氧将冰铜中的铁和硫氧化去除，并除去部分其它杂质，得到粗铜。

吹炼过程分为两个周期：第一周期（造渣期），主要是FeS的氧化造渣，结果形成Cu_2S熔体，称为白冰铜；第二周期（造铜期），主要是Cu_2S氧化变成Cu_2O，Cu_2O与未氧化的Cu_2S相互作用生成金属铜（粗铜），在这一周期中无炉渣形成。

造渣期的基本反应：$2FeS+3O_2=2FeO+2SO_2$；$2FeO+SiO_2=2FeO \cdot SiO_2$。

造铜期的基本反应：$Cu_2S+2Cu_2O=6Cu+SO_2$。

吹炼过程还可以去除少量挥发性杂质，冰铜吹炼一般采用转炉进行。

③ 粗铜火法精炼

冶炼的粗铜中含有各种杂质及贵金属，它们影响铜的物理化学性能和用途，而且贵金属有较高的价值，应提取出来。火法精炼的实质是向液体铜中通入空气，使铜液中的杂质和贵金属被氧化去除。然后将还原剂加入铜中除氧，最后得到化学成分和物理性能符合电解精炼要求的铜阳极。

粗铜火法精炼为周期性作业，一般在反射炉或回转精炼炉中进行。每个周期包括：熔化、氧化、还原和浇注四个阶段，其中，氧化和还原为主要过程。

氧化过程：氧化精炼用的空气进入液体铜时，铜首先被氧化，$4Cu+O_2=2Cu_2O$

生成的Cu_2O立即溶于液体铜中，在与杂质接触的情况下将杂质氧化，杂质氧化物在铜中的溶解度很小，可造渣除去。杂质氧化反应主要有：$3Cu_2O+2Al=Al_2O_3+6Cu$；$2Cu_2O+Si=SiO_2+4Cu$；$Cu_2O+Zn=ZnO+2Cu$；$Cu_2O+Fe=FeO+2Cu$；$3Cu_2O+$

$2As = As_2O_3 + 6Cu$；$2Cu_2O + Sn = SnO_2 + 4Cu$；$Cu_2O + Mn = MnO + 2Cu$。

还原过程：火法精炼的还原剂一般采用重油、天然气、氨、液化天然气等，重油的主要成分为碳氢化合物，高温下分解为氢和碳，而碳燃烧成为 CO，所以，重油还原实际上是 H_2 和 CO 对 Cu_2O 的还原，其反应为：$Cu_2O + H_2 = 2Cu + H_2O$；$Cu_2O + CO = 2Cu + CO_2$。

④ 铜的电解精炼

铜的电解精炼是以火法精炼获得的铜为阳极，以电解产出的薄铜作阴极，以硫酸铜和硫酸的水溶液作电解液，在直流电的作用下，阳极铜发生电化学溶解，纯铜在阴极上沉积，杂质进入阳极泥和电解液中，从而实现铜与杂质的分离，获得高品位的精铜。

（2）湿法炼铜

湿法炼铜适合于氧化矿，是在常温常压下或高压下用溶剂使铜从矿石中浸出，然后去除浸出液中的各种杂质，再将铜从浸出液中提取出来的工艺方法。湿法炼铜中常用硫酸、氨等浸出方法，特别适用于对火法炼铜难以处理的低品位矿石、采铜废石中的铜进行提取。

1.3.2.2 铝冶金

铝是银白色金属，纯铝的密度为 $2.7g/cm^3$，熔点为 660℃。铝是热的良导体，具有良好的延展性和导电性，铝表面致密的氧化膜使其不易受到腐蚀。炼铝的原料主要是含铝矿物，主要包括铝土矿、明矾石、霞石等。铝土矿的主要化学成分为 Al_2O_3，一般质量分数为 40%～70%。

（1）氧化铝的生产

氧化铝是白色粉末状，熔点为 2050℃，是比较典型的两性氧化物，既可以用碱性溶液，也可以用酸性溶液将铝土矿中的氧化铝溶解出来。氧化铝工业生产的主要方法是用碱（工业烧碱 NaOH 和纯碱 Na_2CO_3）处理铝土矿，最终获得氧化铝。其生产工艺方法包括：拜耳法、烧结法和拜耳-烧结联合法。

① 拜耳法

拜耳法是奥地利人拜耳于 1887-1892 年发明的一种生产氧化铝的方法，主要用于处理低硅含量的铝土矿。该方法直接利用含有大量游离苛性碱的循环母液处理铝土矿，溶出其中的氧化铝得到铝酸钠溶液。然后，向其中加入氢氧化铝晶种并搅拌，使铝酸钠溶液分解析出氧化铝结晶。氢氧化铝结晶经沉淀、过滤、洗涤、干燥和煅烧得到氧化铝，剩余的母液经发酵后返回，继续用于溶出新的铝土矿。拜耳法工艺流程简单、成本低、产品质量好，得到广泛的应用。

拜耳法的基本反应为：$Al_2O_3 \cdot 3H_2O + 2NaOH = 2NaAl(OH)_4$。这一基本反应在不同的条件下朝不同的方向交替进行。首先，在高温下 NaOH 溶液溶出铝土矿，将其中的氧化铝水合物浸出，反应向右进行，得到铝酸钠溶液，杂质进入残渣中；向分离出赤泥后的铝酸钠溶液中添加晶种，在不断搅拌的条件下进行晶种分解，使反应向左进行，析出氢氧化铝。分解后的母液再返回溶出下一批矿石。氢氧化铝经煅烧后得到氧化铝产品。

② 烧结法

碱石烧结法的实质是将铝土矿与一定的石灰或石灰石配成炉料进行烧结。在铝土矿中配入一定数量石灰石（或石灰）、纯碱（Na_2CO_3）及含大量的提取氧化铝后的剩余母液，在高温下烧结得到含有固态铝酸钠的熟料，用水或稀碱溶液溶出熟料，得到经脱硅净化的铝酸钠溶液。向铝酸钠溶液中通入二氧化碳气体，使溶液中的氧化铝成分以氢氧化铝形式结晶析出（简称碳分法）。其母液再直接返回或经蒸发后返回，继续用于循环使用。

烧结法的基本化学反应如下。

a. 溶出过程的反应：$Na_2O \cdot Al_2O_{3(s)} + 4H_2O = 2Na^+ + 2Al(OH)_4^-$

b. 铝酸钠溶液的碳分过程反应：$2NaOH + CO_2 - Na_2CO_3 + H_2O$；$NaAl(OH)_4 - Al(OH)_3 + NaOH$

烧结法工艺较复杂，能耗较高，产品质量和生产成本均不及拜耳法。但烧结法可以用来处理低品位的铝土矿。

以上拜耳法和烧结法都有各自的优点、缺点和适应性，拜耳法流程简单、能耗低、产品质量好，当矿石中的铝硅比降低，拜耳法在经济上的优越性也随之降低。烧结法流程比较复杂、能耗高、产品质量不如拜耳法，但烧结法能有效处理高硅铝土矿。拜耳-烧结联合法利用了拜耳法和烧结法的优点，采用两种方法的联合工艺流程，可获得比单一方法更好的冶金效果。联合法有并联、串联两种流程，原则上都以拜耳法为主，才能获得更好的经济效果，烧结法的生产能力一般只占总能力的10%～20%。

(2) 金属铝的生产

工业生产中，主要采用冰晶石-氧化铝熔融盐电解法（霍尔-埃鲁法）。电解过程在电解槽内进行，如图1-15所示为预焙阳极电解槽。直流电通入电解槽使电解质氧化铝发生分解，在阴极和阳极上起电化学反应。阴极的电解产物是铝液，阳极上的产物是 CO_2 和 CO 气体。霍尔-埃鲁电解法自诞生以来其基本理论变化不大，但是电解槽的结构却有了很大的改进和发展。

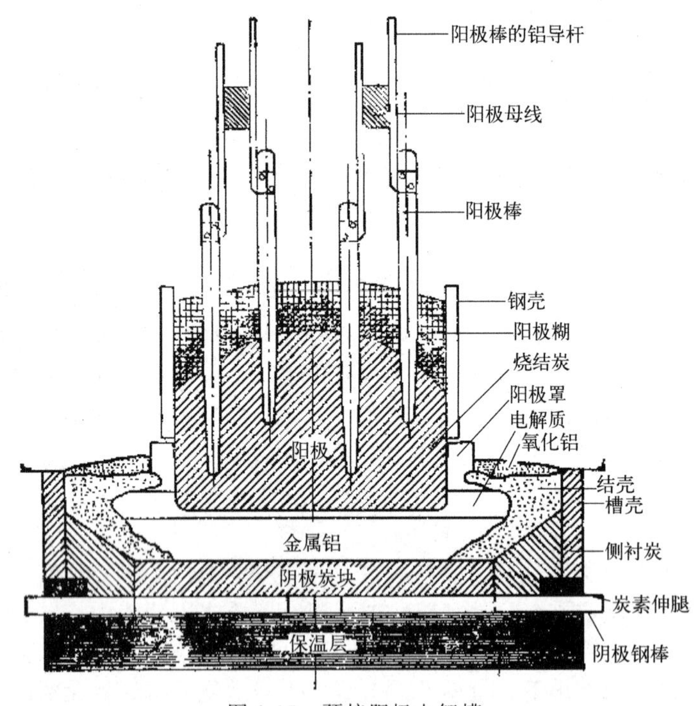

图1-15　预焙阳极电解槽

①阴极过程

铝电解槽阴极上的基本电化过程是铝氧氟络合离子中的 Al^{3+} 的放电析出。除此之外，在一定的条件下还有钠析出，其电化学反应为：

$$Al^{3+}(络合) + 3e = Al; Na^+ + e = Na$$

在生产中，阴极上主要是 Al^{3+} 放电析出，铝液经过净化和澄清之后，浇铸成铝锭，其质量分数可以达到99.5%～99.8%。为了使阴极电解析出的Na减少到最低程度，通常采用酸性电解质，即在电解质中保持过量的AlF_3。电解铝时，金属铝会部分溶解在熔融的电解质中，而造成铝的损失，并使电流效率降低。一般需要在尽可能低的温度下电解，以降低铝的损失。

② 阳极过程

铝电解槽的阳极过程比较复杂，因为炭阳极本身也参与电化学反应。炭阳极上的一次反应是铝氧氟络合离子中的氧离子在炭阳极放电，生成CO_2的反应。

发生阳极效应时，在阳极周围会产生许多微小电弧，电解质停止沸腾，槽电压急剧升高。这是因为随着电解过程的进行，电解质中的Al_2O_3逐渐减少，电解质对阳极的润湿性越来越差，最后，当Al_2O_3的浓度降低到某一数值时，阳极电化学反应产生的气泡会滞留在阳极表面形成气体膜，这使槽电压急剧升高。当向电解质中加入新的Al_2O_3时，电解质重新具有润湿性，将阳极上的气体膜挤开，润湿阳极，槽电压下降，阳极效应解除。

正常生产中，当电解槽中的电解质Al_2O_3的质量分数降低到0.5%～1.0%时，会产生阳极效应。阳极效应使得电能消耗增加，电解质过热，挥发损失增大。阳极效应能预告向电解槽中加入新Al_2O_3的时间，并且可以据此来判断电解槽的操作是否正常。

1.3.2.3 锌冶金

锌是一种白色而略带蓝灰色的金属，六方体晶体，具有金属光泽，熔点为419.5℃，25℃时密度为7.14g/cm^3。锌在常温下性脆、延展性较差，当加热到100～150℃时就具有很高的延展性，能压成薄板或拉成丝，当加热到250℃时，锌会失去延展性而变脆。锌加工后变硬，因此机械加工常在其再结晶温度下进行，熔化后的流动性好。锌在常温下不被干燥的空气或氧气氧化，在湿空气中生成保护膜，保护内部不受侵蚀，因此可以作为覆盖物保护钢铁制品。锌的用途广泛，在国民经济中占有重要的地位。

锌冶炼的原料主要是锌矿石，按照所含矿物的不同，可以将锌矿石分为硫化矿和氧化矿两类。其中硫化矿是炼锌的主要原料，多与其它金属的硫化矿伴生，最常见的是铅锌矿，其次为铜锌矿、铜铅锌矿等。氧化矿是硫化矿床上长期风化的产物。

锌的冶炼方法主要包括火法炼锌、湿法炼锌以及再生锌的回收等。

① 硫化锌精矿的焙烧　硫化锌精矿焙烧是在高温下借助空气中的氧气进行氧化焙烧的过程。硫化锌精矿焙烧主要达到以下目的。

a. 将精矿中的硫化锌尽量氧化变为氧化锌，同时，也使精矿中的铅、镉、砷、锑等杂质氧化成为挥发性的化合物或直接挥发而从精矿中分离。

b. 使精矿中的硫氧化成SO_2，产生有足够浓度的SO_2烟气，以便制取硫酸。

硫化锌焙烧时主要的化学反应有：$ZnS+O_2=Zn+SO_2$；$2ZnO+2SO_2+O_2=2ZnSO_4$；$ZnO+Fe_2O_3=ZnFe_2O_4$

② 火法炼锌　火法炼锌是在高温下，利用碳作还原剂，从氧化锌物料中还原提取锌的过程。基本原理是将氧化锌在高温下用碳质还原剂还原，并利用锌沸点低的特点，使锌以蒸气挥发，然后冷凝为液态锌。火法炼锌技术主要有竖罐炼锌、密闭鼓风炉炼锌、电炉炼锌等几种工艺。火法炼锌的特点是：工艺成熟，产品质量较差、综合回收率较低。火法炼锌首先得到粗锌，因冷凝的液体往往含有较易挥发的铅、镉等杂质，需要进一步精炼提纯。精炼方法是利用锌和杂质金属的沸点不同，采用蒸馏的方法来提纯，称为锌精馏。

③ 湿法炼锌　湿法炼锌的实质是用酸性溶液将氧化锌焙砂中的锌浸出，对浸出液进行净化除去其中的杂质，然后电解析出锌，电解锌铸锭，得到金属锌。湿法炼锌包括焙烧、浸

出、净化和电解沉积四个主要过程，其中浸出是重点环节。浸出就是将锌焙砂中的氧化锌尽量地溶解到溶液中，以达到与杂质分离的目的。浸出得到的硫酸锌溶液需要进行净化处理，以去除对电解有害的杂质。最后进行锌的电解沉积，采用Pb-Ag合金板为阳极，纯铝板为阴极，以酸性硫酸锌热源作为电解液，当通入直流电时，在阴极上析出锌，阳极上放出氧气。

1.3.2.4 钛冶金

钛是一种十分活泼的元素，属于最典型和最重要的过渡元素之一，钛及钛合金具有密度小、比强度高、耐腐蚀、耐高温等优异物理化学性能，广泛应用在航空航天、船舶工业、生物医疗、汽车工业、生活用品等方面。由于钛及钛合金的应用范围广且具有重大战略价值。钛为银白色金属，熔点约为1668℃，密度约为4.5g/cm^3。钛具有显著的耐蚀特性，特别是对氯离子具有很强的耐蚀能力。钛有较高的力学性能，但导电性和导热性较差。

生产金属钛的方法包括金属热还原法和熔盐电解法，目前工业生产中采用的主要方法为金属热还原法，利用还原性较强的Na、Mg、Ca、Al等金属元素将钛氧化物、钛氯化物或钛的氟化物进行还原生产金属钛。其中的主要还原剂以Mg为主，还原四氯化钛（$TiCl_4$）。

（1）钛铁精矿的还原熔炼

钛铁矿是由稳定的钛酸铁（$FeTiO_3$）矿物组成，钛铁矿中理论的TiO_2含量为52.63%，一般钛精矿TiO_2为42%～48%。比较成熟的方法是电炉熔炼法，利用钛和铁对氧的亲和力不同，进行还原熔炼，以焦炭或无烟煤作为还原剂，分别获得钛渣（TiO_2为90%～96%）和生铁，其工艺简单、副产品铁可以直接应用。

还原熔炼在不同温度范围发生以下主要反应：

当温度高于1200℃时：$FeTiO_3+C=Fe+TiO_2+CO, 2TiO_2+C=Ti_2O_3+CO$

当温度为1270～1400℃时：$2Ti_3O_5+C=3Ti_2O_3+CO$

当温度为1400～1600℃时：$Ti_2O_3+C=2TiO+CO$

（2）四氯化钛（$TiCl_4$）的生产

氯化冶金是向物料中添加氯化剂使欲提取的金属转变为氯化物，为制取纯金属作准备的冶金方法。制备$TiCl_4$采用加碳氯化反应，即在有碳的条件下，TiO_2在700～900℃的温度下发生如下反应：

$TiO_2+2Cl_2+C=TiCl_4+CO_2$，$TiO_2+2Cl_2+2C=TiCl_4+2CO$；

在粗$TiCl_4$中有各种杂质，工业生产中采用精馏的方法，利用各种氯化物杂质沸点的差异，可以去除大部分杂质。对于沸点与$TiCl_4$接近的杂质采用其它方法去除。

（3）海绵钛的生产

从$TiCl_4$中提取金属钛都是在钛熔点以下的温度进行，只能获得多孔的海绵钛，海绵钛可以采用镁还原法和钠还原法。Kroll于20世纪40年代发明了镁热还原工艺，此后Kroll法生产海绵钛一直被各钛厂应用，但仍然存在能耗高、生产周期长、不能连续化生产的问题，在一定程度上阻碍了钛行业的发展。钠还原法在20世纪中期进行商业化生产的Hunter工艺中应用，但是钠的化学性质非常活泼，而且Hunter法设备较复杂，成本较高，很难适应工业化发展。

① 镁还原法

用镁还原$TiCl_4$的主要反应为：$TiCl_4+2Mg=Ti+2MgCl_2$。将纯金属镁放入密闭的容器中，充满惰性气体，然后加热至760～850℃，使镁完全熔化（镁的熔点约为650℃），然

后通入 $TiCl_4$ 与熔融的镁反应，获得海绵钛。钛是典型的过渡元素，在还原过程中存在稳定的中间产物 $TiCl_2$，因此，其还原反应是分步完成的：$TiCl_4+Mg=TiCl_2+MgCl_2$，$TiCl_2+Mg=Ti+MgCl_2$。

在 900～1000℃下，$TiCl_2$ 和过剩的镁有较高的蒸气压，可在一定的真空度条件下将残留的 $MgCl_2$ 和 Mg 蒸馏去除，获得海绵状金属钛。

在还原过程中，对于存在的微量杂质，包括 $AlCl_3$、$FeCl_3$、$SiCl_4$、$VOCl_3$ 等也被 Mg 还原生成相应的金属，这些金属全部混杂在海绵钛中。

② 钠还原法

采用钠还原 $TiCl_4$ 生产海绵状钛是在高于 NaCl 的熔点（801℃）温度、低于钠的沸点（883℃）温度的范围内进行，其反应如下：$TiCl_4+4Na=Ti+4NaCl$。钠还原 $TiCl_4$ 同样也是通过生成低价氯化钛的中间反应完成。

（4）钛的生产

通过上述的还原法获得的主要是海绵钛，海绵钛经过进一步熔炼得到致密的金属钛，然后可进一步加工成钛材。钛是高活性金属，在熔炼温度下能与多种元素发生化学反应，因此，钛熔炼必须在真空中或在惰性气体保护下进行。根据热源不同，真空熔炼可采用电弧熔炼、电子束熔炼、等离子熔炼等。图 1-16 所示为真空自耗电弧熔炼炉示意图，真空自耗电弧炉是用被熔炼的金属做成电极，熔炼时，金属电极边熔化边自身消耗，最后熔铸成与电极材料相同的金属铸锭。

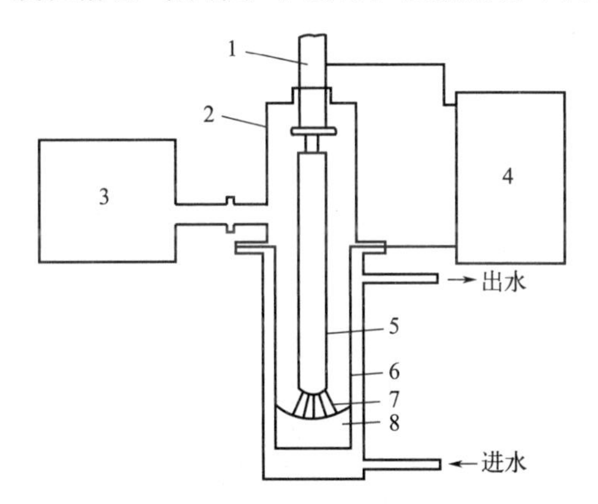

图 1-16 真空自耗电弧炉

1—电极夹持器；2—炉室；3—真空泵；4—供电电源和控制柜；
5—自耗电极；6—水冷结晶器；7—电弧；8—熔炼好的金属锭

真空自耗电弧炉是在低压或惰性气氛中工作，纯金属钛的熔炼温度为 1800～2000℃，使用的电极由海绵钛压制而成，在电弧的高温作用下快速熔化，并在水冷铜坩埚内凝固成铸锭。当液态金属钛以熔滴的形式通过高温的电弧区向铜坩埚中滴落，以及在铜坩埚中保持液态和随后的凝固过程中，不仅实现了金属钛的致密化，而且还起到了提纯金属的作用。

由于工业 $TiCl_4$ 全部是以 TiO_2 为原料经氯化后提纯制取的，$TiCl_4$ 制备提纯工艺复杂，成本高，这也是导致 $TiCl_4$ 还原法生产成本较高的一个主要原因。除了 $TiCl_4$ 还原法，直接对 TiO_2 进行还原制备金属钛也是一个重要发展方向。

1.3.2.5 镁冶金

镁是一种银白色金属，熔点为 650℃，密度约为 $1.74g/cm^3$。镁质量轻，比强度、比刚度高，尺寸稳定性和热导率高，机械加工性能好。镁的化学活性极强，其耐蚀性能较差。镁在自然界中主要以液体矿和固体矿形式存在，液体矿主要成分为 $MgCl_2$，固体矿主要成分为 MgO、$MgCO_3$ 等金属。镁在自然界分布广泛，地壳中储量约 2.08%。我国镁资源丰富，有菱镁矿、白云石矿及广阔的盐湖资源，储量位居世界第一。镁可以由菱镁矿、白云石、盐矿、卤水以及海水中提炼制取，主要通过熔融氯化镁电解还原或热还原法生产。

（1）电解还原

熔融氯化镁电解还原法首先制备氯化镁，然后利用电解法制镁，依据原料不同，主要包括以菱镁矿为原料的无水氯化镁电解法和以海水为原料制备无水氯化镁的电解法。

① 卤水脱水电解法

该方法以卤水为原料，通过卤水提纯得到纯净的无水氯化镁，然后在熔融状态下电解制取镁。卤水是主要含 $MgCl_2$ 的水溶液，将海水或盐湖水中的 NaCl、KCl 提取后得到的溶液就是卤水。也可以采用盐酸和菱镁矿以及蛇纹石等含有 MgO 的矿物反应制取卤水。

先将卤水中 MnO_2、$Fe(OH)_3$、B_2O_3 等杂质净化去除，然后将卤水加热到 60～70℃，加入 $CaCl_2$，卤水中的 SO_4^{2-} 与 $CaCl_2$ 反应，生成 $CaSO_4$ 沉淀去除，其反应为：$SO_4^{2-}+CaCl_2=2Cl^-+CaSO_4\downarrow$；卤水中的 MnO_2 和 $Fe(OH)_3$ 过滤去除，过滤后的溶液送入除溴塔，通入 Cl_2 将溶液中的 Br^- 置换分离，其反应为：$2Br^-+Cl_2=2Cl^-+Br_2$；最后，采用有机溶剂萃取除去 B_2O_3。对上述净化后的卤水加热蒸发去除水分，得到颗粒状无水氯化镁。

对颗粒状无水氯化镁进行电解，在阴极发生 $Mg^{2+}+2e\rightarrow Mg$，阳极发生 $2Cl^- -2e\rightarrow Cl_2$，从而在阴极上析出单质镁，然后被电解质循环带入集镁室，液态镁通常比电解质轻，浮在电解质表面上。最后从集镁室抽取获得金属镁。

② 光卤石脱水电解法

光卤石主要为氯化镁和氯化钾的复盐（$KCl\cdot MgCl_2\cdot 6H_2O$），以光卤石为原料，通过提纯、脱水后再在熔融状态下电解制取金属镁。光卤石含有 NaCl 等杂质，通过热熔再结晶的方法去除杂质，然后冷却结晶得到人造光卤石，将其保温沉降过程中加入 $MgCl_2$，除去 SO_4^{2-}。再对光卤石进行电解，得到金属镁。

③ 氧化镁氯化电解法

除了以包含氯化镁为主的原料，还可以选用以氧化镁为主的原料，例如以白云石和海水为原料，经煅烧、焙烧、制球、球团干燥和氯化得到无水氯化镁，再熔融电解制取金属镁。

（2）热还原

热还原法炼镁有半连续法和皮江法。

① 半连续法

该方法以白云石为原料，经过煅烧得到煅白（$CaO\cdot MgO$），然后在真空炉内熔融状态下以硅铁为还原剂制取金属镁。白云石是碳酸镁与碳酸钙的复盐（$CaCO_3\cdot MgCO_3$），将白云石破碎然后煅烧获得煅白，煅烧温度 1200～1300℃，煅烧反应为：$CaCO_3\cdot MgCO_3=CaO\cdot MgO+2CO_2$；将煅白、硅铁和铝土矿加入还原炉中，在熔融状态下进行还原反应：

$$2(CaO\cdot MgO)+(x Fe)Si+n Al_2O_3=2CaO\cdot SiO_2\cdot n Al_2O_3+x Fe+2Mg$$

还原出的镁为蒸气状态，从炉内抽入冷凝器冷凝成液态进入坩埚获得液态镁，再进一步精炼获得金属镁。

② 皮江法

该方法以白云石为原料，经过煅烧得到煅白（CaO·MgO），然后在还原罐中于固态下用硅铁还原煅白，制取金属镁。皮江法炼镁原料来源广泛，工艺流程短，生产设备简单，产出的镁质量好。但还原过程中存在排烟温度高、热效率低、资源和能源利用率低、污染环境等因素，不利于镁工业的可持续发展。

（3）镁精炼

上述电解法和热还原法得到的金属镁称为粗镁，还达不到应用的质量标准，必须精炼进一步去除杂质，获得高质量的金属镁。镁精炼的方法有熔剂精炼、沉降精炼、添加剂精炼、真空蒸馏、区域熔炼和电解精炼。

1.3.2.6 铅冶金

我国铅金属资源储量、生产规模和工业消费量均位于世界第一。铅是一种高密度、柔软的蓝灰色金属，断口具有金属光泽。铅熔点为327.5℃，密度约为$11.34g/cm^3$。纯铅是重金属中最软的金属，导电性和导热性较差。液态铅在高温下易挥发，容易造成冶炼时的金属损失和环境污染。

铅是制造蓄电池、电缆、汽油添加剂等产品的原材料，铅板和铅管广泛应用于制酸行业、蓄电池、电缆包皮等。由于铅有很高的耐酸、碱性能，可以作为电解槽的内衬，作为防腐衬里广泛应用于化工和冶金设备中。铅能吸收放射性射线，可用作原子能工业及X射线仪器设备的防护材料，制造防护屏，用于核工业以及医疗器械中。铅能与许多金属形成合金，如铅与铜形成的合金，铅能与锑、锡、铋等配置成各种合金，用作熔断保险丝、印刷合金、耐磨轴承合金、焊料等，所以铅以合金的形式广泛应用。铅还可以作建筑工业隔音和装备上的防震材料等。

（1）硫化铅精矿的焙烧和烧结

铅矿分为硫化矿和氧化矿两大类，分布最广的硫化矿是方铅矿。焙烧和烧结的目的是将精矿中的硫化物氧化脱硫，同时除去砷、锑，以减少熔炼时铅冰铜和砷冰铜的生成，从而提高金属回收率。最后，获得的多孔烧结块符合鼓风炉熔炼的需要。

硫化铅的焙烧是一个氧化过程，精矿中的硫化铅以及其它金属硫化物转变成氧化物，其氧化反应如下：$4PbS+7O_2=2PbO+2PbSO_4+2SO_2$；形成的硫酸铅与硫化铅相互反应形成氧化铅：$3PbSO_4+PbS=4PbO+4SO_2$；最后，硫化铅与氧化铅或硫酸铅相互反应生成金属铅：$PbSO_4+PbS=2Pb+2SO_2$，$2PbO+PbS=3Pb+SO_2$。

但是，在实际生产中，由于焙烧温度较高，通常在850℃以上，而且处于强氧化气氛，所以，焙烧的最终产物主要为氧化铅，硫酸铅和金属铅的含量相对很少。经过烧结后，再在鼓风炉内进行熔炼，烧结块的组成很复杂，其中主要是氧化铅以及少量的硫化铅、硫酸铅和金属铅。此外，还含有其它金属氧化物、贵金属和来自岩石、熔剂的造渣成分。经过鼓风炉熔炼后，烧结块中的金属铅和易还原氧化铅中的铅以金属状态形成粗铅。

（2）粗铅的精炼

鼓风炉熔炼获得的粗铅中含有质量分数为1%～4%的杂质和贵金属，通常经过精炼除去粗铅中的杂质并回收其中的贵金属。粗铅精炼的方法通常分为火法和电解法。

① 火法精炼

火法精炼是使粗铅中杂质元素在高温作用下进入精炼渣中被去除。

a. 粗铅除铜　过程分为两个步骤，第一步是利用熔析法初步脱铜，第二步通过加硫法进一步脱铜。熔析法是利用在低温下铜及其砷锑化合物在铅中的溶解度小而析出。粗铅经熔析除铜后，再采用加硫的方法除去残余在铅中的铜。加入的硫先与铅反应生成硫化铅，硫化铅进一步与铜反应生成硫化铜被去除，其反应过程如下：$2Pb+S2=2PbS$，$PbS+2Cu=Pb+Cu_2S$。

b. 粗铅除砷、锑、锡　杂质中的砷、锑、锡通过氧化精炼去除。根据氧对砷、锑、锡等杂质的亲和力比铅大的原理，先形成氧化铅，然后利用氧化铅去除杂质，其反应过程如下：$2Pb+O_2=2PbO$，$PbO+Sn=Pb+SnO$，$3PbO+2As=3Pb+As_2O_3$，$3PbO+2Sb=3Pb+Sb_2O_3$。

c. 粗铅除银　利用加锌的方法除银，在一定的温度下，将金属锌加入液体粗铅中，由于锌与金、银更容易反应结合形成 $AuZn_5$、Ag_2Zn_3 等稳定化合物，这些化合物的熔点高、密度小，并且不溶于铅液，因而浮于铅液表面形成银锌壳被分离去除。

d. 粗铅除锌　除银后铅液中会有部分残留的锌，通过真空精炼法除锌，利用铅与锌蒸气压不同进行分离去除锌。当真空度为 1.33～13.33Pa、温度为 600℃左右，锌的挥发率达到 96%～98%，而铅的挥发率仅为 0.03%～0.07%，在这种条件下大部分锌被蒸发去除。

e. 粗铅除铋。铋是较难从铅中去除的杂质元素，通常铋的质量分数在 0.05%左右。由于钙和镁在铅液中与铋形成不溶化合物，而且这些化合物密度小并呈硬壳状浮在铅液表面，所以一般采用加钙、镁来除铋。去除铋后，再利用碱性精炼法使用硝石作为氧化剂将残留的钙和镁去除。

② 电解精炼

铅的电解精炼是利用粗铅作阳极、纯铅作阴极，采用硅氟酸和硅氟酸铅的水溶液作为电解液，发生电解反应对铅进一步提纯。电解时，比铅具有更强负电性的杂质金属，例如锌、铁、镉、钴、镍、锡等能与铅一起溶解；而比铅更正电性的杂质金属，如锑、铋、砷、铜、银、金等不溶解，形成阳极泥作为回收贵金属的原料。

本章小结

本章主要阐述了原子间的键合以及生铁的冶炼和钢的冶炼过程进行了介绍，简要阐述了有色金属的冶炼方法以及典型有色金属钛、铝、镁等的冶炼过程。通过本章内容的学习，可以对黑色金属和有色金属的冶金过程有初步的了解，为后续相关金属及合金材料的显微组织和性能方面知识的学习奠定基础。

思考题与练习题

1. 高炉炼铁的原料有哪些？炼铁过程中主要发生的物理化学反应包括哪些？
2. 在实际生产中降低高炉生铁中硫含量的基本措施是什么？
3. 与生铁冶炼相比，炼钢的实质是什么？在炼钢过程中发生哪些基本冶金反应？
4. 说明结合键与原子间距之间的关系。
5. 有色金属冶炼的主要方法有哪些？

自测题

1. 说明不同原子结合键的主要区别。
2. 评定钢冶金质量的主要依据是什么？为提高钢的冶金质量可采取哪些有效措施？
3. 解释为何钢中总会含有一定量的 Si、Mn、P、S 杂质元素？
4. 铜的冶炼原料有哪些？不同的原料对冶炼质量的影响是什么？
5. 铝冶炼过程中采用的拜耳法和烧结法的优缺点有哪些？

参考文献

[1] 薛正良．钢铁冶金概论[M]．北京：冶金工业出版社，2016.

[2] 李洪桂．冶金原理[M]．北京：科学出版社，2005.

[3] 俞娟，王斌，方钊，等．有色金属冶金新工艺与新技术[M]．北京：冶金工业出版社，2019.

[4] 王昆林．材料工程基础[M]．北京：清华大学出版社，2003.

[5] 徐洲，姚寿山．材料加工原理[M]．北京：科学出版社，2003.

[6] 王小红，王平，黄本生，等．材料工程基础[M]．北京：科学出版社，2019.

[7] 毕大森．材料工程基础[M]．北京：机械工业出版社，2010.

[8] 王忠堂、张玉妥．材料成型原理[M]．北京：北京理工大学出版社，2019.

[9] 朱敏．工程材料[M]．北京：冶金工业出版社，2018.

[10] 朱博．探究钢铁冶炼新技术与耐火材料[J]，冶金与材料，2020，40(2)：83-84.

[11] 周文胜，李刚，李涛，钢铁冶炼工艺系统添加废钢增产降耗实践[J]，新疆钢铁，2022，2：51-53.

[12] 王天，王耀武，王宇，等．金属钛冶炼研究进展[J]，中国有色冶金，2020，3：1-6.

[13] 车玉思，杜胜敏，宋建勋，等．金属镁生产新工艺研究现状与进展[J]，中国有色金属学报，2022，32(6)：1719-1733.

第 2 章

金属材料的加工工艺理论

本章导读

金属材料的加工成形主要以“铸、锻、焊”三种方法为主，针对不同的加工方法，主要涉及金属材料液态成形的基本理论和工艺方法，塑性成形基本理论和工艺方法以及焊接的基本理论和工艺方法，在这一章主要针对金属材料的液态成形、金属塑性成形、材料焊接和金属材料的表面工程技术进行讲解，介绍不同加工工艺理论的特点和相关原理。

本章的学习目标

通过对不同金属加工工艺理论方法的学习，掌握铸造工艺的基本理论、工艺方法，金属塑性成形的基本理论、工艺设计和基本方法及应用，金属材料焊接的基本理论和基本方法以及金属材料表面合金化技术、覆膜技术和表面组织转化机理。

教学的重点和难点

（1）将材料科学与工程的基础知识与铸造、塑性加工、焊接的方法和工艺相结合，利用材料学基础知识解释加工工艺的基本理论。

（2）能够根据加工的材料不同，调整不同加工工艺的参数和方法，从而优化加工金属材料的组织和性能。

2.1 金属材料液态成形

2.1.1 液态成形基本理论

2.1.1.1 简述

液态成形（铸造）是发展最早，也是最基本的金属加工方法。液态成形是将材料在一定温度下熔化成液体，然后在重力或外力作用下注入不同形状和尺寸的型腔中，最后冷却凝固形成工件的技术。固态金属不容易加工成型，而液态成形阻力较小，通过液态金属浇铸可以获得不同形状的工件，这是其它加工成形方法不能比拟的。

铸造是生产金属零件毛坯的主要工艺方法之一，与其它工艺方法相比，铸造成型生产成本低、工艺灵活性大、适应性强，适合生产不同材料、形状和重量的铸件，并适合于批量生产。但它的缺点是公差较大，容易产生内部缺陷，浇铸生产条件较差、劳动强度大。

2.1.1.2 液态合金的成形性能

(1) 液态合金的流动性

液态合金本身的流动能力，称为合金的流动性。液态合金的流动性是合金的铸造性能之一，主要与合金的成分、温度、杂质含量及物理性能有关。对于纯金属和共晶成分合金，在固定的温度下凝固时已凝固的固体层从铸件表面逐层进入中心，与未凝固的液体之间形成清晰界面，而且固体层内表面比较光滑，对液体的流动阻力小，因此此类合金液流动时间较长，流动性好。对于具有较宽结晶温度范围的合金，其结晶温度范围越宽，铸件断面上存在的液-固两相区就越宽，枝晶越发达，形成的阻力越大，合金液停止流动就越早，流动性就越不好。

结晶潜热也是评估纯金属和共晶成分合金流动性的一个重要因素。凝固过程中释放的结晶潜热越多，则其保持液态的时间就越长，流动性就越好。合金的比热容和密度越大，热导率越小，则在相同的过热度下，保持液态的时间越长，流动性就越好，反之亦然。此外，合金的流动性还受液体合金的黏度、表面张力等物理性能的影响。

(2) 液态合金的充型性

液态合金填充铸型的过程，简称充型。对于铸造成型液态合金填充型腔的能力起到重要作用。液态合金的充型能力通常是指液态合金能够充满铸型型腔，获得形状完整、轮廓清晰完整铸件的能力。影响合金充型性的因素主要包括合金的流动性、浇注条件、铸型性质及铸件结构等。

在相同的铸造条件下，良好的流动性有利于使铸件在凝固期间产生的缩孔得到合金液的补充，有利于铸件在凝固末期受阻出现的热裂得到合金液的补充，从而更容易得到形状、尺寸准确，轮廓清晰的致密铸件。因此，液态合金具有良好的流动性有利于抑制浇不足、补缩不足及热裂等缺陷的出现。

① 浇注条件

流动性好的合金，自然会更好地在型腔中流动，从而具有强的填充铸型能力，合金的流动性是影响合金充型能力的主要内在因素。此外，浇注条件是影响合金充型的主要外部因素，包括浇注温度、充型压力和浇注系统结构。浇注温度的提高一定程度上会增加合金的流动性，对合金的充型能力能够起到决定性的影响，在一定温度范围内，充型能力随浇注温度的提高而明显增大。充型压力提高能够提高充型能力。在生产中经常采用增大直浇口的高度增加液态合金静压力来提高充型能力。此外，还可采用人工加压方法来进一步提高充型压力。浇注系统的复杂性不同也会影响充型能力，浇注系统的结构越复杂，液态合金的流动阻力越大，在其它条件相同的情况下，液态合金的充型能力会降低。

② 铸型性质

铸型性质不同也会影响铸造过程中的热传导，从而影响合金充型能力。铸型的蓄热系数指的是铸型从液态合金吸取并储存热量的能力，主要与铸型材料的导热系数、比热容、密度有关。铸型的导热系数、比热容和密度越大，铸型的蓄热系数就越大，因而铸型的冷却能力就越强，合金液在其中维持液态的时间越短，充型能力就越差。相反，铸型的蓄热系数小，则容易被合金液充满。此外，对铸型进行预热可以减小液态合金与铸型的温差，从而降低合金的冷却速度。

③ 铸件结构

铸件结构的复杂程度也会影响铸型的复杂性。在铸件壁厚相同时，直壁比水平壁容易充满。因此，为提高薄壁铸件的充型能力，除采取适当提高浇注温度和压力、增加浇口数量和尺寸等措施外，还应正确选择浇注位置。如果铸件的结构复杂，厚壁与薄壁的过渡面过多，将会增加型腔结构的复杂程度，从而增大流动阻力，使铸型充填困难。

④ 铸型中的气体

在熔融合金中通常会带有一定的气体，此外熔融合金与型腔材料的反应也会产生气体，气体的存在对合金的充型不利，因此需要减少气体的来源，同时在远离浇道的最高部位开设出气口可以有效排出型腔内的气体，有利于合金的充型。

（3）合金的收缩特性

合金从浇注、凝固直至冷却到室温，其体积或尺寸发生缩减的现象称为合金的收缩。因此，液态合金的收缩主要包括液态收缩、凝固收缩和固态收缩三个阶段。

① 液态收缩

当液态合金从浇注温度冷却到凝固开始温度间的收缩称为液态收缩。温度降低导致液态合金体积缩小主要表现为型腔内液面的降低。液态收缩与合金的成分和温度有关。合金成分一定时，提高浇注温度能增大过热度，使液体收缩率增大。合金成分主要影响液态体积收缩系数和液相线温度。

② 凝固收缩

凝固收缩是指从凝固开始温度到凝固终止温度之间的收缩。对于具有一定结晶温度范围的合金，由液态转变为固态时，由于合金处于凝固状态，故称为凝固收缩。这类合金的凝固体收缩率主要包括温度降低和状态改变导致的收缩两部分。

③ 固态收缩

固态收缩通常是指铸造合金从凝固终止温度到室温间的收缩。固态收缩包括体收缩和线收缩两种，在实际生产中，固态收缩通常直接表现为铸件外形尺寸的减少，因此常用线收缩表示。铸造合金的线收缩不仅对铸件的尺寸精度有着直接的影响，而且是铸件中产生铸造应力、变形、裂纹的主要原因。

2.1.1.3 铸造缺陷

铸造过程中受合金流动性、充型性和合金收缩特性的影响，通常会产生缩孔与缩松、内应力、变形、裂纹、气孔等缺陷。

（1）缩孔与缩松

由于合金的收缩，在铸件最后的凝固阶段会形成孔洞。对于尺寸较大而且比较集中的孔洞称为缩孔，尺寸较小而且分散的孔洞称为缩松。缩孔的形成过程如图 2-1 所示。缩松形成的基本原因和缩孔相似，当合金的结晶温度范围较宽，形成大量树枝晶，合金液在同一时间凝固，形成的细小、分散孔洞得不到液态合金的及时补充就会形成缩松现象。形成的宏观缩松如图 2-2 所示。一般来说，逐层定向凝固合金的缩孔倾向大，缩松倾向小，糊状凝固的合金缩孔倾向小，但缩松倾向大。缩孔和缩松缺陷会降低铸件的有效承载面积，在局部引起应力集中，导致铸件力学性能下降。同时，缩孔和缩松还会降低铸件的气密性和水密性。液态合金凝固时收缩越大，则容易形成缩孔；结晶温度范围越宽，凝固收缩越大，则容易形成缩松。

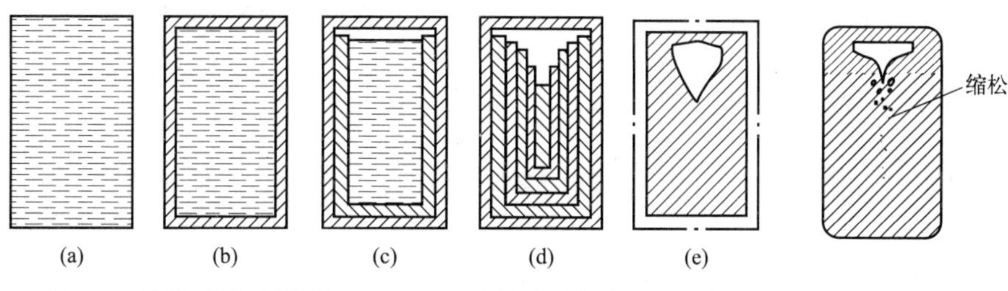

图 2-1　缩孔形成过程［(a)～(d) 为依次冷却凝固过程］　　图 2-2　宏观缩松

(2) 铸造内应力

在铸造过程中铸件的变形受到阻碍，便会在内部产生内应力，称为铸造内应力。铸造内应力主要包括热应力、相变应力和机械应力。

① 热应力

冷却过程中由于冷却速度不同会导致不同部位的收缩量不同，彼此互相制约而产生的应力称为热应力。热应力使铸件的厚壁或心部受拉伸，薄壁或表层受压缩。铸件壁厚差别越大、合金线收缩率越大、弹性模量越大，产生的热应力越大。降低热应力的基本途径是尽量减少铸件各个部分间的温度差。

② 相变应力

合金凝固后冷却过程中各部位达到相变温度的时间不同，从而导致相变程度不同，因此导致铸件各部分体积变化不同而产生的应力称为相变应力。相变应力的方向可能与热应力方向相同，也可能相反，如果方向相同，则会使应力增大，如果相反则使应力减小。

③ 机械应力

机械应力是铸件固态收缩时因受到铸型、型芯、箱挡或浇冒口等部分的阻碍而产生的应力。机械应力一般表现为暂时性的拉应力或剪切应力。当阻碍因素消除后，可自行消除。

(3) 铸件的变形

铸件的变形主要是由于内应力导致的，通过变形来减缓内应力。铸件变形会导致铸件尺寸、形状不符合设计要求。防止变形的措施主要包括：铸件设计时采用壁厚均匀、形状对称的设计；在工艺上采用同时凝固原则；对于长而易变形的铸件可以采用“反变形”工艺。

(4) 铸件的裂纹

铸件的裂纹也主要是由铸造内应力导致的。当内应力超过金属的强度极限时，便产生裂纹。根据铸件裂纹产生的原因和温度范围，可将裂纹分为热裂纹和冷裂纹。热裂纹主要是指高温下形成的裂纹，裂纹的缝隙宽、形状曲折、缝隙内表面通常呈氧化色。热裂纹是铸钢件、可锻铸铁坯件和一些非铁合金铸件中最常见的铸造缺陷。热裂纹的形成主要与铸造合金本身的性质、铸型性质、铸件结构、浇注条件等有关。合金的结晶温度范围越宽，热裂倾向越大；铸型退让性越好，热裂倾向越小。合金凝固温度范围宽，结晶时形成粗大树枝晶易产生热裂，凡是扩大合金凝固温度范围和加大合金绝对收缩量的元素都促使热裂产生；铸件凝固收缩时受型芯的阻力越大，产生应力的倾向越大，越容易开裂；浇冒口布置不合理，使铸件在浇冒口部位，因温度高、冷却慢产生裂纹；铸件结构设计不合理、浇注温度和浇注速度选择不当也会导致热裂纹产生。冷裂纹是在较低温下形成的裂纹，脆性大的合金较容易产生。通常形成的裂纹细小、呈连续直线状或圆滑曲线，有时缝隙内表面呈轻微氧化色。在低温下当铸造内应力超过材料的强度极限时就会产生冷裂纹，冷裂纹主要出现在铸件的应力集中处。因此，铸件产生冷裂纹的倾向与铸件形成应力的大小密切相关。

（5）铸件中的气孔

铸件中的气孔主要是由于熔炼过程、铸型和浇注过程中引入的气体导致的。金属液中的气体未能排出，就会在铸件中形成气孔，是最常见的铸造缺陷。熔炼过程中气体主要来自各种炉料的锈蚀物、炉衬、工具、熔剂及周围气氛中的水分、氮、氧等气体。铸型过程中的气体主要是型砂中的水分，即使烘干的铸型，浇注前也会吸收水分。当浇包未及时烘干、浇注系统设计不当、铸型透气性差、浇注速度控制不当、型腔内的气体不能及时排出，从而使气体进入合金液。

按照气体来源不同，可以将形成的气孔分为析出性气孔、侵入性气孔和反应性气孔三类。析出性气孔是指气体被金属液所吸收而留在铸件中形成的气孔。特征是分布面积大，有时遍及整个截面，降低力学性能，严重影响铸件的气密性。因此浇注前对金属液要进行“除气处理”，对炉料进行去油污和水分处理，浇注用具要及时烘干。侵入性气孔主要是砂型或砂芯在浇注时产生的气体浸入金属液所形成的气孔，因此需要提高型砂透气性，增加铸型的排气能力。反应性气孔主要是高温金属液与铸型材料、型芯撑、熔渣之间发生化学反应所形成的气体导致的气孔。

上述铸造过程中形成的各种缺陷会对铸件的气密性和力学性能不利，因此根据其形成的主要原因在铸件结构设计以及工艺设计时要有针对性地对各种影响因素进行调控，从而提高铸件的综合性能。

2.1.2 铸造工艺方法

铸造是机械零件毛坯或者成品加工的一种重要工艺方法。传统的砂型铸造对铸件的形状、尺寸、重量、合金种类等限制较小，因此应用十分广泛，约占到总铸件生产总量的80%左右。除了传统砂型铸造，还主要包括熔模铸造、金属型铸造、压力铸造和离心铸造等特种铸造。

2.1.2.1 砂型铸造

以型砂为材料制备铸型的铸造方法称为砂型铸造。砂型主要包括外型和型芯两大部分，外型也称砂型，用来形成铸件的外部轮廓；型芯也称砂芯，用来形成铸件的内腔。典型工艺过程包括模样和芯盒的制作、型砂和芯砂制备、造型制芯、合箱、熔炼、浇注、落砂、清理及检验等，如图 2-3 所示。其中造型是最基本的工序，造型方法可以分为手工造型和机器造型两种。

（1）砂型原料及要求

型砂是砂型铸造铸型的主要原料。型砂的性能要求主要包括透气性、强度、耐火性、退让性和流动性等。高温金属液浇铸后，铸型内会产生大量气体，为防止气体进入合金铸件中，导致气孔等缺陷产生，要求型砂具有一定的透气性。一般来说，砂的粒度越细、黏土及水分含量越高、砂型紧实度越高，透气性越差。型砂通常需要具有一定的强度，从而保证在造型、搬运、合箱过程中不引起塌陷，浇注时不会破坏铸型表面。但是强度过高会导致透气

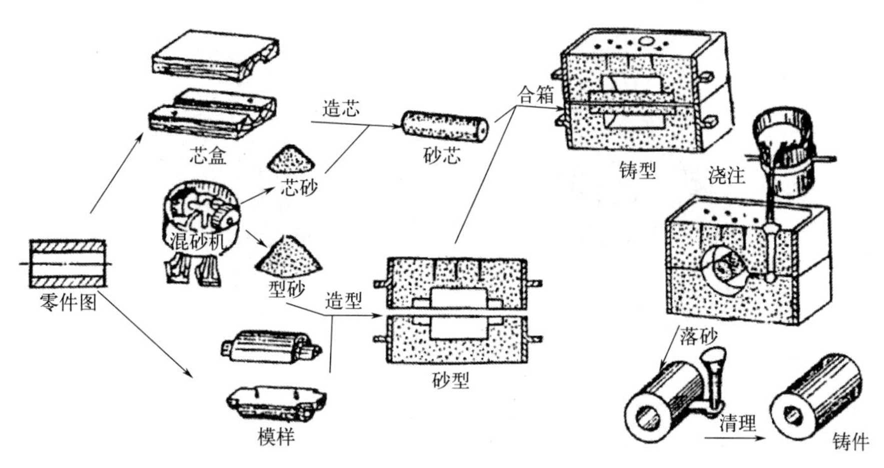

图 2-3　砂型铸造工艺

性、退让性下降，因此针对不同的合金铸造需要调配型砂达到适宜的强度，从而使其具有强度、透气性和退让性等的良好综合性能。型砂的耐火性是指型砂在高温金属液的作用下不熔融、不烧结的性能。型砂耐火性差会导致铸件表面黏砂，给铸件清理及机械加工造成困难。型砂的耐火性主要取决于砂中的 SiO_2 含量，砂中 SiO_2 含量越高，所含的低熔点杂质越少，型砂的耐火性越高。为了控制铸件的内应力，通常要求型砂具有良好的退让性，从而防止由于内应力导致的变形和开裂等缺陷。可以通过在型砂中加入锯末、焦炭粒等附加物质改善型砂的退让性。此外，为了提高造型的效率，通常还要求型砂具有良好的流动性，使型砂能够更加容易充填模样周围的空间，得到紧实度均匀、轮廓清晰的型腔。

（2）砂型及浇注系统

砂型可分为干型和湿型。湿型是铸造生产中应用较多的砂型。湿型砂主要由砂、黏土（常用膨润土）、水及煤粉等附加物组成。湿型砂中组成物的比例通常为 60%～80%旧砂、10%～15%新砂、4%～6%黏土、4%～7%煤粉、5%～7%水。型砂混制过程：将新砂、旧砂、膨润土、煤粉等原材料加入混砂机，先干混 3～5min，然后加水湿混 5～15min，待性能合格后出砂。刚混好的砂不宜立即用于造型，一般应堆放 3～5h，使型砂性能更稳定。

不同设计的浇注系统对铸造质量起到重要作用。浇注系统是液态合金充填型腔的通道，同时具有补缩、挡渣、除气等作用。典型的浇注系统由外浇口、直浇道、横浇道和内浇口四个部分组成。金属由外浇口浇入，经直浇道、横浇道，最后经内浇口流入型腔。图 2-4 所示为带冒口铸件和浇注系统示意图。

外浇口的作用是缓和金属液浇入的冲力，通常制作成盆形或漏斗形。直浇道的作用是提供合金液充型的压力，保证金属液迅速充满型腔，直浇道常制作成有一定锥度的圆柱形。横浇道的主要作用是将金属液分配到各个内浇口中，主要起到挡渣的作用，横浇道截面形状一般制作成梯形。内浇口是金属液流入型腔的入口，通过它控制金属液流入型腔的部位、速度及方向。内浇口截面形状常为扁梯形、月牙形或三角形。

（3）造型方法

造型主要分为手工造型和机器造型。对于单件或小批量工件生产，主要采用手工造型，大批量生产时应采用机器造型，可以提高生产效率。手工造型主要包括整模造型、分模造

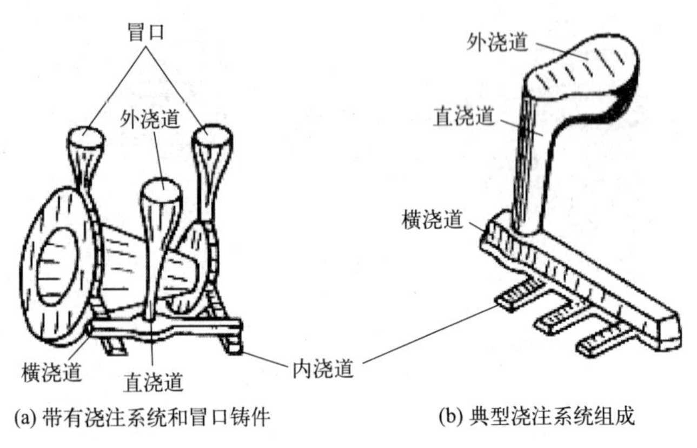

图 2-4 带冒口铸件和浇注系统

型、挖砂造型、活块造型及三箱造型。整模造型的模样是一个整体，整体模样置于同一砂箱内，其分型面为平面。当零件的最大截面不在端面，可将模样沿最大截面处分成两半，造型时两块半模分别位于上、下砂箱内，称为分模造型。当铸件的最大截面不在一端，且无法采用分模造型，可将模样制作成整体，然后挖去影响起模的型砂，使模样截面最大部分位于分型面上，称为挖砂造型。若铸件的侧面有小凸台影响起模，在模样制作时将小凸台制作成活块，通过销钉或燕尾榫与模样主体相连，起模时先取出模样主体，再单独取出活块，这种方法称为活块造型。有些铸件具有两头截面大、中间截面小的特点，需要用两个分型面，即利用三个砂箱造型，称为三箱造型。机器造型主要包括震压式造型、压实式造型、抛砂造型等方法。震压式造型包括震击紧实和压实两个步骤，起模时利用起模油缸将砂箱顶起促使模样脱离砂型。压实式造型是指压实前将型砂填入砂箱和辅助框内，然后将型砂压实的造型方法。抛砂造型是通过抛砂机的离心力填砂促使型砂变得紧实的造型方法。

2.1.2.2 熔模铸造

熔模铸造也称为失蜡铸造，属于精密铸造方法。主要利用易熔或者易溶材料制作模样，然后在模样上包覆多层耐火材料，经过硬化、干燥等过程制备型壳，熔（溶）失模样后得到空心型壳，再对空心型壳进行高温焙烧，将金属液浇注到型壳中获得铸件的方法。

熔模铸造时首先需采用碳钢或铝合金等切削加工或用石膏、塑料或低熔点合金浇注成形制备压制模样的模具，然后将蜡基模料（石蜡和硬脂酸各占 50%）或松香（树脂）模料熔融压入压型中，冷却后取出，经修整便可获得一个模样。生产中常常将多个模样熔焊在浇口棒模上，制成模组（树）。将模组浸入涂料中，在表面涂挂一层涂料，然后撒一层砂料，硬化干燥后完成一层。通常需循环 5～7 次，使型壳厚度达 5～12mm。涂料由耐火材料和黏结剂组成。耐火材料有石英、刚玉、锆英石、铝硅系材料等；黏结剂有水玻璃、硅溶胶、硅酸乙酯等。将制好型壳的模组口朝上浸泡在 80～95℃的热水中或口朝下放在高压釜中通入高压蒸气，让模料熔化并从型壳中流出。将脱蜡后的型壳自然干燥一定时间后，放入加热炉中，加热到 800～950℃，保温 0.5～2h，以便清除型壳中的挥发物使凝胶进一步脱水，型壳具有必要的高温强度和透气性。焙烧后型壳趁热取出浇注，并冷却凝固。最后用人工或机械方法清除型壳，切除浇冒口，清理后得到铸件。熔模铸造常应用于汽轮机或燃气轮机叶片、泵的叶轮、仪器元件、成形刀具、风动工具等零件和汽车、拖拉机及机床上的零件生产。

2.1.2.3 金属型铸造

用金属材料制作铸型进行铸造的方法，又称永久型铸造或硬型铸造。铸型常用铸铁、铸钢等材料制成，可反复使用。金属型铸造所能生产的铸件，在重量和形状方面还有一定的限制，如对黑色金属只能是形状简单的铸件；铸件的重量不可太大；壁厚也有限制，较小壁厚的铸件无法铸造。金属型铸造所得铸件的组织结构致密，表面粗糙度和尺寸精度均优于砂型铸件，力学性能较高。

金属型的结构形式很多，主要有整体式、水平分型式、垂直分型式和复合分型式，其中垂直分型式开设浇口，取出铸件方便，易实现机械化，所以应用较广。金属型用芯子有金属芯和砂芯。

金属型铸造具有的优点为：一型多铸，劳动生产率高，劳动条件好，易实现机械化和自动化；铸件尺寸精度高，表面质量好，切削加工余量小；金属型冷却速度大，铸件组织致密，力学性能好；铸造工序简化，工艺条件较易控制，铸件质量稳定，废品率低等。金属型铸造也存在金属型制造成本高，周期长，不宜铸造复杂、大型、薄壁铸件和高熔点合金铸件等缺点。金属型铸造主要应用于大批量生产形状简单的中小型有色合金铸件，如活塞、气缸体、轴瓦、轴套等。

2.1.2.4 压力铸造

压力铸造是指在压铸机上用压射活塞以较高的压力和速度将压室内的金属液压射到模腔中，使其在高压和高速下充填铸型，并在压力作用下使金属迅速凝固成铸件的铸造方法，属于精密铸造方法，简称压铸。

压铸机是压力铸造的基本设备，主要由压射机构和合型机构组成。前者的作用是将金属液在高压作用下高速压入型腔，后者的作用是开合压铸型。压铸机一般分为热压室压铸机和冷压室压铸机两类。热压室压铸机的压室与合金熔化炉连为一体，并浸泡在液态金属中。冷压室压铸机的压室与熔化炉分开，每次压铸时，要从保温炉中用浇包舀取金属液倒入压室，再进行压铸。压铸型通常是由耐热的合金工具钢经机加工制成的永久性铸型。根据合金种类不同和铸件结构不同选择压铸的压力、充填速度、充填时间、持压时间和浇注温度。由于压铸过程是高速高压下充填，因此浇注温度一般比常规铸造低40～80℃。压铸型工作前要预热，铝、镁合金压铸预热温度一般为130～200℃，铜合金预热温度为200～400℃。压力铸造生产的铸件尺寸精确，表面光洁，组织致密，生产效率高。压力铸造主要用于有色合金薄壁、形状复杂的中小型精密零件的大批量生产，在交通工具、电器、医疗器械和设备等领域得到广泛应用。

2.1.2.5 离心铸造

离心铸造是指，将液态金属浇入沿垂直轴或水平轴旋转的铸型中，在离心力作用下金属液附着于铸型内壁，冷却凝固后形成铸件的铸造方法。离心铸造可以使用不同类型的铸型，包括砂型、金属型、树脂砂型、陶瓷型、熔模铸造型壳和石膏型等。离心铸造时可利用质量法或容积法等来调控金属液量，从而实现定量浇注。离心铸造获得的铸件致密度高，气孔、夹渣等缺陷少，力学性能好。与其它铸造方法相比，生产中空铸件时可不用砂芯和浇冒系统，从而使金属利用率超过90%，便于制造筒、管、辊类等多层金属铸件。在离心力的作用下，金属的充型能力明显提高，因此可以制造薄壁或流动性差的金属铸件。存在的问题是，铸件内孔的尺寸精度不高、表面质量较差，有些合金还容易在离心力作用下发生严重成分偏析。鉴于离心铸造方法的特点，其主要广泛用于制造金属管、套、缸套和多层金属轴承等零件。

2.2 金属塑性成形

2.2.1 塑性成形基础理论

金属塑性加工是金属材料加工的一类主要方法，与铸造不同，塑性加工需要在大载荷作用下使金属发生变形，从而获得需要的工件尺寸和形状，塑性加工对金属或合金的显微组织和力学性能会产生重要影响。根据金属塑性变形能力不同，塑性加工后材料的成形性能和力学特性的变化规律也会不同，一般用于塑性加工的材料，期望在加工温度下具有良好的塑性变形能力，因此，在对金属或合金进行塑性加工之前，应该先了解加工材料的塑性变形能力和机理，这对更好地选择和应用相应的塑性加工方法具有重要意义。

2.2.1.1 金属的塑性变形

(1) 金属塑性成形的特点

金属材料经过冶炼、铸造成形后需要通过塑性加工获得具有一定形状、尺寸的型材、管材、棒材等毛坯或零件。塑性通常是指固态金属在外力作用下发生永久变形而不破坏其完整性的能力。因此，塑性表明了材料产生塑性变形的能力。塑性的好坏反映了金属在破坏前产生的最大变形程度，也称为塑性指标，通常用延伸率和断面收缩率表示。根据金属的这种特性，使其在外力作用下发生变形，对金属材料进行加工并获得不同的力学性能。

塑性加工主要具有如下优点。

a. 塑性成形可细化金属内部组织、减少缺陷。例如塑性成形中的锻造等成形工艺可使金属的晶粒细化，可以压合铸造组织内部的气孔等缺陷，使组织致密，从而提高工件的综合力学性能。

b. 金属塑性成形是金属整体依靠塑性变形发生形状和尺寸变化，因而材料的利用率较高。

c. 用塑性加工可以获得较高尺寸精度的工件，很多塑性成形方法可达到少切削或无切削的要求。例如，利用精密模锻加工齿轮的齿部，可以不经过切削加工直接使用。

(2) 金属材料塑性变形机制

对于单晶金属材料的塑性变形通常有两种主要变形机制：滑移和孪生。对于多晶金属材料，每个晶粒内部的变形机制与单晶相似，但是由于多晶材料中的晶粒取向不同，而且存在大量的晶界，因此变形机制相对于单晶要更复杂。

单晶体的塑性变形机制如下。

① 滑移

在切应力作用下，晶体的一部分沿一定的晶面（滑移面）上的一定方向（滑移方向）相对于另一部分发生滑动的过程称为滑移。图 2-5 所示为晶体滑移的示意图。抛光的金属样品经过拉伸变形后，在金相显微镜下可以观察到表面具有许多相互平行的细线，称为滑移带。如果在电子显微镜下观察，可以发现每条滑移带又由许多平行而密集的滑移线所组成，这些滑移线实际上是塑性变形后在晶体表面产生的一个个小台阶，其高度约为 1000 个原子间距，滑移线间的距离约为 100 个原子间距。

② 孪生

在切应力作用下晶体的一部分相对于另一部分沿一定晶面（孪生面）和晶向（孪生方向）发生切变的变形过程称为孪生。图 2-6 所示为晶体孪生变形的示意图。发生切变而位向改变的这一部分晶体称为孪晶。孪晶与未变形部分晶体原子分布形成对称。孪生所需的临界切应力比滑移大得多。孪生只在滑移很难进行的情况下发生。

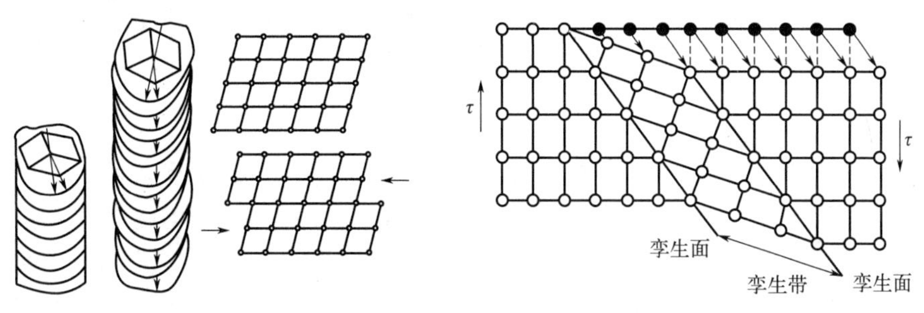

图 2-5　晶体滑移　　　图 2-6　晶体孪生变形

多晶体的塑性变形机制如下。

实际工程应用中使用的主要为多晶体金属材料。与单晶体相比，多晶体中由于晶界的存在会对各个晶粒的塑性变形起到阻碍和制约的作用，因此多晶体的塑性变形要复杂得多。图 2-7 所示为多晶体塑性变形。

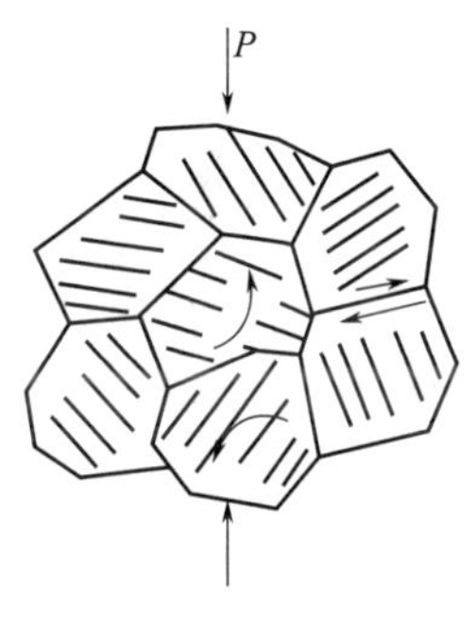

图 2-7　多晶体塑性变形

在多晶体中，由于晶界上原子排列混乱，因此阻碍位错的运动，增大变形阻力。金属的晶粒越细小，晶界数量越多，对变形的阻力越大。多晶体中每个晶粒的取向不同，因此一些晶粒的滑移面和滑移方向接近于最大切应力方向，而另一些晶粒的滑移面和滑移方向与最大切应力方向相差较大。在位错滑移过程中，与最大切应力方向相近的晶粒滑移就会先开始。当位错在晶界处受阻时，其它位向的晶粒就会开始滑移。因此，多晶体的变形过程中晶粒的变形不是统一的，而是分批次进行的。晶粒越细小，晶粒的变形就越分散，能在一定程度上分散应力集中，从而推迟裂纹的产生和扩展，使得金属具有更大的塑性变形。这也是通过细化晶粒提高金属强度和塑性的主要原因。

2.2.1.2　金属塑性变形对组织与性能的影响

塑性加工通常可以按照加工温度不同分为热加工和冷加工。热加工指的是在再结晶温度以上进行的塑性加工。一般体积成形以热加工为主，如自由锻、模锻等，除此之外，还包括热轧、热挤压等。冷加工是指在再结晶温度以下进行的塑性加工，包括冷轧、冷拔、冷挤压、冲压等。在不同的温度下进行塑性加工，金属的组织和性能的变化也是不同的。

（1）冷加工对金属组织与性能的影响

对于多晶金属，经过冷塑性变形后，在单个晶粒内部主要发生滑移和孪生，出现滑移带和孪生带，同时晶粒的外形发生变化，晶粒的位向也会发生改变。拉拔和轧制时，晶粒会沿着变形方向拉长，当变形量很大时，就会形成纤维状组织。如果金属中含有夹杂物或第二相时，塑性杂质会沿变形方向形成细带状，而脆性杂质主要形成链状。除了晶粒组织外形变化，位向也发生相应转变，形成织构。取向无序的晶粒在变形时会发生转动，从而趋向变形方向形成择优取向的组织，称为变形织构。通常来说，随着变形程度增加，趋向于这种取向的晶粒数量增多，金属的织构特征就更明显。

塑性变形导致金属内部形成纤维组织和变形织构，从而会改变金属的力学性能。塑性变形程度的增加，会导致金属强度、硬度增加，而塑性和韧性相应下降。塑性变形后金属会发生加工硬化现象，随变形程度的增加金属的流动应力升高。加工硬化一方面能提高金属的强度，另一方面增加了变形的难度，提高了变形抗力，从而降低金属的塑性。因此，对于需多道次加工的金属，通常需要利用中间退火消除加工硬化。

（2）热加工对金属组织与性能的影响

冷塑性变形过程中金属产生加工硬化，导致金属的塑性变形程度较低。如果进行热加工，升高温度则有利于塑性变形的进行。热加工过程中，由于原子运动和扩散速度增加，回复、再结晶和加工硬化同时发生，从而降低金属的变形抗力，使变形能够容易持续进行。因此，在热塑性变形过程中，金属材料主要发生动态回复、动态再结晶和亚动态再结晶等过程。而对于上述的冷塑性变形金属，在后续的加热过程中也会发生回复和再结晶过程，称为静态回复和静态再结晶。

在静态回复过程中，加热温度较低，所以原子的热运动增加有限，主要发生局部的短程扩散，部分空位和位错等缺陷发生移动和消失，导致强度、硬度在一定程度发生下降，而塑性和韧性有一定提高。当升高加热温度，冷变形金属就会发生静态再结晶现象，在冷变形组织中生成新的等轴晶组织。此时原子可以发生长程扩散，冷变形组织中的缺陷进一步减少，金属的强度和硬度明显下降，塑性和韧性显著提高。冷变形形成的加工硬化、纤维组织和内应力等完全消除，材料的性能近似恢复到加工前的水平。如果继续提高加热温度或增加保温时间，再结晶晶粒会发生进一步长大。因此，通过控制冷变形和再结晶条件，可以有效调控再结晶生成晶粒的尺寸和体积分数，从而优化金属的组织与性能。回复、再结晶和晶粒长大过程与金属性能的关系见示意图 2-8 所示。

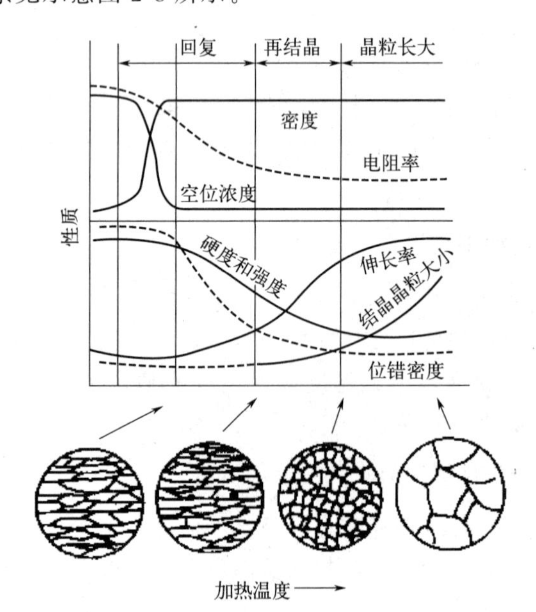

图 2-8　回复和再结晶过程组织与金属性能之间的关系

与冷塑性加工后的加热过程相似，由于在热塑性变形过程中原子运动能力提高，满足较好的扩散条件，因此在热变形过程中变形和回复、再结晶会同时发生，这一过程称为动态回复和动态再结晶。由于在回复和再结晶过程中金属的组织发生软化，因此有利于促使金属的持续变形。动态回复过程中主要发生位错的攀移、交滑移，是层错能高的金属热加工变形过程中的主要软化机制。动态再结晶也是在热塑性变形过程中发生的，一般层错能低的金属在变形量较大时会发生动态再结晶。对于层错能较低的金属，发生动态回复的速率和程度也会较低，从而导致材料的局部区域积聚很高的畸变能差，当畸变能差累积到一定程度就会促使动态再结晶发生。动态再结晶除了与层错能有关，还与晶界迁移的难易程度有关，阻碍晶界迁移的因素就会在一定程度上阻碍动态再结晶过程。例如，对于纯金属及其合金，在相同条件下，纯金属的动态再结晶过程更容易进行，而对于合金，由于溶质原子固溶于基体或者形成第二相都会阻碍晶界的迁移，因此会在一定程度上减缓和阻碍动态再结晶过程。在热塑性加工过程中，变形后的金属在降温过程中也会发生静态回复、静态再结晶和亚动态再结晶过程，这与变形温度、变形率和材料本身性质等参数有关。当变形终止后的温度足够高时，对于细小的动态再结晶晶粒会继续长大，这一过程称为亚动态再结晶。

金属在热塑性变形过程中发生的回复与再结晶过程如图 2-9 所示。图 2-9（a）表示高层错能金属热轧制变形程度较小（50%）时，只发生动态回复，在变形区后发生静态回复；图 2-9（b）表示低层错能金属在热轧制变形程度较小（50%）时，在发生动态回复和静态回复的同时，还发生静态再结晶；图 2-9（c）表示高层错能金属在热挤压变形程度很大（99%）时，在变形区发生动态回复，在离开模口后发生静态回复和静态再结晶；图 2-9（d）表示在热挤压变形程度很大（99%）时，低层错能金属发生动态再结晶，在离开变形区后发生亚动态再结晶。

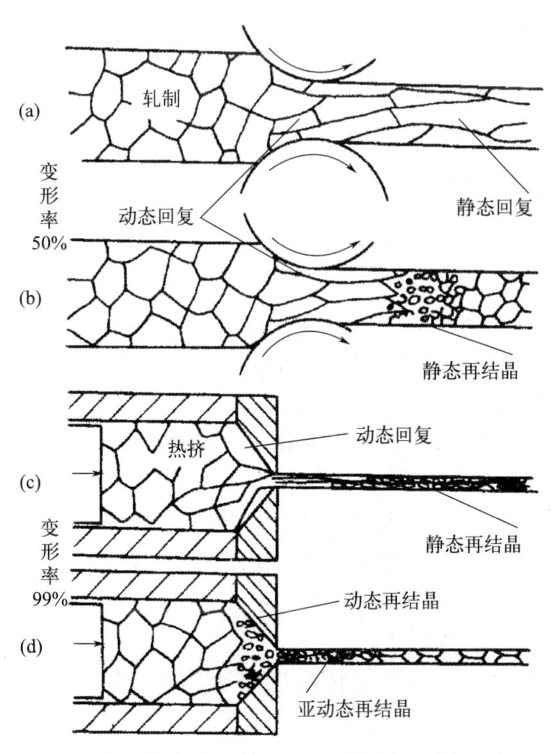

图 2-9　热塑性变形金属回复和再结晶、动态回复和再结晶、亚动态再结晶过程

2.2.1.3 影响金属塑性变形的因素

在金属的塑性变形过程中，影响金属塑性变形的因素主要包括内部因素和外部因素，其中内部因素主要包括金属的化学成分和组织结构，而外部因素主要为变形的工艺条件，包括变形温度、变形速率、变形程度、变形状态和应力状态等。

(1) 内部因素

① 化学成分　一般来说，纯金属比其合金具有更好的塑性变形能力。另外，金属冶炼过程中引入的杂质元素也会影响金属的塑性变形。杂质元素对塑性变形的影响不仅与杂质的性质及数量有关，而且与其在金属中的状态、分布情况和形状有关。随着杂质元素含量增加，金属的塑性通常会逐渐降低。在纯金属中加入合金元素主要是为了提高金属的力学性能、高温性能和耐腐蚀性能等。合金元素对塑性变形的影响与杂质元素的作用相似，对金属材料塑性的影响主要取决于加入元素的性质、数量以及不同元素之间的相互作用。在加工温度范围内，如果加入的合金元素与基体形成单相固溶体（尤其是面心立方结构的固溶体）时，合金表现出较好的塑性；如果形成金属间化合物或金属氧化物等脆性相，则合金的塑性会降低。

② 组织结构　金属组织结构的变化会影响其性能，杂质元素和合金元素对塑性的影响也主要是组织结构变化导致的。金属与合金的组织结构主要包括组元的晶体结构、晶粒大小和取向、晶界特征和相组成等。一般来说，基体面心立方晶格的塑性好于体心立方晶格，六方晶格的基体塑性较差。在室温下，金属单晶体塑性好于多晶体。对于多晶体，较均匀分布的细小晶粒具有较好的塑性，而大小不均匀、晶粒粗大、晶粒取向不同、晶界的强度低的晶粒的塑性较差，如果通过加工和热处理的方法细化晶粒，可以有效提高合金的塑性。当金属或合金由多相组成时，一般认为单相系比多相系的塑性要好，形成固溶体比化合物的塑性要好。此外，多相系中的第二相或者析出相为硬相，塑性下降，而如果第二相为软相，则影响不大，有时对塑性有利。

(2) 影响塑性变形的外部因素

除了材料本身性质对塑性变形的影响，外部因素包括变形温度、变形速率、变形程度、变形状态和应力状态等工艺条件也会影响塑性变形。

① 变形温度　温度的升高可以提高原子运动和扩散的能力，从而改善金属的塑性变形能力。随着温度的升高，金属的塑性变形机构增加，同时在变形过程中发生了回复和再结晶软化过程，使得塑性变形的阻力减少。随着温度升高，还可能出现新的滑移系，从而提高塑性变形能力。但是，有些情况下升高温度到熔点的过程中，由于相态和晶粒边界的变化，出现三个脆性区，包括低温脆性区、中温脆性区和高温脆性区。低温脆性区主要是具有六方晶格的金属在低温加工中观察的脆化现象，例如，Mg-Zn 系合金中 MgZn、$MgZn_2$ 属于低温脆性化合物，随着温度的降低会沿晶界析出，导致低温塑性降低。中温脆性区主要是塑性变形导致脆性相从过饱和固溶体中沉淀析出而引起的脆化。高温脆性区主要是由于在高温下周围气氛和介质引起的脆化、过热或过烧。

② 变形速率　当变形速率不大时，随着变形速率提高塑性降低，这可能主要是由于加工硬化产生的位错受阻而形成裂纹导致的；而当变形速率较大时，随着变形速率提高塑性反而提高，这可能主要是由于变形热效应导致金属温度升高，从而使加工硬化效应减弱导致的。

③ 变形程度　在冷变形过程中，由于加工硬化随着变形程度增加而提高，所以变形程

度的增加会降低塑性。因此，冷变形过程中通常在变形道次之间增加退火工艺降低加工硬化从而提高塑性。对加工硬化程度大的金属，应当在每道次的变形过程中施加较小的变形量，然后进行中间退火，以恢复其塑性；对于加工硬化程度小的金属，则在两次中间退火之间可以施加较大的变形程度。对于非常难变形的金属，可以采用多次小变形量的加工方法。

④ 变形与应力状态　变形状态与应力状态相对应，压缩变形主应力为压应力，拉伸变形主应力为拉伸应力，材料在塑性变形过程中的主应力状态图如图 2-10 所示。因为压缩变形有利于塑性，而拉伸变形不利于塑性，所以变形过程中压缩分量越多，对金属的塑性越有利。按此原则可将主变形图排列为：两向压缩一向拉伸的主变形图最好，一向压缩一向拉伸的主变形图次之，两向拉伸一向压缩的主变形图最差。因此，三向压缩的主应力图和两向压缩一向拉伸的主变形图组合的变形力学图是最有利于金属塑性变形的加工方法，例如挤压、旋锻、孔型轧制等是有利于塑性变形的加工方法。

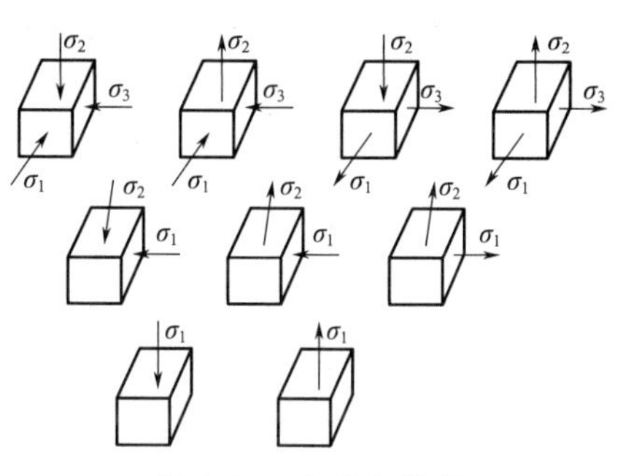

图 2-10　主应力状态

2.2.2　塑性成形工艺设计

在零件的塑性加工成形过程中，成形工艺的设计是获得需要零件的重要程序。一般来说，塑性成形工艺设计主要是根据金属零件尺寸结构特点、技术要求和生产批量等条件，确定塑性成形工艺方法，制订塑性成形工艺规程，最后编写成形工艺细则卡等。这些技术过程和文件是指导和组织生产、规定操作规范、控制和检查产品质量的依据。

在进行成形工艺规程设计时，需要分析实施工艺的可行性和经济合理性。在实施工艺可行性满足的条件下，要同时考虑其经济合理性。在工艺可行性和经济合理性满足的情况下，开展成形工艺规程设计。

塑性成形工艺规程一般主要包括以下内容：a. 绘制工件图；b. 确定加工工序；c. 计算坯料的尺寸和质量；d. 选择加工设备和工具；e. 确定加工温度范围和加工后的冷却和热处理规范等。

下面主要介绍自由锻造方法的成形工艺设计。自由锻生产应根据锻件的形状和锻造工艺特点制定工艺规程，安排生产。自由锻工艺规程的制定包括设计和绘制锻件图、确定变形工艺过程和锻造比、确定坯料质量和尺寸、选择锻造设备、确定加工规范等内容。

（1）设计和绘制锻件图

锻件图是拟定变形工艺规程、选择设备和工具、指导生产和验收锻件的主要依据。主要以机械零件图为基础，结合锻造工艺特点，考虑到机加工余量、锻造公差、工艺余块、检验试样等绘制而成。

锻件图绘制内容主要包括零件图、加工余量、锻件公差和余块。一般用粗实线画出锻件最终轮廓，用双点划线画出零件的主要轮廓形状。在尺寸线上方或左面标注锻件的尺寸与公差；在尺寸线下方或右面用圆括号标出零件尺寸。例如，轴锻件和齿轮锻件图的标注如图 2-11 所示。

为简化锻件外形或根据锻造工艺需要，通常在零件上某些难以锻出的凹档、台阶、凸肩、斜面、法兰和内孔等部位添加一部分多余的金属，以使锻件形状简单而便于锻出，添加的金属称为余块，留待后续机加工处理，如图 2-12 所示。

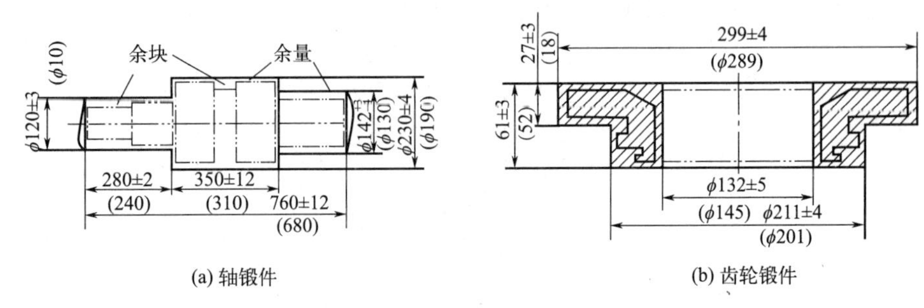

图 2-11　轴和齿轮的锻件图示例

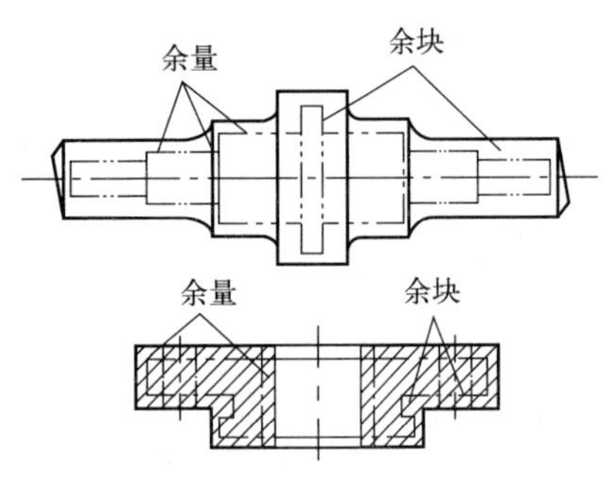

图 2-12　余块和加工余量

当零件相邻台阶直径相差不大时，可在直径较小部分添加径向余块。若零件的凸缘较短时，为防止锻过的凸缘变形，应添加轴向余块使凸缘增长。若零件上有较小孔、窄凹档或锥斜面时，可添加余块使锻件形状简化。对于一些重要锻件，需要检验锻件内部组织和力学性能，这时需要在锻件的适当位置留出试样余块，保证试样余块与工件具有相同的锻比。然而，附加余块的加工通常会增加切削加工工时和材料损耗，并可将锻造形成的纤维组织切断，从而一定程度上降低锻件强度和塑韧性，因此需要根据锻造的困难程度、锻出条件、机械加工时间、材料消耗、生产批量和工具制造等因素综合考虑确定。

一般来说，锻造零件的尺寸精度和表面粗糙度不能达到零件图的要求，均需在锻件表面留有多余的金属层以供锻后机械加工。这层多余的金属即为机械加工余量，其大小取决于零件的材料、形状、尺寸、精度和粗糙度要求、批量大小、生产实际条件等因素。通常零件尺寸越大、形状越复杂，机械加工余量就越大，从而导致机械加工工时增加。但机械加工余量增加能降低锻造难度，所以在技术要求和经济成本合理情况下，应尽量减小加工余量。对于不加工的黑皮部分，则不需要加工余量。锻件的加工尺寸为加工余量与零件加工尺寸的和，锻造公差是指锻件实际尺寸和公称尺寸之间所允许的偏差，锻件实际尺寸大于公称尺寸的部分为正公差，反之为负公差。

当加工余量、余块和公差确定后，用双点画线画出零件轮廓形状，再用粗实线画出锻件轮廓，锻件的加工尺寸和公差标注在尺寸线上面，零件尺寸标注在尺寸线下面并加上括号，如图 2-11 所示。需要注意的是，对于大型锻件的锻件图，除上述必要的尺寸标注外，还必须在上面标出该坯料上需做锻造性能检验试样的形状轮廓线，并将对应尺寸标注在锻件图样上。

（2）确定变形工艺及锻比

生产中常见锻件可分为轴杆类、盘块类、空心类、曲轴类、弯曲类和复杂形状等。变形工艺方案的拟定，可根据锻件的形状特征、尺寸、技术要求、生产批量和生产条件等，结合基本工序、辅助工序和精整工序的变形特点，以及完成各工序所使用的工具，参考有关典型工艺具体确定。

锻比（Y）通常表示的是金属变形前后横断面积的比值。由于锻比大小可反映锻造对锻件组织和力学性能的影响，因此在制订变形工艺时，选择适当的锻比是十分重要的。不同材料要求选择不同的锻比，一般情况下：碳素结构钢锻件 $Y=2\sim3$，不锈钢和耐热钢锻件 $Y=$

4～6，合金结构钢锻件 $Y=3\sim4$，高合金工具钢锻件 $Y=5\sim9$。不同性能要求选择不同的锻比，如一般结构钢锻件，当零件受力方向与纤维方向不一致时，为了保证横向性能，避免产生各向异性，可选择 $Y=2\sim2.5$。但当零件受力方向与纤维方向一致时，为使纵向性能提高，可选择 $Y=4$。

（3）坯料的质量及尺寸计算

锻造用原材料主要包括钢材、钢坯和钢锭，中小型锻件常采用初轧钢坯和各种方钢、圆钢、扁钢等钢材，而大型锻件则选用质量在 300t 以下的钢锭，各种类型的坯料质量和尺寸均可按公式计算、经验估算或查表等确定。

① 毛坯质量计算

根据绘制的锻件图的形状和尺寸，可计算出锻件的质量，再考虑加热时的氧化损失、冲孔时冲掉的料芯以及切头损失等，则可计算出锻件所用坯料的质量。

坯料的质量：锻件质量与锻造时各种金属损耗的质量之和为坯料质量，可以通过以下公式简单计算：$M_{坯料}=M_{锻件}+M_{烧损}+M_{料头}$，其中，$M_{坯料}$ 为坯料的质量；$M_{锻件}$ 为锻件的质量，按照锻件图尺寸计算；$M_{烧损}$ 为加热时表面氧化烧损的质量，与坯料的材料种类、加热次数有关，首次加热取锻件质量的 2%～3%，以后各次取 1.5%～2%；$M_{料头}$ 为锻造冲孔时冲掉或切除部分的质量。

根据锻件图中的尺寸要求，$M_{锻件}$ 的计算可用形体分析法，即按毛坯形状和结构特点，分别计算不同结构部分几何形体的体积，再按公式 $M_{锻件}=\rho V_{总}$（ρ 为材料密度，kg/dm^3；$V_{总}$ 为各部分体积总和，dm^3）计算出 $M_{锻件}$，且 $V_{总}$ 一般等于锻件毛坯尺寸加上 1/2 偏差值。

若为简单小锻件，$M_{锻件}$ 的计算也可采用估值法，即利用零件图给出的净重，加上净重的百分数，一般加 3%～4%，对于 30kg 以上工件取整数，2～30kg 取小数点后一位，小于 2kg 取小数点后两位，但此方法误差较大。

对于烧损质量 $M_{烧损}$，一般以坯料质量的百分比（烧损率）表示。其数值与所用的加热设备类型、加热规范、坯料尺寸和形状有关。可根据经验粗略选取，大批量时约为 1.5%，单件时约为 4%。

计算料头质量 $M_{料头}$ 时，为保证锻件端头平直，在锻造轴类小锻件时，常需切除端部多余料头，可按公式 $V=SL$ 先求得体积，S 为截面积（dm^2），L 为料头的模拟长度（dm），再按体积与密度乘积求得 $M_{料头}$。$M_{料头}$ 中包含的冲孔芯料质量可以根据冲孔方式、冲孔直径和坯料高度进行计算。

② 坯料尺寸确定

毛坯尺寸确定与所选钢坯或钢锭有关，也与所用第一道基本工序有关。如果选用的锻造原材料相同，而采用的第一道基本工序不同，则确定坯料尺寸的方法也不同。

对于饼块类和空心类锻件，常选用钢坯并采用镦粗法锻造毛坯。为了避免镦粗时产生弯曲，坯料高度 H 不得超过其直径 D（或方形边长 A）的 2.5 倍，亦即坯料高径比 H/D 不得超过 2.5。为了在截料时便于操作，毛坯高度又不应小于坯料直径或方形边长的 1.25 倍，亦即坯料高径比 H/D 还应大于 1.25。即

$$1.25D\ (A) \leqslant H \leqslant 2.5D\ (A)$$

对于圆截面坯料：$D=(0.8-1.0)\sqrt[3]{V_{坯}}$（dm）

对于方截面坯料：$A=(0.75-0.9)\sqrt[3]{V_{坯}}$（dm）

初步确定坯料直径 D（或边长 A）后，应按国家规定标准选用标准直径或边长［例如，

热轧钢棒尺寸、外形、重量及允许偏差（GB/T 702—2017）]。最后，再根据坯料体积 V 和坯料截面积 S，即可求得坯料的高度 H [即下料长度（dm）]。对求出的坯料高度 H，还需按下式进行检验，即：$H_{坯}<0.75H_{行程}$（$H_{行程}$ 为锤头的行程）。

对于轴杆类、曲轴类和弯曲类锻件，一般选用钢锭并采用拔长法锻造毛坯。钢锭选择依据是材料利用率 η，其方法是先用公式 $\eta=1-$（冒口%＋底部%＋烧损%），再用公式 $M_{钢锭}=M_{坯料}/\eta$ 得出钢锭质量，从而计算出坯料尺寸。

在钢锭系列中常选择等于或稍大于 $M_{钢锭}$ 的钢锭，并核算钢锭截面积是否能保证所要求的锻造比，以满足拔长工序的需要。通常应按锻件最大截面积 $S_{锻max}$ 并考虑锻比 Y、修正量等选取坯料尺寸，即 $S_{坯}\geqslant YS_{锻max}$。式中，Y 为锻比，$S_{坯}$ 为钢锭小头截面积，圆料直径 $D=1.13S_{坯}{}^{1/2}$，方料边长 $A=S_{坯}{}^{1/2}$；当初步算出坯料直径或边长后，还应按照钢材的标准尺寸加以修正确定，然后再计算出坯料长度 $L=V_{坯}/S_{坯}$。

对于钢材或钢坯等轧材为坯料的锻件，锻比≥1～1.3；而采用钢锭为坯料的大型锻件，锻比通常选取 $Y=2.5\sim5$，并且不同材料和不同用途的锻件，应选择不同的锻比。

（4）锻造工序的确定

自由锻的锻造工序应根据锻件的形状、尺寸和技术要求，并综合考虑生产批量、生产条件以及各基本工序的变形特点加以确定。

工序选择的一般原则如下。

① 盘类、圆环类锻件（例如齿圈、法兰）：镦粗—冲孔—心轴扩孔。

② 筒类零件（例如套筒、圆筒）：镦粗—冲孔—心轴拔长、滚圆。

③ 轴类零件（例如主轴、传动轴）：拔长（或镦粗—拔长）—压肩—滚圆。

④ 曲轴类零件（例如曲轴、偏心轴）：拔长—错移—压肩—扭转—滚圆。

⑤ 弯曲类零件（例如吊钩、弯杆）：拔长—弯曲。

⑥ 杆类零件（例如连杆）：拔长—压肩—修正—冲孔。

（5）选定锻造设备

选定锻造设备的主要依据是锻件材料、尺寸和质量，同时还要适当考虑车间现有设备条件。设备吨位太小，锻件内部锻不透，生产率也低，反而造成设备和动力浪费，且操作不便也不安全，锻造设备的选定可以查阅锻造手册或采用经验类比法。

低碳钢、中碳钢和普通低合金钢自由锻造时，中小型锻件可根据材料参数选用不同吨位的锻锤。而大中型锻件可选择不同吨位的水压机进行锻造。经验类比法是在统计分析生产实践数据的基础上，整理出的经验公式、表格或图线，根据锻件的主要参数（如质量、尺寸、接触面积），直接通过公式、表格或图线选定所需锻压设备吨位。

（6）确定锻造温度及规范

① 确定锻造温度范围

不同合金的锻造温度可根据锻件材料性质从锻件手册中查取。升高温度有利于金属材料的塑性变形，确定锻造温度的基本原则是保证金属材料在锻造温度范围内具有良好的塑性和较低的变形抗力，从而锻出优质锻件。如果选择的锻造温度范围较宽，可以使坯料加热次数减少，提高生产率。

② 确定加热规范及火次

确定加热过程不同时期的加热炉温、升温速度和加热时间时，首先要考虑钢材截面尺寸，其次考虑钢的成分及有关性能，包括塑性、强度、导热系数及膨胀系数、组织特点以及坯料原始状态等。

对于导热性好、直径小于150～200mm的碳素结构钢材，采用一段式加热规范，高温装炉且炉温控制在1300～1350℃，当坯料加热至始锻温度后，可立即出炉锻造。对于导热性稍差、直径为200～350mm的中型碳素结构钢和合金结构钢坯，采用三段式加热规范，装料炉温稍低一些，约在1150～1200℃范围，装炉后保温时间约为整个加热时间的5%～10%。然后以最大可能的加热速度加热至始锻温度，并再次保温均热，保温时间仍为整个加热时间的5%～10%。

对于导热性较差、热敏感性强的合金钢，需要采用多段式加热规范，例如高铬钢、高速钢的装料炉温为400～650℃，采用五段式加热规范，装炉后保温时间约为整个加热时间的10%左右，然后以钢料允许的加热速度加热至800～850℃，再保温均热大约整个加热时间的20%，最后以最大可能的加热速度加热至始锻温度，并再次保温均热，这时的保温时间约为整个加热时间的20%～30%。上述最大可能的加热速度，是指炉子按最大供热能量升温时所能达到的加热速度。而钢料允许的加热速度则取决于钢的导热性、力学性能及坯料尺寸，钢的导热系数越高，强度极限越大，断面尺寸越小，则允许的加热速度越大。坯料加热次数（即火次数）与锻造工艺过程所需工时、钢坯冷却速度和更换工具所需时间等有关，可据具体钢坯每次的冷却时间自行测定。

③ 确定冷却方法

锻件在锻后冷却时，按冷却速度分为空冷、坑冷和炉冷等冷却方法。空冷是将锻件单个或成堆放在车间地面上冷却，但不能放在潮湿地面、金属板上或通风处冷却，以免锻件冷却不均或局部急冷引起裂纹。

坑冷是将锻件放入有砂子、石灰或炉渣的地坑或铁箱中封闭冷却。一般锻件入砂温度不能低于500℃，且其周围积砂厚度不能少于80mm。锻件在坑内的冷却速度，可通过不同绝热材料及不同厚度保温介质进行调节。

炉冷是将锻件直接装入炉中，通过控制炉温按一定冷却规范缓慢冷却，可适用于高合金钢、特殊钢锻件及各种大型锻件的锻后冷却。锻件入炉时的温度一般不得低于600～650℃，且装料时的炉温应与入炉锻件温度相当。

④ 确定热处理规范

锻件常规热处理大多是当锻件冷却到室温后，再按工艺规程将锻件由室温重新加热进行热处理。而锻件余热热处理则是在锻后利用锻件自身热量直接进行淬火或正火热处理。

通常将锻造和热处理紧密结合在一起，起到变形强化和热处理双重作用，使锻件既获得高强度和高塑（韧）性综合力学性能，又经济实用并减轻劳动强度，是单一锻压加工和热处理所达不到的新工艺方法。

连杆、曲轴、弹簧等碳钢和合金调质钢件，可采用高温形变淬火，将淬火与热变形结合在一起。而共析碳钢或合金钢制造的大型、复杂形锻件，可采用高温形变正火，在锻造时适当降低终锻温度，锻后进行空冷。中、高碳钢小型锻件可采用高温形变等温淬火，借助锻件锻后余热在珠光体区或贝氏体区进行等温淬火。

2.2.3 塑性成形方法及应用

塑性成形方法主要包括锻造、冲压、挤压、轧制、拉拔等。

2.2.3.1 锻造

锻造主要用于金属的成形和组织性能改善，获得需要的几何形状和尺寸的锻件。因此，一些重要机器零件需要采用锻造成形，主要用于机件的毛坯加工。锻造方法按所用工具的不同可分为自由锻和模锻两大类。模锻是利用模具使坯料变形而获得锻件的一种锻造方法，根据变形特点的不同分为开式模锻和闭式模锻；根据所用设备的不同又可分为锤上模锻、压力机上模锻、螺旋压力机上模锻、平锻机上模锻等。一般来说，单件、小批量生产的锻件通常采用自由锻方法，而大批量生产的锻件则多采用模锻方法。但是也有一些特殊情况，对一些重要产品的锻件，虽批量不大一般也采用模锻方法生产。而一些大型锻件由于受设备吨位的限制，通常也采用自由锻方法生产。

（1）自由锻

自由锻过程中的主要工序包括镦粗、拔长、冲孔、扩孔和弯曲等，正确调控各变形工序，可以确保锻件的良好成形，而且能够避免在成形过程中出现的一些缺陷，从而获得高质量的锻件。

① 镦粗　对于原始的坯料，利用锻造变形将坯料高度减小、增加横截面积的变形工序，称为镦粗，其主要作用是获得比坯料横截面积大的锻件；在后续冲孔前增大坯料的横截面积和使坯料断面变得平整；增加下一步拔长时的锻比；提高锻件的横向力学性能和减小纤维组织方向性。

在工艺设计过程中，对镦粗过程中坯料的高径比有一定要求，如果高径比过大，镦粗时容易失稳使锻件发生纵向弯曲。因此，一般在工艺设计中选择的高径比控制在2.5～3。镦粗过程中坯料会发生大的塑性变形，因此应避免镦粗过程中因坯料不均匀变形产生裂纹。此外，坯料镦粗后在其上、下端面容易保留原始铸态组织，降低锻件质量。一般来说，产生不均匀变形的主要原因与压头和坯料接触面间存在摩擦以及压头接触部分坯料温度下降有关。因此，为防止不均匀变形发生，可通过在压头与坯料间添加润滑剂来降低摩擦，例如，当镦粗低塑性材料时通常选用玻璃粉、石墨粉等作为润滑剂降低摩擦。此外，通过预热压头来降低坯料温度变化，一般压头的预热温度为200～300℃，可有效防止快速降温导致的变形抗力增大。除了以上两个措施，在压头和坯料之间放置温度不低于坯料温度的软金属垫然后再进行镦粗或者在环套内进行锻粗，也可以有效减小坯料的不均匀变形。

② 拔长　对于长轴杆类零件，锻造过程中使坯料横截面减小而长度增加的变形工序，称为拔长。拔长的变形程度一般用锻比表示，它是控制锻件质量的一个重要因素。随着锻比增加，锻件内部孔隙、裂纹等缺陷被焊合，粗大铸态树枝晶组织被打碎，锻件的力学性能得到明显提高。但是，当锻比超过一定数值后，由于形成纤维组织，导致锻件出现性能各向异性。因此，在制定锻造工艺规程时，应根据所锻材料的种类和锻件的类型确定合理的锻比，相关分析见上一节的成形工艺设计部分。此外，在拔长过程中还应控制好坯料的送进量（坯料送进长度与料高之比）和压下量，同时要不断地翻转坯料，防止锻件产生不均匀变形而导致出现表面或内部裂纹。

（2）模锻

与自由锻相比，模锻利用模具使坯料变形，因此锻件的尺寸精度更高，表面光洁，能够锻制具有复杂外形的零件，节省原材料和机加工时间，提高生产效率。常用的模锻设备包括模锻锤、摩擦压力机、热模锻压力机和平锻机等。模锻主要不足是锻大尺寸工件困难，锻造模具的生产加工成本高，不适合单件、小批量工件生产。

对于模锻件质量的调控，除需要控制锻前加热和锻后冷却外，还需要正确制定锻件图和设计锻造模具的模膛和结构，与自由锻相比，模锻的锻造工艺规程要更加复杂。制定锻件图的关键参数包括确定合适的分模面、机械加工余量、锻件公差和圆角半径及模锻斜度等。

分模面选取的基本原则是尽量选择在模膛最浅的部位，且在锻件的最大尺寸截面上，能够方便金属快速充满模膛，并且容易取出锻件。另外，分模面的上、下模膛外形应一致，以便于在锻造过程中发现上、下模的错移。机械加工余量和锻件公差的优化可以减少锻件的废品率、切削加工量和金属消耗量。通常根据锻件重量、加工精度及锻件复杂程度查表确定模锻件的加工余量。而锻件公差则可根据锻件尺寸、精度级别、形状复杂程度和材质等因素查表确定。锻件上的圆角半径对保证金属流动、提高锻件质量、延长模具使用寿命都是有利的。外圆角半径过小会导致金属充满模膛困难、容易引起锻模崩裂；若过大，会影响机加工余量。内圆角半径过小对形成的纤维组织不利，导致力学性能下降；还可能使模膛压塌，影响出模。如果内圆角半径太大，会增加加工余量和金属损耗，而且还可能导致发生金属充不满现象。圆角半径与锻件形状和尺寸有关，一般锻件高度尺寸大，圆角半径应大。模锻斜度是为了促进锻件成形后能从模膛中顺利取出和有利于金属顺利填充。斜度过小会导致锻件难以从模膛中取出；斜度过大会导致金属充填困难，且增加金属的消耗和加工余量。模锻斜度一般根据模锻设备、斜度位置、锻件形状和尺寸、锻件材料等因素确定。除了锻件图的制定，还要考虑模锻模膛和结构的设计。模锻模膛的正确设计是保证锻件能够获得良好的几何形状、尺寸精度和组织性能锻件的重要条件，尤其是终锻模膛的设计将直接关系到锻件的几何形状和尺寸以及折叠、充不满等缺陷的产生。不同模锻设备有不同的锻模结构形式，因此锻模模膛结构设计应根据模锻设备不同而变化。

2.2.3.2 冲压

板料冲压是利用压力机通过冲模使板料产生分离或变形的加工方法，通常是在常温下进行的，所以又称为冷冲压。一般当冲压板料的厚度大于 20mm 时才采用热冲压。由于主要采用冷变形，因此冲压生产所用的坯料要求具有较好的塑性，特别是冲压生产中空圆环、弯曲形、钩环形等构件时往往要产生较大的塑性变形。由于对材料塑性的要求，在板料冲压成形中主要使用的金属材料包括低碳钢板材、塑性较好的低合金钢板材以及有色金属和合金板材等。除了金属板材，也可以对某些非金属板材进行冲压成形。

冲压成形的基本工序包括分离工序和成形工序两大类。分离工序主要包括剪切、冲裁、整修等，成形工序包括拉伸、弯曲、胀形、翻边和缩口等。冲压设备较常用的是机械传动式冲床，包括曲柄压力机和螺旋压力机，其中曲柄压力机应用较广泛。板料冲压工艺具有以下主要特点：a. 板料冲压生产加工主要是依靠冲模和冲压设备完成，便于实现自动化，生产率高，操作方便；b. 冲压件一般不需要进一步切削加工，因此节约材料和能源消耗；c. 冲压件的表面质量好、产品质量轻、强度高、刚性好；d. 冲压件的尺寸公差主要由冲模来保证，因此产品尺寸稳定、互换性好，可以加工形状复杂的零件；e. 模具费用高，不宜单件、小批量生产。

由于板料冲压加工具有以上特点，因此广泛应用于各个工业部门，特别是在汽车、拖拉机、电机、电器、仪表以及日常生活用品等大批量构件生产方面都占有十分重要的地位。

2.2.3.3 挤压

挤压就是把金属坯料放入挤压模具内施加压力，使之发生塑性变形并通过模孔挤出成形制品的一种压力加工方法。根据金属流动方向和凸模运动方向不同，可以将挤压分为正挤压、反挤压和复合挤压三种方法，如图 2-13 所示。

在正挤压过程中，坯料的流动方向与挤压杆的运动方向是一致的，正挤压法可以制造各

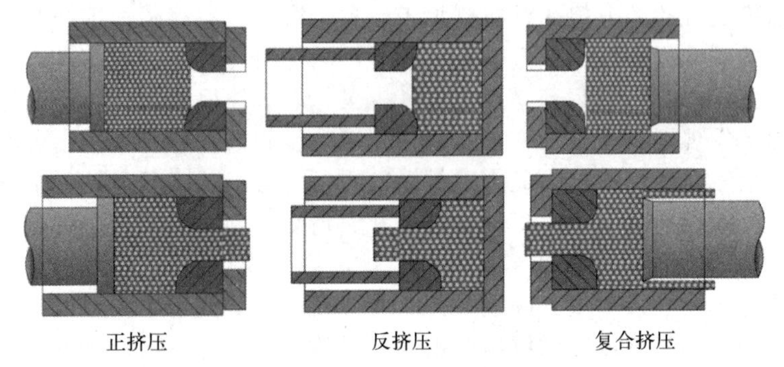

图 2-13　正挤压、反挤压和复合挤压工艺

种形状的实心件和空心件，如螺钉、心轴、管子和弹壳等。反挤压时，坯料的流动方向与挤压杆的运动方向相反，反挤压法可以制造各种断面形状的杯形件，如仪表罩壳、万向节轴承套等。复合挤压就是正挤压和反挤压的复合，使一部分坯料的挤出方向与加压方向相同，另一部分坯料的挤出方向与加压方向相反，复合挤压可以制造双杯类零件，也可以制造杯杆类零件。正挤压、反挤压和复合挤压的不同特点对挤压过程、产品质量和生产效率等都有很大的影响。挤压工艺采用的坯料包括初轧坯、铸造坯、锻造坯、连铸坯等。挤压采用的设备主要包括机械挤压机和液压挤压机两大类，其中较广泛应用的是液压挤压机。

影响挤压制品质量的因素主要包括挤压工艺、挤压模具和挤压设备参数等，其中挤压工艺中的挤压温度、挤压速度和变形程度起到主要作用。对于挤压温度，一般来说，挤压温度越高，获得的制品晶粒越粗大，从而导致制品的强度、硬度和塑性降低。但是，当挤压温度过低时，会增大变形抗力，使得制品表面的变形不均匀，导致周期性横向裂纹的产生。因此，挤压温度范围应根据合金的种类和成分、合金的高温塑性和变形抗力以及制品的质量要求来确定。对于挤压速度，通常挤压速度较低时，导致金属散失热量较多，使得挤压制品尾部出现加工组织，导致强度、硬度升高，但是塑性降低。如果挤压速度较高，热量传递不充分，样品温升大，使得金属能够进行充分再结晶而获得粗大的晶粒，导致强度、硬度降低。因此，一般情况下，挤压温度较高时应采用较低的挤压速度，较低温度挤压采用较高的挤压速度。变形程度会影响组织性能的均一性，通常当挤压比较小时，外层金属的变形程度大于内层，尾部金属的变形程度大于头部，导致沿径向和轴向变形不均匀。当挤压比较大时，制品组织性能的不均匀性会减小。

2.2.3.4　轧制

轧制是应用较多的一种金属材料加工方法，金属坯料在旋转轧辊的间隙中间依靠摩擦力连续产生塑性变形的一种压力加工方法，大约有 90%的钢和大部分有色金属都要经过轧制。轧制成形主要用于型材、板材及管材加工制造，属于材料塑性成形。轧制目前也从板材轧制向零件轧制成形的方向发展。零件轧制具有生产率高、质量好、成本低的优点，另外利用轧制工艺生产机械零件，可以减少金属材料消耗。

根据轧制轴线与坯料轴线的位置关系，可将轧制分为横轧、纵轧、斜轧和楔横轧等。横轧是指轧辊轴线与坯料轴线相互平行的轧制方法，通常用于零件轧制。纵轧是轧辊轴线与坯料轴线相互垂直的轧制方法。斜轧也称螺旋斜轧，是轧辊轴线与坯料轴线相交成一定角度的轧制方法。楔横轧是利用轧辊上带有的楔形模具进行的轧制成形方法。轧制所用的坯料主要是钢锭或铜、铝等有色合金及其铸锭。

为了能够保证金属具有良好的塑性变形能力，一般采用热轧的方法进行轧制。热轧的一般工艺过程是首先将铸锭经加热后在初轧机上热轧成各种形状和规格的坯料，然后将初轧坯料经加热后在不同的成品轧机上热轧成各种型材、板材和无缝管材等。对于薄板材和冷弯型材，则通常分别用热轧卷材和热轧板带材作为坏料，经酸洗后进行冷轧并退火，得到冷轧薄板和冷轧型材。现在，轧制板坯正被日益广泛使用的连铸板坯所代替，连铸板坯大多是在连续热轧机上轧制的。焊管所用坯料为带材或板材，经热轧或冷轧成管坯后将缝隙焊接而成。此外，热轧管经冷轧或拉拔后可形成壁厚更小、表面质量更好、尺寸精度更高的管材。与一般热轧相比，控制轧制能够获得更优异的综合力学性能。控制轧制是指在热轧过程中通过对金属的加热、变形和温度进行合理控制，使塑性变形与固态相变相结合，以获得细小晶粒组织，从而改善合金力学性能的一种轧制方法。

冷轧与热轧相比的主要优点是轧制过程中不存在温度变化的不均匀性，因而可生产厚度极薄、尺寸精度很高的轧材。由于冷轧变形与热处理配合恰当，可以获得高的综合力学性能以及某些特殊织构，因而冷轧材料可在较大的范围内满足使用要求。因此，许多要求表面光洁、几何尺寸精度和力学性能高、厚度薄的板带材以及管材都是采用冷轧方式生产的。

2.2.3.5 拉拔

拉拔是指将较大剖面的金属材料强行拉过拉拔模以获得要求剖面形状和尺寸的成形工艺，常用来生产棒材、型材、线材和管材等。拉拔按制品截面形状可分为实心材与空心材拉拔，前者主要为棒材的拉拔，后者则为管材和异型材的拉拔。空心材拉拔的基本方法包括空拉、芯杆拉拔、芯头拉拔、顶管法和扩径拉拔等。

管材、棒材拉拔机有多种形式，目前应用最广泛的是链式拉拔机，其具有结构简单、适应性强的特点，管材、棒材和型材均可在同一台设备上拉拔。线拉拔机有单模拉线机和多模连续拉线机之分，目前大批量拉拔铝、铜及其合金以及钢等的中、细线都采用多模连续拉线机，因为其具有加工率大、拉拔速度快和自动化程度高等优点。

拉拔与其它压力加工方法相比的主要特点有：获得制品的尺寸精度高、表面质量好、性能优良；可以加工各种钢和有色金属型材、管材、棒材、线材，特别适用于连续高速生产断面很细的长丝状制品；生产设备简单，容易维护，在同一台设备上可以生产多种品种与规格的制品。

除了上述的传统压力加工方法，目前还发展了多样式的特种塑性成形加工方法，主要包括精密模锻、粉末热锻、特种轧制和高能率成形等，这些特种塑性成形方法能够更好地满足现代化工业发展对快速成形和精密成形零件的要求。

2.3 金属材料的焊接

焊接主要是通过加热或加压（或两者并用），使用或不使用填充材料，使焊件达到原子结合的一种加工方法。焊接技术是重要的材料加工工艺之一，已广泛应用于航空、航天、机械、化工、电子、电气等多个工业领域。对社会经济建设和科技发展起到了重要的基础作用。焊接在制备大型构件和复杂部件时具有显著的优越性。通过化大为小、化复杂为简单的方法准备坯料，然后再逐次装配焊接，拼小成大，拼简单成复杂，这是其它工艺方法很难做到的。

焊接主要包括熔化焊、压力焊和钎焊三种方法。熔化焊是将要焊接的工件局部加热至熔化，冷凝后形成焊缝而使构件连接在一起的加工方法，主要包括电弧焊、气焊、电渣焊、电子束焊、激光焊等。压力焊是指焊接过程中必须要施加压力，可能加热也可能不加热而完成的焊接方法，加热的主要目的是使金属软化，通过施加压力使金属塑性变形，让原子接近到稳固结合的距离，主要包括电阻焊、摩擦焊、超声波焊、冷压焊、爆炸焊、扩散焊、磁力焊等。钎焊是将熔点比母材低的钎料加热至熔化，但加热温度低于母材的熔点，用熔化的钎料填充焊缝、润湿母材并与母材相互扩散形成一体的焊接方法。根据加热温度不同，钎焊主要包括硬钎焊和软钎焊。硬钎焊的加热温度大于 450℃，焊接接头抗拉强度大于 200MPa，主要采用银基、铜基钎料，适于工作应力大、环境温度高的场合，比如硬质合金车刀、地质钻头的焊接。软钎焊的加热温度小于 450℃，焊接接头抗拉强度小于 70MPa，适于工作应力小、工作温度低的场合，例如电路板的锡基钎焊。

2.3.1 焊接基本理论

焊接过程中母材金属和填充金属加热熔化形成熔池，在熔池中液态金属、熔渣和气体之间发生复杂的物理和化学反应，熔池凝固后形成焊缝，这一过程称为焊接冶金过程。在焊接冶金过程中，焊接区内各种物质之间在高温条件下发生相互作用，其中不仅包括化学作用，而且包括物质在各个反应物（液体金属、气体、熔渣）之间的迁移和扩散。焊接冶金过程对焊缝金属的成分、组织、力学性能以及焊接工艺性能都有很大影响。因此，了解焊接冶金过程及其特点，对控制焊缝质量具有重要的意义。在焊接冶金过程中，主要包括金属熔化及熔滴过渡和元素之间的化学反应（焊接冶金反应）。

（1）金属熔化及熔滴过渡

对于熔化极焊接，焊丝或焊条加热熔化后会以不同的熔滴过渡形式过渡到焊接区。在熔滴过渡过程中，金属熔滴上会存在不同的作用力，包括熔滴的重力、熔体表面张力、电磁收缩力、斑点压力、等离子流力、电弧气体的吹力等，这些作用力都会影响熔滴的过渡形式。焊接电弧的稳定性和焊缝成形的质量都与熔滴过渡的形式有关，尤其对于熔化极气体保护焊，熔滴过渡对焊缝成形的影响更为明显。通常根据熔滴过渡形式不同将熔滴过渡分为滴状过渡、短路过渡和射流过渡三种。

（2）焊接冶金反应

除了熔滴过渡形式，焊接冶金反应对焊缝质量也起到重要作用。根据焊接方法不同，焊接的冶金反应过程通常分不同区域进行。对于焊条电弧焊，主要包括三个反应区：药皮反应区、熔滴反应区和熔池反应区，如图 2-14 所示。对于熔化极气体保护焊，以气体作为保护介质，所以主要包括熔滴和熔池两个反应区，而对于不添加焊丝的气焊、钨极氩弧焊和高能束焊等只有一个熔池反应区。

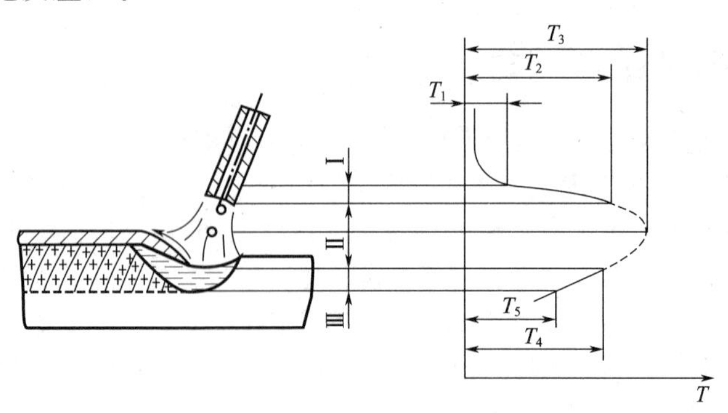

图 2-14 焊条电弧焊的焊接冶金反应区

Ⅰ—药皮反应区；Ⅱ—熔滴反应区；Ⅲ—熔池反应区

①药皮反应区

药皮反应区内主要发生的物理和化学反应包括水分的蒸发、物质的分解和铁合金的氧化。温度超过100℃时药皮中吸附的水分会全部蒸发，当温度达到200～400℃，白泥、白云母等中的结晶水会被排出，随着温度继续升高，木粉、纤维素和淀粉等有机物开始分解和燃烧，形成CO、H_2、CO_2等气体，一些焊条中的碳酸盐，例如大理石（$CaCO_3$）、菱苦石（$MgCO_3$）和赤铁矿（Fe_2O_3）等，开始发生分解形成CO_2、O_2等气体。产生的气体一方面可以保护熔池，另一方面由于产生氧化性气体，还会对熔池中的铁合金产生氧化作用。

② 熔滴反应区

熔滴反应区包含了熔滴形成、长大到过渡至熔池整个过程。熔滴反应区具有温度高、各相反应时间短、熔滴与熔渣混合等特点，因此冶金反应剧烈，对焊缝成分影响大。期间发生的主要物理和化学反应包括金属的蒸发、熔融金属的合金化、气体的分解和溶解、金属及其合金的氧化和还原等。

③ 熔池反应区

在熔池反应区，熔滴和熔渣发生进一步物理和化学反应，然后凝固形成焊缝。由于熔池的温度分布不均匀，因此存在先后凝固顺序，在熔池的前部主要发生金属的熔化、气体的吸收，以吸热反应为主；而在熔池的后部主要发生金属的凝固、气体的逸出，以放热反应为主。熔池中的剧烈物理化反应过程有助于气体和非金属夹杂物的逸出，从而净化熔池。焊接区化学冶金反应的综合结果最终决定了焊缝金属的化学成分。

焊接区内通常充满大量气体，气体主要来源于焊接材料、热源周围的气体以及焊丝和母材表面的杂质（例如油污、铁锈、吸附的水分等）。电弧区内的气体主要包括O_2、H_2、N_2、CO、CO_2、H_2O以及金属和熔渣的蒸气等。其中主要影响焊接质量的气体包括O_2、N_2和H_2。

④ 保护焊缝金属的方法

根据目前常见的焊接方法一般是采用以下几种方法来保护焊缝金属。

气体保护：利用保护气体的气流排除空气防止焊接区金属氧化，该方法主要用于气体保护焊中。

渣保护：利用焊剂、药皮等熔化形成熔渣，覆盖熔池表面，从而将焊缝熔融金属与外界隔离，达到保护焊缝金属的目的，例如埋弧焊、电渣焊等。

气-渣联合保护：这种保护在焊接时既利用气体保护，又利用熔渣保护，比较典型的焊接方法是焊条电弧焊。

（3）焊接接头的构成及组织

焊接接头主要包括焊缝及热影响区，熔化的母材和填充金属共同组成焊缝。受到焊缝热输入影响，焊缝附近发生组织或性能变化的母材金属区域称为热影响区。焊缝与热影响区的交界区域称为熔合区。焊缝金属、热影响区和熔合区这三个区域的组织和性能都会直接影响焊接接头的性能。因此，母材和填充金属、焊接方法、焊接工艺参数等都会影响焊接接头质量。图2-15所示为焊接接头的构成，主要包括焊缝区、熔合区和热影响区。

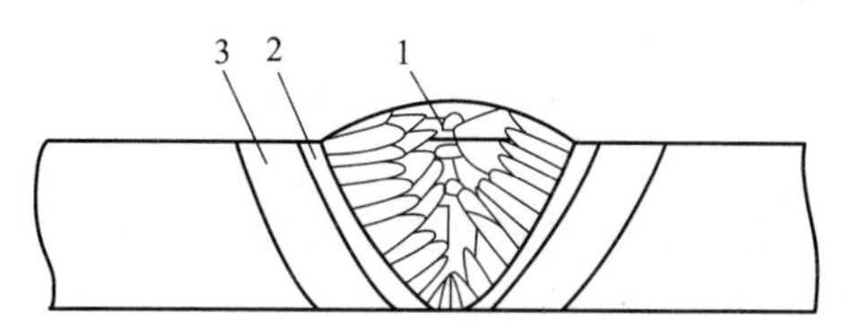

图2-15　焊接接头的组成

1—焊缝；2—熔合区；3—热影响区

焊接过程中，随着热源的离开，熔化金属开始结晶，金属原子由近程有序排列转变为远程有序排列，即由液态变为固态。对于具有同素异构转变的金属，随着温度的下降，将要发生固态相转变。由于在焊接条件下金属快速连续冷却，焊缝金属的结晶和相变都具有各自的特点，并有可能在这些过程产生偏析、气孔、夹杂、热裂纹、脆化、淬硬、冷裂纹等缺陷。

焊缝区金属由于温度过冷、成分过冷的过冷度不同形成不同的结晶形态。溶质浓度、结晶速度、温度梯度不同，结晶形态也不同。常见的结晶形态包括平面晶、胞状晶、胞状树枝晶、树枝晶和等轴晶。

熔合区是焊缝和母材的交界区域，是接头中焊缝金属向热影响区过渡的区域。熔合线两侧分别为完全熔化的焊缝区和完全不熔化的热影响区，熔合区属于液固共存区域，由于元素在液相和固相中溶解度不同，因此存在化学成分不均匀性，同时还存在物理性质（导热、膨胀系数等）不均匀性和力学性能（屈服强度、弹性模量等）不均匀性。这些不均匀性导致冷裂纹、再热裂纹和一些脆性相等出现在熔合区，导致焊接接头性能下降。

焊缝两侧母材金属发生组织和性能变化的区域称为热影响区。由于焊接热影响区在热循环作用下发生组织转变，因此对焊接质量也具有重要的影响。图 2-16 为低碳钢焊接接头的组织变化示意图。对于熔池部分，焊接加热温度高，冷却速度快，因此凝固后主要形成柱状晶组织。对于热影响区部分，主要包括过热区、正火区和相变区。过热区通常加热温度在固相线以下到 1100℃左右，金属处于过热的状态，奥氏体晶粒发生严重的长大现象，冷却之后得到粗大的组织，晶粒发生粗化，该区通常硬度较高、韧性差。正火区也称相变重结晶区，该区域加热温度超过 A_3 线（开始析出铁素体温度线），为材料正火处理温度范围。经过正火处理，金属发生相变重结晶，获得晶粒细小、均匀的组织，因此具有较好的力学性能。随着加热温度降低，出现不完全重结晶区，也称为部分相变区。该区域温度在 A_3 线与 A_1 线（共析线）之间，部分组织发生相变结晶，转变为细小珠光体，部分不发生转变组织，为粗大的铁素体组织，因此该区域组织和晶粒尺寸不均匀，屈服强度较低。

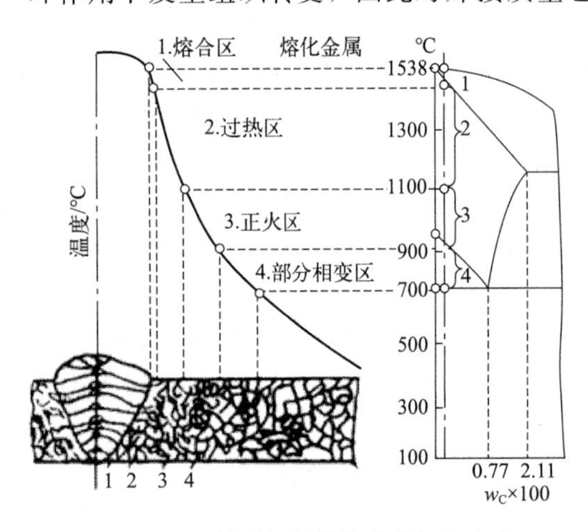

图 2-16 低碳钢焊接接头的组织变化

(4) 焊接应力与变形

由于焊接为不均匀加热冷却过程，因此焊接工件通常存在不同程度的焊接应力与变形，对焊接工件的力学性能和使用性能产生重要影响。焊接应力与变形通常使焊接产品质量下降，不利于后续工序的开展，有时无法补救而使得产品报废。因此对于焊接结构，应从结构的整体考虑，考虑不同焊缝产生的应力与变形的作用。一些焊接缺陷，例如焊接裂纹，就与焊接变形与应力有密切关系，因此在进行结构焊接时必须深入分析焊接应力与变形的规律，从而有效避免焊接应力与变形的有害影响。

① 焊接应力

热胀冷缩是自然界中普遍存在的一种物理现象。物体受热后会膨胀，冷却后会收缩，也就是说，温度的变化会使物体产生变形。如果物体的这种变形不受约束是自由的，则在物体内部不会产生应力；如果这种变形受到约束，则在物体内部会产生应力，这种应力称为温度应力或热应力。在没有外力作用情况下物体内部产生的应力称为内应力，内应力也遵循静力学的平衡条件。当内应力低于屈服强度，材料不发生塑性变形，当内应力超过屈服强度，就会发生塑性变形，甚至产生裂纹。如果在温度变化过程中发生相变产生内应力，也称为相变应力。

根据焊接应力产生时期的不同，可把焊接应力分为瞬时应力和残余应力。焊接瞬时应力是焊接时随温度变化而变化的应力，焊接残余应力则是被焊工件冷却到初始温度后所残留的应力。根据焊接应力在被焊工件中的方位不同，还可将焊接应力分为纵向应力、横向应力和厚向应力。

② 焊接变形

焊接过程中由于不均匀加热冷却作用而产生的形状和尺寸变化称为焊接变形。随温度变化而变化的变形称为焊接瞬时变形，完全冷却到初始温度时残余的变形称为焊接残余变形。焊后产生的残余变形与应力一般是同时存在的。在低碳钢的焊接结构中，焊接变形对焊接结构产生的影响一般大于焊接应力。焊接变形的基本变形形式包括：收缩变形、角变形、弯曲变形、波浪变形和扭曲变形。收缩变形又包括纵向收缩变形和横向收缩变形。

纵向收缩变形的一般规律：焊件的横截面积越大，焊件的纵向收缩量越小；焊缝的长度越长，焊件的纵向收缩量越大；焊接时的热输入越大，焊件的纵向收缩量越大；焊件的原始温度越高，焊件的纵向收缩量越大；焊接材料的线膨胀系数越大，焊件的纵向收缩量越大。横向收缩变形的一般规律：焊接线能量越大，横向收缩量越大；装配间隙增大，横向收缩量增大；横向收缩量沿着焊接长度方向由小到大，随后趋于稳定；焊缝金属填充量增加，横向收缩量增大；热输入、焊材板厚及坡口角度增大，横向收缩量增大。因此，可以根据收缩变形的一般规律对焊件收缩变形进行调控和优化。

③ 焊接残余应力与残余变形

焊接残余应力与残余变形在焊接完成后存在于焊接工件中，并对后续焊接工件使用产生影响，其中焊接残余应力会导致工件的承载能力下降，甚至使用过程中会产生裂纹；焊接残余变形会降低工件的装配精度，同时矫正焊接残余变形会增加额外的工作量和成本。对于一般结构中使用的焊接材料，通常其厚度相对于长度和宽度都很小，板厚小于 20mm 的薄板和中厚板在焊接过程中，厚度方向上的焊接应力很小，残余应力主要在长度和宽度方向，处于平面应力状态。对于厚截面焊件，在厚度方向上也会产生较大的残余应力。通常将沿焊缝长度方向的残余应力称为纵向残余应力，以 σ_x 表示；将垂直于焊缝方向上的残余应力称为横向残余应力，以 σ_y 表示；将厚度方向上的残余应力以 σ_z 表示，称为厚度残余应力。

焊接工件的不均匀加热冷却过程是产生焊接应力和变形的主要原因。焊接加热时，焊缝及其附近区域将产生压缩变形，焊件伸长，内部存在压应力；冷却后焊缝及其附近区域的残余应力通常是拉应力，而次近邻区域是压应力，焊件发生收缩。一般来说，任何原因引起的伸长变形受阻时，该伸长部分受压应力，阻碍构件伸长的其它部分则受拉应力；任何原因引起的收缩变形受阻时，则收缩部分受拉应力，而阻碍收缩的其它部分则受压应力。

（5）材料的焊接性

对于不同材料的焊接，焊接性是影响焊接质量的重要因素。在一定焊接工艺条件下，焊接性是能否获得优质焊接接头并且焊接接头在使用条件下是否安全运行的一种评价尺度。如果焊接出的焊接接头具有要求的材料性能，则这种材料的焊接性是良好的。通常，焊接性包括工艺焊接性和使用焊接性，工艺焊接性主要针对加工性能，是指金属材料对焊接加工条件的适用性，即在一定焊接工艺参数下，获得优质、无缺陷焊接接头的能力；使用焊接性主要针对使用性能，是指焊接接头或整体焊接结构满足各种使用性能的程度，包括室温、低温或高温力学性能等。金属的焊接性既与金属材料本身的性质有关，也与焊接工艺条件有关。

2.3.2 常用焊接基本方法

根据焊接工艺特点不同，焊接方法通常分为熔化焊、压力焊和钎焊三大类。下面主要介绍这三大类的一些基本焊接方法。

2.3.2.1 熔化焊

熔化焊方法是指在不施加压力的情况下，将待焊处的母材加热熔化，外加（或不加）填充材料形成焊缝的方法。常用的熔化焊包括焊条电弧焊、气体保护焊、埋弧焊、电渣焊、高能束焊等。下面对焊接基本方法进行简要介绍。

(1) 焊条电弧焊

焊条电弧焊是用手工操纵焊条进行焊接的电弧焊方法。它利用焊条与焊件之间建立起来的稳定燃烧的电弧，使焊条和焊件熔化，从而获得牢固的焊接接头。焊条电弧焊的焊接回路如图 2-17 所示。焊接时，焊条和工件之间引燃电弧，在电弧热的作用下，焊条端部和被焊工件局部同时熔化，焊芯熔化后以熔滴形式向焊缝金属过渡，与熔化的母材金属共同形成熔池，而焊条药皮熔化后形成熔渣覆盖在熔池表面，同时产生大量的气体，熔渣和气体对熔池金属进行联合保护，能有效地隔绝电弧周围的空气，与此同时，在高温下液态熔渣与熔池金属之间发生冶金反应。随着电弧的不断移动，远离电弧的熔池金属温度下降，冷却结晶后，形成致密连续的焊缝，熔渣冷却凝固形成渣壳。焊条电弧焊的原理如图 2-18 所示。

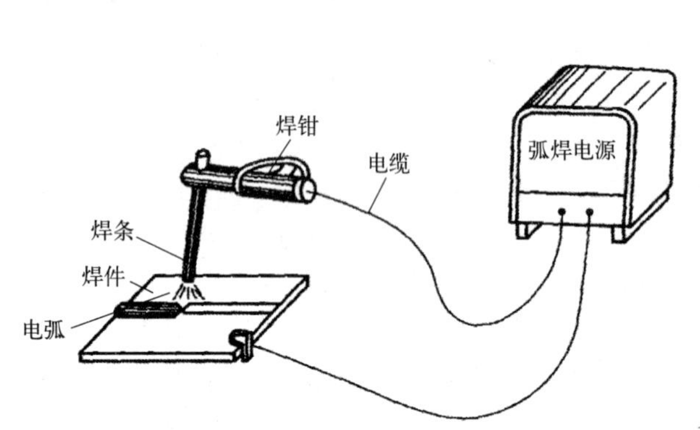

图 2-17 焊条电弧焊焊接回路

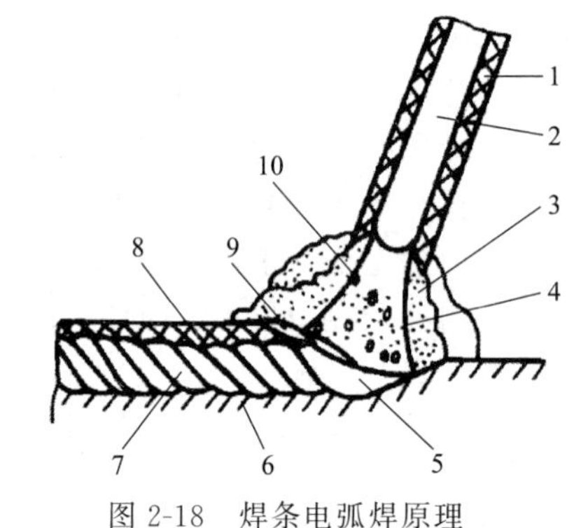

图 2-18 焊条电弧焊原理

1—药皮；2—焊芯；3—保护气；4—电弧；5—熔池；6—母材；7—焊缝；8—焊渣；9—熔渣；10—熔滴

焊条电弧焊主要优点是设备结构简单、通用性强、方便携带、操作灵活方便，不需要辅助气体防护，可进行全位置焊接，受施工场地条件的限制较小。可根据不同类型的被焊金属选用相应焊条进行焊接，应用范围广，适用于大多数工业用的金属和合金的焊接。不足之处是，焊条电弧焊的生产率低，对焊工的操作要求高，焊工培训费用大，劳动条件差，连续作业时工人的劳动强度大。不适于特殊金属及薄板的焊接（活泼金属 Ti、Zr、Nb，难熔金属 Ta、Mo，低熔点金属 Pb、Sn、Zn 等）。此外，焊条电弧焊接头的热影响区较宽，焊接质量易受工人操作技术水平的影响，因此用于一般钢材的单件、小批量生产，在焊接短焊缝或不规则焊缝时有一定优势。

（2） CO_2 气体保护焊

CO_2 气体保护焊是一种采用 CO_2 气体作为保护气体，依靠焊丝与焊件之间产生的电弧来熔化金属的气体保护焊方法，其焊接回路如图 2-19 所示，利用 CO_2 作为保护气体，使焊接区和金属熔池不受外界空气侵入，焊接电源的两输出端分别接在焊枪与焊件上，焊丝由送丝机构通过软管经导电嘴送出，而 CO_2 气体从喷嘴内以一定的流量喷出。当焊丝与焊件接触引燃电弧后，连续送给的焊丝末端和熔池被 CO_2 气流所保护，防止空气对熔化金属产生危害，从而保证获得高质量的焊缝，随着焊枪的移动，熔池金属冷却凝固形成焊缝。

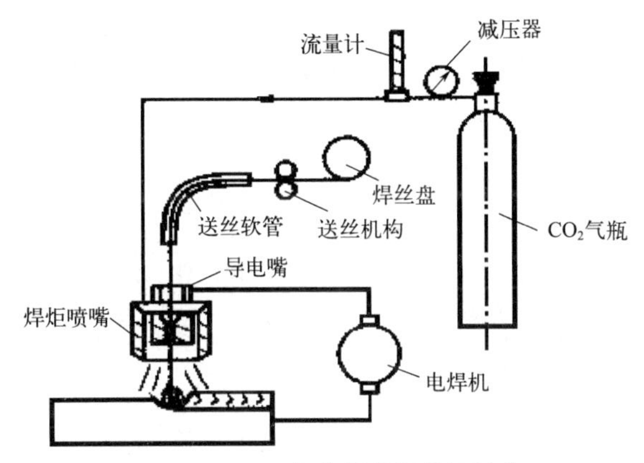

图 2-19　CO_2 气体保护焊焊接回路

CO_2 气体保护焊的主要特点如下。

主要优点：a. 焊接生产率高。由于焊接电流密度较大，电弧热量利用率较高，以及焊后不需清渣（实心焊丝），因此提高了生产率。CO_2 焊的生产率比普通的焊条电弧焊高 1～4 倍。b. 焊接成本低。CO_2 气体来源广，价格便宜，而且电能消耗少，故使焊接成本降低。通常 CO_2 焊的成本只有埋弧焊或焊条电弧焊的 40％～50％。c. 焊接变形小。由于电弧加热集中，焊件受热面积小，同时 CO_2 气流有较强的冷却作用，所以焊接变形小，特别适宜于薄板焊接。d. 焊接品质较高。对铁锈敏感性小（抗锈能力强），焊缝含氢量少，抗裂性能好（冷裂倾向小）。e. 适用范围广。可实现全位置焊接，并且对于薄板、中厚板甚至厚板都能焊接。f. 操作简便。焊后不需清渣，且是明弧，便于监控熔池，有利于实现机械化和自动化焊接。

主要缺点：a. 飞溅率较大，焊缝表面成形较差。金属飞溅是 CO_2 焊中较为突出的问题。b. 很难用交流电源进行焊接，焊接设备比较复杂。c. 抗风能力差，给室外作业带来一定困难。d. 不能焊接容易氧化的有色金属。

CO_2 气体保护适焊适用范围广，不仅适用于焊接薄板，还常用于中厚板焊接。常用于焊接低碳钢及低合金钢等钢铁材料。对于不锈钢，由于焊缝金属有增碳现象，影响抗晶间腐蚀性能，所以只能用于对焊缝性能要求不高的不锈钢焊件或用于耐磨零件的堆焊、铸钢件的焊补等。CO_2 气体保护焊是目前广泛应用的一种电弧焊方法，主要用于汽车制造、船舶、管道、机车、农业机械、矿山和工程机械等结构的焊接。

（3）埋弧焊

埋弧焊是电弧在焊剂层下燃烧进行焊接的熔焊方法，由于电弧掩埋在焊剂下燃烧，弧光不外露，因此称为埋弧焊。在焊接时，电弧的引燃、焊丝的送进、电弧沿焊接方向的移动等过程全部由设备自动完成，因此也称为埋弧自动焊。

埋弧焊的焊接回路如图 2-20 所示。焊接电源的两端分别接在导电嘴和待焊工件上。焊接过程中，通过焊剂料斗先在待焊工件表面覆盖一层粒状焊剂，送丝机构将焊丝自动送入电弧焊接区并保证一定的弧长。电弧在焊剂层下燃烧，使焊丝、焊剂和局部母材熔化形成金属熔池并发生冶金反应。其中焊剂熔化形成熔渣，一部分焊剂发生分解并与金属一起形成蒸气，气体排开熔渣形成一个封闭的气泡，电弧在气泡中燃烧。其中气泡将熔池金属包围，使之与空气隔离，既能防止金属产生飞溅，又能减少电弧热量损失，并阻挡电弧光辐射。随着电弧向前移动，前方的金属和焊剂不断熔化，液态的熔池在电弧力作用下被推向后方并冷却形成焊缝，熔渣凝固成渣壳覆盖在焊缝表面。未熔化的焊剂回收处理后可以再次利用。焊剂与焊条电弧焊中焊条药皮的作用类似，对熔池起到保护作用，同时可以对焊缝金属起到脱氧和渗合金作用。

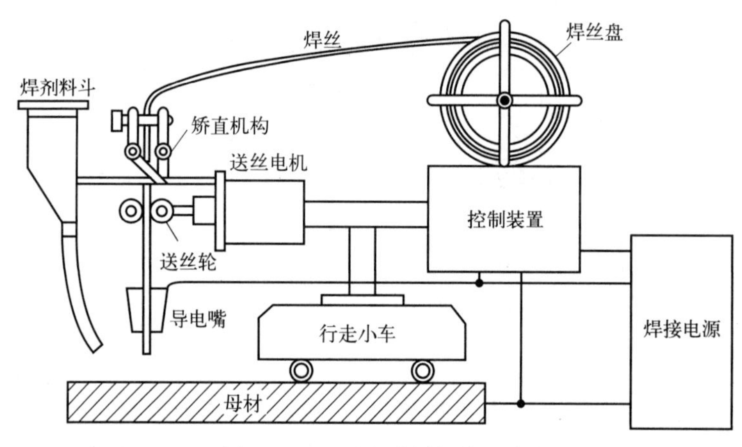

图 2-20　埋弧自动焊焊接回路

埋弧焊的主要特点是：a. 生产效率高。可采用较大的电流焊接，焊接热效率提高，焊丝熔化系数大，焊件熔深大，焊接速度快。b. 焊接质量好。焊剂和熔渣隔绝了空气与熔池和焊缝的接触，故保护效果好；熔池结晶时间较长，因此冶金过程充分，缺陷少，焊缝美观。c. 节约成本。由于埋弧焊焊接能量高，与焊条电弧焊相比，在同等厚度下可不开坡口或只开小坡口，从而减少了焊丝的填充量，同时节省工时和电能。此外，由于电弧埋在焊剂下方，因此向空气中的散热较少，金属飞溅和蒸发导致的热能损失与金属损失也较少。d. 由于焊接能量高，适合厚度较大板材的焊接。e. 对接头的加工、装配要求很高，不能进行全位置焊接，主要在水平或倾斜不大的位置进行焊接，主要适合于长焊缝焊接。不适合焊接薄板。f. 埋弧焊适用于低碳钢、低合金钢、不锈钢和铜合金等多种金属的焊接。

（4）氩弧焊

氩弧焊主要是采用惰性气体氩气作为保护气体的一种电弧焊方法，根据电极焊接过程中是否熔化，将氩弧焊可分为不熔化极氩弧焊（通常指的是钨极氩弧焊）和熔化极氩弧焊两种。图 2-21 为这两种氩弧焊的示意图。

① 不熔化极氩弧焊（钨极氩弧焊）

钨极氩弧焊是采用难熔金属钨或钨的合金棒作为电极加上氩气进行保护的焊接方法，钨极氩弧焊通常又称 TIG 焊，如图 2-21（a）所示。焊接时氩气从焊枪的喷嘴中连续喷出，在电弧周围形成保护层隔绝空气，以防止其对钨极、熔池及邻近热影响区的有害影响，从而获

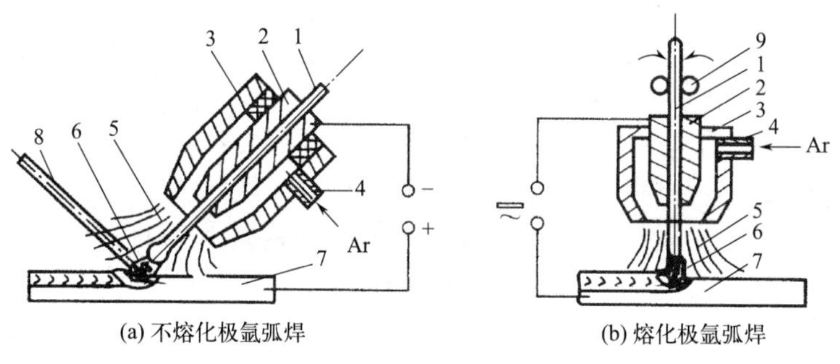

图 2-21 两种氩弧焊

1—焊丝或电极；2—导电嘴；3—喷嘴；4—进气管；5—氩气流；

6—电弧；7—工件；8—填充焊丝；9—送丝辊轮

得优质的焊缝。焊接过程中可以根据工件的具体要求考虑添加或者不加焊丝。在电弧燃烧过程中，电极不熔化，故较容易维持恒定的电弧长度，焊接过程稳定。氩气对焊接区熔池金属的保护效果好，因此接头焊接质量较高。

此外，钨极氩弧焊还分为手工钨极氩弧焊和自动钨极氩弧焊。手工钨极氩弧焊焊接时，焊枪的运动以及焊丝的添加都是依靠手工操作完成；自动钨极氩弧焊焊接时，焊枪运动和焊丝的添加都是按程序自动完成。利用钨极氩弧焊焊接铝、镁及其合金时，通常利用直流反接及交流焊的反极性半波中去除氧化膜的作用（阴极破碎作用）。铝及其合金的表面存在一层致密难熔的氧化膜（Al_2O_3，它的熔点为 2050℃，而铝的熔点为 657℃）覆盖在熔池表面，焊接过程中如果不及时清除，会导致形成未熔合、气孔、夹渣等缺陷。通过反接可以利用阴极斑点的作用使氧化膜在电弧的作用下被清除，从而获得表面成形良好的焊缝。

② 熔化极氩弧焊

熔化极氩弧焊是以 Ar 作为保护气，焊丝作为电极及填充金属的一种气体保护电弧焊方法，其原理如图 2-21（b）所示，也称为 MIG 焊。当保护气体以 Ar 为主，加入少量活性气体如 O_2、CO_2、CO_2+O_2 等作为保护气体时，称为熔化极活性气体保护电弧焊，简称 MAG 焊。

氩弧焊的主要特点：采用氩气作保护气体，金属熔池的保护效果好，获得的焊缝质量高；电弧热量集中，焊接速度快，焊后工件变形也小。小电流时电弧也很稳定，适合单面焊双面成形；电弧是明弧，焊接过程参数稳定，易于检测及控制，容易实现自动化操作；氩弧焊设备较复杂，且氩气使用成本高，主要用于焊接铝、铜、镁、钛等有色金属及其合金，以及耐热钢、不锈钢等特殊性能钢。

（5）高能密度焊

高能密度焊接主要是利用高能量密度束流作为热源的一种焊接方法，主要包括电子束焊、激光焊和等离子弧焊等。下面简要介绍电子束焊和激光焊。

① 电子束焊

电子束焊是利用空间定向运动的电子束流，在强电场的作用下以极高的速度撞击待焊工件表面，并将电子束的动能转化为热能而使焊件局部熔化、冷却后形成焊缝的一种焊接方法。利用电子束焊接时，焊件所处的真空度不同，电子束散射的程度不同，电子束流密度和相应功率密度也不同。通常根据电子束焊工件所处环境的真空度不同分为高真空电子束焊、低真空电子束焊和非真空电子束焊三类。

对于电子束焊，高能量电子束轰击工件表面时，大部分电子的动能会转变为热能，因此，工件被电子束轰击的部位可被加热到很高温度。图 2-22 所示为真空电子束焊的装置简图。在真空中，电子枪的阴极通电后加热至高温会发射出大量的电子，这些电子在阴极和阳极之间的强电场作用下被加速，高速运动的电子经过聚束线圈装置后形成能量密度很高的电子束流，电子束以极高的速度撞击待焊工件表面，将动能大部分转化为热能，使焊件被轰击部位的温度迅速升高，表面熔化，随着焊件的不断移动便可形成连续致密的焊缝。

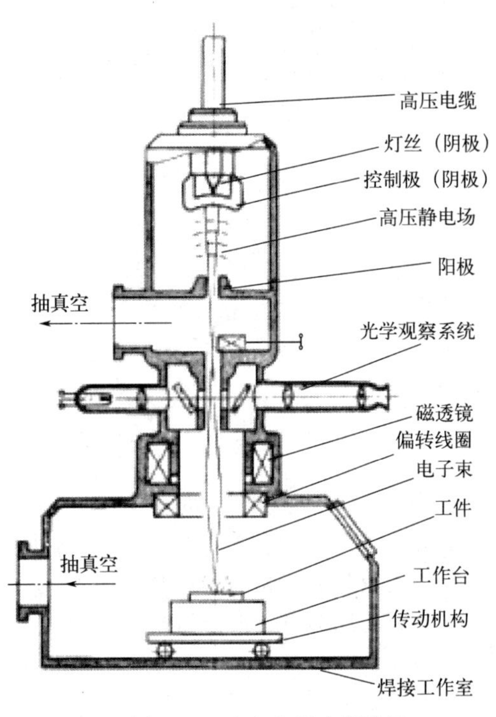

图 2-22　真空电子束焊装置

电子束焊的主要特点：a. 焊接质量好。在高真空条件下，可以对焊缝在高温下起到良好的保护作用，适合于焊接钛及钛合金等活性材料；由于电子束能量高度集中，熔化和凝固过程快，可以大大提高焊接速度，从而避免晶粒长大，改善接头性能，减少合金元素烧损，提高焊缝抗蚀性能。b. 焊件热变形小。电子束斑点尺寸小、功率密度高、输入焊件的热量少、焊件变形小，可实现高深宽比的焊接，深宽比可达 60∶1，可一次焊透 0.1～300mm 厚度的不锈钢板。c. 工艺适应性强，易于实现自动化。电子束焊接参数易于精确调节，能够适应不同结构的焊接。电子束焊接既能焊接金属和异种金属材料，也可焊接非金属材料，例如陶瓷、石英玻璃等。d. 主要不足是设备复杂、造价高。焊前对焊件的清理和装配质量要求高，焊件尺寸和形状容易受到真空室限制，X 射线辐射在高压下比较强，需要对操作人员实施防护。

电子束焊可以适用于高熔点易氧化材料、钛及其合金、低合金超高强度结构钢、高合金钢及奥氏体不锈钢等的焊接，对纯铜及异种金属材料焊接也可以适用。我国在航空发动机的制造中广泛应用电子束焊技术，涉及的材料有高温合金、钛合金、不锈钢、高强度钢等，主要焊接的零部件包括高压压气机盘、燃烧室机匣组件、风扇转子、压气机匣、功率轴、传动齿轮、导向叶片组件等。

② 激光焊

激光焊是另一种高能密度焊方法，主要以聚集的激光束作为能源轰击焊件接缝所产生的热量进行焊接。利用大功率相干单色光子流聚焦而成的激光束热源进行焊接，激光能迅速转变成热能，通常包括连续功率激光焊和脉冲功率激光焊两种方法。激光焊的优点是不需要在真空中进行，缺点是穿透力不如电子束焊强。激光焊接可以采用连续或脉冲激光束加以实现，激光焊接的原理可分为热传导型焊接和激光深熔焊接。功率密度小于 $10^5 W/cm^2$ 为热传导焊，此时熔深浅、焊接速度慢；功率密度大于 $10^5 W/cm^2$ 时，金属表面受热作用下凹成“孔穴”，形成深熔焊，具有焊接速度快、深宽比大的特点。

激光焊的主要特点：热量集中、热影响区小、焊接变形和残余应力小；焊接温度高，可以焊接难熔金属，也可以焊接陶瓷、有机玻璃等；激光不产生有害的 X 射线，能对难以接近的部位进行焊接，可透过玻璃或其它透明物体进行焊接，同时不受电磁场的影响；固体材料对激光的吸收率低，能量转化率较低，不足 10%，对于焊接反射率大的光亮金属很困难；受激光器功率等限制，焊接厚度不可能太大，达不到电子束焊的焊接厚度；工件的加工和组装精度要求高，夹具要求精密，因此，焊接成本较高。

随着工业激光器的发展和科研人员对焊接工艺的深入研究，激光焊接技术已在许多领域得到应用。但由于激光焊接设备的成本及维修费用较高，目前能够广泛使用激光焊接的，多为大批量生产或大规模零件焊接的行业，例如汽车工业、造船业等，或者一些投资较大的特殊领域，如航空航天业、核能工业等。激光焊还被广泛应用于电子工业和仪表电器工业中，主要适于焊接微型、精密和对热敏感的焊件，如集成电路内外引线、温度传感器及航空仪表零件等。

2.3.2.2 压力焊

压力焊方法是焊接过程中必须对焊件施加压力（加热或不加热）才能完成焊接的方法。焊接时施加压力是其基本特征。这类方法有两种形式：一种是将被焊材料与电极接触的部分加热至塑性状态或局部熔化状态，然后施加一定的压力，使其形成牢固的焊接接头。第二种是不加热，仅在被焊材料的接触面上施加足够大的压力，使接触面产生塑性变形而形成牢固的焊接接头。常用的压力焊方法包括电阻焊、摩擦焊、超声波焊等。

（1）电阻焊

电阻焊是将焊件组合后通过电极施加压力、利用电流通过接头的接触面及邻近区域产生的电阻热进行焊接的方法。电阻焊的特点是低电压、大电流，焊接时间极短。与其它焊接方法相比，电阻焊操作简单，对工人的操作技术水平要求低，生产效率很高，焊件变形小，易于实现机械化和自动化。但电阻焊设备相对较复杂，一次性投入大，对焊件厚度和截面形状有一定限制，可单件小批量生产，更多用于成批大量生产。依据使用的电极形式不同，电阻焊可分为点焊、缝焊和对焊，图 2-23 为电阻点焊和电阻缝焊的示意图。

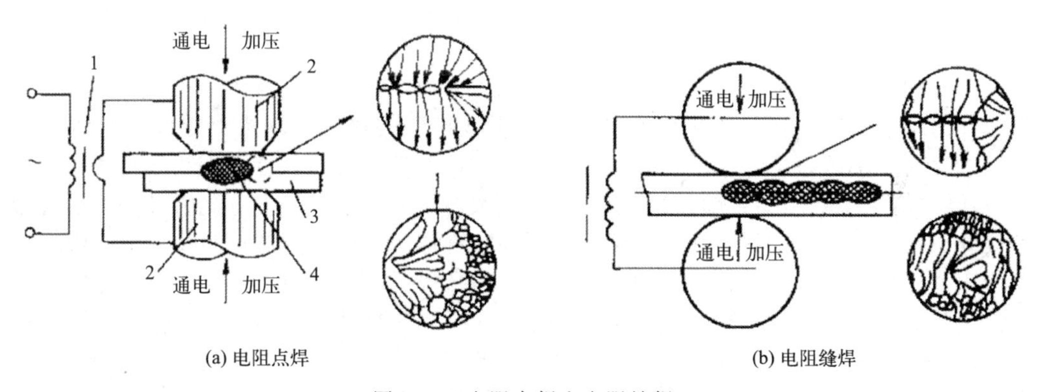

(a) 电阻点焊　　(b) 电阻缝焊

图 2-23　电阻点焊和电阻缝焊

1—电源；2—电极；3—工件；4—熔核

① 点焊

点焊是在电极压力作用下，通过电阻热来熔化金属，断电后在电极压力作用下结晶而形成接头，同时，在接头周围形成一个塑性环。点焊时需要将焊件装配成搭接接头，并压紧在两电极之间，示意图如图 2-23（a）所示。影响电阻点焊的主要工艺参数包括电极压力、焊接电流和通电时间。点焊前必须清理焊件表面的氧化膜、油污等杂质，以免焊件间接触电阻过大而影响点焊质量和电极寿命。将清理好的两焊件紧密接触、预压夹紧，然后接通电流，使接触处产生电阻热。电极与焊件接触所产生的电阻热很快被导热性能好的铜电极和冷却水传走，因此接触处的温度升高有限，不会熔化，而焊接件相互接触处则由于电阻热很大，温度迅速升高，接触处金属熔化，形成液态熔核。断电后，继续保持或加大压力，使熔核在压力下凝固，形成组织致密的焊点。选择点焊的焊接接头形式时，要充分考虑使点焊机电极能接近焊件，做到施焊方便，加热可靠。

点焊主要用于薄板冲压件的搭接，如汽车驾驶室、车厢等薄板与型钢构架的连接，蒙皮结构、金属网、交叉钢筋的接头。点焊适用于不锈钢、铜合金、钛合金和铝镁合金等的焊接。

② 缝焊

缝焊即是连续点焊，将焊件装配成搭接或对接接头并置于两滚轮电极之间，滚轮加压焊件并且转动，连续或断续送电，形成一条连续焊缝。缝焊的焊接过程与点焊相似，只是用圆盘电极代替点焊时用的柱状电极，如图 2-23（b）所示。焊接时盘状焊件加压又导电，旋转时靠摩擦力带动焊件移动，最终在工件上焊出一道由许多相互重叠的焊点组成的焊缝。缝焊主要用于制造有密封性要求的薄壁结构，如自行车钢圈、油箱、管道和小型容器等。

③ 对焊

对焊是将焊件装配成对接的接头，使其端面紧密接触，利用电阻热加热至塑性状态，然后迅速施加顶锻力完成焊接的方法，如图 2-24 所示。按照工艺过程特点的不同，对焊又分为电阻对焊和闪光对焊。

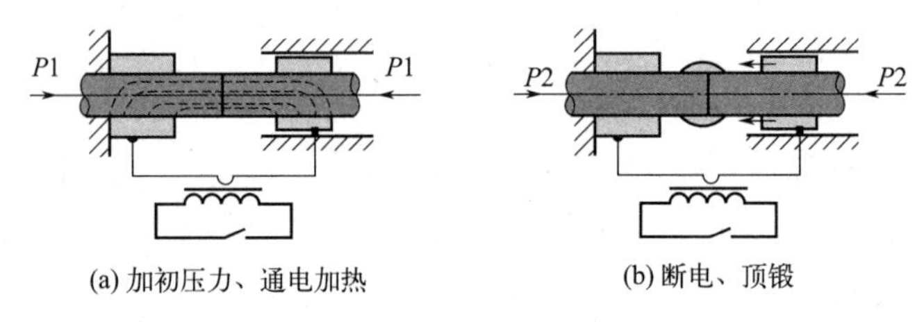

图 2-24　电阻对焊

电阻对焊时，焊件夹紧在电极上，施加预压力并通电，利用电阻热加热至塑性状态，然后增大压力，同时断电，使接头处塑性变形并形成牢固的接头。此法对焊件表面清理要求高，否则会造成加热不均匀，易夹渣。闪光对焊时，焊件夹紧在电极上，然后接通电源，并使焊件缓慢靠拢接触，对口间将形成许多具有很大电阻的小触点，大电流通过触点后使触点迅速熔化、汽化形成两端面的液体过梁。然后在各种作用力和强烈加热的作用下，液态金属爆破飞出，造成闪光。由于焊件不断送进，旧触点爆破又形成新的触点，闪光现象连续产生，热量传到工件，待加热至两端面全部熔化时，迅速对焊件加压并断电，使熔化金属自结合面挤出，并产生大量塑性变形使工件焊合。在此焊接过程中，工件端面的氧化物及杂质一部分随闪光火花带出，一部分在加压时随液体金属挤出，故接头中夹渣少，质量高。但金属损耗大，焊后有毛刺，需要额外清理。因此从上面的原理可以看出，电阻对焊主要利用的是工件本身的电阻热，而闪光对焊主要利用的是工件的接触电阻热。对焊广泛应用于建筑、机械制造、电器工程等领域，主要用于制造封闭型零件，例如油管、钢圈、自行车轮圈、汽车轮缘、船用锚链、电缆接头等，还可用于异种金属材料零件之间的焊接。

（2）摩擦焊

摩擦焊是使两个焊件连接表面相互接触并做相对旋转运动，施加一定压力，利用相互摩擦所产生的热量使焊件端面达到塑性状态，然后迅速施加顶锻力在压力作用下完成焊接的压力焊方法。摩擦焊基本原理如图 2-25 所示。

摩擦焊的主要特点：①摩擦焊过程中，被焊材料一般不熔化，仍处于固态，因此焊缝区金属主要为锻造组织，接头质量较好。②与熔化焊不同，摩擦焊不仅可以焊接同种钢，还可以焊接常温和高温力学、物理性能差别很大的异种钢和异种金属。③因为焊接变形小，且在焊前不需特殊处理，焊接接头飞边有时可以不用额外工艺去除，因此焊件尺寸精度相对较高、成本低。④焊接施工时间短，生产效率高。一般来说，摩擦焊的生产效率要比其它焊接方法高 1～100 倍，适合于大批量生产。⑤设备容易实现机械化和自动化，与其它焊接方法相比，工作环境好，没有火花、弧光等对操作人员的伤害。

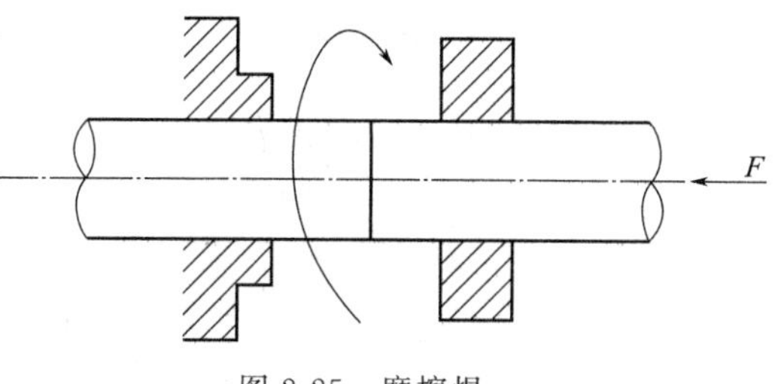

图 2-25 摩擦焊

摩擦焊可以用于刀具的加工制造，例如钻头、丝锥、铣刀、拉刀、绞刀等，还可以用于机器轴类零件的加工制造，包括管子、钻杆、螺杆、顶杆、拨叉等零件。在汽车等交通工具的齿轮轴、叶轮、后桥轴头、活塞杆、电子行业的铜-铝接线端子等方面也有广泛的应用。目前国际上广泛研究的 NiTi 形状记忆合金，通过熔焊方法焊接质量较差，但是利用摩擦焊技术可以获得比较满意的效果，焊接后的记忆合金特性与原始母材的性能相近。此外，还可以应用摩擦焊开展陶瓷与金属的焊接。

2.3.2.3 钎焊

钎焊是指采用比母材金属熔点低的金属材料作为钎料，将焊件和钎料加热到高于钎料熔点的温度，但低于母材熔点的温度，利用毛细作用使液态钎料润湿母材金属，填充接头间隙，并与母材金属相互扩散实现连接焊件的方法。根据加热的热源不同，钎焊可分为感应钎焊、火焰钎焊、烙铁钎焊、电阻钎焊及盐浴钎焊等。钎焊接头的承载能力主要取决于钎料及加热方法。根据所用钎料的熔点不同，钎焊可分为硬钎焊和软钎焊两类。

(1) 硬钎焊

采用熔点高于 450℃的钎料进行焊接的方法称为硬钎焊，对应的钎料称为硬钎料。常用的硬钎料包括镍基、铜基、铝基、银基等合金。硬钎焊使用的钎剂主要包括硼砂、氧化物、硼酸氟化物等。加热方法有火焰加热、电阻加热、盐浴加热、高频感应加热等。硬钎焊焊接接头的强度高，工作温度较高，主要用于受力较大的钢铁件、铜合金构件以及工具、刀具的焊接等。

(2) 软钎焊

采用熔点低于 450℃的钎料进行焊接的方法称为软钎焊，对应的钎料称为软钎料。常用的软钎料有锡基、铅基和锌基合金等。软钎焊使用的钎剂主要有松香、氯化锌溶液等。软钎料的加热方法主要采用烙铁加热。软钎焊的焊接接头强度低，受钎料熔点限制，其工作温度也低。经常使用锡基钎料焊接电源导线等，称为锡焊，焊接接头具有良好的导电性，主要应用于受力较小的电器仪表、电子元器件等的连接。

钎焊具有加热温度低、焊件变形小、焊缝成形美观、焊件尺寸精确、生产效率高等特点。钎焊既可用于同种金属，也可用于异种金属，甚至用于非金属、复合材料等的焊接，大多数钎焊方法使用设备简单，易于实现生产过程机械化和自动化。钎焊的应用范围非常广泛，主要用于航空航天、机械制造、电工电子、仪器仪表等。

2.3.2.4 水下焊接技术

对于焊接技术的发展，除了主要根据焊接热源划分焊接方法，还可以从焊接环境上来划分，分为陆地焊接和水下焊接。水下焊接的研究及应用对于开发海洋事业、开采海底油田和充分利用海洋资源具有重要的现实意义，可以广泛用于海洋工程结构、海底管线、船舶、港口设施、江河工程及核电厂等的维修，已经成为组装、维修采油平台、输油管线以及海底等大型海洋结构的关键技术之一，在舰船的应急修理及海上救助等工作中起到重要作用。与陆地焊接相比，水下的情况比较复杂，使得水下焊接方法存在许多局限性，焊接质量受到焊接方法、环境、水深等诸多因素的影响。目前，水下焊接的方法主要分为湿法焊接、干法焊接和局部干法焊接。

（1）湿法焊接

湿法焊接顾名思义就是在水环境中直接进行焊接作业，而干法焊接是在水下提供工作室或工作站，从而在干燥气体环境下实施的焊接。局部干法焊接是指在局部提供较小的气体空间进行的焊接，相对于干法焊接，设备要更加简单，焊接接头的质量更好。

对于湿法焊接，水下焊接的基本问题表现得最为突出，因此采用这类方法较难得到质量好的焊接接头，尤其在重要的应用场合，湿法焊接的质量难以令人满意，但是由于湿法水下焊接具有设备简单、成本低廉、操作灵活、适应性强等优点，所以近年来各国对这种方法仍在继续开展研究，特别是利用涂药焊条和手工电弧焊方法。水下湿法焊接通常以手工电弧焊为主，也是最早使用的水下焊接方法。电弧在水下连续燃烧，附近充满炽热的气体，气体体积膨胀形成周期性上浮的气泡，因此对焊接熔池的动态行为和熔滴过渡都会产生明显的影响。

湿法焊接近年在焊条技术上有了一定的突破。英国 Hydroweld 公司开发的 Hydmweld 水下焊条成为英国国防部唯一认可的水下修补焊条，由美国开发的 7018S 水下焊条在药皮上涂有一层铝粉，因此在使用该焊条进行水下焊接时能产生大量气体保护焊缝金属。国内方面，由华南理工大学发明的药芯焊丝微型排水罩水下焊接方法可以依靠水下焊接时水汽化产生的蒸气以及药皮产生的气体排开附近的水而形成一个小范围无水区域，增加了焊接电弧的稳定性，并且这种方法经济性较好。

（2）干法焊接

在一些对焊接接头的质量有极高要求的场合或者在湿法焊接无法达到焊接要求的场合，必须使用干法焊接。水下干法焊接最早于 1954 年提出，1966 年正式在工程中得到应用。干法焊接主要包括高压干法水下焊接和水下局部干法焊接。

① 高压干法水下焊接

高压干法水下焊接在 20 世纪 50 年代初由美国开始研究，在 1966 年应用于生产，这种方法可以获得较高的焊接质量。由于进行高压干法水下焊接试验需要通过复杂的模拟试验装置来进行，因此，目前致力于海洋资源开发的公司一般都建有高压模拟试验装置。

焊接施工时，高压干法焊接工作室坐落在管道上方，在管道与工作室之间用适当方法进行密封，防止工作室漏水。施焊时在工作室内充高压气体，将水排出，使其底部形成气-水界面，这样焊接作业就能够在气体环境中进行。尽管高压水下干法焊接接头质量在一定程度上得到提高，但高压干法焊接也存在一定的局限性，首先，随着水深的增加，电弧周围的气体也不断增加，容易破坏电弧的稳定性而产生焊接缺陷；其次，高压干法焊接施工周期长，设备庞大而复杂，价格也比较昂贵。

为了克服水下高压干法焊接的质量问题，1977 年制造出了水下常压干法焊接设备。这种设备主要包括一个密封的水下焊接工作舱，其内部气压等于大气压，这样焊接作业就和陆地上完全一样，可以完全克服水环境对焊接接头的影响。这种方法在北海 150m 水深的条件下，成功焊接了直径为 426mm 的海底管道。但由于这种设备的造价仍然较高，一般情况下较少采用。

② 局部干法水下焊接

水下湿法焊接设备简单且造价低，但焊接质量较差，而水下高压焊接质量较好，但造价高。鉴于上述两种方法的优点，水下局部干法焊接技术逐渐得到发展。20 世纪 70 年代，局部干法水下焊接兴起。近几十年来，随着局部干法水下焊接技术的不断发展，这种焊接方法已开始应用于生产，现在生产中可移动气室式水下焊接法、气罩式水下焊接法和水帘式水下焊接法已经得到应用。气罩式水下焊接法是一种在焊件上安装透明罩，再用气体排除内部水。这种方法多采用手工电弧焊和气体保护焊，应用的水深极限是 42m。水帘式水下焊接法是一种排水范围较小的局部干法焊接方法。水下激光焊是一种新兴的局部干法水下焊接技术。2001 年，日立公司研制了水帘式激光焊接，可在水下创造稳定的干式空间，并利用了 5kW 激光和填充焊丝的方法进行了 0.4MPa 压力条件下的 U 形坡口水下激光水平横焊试验。随着水下焊接技术的不断发展和成熟，水下焊接技术已经成为水下修复的关键技术。这种技术将广泛应用到船舶行业的各个方面，其能够迅速恢复船舶的航行性能，因此具有重要的经济意义。

以往水下焊接主要采用的是手工焊接方法，由于水下作业的特殊性，对焊接人员的安全性考虑始终是第一位的。发展自动化焊接技术将能够有效保护人员的安全，同时提高生产效率。提高水下干法和局部干法焊接的自动化、智能化将是未来的主要发展方向。自动化的轨道焊接系统和水下焊接机器人系统，焊接过程的自动监控，将能够提供更好的焊接质量，并节省工时，而且减轻潜水员的工作强度。采用自动化遥控焊接，可以突破潜水焊工所能达到的水深限制。轨道焊接系统采用模块结构，维护简单，但受安装和维护的限制。目前的水下焊接机器人系统还存在许多问题，其灵活性、体积、作业环境、检测和监控技术以及可靠性等还有待于进一步发展和提高。

2.4 金属材料的表面工程技术

2.4.1 表面合金化技术

金属表面合金化技术是用化学渗透方法在金属表面生成一层合金，以改善其耐腐蚀性与耐磨性，并有良好的表面装饰效果。在机械制造中主要应用的是铝、铬、硅、钒、锌等的表面合金化层或渗层。渗层是利用金属卤化物蒸气与金属表面层产生化学反应形成的，或是在液相中发生化学反应而形成的。

金属表面合金化的元素包括非金属元素（如 N，C，B，S 等）和金属元素（如 Al，Cr，V，Nb，Cu，Ti，Zn 等)。所渗元素常与基体材料反应而形成化合物相（如金属间化合物、碳化物等)，因此渗层与基体结合强度高。虽然渗金属没有如渗碳或渗氮应用广泛，但是渗金属可以使钢铁工件表面获得独特的性能，如抗高温氧化、热腐蚀等。下面内容主要对渗铬、渗铝和渗硼技术进行介绍。

渗金属工艺就是采用加热的方法，使一种或多种金属扩散渗入零件表面形成表面合金层的方法。这一表面层被称为渗层或扩散渗层。渗金属的特点是：渗层是靠加热扩散形成的，所渗元素与基体金属常发生反应而形成化合物相，使渗层与基体结合牢固，其结合强度是电镀、化学镀等机械结合所难以达到的。渗层具有不同于基体金属的成分和组织，因而可以使零件表面获得特殊的性能，如抗高温氧化、耐腐蚀、耐磨损等性能。

2.4.1.1 渗铬

渗铬的目的主要有两个：一是为了提高钢和耐热合金的耐蚀性和抗氧化性，提高持久强度和疲劳强度；二是为了用普通钢材代替昂贵的不锈钢、耐热钢和高铬合金钢。

（1）渗铬方法分类

① 固体粉末渗铬　固体粉末渗铬是目前工业生产中应用较多的方法之一。该法是将工件埋入渗铬剂中，放在高温的密封容器中保温一定的时间进行渗铬。渗剂一般由金属铬粉（或铬铁粉）、适量的 Al_2O_3（或 SiO_2）和卤化铵配成。渗铬一般温度为 950～1100℃，时间为 4～10h。

② 气体渗铬　气体渗铬的反应机理与固体粉末法相似，在密封的电炉中进行。气体渗铬的介质多为铬的氟化物、氯化物。渗铬气氛（卤化铬）可在炉外制取，也可在炉内放置铬或铬铁粉末，通以 Cl_2 和 H_2 制取。卤化铬气体在工件表面通过置换、还原、热分解等反应，产生活性 Cr 原子而渗入工件表面。

③ 液体渗铬　液体渗铬是在含有活性铬原子的盐浴中进行，具有设备简单、加热均匀、生产周期短、可直接淬火等特点。液体渗铬主要有硼砂盐浴渗铬和氯化物盐浴渗铬两类。

（2）渗铬层的性能及应用

① 抗氧化性能　渗铬件具有良好的抗高温氧化和抗高温腐蚀性能。工件经渗铬后可在 800℃以上较长时间使用，在 900℃仍有一定的抗氧化能力。渗铬钢的抗氧化性能较渗铝钢更优。低碳钢渗铬，在 700℃时其抗氧化能力可比不渗铬的钢高 1000 倍。奥氏体耐热钢、镍基和钴基合金材料渗铬后，抗高温氧化性能可显著提高。

② 耐腐蚀性能　工件经渗铬处理后具有良好的耐蚀性，在潮湿空气、水、强碱液、过热蒸气和许多其它介质中都有良好的耐蚀性，能耐硫酸和硝酸的浸蚀，但耐盐酸腐蚀性差。例如：Q235 钢经等离子渗铬和渗碳处理后，体积分数高达 40%的大量均匀、弥散、高硬度的碳化物分布在表面，硬度可达 1200HV，其在 H_2S 中的抗蚀性较处理前提高了 2.14 倍，在硫酸中的抗蚀性提高了 2.35 倍，在盐水中的抗蚀性提高了 3.1 倍。

③ 耐磨性能　钢中 Cr 元素的渗入，不仅起到一定的固溶强化作用，还与碳元素形成硬度高、耐磨性好的碳化物。含 0.25%C 的碳钢渗铬后表面硬度为 1300～1600HV；而 1.0%～1.2%C 的碳钢渗铬后表面硬度达 1750～1800HV。碳化铬层具有高硬度、低摩擦因数（与金属对磨），因此耐磨性很高。例如：渗铬高碳钢的耐磨性比 GCr15 钢还高几倍，与渗硼层耐磨性相近。

④ 力学性能　渗铬后普通碳钢晶粒粗大，静拉伸强度和韧性下降，为此需进行热处理。渗铬可显著提高钢在高温下的持久强度。50 号钢表面进行碳铬复合渗后，其抗拉强度最高增幅达 1 倍，但塑性有所下降。渗铬可以代替不锈钢和耐热钢用于制造机械和工具。如仪表中的叶轮、浮子、弹簧管等零件，还可用于飞机、船舰、电站的燃气轮机叶片等高温部件。

2.4.1.2 渗铝

渗铝是将铝或铝-硅、铝-锌与钢材内的铁结合，在钢材表面生成固溶体或金属间化合物，或者两者都有的表层。其目的是提高基体抵抗各种介质侵蚀、磨损以及抵抗高温氧化的能力。外表层由于暴露在空气当中，生成致密的尖晶石结构 Al_2O_3 · FeO 混合氧化物保护膜，该保护膜能有效地阻止 S、H_2S、SO_2、SO_3、有机酸、工业性气体、水煤气、烟气、氨、盐类等介质对钢铁基体的腐蚀。其使用寿命可达普通碳钢的 4～8 倍，可使钢铁使用温度提高 250～350℃，在某些环境下可以代替耐热钢和不锈钢。另外由于渗层中富铝，生成的 $FeAl_3$、Fe_2Al_5、FeAl 等相的硬度都高于未渗铝前碳钢的基体硬度，因此大大提高了普通碳钢的耐磨损性能。

(1) 渗铝的方法

主要包括：固体粉末渗铝法，喷镀渗铝法，料浆渗铝法，气体渗铝法；还有其它渗铝法：电泳渗铝法，快速电加热渗铝法，超声波热浸镀渗铝法等。

(2) 渗铝层的性能

① 抗氧化性能　一般来说，渗铝后的钢与原来未渗铝的钢相比，使用温度可提高 200℃，Q235 钢渗铝后抗高温氧化性能优于 0Cr17Mn13Mo2N 不锈钢，与未渗铝的 Q235 钢比较，抗高温氧化能力提高 100 倍以上。试验证明，渗铝层要具有高的抗氧化能力，其含铝量必须高于 12%，最好是 32%～33%。

② 耐腐蚀性能　渗铝是目前提高钢材耐硫化物腐蚀最有效的手段之一。在大气条件下，渗铝钢比热镀锌钢具有更好的耐蚀性。渗铝钢的腐蚀量仅是热镀锌钢的 1/10～1/5。Q235 钢渗铝后在硫化氢中的耐蚀性能提高了 90 倍，耐海水腐蚀性能提高了 6 倍。其主要原因是：渗铝钢表面生成了尖晶石结构 Al_2FeO_4 化合物，能有效阻止腐蚀介质原子或离子与铁原子相接触，不能形成腐蚀产物。在电化学方面，由于尖晶石结构化合物中铁原子不易被置换，故电化学反应难以进行。把渗铝钢和热镀锌钢在不同的 pH 值溶液下的耐腐蚀性进行比较后可知，在 pH 值 2～9 范围内，前者的耐蚀性要好得多。

(3) 渗铝的应用

渗铝主要用于提高机件的耐热耐腐蚀寿命，可用于炉内构件、烟道、汽车消声器、汽车进排气零部件、高温石油化工用换热器、加热管、热风管、加热炉排风扇、空气预热器和热处理用设备，以及一切与 H_2S、SO_2、CO_2、H_2CO_3、HNO_3、液氮等接触的设备。

2.4.1.3 渗硼

渗硼是将工件置于含硼的介质中，经过加热和保温，使硼原子渗入其表面形成硼化物的工艺过程。硼原子半径为 0.82Å（$1Å=10^{-9}m$），与过渡元素原子半径之比大部分大于 0.59，因而，硼与过渡族元素形成的化合物，具有远比正常的间隙相要复杂得多的晶体结构，如 FeB、Fe_2B、TiB_2、ZrB_2 等，硬度极大，热稳定性好，几乎比相应的碳化物、氮化物的硬度和热稳定性都要高。钢的渗硼层的硬度、耐磨性、耐腐蚀性、耐热性能均比渗碳层高。此外，微量的硼还能增加钢的淬透性。

(1) 渗硼原理

在渗硼过程中，含硼介质发生化学反应，含硼组元通过邻接金属表面的“边界层”进行外扩散，扩散到金属表面并被吸附，然后发生各种界面反应，生成活性硼原子，活性硼原子由金属界面向纵深迁移，从而形成有一定深度的渗硼层。当硼在铁中渗入量增加，硼与铁依次形成稳定的化合物 Fe_2B 和 FeB，这些铁的硼化物在高温时也具有较高的稳定性。硼在

α-Fe中只能以置换固溶体的形式存在，而在γ-Fe中既可以置换固溶体的形式存在，也可以间隙固溶体的形式存在。因置换固溶体形式的扩散比间隙固溶体形式困难得多，因此，硼在γ-Fe中的扩散速度远大于硼在α-Fe中的扩散速度，因此，渗硼温度大多选在钢处于奥氏体状态的温度范围内。

（2）渗硼的方法

主要包括：固体法、液体法和气体法。比较常用的是固体法和液体法。

（3）渗硼的应用

近年来，在渗硼领域里，相关学者在渗硼的基础理论、工艺过程和工业应用等方面进行了大量的研究，取得了重要的进展，该工艺已逐渐成为广泛应用的表面扩渗处理工艺。目前，渗硼主要用于耐磨并且兼有一定的耐蚀性方面，如钻井用的泥浆泵零件，滚压模具、热锻模具及某些工夹具等。近年来，渗硼还逐渐扩大到硬质合金、有色金属和难熔金属，如难熔金属的渗硼已经在宇航设备中获得应用。此外，渗硼还可用于印刷机凸轮、止推板、各种活塞、离合器轴、压铸机料筒与喷嘴、轧钢机导辊、油封滑动轴、块规、闸阀和各种拔丝模等。

① 在工模具上的应用　经表面渗碳强化制成的20号钢模具寿命仅为5600件/副，而用45号钢经1000℃×8h渗硼、淬火、回火制成的模具寿命均稳定在17000块/副以上，最高寿命达到19000块/副，寿命提高2～3倍；冲压电机转子硅钢片的凸模，若用T10A钢淬火加回火，寿命只有1万～2万件，而Cr12MoV钢淬火加回火寿命为1万～5万件，T8A钢模具经渗硼后淬火加回火寿命为10万～12万件，寿命显著提高。

② 在易磨损件上的应用　45号钢经1000℃保温8h粉末渗硼处理制成钻套，其耐磨性是硬度为56～60HRC的T9钢钻套的5.4倍；45号钢渗硼塔轮的耐磨性是冷硬铸铁塔轮的8.6倍，是喷涂合金塔轮的6.2倍，是20Cr钢渗碳淬火塔轮的4.9倍。现场使用情况为：45号钢渗硼塔轮使用了18个月后仍能用，而冷硬铸铁塔轮仅能用1.5～2个月，喷涂合金塔轮可用2.5～3个月，20Cr钢渗碳淬火塔轮能用3～3.5个月。

2.4.2 表面覆盖和覆膜技术

2.4.2.1 电刷镀技术

（1）电刷镀的原理和特点

电刷镀采用专用的直流电源，镀笔接电源的正极，作为刷镀时的阳极，工件接电源的负极，作为刷镀时的阴极。镀笔一般由石墨或金属导电材料制成，外面包裹棉花及耐磨的包套。刷镀时，镀笔浸满镀液，并以一定的速度在工件表面移动，在工件与镀笔接触的部位，镀液中金属离子在电场力的作用下扩散到工件表面，并获得电子被还原成金属原子，这些金属原子在工件表面成核长大，结晶成镀层。与普通有槽电镀相比，电刷镀设备、工艺简单，不需要镀槽和挂具；采用专用的电刷镀镀液，镀液金属离子浓度高，镀积速度比槽镀快5～50倍。镀层与基体的结合强度较大；允许比槽镀有更大的电流密度，不仅加快镀积速度，还使镀层均匀、致密、晶粒细小；电刷镀技术可用于修复工件，强化表面（提高耐磨性、耐蚀性），获得美观的表面。

（2）电刷镀工艺

电刷镀工艺主要包括刷镀前表面预处理和刷镀两部分。

① 刷镀前表面预处理

表面预加工：用车床或砂轮、砂布清理零件表面。电净处理：用电净液进行表面除油，电源要正接，即工件接负极，镀笔接正极。活化处理：活化时电源要反接，即工件接正极，镀笔接负极，这实质上是一个电解过程，清除表面的氧化膜和疲劳层。

② 刷镀

为了提高工作镀层与基体的结合强度，工件经电净、活化后，立刻在工件表面镀上一层打底层。打底材料有三类：一是用特殊镍作底层，适用于各种钢铁材料；二是用碱铜作底层，适用于铝、锌等难镀的材料；三是用低氢脆性的镉作底层，用于对氢特别敏感的超高强度钢，防止在镀工作层时大量氢的渗入。

(3) 电刷镀溶液

① 预处理溶液　电净液，用于电解除油，去除零件表面的油污，是一种碱性溶液，其 pH 值在 11 以上，同时还有轻度的去锈能力；活化液，用于提高零件表面的化学活性，去除零件表面的有机、无机膜层，是一种酸性溶液。

② 金属镀液　选用不同的金属镀液进行刷镀，便可获得各种不同性能（包括耐磨性、防腐蚀性、导电性、钎焊性等）的镀层。镍镀液：镍镀层有很好的耐蚀性；铜镀液：铜镀层延展性较好，用于恢复尺寸，填补凹坑，以及修复各种导电零件；镍-钨合金、钴-钨合金、镍-磷合金镀液：具有高硬度和高耐磨性；其它合金镀液，如铅-锡、铅-锡-铜等：均属于应用广泛的减摩镀层，常用于制造发动机轴瓦及齿轮表面的减摩层，也可用于大型轴瓦的修复。

(4) 电刷镀的工程应用

[例 1]　T68 镗床主轴材料为铸钢，长约 1m，轴颈表面大面积划伤。采用电刷镀进行修复。表面清理后，进行电净、活化，用特殊镍打底层，电刷镀增加镍层厚度至要求尺寸，抛光后装机使用。工艺简单、成本低廉，镀层和基体结合良好，耐磨性好。主轴修复后，满足使用要求。

[例 2]　制造大型塑料的模具，材料为灰铸铁，模具底盘直径为 1m，合模高为 0.4m，质量为 1.3t。由于模具表面硬度低，腔面磨损严重，粗糙度增加，产品表面质量变差。采用电刷镀对模具进行强化处理。以碱铜为过渡层，表面镀镍-钴合金为工作层。模具表面硬度由 23HRC 提高到 40HRC，粗糙度值由 Ra6.3μm 降到 Ra0.8μm，耐磨性提高了 2 倍，使用寿命延长，产品质量提高。

2.4.2.2　热喷涂技术

热喷涂技术是利用热源将金属或非金属材料加热到熔化或半熔化状态，用高速气流将其吹成微小颗粒（雾化），喷射到工件表面，形成牢固的覆盖层的表面加工方法。

(1) 热喷涂技术特点

① 涂层和基体材料广泛。涂层材料有金属及其合金、陶瓷、塑料及其复合材料。作为工件基体的除金属和合金外，也可以是非金属的陶瓷、水泥、塑料，甚至石膏、木材等。

② 热喷涂工艺灵活。热喷涂的施工对象可以小到几十毫米的内孔，又可以大到像铁塔、桥梁等大型构件。

③ 涂层厚度变化范围广。喷涂层、喷焊层的厚度可以在较大范围内（0.5～5mm）变化。

④ 热喷涂有较高的生产效率。其生产率一般可达每小时数千克（喷涂材料）。

（2）常用热喷涂技术

① 火焰喷涂　利用各种可燃性气体燃烧放出的热进行的热喷涂称为火焰喷涂。目前应用最广泛的气体是氧-乙炔。氧-乙炔火焰的最高温度可达3100℃。一般情况下，高温不剧烈氧化、在2760℃以下不升华、能在2500℃以下熔化的材料都可用火焰喷涂形成涂层。

② 电弧喷涂　在两根由喷涂材料制成的丝材之上加上交流或直流电压（30～50V），当丝材端部接近时，空气击穿，产生电弧，将连续、均匀送进的丝材熔化成液滴，由压缩空气（压力大于0.4MPa）将液滴高速吹向待喷涂工件表面，形成喷涂层。电弧喷涂适用于所有能拔丝的金属和合金，喷涂层与基材的结合力比火焰喷涂层高，孔隙率低，且节省喷涂材料。

③ 等离子喷涂　气体电离（电弧放电）成为离子态（正、负离子），即等离子体。等离子体的温度可达20000℃，喷嘴处的等离子体焰流速度可达到800m/s。利用等离子弧作为热源进行喷涂的技术叫等离子喷涂。等离子弧能量高度集中，可喷涂材料范围广，如可喷涂WC（碳化钨）等高熔点材料。喷涂层致密，气孔率低。基体受热损伤小，涂层质量非常好。

④ 电热爆炸喷涂　采用Zr和B_2O_3混合粉末，可制备Zr-O-B成分可变的陶瓷涂层，底层为Ni-Cr（$w_{Cr}=20\%$）层，顶层为Zr-O-B陶瓷层。涂层的硬度接近于烧结ZrB_2。

（3）涂层结构的特点

涂层为层状结构。涂层与基体以机械、金属键、微扩散、微焊接等机制结合。由喷涂材料的颗粒堆积而成的涂层，不可避免地会存在孔隙，其孔隙率因喷涂方法不同，一般在4%～20%之间。孔隙率的存在会降低涂层的致密性，且降低涂层的强度和防腐蚀性能。但在特定条件下，多孔性的涂层也是一种所希望的涂层。如作为润滑涂层，孔隙有储存润滑油的作用；作为耐热涂层，多孔性具有较低的导热性。

（4）热喷涂材料

① 纯金属及其合金　锌、铝、铜、铁、镍等，等离子喷涂可以采用高温合金。锌及锌合金具有良好的耐蚀性能。锌的标准电极电位是−0.96V，比铁（−0.44V）低，将锌涂在钢件表面，可作为阳极保护材料，保护阴极钢铁构件不受腐蚀。铝及铝合金在室温下大气中形成致密而坚固的Al_2O_3氧化膜，保护铝不再进一步被氧化。铝还可用于耐热涂层。铝在高温下与铁形成能抗高温氧化的铝化铁，从而提高了钢材的耐热性。铜及铜合金涂层主要用于电器导电涂层及塑像、工艺品、建筑表面的装饰。黄铜可用于修复磨损及加工超差的工件，修补有铸造缺陷（砂眼、气孔）的黄铜铸件，也可用作装饰涂层。铝青铜抗蚀能力和强度都较高，涂层致密，用于修复一些青铜铸件，如水泵叶片、活塞、轴瓦等。镍及镍合金涂层具有耐蚀、耐磨、耐高温的优异性能。铁和铁合金具有来源广泛、价格低廉的优点，因而在对各种机械零件的磨损表面进行修复中获得广泛的应用。

② 陶瓷材料　应用较多的是氧化物（Al_2O_3）和碳化物（SiC），具有熔点高、硬度高、耐磨性高等特点。

③ 复合材料　以各种碳化物硬质颗粒作芯核材料，用金属或合金作包覆材料，可制成各种系列的硬质耐磨复合粉末。以各种具有低摩擦因数、低硬度并具有自润滑性能的多孔软质材料颗粒，如石墨、二硫化钼、聚四氟乙烯作芯核材料，再包覆金属或合金，可制成减摩润滑的复合粉末。

（5）热喷涂工艺

a. 待喷涂工件表面预处理：清除油脂、铁锈、污物后，用喷砂方法粗化表面。也可直接粗车以清洁和粗化表面。b. 预热：火焰喷涂前应将工件预热，电弧喷涂和等离子喷涂工件可不预热。c. 喷涂。d. 喷后处理：喷涂层是有孔结构，在某些情况下，需要将孔隙密封，常用的封孔材料有石蜡、液态酚醛树脂和环氧树脂等。

（6）热喷涂应用

热喷涂可用于材料表面的强化，提高耐磨、耐蚀性，也可用于磨损件的表面修复。在航空宇航、机械制造、冶金、化工石油工业领域得到广泛的应用。

［例 1］ 如油田抽油机主轴轴颈磨损，采用电弧喷涂技术喷涂 3Cr13 涂层，主铁轴予以修复。

［例 2］ 内燃机排气阀磨损，采用钴基合金喷涂层修复。

［例 3］ 喷涂技术与快速成型技术相结合，可以在原型之上翻制硅胶模。用硅胶模翻制耐火过渡基模，再在基模上喷涂金属形成金属壳层，给金属壳层背衬补强并去除基模，模腔经过必要的后处理并与其它钢结构件装配后就得到完整的金属模具。

2.4.2.3 气相沉积技术

气相沉积技术是指从气相物质中析出固相并沉积在基材表面的一种新型表面镀膜技术。根据使用的原理不同，可分为化学气相沉积（CVD）及物理气相沉积（PVD）两大类。新型的气相沉积技术还包括等离子体增强化学气相沉积（PCVD）、有机金属化学气相沉积（MOCVD）、激光化学气相沉积（LCVD）等。气相沉积能够在基材表面生成硬质耐磨层、软质减摩层、防蚀层及其它功能性镀层。沉积镀层已成功地应用在刀具、模具、轴承及精密齿轮的表面强化，取得了明显的效果。

（1）化学气相沉积（CVD）

① CVD 基本原理　CVD 是利用气态化合物（或化合物的混合物）在基材受热表面发生化学反应，并在该基材表面生成固态沉积物的过程。例如，气相的 $TiCl_4$ 与 N_2 和 H_2 在钢的表面通过还原反应形成 TiN 耐磨抗蚀沉积层。气相的 $TiCl_4$ 与甲烷气体（CH_4）在基材表面通过置换反应生成 TiC。CVD 的反应物是气相，生成物之一是固相。

② CVD 的特点　可沉积金属膜、非金属膜及复合膜，并能在较大范围内控制膜的组成与晶型；镀膜的绕射性能好，因此形状复杂的工件，细孔甚至深孔部位均能镀上均匀的膜层；因在高温环境中施镀，膜层残余应力小，膜层厚度较 PVD 厚，与基体的结合强度高；高温会造成基材组织结构的变化，从而其应用范围受到一定限制。

③ CVD 工艺　工件清洗、脱脂等预处理；涂层沉积；涂层热处理强化基材。如作为装饰涂层可不进行热处理。

④ CVD 应用　化学气相沉积技术已成功地应用在刃具、模具的表面强化，取得了明显的效果。

［例 1］ 用 CVD 法在不锈钢表壳上获得金黄色 TiN 涂层，不但美观，而且耐磨。

［例 2］ 采用 CVD 技术在航天轴承滚珠表面沉积 TiC 或 TiC-TiN 涂层，减少真空运行部件的黏着磨损。

［例 3］ 采用 CVD 技术在化纤纺机的 Ta-N 合金喷丝头表面沉积 TiC 涂层，提高表面硬度及可纺性，以替代贵重的铂金喷丝头。

(2) 物理气相沉积(PVD)

在真空环境中，以物理方法产生的原子或分子沉积在基材上，形成薄膜或涂层的方法称为物理气相沉积。

① PVD 有多种工艺方法，如真空蒸镀、阴极溅射、离子镀等。

a. 真空蒸镀　将工件与沉积材料同放于真空室中，然后采用电阻丝或电子束加热沉积材料，使材料迅速熔化蒸发而产生原子或分子，飞向工件表面，当蒸发粒子与冷工件表面接触后便在工件表面上凝结形成一定厚度的沉积层。也可以进行多组分蒸发，制备梯度热障涂层。

b. 阴极溅射　利用高速运动的离子轰击由成膜材料制成的极靶(阴极)，使极靶表面上的原子以一定能量逸出，随之沉积在工件表面上。不同的成膜材料可在工件表面上得到不同金属或化合物沉积层。

c. 离子镀　在真空中，在成膜材料与工件之间加上一个电场，使工件带有 1～5kV 的负电压，同时向真空室内通入工作气体(一般为氩气)。在电场作用下，工作气体产生辉光放电，在工件周围形成一个等离子区。当成膜材料的蒸发粒子飞向工件时，首先被部分电离，离子加速向工件表面轰击并产生沉积。离子镀因基材表面受到轰击而净化，既提高了沉积层与基材的结合力，又缩短了沉积时间。目前，多弧离子镀应用最为广泛，它将真空弧光放电用作蒸发源，蒸镀时因放电在阴极表面上出现许多非常小的弧光亮点。这样，既保证了弧光放电过程的稳定，沉积速率也更高。

② PVD 应用。PVD 方法可获得金属涂层和化合物涂层，获得耐磨、耐蚀或具有特殊性能的表面。

[例 1]　黄铜表面沉积金膜，用于装饰。

[例 2]　塑料带上沉积铁钴镍薄膜，制作磁带。

[例 3]　在高速钢、硬质合金刃具表面沉积 TiN、TiC 或 TiC-TiN、CrN-TiN 多层涂层，提高刃具的耐磨性，使刃具的使用寿命提高 2～3 倍。

2.4.2.4 激光表面改性

激光可以提供 $10^4 \sim 10^8 W/cm^2$ 的高功率密度能量，使材料表面的温度瞬时上升至相变点、熔点甚至沸点以上，并产生一系列物理或化学变化。可以对材料施行表面改性，甚至进行机械零件的再制造。激光与普通光相比，除功率密度高外，还具有方向性好、单色性好和优异的相干性。单色性好即激光具有几乎单一的波长，它所包含的波长范围很小，或称为单色光。由于激光的单色性和方向性好，必然导致其极好的相干性。

激光表面改性技术包括激光相变硬化(LTH)、激光表面熔覆(LSC)、激光表面合金化(LSA)、激光表面熔凝(LSM)等。

(1) 激光相变硬化(LTH)

激光相变硬化又称激光淬火，以高能密度的激光束照射工件，使其需要硬化的部位瞬时吸收光能并立即转化成热能，温度急剧上升，形成奥氏体，而工件基体仍处于冷态，与加热区之间有极高的温度梯度。一旦停止激光照射，加热区因急冷而实现工件的自冷淬火，获得超细的隐晶马氏体组织。

激光相变硬化的特点如下。

① 具有极快的加热速度($10^4 \sim 10^6$℃/s)和极快的冷却速度($10^6 \sim 10^8$℃/s)，工艺周

期只需 0.1s 即可完成。②激光淬火仅对工件局部表面进行，淬火硬化层可精确控制，淬火后工件变形小，几乎无氧化脱碳现象，表面粗糙度低。③激光淬火的硬度可比常规淬火的硬度提高 15%～20%，耐磨性可大幅度提高。④可自冷淬火，避免了使用水、油等淬火介质，有利于防止环境污染。

激光表面淬火技术应用于汽车发动机凸轮轴、曲轴、空调机阀板、邮票打孔机辊筒等零件的表面强化处理，显著提高使用寿命。

[例] 汽车气缸套内壁进行激光表面淬火，内壁获得 4.1～4.5mm 宽、0.3～0.4mm 深、表面硬度 644～825HV 的螺纹状淬火带，使用寿命比电火花强化气缸套提高 1 倍。

（2）激光表面熔覆（LSC）

熔覆材料可以是金属或合金，也可以是非金属，还可以是化合物及其混合物。在激光熔覆时，粉末涂覆材料可以预先直接涂在表面，也可以在激光熔覆的同时用送粉器送入。采用激光涂覆技术，在柴油机铸铁阀座的衬（不锈钢制造）表面熔覆 Co 基硬质合金涂层，在刀具和石油钻头表面熔覆 WC 层，使耐磨性大大提高。

（3）激光表面合金化（LSA）

使用激光束将基材和所加入的合金化粉末一起熔化后迅速冷却凝固，在表面获得新的合金结构涂层称为激光表面合金化。例如，采用 Fe-Ni 系和 Fe-Cr-Mn-C 系合金粉末在工件表面进行激光表面合金化处理，工件表面的耐磨性和耐腐蚀性大大提高。因材料表面的加热速度极高，在 0.1～1.0ms 内即可形成合金化的熔池（深度为 0.5～2mm）。随后的自淬火冷却速度高，相应的凝固速度快，因此合金化涂层的晶粒极细，力学性能非常好。用 Ni-Cr-Mo-Si-B 合金粉末，在 20 钢基材上进行激光表面合金化处理，表面层的硬度达到 1600HV，既保持了好的韧性，又提高了耐磨性。

（4）激光表面熔凝（LSM）

激光表面熔凝是用激光束加热工件表面至熔化到一定深度，自冷使熔层凝固，获得细化均质的组织和高性能的工艺。表面熔凝层与材料基体为冶金结合；在熔凝过程中可排除杂质和气体，同时急冷重结晶获得的组织具有较高的硬度、耐磨性和抗蚀性；熔层薄、热作用区小，对工件尺寸影响不大。

[例] 采用激光熔凝技术对拖拉机气缸套进行处理。气缸套用材是亚共晶灰铸铁 HT200，激光熔凝工艺的参数是：激光功率 950W，扫描速度 14～25mm/s。激光熔凝后，其硬化带宽度约为 3mm，硬化带总深度为 0.4mm（其中熔化层深度约为 0.1mm）。相应的显微硬度为 740～950HV（原始值约 260HV）。激光熔凝处理显著地提高了气缸套的耐磨性和使用寿命。其原因是表面形成高硬度的变态莱氏体，消除了表层的石墨，细化了显微组织。

2.4.3 表面组织转化

表面处理通常不改变基质材料的化学成分，只通过改变表面的组织结构达到改善表面性能的目的。表面处理技术包括：a. 表面变形处理：喷丸、辊压、孔挤；b. 表面热处理（表面淬火）：感应加热表面淬火、激光加热表面淬火、电子束加热表面淬火；c. 表面纳米化加工。下面主要介绍表面热处理技术。

对钢表面进行加热、冷却，改变表层组织而不改变其表层成分的热处理工艺，称为表面热处理，也称为表面淬火技术。表面淬火的原理是用电磁感应、火焰、激光等加热方法对零件表面迅速加热，使表面材料快速加热到相变临界点以上而转变为细小的奥氏体组织，心部材料仍保持在相变临界点以下，保持原有组织。其后用水或油或依靠母材快速冷却，达到淬火目的，获得微细的马氏体组织，从而提高了零件的表面硬度和耐磨性。而零件心部因未发生相变，仍保持其强度高、韧性好的性能特点。这种表面处理方法常用于齿轮、轴类的表面强化。

2.4.3.1 传统表面热处理技术

按照加热方式，传统的表面热处理可分为感应加热、火焰加热、电接触加热等表面淬火工艺。下面主要介绍最常用的感应加热表面淬火技术。

(1) 感应加热表面淬火的特点

① 加热速度快，加热时间短，一般只需几秒至几十秒钟。钢的相变速度极快，奥氏体晶粒非常细小，因此淬火后得到隐晶马氏体，表面硬度比一般淬火高 2～3HRC，而且脆性较低。

② 表面淬火得到马氏体，使表面体积膨胀造成较大的残余压应力，显著提高零件的疲劳强度。

③ 工件表面氧化脱碳少，零件变形小。

④ 加热温度和淬硬层深度容易控制，便于机械化和自动化操作。

⑤ 感应加热表面淬火设备较贵，形状复杂的零件处理比较困难。

(2) 感应加热表面淬火原理

在感应圈中通以交流电后在周围产生一个交变磁场，置于磁场中的工件（轴或齿轮等）内部产生感应电流。由于交流电的集肤效应，零件表面的电流密度最大，其电阻热效应使工件表面迅速升温到钢的临界点 Ac_3 以上。而后用水或油迅速冷却表面，使工件表面得到马氏体组织，从而提高表层硬度、耐磨性和抗疲劳性。

(3) 感应加热表面淬火工艺

表面淬火一般用于中碳钢和中碳低合金钢，如 45 钢、40Cr 钢、40MnB 钢等。这类钢经预先热处理（正火或调质）后精加工成齿轮、轴类等零件后再经感应加热表面淬火。45 钢的淬火温度为 860～900℃，40Cr 钢的淬火温度为 880～920℃。如淬火温度过高，则在淬火层内将得到中、粗针状马氏体，淬火温度过低将得到不完全淬火组织，这都将影响表面淬火层的硬度和耐磨性。感应加热淬火设备一次加热最大表面积取决于该设备最大输出功率。如果淬火面积大于设备允许的一次加热的最大表面积时，则采用连续淬火的方法，即零件以一定速度相对于感应圈移动，依次进行加热和喷水冷却。感应加热表面淬火可用于零件外圆、内孔及平面的表面硬化。经表面淬火后的零件可进行加热炉低温回火或自回火，以降低淬火应力，并保持高硬度和高耐磨性。高碳钢也可进行表面淬火，主要应用于受较小冲击和交变载荷的工具及量具，淬火温度比中碳钢低。

(4) 感应加热表面淬火的应用

① 齿轮的表面淬火

机床齿轮常用 45 钢、40Cr 钢制造。钢材经调质处理后加工成齿轮，采用高频电源进行表面淬火，并自回火。轮齿表面组织为隐晶回火马氏体，硬度达 54～58HRC。齿心组织为回火索氏体，硬度为 20～25HRC。

② 轴类的表面淬火

车床主轴用45钢制造，经正火处理。轴颈及外锥面要求硬度为52～55HRC，内锥孔表面硬度为45～50HRC。采用高频电源连续加热淬火，并进行炉内220～250℃低温回火。其表面淬火层组织为回火马氏体，硬度高，耐磨性好；其它部位的组织为索氏体+铁素体，硬度为180～220HB，抗拉强度为700～800MPa。内燃机曲轴用40Cr钢制造，经调质处理。曲轴轴颈表面要求耐磨，硬度为52～55HRC，淬硬层深度应有3～4mm，轴颈与曲柄臂间圆角处应有足够高的疲劳强度，因此表面淬火应采用中频电源加热，淬火后进行低温回火。淬火层为回火马氏体，曲轴其它部位为回火索氏体，硬度为20～25HRC，抗拉强度为800～1000MPa，冲击韧性为750～800kJ/m^2，因此曲轴轴颈表面耐磨性能好，全轴强韧性高，抗疲劳性能好。

2.4.3.2 新型表面热处理技术

（1）高频脉冲感应加热表面淬火

用高频脉冲感应加热进行淬火，使用20～30MHz的高频脉冲，通过感应圈在毫秒级极短时间内使工件表面急速加热到淬火温度，然后自冷。这种方法也叫高频感应冲击淬火。这种表面处理方法已在带锯锯刃的强化上得到应用，使带锯的使用寿命大大提高。

（2）高频电阻感应加热表面淬火

这是一种用高频电流对材料表面同时进行感应加热和电阻加热实现表面淬火的方法。当通以高频电流时，工件表层的一部分直接通电加热，与此同时，邻近感应器又使工件表面产生感应加热，两种作用使工件的表层和表面加热，当达到淬火温度，切断电源。由于加热速度极快，加热部分仅限于某一范围，周围及深处的冷基材迅速导热，可使加热区激冷，实现自冷淬火。淬硬层深度取决于所使用的频率、加热时间和功率，一般在0.35～0.37mm范围内。日本已将此技术应用于动力转向装置齿条轴的齿条硬化处理。此外还可应用于凸轮轴、汽缸内表面的强化。这项技术的优点是不需淬火介质，不需真空室，无需黑化处理，淬火变形非常小，节能。设备投资费用仅为激光或电子束设备的三分之一。硬化带的形状可随邻近感应器导电管的形状变化。

（3）激光表面淬火

在前面的表面覆盖和覆膜技术部分对激光表面淬火作过简要介绍。激光表面淬火（也称为激光相变硬化）主要是通过表面组织转化获得马氏体的一种高能量密度表面处理技术。激光表面淬火是将激光束照射到工件表面，使工件表面迅速升温到钢的临界点以上，然后停止或移开激光束。热量从工件表面向基体内部快速传导，表面得以急剧冷却（冷却速度可达10^4℃/s，甚至可达10^{10}℃/s），实现自冷淬火。

① 激光淬火的优点　a. 表面硬化层硬度高，耐磨性好；b. 工件变形极小，特别适合于长件、薄件及精细零件的表面强化；c. 运用适当的光学装置，可对其它方法难以处理的工件局部表面如沟槽、孔腔的侧面等进行表面处理；d. 可仅对工件的关键部位做局部处理，大大节省能源；e. 实行自冷淬火，无需淬火液，无公害，劳动条件好。

② 激光表面淬火层的组织和性能　由于激光表面加热奥氏体化时奥氏体的晶粒很细，自淬火后马氏体的晶粒尺寸极小，因此可形成超细化的隐晶马氏体。45钢、40Cr钢、42CrMo钢等中碳结构钢，退火后进行激光表面淬火，表层组织为白亮色的隐晶马氏体，次表层为马氏体+铁素体，母材组织为铁素体+珠光体，表层硬度可达780～830HV，硬化层

深度约为 0.3～0.5mm。钢铁经激光表面淬火后，耐磨性大大提高。钢和铸铁经激光淬火后可使表面产生一定的残余压应力，能阻止疲劳裂纹的萌生，因而可提高零件的疲劳寿命。

③ 激光表面淬火的应用　激光表面淬火强化技术已在国内外得到广泛的应用。美国通用公司对动力转向器壳体（材质为可锻铸铁）内表面进行激光淬火。采用 5 条硬化带，其宽度为 1.5～2.5mm，硬化层深度约 0.35mm。硬化部分质量仅为工件总质量的 1%。工件的寿命比未作激光处理工件延长了 10 倍，省去了大量精加工时间，其成本仅为高频淬火的 1/2。清华大学和北京机电研究院对邮票辊式打孔器辊筒进行了激光表面淬火。辊筒材料为 50 钢，辊外径 365mm，长 645mm，壁厚 8.7mm。辊面上使用程控钻床打出 Φ0.98mm 的小孔 2.5 万个。要求辊筒径向变形在 0.05mm 以内。为了提高辊筒的使用寿命，采用激光表面淬火后，孔刃部硬度达到 60HRC，变形很小。中国科学院沈阳金属研究所在抽油管上进行激光表面淬火强化试验，重庆大学、上海光机所等单位对纺织用的锭杆尖部进行激光淬火试验，均取得了很好的效果。

本章小结

本章主要介绍了金属的液态成形、铸造工艺、金属塑性成形基本理论、工艺设计及典型塑性成形方法的应用，焊接的基本理论、常用焊接方法，以及金属材料的表面工程技术，包括表面合金化技术、表面覆膜技术、表面组织转化等内容。通过本章内容的学习，可以对金属材料的典型加工工艺理论有更深入的了解，熟悉铸造、锻造、焊接和表面处理等金属加工方法的基本原理、工艺方法和应用，能够针对金属材料的制备、加工以及性能改进提出自己的理解和方案设计，为新型金属材料的开发和研究奠定知识基础。

思考题

1. 试述铸造生产的特点，并举例说明其应用情况？
2. 简述熔模铸造的工艺过程主要包括哪些步骤。
3. 影响液态合金充型能力的因素主要有哪些？
4. 简述塑性成形加工的主要优点和缺点。
5. 影响金属塑性成形加工的主要因素包括什么？
6. 简述焊接的基本理论，典型的熔焊方法包括哪些？
7. 如何采用碳当量法估算材料的焊接性？
8. 说明渗铬和渗硼技术的原理和应用。

自测题

1. 简述熔模铸造的工艺特点及适用范围。
2. 什么是金属的可锻性？与其塑性有什么关系？
3. 简述软钎焊和硬钎焊的区别？
4. 熔焊和压焊的主要不同是什么？

5. 中、高碳钢的焊接工艺特点是什么？

6. 说明渗铝技术的主要原理和应用。

7. 物理气相沉积和化学气相沉积主要的区别有哪些？

参考文献

[1] 王荣峰，王芳，康丽，等．铸造工艺学[M]. 北京：国家开放大学出版社，2018.

[2] 陈维平，李元元．特种铸造[M]. 北京：机械工业出版社，2018.

[3]李远才．金属液态成形工艺[M]. 北京：化学工业出版社，2007.

[4]辛啟斌．金属液态成形工艺设计[M]. 北京：冶金工业出版社，2018.

[5]王昆林．材料工程基础[M]. 北京：清华大学出版社，2003.

[6]闫洪，周天瑞．塑性成形原理[M]. 北京：清华大学出版社，2006.

[7]王小红，王平，黄本生，等．材料工程基础[M]. 北京：科学出版社，2019.

[8]艾云龙，刘长虹，罗军明．工程材料及成形技术[M]. 北京：机械工业出版社，2016.

[9]雷玉成，陈希章，朱强．金属材料焊接工艺[M]. 北京：化学工业出版社，2007.

[10] 徐滨士，朱绍华，刘世参．材料表面工程技术[M]. 哈尔滨：哈尔滨工业大学出版社，2014.

[11] 李洪波，庄明辉．工程材料及成形技术[M]. 北京：化学工业出版社，2019.

[12] 中国机械工程学会塑性工程分会．塑性成形技术路线图[M]. 北京：中国科学技术出版社，2016.

[13] 刘颖，李树奎．工程材料及成形技术基础[M]. 北京：北京理工大学出版社，2009.

[14] 王少刚，郑勇，汪涛．工程材料与成形技术基础[M]. 北京：国防工业出版社，2016.

[15] 俞建荣，张奕林，蒋力培．水下焊接技术及其进展[J]. 焊接技术，2001，30(4)：2-4.

第3章

钢铁材料工程

本章导读

钢铁材料是钢和铸铁的总称，是使用最广、用量最大的金属材料。钢铁材料的化学成分不同，制备和加工工艺不同，将会获得不同的性能来满足不同的使用需要，因此广泛应用于机械、动力、石油、化工、交通运输、国防等多个领域，在国民经济中占有极其重要的地位。本章将引导学生学习不同种类的钢铁材料，包括碳素钢、合金钢、特殊性能钢和铸铁，掌握不同类型钢铁材料的成分、加工工艺和性能特点以及应用过程中的基本理论知识，使学生能够运用材料工程的基本原理和知识，分析具体工程问题中的工作条件、主要失效形式和使用性能要求等问题，解决材料选择-生产工艺流程制定等关键问题。

本章的学习目标

1. 熟悉不同类型钢和铸铁的分类和牌号。
2. 掌握合金元素对钢性能的影响。
3. 熟悉合金结构钢和合金工具钢的种类、性能特点及工程应用，能够根据具体工作条件进行合理的选材和制定工艺路线。
4. 熟悉特殊性能钢的种类、性能特点及工程应用。

教学的重点和难点

1. 各类钢的化学成分特点、合金元素的作用、强韧化机制及热处理工艺特点。
2. 对实际工程问题进行分析、选材和制定工艺。

3.1 碳素钢概述

碳素钢是指碳质量分数大于0.02%、小于或等于2.11%，并含有少量硅、锰、磷、硫、氢、氧、氮等杂质元素的铁碳合金。在工业上使用的钢铁材料中，碳素钢占有重要地位，它价格低廉、冶炼简单、易于加工，且能通过调整含碳量和制定不同的热处理工艺获得不同的使用性能来满足生产上的要求，是应用最广泛的钢铁材料，其产量占钢铁材料总产量的70%以上。

3.1.1 碳素钢的化学成分和分类

3.1.1.1 碳素钢的化学成分

工业上应用的碳素钢主要由Fe、C、Mn、Si、S、P这6种元素组成。碳决定碳素钢的性能，碳的质量分数一般不超过1.4%，这是因为含碳量增加，钢的硬脆性增大，加工困难，也失去了生产和使用价值。实际使用的碳钢中除碳以外，还含有少量的锰、硅、硫、磷、氧、氢、氮等杂质元素，它们的存在会影响钢的质量和性能。

① 锰和硅　锰和硅是炼钢过程中随脱氧剂或者由生铁残存而进入钢中的。锰可固溶铁素体中，提高钢的强度和硬度，当含锰量<0.8%时，可以稍微提高或不降低钢的塑性和韧性。锰提高强度的原因是它溶入铁素体而引起的固溶强化，并使钢材在轧后冷却时得到层片较细、强度较高的珠光体。锰还有除硫作用，即与钢液中的硫结合成MnS，从而在相当大程度上消除硫在钢中的有害影响。硅固溶于铁素体后有很强的固溶强化作用，显著提高钢的强度和硬度，但含量较高时，将使钢的塑性和韧性下降。在合理含量范围内，Mn和Si是有益元素，但夹杂物MnS、SiO_2将使钢的疲劳强度和塑、韧性下降。

② 硫　在炼钢时由矿石和燃料带到钢中的杂质，是有害杂质。硫在固态铁中几乎不能溶解，而是以FeS夹杂的形式存在，FeS常与γ-Fe形成低熔点（985℃）的共晶体（γ-Fe+FeS），分布在奥氏体晶界上，而钢的热加工温度一般为1150～1250℃，压力加工时，位于晶界上的共晶体已处于熔融状态，沿奥氏体晶界开裂，这种现象称为热脆性。

在钢中加入Mn会减弱S的有害作用，因为S与Mn比和Fe有更大的亲和力，会发生如下反应：

$$FeS+Mn \longrightarrow MnS+Fe$$

反应产物MnS大部分进入炉渣，少部分残留于钢中，成为非金属夹杂物。MnS的熔点为1620℃，高于钢的热加工开始温度，并有一定塑性，因而可以消除热脆性。

③ 磷　一般说来，磷是有害的杂质元素，它是由矿石和生铁等炼钢原料带入的。无论是在高温，还是在低温，磷在铁中具有较大的溶解度，所以钢中的磷一般都固溶于铁中。磷具有很强的固溶强化作用，它使钢的强度、硬度显著提高，但剧烈地降低钢的韧性，尤其是低温韧性，称为冷脆，磷的有害影响主要就在于此。此外，磷还具有严重的偏析倾向，并且它在γ-Fe和α-Fe中的扩散速度很小，很难用热处理的方法予以消除。

在一定条件下磷也具有一定的有益作用。由于它降低铁素体的韧性，可以用来提高钢的切削加工性，此外，磷与铜共存时，可以显著提高钢的耐大气腐蚀能力。

3.1.1.2 碳素钢的分类

碳素钢的分类方法有很多，主要有以下几种分类方式，见表3-1。

表3-1　碳素钢的分类

分类方法	分类名称	说明
按钢中碳质量分数分类	低碳钢	含碳量≤0.25%
	中碳钢	0.25%<含碳量≤0.6%
	高碳钢	含碳量>0.6%

续表

分类方法	分类名称	说明
按冶金质量分类	普通碳素钢	$w_S \leqslant 0.040\%$，$w_P \leqslant 0.040\%$
	优质碳素钢	$w_S \leqslant 0.035\%$，$w_P \leqslant 0.035\%$
	高级优质碳素钢	$w_S \leqslant 0.030\%$，$w_P \leqslant 0.030\%$
按钢的用途分类	碳素结构钢	用于制造各种工程构件和机器零件
	碳素工具钢	用于制造各种工具
按浇注前脱氧程度分类	沸腾钢	脱氧不完全钢，浇注时产生沸腾现象
	镇静钢	脱氧完全的钢，浇注时钢液镇静，没有沸腾现象
	半镇静钢	脱氧程度介于沸腾钢和镇静钢之间

3.1.2 碳素结构钢

碳素结构钢通常也称为普碳钢，具有适当的强度及良好的塑性、韧性、工艺性能和加工性能。这类钢的产量最高，价格最低，多轧制成板材、型材（圆、方、扁、工、槽、角等）、线材和异型材，用于制造厂房、桥梁船舶等工程结构，一般在热轧空冷状态下直接使用。

碳素结构钢的牌号由代表屈服强度的“屈”字汉语拼音的首字母 Q、屈服强度值、质量等级和脱氧程度四个部分按顺序组成。A，B，C，D 表示质量等级，反映了碳素结构钢中有害杂质（S、P）质量分数的多少。F、Z、TZ 依次表示沸腾钢、镇静钢、特殊镇静钢，对于镇静钢和特殊镇静钢，脱氧程度在钢的牌号中可省略。如 Q235AF 表示屈服强度为 235MPa 的 A 级沸腾钢；Q235C 表示屈服强度为 235MPa 的 C 级镇静钢。表 3-2 和表 3-3 分别列出了碳素结构钢的牌号和化学成分及其力学性能。

表 3-2 碳素结构钢的牌号和化学成分（摘自国标 GB/T 700—2006）

牌号	等级	脱氧方法	化学成分（质量分数）/%，不大于				
			C	Si	Mn	P	S
Q195	—	F、Z	0.12	0.30	0.50	0.035	0.040
Q215	A	F、Z	0.15	0.35	1.20	0.045	0.050
	B						0.045
Q235	A	F、Z	0.22	0.35	1.40	0.045	0.050
	B		0.20				0.045
	C	Z	0.17			0.040	0.040
	D	TZ				0.035	0.035
Q275	A	F、Z	0.24	0.35	1.50	0.045	0.050
	B	Z	0.21			0.045	0.045
			0.22				
	C	Z	0.20			0.040	0.040
	D	TZ				0.035	0.035

表 3-3 碳素结构钢的力学性能（摘自国标 GB/T 700—2006）

牌号	等级	屈服强度 R_n/（N/mm^2），不小于						抗拉强度 R_m/（N/mm^2）	断后伸长率 A/%，不小于					冲击试验（V 形缺口）	
		厚度（或直径）/mm							厚度（或直径）/mm					温度/℃	冲击吸收能量（纵向）/J，不小于
		≤16	>16～40	>40～60	>60～100	>100～150	>150～200		≤40	40～60	>60～100	>100～150	>150～200		
Q195	—	195	185	—	—	—	—	315～430	33	—	—	—	—	—	—
Q215	A	215	205	195	185	175	165	335～450	31	30	29	27	26	—	—
	B													+20	27
Q235	A	235	225	215	215	195	185	370～500	26	25	24	22	21	—	—
	B													+20	27
	C													0	
	D													−20	
Q275	A	275	265	255	245	225	215	410～540	22	21	20	18	17	—	—
	B													+20	27
	C													0	
	D													−20	

3.1.3 优质碳素结构钢

优质碳素结构钢产量较高，用途较广，这类钢中所含的 S、P 及非金属夹杂物比碳素结构钢少，机械性能较为优良。优质碳素结构钢牌号用两位阿拉伯数字表示，代表钢平均含碳量的万分之几。如 45 钢，表示 $w_C=0.45\%$ 的优质碳素结构钢。若杂质元素锰含量较高，则在钢号后加“Mn”，如 15Mn、45Mn 等。高级优质钢和特级优质钢分别以 A、E 表示。优质碳素钢的牌号、化学成分和力学性能见表 3-4。

表 3-4 优质碳素钢的牌号、化学成分和力学性能（摘自 GB/T 699—2015）

牌号	化学成分 w/%					力学性能（正火态）		交货状态硬度（HBW）	
	C	Si	Mn	P	S	R_m/MPa	A/%	未热处理	退火钢
08	0.05～0.11	0.17～0.37	0.35～0.65	≤0.035	≤0.035	≥325	≥33	≤131	
10	0.07～0.13	0.17～0.37	0.35～0.65	≤0.035	≤0.035	≥335	≥31	≤137	
15	0.12～0.18	0.17～0.37	0.35～0.65	≤0.035	≤0.035	≥375	≥27	≤143	
20	0.17～0.23	0.17～0.37	0.35～0.65	≤0.035	≤0.035	≥410	≥25	≤156	
25	0.22～0.29	0.17～0.37	0.50～0.80	≤0.035	≤0.035	≥450	≥23	≤170	
30	0.27～0.34	0.17～0.37	0.50～0.80	≤0.035	≤0.035	≥490	≥21	≤179	
35	0.32～0.39	0.17～0.37	0.50～0.80	≤0.035	≤0.035	≥530	≥20	≤197	
40	0.37～0.44	0.17～0.37	0.50～0.80	≤0.035	≤0.035	≥570	≥19	≤217	≤187
45	0.42～0.50	0.17～0.37	0.50～0.80	≤0.035	≤0.035	≥600	≥16	≤229	≤197
50	0.47～0.55	0.17～0.37	0.50～0.80	≤0.035	≤0.035	≥630	≥14	≤241	≤207
55	0.52～0.60	0.17～0.37	0.50～0.80	≤0.035	≤0.035	≥645	≥13	≤255	≤217

续表

牌号	化学成分 w/%					力学性能（正火态）		交货状态硬度（HBW）	
	C	Si	Mn	P	S	R_m/MPa	A/%	未热处理	退火钢
60	0.57～0.65	0.17～0.37	0.50～0.80	≤0.035	≤0.035	≥675	≥12	≤255	≤229
65	0.62～0.70	0.17～0.37	0.50～0.80	≤0.035	≤0.035	≥695	≥10	≤255	≤229
70	0.67～0.75	0.17～0.37	0.50～0.80	≤0.035	≤0.035	≥715	≥9	≤269	≤229
50Mn	0.48～0.56	0.17～0.37	0.70～1.00	≤0.035	≤0.035	≥645	≥13	≤255	≤217
65Mn	0.62～0.70	0.17～0.37	0.90～0.12	≤0.035	≤0.035	≥735	≥9	≤285	≤229
70Mn	0.67～0.75	0.17～0.37	0.90～1.20	≤0.035	≤0.035	≥785	≥8	≤285	≤229

优质碳素结构钢中低碳钢主要用于冷加工和焊接结构，如 08 钢塑性好，可制造冷冲压零件；10 钢、20 钢冷冲压性与焊接性能良好，可用作冲压件及焊接件，经过热处理（如渗碳）也可以制造轴、销等零件。中碳钢主要用于强度要求较高的机械零件，根据性能要求，进行淬火和回火处理，如 35 钢、40 钢、45 钢、50 钢经热处理后，可获得良好的综合力学性能，用来制造齿轮、轴类、套筒等零件。高碳钢主要用于制造弹簧和耐磨损机械零件，一般都在热处理状态下使用，如 60 钢、65 钢主要用来制造弹簧，通常把“65”“70”“85”和“65Mn”四牌号的钢称为优质碳素弹簧钢。

3.1.4 碳素工具钢

碳素工具钢属于高碳钢，其碳的质量分数平均为 0.65%～1.35%。这类钢的质量较高，均为优质钢。碳素工具钢的牌号由“T”＋数字表示，数字表示平均含碳量的千分数，若 S、P 等杂质的含量更低，为高级优质钢，则在其牌号后标注 A。例如，T8 表示碳质量分数为 0.8%的碳素工具钢，T12A 表示碳质量分数为 1.2%的高级优质碳素工具钢。

碳素工具钢的预备热处理一般为球化退火，其目的是降低硬度，便于切削加工，并为淬火做组织准备。最终热处理为淬火＋低温回火，以获得高的硬度和耐磨性。

在国家标准 GB/T 1299—2014 中常用碳素工具钢共有 T7、T8、T8Mn、T9、T10、T11、T12 和 T13 八个牌号，其化学成分、硬度及主要特点和用途见表 3-5。

表 3-5 碳素工具钢的牌号、化学成分、硬度及主要特点和用途（摘自 GB/T 1299—2014）

牌号	化学成分（质量分数）/%			退火交货状态的钢材硬度 HBW，不大于	试样淬火硬度			主要特点及用途
	C	Si	Mn		淬火温度/℃	冷却剂	洛氏硬度 HRC 不小于	
T7	0.65～0.74	≤0.35	≤0.40	187	800～820	水	62	亚共析钢，具有较好的塑性、韧性和强度，以及一定的硬度，能承受震动和冲击负荷，但切削性能力差。用于制造承受冲击负荷不大，且要求具有适当硬度和耐磨性及较好韧性的工具
T8	0.75～0.84	≤0.35	≤0.40	187	780～800	水	62	淬透性、韧性均优于 T10 钢，耐磨性也较高，但淬火加热容易过热，变形也大，塑性和强度比较低，大、中截面模具易残存网状碳化物，适用于制作小型拉拔、拉伸、挤压模具

续表

牌号	化学成分（质量分数）/%			退火交货状态的钢材硬度HBW，不大于	试样淬火硬度			主要特点及用途
	C	Si	Mn		淬火温度/℃	冷却剂	洛氏硬度HRC不小于	
T8Mn	0.80～0.90	≤0.35	0.40～0.60	187	780～800	水	62	共析钢，具有较高的淬透性和硬度，但塑性和强度较低。用于制造断面较大的木工工具、手锯锯条、刻印工具、铆钉冲模、煤矿用凿等
T9	0.85～0.94	≤0.35	≤0.40	192	760～780	水	62	过共析钢，具有较高的强度，但塑性和强度较低。用于制造要求较高硬度且有一定韧性的各种工具，如刻印工具、铆钉冲模，冲头、木工工具、凿岩工具等
T10	0.95～1.04	≤0.35	≤0.40	197	760～780	水	62	性能较好的非合金工具钢，耐磨性也较高，淬火时过热敏感性小，经适当热处理可得到较高强度和一定韧性，适合制作要求耐磨性较高而受冲击载荷较小的模具
T11	1.05～1.14	≤0.35	≤0.40	207	760～780	水	62	过共析钢，具有较好的综合力学性能（如硬度、耐磨性和韧性等），在加热时对晶粒长大和形成碳化物网的敏感性小。用于制造在工作时切削刃口不变热的工具，如锯、丝锥、锉刀、刮刀、扩孔钻、板牙，尺寸不大和断面无急剧变化的冷冲模及木工刀具等
T12	1.15～1.24	≤0.35	≤0.40	207	760～780	水	62	过共析钢，由于含碳量高，淬火后仍有较多的过剩碳化物，所以硬度和耐磨性高，但韧性低，且淬火变形大，不适于制造切削速度高和受冲击负荷的工具，用于制造不受冲击负荷、切削速度不高、切削刃口不变热的工具。如车刀、铣刀、钻头、丝锥、锉刀、刮刀、扩孔钻、板牙、及断面尺寸小的冷切边模和冲孔模等
T13	1.25～1.35	≤0.35	≤0.40	217	760～780	水	62	过共析钢，由于含碳量高，淬火后有更多的过剩碳化物，所以硬度更高，但韧性更差，又由于碳化物数量增加且分布不均匀，故力学性能较差，不适于制造切削速度较高和受冲击负荷的工具，用于制造不受冲击负荷，但要求极高硬度的金属切削工具，如剃刀、刮刀、拉丝工具、锉刀、刻铰用工具，以及坚硬岩石加工用工具和雕刻用工具等
				布氏硬度应不大于HBW241				

碳素工具钢成本低、耐磨性和加工性较好，但热硬性差（切削温度低于200℃）、淬透性低，只适用于制作尺寸不大、形状简单的低速刃具、量具和模具等。碳含量较低的T7钢

有良好的韧性，但耐磨性不高，适于制作切削软材料的刃具和承受冲击负荷的工具，如木工工具、镰刀、凿子、锤子等。T8钢有较好的韧性和较高的硬度，适于制作冲头、剪刀，也可制作木工工具。T9、T10、T11钢硬度高、耐磨性较好、韧性适中，应用范围较广，适于制作切削条件较差、耐磨性要求较高的金属切削工具，以及冷冲模具和测量工具，如车刀、刨刀、铣刀、手锯条、拉丝模、卡尺和塞规等。T12、T13钢硬度高，耐磨性好，但是韧性低，用于制作不受冲击的要求硬度高、耐磨性好的切削工具和测量工具，如锉刀、刮刀、丝锥、板牙等刃具和量规、千分尺等量具。

3.2 钢的合金化原理

工业生产和科学技术的发展对钢的性能提出了越来越高的要求，碳素钢的性能有很大的局限性，主要包括：淬透性低、强度和屈强比低、强度的有效利用率低、回火稳定性差、不易获得优良的综合力学性能以及不能满足如耐热性、耐磨性、耐蚀性等特殊性能的要求。为了改善和提高碳素钢的性能（提高力学性能，改善工艺性能，获得特殊的物理化学性能），满足不同使用要求，就必须在冶炼过程中特意加入一定量的元素进行合金化。有目的加入的元素，称为合金元素（以下用Me表示），此类钢称为合金钢。

3.2.1 钢中合金元素及其分类依据

钢中常用的合金元素种类很多，不同国家所使用的合金元素与各国的资源条件有很大关系。例如，结构钢中美国多含有Ni元素，俄罗斯多含Cr元素，德国多含Cr、Mn元素，日本多含Cr、Mn、Mo等元素。我国的Mn、Si、Mo、V、B及稀土元素等资源丰富，目前，我国已建立起符合国内资源条件的独立的合金钢生产体系。

3.2.1.1 钢中常加入的合金元素

在钢中常加入的各周期合金元素如下：第二周期，B、C、N；第三周期，Al、Si；第四周期，Ti、V、Cr、Mn、Co、Ni、Cu；第五周期，Zr、Nb、Mo；第六周期，W、稀土、Ta。

3.2.1.2 钢中合金元素的存在形式

合金元素加入钢中主要以四种形式存在。

① 溶入固溶体　溶入铁素体、奥氏体或马氏体中，以固溶体的溶质形式存在。

② 形成强化相　如溶入渗碳体形成合金渗碳体、特殊碳化物，或与一些合金元素相互作用形成金属间化合物。

③ 形成非金属夹杂物　如合金元素与O、N、S作用形成氧化物、氮化物、硫化物等。

④ 自由存在　有些元素（如Pb、Ag等）既不溶于铁，也不形成化合物，而是在钢中以游离状态存在。碳钢中的碳有时也以自由状态（石墨）存在。

合金元素究竟以哪种形式存在，主要取决于合金元素的种类、含量、冶炼方法及热处理工艺等，此外还取决于合金元素自身的特性。

3.2.1.3 合金元素的分类

(1) 按照与铁相互作用的特点分类

① 奥氏体形成元素，如C、N、Cu、Mn、Ni、Co等。

② 铁素体形成元素，如 Cr、V、Si、Al、Ti、Mo、W、Nb、Ta、Zr 等。

一般情况下，奥氏体形成元素优先分布在奥氏体中，铁素体形成元素优先分布在铁素体中。合金元素的实际分布状态还与加入量和热处理制度等有关。

（2）按照与碳相互作用的特点分类

① 非碳化物形成元素，如 Ni、Cu、Si、Al、P 等。

② 碳化物形成元素，如 Cr、Mo、V、W、Ti、Zr、Nb 等。

非碳化物形成元素易溶入铁素体或奥氏体中，而碳化物形成元素易存在于碳化物中，但当合金元素加入数量较少时，碳化物形成元素也可溶入固溶体或渗碳体；当其加入数量较多时，可形成特殊碳化物。

实际上，每种分类方法都是从不同的侧面反映了钢中合金元素的基本特性，对深入了解合金元素在钢中的基本作用有一定的指导意义。

3.2.2 合金元素对钢的作用

3.2.2.1 合金元素与铁、碳的作用

（1）合金元素与铁的相互作用

几乎所有的合金元素（除 Pb 外）都可溶入铁中，形成合金铁素体，从而使铁素体的强度和硬度升高。图 3-1 示出部分合金元素对铁素体性能的影响。其中与 α-Fe 晶格不同的 Mn、Si、Ni 等强化铁素体的作用比 Cr、W、Mo 等与 α-Fe 晶格相同的元素要大。除 Ni（$w_{Ni} \leqslant 5\%$）、Mn（$w_{Mn} \leqslant 1.5\%$）、Cr（$w_{Cr} < 2\%$）在一定范围内可提高铁素体韧性外，一般合金元素都会使铁素体的韧度降低。

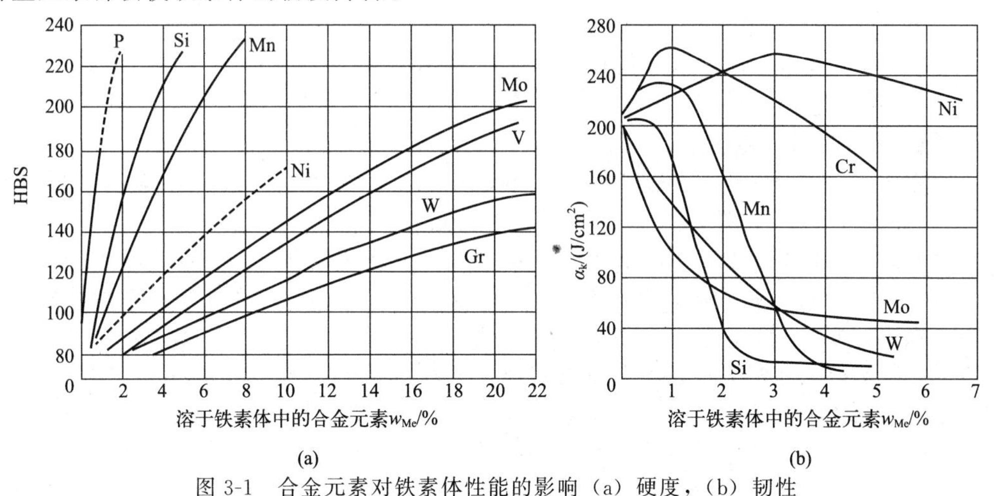

图 3-1 合金元素对铁素体性能的影响 (a) 硬度，(b) 韧性

（2）合金元素与碳的相互作用

合金元素与钢中碳的作用主要表现在是否易于形成碳化物，或者形成碳化物倾向性的大小。碳化物是钢中重要的强化相，对钢的组织和性能具有极其重要的意义。合金元素按照其与钢中碳的亲和力大小，可分为碳化物形成元素和非碳化物形成元素两大类。

① 碳化物形成元素

碳化物形成元素包括 Fe、Mn、Cr、Mo、W、V、Nb、Ti、Zr 等（按形成碳化物的稳

定性程度由弱到强的次序排列)，它们都是元素周期表中位于铁左方的过渡族元素。在钢中加入这类合金元素，一部分与铁形成固溶体，一部分形成合金渗碳体，当加入量较多时，形成特殊碳化物。

合金元素原子与铁原子相比，d 电子层越不满，形成碳化物的能力越强，所形成的碳化物越稳定。碳原子的原子半径与金属原子半径之比 r_C/r_{Me} 是决定碳化物结构类型的重要因素，当 $r_C/r_{Me}<0.59$ 时，形成简单点阵类型碳化物（如 W、V、Ti 等)，此类碳化物具有硬度高、熔点高和稳定性好等特点；当 $r_C/r_{Me}>0.59$ 时，形成复杂点阵结构的碳化物，Fe、Mn、Cr 属于这类元素，此类碳化物熔点低，加热易溶解。当合金元素含量很少时，合金元素将不形成自己特有的碳化物，只能置换渗碳体中的铁原子，形成合金渗碳体，如 $(FeCr)_3C$、$(FeMn)_3C$；当合金元素含量有所升高，但仍不足以生成自己特有的碳化物，这时将生成具有复杂结构的合金碳化物，又称多元或复合碳化物，如 Fe_2Mo_4C、Fe_4Mo_2C 等。碳化物具有高的硬度，合金元素与碳的亲和力越强，碳化物的硬度越高。钢中各种碳化物的相对稳定性，对于其形成、转变、溶解、析出和聚集、长大有着极大的影响。稳定的碳化物具有高熔点、高分解温度，难于溶入固溶体，因而也难以聚集长大。表 3-6 中给出了钢中常见碳化物的类型及基本性能。

表 3-6 钢中常见碳化物的类型及基本性能

碳化物类型	M_3C		$M_{23}C_6$	M_7C_3	M_2C		M_6C		MC		
常见碳化物	Fe_3C	(Fe，Me①)$_3$C	$Cr_{23}C_6$	Cr_7C_3	W_2C	Mo_2C	Fe_3W_3C	Fe_3Mo_3C	VC	NbC	TiC
硬度 HV	900～1050	稍大于(900～1050)	1000～1100	1600～1800	—	—	1200～1300		1800～2200		
熔点/℃	1600		1500	1670	2700	2750			2750	3500	3200

① Me 可以是 Mn、Cr、W、Mo、V 等碳化物形成元素。

② 非碳化物形成元素

非碳化物形成元素包括 Ni、Cu、Co、Si、Al、N、P、S 等，它们不能与碳形成碳化物，但可固溶于 Fe 中形成固溶体，或者形成其它化合物。

合金元素与碳的相互作用具有重要的实际意义。一方面它关系到所形成碳化物的种类、性质及在钢中的分布，这些都会直接影响钢的性能，同时对钢的热处理亦有较大影响。另一方面由于合金元素与碳有不同的亲和力，对相变过程中碳的扩散速度亦有较大影响。强碳化物形成元素阻碍碳的扩散，降低碳原子的扩散速度；弱碳化物形成元素 Mn 以及大多数非碳化物形成元素则无此作用，甚至某些元素（如 Co）还有增大碳原子扩散速度的作用。因而，合金元素与碳的作用对钢的相变有重要的影响。

3.2.2.2 合金元素对铁碳相图的影响

合金元素加入铁碳合金中后，使 Fe-Fe_3C 相图发生改变，主要是奥氏体转变温度［A_1、A_3、A_{cm}（碳在奥氏体中的溶解度变化曲线）］，共析点 S 点（共析点）和 E 点（碳在 γ-Fe 中的最大溶碳量点）位置发生了变化。

(1) 扩大 γ 相区的元素（或称 γ 相稳定元素）

扩大 γ 相区的元素均扩大 Fe-Fe_3C 相图中奥氏体的存在区域，这类元素的共同特点是使

A_4（铁素体完全转变为奥氏体线）上升，A_3 下降，在较宽的成分范围内，促使奥氏体形成，即扩大了 γ 相区。根据 Fe 与合金元素构成的相图不同，分为如下两种情况。

① 无限扩大 γ 相区　合金元素与 γ-Fe 形成无限固溶体，与 α-Fe 形成有限固溶体。这类元素主要有 Ni、Mn、Co 等，其相图如图 3-2（a）所示。如果加入足够量的 Ni 或 Mn，可完全使 α 相从相图上消失，γ 相保持到室温，即可使钢在室温下得到单相奥氏体组织。

② 有限扩大 γ 相区　虽然 γ 相区也随着合金元素的加入而扩大，使 A_3 降低，A_4 升高，但由于合金元素与 α-Fe 和 γ-Fe 均形成有限固溶体，最终不能使 γ 相区完全开启，如图 3-2（b）所示，这类合金元素主要有 C、N、Cu、Zn、Au 等。

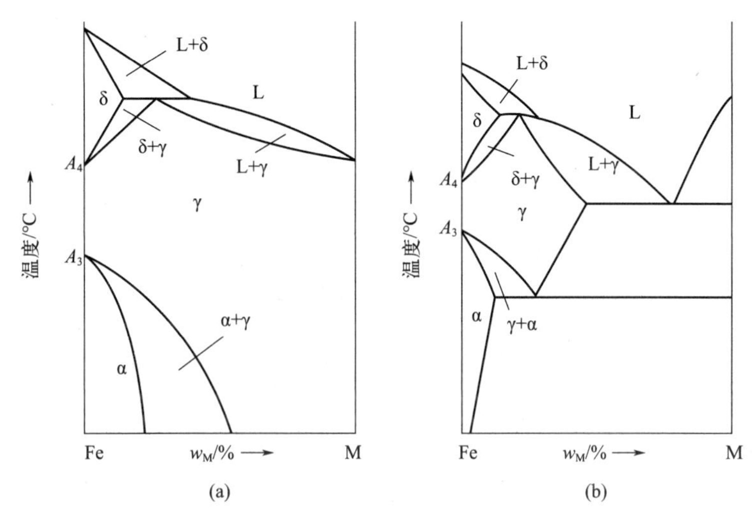

图 3-2　扩大 γ 相区并与 γ-Fe 无限互溶（a）、有限互溶（b）的 Fe-Me 相图

（2）缩小 γ 相区的元素（或称 α 相稳定化元素）

缩小 γ 相区的元素均缩小 $Fe\text{-}Fe_3C$ 相图中奥氏体的存在区域，这类元素的共同特点是使 A_4 下降，A_3 上升，在较宽的成分范围内，促使铁素体形成，缩小了 γ 相区。根据 Fe 与合金元素构成的相图的不同，可分为如下两种情况。

① 封闭 γ 相区，无限扩大 α 相区　合金元素使 A_3 上升，A_4 下降，以至达到某一含量时，A_3 与 A_4 重合，γ 相区被封闭。合金元素超过一定含量时，就与 α-Fe 形成无限固溶体，可使钢获得单相的铁素体组织，如图 3-3（a）所示。这类合金元素主要有 Si、Cr、W、Mo、P、V、Ti、Al、Be 等。

② 缩小 γ 相区，但不能使 γ 相区封闭　合金元素使 A_3 上升，A_4 下降，使 γ 相区缩小但不能使其完全封闭，如图 3-3（b）所示。这类合金元素主要有 B、Nb、Ta、Zr 等。

综上所述，合金元素与铁的相互作用这一理论的工程意义在于：为了保证钢具有良好的耐蚀性（如不锈钢），需要在室温下获得单相组织，就是运用上述规律，通过控制钢中合金元素的种类和含量，使钢在室温下获得奥氏体或铁素体单一组织来实现。

（3）对共析点 S 和 E 点的影响

几乎所有的合金元素均使 S 点和 E 点左移，强碳化物形成元素尤为强烈，如图 3-4 所示。S 点左移意味着共析碳钢中碳的质量分数不再是 0.77%，而是小于 0.77%，这样一来，原来的亚共析钢，加入合金元素之后，有可能成为共析钢或过共析钢。例如 $w_C=0.4\%$ 的 4Cr13 钢已不再是亚共析钢，而是过共析钢。E 点左移意味着莱氏体有可能在碳质量分数远

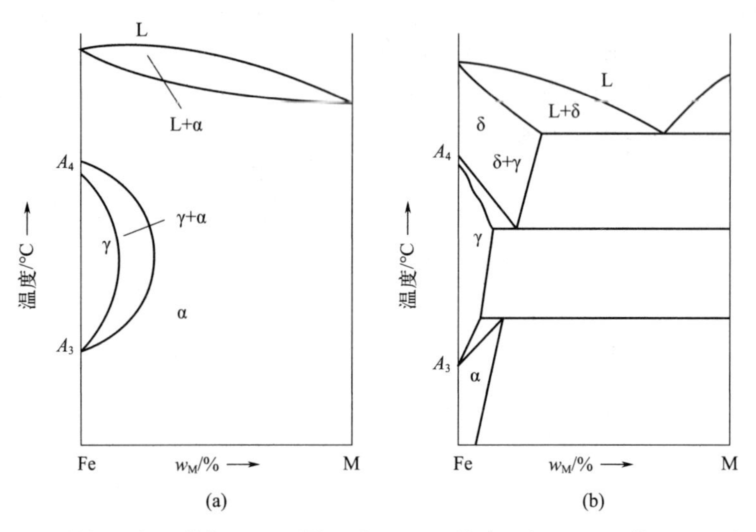

图 3-3 封闭 γ 相区并与 α-Fe 无限互溶（a）和缩小 γ 相区（b）的 Fe-Me 相图

低于 2.11%的合金钢中出现，如 W18Cr4V 高速钢中，尽管其 w_C=0.7%～0.8%，但在铸态组织中已出现大量的莱氏体。

（4）对共析温度的影响

合金元素的存在将改变钢的共析温度。如扩大 γ 相区的元素降低 A_3 和 A_1（共析温度线）；缩小 γ 相区的元素使 A_3 和 A_1 升高，如图 3-5 所示。

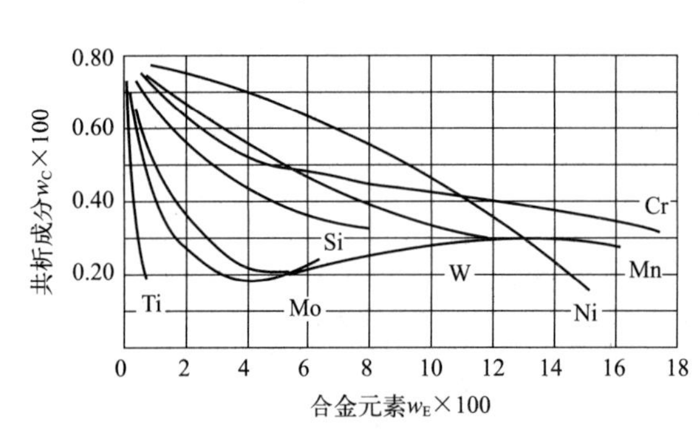

图 3-4 合金元素对共析点碳质量分数的影响

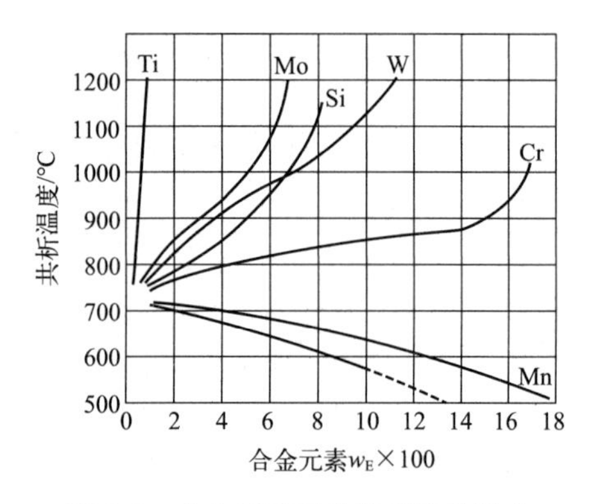

图 3-5 合金元素对共析温度的影响

3.2.2.3 合金元素对钢热处理组织转变的影响

钢中有三个基本相变过程，即加热时奥氏体的形成、冷却时过冷奥氏体的转变以及淬火马氏体回火时的转变。合金元素对钢热处理组织转变的影响也主要体现在影响钢的加热、冷却及回火转变等基本相变过程。

（1）合金元素对钢加热转变的影响

合金元素的加入改变了临界点的温度、共析点的位置和碳在奥氏体中的溶解度，使奥氏体形成的温度条件和碳浓度条件发生了变化。同时，奥氏体的形成是一个扩散过程，合金元素原子不仅本身扩散困难，而且还将影响铁和碳原子的扩散，从而影响奥氏体化过程。合金元素对钢加热转变的影响主要体现在影响奥氏体形成的速度和奥氏体晶粒的大小。

① 对奥氏体形成速度的影响

奥氏体的形成速度取决于奥氏体晶核的形成和长大，两者都与碳的扩散有关。Cr、W 、Mo、V 等碳化物形成元素与碳的亲和力强，形成难溶于奥氏体的合金碳化物，显著阻碍碳的扩散，大大减慢奥氏体形成速度；Co、Ni 等非碳化物形成元素会增大碳的扩散速度，使奥氏体的形成速度加快；Si、Al、Mn 等合金元素对奥氏体形成速度影响不大。

② 合金元素对奥氏体晶粒长大的影响

强碳化物形成元素（如 V、Ti、Nb、Zr 等）因形成的碳化物在高温下稳定，不易溶于奥氏体中，显著阻碍奥氏体晶粒长大，可以起细化晶粒的作用；W、Mo、Cr 等元素中等程度阻碍奥氏体晶粒长大；非碳化物形成元素（如 Si、Ni、Co 等）轻微阻碍奥氏体晶粒长大；当 Al 含量少时，在钢中易形成高熔点的 AlN、Al_2O_3 细质点形式存在，阻碍奥氏体晶粒长大，当 Al 含量较高并溶入固溶体时，则促进奥氏体晶粒长大；C 和 Mn 促进奥氏体晶粒长大，主要原因是碳降低了铁原子之间的结合力，使铁的自扩散系数增大，Mn 的添加进一步加强了碳的这种作用，因此，含 Mn 的高碳钢具有较高的过热敏感性，其奥氏体晶粒容易发生粗化。

（2）合金元素对过冷奥氏体冷却转变的影响

① 对 C 曲线的影响

除 Co 元素外，所有的合金元素均使奥氏体稳定性提高、C 曲线右移，提高钢的淬透性，这是钢中加入合金元素的主要目的之一，在生产中具有非常重要的意义。钢中最常用的提高淬透性的合金元素主要有 Mn、Mo、Cr、Si、Ni 等。必须指出，加入的合金元素只有在淬火加热时完全溶入到奥氏体中，才能起到提高淬透性的作用。含 Cr、Mo、W、V 等碳化物形成元素的钢，若淬火温度不高，保温时间较短，碳化物未完全溶解时，非但不能提高淬透性，反而会由于未溶碳化物质点成为珠光体转变形核的核心，而使淬透性下降。另外，两种或多种合金元素同时加入，对淬透性的影响比单个元素的影响要强得多。

碳化物形成元素如 Cr、Mo、W、Ti 加入较多时，由于它们对珠光体转变和贝氏体转变的推迟程度不同，不仅使 C 曲线右移，还改变 C 曲线的形状，如图 3-6 所示。

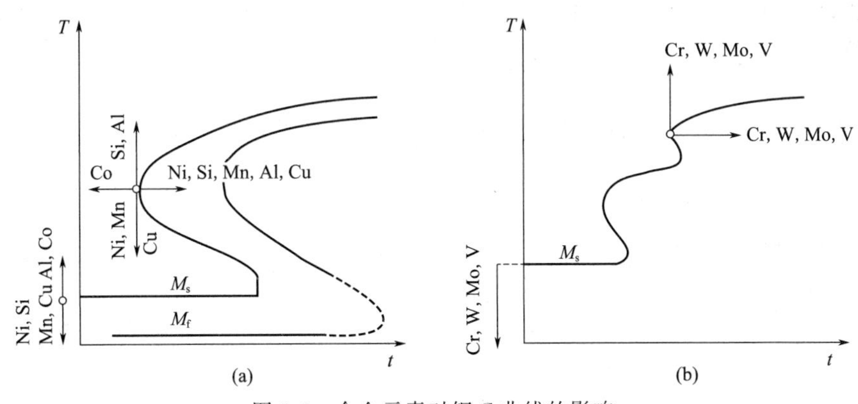

图 3-6 合金元素对钢 C 曲线的影响

（a）非碳化物形成元素；（b）碳化物形成元素

② 对马氏体转变的影响

除 Al、Co 元素外，绝大多数合金元素都使 M_s 和 M_f 下降，使淬火后钢中残余奥氏体增多（图 3-7）。残余奥氏体量过高时，钢的硬度降低，疲劳抗力下降。为了将残余奥氏体量控制在合适范围，往往要进行附加的处理，例如冷处理或多次回火。

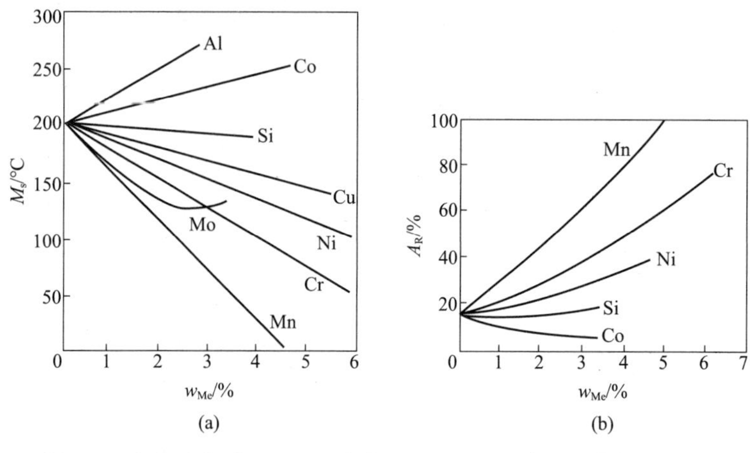

图 3-7 合金元素对（a）Ms 点的影响，（b）残余奥氏体量的影响

合金元素还会影响马氏体的形态。合金元素的含量和马氏体转变温度 M_s 决定钢的滑移和孪生的临界分切应力，从而影响马氏体的亚结构。当 M_s 较高时，由于滑移的临界分切应力较低，在 M_s 以下形成位错结构的马氏体；在 M_s 温度较低时，孪生分切应力低于滑移临界分切应力，则马氏体相变以孪生形式形成孪晶结构的马氏体。合金元素如 Mn、Cr、Ni、Mo 和 Co 等都增加形成孪晶马氏体倾向。

（3）合金元素对淬火钢回火转变的影响

① 提高回火稳定性

淬火钢在回火时抵抗硬度下降的能力称为钢的回火稳定性。合金元素在回火过程中推迟马氏体的分解和残余奥氏体的转变（即在较高温度才开始分解和转变），提高铁素体的再结晶温度，使碳化物难以聚集长大，因此提高了回火软化的抗力，即提高了钢的回火稳定性。提高回火稳定性作用较强的合金元素有 V、Si、Mo、W、Ni、Co 等。钢的回火稳定性提高，意味着合金钢在相同温度下回火时，比同样碳含量的碳钢具有更高的硬度和强度（这对工具钢和耐热钢特别重要），或者在保证相同强度的条件下，可在更高的温度下回火，而使韧性更好（这对结构钢更重要）。

② 产生二次硬化

一些 Mo、W、V 含量较高的高合金钢回火时，硬度不是随回火温度升高单调降低的，而是到某一温度（约 400℃）后反而开始增大，并在另一更高温度（一般为 550℃左右）达到峰值（图 3-8），这种现象称为二次硬化现象。二次硬化现象的原因包括两个方面。一方面，当回火温度高于 450℃以上，渗碳体溶解，钢中开始沉淀出弥散稳定的难熔碳化物，如 Mo_2C、W_2C、VC 等，使钢的硬度重新升高，称为沉淀硬化。另一方面，回火冷却过程中，残余奥氏体转变为马氏体（二次淬火）也使硬度升高。

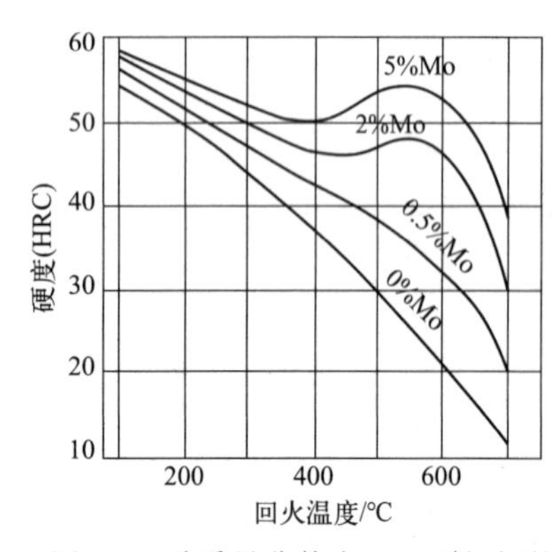

图 3-8 碳质量分数为 0.35%钼钢的回火温度与硬度关系曲线

③增大回火脆性

淬火钢在某些温度区间回火或从回火温度缓慢冷却通过该温度区间的脆化现象，称为回火脆性。合金钢和碳钢一样也产生回火脆性，而且更明显。图 3-9 为铬镍钢的冲

击韧性与回火温度的关系。第一类回火脆性（低温回火脆性）主要发生在回火温度为 250～400℃，由相变机制本身决定的，与马氏体及残余奥氏体分解时沿马氏体边界析出的薄片状渗碳体有关，无法消除，只能避开此温度范围回火。在 450～600℃发生的第二类回火脆性（高温回火脆性），主要与某些杂质元素以及合金元素本身在原奥氏体晶界上的严重偏聚有关，多发生在含 Mn、Cr、Ni 等元素的合金钢中，这是一种可逆回火脆性，回火后快冷可防止其发生，或者在钢中加入适当 Mo 或 W，能够强烈阻碍和延迟杂质元素等往晶界扩散和偏聚，可基本上消除此类脆性。此外，提高冶金质量，尽可能降低钢中有害元素的含量，也可防止第二类回火脆性的产生。

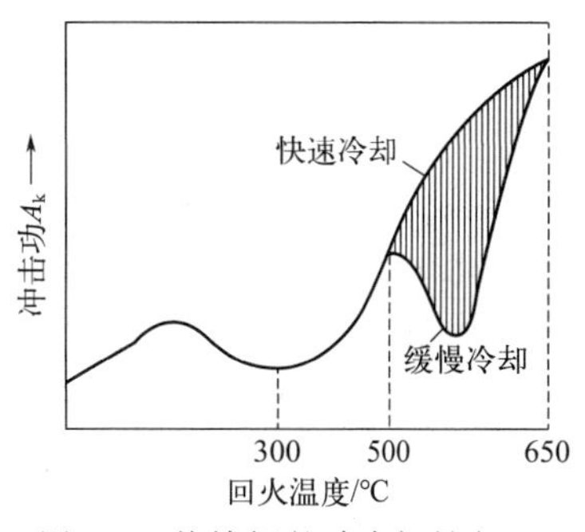

图 3-9　铬镍钢的冲击韧性与回火温度的关系

3.2.2.4　合金元素对钢性能的影响

（1）合金元素对钢力学性能的影响

① 合金元素对钢强度的影响　提高钢的强度是加入合金元素的主要目的之一，合金元素对淬火、回火状态下钢的强化作用最显著，它充分利用了四种强化机制即固溶强化、第二相强化（弥散强化）、细晶强化和位错强化。合金元素加入钢中提高钢的淬透性，保证在淬火时容易获得马氏体。合金元素提高钢的回火稳定性，使淬火钢在回火时析出的碳化物更细小、均匀和稳定，并使马氏体的微细晶粒及高密度位错保持到较高温度。在同样条件下，合金钢比碳钢具有更高的强度。此外，有些合金元素还可使钢产生二次硬化，得到良好的高温性能。

② 合金元素对钢塑性的影响　合金元素作为溶质原子加入时，一般都使塑性下降，强化效果越大的合金元素使塑性下降得越多，间隙式溶质原子（C、N）使塑性下降的程度较置换式溶质原子大得多。在置换式溶质原子中，以 Si 和 Mn 使塑性损失较大。加入细化晶粒的合金元素会改善钢的塑性。合金元素形成第二相时，一般对钢的塑性是不利的，但也与第二相的尺寸、形状和分布密切相关，可通过合金化与回火、球化处理相结合等方法，使碳化物呈球状、细小、均匀、弥散的分布状态。

③ 合金元素对钢韧性的影响　钢中加入少量的 Ti、V、Nb、Al 等元素，可形成 TiC、VC、NbC、AlN 等细小稳定的化合物粒子，使钢晶粒细化，增加晶界的总面积，不仅有利于强度的提高，而且增大了裂纹扩展的阻力，能显著提高钢的韧度，特别是低温韧度。某些合金元素置换固溶于铁素体中能改变位错运动，使其容易绕过某些障碍，避免产生大的应力集中，改善基体韧度，例如 Ni。加入合金元素提高钢的回火稳定性，可以保证钢在达到相同强度的条件下提高回火温度，能更充分地析出第二相质点而降低间隙固溶度和位错密度，减轻其脆化作用，显著改善钢的韧度。在考虑耐磨性而必须含有碳化物时，碳化物粒子应尽量细小并分布均匀，对强度和韧度都有利，Mn、Cr、W 的碳化物都很细小均匀。Mo 和 W 能抑制杂质元素在晶界富集，可减轻或消除钢的回火脆性。稀土元素具有强烈的脱氧去硫能力，对 H 的吸附能力很大，还能改善非金属夹杂物的形态，使其在钢中呈粒状分布，可显著改善钢的韧度，降低韧脆转变温度。

（2）合金元素对钢工艺性能的影响

① 合金元素对钢铸造性能的影响　铸造性能是指钢在铸造时的流动性、收缩性、偏析

倾向等方面的综合性能。Cr、Mo、V、Ti、Al等在钢中形成高熔点碳化物或氧化物质点，增大钢液黏度，降低其流动性，使铸造性能恶化。

② 合金元素对钢热变形加工工艺的影响　热加工工艺性能通常由热加工时钢的塑性和变形抗力、可加工温度范围、抗氧化能力、对锻造后冷却要求等来评价。合金元素溶入固溶体中，或在钢中形成碳化物（如Cr、Mo、W等的碳化物），都使钢的热变形抗力提高，热塑性下降，锻造时容易开裂，其锻造性能比碳钢差。

③ 合金元素对钢冷变形加工工艺性能的影响　冷加工工艺性能包括钢的冷变形能力和钢件的表面质量两方面。固溶合金元素大多提高冷加工硬化率，使钢变硬、变脆、易开裂，难以继续变形。Si、Ni、Cr、Cu、O、V降低深冲性能，Nb、Ti、Zr和RE（改善硫化物形态）提高冲压性能。

④ 合金元素对钢焊接性能的影响　焊接性能是指钢焊接的难易程度和焊接区的使用性能，主要由焊后开裂的敏感性和焊接区的组织及硬度来评判。合金元素提高钢的淬透性，促进脆性组织（马氏体）的形成，使焊接性能变坏。但钢中含有少量Ti和V，形成稳定的碳化物，使晶粒细化并降低淬透性，可改善钢的焊接性能。

⑤ 合金元素对钢热处理工艺性能的影响　热处理工艺性能反映钢热处理的难易程度和热处理产生缺陷的倾向，主要包括淬透性、过热敏感性、回火脆性化倾向和氧化脱碳倾向等。合金钢的淬透性高，淬火时可以采用比较缓慢的冷却方法，不但操作比较容易，而且可以减少工件的变形和开裂倾向。加入Mn、Si会增强钢的过热敏感性。Mn、Cr、Ni增大高温回火脆性，Mo、W可基本消除高温回火脆性。Si促进脱碳，Cr降低脱碳。

3.3 合金结构钢

合金结构钢是用于制造各种工程构件和机械零件，含有一种或数种合金元素的钢种，是合金钢中应用最广、用量最大的一类。根据用途和适用范围的不同分为工程构件用钢和机械零件用钢两类。前者主要用于建筑构件、工程结构件，后者用于制造机械结构零件。

3.3.1 工程构件用钢

工程构件用钢是指用于制作各种大型金属结构（如桥梁、船舶、车辆、锅炉、压力容器、输油输气管道、工业和民用建筑等钢结构）所用的钢材。

3.3.1.1 工作条件及性能要求

一般来说，工程构件用钢的工作特点是不作相对运动，长期承受静载荷作用，有时也受动载荷作用，还要有一定的使用温度要求。如锅炉使用温度可到250℃以上，而有的结构钢长期受低温作用；桥梁、船舶、海洋平台等受到风力或海浪冲击的同时长期与大气或海水接触，要承受大气、海水和土壤的侵蚀作用。

为使构件在长期静载荷下结构稳定，不产生弹性变形，更不会产生塑性变形和断裂，要求构件用钢具有足够的弹性模量，以保证构件有较好的刚度；有足够的抗塑性变形及抗破断的能力，即具有较高的屈服强度 σ_s 和抗拉强度 σ_b，而塑韧性较好；要有较小的冷脆倾向性和缺口敏感性。许多构件在土壤、大气、海水等环境介质下工作，为使构件能长期稳定工作，要求钢材具有一定的耐腐蚀性能。为了制成各种工程构件尤其是大型结构，大都需要将钢厂供应的棒材、板材、型材、管材、带材等先进行必要的冷变形加工，然后采用焊接或铆接的方法连接起来，因此要求钢材应具有良好的焊接性能和冷成形性能。

总之，构件用钢的性能要求以工艺性能为主，力学性能为辅。大部分构件用钢是在热轧空冷（正火）状态下使用。

3.3.1.2 低合金高强度钢

低合金高强度钢，简称普低钢，是为了适应大型工程结构（如大型桥梁、大型压力容器及船舶等）减轻钢构件重量、提高使用的可靠性及节约钢材的需要而发展起来的一类高效节能、用途广泛、用量很大的钢种。

普低钢是在碳素结构钢基础上加入少量合金元素（一般 $w_{Me}<3\%$），其屈服强度在 275MPa 以上，比碳素结构钢强度高 20%～30%，能够减轻结构自重，节约钢材 20%以上，并且具有良好的可焊性、成形性、耐蚀性和耐磨性，目前已广泛用于制造建筑钢、输油输气管道、船舶、桥梁、机车车辆、高压容器、工程机械和农机具等。

（1）化学成分特点

① 低碳　碳具有强烈的固溶强化作用，增大碳含量可显著提高强度，但碳含量增加，脆性增大，焊接性和冷成形性变差。普低钢对焊接性、冷成形性和韧性要求高，因此其碳质量分数一般不超过 0.20%。

② 主加合金元素 Mn 及 Si　我国的低合金高强度钢以资源丰富的 Mn 为主要的合金元素，基本上不用贵重的 Ni、Cr 等金属。Mn 具有较强的固溶强化效果，如 Mn 的质量分数每增加 1%，屈服强度 σ_s 升高 33MPa。Mn 是奥氏体形成元素，可降低奥氏体向珠光体转变的温度范围，并减缓转变速度，细化珠光体和铁素体，提高钢的强度和硬度。Mn 还可降低钢的韧脆转变温度。但 Mn 含量过多，会显著降低塑韧性，且会促进奥氏体晶粒长大。一般 Mn 的质量分数应控制在 1.8%以内。Si 也具有明显的固溶强化效果，能明显提高钢材的强度，但 Si 会提高韧脆转变温度，降低塑韧性，一般 Si 的质量分数应控制在 1.1%以内。

③ 辅加合金元素 Al、V、Ti、Nb　在低合金结构钢中加入少量的 Al 形成 AlN 的细小质点以细化晶粒，既可提高强度，又可降低韧脆转变温度。加入微量的 V、Ti、Nb 等元素，既可在钢中形成细小碳化物和碳氮化合物，产生沉淀强化作用，还可细化晶粒，从而使强度及韧性得以改善。

④ 加入 Cu、P 改善耐大气腐蚀性能。

⑤ 加入微量稀土元素　可脱硫去气，净化钢材，并改善夹杂物的形态与分布，从而改善机械性能和工艺性能。

综上所述，普低钢合金化总的原则是低碳，合金化时以 Mn 为基础，适量加入 Al、V、Ti、Nb、Cu、P 及稀土元素，发展方向是多组元微量合金化。

（2）常用钢种

常用低合金高强度结构钢的牌号、化学成分及力学性能见表 3-7 和表 3-8。较低强度级别的钢中，以 Q345（16Mn）最具代表性，使用状态的组织为细晶粒的铁素体＋细珠光体，强度比普通碳素结构钢 Q235 高约 20%～30%，耐大气腐蚀性能高 20%～38%，用它制造工程结构，重量可减轻 20%～30%，低温性能较好。Q420（15MnVN）是中等级别强度钢中使用最多的钢种，钢中加入 V、N 后，生成钒的氮化物，可细化晶粒，又有析出强化的作用，强度有较大提高，而且韧性、焊接性及低温韧性也较好，广泛用于制造桥梁、锅炉、船舶等大型结构。强度级别超过 500MPa 后，铁素体＋细珠光体组织难以满足要求，因此，发展了低碳贝氏体钢，加入 Cr、Mo、Mn、B 等元素，可阻碍奥氏体转变，使 C 曲线的珠光体转变区右移，而贝氏体转变区变化不大，有利于空冷条件下得到贝氏体组织，从而获得更高的强度和塑性，焊接性能也较好，多用于高压锅炉、高压容器等。

表 3-7 低合金高强度钢的牌号和化学成分（摘自 GB/T 1591—2018）

牌号		化学成分（质量分数/%）														
钢级	质量等级	C①		Si	Mn	P③	S③	Nb④	V⑤	Ti⑤	Cr	Ni	Cu	Mo	N⑥	B
		以下公称厚度或直径/mm		不大于												
		≤40②	>40													
		不大于														
Q355	B	0.24		0.55	1.60	0.035	0.035	—	—	—	0.30	0.30	0.40	—	0.012	—
	C	0.20	0.22			0.030	0.030									
	D	0.20	0.22			0.025	0.025								—	
Q390	B	0.20		0.55	1.70	0.035	0.035	0.05	0.13	0.05	0.30	0.50	0.40	0.10	0.015	—
	C					0.030	0.030									
	D					0.025	0.025									
Q420⑦	B	0.20		0.55	1.70	0.035	0.035	0.05	0.13	0.05	0.30	0.80	0.40	0.20	0.015	—
	C					0.030	0.030									
Q460⑦	C	0.20		0.55	1.80	0.030	0.030	0.05	0.13	0.05	0.30	0.80	0.40	0.20	0.015	0.004

① 公称厚度大于 100mm 的型钢，碳的质量分数可由供需双方协商决定。

② 公称厚度大于 30mm 的钢材，碳的质量分数不大于 0.22%。

③ 对于型钢和棒材，其磷和硫的质量分数的上限值可提高 0.005%。

④ Q390、Q420 最高可到 0.07%，Q460 最高可到 0.11%。

⑤ 最高可到 0.20%。

⑥ 如果钢中酸溶铝 Als 的质量分数不小于 0.015%或全铝 Alt 的质量分数不小于 0.020%，或添加了其它固氮合金元素，氮元素含量不做限制，固氮元素应在质量证明书中注明。

⑦ 仅适用于型钢和棒材。

表 3-8 低合金高强度钢的力学性能（摘自 GB/T 1591—2018）

牌号		上屈服强度 R_{eH}①/MPa，不小于						抗拉强度 R_m /MPa		断后伸长率 A/%，不小于				
钢级	质量等级	公称厚度或直径/mm												
		≤16	>16~40	>40~63	>63~80	>80~100	>100~150	≤100	>100~150	试样方向	≤40	>40~63	>63~100	>100~150
Q355	B,C,D	355	345	335	325	315	295	470~630	450~600	纵向	22	21	20	18
										横向	20	19	18	18
Q390	B,C,D	390	380	360	340	340	320	490~650	470~620	纵向	21	20	20	19
										横向	20	19	19	18
Q420②	B,C	420	410	390	370	370	350	520~680	500~650	纵向	20	19	19	19
Q460②	C	460	450	430	410	410	390	550~720	530~700	纵向	18	17	17	17

① 当屈服不明显时，可用规定塑性延伸强度 $R_{p0.2}$ 代替上屈服强度。

② 只适用于型钢和棒材。

(3) 热处理特点

普低钢一般在热轧空冷状态下使用，不需要进行专门的热处理。在有特殊需要时，如为了改善焊接区性能，可进行一次正火处理。使用状态下的显微组织一般为铁素体+细珠光体（索氏体）。

(4) 工程实例

1957年建成的武汉长江大桥使用碳素结构钢Q235（A3）钢制造；我国自行设计和建造的南京长江大桥（1968年建成）用强度较高的合金结构钢Q345（16Mn）钢制造；1991年建成的九江长江大桥则用强度更高的合金结构钢Q420（15MnVN）钢制造；2008年北京奥运会主会场——国家体育场“鸟巢”钢结构所用钢材为Q460EZ35，屈服强度为460MPa，由我国自主创新研发生产，该合金钢具有高的强度、良好的抗震性、抗低温性，撑起了“鸟巢”的钢筋铁骨［见图3-10（a）］；2019年世界规模最大的单体机场航站楼、被外媒称为“新世界七大奇迹”之首的北京大兴国际机场航站楼［见图3-10（b）］，其支撑中心的C型柱所用钢材为Q460GJC-Z15，由河钢集团舞钢公司提供，除对材料强度要求高以外，还要求钢材具备较好的可焊性和较低的裂纹敏感指数，中国钢铁人勇挑重担、攻坚克难，以大量优质高端的钢铁产品，撑起了新机场腾飞的翅膀。

(a)

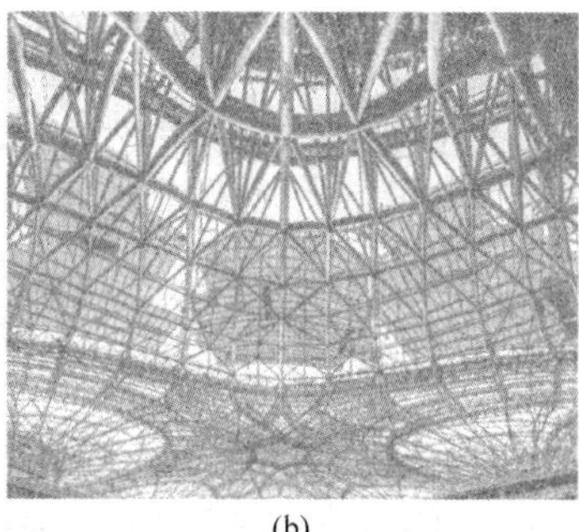

(b)

图3-10 “鸟巢”国家体育场（a）与大兴机场航站楼的钢网架（b）

3.3.2 机械零件用钢

机械零件用钢是指用于制造各种机器零件（如轴类、齿轮、弹簧和轴承等）所用的钢种，也称为机器制造用钢。

机械零件的受力较复杂，主要是承受拉、压、弯、扭、冲击、疲劳应力，且往往是几种载荷同时作用，载荷可以是恒定的或变化的，作用力方向可以是单向的或反复的。机械零件的工作环境也很复杂，有的高温，有的低温，有时还受腐蚀介质（大气、水和润滑油等）作用。因此，机器零件用钢对性能的要求是多方面的，不但要求钢材具有高的强度、塑性和韧性，而且还应具有良好的疲劳强度和耐磨性。由于使用性能和精度要求较高，制造过程也较复杂。一般机械零件的生产工艺是型材→改锻→毛坯热处理→切削加工→最终热处理→磨削等工序。因此，这类钢应具有良好的锻造性、切削加工性、热处理工艺性等。总之，机械零件用钢性能要求以力学性能为主，工艺性能为辅。

3.3.2.1 合金渗碳钢

(1) 工作条件及性能要求

合金渗碳钢是指经渗碳处理后使用的钢种，主要用于制造承受较强烈摩擦磨损和较大冲击载荷条件下工作的机械零件，如汽车、拖拉机的变速箱齿轮，内燃机上的凸轮轴、活塞销等。这类零件受力都很复杂，常见的失效形式主要有工作表面承受较大的接触疲劳载荷而引起的局部破坏，承载较重而引起的工作表面过度磨损，或是由于工作时承受的冲击载荷过大而导致的断裂等。因此，这类零件工作时要求其表面硬而耐磨，而零件心部则要求有较高的韧性和强度以承受较大冲击载荷作用，即“表硬里韧”是其主要性能要求。

以齿轮为例，齿根承受交变的弯曲应力，在啮合过程中，齿面相互成线接触并有滑动，存在接触疲劳和磨损；突然刹车时，齿牙还受较大的冲击力。齿轮的主要失效形式是齿面磨损和剥落以及齿牙断裂。因此要求齿轮用钢表面硬度高、耐磨，而芯部有较高的韧性和强度以承受冲击。

（2）化学成分特点

① 碳含量

低碳，碳的质量分数一般为 0.10%～0.25%，目的是保证心部良好的塑性和韧性。若碳含量过低，则心部强度不足，并且渗碳后表面到心部碳浓度梯度过陡，渗碳层易剥落；若碳含量过高，则心部塑、韧性下降，并使表面残余压应力减小，从而弯曲疲劳强度降低。

② 合金化原则

加入提高淬透性的 Cr、Ni、Mn、Mo、Si、B 等元素。渗碳件心部的硬度和强度取决于钢材的含碳量和淬透性两方面的因素。钢材的含碳量决定着心部马氏体的硬度，而芯部是否易于得到马氏体组织又取决于钢材的淬透性。如淬透性足够时，能得到全部低碳马氏体。而淬透性不足时，会出现大量的非马氏体组织，非马氏体组织的产生会大大降低渗碳件的弯曲疲劳性能和接触疲劳性能。

加入阻碍奥氏体长大的元素。渗碳温度高达 930℃，为了防止奥氏体晶粒长大，常加入 Ti、V、W、Mo 等，形成稳定的合金碳化物，除了阻碍渗碳时奥氏体晶粒长大，还能增加渗碳层硬度，提高耐磨性。

加入改进表层碳化物形态的元素。碳化物的形态对表层性能影响很大，如果渗碳层中形成的碳化物呈网状，则渗碳层的脆性增大，易于脱落；而碳化物呈粒状时，可有效改善耐磨性和接触疲劳抗力。一般来说，中等碳化物形成元素（如 Cr）易使碳化物呈粒状分布；而强碳化物形成元素（如 V）及非碳化物形成元素（如 Si 等），易使碳化物呈长条状或网状分布，增加表层脆性。

加入改进渗碳性能的元素。合金元素会影响渗碳速度、渗碳层深度和表层碳浓度。一般来说，碳化物形成元素 Cr、Mo、W 等增大钢表面吸收碳原子的能力，降低碳原子在奥氏体中的扩散系数，增大表层碳浓度，使渗碳层中碳浓度梯度变陡。非碳化物形成元素 Ni 和 Si 等，降低表层碳浓度。提高表层碳浓度的元素通常又增加渗碳层的深度与渗入速度，而降低表层碳浓度的元素则相应减小渗碳层深度与渗入速度。所以，碳化物形成元素和非碳化物形成元素要合理搭配，既可加快渗速，较快获得必要的表面碳浓度和渗碳层厚度，又可避免过陡的碳浓度梯度。

综上所述，合金渗碳钢应是低碳（即 w_C 为 0.1%～0.25%），渗碳后表层最佳 w_C 为 0.8%～0.9%，常用多组元综合合金化，主加元素为 Cr、Mn、Ni、B，辅加元素为 Mo、W、V、Ti。

（3）热处理特点

预备热处理一般为正火，其目的是改善锻造组织，调整硬度（HB170～210）以便于切削加工，同时可以均匀组织、消除组织缺陷、细化晶粒。正火后的组织为铁素体＋细片状珠光体。

最终热处理一般为渗碳后进行淬火及低温回火，以获得高硬度、高耐磨性的表层和强而韧的心部。根据钢化学成分的差异，常用的热处理方式有如下三种。

① 直接淬火法　渗碳后经预冷、直接淬火并低温回火，适用于合金元素含量较低又不易过热的钢，如 20CrMnTi 钢等。

② 一次淬火法　渗碳后缓冷至室温、然后重新加热淬火并低温回火，适用于渗碳时易过热的低合金钢工件，或固体渗碳后的零件等，如 20Cr 钢等。

③ 二次淬火法　渗碳后缓冷至室温、又重新加热两次淬火并低温回火，适用于本质粗晶粒钢及对性能要求很高的重要合金钢工件，但因生产周期长、成本高、工件易氧化脱碳和变形，目前生产上已很少采用。

经淬火和低温回火后，表层组织由回火马氏体、合金碳化物及少量残余奥氏体组成，而心部的组织与钢的淬透性及零件的截面有关，当全部淬透时是低碳回火马氏体，未淬透的情况下是珠光体加铁素体或低碳回火马氏体和少量铁素体的混合组织。

(4) 常用典型合金渗碳钢

合金渗碳钢按照淬透性大小分为三类，常用钢种的牌号、主要化学成分、热处理温度、力学性能及应用见表 3-9。

① 低淬透性渗碳钢（$w_{Me}<2\%$），典型钢种为 20Cr。这类钢水淬临界直径 25mm，渗碳淬火后，心部强度及韧性较低，只适于制造受冲击载荷较小的耐磨零件，如活塞销、凸轮、滑块、小齿轮等。

② 中淬透性渗碳钢（$2\%<w_{Me}<5\%$），典型钢种为 20CrMnTi。这类钢油淬临界直径为 25～60mm，淬透性较高，过热敏感性较小，有良好的力学性能和工艺性能。主要用于制造承受中等载荷、要求足够冲击韧性和耐磨性的零件，特别是汽车、拖拉机上的重要零件。

③ 高淬透性渗碳钢（$w_{Me}>5\%$），典型钢种为 18Cr2Ni4WA 和 20Cr2Ni4A。这类钢的油淬临界直径＞100mm，含有较多的 Cr、Ni 等元素，不但淬透性很高，而且具有很好的韧性，主要用于制造大截面、高载荷的重要耐磨件，如飞机、坦克中的曲轴及大模数齿轮等。

3.3.2.2 合金调质钢

(1) 工作条件及性能要求

许多机器设备上的重要零件如机床主轴、发动机曲轴、连杆等受力情况比较复杂，都是在多种应力负荷下工作的。例如汽车上的主轴工作时传递扭矩又承受弯矩，所受力是交变应力；在轴颈或花键等部位还存在剧烈摩擦；当机器启动或急刹车换挡时，还受到一定冲击载荷的作用。

调质钢的性能要求：

① 良好的综合机械性能，即具有高的强度和良好的塑性、韧性；

② 足够的淬透性以保证零件整个截面力学性能的均匀性和高的强韧性；

③ 良好的工艺性能，即具有良好的锻造、切削加工和热处理工艺性能。

表 3-9　常用渗碳钢的牌号、主要化学成分、热处理温度、力学性能及应用（摘自 GB/T 699—2015，GB/T 3077—2015）

类别	牌号	主要化学成分 w/%							热处理温度[①]/℃			力学性能					毛坯尺寸/mm	应用举例
		C	Mn	Si	Cr	Ni	V	其它	第一次淬火	第二次淬火	回火	R_m/MPa	R_{el}/MPa	A/%	Z/%	KU/J		
低淬透性	15	0.12～0.18	0.35～0.65	0.17～0.37	≤0.25	≤0.30		—	—	—	—	≥375	≥225	≥27	≥55	—	25	小轴、小齿轮、活塞销等
低淬透性	20	0.17～0.23	0.35～0.65	0.17～0.37	≤0.25	≤0.30		—	—	—	—	≥410	≥245	≥25	≥55	—	25	小轴、小齿轮、活塞销等
低淬透性	20Mn2	0.17～0.24	1.40～1.80	0.17～0.37	—	—	—	—	850 水、油	—	200	≥785	≥590	≥10	≥40	≥47	15	齿轮、小轴、顶杆、活塞销、耐热垫圈
低淬透性	20Cr	0.18～0.24	0.50～0.80	0.17～0.37	0.70～1.00	—	—	—	880 水、油	780～820 水、油	200	≥835	≥540	≥10	≥40	≥47	15	机床变速箱齿轮、齿轮轴
低淬透性	20MnV	0.17～0.24	1.30～1.60	0.17～0.37	—	—	0.07～0.12	—	880 水、油	—	200	≥785	≥590	≥10	≥40	≥55	15	机床变速箱齿轮、齿轮轴，也用作锅炉、高压容器管道等
中淬透性	20CrMn	0.17～0.23	0.90～1.20	0.17～0.37	0.90～1.20	—	—	—	—	850 油	200	≥930	≥735	≥10	≥45	≥47	15	齿轮、轴、蜗杆、活塞销、摩擦轮
中淬透性	20CrMnTi	0.17～0.23	0.80～1.10	0.17～0.37	1.00～1.30	—	—	Ti：0.04～0.10	880 油	870 油	200	≥1080	≥850	≥10	≥45	≥55	15	汽车、拖拉机上的变速箱齿轮、齿轮轴
中淬透性	20MnTiB	0.17～0.23	1.30～1.60	0.17～0.37	—	—	—	Ti:0.04～0.10 B:0.0008～0.0035	860 油	—	200	≥1130	≥930	≥10	≥45	≥55	15	替代 20CrMnTi
中淬透性	20MnVB	0.17～0.23	1.30～1.60	0.17～0.37	—	—	0.07～0.12	B:0.0008～0.0035	860 油	—	200	≥1080	≥885	≥10	≥45	≥55	15	替代 20CrMnTi
高淬透性	18Cr2Ni4W	0.13～0.19	0.30～0.60	0.17～0.37	1.35～1.65	4.00～4.50	—	W:0.80～1.20	950 空	850 空	200	≥1180	≥835	≥10	≥45	≥78	15	大型渗碳齿轮和轴类件
高淬透性	20Cr2Ni4	0.17～0.23	0.30～0.60	0.17～0.37	1.25～1.75	3.25～3.75	—		830 油	780 油	200	≥1180	≥1080	≥10	≥45	≥63	15	大型渗碳齿轮和轴类件
高淬透性	18CrMnNiMo	0.15～0.21	1.10～1.40	0.17～0.37	1.00～1.30	1.00～1.30	—	Mo:0.2～0.30	830 油	—	200	≥1180	≥885	≥10	≥45	≥71	15	大型渗碳齿轮和轴类件

① 表中所列热处理温度允许调整范围：淬火±15℃，低温回火±20℃，高温回火±50℃。

（2）化学成分特点

① 中碳

碳的质量分数一般为0.3%～0.5%，以获得高的综合力学性能。若含碳量太低，则弥散强化和固溶强化不足，回火后强度不够；若含碳量太高，碳化物数量多，塑韧性不足。因此，在满足强度的前提下，调质钢的碳含量应限制在较低的范围，从而提高塑韧性，增加零件工作时的安全可靠性。

② 合金化原则

加入提高淬透性的合金元素，如Cr、Mn、Ni、Si、B。调质钢的性能与钢的淬透性密切相关，只有淬火获得马氏体，才能使钢具有良好的综合机械性能。如果淬透性不足，淬火得到非马氏体组织，则会显著降低钢的塑韧性。

加入提高回火稳定性的元素，如加入碳化物形成元素V、W、Mo、Cr等，能显著提高回火稳定性。Si对渗碳体的析出和长大有着强烈的延缓作用，故亦能显著提高回火稳定性。

加入降低第二类回火脆性的元素。调质钢的回火温度正好处于第二类回火脆性温度范围内，钢中含有Mn、Cr、Ni、B等元素时，会增大回火脆性的敏感性。合金调质钢一般用于制造大截面零件，用快冷来抑制这类回火脆性往往有困难，因此可加入W和Mo等合金素抑制第二类回火脆性。

加入阻碍奥氏体长大的合金元素。回火索氏体中的铁素体晶粒越细小，钢的强韧性就越好。为了细化铁素体晶粒，必须先细化奥氏体晶粒。Mn促进奥氏体晶粒长大，V、Ti、Nb等显著细化奥氏体晶粒。

总之，调质钢是中碳，合金化主加元素为Mn、Cr，Si、Ni、B，辅加元素为Mo、W、V、Ti。合金化的目的是通过固溶强化铁素体，形成足够数量的碳化物以增强弥散强化效果，并且通过提高淬透性、增大回火稳定性、细化晶粒和防止第二类回火脆性等来提高钢的综合机械性能。

（3）调质钢的热处理

① 预备热处理

调质钢中加入的合金元素种类及数量存在差异，使得热加工后的组织差别很大，有珠光体型和马氏体型两种。调质钢预备热处理的目的是改善热加工造成的晶粒粗大和带状组织，获得便于切削加工的组织和性能。对于珠光体型调质钢，在800℃左右进行一次退火代替正火，可细化晶粒，改善切削加工性能。对马氏体型调质钢，因为正火后可能得到马氏体组织，所以必须再进行高温回火，使其组织转变为粒状珠光体，可顺利进行切削加工。

② 最终热处理

调质钢的最终热处理采用调质处理，即淬火加高温回火。合金调质钢的最终性能取决于回火温度，一般采用500～650℃之间的高温回火，高温回火后得到回火索氏体组织。

某些零件除了要求良好的综合力学性能外，还要求某些部位（如轴类零件的轴颈或花键部分）有较高的耐磨性。这时零件经调质处理后，还应对局部进行表面淬火加低温回火，以提高表面硬度。

（4）常用调质钢

合金调质钢种类很多，常用调质钢的牌号、主要化学成分、热处理温度、力学性能及应用见表3-10。按淬透性高低，大致可以分为以下三类。

表 3-10　常用调质钢的牌号、主要化学成分、热处理温度、力学性能及应用（摘自 GB/T 699—2015，GB/T 3077—2015）

类别	牌号	主要化学成分 w/%							热处理温度[1]/℃		毛坯尺寸/mm	力学性能					退火状态HBW	应用举例
		C	Mn	Si	Cr	Ni	Mn	其它	淬火	回火		R_m/MPa	R_{eL}/MPa	A/%	Z/%	KU/J		
低淬透性钢	45	0.42～0.50	0.50～0.80	0.17～0.37					840 水	600 空	25	≥600	≥355	≥16	≥40	≥39	≤197	主轴、曲轴、齿轮、柱塞等
低淬透性钢	40MnB	0.37～0.44	1.10～1.40	0.17～0.37				B:0.0008～0.0035	850 油	500 水，油	25	≥980	≥785	≥10	≥45	≥47	≤207	主轴、曲轴、齿轮、柱塞等
低淬透性钢	40Cr	0.37～0.44	0.50～0.80	0.17～0.37	0.80～1.10				850 油	520 水，油	25	≥980	≥785	≥9	≥45	≥47	≤207	作重要调质件，如轴类件、连杆螺栓，进气阀和重要齿轮等
中淬透性钢	42CrMo	0.38～0.45	0.50～0.80	0.17～0.37	0.90～1.20		0.15～0.25		850 油	560 水，油	25	≥1080	≥930	≥12	≥45	≥63	≤217	作载荷大的轴类件及车辆上的重要调质件
中淬透性钢	30CrMnSi	0.28～0.34	0.80～1.10	0.90～1.20	0.80～1.10				880 油	520 水，油	25	≥1080	≥885	≥10	≥45	≥39	≤229	高强度钢，作高速载荷砂轮轴、车辆上内外摩擦片等
中淬透性钢	35CrMo	0.32～0.40	0.40～0.70	0.17～0.37	0.80～1.10		0.15～0.25		850 油	550 水，油	25	≥980	≥835	≥12	≥45	≥63	≤229	重要调质件，如曲轴、连杆及替代40CrNi作大截面轴类件
高淬透性钢	38CrMoAl	0.35～0.42	0.30～0.60	0.20～0.45	1.35～1.65		0.15～0.25	Al:0.70～1.10	940 水，油	640 水，油	30	≥980	≥835	≥14	≥50	≥71	≤229	作渗氮零件，如高压阀门、缸套等
高淬透性钢	37CrNi3	0.34～0.41	0.30～0.60	0.17～0.37	1.20～1.60	3.00～3.50			820 油	500 水，油	25	≥1130	≥980	≥10	≥50	≥47	≤269	作大截面并要求高强度、高韧性的零件
高淬透性钢	40CrNiMoA	0.37～0.44	0.50～0.80	0.17～0.37	0.60～0.90	1.25～1.65	0.15～0.25		850 油	600 水，油	25	≥980	≥835	≥12	≥55	≥78	≤269	作高强度零件，如航空发动机轴，在小于500℃工作的喷气发动机承载零件

① 表中所列热处理温度允许调整范围：淬火±15℃，低温回火±20℃，高温回火±50℃。

① 低淬透性调质钢

典型钢种是 40Cr 钢，油淬临界直径最大为 30～40mm，广泛用于制造一般尺寸的重要零件，如轴、齿轮、连杆螺栓等。35SiMn 和 40MnB 是为了节约 Cr 而开发的代用钢。

② 中淬透性调质钢

典型钢种为 35CrMo 等，油淬临界直径最大为 40～60mm，含有较多的合金元素，用于制造截面较大、承受较重载荷的零件，如曲轴、连杆、石油钻杆接头等。

③ 高淬透性调质钢

典型钢种为 40CrNiMoA 等，油淬临界直径为 60～100mm，Cr 和 Ni 可大大提高淬透性，并能获得较优良的综合机械性能，主要用于制造大截面、承受重负荷的重要零件，如汽轮机主轴、压力机曲轴、航空发动机曲轴等。

3.3.2.3 合金弹簧钢

弹簧钢是一种专用结构钢，主要用于制作弹簧和弹性元件。

(1) 弹簧钢的工作条件及对性能的要求

弹簧是各种机器和仪表中的重要零件，它的主要作用是利用弹性变形吸收冲击能量以减缓振动及冲击，或者依靠弹性储能来起驱动作用。弹簧在外力作用下压缩、拉伸、扭转时，材料将承受弯曲应力或扭转应力；缓冲、减振或复原用的弹簧承受交变应力和冲击载荷的作用；某些弹簧可能会受到腐蚀介质和高温的作用。弹簧的主要失效形式有因弯曲或扭转疲劳载荷所导致的疲劳断裂；或者由材料的弹性极限较低而引起弹簧的过量变形，载荷去掉后不能恢复到原始尺寸和形状；或者弹簧本身存在缺陷，当受到过大的冲击载荷时，发生突然脆性断裂。根据以上工作条件和失效形式，弹簧钢应具有以下性能。

① 高的弹性极限和屈强比，以保证弹簧有足够高的弹性变形能力和承受较大的载荷。

② 高的疲劳强度，以保证弹簧在长期的振动和交变应力作用下不产生疲劳破坏。

③ 高的表面质量。表面微小的缺陷，如脱碳、折叠、裂纹、夹杂、斑痕等，均可使钢的疲劳强度降低，因此弹簧热处理后还应喷丸处理，使表面产生残余压应力，提高疲劳强度。

④ 足够的塑性和韧性，以免受冲击时脆断。

⑤ 较好的淬透性、低的过热敏感性和脱碳敏感性，以及良好的成形性能。

⑥ 在高温或腐蚀条件下工作的弹簧，还应具有良好的耐热性和耐蚀性等。

(2) 弹簧钢的化学成分

① 中、高碳

为了保证高的弹性极限、屈服强度和疲劳强度，合金弹簧钢的碳质量分数比合金调质钢高，一般 w_C 为 0.45%～0.7%。

② 合金化原则

主加元素为 Mn、Si，主要是提高淬透性，强化铁素体，提高屈强比，亦可提高回火稳定性（其中 Si 的作用更突出），但 Si 含量高时，有石墨化倾向，并在加热时易于脱碳，而 Mn 可增大钢的过热倾向。因此，重要用途的合金弹簧钢中还必须加入少量的辅加元素 Cr、W、V、Nb 等元素，可进一步提高淬透性，细化晶粒，降低过热和脱碳敏感性，保证钢在较高的温度下仍具有较高的强度、韧性和回火稳定性。

(3) 弹簧钢的加工成型与热处理特点

弹簧按加工成型方法的不同可分为热成型弹簧和冷成型弹簧两类。

① 热成型弹簧

热成型一般用于弹簧截面尺寸≥8mm 的大中型弹簧和形状复杂的弹簧，多用热轧钢丝或钢板，热态下成型，然后淬火加中温回火，经回火后的组织为回火托氏体，具有高弹性极限和高疲劳强度，同时又具有一定塑、韧性。为防止弹簧因表面缺陷导致疲劳强度降低和早期失效，应严格控制热处理工艺参数，防止表面氧化、脱碳。

② 冷成型弹簧

冷成型方法适用于小尺寸弹簧（直径或截面单边尺寸小于 8mm），常采用已强化的冷拔（轧）钢丝（板）冷卷成型。冷卷后的弹簧不必进行淬火处理，只需进行去应力退火，以消除应力，稳定尺寸。

弹簧的表面质量对使用寿命影响很大，故弹簧经热处理后，一般进行喷丸处理，使表面强化并产生残余压应力，以提高疲劳强度。

（4）常用弹簧钢

我国常用弹簧钢的牌号、主要化学成分、热处理温度、力学性能及应用见表 3-11。在实际应用中，可根据使用条件和弹簧的尺寸选择合适的钢种。合金弹簧钢按所加合金元素可分为两种。

① 以 Si 和 Mn 为主要合金元素的合金弹簧钢

代表钢种有 55Si2Mn 和 60Si2Mn 等。这类钢的价格便宜，淬透性明显优于碳素弹簧钢。主要用于汽车、拖拉机上的板簧和螺旋弹簧。

② 含 Cr、W、V 等元素的合金弹簧钢

经多元合金化，不仅大大提高钢的淬透性，还提高钢的高温强度、韧性和热处理工艺性，可制作在 350～400℃温度下承受重载的大弹簧，如阀门弹簧、高速柴油机的气门弹簧等。典型钢号为 50CrVA，V 的作用是在热处理时不易产生过热和石墨化现象，而使其回火稳定性良好，因此这是一种高级弹簧钢。

3.3.2.4 滚动轴承钢

滚动轴承是许多机械设备中不可或缺的重要机械零件，其作用主要在于支撑轴径。滚动轴承由内套、外套、滚动体（滚珠、滚柱、滚锥或滚针）和保持架四部分组成。其中除保持架常用低碳钢薄板冲制外，内套、外套和滚动体均用轴承钢制成。

（1）滚动轴承钢的工作条件及对性能的要求

滚动轴承的工作条件极苛刻，基本上是在高负荷（最高接触应力达 1500～5000MPa）、高转速（循环周次可高达每分钟数万次，且滚动体与套圈、保持架之间还有相对滑动，产生相对摩擦）和高灵敏度（精度要求高）条件下工作；滚动体和套圈工作面还受到含有水分或杂质的润滑油的化学浸蚀；某些情况下，轴承零件承受复杂的扭力或冲击负荷。因此滚动轴承钢常见的失效形式主要有因摩擦造成的过度磨损而导致精度降低或产生接触疲劳破坏而形成的麻点剥落。根据工作条件和失效形式，要求滚动轴承钢性能应满足如下要求。

① 高的接触疲劳强度。

② 高的硬度和耐磨性，防止轴承因过度磨损而失效。

③ 足够的韧性和淬透性。

④ 在大气或润滑油接触时有良好的抗腐蚀能力，良好的尺寸稳定性或组织稳定性（这对精密轴承特别重要）。

表 3-11　常用弹簧钢的牌号、主要化学成分、热处理温度、力学性能及用途（摘自 GB/T 1222—2016）

种类	牌号	主要化学成分 w/%						热处理温度①/℃		力学性能					用途举例
		C	Si	Mn	Cr	V	其它	淬火	回火	R_m/MPa	R_{eL}/MPa	A/%	KU/%	Z/%	
碳钢	65	0.62～0.70	0.17～0.37	0.50～0.80	≤0.25	—	—	840 油	500	≥980	≥785		≥9.0	≥35	小于 ϕ12mm 的一般机器上的弹簧，或拉成钢丝作小型机械弹簧
	70	0.62～0.75	0.17～0.37	0.50～0.80	≤0.25	—	—	830 油	480	≥1030	≥835		≥8.0	≥30	小于 ϕ12mm 的一般机器上的弹簧，或拉成钢丝作小型机械弹簧
	80	0.77～0.85	0.17～0.37	0.50～0.80	≤0.25			820 油	480	≥1080	≥930		≥6.0	≥30	小于 ϕ12mm 的一般机器上的弹簧，或拉成钢丝作小型机械弹簧
	85	0.82～0.90	0.17～0.37	0.50～0.80	≤0.25	—	—	820 油	480	≥1130	≥980		≥6.0	≥30	小于 ϕ12mm 的一般机器上的弹簧，或拉成钢丝作小型机械弹簧
合金弹簧钢	65Mn	0.62～0.70	0.17～0.37	0.90～1.20	≤0.25	—	—	830 油	540	≥980	≥785		≥8.0	≥30	小于 ϕ12mm 的一般机器上的弹簧，或拉成钢丝作小型机械弹簧
	55MnSiVB	0.52～0.60	0.70～1.00	1.00～1.30	≤0.35	0.08～0.16	B：0.0005～0.0035	860 水，油	460	≥1375	≥1225		≥5.0	≥30	ϕ20～25mm 弹簧，工作温度低于 250℃
	60Si2Mn	0.56～0.64	1.60～2.00	0.70～1.00	≤0.35	—	—	870 油	480	≥1275	≥1180		≥5.0	≥25	ϕ30～50mm 弹簧，工作温度低于 230℃
	51CrMnV	0.47～0.55	0.17～0.37	0.70～1.10	0.90～1.20	0.10～0.20	—	850 油	450	≥1350	≥1200	≥6.0		≥30	ϕ30～50mm 弹簧，工作温度低于 230℃
	50CrV	0.46～0.54	0.17～0.37	0.50～0.80	0.80～1.10	0.10～0.20	—	850 油	500	≥1275	≥1130	≥10.0		≥40	ϕ30～50mm 弹簧，工作温度低于 210℃ 的气阀弹簧
	55SiCrV	0.51～0.59	1.20～1.60	0.50～0.80	0.50～0.80	0.10～0.20	—	860 油	400	≥1650	≥1600	≥5.0		≥35	ϕ30～50mm 弹簧，工作温度低于 210℃ 的气阀弹簧
	60Si2Cr	0.56～0.64	1.40～1.80	0.40～0.70	0.70～1.10	—	—	870 油	420	≥1765	≥1570	≥6.0		≥25	ϕ30～50mm 弹簧，工作温度低于 210℃ 的气阀弹簧
	60Si2CrV	0.56～0.64	1.40～1.80	0.40～0.70	0.90～1.20	0.10～0.20	—	850 油	410	≥1860	≥1650	≥6.0		≥20	小于 ϕ50mm 弹簧，工作温度低于 250℃
	52CrMnMoV	0.52～0.60	0.90～1.20	1.00～1.30	—	0.08～0.15	Mo：0.20～0.30	860 油	450	≥1450	≥1300	≥6.0		≥35	小于 ϕ75mm 弹簧，重型汽车、越野车大截面板簧

① 表中所列热处理温度允许调整范围：淬火±20℃；回火±50℃。

⑤ 对于批量生产的轴承，其所用钢种除必须满足使用性能外，还应具有良好的加工工艺性。

(2) 滚动轴承钢的化学成分

① 高碳

为了保证高硬度、高耐磨性和高强度，滚动轴承钢含碳量高，一般为0.95%～1.15%。若碳含量过低，则形不成足够数量的碳化物，但碳含量过高，易形成网状碳化物，降低钢的性能。

② 主加元素Cr

Cr提高淬透性和接触疲劳强度。钢中部分Cr可溶于渗碳体，形成较稳定的合金渗碳体$(Fe, Cr)_3C$，在淬火加热时溶解较慢，可减少过热倾向；经热处理后碳化物以细小质点均匀分布于钢基体中，既可提高钢的回火稳定性，又可提高硬度，进而提高钢的耐磨性和疲劳强度。

钢中适宜的Cr的质量分数为0.40%～1.65%。若Cr的质量分数过高，会增大淬火时残余奥氏体量，钢的硬度和尺寸稳定性降低，同时还会增加碳化物分布的不均匀性，降低钢的韧性。

③ 辅加合金元素Si、Mn、V等

Si、Mn进一步提高淬透性，便于制造大型轴承。适量的Si还可明显提高钢的强度和弹性极限；加入的V一部分溶于奥氏体中，提高淬透性，另一部分形成VC，可提高钢的耐磨性并防止过热。

④ 严格控制夹杂物含量

轴承钢的接触疲劳性能对钢材的微小缺陷十分敏感，所以非金属夹杂物和碳化物的不均匀性对钢的接触疲劳强度有很大影响。夹杂物往往是接触疲劳破坏的发源点，其危害程度与夹杂物的类型、数量、大小、形状和分布有关。应尽量降低S、P含量，减少氧化物、硅酸盐夹杂物的数量，提高冶金质量。为了提高冶金质量应采用精炼、电渣重熔及真空冶炼等技术。另外，碳化物不均匀分布、疏松、偏析都会影响轴承的使用寿命，应严格加以控制。在热处理过程中，则应充分保证碳化物弥散分布在基体上。

(3) 滚动轴承钢的热处理

① 预备热处理

预备热处理为球化退火，获得均匀分布的粒状珠光体，其目的主要是为淬火作组织准备，降低硬度便于切削加工。

② 最终热处理

最终热处理采用淬火加低温回火，得到组织为细小隐晶回火马氏体、细小弥散分布的颗粒状碳化物和少量的残余奥氏体。淬火温度要求严格，温度过高会引起过热，晶粒长大，使钢的韧性和疲劳强度下降，且易淬裂和变形；温度过低，则奥氏体中溶解的铬和碳的含量不够，钢淬火后硬度不足。淬火后立即低温回火，以去除应力，提高韧性和稳定性。

生产精密轴承时，由于低温回火不能彻底消除内应力和残余奥氏体，在长期保存及使用过程中，因应力释放、奥氏体转变等原因会造成尺寸变化。为了稳定尺寸，淬火后可立即进行一次冷处理（－60～－80℃），并在回火及磨削加工后，再在120～130℃进行5～10h的低温时效处理，以进一步减少残余奥氏体、消除内应力和稳定尺寸。

（4）常用滚动轴承钢

常用滚动轴承钢的牌号、主要化学成分、力学性能及用途见表 3-12。滚动轴承钢按所含的合金元素大致可分为两类。

表 3-12 常用高碳铬轴承钢的牌号、主要化学成分、力学性能和用途（摘自 GB/T 18254—2016）

<table>
<tr><td rowspan="2">牌号</td><td colspan="5">主要化学成分 w/%</td><td rowspan="2">球化退火硬度（HBW）</td><td rowspan="2">软化退火硬度（HBW）</td><td rowspan="2">用途</td></tr>
<tr><td>C</td><td>Cr</td><td>Si</td><td>Mn</td><td>Mo</td></tr>
<tr><td>G8Cr15</td><td>0.75～0.85</td><td>1.30～1.65</td><td>0.15～0.35</td><td>0.25～0.45</td><td>≤0.10</td><td>179～207</td><td rowspan="5">≤245</td><td>载荷不大的滚珠和滚柱</td></tr>
<tr><td>GCr15</td><td>0.95～1.05</td><td>1.40～1.65</td><td>0.15～0.35</td><td>0.25～0.45</td><td>≤0.10</td><td>179～207</td><td>壁厚不大于 12mm、外径不大于 250mm 的轴承套；25～50mm 的钢珠；直径 25mm 左右滚柱等</td></tr>
<tr><td>GCr15SiMn</td><td>0.95～1.05</td><td>1.40～1.65</td><td>0.45～0.75</td><td>0.95～1.25</td><td>≤0.10</td><td>179～217</td><td>壁厚不小于 14mm、外径 250mm 的套圈，直径 20～200mm 的钢珠，其它同 GCr15</td></tr>
<tr><td>GCr15SiMo</td><td>0.95～1.05</td><td>1.40～1.70</td><td>0.65～0.85</td><td>0.20～0.40</td><td>0.30～0.40</td><td>179～217</td><td>壁厚不小于 14mm、外径 250mm 的套圈，直径 20～200mm 的钢球，其它同 GCr15</td></tr>
<tr><td>GCr18Mo</td><td>0.95～1.05</td><td>1.65～1.95</td><td>0.65～0.85</td><td>0.20～0.40</td><td>0.15～0.25</td><td>179～207</td><td>壁厚不小于 14mm、外径 250mm 的套圈，直径 20～200mm 的钢珠，其它同 GCr15</td></tr>
</table>

①含铬轴承钢

高碳低铬钢，如 GCr9、GCr15 等，其中 GCr15 应用最广，大量用于大中型轴承，约占轴承用钢的 90%。在铬轴承钢中加入 Si、Mn 可进一步提高淬透性，大型轴承可用 GCr15SiMn。

② 无铬轴承钢

为了节约我国短缺元素 Cr，加入 Mo、V 得到无铬轴承钢，如 GSiMnMoV、GSiMnMoVRE 等，其性能与 GCr15 相近。

3.3.3 机械零件的失效和选材原则

3.3.3.1 机械零件的失效

机械零件失效，主要指某零件由于某种原因，导致其尺寸、形状或材料的组织与性能的变化而不能圆满地完成指定的功能。失效分析是机械零件选材的重要依据，是机械设计与制造的重要基础。快速、准确地进行失效分析，找出失效原因，提出预防与改进措施，对保障产品的质量和可靠性具有重要意义。机械零件常见的失效形式有以下几种。

（1）畸变失效

畸变是指在某种程度上减弱了零件规定功能的变形。畸变有两种基本类型：尺寸畸变或体积畸变（长大或缩小）和形状畸变（如弯曲或翘曲）。畸变失效的零件，可体现为不能承受所规定载荷，不能起到规定的作用或者与其它零件的运转发生干扰。

① 弹性畸变失效

弹性畸变失效是由过大的弹性变形引起的。对于拉、压变形的杆、柱类零件，过大弹性畸变会导致支撑件（如轴承）过载，或因丧失尺寸精度而造成动作失误；对于弯、扭变形的轴类零件，过大的弹性畸变量（过大挠度、偏角或扭角）会造成轴上啮合零件（如轴承、齿轮）的严重偏载，甚至啮合失常及咬死，进而导致传动失效；对于某些控制元件，如温控元件，预定的弹性变形（挠度）则是元件所在装置精度的保证。

影响弹性畸变的主要因素是零件形状和尺寸、材料的弹性模量、零件工作的温度以及载荷的大小。零件的结构因素经常是影响变形大小的关键，当采用不同材料时，相同结构的零件，材料的弹性模量 E 越大，则其相应变形就越小。

单向受拉（或压）均匀截面的杆件，按照胡克定律，零件截面积越大，材料的弹性模量越高，越不容易发生弹性变形失效，从选材的角度出发，为了防止零件的弹性畸变失效，应考虑用弹性模量高的材料。

② 塑性畸变失效

塑性畸变是外加应力超过零件材料的屈服极限时发生明显的塑性变形，使其零件间的相对位置发生变化，引起失效。引起零件塑性畸变往往是多种因素的综合结果，如设计时对载荷估计不足，对加工缺陷特别是热处理不良造成缺陷的影响估计太低等。根据受简单静载作用时，零件发生塑性变形的条件，在给定外加载荷条件下，塑性变形失效的发生取决于零件截面的大小、安全系数 k 及材料的屈服强度 σ_s，零件应选用屈服强度高的材料。

③ 翘曲畸变失效

翘曲畸变是大小与方向上常产生复杂规律的变形，而最终形成翘曲的外形，从而导致严重的翘曲畸变失效。这种畸变往往是由温度、外加载荷、受力截面、材料组成等所引起的不均匀性的组合，其中以温度变化，特别是高温所导致的形状翘曲最为严重。

（2）断裂失效

机械零件的断裂失效，尤其是突然断裂带来巨大的损失，根据断口形貌和断裂原因，可分为下列几种。

① 韧性断裂失效

当韧性较好的材料所承受的载荷超过该材料的强度极限时，就会发生韧性断裂。零件断裂之前发生明显的宏观塑性变形，零件尺寸发生明显变化，一般断面减小，且断口呈纤维状。“纤维状”是由塑性变形过程中微裂纹不断扩展和相互连接造成的。韧窝是韧性材料断口形貌的主要微观特征，在微观塑性变形区内产生的空洞生核、长大、聚集，最后相互连接导致断裂后在断口上留下的痕迹。

② 脆性断裂失效

脆性断裂指材料在断裂之前不发生或发生很小塑性变形的断裂，断裂之前没有明显的预兆。脆断时零件承受的工作应力较低，通常不超过材料的屈服强度，甚至不超过其许用应力，因此又称为低应力脆断。脆断是以零件内部的肉眼可见的宏观裂纹（如 0.1～1mm）作为源头开始的，这种裂纹在远低于屈服强度的应力下逐渐扩大，最后导致突然断裂。脆性断口的宏观特征是在断裂前没有可以观察到的塑性变形，断口一般与正应力垂直，断口表面平齐，颜色较光亮。脆性断裂断口的微观特征是解理花样和沿晶断口形态。

③ 韧性-脆性断裂失效

韧性-脆性断裂又称为准脆性断裂，实质上这是一种塑性与脆性混合的断裂。断口宏观上无明显塑性变形或变形较小，断口平整，具有脆性断裂特征。微观形貌有河流花样及韧窝与撕裂棱等。

④ 疲劳断裂失效

在交变应力作用下，虽然零件所承受的应力低于材料的屈服强度，但经过较长时间的作用而产生裂纹导致发生断裂，称疲劳断裂。疲劳断裂的断口宏观特征包括疲劳源、疲劳扩展区和快速断裂区三部分。疲劳源通常在应力集中处（工件截面尺寸突变、孔槽边缘、尖角等）、表面缺陷处（如夹砂、划痕、折叠）、内部缺陷处（如缩孔、气泡、疏松、夹杂物）产生。疲劳断裂断口的微观特征是在电子显微镜下可以观察到疲劳弧线和放射线，疲劳弧线扩展方向和放射线发散方向即是疲劳裂纹扩展的方向。

⑤ 蠕变断裂失效

在高温下钢的强度较低，当受一定应力作用时，变形量随时间而逐渐增大的过程叫蠕变。当材料的蠕变变形量超过一定范围时，产生颈缩和裂纹，而很快断裂失效。

总之，引起零件断裂的因素多且复杂，对材料的性能需要综合考虑，如屈服强度、塑性、断裂韧性、疲劳强度等。防止断裂的措施主要有：采用材质好、强度高、韧性好的材料；防止超载；注意环境的影响。

（3）磨损失效

相互接触的金属表面相对运动时，表面不断发生损耗或产生塑性变形，使金属表面状态和尺寸改变称为磨损。磨损是零件表面失效的主要原因之一，直接影响机器的使用寿命。磨损失效主要有以下几种基本类型。

① 黏着磨损

黏着磨损亦称擦伤、胶合、咬合等。两个金属表面上的微凸体在局部高压下产生局部黏结（固相黏着），使材料从一个表面转移到另一表面或撕下作为磨料留在两个表面之间称为黏着磨损。黏着磨损使零件摩擦副降低了使用性能，严重时可产生“咬合”现象，即完全丧失其滑动的能力。

② 磨料磨损

配合表面之间在相对运动过程中，因外来硬颗粒或表面微凸体的作用造成表面损伤的磨损称为磨料（粒）磨损。磨料磨损的主要特征是表面被犁削形成沟槽。

③ 表面疲劳磨损

接触表面作滚动或滚-滑复合摩擦时，在交变接触压应力的作用下，使材料表面疲劳而产生材料损失称为表面疲劳磨损。表面疲劳磨损是在交变载荷的作用下，产生表面裂纹或亚表面裂纹（一般是夹杂物处），裂纹沿表面平行扩展而引起表面金属小片的脱落，在金属表面形成麻坑。

④ 冲刷磨损

由于含固态粒子的流体（常为液体）冲刷而造成表面材料损失的磨损。冲刷流体中所带固体粒子的相对运动方向与被冲刷表面相平行的冲刷称为研磨冲刷；液体中固态粒子的相对运动方向与被冲刷表面近于垂直的冲刷称为碰撞冲刷。

⑤ 腐蚀磨损

金属在摩擦过程中发生磨损的同时，与周围介质发生化学或电化学反应，产生表层金属的损失或迁移（腐蚀），即腐蚀会增强机械磨损作用。

（4）腐蚀失效

腐蚀是金属暴露于活性介质环境中而发生的一种表面损耗，是金属与环境介质之间发生的化学和电化学反应而造成材料的损耗，引起零件尺寸和性能的变化，导致失效。

均匀腐蚀是在整个金属的表面均匀地发生。点腐蚀是因洁净表面上的钝化膜的破坏或起防护作用的防蚀剂局部破坏而产生，在金属表面局部呈尖锐小孔，进而向深度扩展成孔洞甚至穿透（孔蚀）。晶间腐蚀发生于晶粒边界或其近旁，它使零件的力学性能显著下降，甚至发生突然事故。晶间腐蚀的主要原因是晶界处化学成分不均匀，例如奥氏体不锈钢的晶间腐蚀，是由于碳化铬在晶界析出，使晶界贫铬，耐腐蚀性下降，导致晶间腐蚀。

实际工程应用中，零件的失效形式往往不是单一的，且随着外界条件的变化，失效形式可从一种形式转变为另一种形式。表 3-13 为几种典型零件的工作条件、失效形式及力学性能指标。

表 3-13　几种典型零件的工作条件、失效形式及力学性能指标

常用零件	工作条件	主要失效形式	要求的性能指标
紧固螺栓	拉应力、切应力	过量塑性变形、断裂	强度、塑性
连杆螺栓	交变拉应力，冲击	过量塑性变形、疲劳断裂	疲劳强度、屈服强度
连杆	交变拉压应力，冲击	疲劳断裂	拉压疲劳强度
活塞销	交变切应力，冲击，表面接触应力	疲劳断裂	疲劳强度、耐磨性
曲轴及轴类零件	交变弯曲、扭转应力，冲击，摩擦、振动	疲劳破坏、过量变形、磨损	综合力学性能
传动齿轮	交变弯曲应力，交变接触压应力，冲击，摩擦、振动	断齿、磨损、疲劳麻点、咬合	弯曲、接触疲劳强度，表面耐磨性和疲劳极限，心部屈服强度和韧性
弹簧	交变弯曲或扭转应力，冲击，振动	过量变形、疲劳	弹性极限、屈强比、疲劳极限
液压缸活塞	压应力，冲击，摩擦	磨损	硬度、抗压强度
滚动轴承	交变压应力，接触应力，冲击，温升、腐蚀	过量变形、疲劳、腐蚀	接触疲劳强度、耐磨性、耐蚀性
汽轮机叶片	交变弯曲应力，高温燃气、振动	过量变形、疲劳、腐蚀	高温弯曲疲劳强度、蠕变极限及持久强度、韧性、耐蚀性
冷作模具	组合变形，冲击，摩擦	磨损、脆断	高强度、高硬度
压铸模具	组合变形，冲击，高温、摩擦、腐蚀	热疲劳、脆断、磨损	高温强度、热疲劳、韧性

3.3.3.2　机械零件的失效分析

（1）零件失效基本原因

引起机械零件失效的因素很多且较为复杂，涉及零件的结构设计、材料选择、材料的加工制造、产品的装配及使用保养等多个方面。

① 设计原因　设计核心是依据该零件在特定工况、结构和环境等条件下可能发生的基

本失效模式而建立相应准则，即在给定条件下正常工作的准则，从而定出合适的材质、尺寸、结构，提出技术文件。设计不合理，主要是指零件结构和形状不正确或不合理，如零件存在缺口、小圆弧转角、应力集中等。另一方面是指对零件的工作条件、过载情况估计不足，造成零件实际工作能力不足，致使零件早期失效。

② 材质原因　选材不当，所选的材料性能不能满足工作条件需要；选材所依据的性能指标不能反映材料对实际失效形式的抗力，选择了错误的材料；所选用的材料质量太差，成分或性能不合格导致不能满足设计要求等，如原材料内部缺陷像气孔、疏松、夹杂物、带状组织、碳化物偏析、晶粒粗大等均使材料性能下降。

③ 制造（工艺）原因　零件的加工工艺不当，可能会产生各种缺陷，导致零件在使用过程中较早地失效。例如零件在铸造过程中形成的疏松、夹渣；热加工过程中出现过热、过烧和带状组织；焊接过程产生的未焊透、偏析、冷热裂纹；冷加工过程出现较深的刀痕、磨削裂纹；热处理过程中产生的脱碳、变形、淬裂、硬度不足等。

④ 装配调试原因　装配和安装过程不符合技术要求，如安装时配合过紧、过松、对中不准、固定不稳等都可能导致零件不能正常工作或过早出现失效，或在初步安装调试后，未按规定进行逐级加载跑合等。

⑤ 运转维修原因　对运转工况参数（载荷、速度等）的监控不准确，定期大、中、小检修的制度不完善，执行不力，润滑条件（包括润滑剂和润滑方法的选择）无法保证，润滑装置以及冷却、加热和过滤系统功能不正常。

⑥ 人为原因　在分析失效的基本原因中，特别要强调人为的原因，注意人的因素。工作马虎，责任心不强，违反操作规程，缺乏安全常识、使用和操作基本知识不够，机械产品有安全隐患，都可导致零件过早失效。

（2）零件失效分析的一般方法

零件失效分析可以判断零件失效性质，找出产生失效的主导因素，为能准确确定零件的主要使用性能提供可靠依据，此外零件失效分析可以帮助研究零件失效的预防措施，提出产品质量保障的具体技术措施，因此，零件失效分析及预防工作越来越受到人们的重视。

实际上，一个零件的失效往往是相当复杂的，常常不是单一原因造成的，而是多种因素共同作用的结果。所以，失效分析是一项涉及面很广的复杂的技术工作。

① 事故调查　对零件使用现场进行调查，了解零件的工作环境和失效经过；收集失效零件的残骸，观察、测量并记录零件损坏的位置、尺寸变化的断口特征，收集表面剥落物及腐蚀产物；观察相邻零件的损坏情况，判断零件损坏顺序，走访当事人和目击者。

② 资料搜集　收集零件用材和制造工艺档案资料（包括设计资料、材料资料、工艺资料、使用资料、维修记录和使用记录等）。复查零件材料的化学成分和原材料质量，详细了解零件的毛坯制造、机械加工、热处理等工艺和操作过程。

③ 分析研究　失效机械的结构分析包括失效件与相关件的相互关系，载荷形式、受力方向的初步确定；失效零件的粗视分析，指用眼睛或者放大镜观察失效零件，粗略判断失效类型；失效零件的微观分析，是利用金相显微镜、电子显微镜观察失效零件的微观形貌，分析失效类型（性质）和原因；失效零件材料的成分分析，指用光谱仪、能谱仪等现代分析仪器，测定失效零件材料的化学成分；失效零件材料的力学性能检测，包括用拉伸试验机、弯曲试验机、冲击试验机、硬度计等测定材料的抗拉强度、弯曲强度、冲击韧度、硬度等力学性能；应力分析测定是用 X 射线应力测定仪测定应力；用 X 射线结构分析仪分析失效零件材料的组成相；必要时，在同样工况下进行试验，或者在模拟工况下进行试验。

④ 分析结果提交　综合上述各方面的调查和分析结果，判断影响零件失效的各种因素，排除不可能或非重要的因素，最终确定零件失效的真正原因，特别是起决定作用的主要原因，提出预防措施或建议，提交失效分析报告。

失效分析的结果，既可对零件的失效形式加以预测，又是零件选材的依据，同时又可以对合理制订零件的制造工艺、优化零件的结构设计，还可为新材料的研制和新工艺的开发等提供有指导意义的数据。

(3) 零件失效分析案例

[例 1]　奔驰 2626K38 型翻斗载货汽车后钢板簧的早期疲劳断裂

① 失效背景　该车从德国进口，路面质量、路面坡度、拐弯半径等条件均比原设计规定的优越，使用保养正常。28 台车只行驶 3000～7000km，就先后都发生板簧的严重断裂。

② 观察分析　宏观观察发现，断裂的弹簧主要集中在每副弹簧的第一片、第二片，而且断口均分布在距断头 200～250mm 处。断口有单疲劳源的、双疲劳源的及多疲劳源的，瞬断区在断口上占的比例较大，个别断口上有肉眼可见的大块夹杂。

③ 化学成分分析　钢材相当于德国标准的 58CrV4 钢，接近我国的 50CrVA 钢。

④ 力学性能实验　σ_b=1274～1441MPa，σ_s=1274～1333MPa，δ=10%～14%，ψ=43%～48%，a_k（纵向）=29.4～35.3J/cm^2，a_k（横向）=9.8～11.8J/cm^2。

⑤ 断口分析　冲击断口上出现垂直于断口的裂纹，经扫描电镜观察发现裂纹两侧有大量硫化物夹杂。断口经扫描电镜分析还发现了不少硅酸盐夹杂，分析证明板簧中存在残余缩孔。金相测得疲劳源区硫化物夹杂高达 5 级。

⑥ 失效原因　原设计要求采用 1200-20 或 1200-22.5 轮胎，其后桥的轴间距 1350mm。而这 28 台车实际装的是 1200-24 轮胎，轴间距加大到 1450mm。由弹簧受力分析得知，当轴间距为 1350mm 时，这种板簧上应力分布较均匀，满载时 σ_{max}=416.7MPa。如同样板簧用在轴间距为 1450mm 的车上，应力分布极不均匀，在第二片端部形成一处极高的应力区。静载时 σ_{max}=658.0MPa。假如动载系数为 3，则最高应力水平可达 1960MPa 以上。

⑦ 结论　由于轮胎的更换使后桥板簧长度不合理，造成第 2、3 片间的级差过大，使应力分布极不均匀，在第二片的近端部形成一极高的应力区。再加上材质的缺陷，有大量夹杂物，从而造成过早的疲劳断裂。

⑧ 改进措施　只有改进设计，严格控制材质，才能有效地解决过早的疲劳断裂问题。

[例 2]　汽车发动机曲轴表面磨削裂纹

① 失效背景　某汽车车辆发动机曲轴的主要制造工艺为毛坯锻造、正火、调质处理、机械加工、轴颈圆角及主轴颈表面高频感应淬火和精磨。进行精磨工序时，在与曲轴轴颈垂直的磨削平面上发现细小裂纹。

② 观察分析　失效部位为磨削平面。磁粉检测后裂纹的宏观形貌显示，裂纹大致相互平行，垂直于磨削方向，排列规则，呈细小、聚集、断续串接特征。轴颈圆角及主轴颈高频感应淬火层深度为 3～6mm，与轴颈垂直的磨削平面高频感应淬火层最深为 8mm，均超过产品技术要求。经显微组织观察，裂纹为等深裂纹，深度约为 0.20mm，中间宽两头细；裂纹起源于次表层即拉应力最大处，沿带状组织扩展；有些与基体中的非金属夹杂物连通，裂纹两侧及尾部无氧化脱碳现象；零件带状偏析严重。

③ 综合分析　由于感应淬火层深过深，在锻件分模面处表面形成较大的残余拉应力。磨削产生的磨削热使零件表面的偏析带产生组织变化和硬度变化，同时也改变了残余应力状态。当产生的残余拉应力超过自身的抗拉强度时，在零件次表层即拉应力最大处萌生裂纹

源，导致磨削裂纹。

④ 失效原因　原材料带状组织缺陷和磨削工艺不当产生磨削裂纹。

⑤ 改进措施　严格控制原材料质量，保证基体带状组织正常，提高零件磨削性能；通过加大磨削冷却液容量和减少磨削进给量，降低磨削温度，避免相变发生；在磨削前增加低温回火工序，减少残留奥氏体量，同时大大降低残余应力。

3.3.3.3　机械零件选材原则

机械设计不仅包括零件结构的设计，还包括所用材料和工艺的设计。正确选材是机械设计的一项重要任务，它必须使选用的材料保证零件在使用过程中具有良好的工作能力、零件便于加工制造、零件的总成本尽可能低。选材的基本原则是，首先满足使用性能要求，同时要考虑到材料的工艺性和经济及环境友好性。

（1）使用性能原则

在大多数情况下，使用性能是选材首先要考虑的问题，它主要是指零件在使用状态下材料应该具有的力学性能、物理性能和化学性能，对大量机械零件和工程构件，使用性能主要是力学性能。对一些特殊条件下工作的零件，则必须根据要求考虑到材料的物理性能和化学性能。

在分析零件工作条件和失效形式的基础上提出使用性能的要求。零件的工作条件包括以下三个方面。

① 受力状况　受力状况主要是载荷的类型（例如动载、静载、循环载荷或单调载荷等）和大小，载荷的形式（例如拉伸、压缩、弯曲或扭转等）以及载荷的特点（例如均布载荷或集中载荷等）。

② 环境状况　环境状况主要是温度特性（例如低温、常温、高温或变温等）以及介质情况（例如有无腐蚀、摩擦作用、是否处于真空或惰性气体保护等）。

③ 特殊要求　特殊要求主要是对导电性、磁性、热膨胀、密度等的要求。

综上所述，通过对零件工作条件和失效形式的分析，确定零件对使用性能的要求，然后将使用性能转化为具体实验室力学性能指标（例如强度、韧性或耐磨性等）之后，根据零件的几何形状、尺寸及工作中所承受的载荷，计算出零件中的应力分布。再根据工作应力、使用寿命或安全性与实验室性能指标的关系，确定对实验室性能指标要求的具体数值。确定了具体力学性能指标和数值后，可利用手册选材。

选材应注意的如下几个问题：首先，注意手册中各性能数据的测试条件与零件实际情况的差异。例如，零件的实际尺寸较大，存在缺陷（孔洞、夹杂物、表面损伤等）的可能性增加，对碳钢和低淬透性钢就有可能淬不透，故导致材料实际使用的性能数据一般应随零件尺寸的增大而减小。其次，实际零件材料的成分、热处理工艺参数等与标准试样相比可能存在一定的偏差，从而导致零件的力学性能波动。此外，同种材料采用的工艺不同，其性能数据也会不同。总之，应根据所选材料的具体情况对手册中的数据作一定的修正，必要时可进行零件的强度和寿命模拟试验，确保提供的数据可靠。

实际上，如果零件所受的外力和应力的大小并不十分清楚，使选材的定量化受到限制，这时可参考相同或相近的、经过实践证明是可行的零件和材料进行类比选材，多数零件、标准件、机床零件都是这样选材的。对于成批、大量生产的零件或非常重要的零件，还要进行台架试验、模拟试验或试生产，验证所述零件的功能和可靠性。

(2) 工艺性能原则

工艺性能也是选材考虑的重要依据，它将直接影响零件的质量、生产效率和成本。一种材料即使使用性能很好，但若加工极困难，或者加工费用太高，也是不可取的。材料所要求的工艺性能与零件生产的加工工艺路线有密切关系，具体的工艺性能是从工艺路线中提炼出来的。金属材料的加工工艺路线如图 3-11 所示，大体可分成三类。

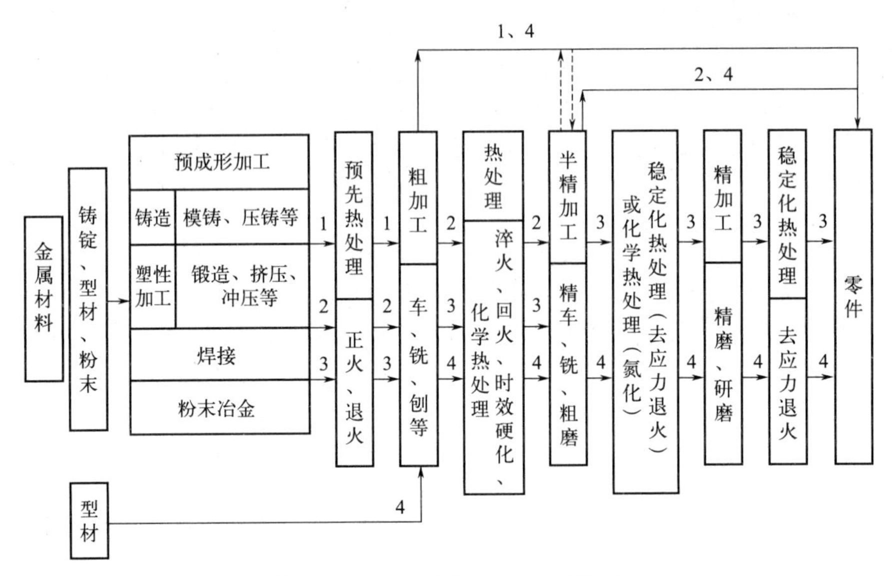

图 3-11　金属材料的加工工艺路线

毛坯→正火或退火→切削加工→零件。

① 工艺路线 1：性能要求不高的一般零件。

毛坯的正火或退火，不仅可以消除铸造、锻造的组织缺陷，改善加工性能，还能赋予零件必要的力学性能。由于零件的性能要求不高，工艺性能比较好。

② 工艺路线 2：毛坯→预先热处理（正火、退火）→粗加工→最终热处理（淬火、回火，固溶时效或渗碳处理等）→精加工→零件。

性能要求较高的金属零件。预先热处理为了改善机加工性能，并为最终热处理做好组织准备，最终热处理获得所需要的力学性能。

③ 工艺路线 3 或 4：毛坯→预先热处理（正火、退火）→粗加工→最终热处理（淬火、低温回火、固溶、时效或渗碳）→半精加工→稳定化处理或氮化→精加工→稳定化处理→零件。

性能要求较高的精密金属零件。这类零件除了要求有较高的使用性能外，还要有很高的尺寸精度和表面光洁度。加工工艺路线复杂，性能和尺寸精度要求高，应能充分保证材料的工艺路线。

(3) 经济及环境友好性原则

材料的经济性是指所选材料加工成零件后的成本高低，是选材的重要原则。主要包括：材料费用、加工费用、管理费用、运输费、安装费、维修保养费用等。

① 材料的价格

材料的价格在产品的总成本中占有较大的比例，在许多工业部门中可占产品价格的

30%～70%，因此材料的价格无疑应该尽量低。

② 零件的总成本

零件选用的材料必须保证其生产和使用的总成本最低。零件总成本的高低需考虑多项因素，例如对一些重要、精密、加工复杂的零件和使用周期长的模具，还应考虑使用寿命，因此，要进行综合分析比较，切不可只单纯考虑材料的价格。

③ 资源及能源

随着工业的发展，资源及能源的节约问题日渐突出，选用材料时必须对此有所考虑。特别是对于大批量生产的零件，所用材料应该来源丰富并顾及我国资源状况，在零件的设计制造时应当采用节省材料的设计方案和工艺路线。还要注意生产所用材料及机械设备的能源消耗，尽量选用耗能低的材料，并注意设备的能耗，达到低碳、节能减排的目的。

④ 材料的环境友好与循环使用

当前，绿色制造的概念日益深入人心。例如，高分子材料的广泛使用引起所谓的“白色污染”问题，许多科学家在可降解塑料的研发中取得了突出的发展，可以使得塑料制品在完成其使用之后，在确定的时间降解掉。材料的回收再利用也越来越受到重视，经济学家甚至推出“循环经济”的概念。材料的循环使用也超越了原来“废品回收”的狭隘观点。例如，电子元件中使用的稀有金属，有很大比例来自电子废弃物回收处理企业。

3.3.4 典型工件的选材及工艺路线设计

3.3.4.1 齿轮零件的选材及工艺路线设计

(1) 齿轮的工作条件

齿轮主要用于传递扭矩和调节速度，其工作时的受力情况是传递扭矩，齿根承受很大的交变弯曲应力；换挡、启动或啮合不均时，齿部承受一定冲击载荷；齿面产生相互滚动或滑动接触，承受很大的接触应力并发生强烈摩擦。

(2) 齿轮的失效形式

齿轮的失效形式主要有以下几种。

① 疲劳断裂　齿轮经长期使用，在载荷多次重复作用下引起的轮齿折断，称疲劳断裂。断裂主要从根部发生，齿根处产生裂纹、扩展、断齿，其宏观形貌见图 3-12。这是齿轮最严重的失效形式，常常一齿断裂引起数齿甚至所有齿的断裂。

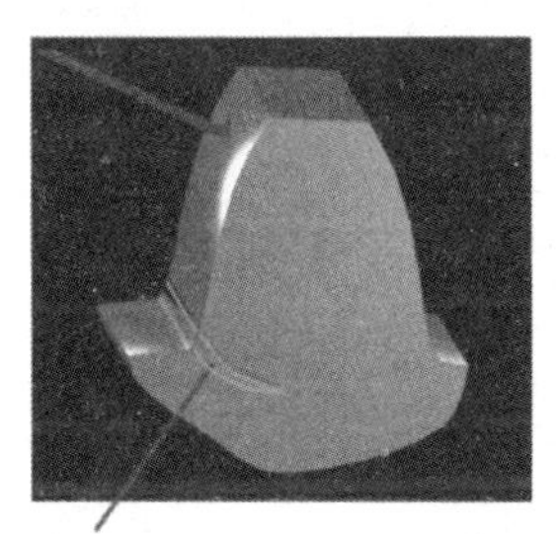

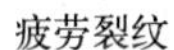

疲劳裂纹

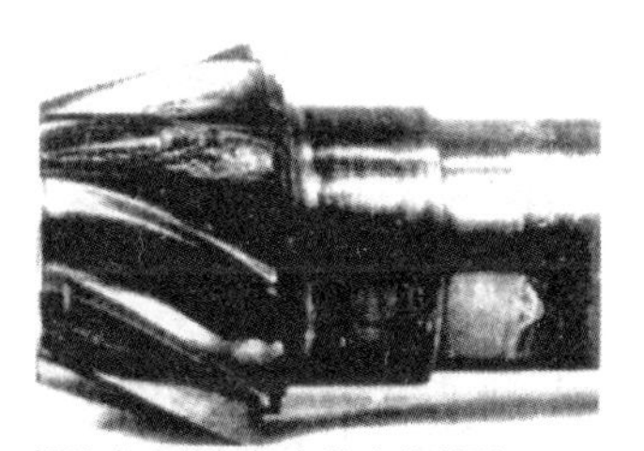

螺旋伞齿轮根部弯曲疲劳断裂

图 3-12　齿轮齿根部弯曲疲劳断裂

② 齿面磨损　有齿面胶合和齿面磨粒磨损。齿面胶合磨损是相啮合轮齿的表面，在一定压力下直接接触发生黏着，并随着齿轮的相对运动，发生齿面金属撕脱或转移的一种黏着

磨损现象。一般说，胶合总是在重载条件下发生。齿面磨粒磨损是指当铁屑、粉尘等微粒进入齿轮的啮合部位时，将引起齿面的磨粒磨损。图 3-13 示出由于齿面接触区摩擦，使齿厚变薄。

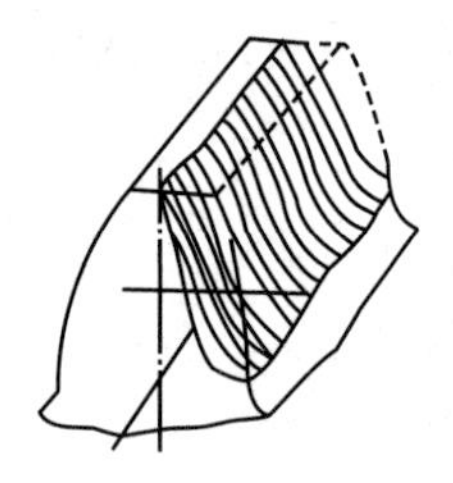

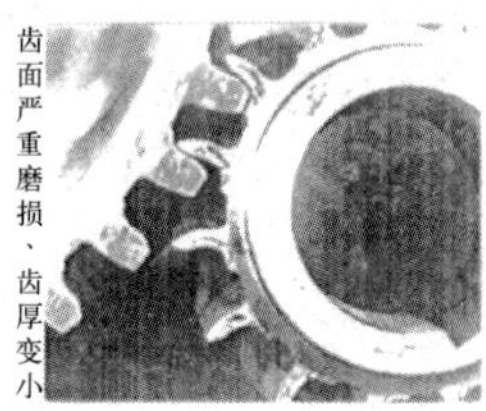

图 3-13　齿面严重磨损、齿厚变薄

③ 齿面接触疲劳破坏　轮齿工作时，其工作齿面上的接触应力是随时间而变化的脉动循环应力，齿面长时间在这种循环接触应力作用下，产生微裂纹，微裂纹的发展，引起点状剥落（或称麻点、点蚀），见图 3-14。

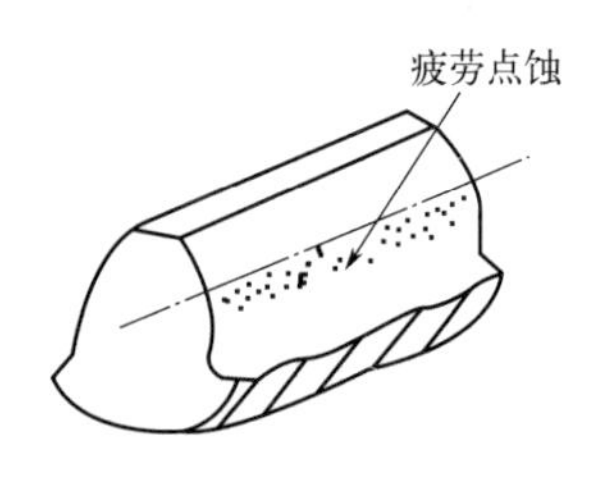

图 3-14　齿面接触疲劳点蚀

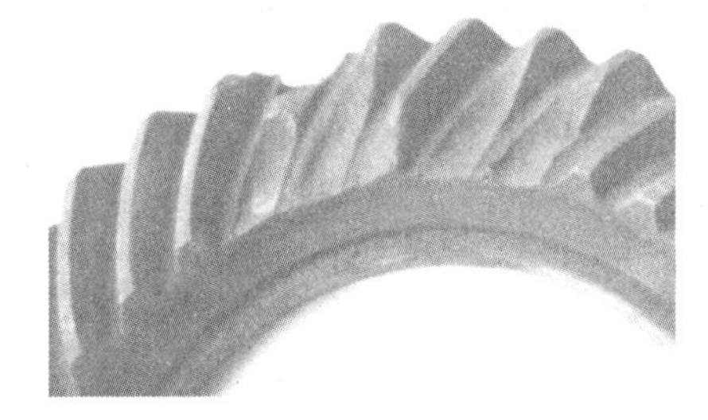

图 3-15　轮齿的冲击断裂

④ 过载断裂　轮齿由于短时意外的冲击载荷过大造成的断齿，见图 3-15，断口没有疲劳断口的特征，没有疲劳扩展区，断口呈瞬时折断的形貌。

(3) 齿轮材料的性能要求

根据工作条件及失效形式分析，对齿轮材料提出如下性能要求：高的弯曲疲劳强度；高的接触疲劳强度和耐磨性；较高的强度和冲击韧度；较好的热处理工艺性能（如热处理变形小，变形有一定规律等）。

(4) 齿轮类零件的选材

齿轮材料要求的性能主要是疲劳强度，尤其是弯曲疲劳强度和接触疲劳强度。一般来讲，表面硬度越高，疲劳强度也越高。齿心应有足够的冲击韧度，目的是防止轮齿受冲击过载断裂。从以上两方面考虑，齿轮材料主要是选用低、中碳钢或低、中碳合金钢，它们经表面强化处理后，表面有高的强度和硬度，心部有好的韧性，能满足使用要求。此外，这类钢的工艺性能好，经济上也较合理，所以是比较理想的齿轮材料。

(5) 典型齿轮选材

① 机床齿轮

机床齿轮主要用于传递动力，改变运动速度和方向，载荷不大，工作平稳无强烈冲击，转速也不很高，工作条件较好。机床齿轮的选材是依其工作条件（圆周速度、载荷性质与大小、精度要求等）而定的。表 3-14 列出了机床齿轮的选材、热处理及应用情况。

表 3-14　机床齿轮的选材、热处理及应用

类别	圆周速度	压力/MPa	冲击	钢号	热处理技术要求*	应用举例
Ⅰ	高速 10～15m/s	＜700	大	20CrMnTi、20CrMnMoVB	20CrMnMoVB S-C-59	（1）精密机床主轴传动齿轮； （2）精密分度机械传动齿轮； （3）精密机床最后一对齿轮； （4）变速箱的高速齿轮； （5）精密机床走刀齿轮； （6）齿轮泵齿轮
			中	20CrMnTi、20CrMnMoVB	20CrMnTi S-C-59	
			微	20CrMnTi、20Mn2B	20Mn2B S-C-59	
		＜400	大	20CrMnTi	20CrMnTi S-C-59	
			中	20CrMnTi、20Cr	20Cr S-C-59	
			微	38CrMoAl、40Cr、42SiMn	40Cr G54	
Ⅱ	中速 6～10m/s	＜1000	大	20CrMnTi、20Cr	20CrMnTi S-C-59	（1）普通机床变速箱齿轮； （2）普通机床走刀箱齿轮； （3）切齿机床、铣床、螺纹机床的分度机的变速齿轮，车床、铣床、磨床、钻床中的齿轮； （4）调整机构的变速齿轮
			中	20Cr、40Cr、42SiMn	20Cr S-C-59	
			微	40Cr	40Cr G50	
		＜700	大	20Cr	20Cr S-C-59	
			中	40Cr、45	40Cr G50	
			微	45	45 G50	
		＜400	大	40Cr、42SiMn	40Cr G48	
			中	45	45 G48	
			微	45	45 G45	
Ⅲ	低速 1～6m/s	＜1000	大	40Cr、20Cr	40Cr G45	一切低速不重要齿轮，包括分度运动的所有齿轮，如大型、重型、中型机床（车床、牛头刨床、磨床）的大部分齿轮，一般大模数、大尺寸的齿轮
			中	45	45 G42	
			微	45	45Cr G42	
		＜700	大	20Cr、45	40 G42	
			中	45、40Cr	40Cr T230-260	
			微	45	45 G42	
		＜400	大	40Cr、45	40Cr T220-250	
			中	45、50Mn2	45 T220-250	
			微	45	45 Z	

注：S-C-59 表示渗碳淬火，硬度为 56～62HRC；G42 中 G 表示高频淬火，42 表示洛氏硬度值；T230～260 中 T 表示调质，后面数字表示布氏硬度值；Z 表示正火。

[例 1]　机床变速箱齿轮选材

选材：一般可选中碳钢（45 钢）制造，为了提高淬透性，也可选用中碳合金钢（40Cr 钢）。

加工工艺路线一般为：下料→齿坯锻造→正火→粗加工→调质→精加工→轮齿高频淬火及低温回火→精磨

热处理目的如下：正火处理可消除锻造应力，均匀组织，便于切削加工；调质处理可使齿轮具有较高的综合力学性能，心部有足够的强度和韧性，能承受较大的交变弯曲应力和冲击载荷，并可减少齿轮的淬火变形；高频淬火及低温回火是决定齿轮表面性能的关键工序。通过高频淬火，可提高轮齿表面硬度达 52HRC 以上，提高了耐磨性，并使轮齿表面有残余压应力存在，从而提高了接触疲劳强度，高频淬火后进行低温回火目的是消除淬火应力。

使用状态下的显微组织：表面是回火马氏体＋残奥氏体，心部是回火索氏体。

② 汽车、拖拉机齿轮

汽车齿轮主要分装在变速箱和差速器中。在变速箱中，通过它改变发动机曲轴和主轴齿轮的速比；在差速器中，通过齿轮增加扭矩，并调节左右轮的转速，全部发动机的动力通过齿轮传给车轴，推动汽车运行。与机床齿轮相比，汽车、拖拉机齿轮工作时受力较大，受冲击频繁，对耐磨性、疲劳强度、心部强度以及冲击韧度等性能要求较高。采用调质钢高频淬火不能保证要求，所以，要用低碳钢进行渗碳处理来做重要齿轮。我国应用最多的是合金渗碳钢 20Cr 或 20CrMnTi，并经渗碳、淬火和低温回火。渗碳后表面碳含量大大提高，保证淬火后得到高硬度，提高耐磨性和接触疲劳抗力。合金元素提高淬透性，淬火、回火后可使心部获得较高的强度和足够的冲击韧度。为了进一步提高齿轮的耐用性，渗碳、淬火、回火后，还可采用喷丸处理，增大表层压应力，有利于提高疲劳强度，并清除氧化皮。汽车、拖拉机齿轮的用材及热处理方法列于表 3-15：

表 3-15 汽车、拖拉机齿轮的选材、热处理及应用

轴的类型	举例	材料	热处理方法	性能要求
低速、轻载或中载、无冲击或冲击较小；不重要齿轮	不重要的变速箱齿轮	Q255 Q275	正火	150～180HBW
		45	正火	160～200HBW
中速、中载、受一定冲击载荷	普通变速箱齿轮、机床中大多数齿轮	45	调质后高频感应淬火＋低温回火	40～45HRC
		40Cr 40MnB		45～50HRC
高速、中载或重载、受冲击或大冲击	汽车变速箱齿轮、拖拉机传动齿轮	20CrMnTi	渗碳后淬火＋低温回火	58～64HRC
高速、重载荷、高精密	高精度磨床主轴：精密镗床主轴	38CrMoAlA	调质后表面渗氮	≥850HV

［**例 2**］ 汽车驱动桥主动圆锥齿轮和从动圆锥齿轮

选材：采用 20CrMnTi 钢制造。

加工工艺路线一般为：下料→锻造→正火→切削加工→渗碳、淬火及低温回火→喷丸→磨削加工→装配。

热处理目的如下：正火的目的是消除锻造应力，均匀组织，便于切削加工；经渗碳、淬火和低温回火后，齿面硬度可达 HRC58～62，心部硬度为 HRC35～45；喷丸处理的目的是增大表层压应力，有利于提高疲劳强度，并清除氧化皮。

使用状态下的显微组织：表层渗碳层的组织为回火马氏体＋合金渗碳体＋残余奥氏体；心部完全淬透时的组织为低碳回火马氏体。

3.3.4.2 轴类零件的选材及工艺路线设计

轴是机器上的最重要零件之一，主要用于支撑传动零部件，如齿轮、凸轮等都装在轴上，所以，轴主要起传递运动和转矩的作用。根据轴线形状不同，轴可分为曲轴和直轴两大类。直轴按照所受载荷性质的不同，可分为心轴、转轴和传动轴三种，其中心轴只承受弯矩不承受扭矩，转轴既承受弯矩又承受扭矩，传动轴则主要承受扭矩。常见轴的种类见图 3-16。

（1）轴的工作条件

① 工时受交变弯曲应力和扭转应力的复合作用；

② 轴与轴上零件有相对运动，相互间存在摩擦和磨损；

③ 轴在高速运转过程中会产生振动，使轴承受冲击载荷；

④ 多数轴会承受一定的过载载荷。

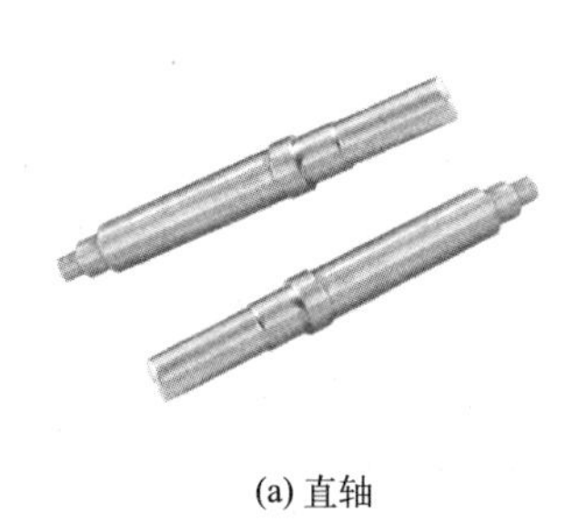

(a) 直轴

(b) 阶梯轴

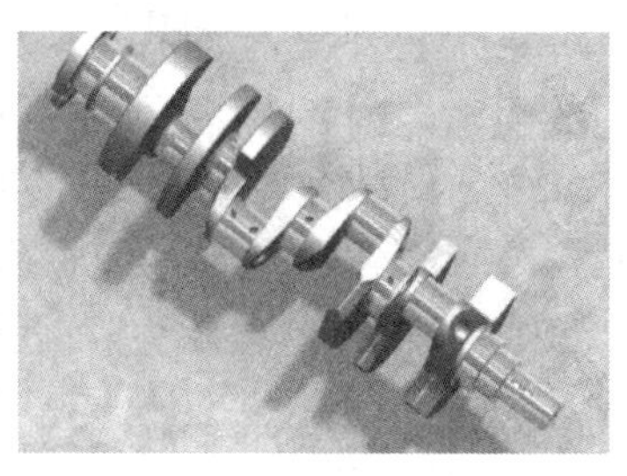

(c) 曲轴

图 3-16　常见轴的种类

（2）轴的主要失效形式

① 疲劳断裂　交变的扭转载荷和弯曲疲劳载荷的长期作用造成轴的疲劳断裂，包括扭转疲劳和弯曲疲劳断裂（见图 3-17），这是最主要的失效形式。

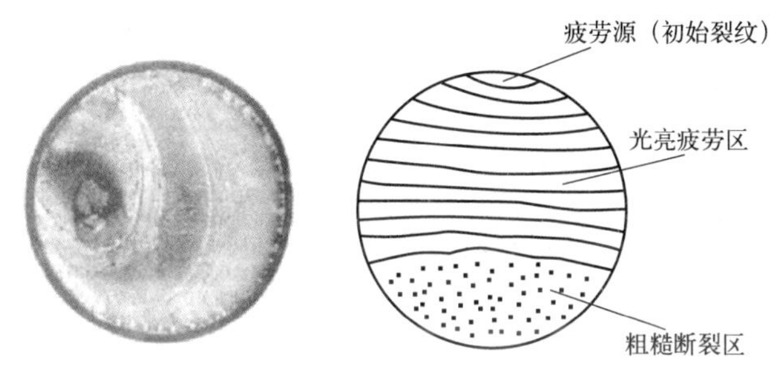

图 3-17　轴弯曲疲劳断口形貌

② 断裂失效　受过载或冲击载荷的作用，造成轴折断或扭断，如图 3-18 所示。

③ 磨损失效　轴颈或花键处的过度磨损使形状、尺寸发生变化（见图 3-19）。

图 3-18　直升机螺旋桨驱动齿轮轴扭断

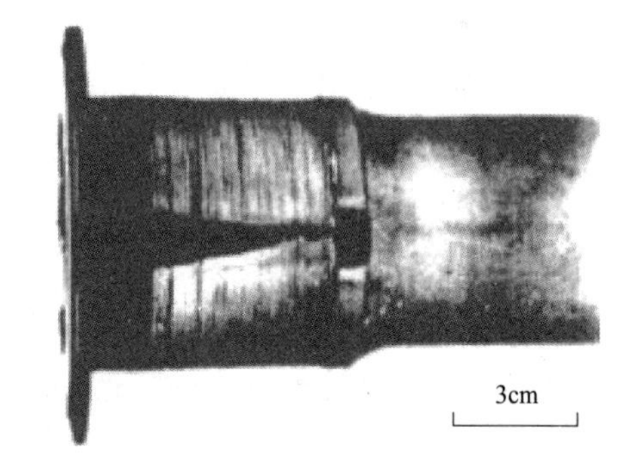

图 3-19　轴颈被硬粒子磨损

（3）轴类材料的性能要求

轴类材料要求有良好的综合力学性能，足够的强度、塑性和一定的韧性，以防止过载断裂、冲击断裂；高的疲劳强度，对应力集中敏感性低，以防疲劳断裂；足够的刚度，以防工作过程中，轴发生过量弹性变形而降低精度；足够的淬透性，热处理后表面要有高硬度、高耐磨性，以防磨损失效；良好的切削加工性能。

（4）典型轴类零件的选材

对轴类零部件进行选材时，应根据工作条件（载荷的性质、大小及转速高低等）和技术要求来确定，主要考虑强度，同时也要考虑材料的冲击韧度和表面耐磨性。为了兼顾强度和韧性，同时考虑疲劳抗力，轴一般用经锻造或轧制的低、中碳钢或合金钢制造。对于一般的轴类零件常使用碳钢（便宜，有一定综合机械性能、对应力集中敏感性较小），如 35 钢、40 钢、45 钢、50 钢，经正火、调质或表面淬火热处理改善性能；当载荷较大并要限制轴的外形、尺寸和重量，或轴颈的耐磨性等要求高时，采用合金钢，如 40Cr 钢、40MnB 钢、40CrNiMo 钢、20Cr 钢、20CrMnTi 钢等，同时必须采用相应的热处理工艺来充分发挥其作用。

［例 3］ 机床主轴选材

工作条件及性能要求：机床主轴的主要功能是传递扭矩和动力。以 C620 车床主轴（见图 3-20）为例，该主轴承受交变扭转和弯曲载荷，但载荷和转速不高，冲击载荷也不大，轴颈和锥孔处有摩擦，根据以上分析，具有一般综合力学性能可满足要求。

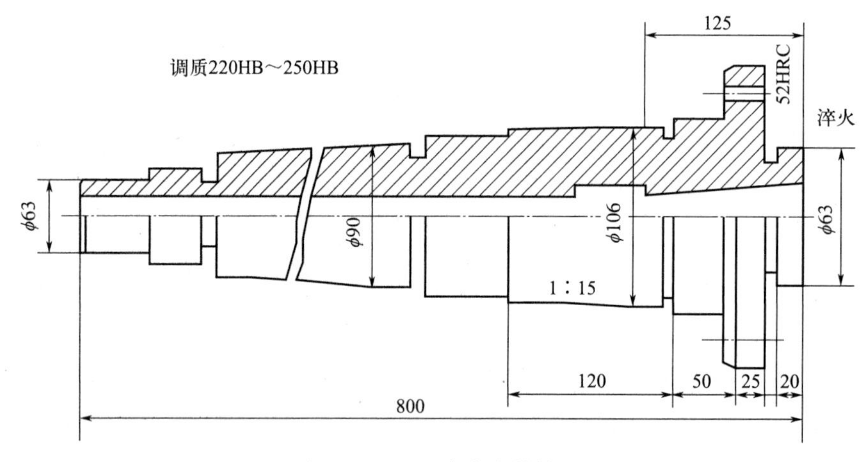

图 3-20 C620 车床主轴简图

选材：该主轴可选用 45 钢。

加工工艺路线一般为：备料→锻造一正火→粗加工＋调质→精加工→轴肩位表面淬火＋低温回火→磨削→装配。

热处理目的如下：正火/退火可改善组织、消除锻造缺陷，调整硬度便于机械加工，并为调质做好组织准备；调质可获得回火索氏体，具有较高的综合力学性能；表面淬火＋低温回火可使轴肩部位获得高硬度和高耐磨性。

机床主轴的工作条件、选材及热处理工艺列于表 3-16。

表 3-16 机床主轴工作条件、选材及热处理

序号	工作条件	材料	热处理	硬度	原因	使用实例
1	（1）与滚动轴承配合； （2）轻、中载荷，转速低； （3）精度要求不高； （4）稍有冲击，疲劳忽略不计	45	正火或调质	220～250HBS	热处理后具有一定的机械强度；精度要求不高	一般简式机床

续表

序号	工作条件	材料	热处理	硬度	原因	使用实例
2	(1) 与滚动轴承配合； (2) 轻、中载荷，转速略高； (3) 精度要求不太高； (4) 冲击和疲劳载荷可以忽略不计	45	整体淬火或局部淬火	40～45HRC	有足够的强度；轴颈及配件装拆处有一定硬度；不能承受冲击载荷	龙门铣床、摇臂钻床、组合机床等
3	(1) 与滑动轴承配合； (2) 有冲击载荷	45	轴颈表面淬火	52～58HRC	毛坯经正火处理具有一定的机械强度；轴颈具有高硬度	C620 型车床主轴
4	(1) 与滚动轴承配合； (2) 受中等载荷，转速较高； (3) 精度要求较高； (4) 冲击和疲劳载荷较小	40Cr	整体淬火或局部淬火	42HRC 或 52HRC	有足够的强度；轴颈和配件装拆处有一定的硬度；冲击小，硬度取高值	摇臂钻床、组合机床等
5	(1) 与滑动轴承配合； (2) 受中等载荷，转速较高； (3) 有较高的疲劳和冲击载荷； (4) 精度要求较高	40Cr	轴颈及配件装拆处表面淬火	≥52HRC ≥50HRC	毛坯须经预备热处理，有一定机械强度；轴颈具有高耐磨性；配件装拆处有一定硬度	车床主轴、磨床砂轮主轴
6	(1) 与滑动轴承配合； (2) 中等载荷，转速很高； (3) 精度要求很高	38CrMoAl	调质、渗氮	250～280 HBS	有很高的心部强度；表面具有高硬度；有很高的疲劳强度；氮化处理变形小	高精度磨床及精密镗床主轴
7	(1) 与滑动轴承配合； (2) 中等载荷，心部强度不高、转速高； (3) 精度要求不高； (4) 有一定冲击和疲劳载荷	20Cr	渗碳、淬火	56～62HRC	心部强度不高，但有较高的韧度；表面硬度高	齿轮铣床主轴
8	(1) 与滑动轴承配合； (2) 重载荷，转速高； (3) 受较大冲击和疲劳载荷	20CrMnTi	渗碳、淬火	56～62HRC	有较高的心部强度和冲击韧度，表面硬度高	载荷较重的组合机床

[例 4] 汽轮机主轴选材

工作条件及性能要求：汽轮机主轴尺寸大、工作负荷大，承受弯曲、扭转载荷及离心力和温度的联合作用。汽轮机主轴的主要失效方式是蠕变变形和由白点、夹杂、焊接裂纹等缺陷引起的低应力脆断、疲劳断裂或应力腐蚀开裂。因此对汽轮机主轴材料除要求其在性能上具有高的强度和足够的塑韧性外，还要求其锻件中不出现较大的夹杂、白点、焊接裂纹等缺陷。对于在 500℃以上工作的主轴还要求其具有一定的高温强度。

选材：根据汽轮机的功率和主轴工作温度的不同所选用的材料也不同。

① 对于工作在 450℃以下的材料，可不必考虑高温强度，如果汽轮机功率较小（＜12000kW），且主轴尺寸较小，可选用 45 钢。

② 如果汽轮机功率较大（＞12000kW），且主轴尺寸较大，则需选用 35CrMo 钢，以提高淬透性。

③ 对于工作在 500℃以上的轴，由于汽轮机功率大（＞125000kW），要求高温强度高，

需选用珠光体耐热钢，通常高压主轴选用 25CrMoVA 钢或 27Cr2MoVA 钢，低压主轴选用 15CrMo 钢或 17CrMoV 钢。

④ 对于工作温度更高，要求更高高温强度的主轴，可以选用珠光体耐热钢 20Cr3MoWV（耐热温度＜540℃）或铁基耐热合金 Cr14Ni26MoTi（耐热温度＜650℃）、Cr14Ni35MoWTiAl 钢（耐热温度＜680℃）制造。

工艺路线：备料→锻造→第一次正火→去氢处理→第二次正火→高温回火→机械加工→成品。

热处理工艺目的：第一次正火可消除锻造内应力；去氢处理的目的是使氢从锻件中散出去，防止产生白点；第二次正火是为了细化组织，提高高温强度；高温回火是为了消除正火产生的内应力，使合金元素分布更趋合理（V、Ti 充分进入碳化物，Mo 充分溶入铁素体），从而进一步提高高温强度。

3.4 合金工具钢

工具钢是用以制造各种加工工具的钢种。合金工具钢按用途可分为刃具钢、模具钢和量具钢。

3.4.1 刃具钢

3.4.1.1 刃具钢的工作条件、失效形式及性能要求

（1）工作条件

刃具钢是用来制造各种切削加工工具的钢种。刃具的种类繁多，有车刀、铣刀、刨刀、钻头、丝锥及板牙等。刃具在切削过程中，刃部与工件表面金属相互作用，使切屑产生变形与断裂，并从工件整体上剥离下来。故刀刃本身承受弯曲、扭转、剪切应力和冲击、振动等载荷作用，同时还要受到工件和切屑的强烈摩擦作用，产生大量的摩擦热，均使刃具温度升高，有时能高达 600℃。

（2）失效形式

刃具的失效方式主要包括因强烈的机械摩擦使刃部磨损变钝，受到冲击震动时崩刃和折断，因受弯曲、扭转、剪切作用而变形，其中磨损最普遍。

（3）性能要求

① 刃具钢应具有高的硬度和耐磨性。刃具的硬度应远远大于被加工工件硬度，一般切削金属的刃具刃口硬度应≥60HRC；保证强化相数量多，分布均匀且稳定，能显著提高耐磨性。

② 高的红硬性。红硬性是指钢在高温下保持高硬度的能力，它与钢的回火稳定性和特殊碳化物的弥散析出有关。为防止刃具在切削过程中因温度升高而使硬度下降，必须具有高的红硬性。

③ 足够的塑韧性。防止刃具由于冲击、振动负荷作用而发生崩刃和折断。

3.4.1.2 低合金刃具钢

低合金刃具钢的最高工作温度一般不超过 300℃，用于制造低速切削且耐磨性要求较高

的刨刀、铣刀、板牙、丝锥等刃具。

(1) 化学成分特点

① 高碳

低合金刃具钢的碳质量分数一般为 0.75%～1.50%，高的含碳量可保证钢的高硬度及形成足够的合金碳化物，提高耐磨性。

② 合金化原则

钢中常加入的合金元素有 Cr、Mn、Si、Mo、W、V 等。Cr、Mn、Si 的主要作用是提高淬透性，强化铁素体，Si 还能提高钢的回火稳定性；Cr、Mo、W、V 可细化晶粒，提高钢的强度，此外，它们作为碳化物形成元素在钢中形成合金渗碳体和特殊碳化物，从而提高钢的硬度和耐磨性。

(2) 热处理特点

预备热处理采用球化退火，所得组织为粒状珠光体。最终热处理采用淬火加低温回火，最终组织为回火马氏体、未溶碳化物和残余奥氏体。

(3) 常用低合金刃具钢

我国常用的低合金刃具钢列于表 3-17。典型钢种为 9SiCr，含有提高回火稳定性的 Si，经 230～250℃回火后，硬度不低于 60HRC，使用温度可达 250～300℃，广泛用于制造各种低速切削的刃具，如板牙、拉刀、丝锥等精度及耐磨性要求较高的薄刃刃具。

表 3-17　低合金刃具钢牌号、化学成分、热处理工艺、力学性能和用途（摘自 GB/T 1299—2014）

牌号	化学成分（质量分数）/%					淬火			交货状硬度/HBW，不小于	用途举例
	C	Mn	Si	Cr	W	淬火加热温度/℃	冷却介质	硬度/HRC，≥		
9SiCr	0.85～0.95	0.30～0.60	1.20～1.60	0.95～1.25	—	820～860	油	62	197～241	丝锥、板牙、钻头、铰刀、齿轮铣刀、冷冲模、冷轧辊等
8MnSi	0.75～0.85	0.80～1.10	0.30～0.60	—	—	800～820	油	60	≤229	慢速切削硬金属用的刀具如铣刀、车刀、刨刀等；高压力工作的刻刀等各种量规与块规等
Cr06	1.30～1.45	≤0.40	≤0.40	0.50～0.70	—	780～810	水	64	187～241	—
Cr2	0.95～1.10	≤0.40	≤0.40	1.30～1.65	—	830～860	油	62	179～229	车刀、铣刀、插刀、铰刀等，测量工具、样板等，凸轮销、偏心轮、冷轧辊等
9Cr2	0.80～0.95	≤0.40	≤0.40	1.30～1.70	—	820～850	油	62	179～217	—
W	1.05～1.25	≤0.40	≤0.40	0.10～0.30	0.8～1.2	800～830	水	62	187～229	各种量规与块规等

3.4.1.3 高速钢

高速钢是高速切削用钢的代名词，是为适应高速切削的需要而发展起来的一种合金工具钢。高速钢与碳素刃具钢及低合金刃具钢相比，切削速度可提高 2～4 倍，刃具寿命提高 8～15 倍，广泛用于制造尺寸大、切削速度快、负荷重及工作温度高的机加工工具。在现代工具材料中，高速钢占刃具材料总量的 65%，是一种极其重要的工具用钢。

（1）化学成分特点

① 高碳

高速钢中碳的质量分数在 0.7%～1.65%。一方面碳在淬火加热时溶入基体中，可以提高基体碳浓度和钢的淬透性，获得高碳马氏体，提高硬度；另一方面碳还与合金元素 W、Mo、Cr、V 等形成合金碳化物，提高硬度、耐磨性和红硬性。高速钢中的碳含量必须与合金元素含量相匹配，过高或过低都对其性能不利。碳含量太低，则硬度、红硬性差；若碳含量过高，则碳化物多，分布不均匀，且残余奥氏体含量增多。

② 合金化原则

高速钢的合金化主要是围绕着提高红硬性这一中心环节而展开的，为此，要加入 Cr、W、Mo、V 等合金元素。W、Mo 是使高速钢获得红硬性的主要元素，在退火状态下，W 和 Mo 主要以 Me_6C 形式存在，淬火加热时，部分 Me_6C 溶入奥氏体，然后进入马氏体中，在 560℃ 回火时以 Me_2C 形式析出，造成二次硬化，提高红硬性；淬火时未溶解的 Me_6C 阻止高温下奥氏体晶粒长大，降低过热敏感性，增加耐磨性。

V 元素主要是提高耐磨性，细化晶粒，V 能形成 VC（或 V_4C_3），非常稳定，极难溶解，硬度极高（大大超过 W_2C 的硬度）且颗粒细小，分布均匀，能大大提高钢的硬度和耐磨性，同时能阻止奥氏体晶粒长大，细化晶粒。

高速钢中 Cr 含量大都在 4%左右，主要是提高淬透性。铬的碳化物（$Cr_{23}C_6$）在淬火加热时几乎全部溶于奥氏体中，增加过冷奥氏体的稳定性，大大提高钢的淬透性，同时 Cr 元素还有抗氧化、抗脱碳、提高耐蚀性能、改善刀具切削性能的作用。

（2）高速钢的铸态组织与热变形加工

① 高速钢的铸态组织

高速钢在化学成分上差异较大，但主要合金元素大体相同，所以其组织也很相似，属于莱氏体钢，铸态组织中含有大量呈鱼骨状分布的粗大共晶碳化物。以 W18Cr4V 钢为例，其铸态组织主要由鱼骨状莱氏体、黑色 δ 共析体及马氏体和残余奥氏体组成（见图 3-21）。

② 锻造

高速钢铸态组织中碳化物的质量分数高达 18%～27%，且分布极不均匀，脆性极大，很难通过热处理进行消除。只能通过锻造方法，将粗大的共晶碳化物和二次碳化物破碎，并使它们均匀分布在基体中（见图 3-22）。高速钢仅锻造一次是不够的，往往要采用大锻造比，反复多次的镦粗和拔长，使碳化物细化并均匀分布。因此，高速钢锻造的目的不仅仅在于成型，更重要的是击碎莱氏体中粗大的碳化物，改善碳化物形状和分布。高速钢的塑性、导热性差，锻后必须缓冷，以免开裂。

（3）热处理特点

① 预备热处理

高速钢锻后进行球化退火，目的是降低硬度，以便于切削加工，并使碳化物形成均匀分布的颗粒状，为淬火作好组织准备。球化退火后的组织为索氏体基体和均匀分布的细小粒状碳化物。

图 3-21 W18Cr4V 的铸态组织

图 3-22 W18Cr4V 的锻造组织

② 最终热处理

以 W18Cr4V 钢为例，说明高速钢的最终热处理特点。图 3-23 是 W18Cr4V 钢热处理工艺过程示意图。由图可见，W18Cr4V 钢的淬火加热温度很高（1260～1280℃），其原因是高速钢中含有大量 W、Mo、V 的难熔碳化物，它们只有在 1200℃以上才能大量地溶于奥氏体中，以保证钢淬火、回火后获得很高的热硬性。高速钢合金元素多，导热性差，而淬火温度又高，为防止变形开裂和缩短高温保温时间，减少氧化脱碳，淬火加热时常需预热。对于形状简单的小尺寸工件，可采用 800～850℃一次预热；对于形状复杂的大尺寸工件，需进行二次预热（500～600℃、800～850℃）。淬火冷却方式为油冷、分级淬火、等温淬火等，淬火后的组织为淬火马氏体＋碳化物＋大量残余奥氏体，其中碳化物由两部分组成：一部分为未溶碳化物，一部分为回火时析出的碳化物。

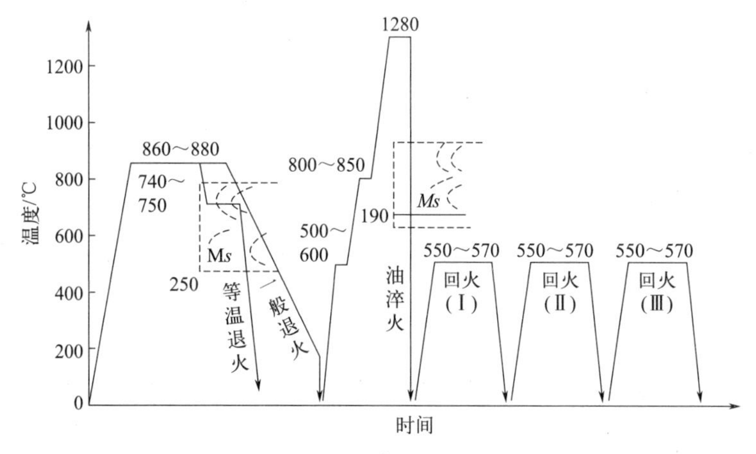

图 3-23 W18Cr4V 高速钢的热处理工艺

高速钢通常在二次硬化峰值温度或稍高一些的温度（550～570℃）进行三次高温回火。在此温度范围内回火时，W、Mo 及 V 的碳化物从马氏体及残余奥氏体中析出，弥散分布，使钢的硬度明显上升；高速钢的淬火组织中含有大量的残余奥氏体，回火时残余奥氏体转变为马氏体，也使硬度提高，由此造成二次硬化现象，保证了钢的硬度和红硬性。为了尽可能减少组织中残余奥氏体的量，一般进行三次 560℃回火。W18Cr4V 钢淬火后残余奥氏体的体积分数约有 30%，经一次回火后约剩 15%～18%，二次回火降到 3%～5%，第三次回火后仅剩1%～2%。

近年来，高速钢的等温淬火获得了广泛的应用，等温淬火后的组织为下贝氏体＋残余奥氏体＋碳化物。等温淬火可减少变形和提高韧性，适用于形状复杂的大型刃具和冲击韧度要求高的刃具。

（4）常用高速钢

常用高速钢的化学成分、钢号、热处理、机械性能及用途如表3-18所示。其中最重要的有两种：一种是钨系W18Cr4V钢，另一种是钨-钼系W6Mo5Cr4V2钢。两种钢的组织性能相似，但W6Mo5Cr4V2钢的耐磨性、高温塑性和韧性较好，而W18Cr4V钢的热硬性较好，热处理时的脱碳和过热倾向性较小。

表3-18 常用高速钢的牌号、化学成分、热处理工艺、力学性能及应用（摘自GB/T 9943—2008）

类别	钢号	化学成分 w/%							热处理				应用举例
									淬火	交货硬度	回火		
		C	Mn	Si	Cr	W	V	Mo	淬火温度/℃	退火态/HBW	温度/℃	硬度	
高速钢	W18Cr4V	0.73～0.83	0.10～0.40	0.20～0.40	3.80～4.50	17.20～18.70	1.00～1.20	—	1260～1280	≤255	550～570	≥63	制造一般高速切削用车刀，刨刀、钻头、铣刀等
	W6Mo5Cr-4V2（6-5-4-2）	0.80～0.90	0.15～0.40	0.20～0.45	3.80～4.40	5.50～6.75	1.75～2.20	4.50～5.50	1210～1230	≤255	540～560（3次）	≥64	制造要求耐磨性和韧性很好配合的切削刀具，如丝锥、钻头等；并适合于采用轧制、扭制热变形加工成形新工艺制造钻头
	W6Mo5-Cr4V3	1.15～1.25	0.15～0.40	0.20～0.45	3.80～4.50	5.90～6.70	2.70～3.20	4.70～5.20	1200～1220	≤262	540～560（3次）	≥64	制造要求耐磨性和热硬性较高的，耐磨性和韧性较好配合的，形状稍为复杂的刀具，如拉刀、铣刀等
	W9Mo3-Cr4V	0.77～0.87	0.20～0.40	0.20～0.40	3.80～4.40	8.50～9.50	1.30～1.70	2.70～3.30	1220～1240	≤255	540～560	≥64	

3.4.2 模具钢

用于制造各种成型模具的钢种，通称为模具钢。根据模具的工作条件不同，模具钢一般分为冷作模具钢和热作模具钢两大类。

3.4.2.1 冷作模具钢

冷作模具钢是使金属在冷态下变形的模具用钢，其工作温度一般小于250℃，常用来制造冲裁用的模具（落料冲孔模、修边模、冲头、剪刀）、冷镦模和冷挤压模、压弯模及拉丝模等。

（1）工作条件及失效方式

冷作模具钢在工作时，由于被加工材料的变形抗力比较大，而承受较大的压力、弯曲力、冲击力及摩擦力。例如冲裁模的刃口承受很强的冲压和摩擦；冷镦模和冷挤压模工作时冲头承受很大的挤压力，而凹模则受到很大的张力，冲头和凹模都受到剧烈的摩擦；拉伸模工作时也承受很大的压应力和摩擦。因此，冷作模具的主要失效方式是磨损、断裂、崩刃和变形。

（2）性能要求

① 高的硬度和耐磨性。冷变形过程中，模具的工作部分承受很大的压力和强烈的摩擦，要求有高的硬度和耐磨性。通常要求硬度为 HRC 58～62，以保证模具的几何尺寸和使用寿命。

② 较高的强度和韧性。冷作模具在工作时，承受很大的冲击和负荷，甚至有较大的应力集中，因此工作部分要有较高的强度和韧性，以保证尺寸的精度并防止崩刃。

③ 良好的工艺性。热处理的变形小，淬透性高。

（3）高碳高铬型冷作模具钢的化学成分特点

高碳，碳质量分数多在 1.0%以上，个别甚至达到 2.0%，以保证高的硬度和高耐磨性。加入 Cr、Mo、W、V 等合金元素形成难熔碳化物，提高耐磨性，尤其是 Cr 还显著提高淬透性。Mo 和 V 还可细化晶粒，改善碳化物分布不均匀性，提高韧性。

（4）高碳高铬型冷作模具钢的热处理特点

这类钢属于莱氏体钢，铸态下存在共晶碳化物，不均匀性很大，铸后要进行反复锻造，以改善碳化物分布不均匀的现象。

预备热处理采用球化退火，退火后获得索氏体基体上分布着的颗粒状碳化物组织。

高碳高铬冷作模具钢的最终热处理方案有两种，即一次硬化法和二次硬化法。一次硬化法是在较低温度（950～1000℃）下淬火，然后低温（150～180℃）回火，硬度可达 61～64HRC，使钢具有较好的耐磨性和韧性，较小的热处理变形，适用于重载模具。二次硬化法是在较高温度（1100～1150℃）下淬火，然后于 510～520℃多次（一般为三次）回火，产生二次硬化，使硬度达 60～62HRC，热硬性和耐磨性都较高，但淬火温度高，晶粒粗大，韧性较低，热处理变形大，适用于在 400～450℃温度下工作的模具。

（5）常用冷作模具钢

常用冷作模具钢的牌号、化学成分、热处理及硬度列于表 3-19。大部分要求不高的冷作模具可用低合金刃具钢制造，如 9Mn2V、9SiCr 等。大型冷作模具用 Cr12 型钢，铬的质量分数高达 12%，这种钢热处理变形很小，广泛用于制造重载和形状复杂的模具。

表 3-19　常用冷作模具钢的牌号、化学成分、热处理及硬度（摘自 GB/T 1299—2014）

牌号	化学成分 w/%							淬火处理		退火交货状态
	C	Mn	Si	Cr	W	Mo	V	温度/℃	硬度，HRC	布氏硬度 HBW
9Mn2V	0.85～0.95	1.7～2.00		—	—	—	—	780～810		≤229
9CrWMn	0.90～1.05	0.90～1.20	≤0.40	0.50～0.80	0.50～0.80	—	—	800～830	≥62	197～241
CrWMn		0.80～1.10		0.90～1.20	1.20～1.60	—	—	—		207～255

续表

<table>
<tr><th rowspan="2">牌号</th><th colspan="7">化学成分 w/%</th><th colspan="2">淬火处理</th><th>退火交货状态</th></tr>
<tr><th>C</th><th>Mn</th><th>Si</th><th>Cr</th><th>W</th><th>Mo</th><th>V</th><th>温度/℃</th><th>硬度,HRC</th><th>布氏硬度HBW</th></tr>
<tr><td>Cr4W2MoV</td><td>1.12～1.15</td><td rowspan="6">≤0.40</td><td>0.40～0.70</td><td>3.50～4.0</td><td>1.90～2.60</td><td>0.80～1.20</td><td>0.80～1.10</td><td>960～980</td><td rowspan="4">≥60</td><td>≤269</td></tr>
<tr><td>6Cr4W3MoVNb</td><td>0.60～0.70</td><td rowspan="2">≤0.40</td><td>3.80～4.40</td><td>2.50～3.50</td><td>1.80～2.50</td><td>0.80～1.20</td><td>1100～1160</td><td>≤255</td></tr>
<tr><td>Cr12</td><td>2.0～2.30</td><td>11.5～13.0</td><td>—</td><td>—</td><td>—</td><td>950～1000</td><td>217～269</td></tr>
<tr><td>7Cr7Mo2V2Si</td><td>0.68～0.78</td><td>0.70～1.20</td><td>6.50～7.50</td><td>—</td><td>1.90～2.30</td><td>1.80～2.20</td><td>1100～1150</td><td>≤255</td></tr>
<tr><td>Cr12MoV</td><td>1.45～1.70</td><td rowspan="2">≤0.40</td><td>11.0～12.50</td><td>—</td><td>0.40～0.60</td><td>0.15～0.30</td><td>950～1000</td><td>≥58</td><td>207～255</td></tr>
<tr><td>6W6Mo5Cr4V</td><td>0.55～0.65</td><td>3.70～4.30</td><td>6.0～7.0</td><td>4.50～5.50</td><td>0.70～1.10</td><td>1180～1200</td><td>≥60</td><td>≤269</td></tr>
</table>

注：1. 6Cr4W3MoVNb 中另含 Nb0.20%～0.35%；

2. 表中各牌号钢的淬火冷却介质均为油。

3.4.2.2 热作模具钢

热作模具钢是指金属在红热状态下或液体状态下成形的模具用钢。根据模具工作条件不同，可分为热锤锻模、热挤压模和压铸模等，工作时型腔表面温度可达 600℃以上。

(1) 工作条件及失效方式

热作模具钢工作时与热态金属相接触，模腔表层金属受热。例如锤锻模工作时，其模腔表面温度可达 300～400℃；热挤压模表面温度可达 500～800℃；压铸模模腔温度与压铸材料种类及浇注温度有关，如压铸黑色金属时模腔温度可达 1000℃以上。热作模具的工作特点是具有间歇性，每次使热态金属成形后都要用水、油、空气等介质冷却模腔的表面。因此，热作模具的工作状态是反复受热和冷却，从而使模腔表层金属产生反复的热胀冷缩，即反复承受拉压应力作用，易引起模腔表面龟裂，称为热疲劳现象。热作模具钢常见的失效方式是模腔变形（塌陷）、高温氧化、崩裂、磨损、龟裂等。

(2) 性能要求

热作模具工作时承受很大的冲击载荷、强烈的摩擦、剧烈的冷热循环所引起的不均匀热应变和热应力，性能要求如下：

① 高的热硬性、高温耐磨性；

② 高的抗氧化能力；

③ 高的热强性和足够高的韧性；

④ 高的热疲劳抗力；

⑤ 高淬透性和良好的导热性；

(3) 常用热作模具钢

常用的热作模具钢的牌号、化学成分、热处理及硬度列于表 3-20。

表 3-20 常用热作模具钢的牌号、化学成分、热处理及硬度(摘自 GB/T 1299—2014)

<table>
<tr><th rowspan="2">牌号</th><th colspan="7">化学成分 w/%</th><th colspan="2">淬火处理</th><th rowspan="2">退火交货状态的钢材硬度 HBW</th></tr>
<tr><th>C</th><th>Mn</th><th>Si</th><th>Cr</th><th>Mo</th><th>V</th><th>其它</th><th>温度/℃</th><th>硬度,HRC</th></tr>
<tr><td>5CrMnMo</td><td rowspan="3">0.50~0.60</td><td>1.20~1.60</td><td>0.25~0.60</td><td>0.60~0.90</td><td rowspan="2">1.15~0.30</td><td>—</td><td>—</td><td>820~850</td><td rowspan="3">a</td><td rowspan="2">197~241</td></tr>
<tr><td>5CrNiMo</td><td>0.50~0.80</td><td>≤0.40</td><td>0.50~0.80</td><td>—</td><td>Ni:1.40~1.80</td><td>830~860</td></tr>
<tr><td>5CrNi2MoV</td><td>0.60~0.90</td><td>0.10~0.40</td><td>0.80~1.20</td><td>0.80~1.20</td><td>0.05~0.15</td><td>Ni:0.35~0.55</td><td rowspan="2">850~880</td><td>≤255</td></tr>
<tr><td>8Cr3</td><td>0.75~0.85</td><td rowspan="2">≤0.40</td><td>≤0.40</td><td>3.20~3.80</td><td>3.20~3.80</td><td>—</td><td>—</td><td rowspan="4">a</td><td>207~255</td></tr>
<tr><td>4Cr5W2VSi</td><td>0.32~0.42</td><td>0.80~1.20</td><td>4.50~5.50</td><td>4.50~5.50</td><td>0.60~1.00</td><td>W:1.60~2.40</td><td>1030~1050</td><td>≤229</td></tr>
<tr><td>5Cr5WMoSi</td><td>0.50~0.60</td><td>0.20~0.50</td><td>0.75~1.10</td><td>4.75~5.50</td><td>4.75~5.50</td><td>—</td><td>W:1.10~1.50</td><td>990~1020</td><td>≤248</td></tr>
<tr><td>4CrMnSiMoV</td><td>0.35~0.45</td><td>0.80~1.10</td><td>0.80~1.10</td><td>1.30~1.50</td><td>1.30~1.50</td><td>0.20~0.40</td><td>—</td><td>870~930</td><td>≤255</td></tr>
<tr><td>4Cr5MoWVSi</td><td>0.32~0.40</td><td>0.20~0.50</td><td>0.32~0.40</td><td>4.70~5.50</td><td>4.75~5.50</td><td>0.20~0.50</td><td>W:1.10~1.60</td><td>1000~1030</td><td>a</td><td>≤235</td></tr>
</table>

注:a—根据需方要求,并在合同中注明,可提供实测值。

① 热锤锻模具钢

这类钢对韧性要求高而对热硬性要求不太高,一般为中碳低合金钢,碳质量分数为0.4%~0.6%。合金元素 Cr 可提高钢的强度、淬透性、回火稳定性和抗氧化性,质量分数在1%左右;Ni 可提高钢的强度、韧性及淬透性;Mo 可减小过热敏感性,提高回火稳定性,抑制第二类回火脆性;Mn 主要是取代 Ni,但 Mn 增加钢的过热敏感性并引起回火脆性。典型钢号有5CrNiMo、5CrMnMo 等。

对热锤锻模具钢,要反复锻造,目的是使碳化物均匀分布。锻造后一般要进行退火,目的是消除锻造应力、降低硬度,便于切削加工。最终热处理为调质处理以获得回火索氏体组织,使钢具有良好的综合机械性能。

② 热挤压模具钢

热挤压模具钢要求更高的高温强度和热稳定性,更好的热疲劳、热磨损抗力及较好的韧性。根据化学成分可分为三类:铬系、钨系和钼系。使用较多的是钨系。常用的牌号是3Cr2W8V。该类钢碳质量分数为0.3%~0.4%,Cr、W 含量多,Cr 可提高淬透性,使模具具有高的抗氧化性和热疲劳性能;W、V 能提高热稳定性和耐磨性。

最终热处理一般采用淬火+高温回火(2~3 次)。对大型模具或尺寸虽小却在动载荷下工作的模具,淬火温度应该低些;对于承受冲击载荷较小、工作温度较高的模具,淬火温度要取上限,淬后油冷;对于形状复杂、要求变形量小的模具,可采用分级淬火。根据模具要求的硬度和淬火温度选择适宜的温度回火。最终组织为回火马氏体、碳化物和残余奥氏体。

③ 压铸模具钢

压铸模具钢的使用性能要求与热挤压模具钢相近,即以要求高的回火稳定性与热疲劳抗力为主,但随着压铸合金的熔点和压铸温度不同,对模具的使用性能的要求也有差异。

压铸模具钢的选择主要是由压铸合金的种类和熔点决定的。压铸高熔点合金常采用4CrW2Si 和 3Cr2W8V 等钢。对熔点较低的 Zn 合金压铸模,可选用 40Cr 钢、30CrMnSi 钢及

40CrMo 钢等；对 Al 和 Mg 合金压铸模，可选用 4Cr5MoSiV 钢；对 Cu 合金压铸模，多采用 3Cr2W8V 钢。

3.4.3 量具钢

量具钢是用于制造各种测量工具（如卡尺、千分尺、螺旋测微仪、块规等）的钢种。

（1）量具的工作条件

量具在使用过程中经常与被测工件接触，受到摩擦与碰撞，且必须具备高的尺寸精确性和稳定性。常见的失效形式为磨损、变形等。

（2）量具钢的性能要求

① 高硬度和高耐磨性。保证量具在长期使用中不致被很快磨损而失去精度。

② 高的尺寸稳定性。热处理变形要小，在使用和存放过程中保持其形状和尺寸的稳定性。

③ 足够的韧性。保证量具在使用时不会因偶然碰撞而损坏。

④ 在特殊环境下具有抗腐蚀性。

（3）量具钢的热处理特点

量具钢热处理的主要目的是在保持高硬度、高耐磨性的前提下，尽量使其在长期使用中保持尺寸的稳定。因此热处理的关键在于减少变形和提高尺寸稳定性。

① 在保证硬度前提下尽量降低淬火温度，以减少残余奥氏体的数量。

② 淬火后立即进行一次－80～－70℃的冷处理，使残余奥氏体尽可能地转变为马氏体，然后进行低温回火。

③ 精度要求高的量具，在淬火、冷处理和低温回火后还需要进行时效处理，以降低马氏体的正方度、稳定残余奥氏体并消除残余应力。

④ 对于精度要求更高的量具，为了去除磨削加工中所产生的应力，有时还要在磨削加工后进行低温时效处理，甚至进行多次。

（4）常用量具用钢

量具钢没有专门钢种，可根据量具种类和精度要求选择不同类别的钢来制造，如表 3-21 所示。

表 3-21 量具用钢的选用举例

量具	牌号
平样板或卡板	10、20 或 50、55、60、60Mn、65Mn
一般量规与块规	T10A、T12A、9SiCr
高精度量规与块规	Cr2、GCr15
高精度且形状复杂的量规与块规	低变形钢 CrWMn
抗蚀量具	不锈钢 40Cr13(4Cr13)，95Cr18(9Cr18)

①形状简单、精度要求不高的量具（如卡尺、样板、量规等），可选用碳素工具钢，如 T10A 钢、T11A 钢、T12A 钢等。

② 精度要求较高的量具（如块规、塞规等）通常选用高碳低合金工具钢，如 CrMn 钢、CrWMn 钢及滚动轴承钢 GCr15 等。

③ 对于形状简单、精度不高、使用中易受冲击的量具，如平样板、卡规、直尺及大型量具，可采用渗碳钢15、20、15Cr、20Cr，经渗碳、淬火及低温回火后使用；也可采用中碳钢50、60、65，经调质、高频淬火及低温回火后使用。

④ 在腐蚀条件下工作的量具可选用不锈钢4Cr13和9Cr18等制造，经淬火、回火处理后硬度可达HRC 56～58，可保证量具拥有良好的耐腐蚀性和足够的耐磨性。

3.5 特殊性能钢

特殊性能钢主要是区别于普通条件下通用的工程结构钢、机械零件用结构钢和工具用钢等，是具有特殊物理、化学性能的一类钢及合金。在本节主要介绍目前常用的不锈钢、耐热钢及耐磨钢，主要利用其耐腐蚀性能、耐高温性能和耐磨损性能。

3.5.1 不锈钢

不锈钢是指在大气或酸等一般介质中具有优异耐腐蚀性能的钢种，但是不锈钢并非是完全不生锈，而是在不同介质中表现出不同的腐蚀行为。

3.5.1.1 金属的腐蚀

金属的腐蚀通常包括化学腐蚀和电化学腐蚀两种类型。化学腐蚀是指金属材料在不同介质中发生化学反应而被破坏的过程，在腐蚀过程中不产生电流，例如钢的高温氧化以及在石油、燃气中的腐蚀等都属于化学腐蚀。电化学腐蚀是指金属材料在电解质溶液中发生原电池作用而被破坏的过程，典型的特征是腐蚀过程中产生电流，例如金属材料在大气条件下以及在各种电解液中的腐蚀都属于电化学腐蚀。

室温下大部分金属材料发生腐蚀都是电化学腐蚀，根据形成原电池的基本原理，可以通过以下三种方法提高金属材料的防腐蚀能力：①对金属材料的组织进行调控，使金属材料具有均匀的单相组织，减少原电池的形成，同时提高金属材料的电极电位。②减小两电极之间的电位差，同时提高阳极的电极电位。③在金属材料表面形成致密的、稳定的保护膜，使介质和金属材料发生隔离。

3.5.1.2 不锈钢的化学成分特点

(1) 碳含量

碳质量分数降低可以提高耐腐蚀性能。因为碳会形成碳化物，为阴极相，当碳与铬反应会形成$(Cr,Fe)_{23}C_6$碳化物并在晶界析出，从而导致晶界周围贫铬，当不锈钢中铬质量分数小于12%时，会导致晶界的电极电位急剧下降，从而显著降低耐蚀性能，发生严重的晶间腐蚀。大部分不锈钢的碳质量分数为0.1%～0.2%。但用于制造刀具和滚动轴承等的不锈钢，为了提高钢的硬度和强度，碳的质量分数应提高，通常为0.85%～0.95%，同时也需要同步提高铬的质量分数，从而保证铬在基体中含量。

(2) 加入元素铬

铬元素可以提高钢基体的电极电位，而且当铬的质量分数超过12%时，电极电位会急剧升高，如图3-24所示。此外，由于铬是铁素体形成元素，当质量分数超过12.7%，会使钢基体形成单一的铁素体组织。铬在水蒸气、大气、海水、氧化性酸等氧化性介质中非常容易发生钝化，从而在表面生成致密的氧化膜，也使钢的耐蚀性提高。

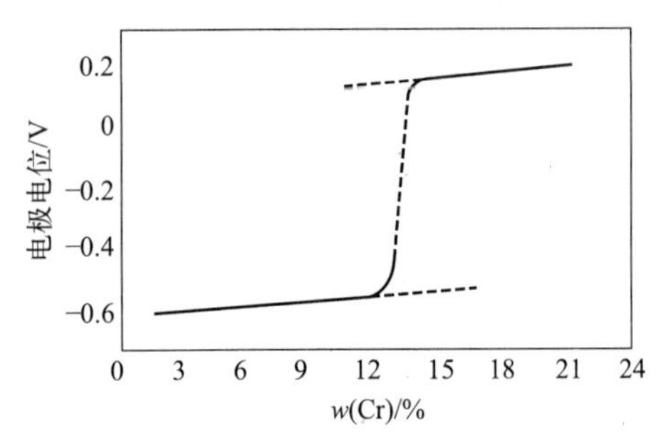

图 3-24 铬含量对钢基体电极电位的影响

(3) 其它合金元素

除了调控碳和铬元素的含量，不锈钢中还经常加入镍、钼、铜、钛、铌、锰、氮等元素，其中镍为奥氏体形成元素，可获得单相奥氏体组织，显著提高耐蚀性，通过调整含量还可以获得奥氏体-铁素体双相组织的不锈钢。铬在盐酸、稀硫酸和碱溶液等非氧化性酸中的钝化能力比较差，加入钼、铜等元素，可提高钢在非氧化性酸中的耐蚀能力。钛、铌元素是强碳化物形成元素，在钢中优先形成稳定碳化物，从而减少铬与碳的反应，保证铬在基体中的含量，避免晶界贫铬而发生晶界腐蚀的倾向。锰、氮也是奥氏体形成元素，因此可以取代镍的部分作用获得奥氏体组织，从而提高不锈钢在有机酸中的耐腐蚀性。

3.5.1.3 常用不锈钢

不锈钢根据热处理后组织不同可以分为珠光体不锈钢、马氏体不锈钢、奥氏体不锈钢和双相不锈钢等。

(1) 马氏体不锈钢

常用马氏体不锈钢的含碳量为 0.08%～0.45%，含铬量为 11.5%～14.0%。典型牌号有 12Cr13(1Cr13)、20Cr13(2Cr13)、30Cr13(3Cr13)和 40Cr13(4Cr13) 等，为保证耐蚀性，铬质量分数均大于 12%，这些钢中主要添加元素为铬，因此在氧化性介质中具有良好的耐蚀性，但是在非氧化性介质中的耐蚀性通常较低。

1Cr13 钢、2Cr13 钢的含碳量低，因此表现出较好的耐蚀性和较好的力学性能，主要用作汽轮机叶片、锅炉管附件等耐蚀结构零件。3Cr13 钢、4Cr13 钢因碳含量增加，耐蚀性降低，但强度和耐磨性提高，要用作防腐蚀的手术器械及刃具等。

一般来说，马氏体不锈钢的热处理和结构钢相似，为了获得良好的综合性能，当用作结构零件时需进行调质处理，进行淬火和高温回火，例如 1Cr13 钢、2Cr13 钢。用作弹簧元件时需进行淬火和中温回火处理；用作医疗器械、量具时需进行淬火和低温回火处理，例如 3Cr13 钢、4Cr13 钢。

(2) 铁素体不锈钢

铁素体不锈钢的含碳量小于 0.15%，含铬量为 11.5%～27.5%。典型牌号为 10Cr17(1Cr17)等，通常还加入其它元素，例如 Mo、Ti、Si、Nb 等。由于铬含量高，因此为单相铁素体组织，耐蚀性优于 Cr13 型马氏体不锈钢。这类钢不能利用马氏体相变来强化，在加热过程中容易发生晶粒粗化，因此主要通过冷塑性变形及再结晶来改善组织和性能，通常在退火或正火状态下使用，具有强度低、塑性好的特点。铁素体型不锈钢的强度低于马氏体不锈钢，但是耐蚀性较好，主要用作耐蚀性要求高而强度要求不高的零件，广泛用于硝酸和氮肥工业中，例如应用在化工设备、容器和管道、食品工厂设备等。

(3) 奥氏体不锈钢

奥氏体不锈钢通常是在含 18%Cr 的钢中加入 8%～11%Ni 元素，通过 Ni 元素扩大了奥氏体区，从而在室温下获得单相奥氏体组织。典型牌号是 12Cr18Ni9(1Cr18Ni9)。这类不锈钢碳的质量分数很低，约为0.1%，因此耐蚀性很好。通常钢中还加入Ti或Nb元素，有利于防止发生晶间腐蚀。这类钢为单一奥氏体组织，因此强度、硬度较低，无磁性，塑性、韧性和耐蚀性均优于Cr13型马氏体不锈钢。由于不能通过马氏体相变强化，因此一般利用冷塑性变形进行强化，与铁素体不锈钢相比，其形变强化能力更好，但切削加工性较差。

(4) 奥氏体-铁素体双相不锈钢

奥氏体-铁素体双相不锈钢是在其固溶组织中铁素体与奥氏体约各占一半。该类型不锈钢C含量较低，Cr含量约为18%～28%，Ni含量约为3%～10%。这类钢是在18-8型不锈钢的基础上，提高铬质量分数或加入其它元素，例如Mo、Cu、Nb、Ti、N等，其晶间腐蚀和应力腐蚀破坏倾向较小，强度、韧性和焊接性能较好，而且节约Ni，因此得到了广泛的应用。这类钢兼有奥氏体和铁素体不锈钢的特点，与铁素体相比，塑性、韧性更高，无室温脆性，耐晶间腐蚀性能和焊接性能均显著提高，与铁素体不锈钢相比具有更高的导热系数和塑韧性。与奥氏体不锈钢相比，强度高且耐晶间腐蚀和耐氯化物应力腐蚀有明显提高。典型钢号有12Cr21Ni5Ti(1Cr21Ni5Ti)等，可用于制造化工、化肥设备及管道、热交换设备等。

3.5.1.4 不锈钢的工程应用

不锈钢由于具有优异的耐腐蚀特点，在海洋工程、核工程等领域得到了广泛的应用。

在桥梁、港口码头、海底隧道、军事浮岛、岛礁等海洋建筑工程中，大多采用钢筋混凝土结构。但是在某些腐蚀性环境中，钢筋锈蚀会导致混凝土开裂和剥落，从而降低结构的使用寿命。为满足海洋建筑工程长寿命、低成本、安全运行的特殊要求，在关键位置采用具有高耐蚀性、高强韧性、全材料防腐特点的不锈钢钢筋，替代传统“表面防腐的碳钢钢筋”，已成为国际发展趋势。欧美国家已将不锈钢钢筋纳入其标准体系，如英国标准BS 6744、美国标准ASTM A955/A955M等，进行大力推广，并在一些设计使用寿命在100年以上的跨海桥梁等海工建筑中得到了应用，有的设计寿命甚至达到300年。我国于2004年5月颁布的《混凝土结构耐久性设计与施工指南》中指出，百年以上使用年限的特殊工程可选用不锈钢钢筋。不锈钢钢筋在我国的使用目前出现在香港已建成的两座桥梁工程和港珠澳大桥，其设计寿命均在120年以上。一座是连接香港鳌磡石和深圳西部的通道大桥，大桥的香港段钢筋使用了约1250t的316和2205不锈钢钢筋；另一座是昂船洲大桥，与海水接触的桥墩使用了约4000t的304和2205不锈钢钢筋；港珠澳大桥使用2304双相不锈钢钢筋一万多吨，其中国内企业山西太钢不锈钢股份有限公司供货8000多吨，这是我国内地首次用不锈钢钢筋建设跨海桥梁，也是首次使用国产的不锈钢钢筋。

核工程材料是指反应堆及核燃料循环和核技术中用的各种特殊材料，用到的钢材主要是低合金高强度钢、特种不锈钢等。

(1) 压力容器用不锈钢

对于轻水堆压力容器，主要选用低合金高强度钢，但是由于低合金高强度钢的耐蚀性不能满足轻水堆的需求，因此，通常在压力壳内壁堆焊了5～6mm的不锈钢层。所用焊接材料为AISI308(00Cr20Ni10)和AISI309(00Cr23Ni11)不锈钢。在重水堆压力容器中，由于承受压力小(约≤9.8MPa)，主要考虑其耐重水腐蚀和焊接性能，目前可选用奥氏体铬镍不锈钢。对于钠冷快堆压力容器，多用池式结构，反应堆的堆芯和二回路钠泵等均置于充满钠的容器内。此容器仅承受大约6.9MPa的压力，但应具有快中子辐照下的性能稳定性和耐约550℃液态钠的腐蚀，为此同样选用奥氏体不锈钢，例如0Cr18Ni9、0Cr18Ni12Mo2和0Cr18Ni10Ti。

（2）反应堆用不锈钢

反应堆中用得最多的是奥氏体不锈钢。与马氏体或铁素体不锈钢相比，奥氏体不锈钢具有更好的耐蚀性、塑韧性和焊接性。除压力容器外，堆芯和堆内构件以及控制棒驱动机构也均属于反应堆本体的关键设备和构件。在轻水堆工况条件下，堆芯和堆内构件不仅要在280～350℃高温和9～15MPa压力下，而且要在具有强中子辐射（特别是堆芯和堆下部结构件）和高温水腐蚀、冲刷、水力振动等恶劣条件下长期工作。为此，对所用结构材料提出了苛刻要求。目前轻水堆大量选用多种奥氏体不锈钢，不仅由于它们具有优良的常规综合性能，而且在一般条件下不存在韧-脆转变温度，即使在快中子注量达1020n/cm^2的辐照条件下也几乎不产生脆化。主要采用铬镍不锈钢的板材、锻件、管材、棒材等。主要牌号有0Cr18Ni9（304）、00Cr18Ni10（304L）、0Cr18Ni9Ti、0Cr18Ni12Mo2Ti等。由于钠冷快堆较轻水堆具有更高的工作温度，堆芯具有更强的快中子辐照（可达1020～1023个（中子）/cm^2）特性，还要求材料与液态钠的相容性。因此，钠冷快堆从燃料包壳、控制棒包壳到堆内各种结构部件用材料都选用铬镍奥氏体不锈钢。例如，0Cr18Ni9（304）、0Crl8Ni12Mo2（316）、0Cr18Ni15Mo2Ti（316Ti）、控氮Cr18Ni4Mo2等。钠冷快堆的燃料包壳工作温度可达650℃，管外有高温液态钠，管内又有核燃料裂变产物的压力和侵蚀，因此，奥氏体不锈钢中的0Cr18Ni12Mo2（316）一直系包壳材料的首选。大型核燃料生产堆的立管螺栓、脉冲管卸料机构等也均选用奥氏体不锈钢。国内生产堆早期5000个主管螺栓均用4Cr14Ni4W2Mo，由于大量应力腐蚀和腐蚀疲劳断裂，全部改用国内开发的00Cr25Ni6Ti和00Cr26Ni7Mo2Ti双相不锈钢；卸料机构的脉冲管总长达数十公里，早期选用1Cr18Ni9Ti钢管，由于部分脉冲管在反应堆底部潮湿气氛中，导致大量氯化物点蚀和应力腐蚀而泄漏，后改用了国内研制的00Cr18Ni6Mo3SiNb双相不锈钢。

3.5.2 耐热钢和高温合金

在发动机、化工、航空航天等领域，有很多部件需要在高温下运行，因此对其高温性能提出了苛刻要求。耐热钢和高温合金主要是指在高温下具有高的化学稳定性和高的力学性能的特殊性能钢或合金，主要用在高温环境下。

钢的耐热性主要体现在高温抗氧化性和高温强度（热强性）两个方面。在加热炉、锅炉、燃气轮机等高温设施中，许多零件要求在高温下具有良好的抗蠕变和抗断裂的能力，良好的抗氧化能力、必要的韧性以及优良的加工性能，因此主要体现在对高温抗氧化性和高温强度的要求。

3.5.2.1 耐热钢的性能要求

（1）高温抗氧化性

高温抗氧化性是指金属在高温下的抗氧化能力，是零件在高温下持久工作的基础。金属的氧化主要决定于金属与氧的化学反应能力，而氧化速度或抗氧化能力，在很大程度上取决于金属氧化膜的结构和性能，即氧化膜的化学稳定性、结构的致密性和完整性、与基体的结合能力以及本身的强度等。金属在高温下与氧接触时表面如果形成致密且熔点高的氧化膜，就可以有效避免金属的进一步氧化。

铁与氧的化学反应可以生成一系列不同的氧化物。当温度低于560℃主要生成Fe_2O_3和Fe_3O_4，这两种氧化物的结构比较致密，可以阻止钢的进一步氧化，因此对钢有很好的保护作用。当温度高于 560℃,形成的氧化物主要是 FeO,与上述两种氧化物不同,FeO 的结构疏松,里面的晶体空位较多,因此原子扩散容易,会进一步对钢基体进行氧化。所以,提高钢的抗氧化性,主要方法是改善氧化膜的结构,提高氧化膜的致密度,抑制原子的进一步扩散。为了提高钢的抗氧化性能,一般采用合金化的方法,在钢中加入 Cr、Si、Al 等元素,从而在钢的表面上形成 Cr_2O_3、SiO_2 和 Al_2O_3 等氧化膜,这些氧化膜致密而且稳定,主要为尖晶石类型结构,可以牢固地附在钢的表面,使钢在高温气体中的氧化过程得到抑制。在钢中加入 15%的铬,可以使抗氧化温度提高到 900℃,如果加到 20%~25%,抗氧化温度可以达到 1100℃。

(2) 高温强度

高温强度也称为热强性,是对钢在高温下强度的表征。金属在高温下的力学性能与室温不同,在高温下钢的强度会降低,当受到一定应力作用时,发生变形量会随时间而逐渐增大的现象,称为蠕变。显然,在高温下长期工作的零件应该具有高的蠕变强度或持久强度,因此金属的强度在高温下通常用蠕变极限和持久强度来表示。蠕变极限是钢在一定温度下、一定时间内产生一定变形量时的应力。例如 700℃、1000h 的总蠕变量达到 0.2%时的蠕变极限用 $\sigma_{0.2/1000}^{700}$ 表示。持久强度是钢在一定温度下经一定时间引起断裂的应力,如持久强度 σ_{1000}^{700} 表示在 700℃经 1000h 后断裂的应力。金属在高温下强度降低,主要是扩散加快和晶界强度下降的结果。所以提高高温强度通常采用以下几种措施:固溶强化、析出强化和晶界强化。固溶强化就是加入合金元素在基体中形成固溶体,减缓原子的扩散,从而提高高温强度;析出强化主要是依赖于加入的合金元素形成稳定的碳化物、氮化物或者金属间化合物等,从而阻碍位错的滑移,提高再结晶温度,进一步提高高温强度;晶界强化主要是通过加入合金元素提高晶界强度,因为在高温下晶界的强度要低于晶内,通过加入钼、锆、钒、硼等晶界吸附元素,可以降低晶界表面能,从而强化晶界提高热强性。

3.5.2.2 耐热钢的化学成分特点

耐热钢的碳含量一般都较低,碳是扩大 γ 相区的元素,对钢有强化作用,但是当碳质量分数较高时,形成的碳化物在高温下容易聚集,导致高温强度下降。为了提高钢的抗氧化性和热强性,通常在耐热钢中加入的合金元素有 Cr、Si、Al、Mo、W、V、Ti 等元素。Cr、Si、Al 的加入可以有效提高钢的抗氧化性,它们可使共析温度升高,提高氧化膜的稳定性,可提高 FeO 出现的温度,改善钢的高温化学稳定性。Cr、Al、Si,它们与 O 亲和力比 Fe 大,选择性氧化形成结构致密、稳定、与基体结合牢固的 Cr_2O_3、Al_2O_3、SiO_2 氧化膜,使钢不发生继续氧化。Cr 还有利于提高热强性,除此之外,加入 Mo、W、V、Ti 等元素可以形成细小弥散的合金碳化物做强化相,能够起到弥散强化的作用,提高热强性。

3.5.2.3 常用耐热钢

根据热处理特点和组织的不同,耐热钢分为珠光体型、马氏体型和奥氏体型耐热钢。

(1) 珠光体型耐热钢

珠光体型耐热钢的显微组织主要为珠光体和铁素体。常用钢种有 15CrMo、12CrMo、25Cr2MoV 等,其工作温度为 350~550℃,由于钢中合金元素含量较少,因此加工工艺性好,常用于制造锅炉、化工压力容器、热交换器、汽阀等耐热构件。这类钢在长期的使用过程中容易发生珠光体的球化和石墨化,从而显著降低钢的蠕变强度和持久强度。因此这类钢应尽可能降低碳含量和锰含量,并适当加入铬、钼等元素来抑制钢的球化和石墨化倾向。

(2)马氏体型耐热钢

马氏体型耐热钢主要用于制造汽轮机叶片和气阀等。常用钢种为12Cr13(1Cr13)、20Cr13(2Cr13)、42Cr9Si2(4Cr9Si2)、14Cr11MoV(1Cr11MoV)等,12Cr13和20Cr13是最早用于制造汽轮机叶片的耐热钢。这类钢含有大量的Cr元素,因此抗氧化性及热强性都很高,淬透性也很好,经调质处理后组织为回火索氏体,主要用于制造600℃以下受力较大的零件。

(3)奥氏体型耐热钢

奥氏体型耐热钢的耐热性能优于珠光体型耐热钢和马氏体型耐热钢,这类钢的冷塑性变形性能和焊接性能都很好,一般工作温度为600~800℃。常用钢种有06Cr18Ni11Ti(0Cr18Ni10Ti)、20Cr25Ni20(2Cr25Ni20)、16Cr23Ni13(2Cr23Ni13)等。钢中含有较多的奥氏体稳定化元素Ni,因此经固溶处理后组织为单一奥氏体。这类钢常用于制造一些比较重要的零件,如燃气轮机轮盘和叶片、排气阀、高温炉用零件等。

3.5.2.4 高温合金的性能特点及工程应用

与耐热钢相比,高温合金具有更高的使用温度,通常是指在650~1100℃温度下长期工作的合金。目前在900~1000℃工作的构件可使用镍基高温合金。镍基高温合金是在Cr20Ni80合金系基础上加入钨、钼、钴、钛、铝等元素发展起来的一类合金。主要通过析出强化及固溶强化提高合金的耐热性,可用于制造汽轮机叶片、导向叶片和燃烧室等。

(1)高温合金性能的基本要求

高温合金的开发和应用是与航空、动力等工业部门的迫切需求密切相关的。目前高温合金主要应用于航空发动机、工业燃气轮机等。此外,在石油化工、火箭发动机、宇宙飞行器、核反应堆等方面也获得了广泛应用。高温合金构件除了承受极其复杂的机械负荷,如涡轮叶片,由于振动、气流的冲刷,特别是因旋转而造成的离心力,将受到较大的应力作用;燃料燃烧后,还有大量的氧、水蒸气,并存在SO_2、H_2S等腐蚀性气体,将受到剧烈的氧化和腐蚀作用,因此,其工作条件非常复杂。这时选用一般的耐热钢已不能满足其抗氧化和高温强度的要求,因此需要采用高温合金制造。

高温合金的基本性能要求:①高的热稳定性,即合金在高温下具有高的抗氧化和抗腐蚀能力;②高的热强性,合金在高温下具有高的抵抗塑性变形和断裂的能力;③良好的工艺性能,合金在冶炼、铸造、热压、冷压、焊接、热处理和切削加工等方面具有良好的加工工艺性能。

(2)高温合金的分类

按合金基体成分不同,高温合金通常可分为铁基、镍基、钴基、铌基、钼基等类型高温合金;按生产工艺不同,又可分为变形高温合金和铸造高温合金两大类。下面简单介绍变形铁基和镍基两类高温合金以及铸造高温合金。

① 变形铁基高温合金　这类合金是在奥氏体耐热钢基础上增加了Cr、Ni、W、Mo、V、Ti、Nb,Al等合金元素,通过形成单相奥氏体组织提高抗氧化性,并提高再结晶温度,以及形成弥散分布的稳定碳化物和金属间化合物,从而提高合金的高温强度。这类合金的常用牌号有GH1035、GH2036、GH1131、GH2132、CH2135,“GH”是“高合”汉语拼音字首,它们的热处理为固溶处理或固溶+时效处理。其中CH1035、CH1131采用固溶处理,获得单相奥氏体组织,抗氧化性好,冷压力加工成形性和焊接性好,用于制造形状复杂、需经冷压和焊接成形、受力不

大、主要要求在800～900℃温度下抗氧化能力强的零件，如喷气发动机的燃烧室等；GH2036、GH2132、GH2135采用固溶+时效处理，高温强度好，用于制造在650～750℃温度下受力的零部件，如涡轮盘、叶片、紧固件等。

② 变形镍基高温合金　这类合金是以Ni为主要元素，加入Cr、W、Mo、Co、V、Ti、Nb、Al等合金元素，形成以Ni为基的固溶体，也称它为奥氏体，产生固溶强化，并提高再结晶温度和形成弥散分布的稳定碳化物及金属间化合物，故这类合金的抗氧化性好，具有好的高温强度。常用牌号有GH3030、GH4033、GH4037、GH3039、GH3044、GH4049，它们的热处理为固溶处理或固溶+时效处理。其中GH3030、GH3039、CH3044采用固溶处理，获得单相奥氏体组织，具有好的塑性和冷加工性能及焊接性能，用于制造形状复杂、需冷压和焊接成形、受力不大、主要要求在800～900℃温度下抗氧化能力强的零件，如喷气发动机的燃烧室、火焰筒等；CH4033、GH4037、GH4049采用固溶+时效处理，抗氧化性好、高温强度高，用于制造在800～900℃温度下受力的零件，如涡轮叶片等。

③ 铸造高温合金　与变形高温合金不同，铸造高温合金主要是指通过铸造方法成形的一类高温合金。其主要特点包括：因为不需要特殊考虑其变形加工性能，主要考虑其使用性能，因此成分范围更宽；由于铸造方法具有的特殊优点，可根据零件的使用需求进行设计、制造，因此可以制造具有复杂结构和形状的高温合金铸件，因此应用领域更广泛。常用的铁基铸造高温合金有K211、K213、K214、K232、K273；镍基铸造高温合金有K401、K403、K405、K412、K417、K418、K419等。这些合金适用于650～1100℃范围内的不同工作温度，已成功用于制造飞机和火箭发动机的导向叶片、涡轮工作叶片、整铸导向器、整铸涡轮、整铸扩压器机匣、尾喷口调节片等关键部件和多种民用高温、耐蚀零件。

3.5.3 耐磨钢

对于承受严重磨损和强烈冲击的零件需要用耐磨钢制造，例如车辆履带、挖掘机铲斗、破碎机腭板和铁轨分道岔等。因此，耐磨钢主要要求具有很高的耐磨性和韧性，在实际应用中高锰钢是目前最主要的耐磨钢。

3.5.3.1 化学成分特点及牌号

① 高的碳含量　增加碳含量可以保证钢的耐磨性和强度。但碳质量分数过高时，会导致淬火后韧性下降，且易在高温时析出碳化物。因此，碳质量分数一般不能超过1.4%。

② 高的锰含量　锰是扩大γ相区的元素，与碳的共同加入可以保证完全获得奥氏体组织，提高钢的加工硬化效应及良好的韧性，锰的质量分数为11%～14%。

③ 适量的硅元素　硅可改善钢水的流动性，并起固溶强化的作用。但其质量分数也不宜太高，如果含量过高会导致在晶界形成碳化物，引起钢的开裂，因此，其质量分数一般为0.3%～0.8%。

④ 高锰钢的牌号　高锰钢由于机械加工困难，通常采用铸造成形，具体牌号、化学成分见表3-22。

表3-22　高锰钢的牌号和主要化学成分(摘自GB/T 5680—2023)

材料牌号[①]	主要化学成分(质量分数)/%								
	C	Si	Mn	P	S	Cr	Mo	Ni	W
ZG120Mn7Mo	1.05～1.35	0.3～0.9	6～8	≤0.060	≤0.040	—	0.9～1.2	—	—
ZG110Mn13Mo	0.75～1.35	0.3～0.9	11～14	≤0.060	≤0.040	—	0.9～1.2	—	—

续表

材料牌号①	主要化学成分(质量分数)/%							
	C	Si	Mn	P	S	Cr	Mo	Ni	W
ZG100Mn13	0.90～1.05	0.3～0.9	11～14	≤0.060	≤0.040	—	—	—	—
ZG120Mn13	1.05～1.35	0.3～0.9	11～14	≤0.060	≤0.040	—	—	—	—
ZG120Mn13Cr2	1.05～1.35	0.3～0.9	11～14	≤0.060	≤0.040	1.5～2.5	—	—	—
ZG120Mn13W	1.05～1.35	0.3～0.9	11～14	≤0.060	≤0.040	—	—	—	0.9～1.2
ZG120Mn13CrMo	1.05～1.35	0.3～0.9	11～14	≤0.060	≤0.040	0.4～1.2	0.4～1.2	—	—
ZG120Mn13Ni3	1.05～1.35	0.3～0.9	11～14	≤0.060	≤0.040	—	—	3～4	—
ZG90Mn14Mo	0.70～1.00	0.3～0.6	13～15	≤0.070	≤0.040	—	1.0～1.8	—	—
ZG120Mn18	1.05～1.35	0.3～0.9	16～19	≤0.060	≤0.040	—	—	—	—
ZG120Mn18Cr2	1.05～1.35	0.3～0.9	16～19	≤0.060	≤0.040	1.5～2.5	—	—	—

①可加入微量V、Ti、Nb、B和RE等元素

3.5.3.2 高锰钢的热处理特点

高锰钢的热处理对于其应用非常重要，在铸造成形后的铸态组织一般是奥氏体、珠光体、马氏体加碳化物复合组织，力学性能差，耐磨性低，不宜直接使用，必须经过水韧处理。水韧处理即是将钢加热到1000～1100℃保温，使碳化物全部溶解，然后在水中快冷，在室温下获得均匀单一的奥氏体组织。此时钢的组织为过饱和的单相奥氏体，硬度很低（约为210HB），而韧性很高，当工件在工作中受到强烈冲击或强大压力而变形时，表面层产生强烈的加工硬化，并且还发生马氏体转变，使钢的表面硬度显著提高，而心部仍为原来的高韧性的奥氏体状态。因此，工件在工作中受力不大时，高锰钢的耐磨性是无法有效体现出来的。

3.6 铸铁

3.6.1 铸铁的特点及分类

铸铁是碳质量分数大于2.11%的铁碳合金，并含有较多的Si、Mn、S、P等元素，它是历史上使用较早的材料，由于铸铁价格便宜，具有许多优良的使用性能和工艺性能，并且生产设备和工艺简单，所以应用非常广泛。铸铁可以用来制造各种机器零件，如机床的床身、床头箱，发动机的气缸体、缸套、活塞环、曲轴、凸轮轴，轧机的轧辊及机器的底座等。

碳在铸铁中既可以与铁形成渗碳体（Fe_3C），也可以形成游离状态的石墨（G）。根据碳在铸铁中存在的形式不同，可以将铸铁分为以下几种类型。

① 白口铸铁　在白口铸铁中，碳主要以渗碳体的形式存在（少量溶于铁素体中），因其断口呈白亮色，所以称为白口铸铁。Fe-Fe_3C相图中的亚共晶、共晶、过共晶合金即属于这类铸铁。这类铸铁组织中都存在着共晶莱氏体，性能硬而脆，很难切削加工，因此除了少数用作不受冲击的耐磨零件外，主要用作炼钢原料。

② 灰口铸铁　在灰口铸铁中，碳大部分以游离状态的石墨形式存在，其断口呈暗灰色，

故称为灰口铸铁。根据石墨形态不同，又可以进一步分为灰铸铁（石墨呈片状）、球磨铸铁（石墨呈球状）、蠕墨铸铁（石墨呈蠕虫状）和可锻铸铁（石墨呈团絮状）。

③ 麻口铸铁　在麻口铸铁中，碳既以渗碳体形式存在，又以游离态石墨形式存在，其断口呈黑白相间的麻点，故称为麻口铸铁。这类铸铁也具有较大的硬脆性，故工业上很少使用。

3.6.2 铸铁的结晶及石墨化

3.6.2.1 铁碳合金复线相图

在铁碳合金中，碳可以三种形式存在，一是溶于 α-Fe 或 γ-Fe 中形成间隙固溶体；二是形成渗碳体（Fe_3C）；三是以游离态石墨（G）的形式存在。渗碳体晶体结构复杂。石墨为层状结构，具有简单六方晶格，其层面原子呈六方网格排列，原子之间为共价键结合，原子间距小（0.142nm），结合力很强；层面之间为分子键结合，相邻层面的间距较大（0.335nm），结合力较弱，所以石墨强度、硬度和塑性都很差。

在铸铁中渗碳体为亚稳相，在一定条件下能分解为铁和石墨（$Fe_3C \rightarrow 3Fe + G$）；石墨为稳定相。所以在不同条件下，铁碳合金可以存在亚稳定平衡的 Fe-Fe_3C 相图和稳定平衡的 Fe-G 相图两种相图，即铁碳合金相图是复线相图（如图 3-25 所示）。图中实线表示的是 Fe-Fe_3C 相图，而虚线表示的是 Fe-G 相图。铁碳合金按哪种相图结晶，通常决定于其成分、加热及冷却条件。Fe-G 相图中相转变的分析方法与 Fe-Fe_3C 相图的相似。

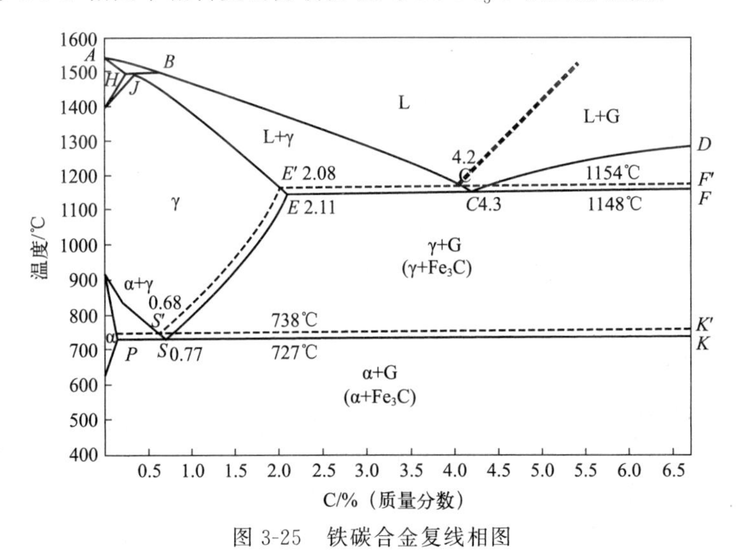

图 3-25　铁碳合金复线相图

3.6.2.2 铸铁的结晶

在铸铁中，当碳以渗碳体形式存在时为亚稳定相，如果在高温下长时间保温，渗碳体便会分解为铁和石墨，这一过程称为"石墨化"过程。因此，对于铸铁的结晶，实际上存在两种相转变过程，其中一种是碳以渗碳体的形式存在，另一种是碳以游离石墨的形式存在，下面从热力学和动力学条件两方面对铸铁结晶过程中碳的存在形式进行分析。

（1）铸铁结晶的热力学条件

以共晶成分的铸铁进行分析，如图 3-26 所示，1148℃为奥氏体＋渗碳体（$A + Fe_3C$）

混合物的共晶转变温度，1154℃为奥氏体＋石墨（A＋G）混合物的共晶转变温度，当温度高于1154℃，液态共晶合金的自由能 F_L 最低，因此不能发生共晶转变，当温度处于1154℃～1148℃，$F_{A+G} < F_L < F_{A+Fe_3C}$，当温度低于1148℃，$F_L > F_{A+Fe_3C} > F_{A+G}$，可以看出发生共晶转变时A＋G的自由能都是最低的，因此从热力学角度分析，石墨的形成是最有利的，合金结晶时优先进行石墨化，碳在铸铁中主要以石墨的形式存在。

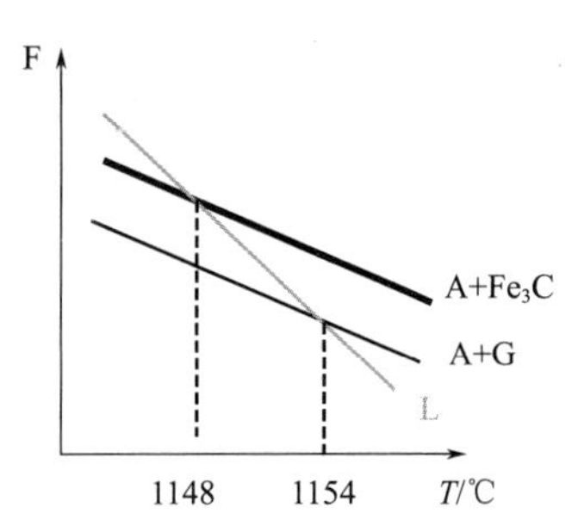

图3-26 不同组成相的自由能-温度（F-T）关系曲线

（2）铸铁结晶的动力学条件

在实际的结晶过程中合金的冷却速度可能会很快，扩散可能无法充分进行，因此从动力学条件分析，即快冷条件下，铸铁结晶有利于形成A＋Fe_3C。这主要从两个方面进行分析，一是浓度起伏，液态共晶合金的C含量为4.3%，结晶形成Fe_3C的C含量为6.69%，形成G时的C含量为100%，因此L-G转变的成分变化要远大于L-Fe_3C的成分变化，这不利于G的形成，有利于形成Fe_3C。二是扩散条件，G形核时C和Fe原子都要进行扩散，而对于Fe_3C形核，主要发生的是C的扩散，因此从扩散角度分析，也是Fe_3C形核更容易，而G的形核相对困难。因此，从动力学角度分析，结晶形核和长大的动力学条件都有利于Fe_3C的形成。

因此，从上面分析可知，铸铁结晶过程中，从热力学条件分析有利于形成G，而从动力学条件分析有利于形成Fe_3C。

3.6.2.3 铸铁的石墨化过程

由于铸铁中的碳含量很高，因此一部分碳会以石墨的形式存在。铸铁中碳原子析出并形成石墨的过程称为石墨化。石墨既可以从液体、奥氏体、铁素体中析出，也可以通过渗碳体分解来获得。灰铸铁和球墨铸铁中的石墨主要是从液体中析出；可锻铸铁中的石墨主要是由白口铸铁经长时间退火，从渗碳体分解得到。

按照Fe-G相图，可将铸铁的石墨化过程分为三个阶段。

第一阶段石墨化：铸铁液体结晶出一次石墨（过共晶铸铁）和在1154℃（$E'C'F'$线）通过共晶反应形成共晶石墨。第二阶段石墨化：在738～1154℃温度范围内奥氏体析出二次石墨。第三阶段石墨化：在738℃（$P'S'K'$线）通过共析反应析出共析石墨。第三阶段石墨化还包括在738℃以下从铁素体中析出三次石墨的过程。

影响铸铁石墨化的主要因素是合金元素和冷却速度。

① 合金元素的影响 C、Si、Al、Cu、Ni、Co等元素促进石墨化，其中以碳和硅最强烈。生产中，调整碳、硅含量，是控制铸铁组织和性能的基本措施。碳不仅促进石墨化，而且还影响石墨的数量、大小及分布。Cr、W、Mo、V、Mn、S等元素阻碍石墨化。硫强烈促进铸铁的白口化，并使力学性能和铸造性能恶化，因此一般都控制在0.15%以下。

② 冷却速度的影响 在铸铁冷却结晶过程中，在高温慢冷的条件下，由于碳原子能充分扩散，通常按Fe-G相图进行转变，碳以石墨的形式析出。当冷却较快时，由液体中析出的是渗碳体。在一定的铸造工艺（如浇注温度、铸型温度、造型材料种类等）条件下，铸件的冷却对石墨化程度影响很大。例如对于不同壁厚铸件的组织，随着壁厚增加，冷却速度减慢，依次出现珠光体基体、珠光体＋铁素体基体和铁素体基体灰铸铁组织。

3.6.3 常用铸铁及其工程应用

3.6.3.1 灰铸铁及其工程应用

灰铸铁指石墨呈片状分布的灰口铸铁，是价格便宜且应用最广泛的铸铁材料。在各类铸铁的总产量中，灰铸铁占80%以上。

（1）灰铸铁的性能特点

灰铸铁中的石墨主要为不规则的片状石墨，导致灰铸铁的性能具有以下特点。

① 较低的力学性能　灰铸铁的抗拉强度和塑韧性都远低于钢，这是因为灰铸铁中片状石墨（相当于微裂纹）的存在，不仅在其尖端处引起应力集中，而且破坏了基体的连续性，这是灰铸铁抗拉强度很低，塑性和韧性几乎为零的根本原因。但是，灰铸铁在受压时石墨片破坏基体连续性的影响将大为降低，其抗压强度是抗拉强度的2.5～4倍。所以常用灰铸铁制造机床床身、底座等耐压零部件。

② 良好的耐磨性与减振性　良好的耐磨性主要因为：磨损中脱落的石墨起润滑减磨作用；石墨脱落后形成的显微孔洞能储存润滑油；微孔洞可以收容磨损所产生的微小颗粒。良好的减振性主要因为：存在的大量石墨割裂基体，阻止振动传播，并把振动能转化为热能消耗掉。

③ 良好的工艺性能　铸铁成分接近共晶成分，因此其熔点低、流动性好、凝固收缩小和填充铸型能力好，因此适宜于铸造结构复杂或薄壁铸件。另外，由于石墨的存在使切削加工时易于断屑，所以灰铸铁的切削加工性优于钢。但是灰铸铁的焊接性能很差，这是因为焊接区容易形成硬而脆的高碳马氏体和渗碳体，从而导致焊缝脆裂。

（2）孕育铸铁

通常灰铸铁中片状石墨尺寸较大，性能较差，为提高灰铸铁性能，浇注前向铁水中加入少量孕育剂，使铸铁组织细化，石墨的尺寸和分布得到改善，此过程称孕育处理，经孕育处理的灰铸铁为孕育铸铁。常用的孕育剂是硅质量分数为75%的硅铁合金、w_{Si}=60%～65%和w_{Ca}=25%～35%的硅钙合金等。孕育剂的作用是使铁水内同时生成大量均匀分布的非自发核心，以获得细小均匀的石墨片，并细化基体组织，提高铸铁强度；避免铸件边缘及薄断面处出现白口组织，提高断面组织的均匀性。灰铸铁孕育处理前后的显微组织照片如图3-27所示。

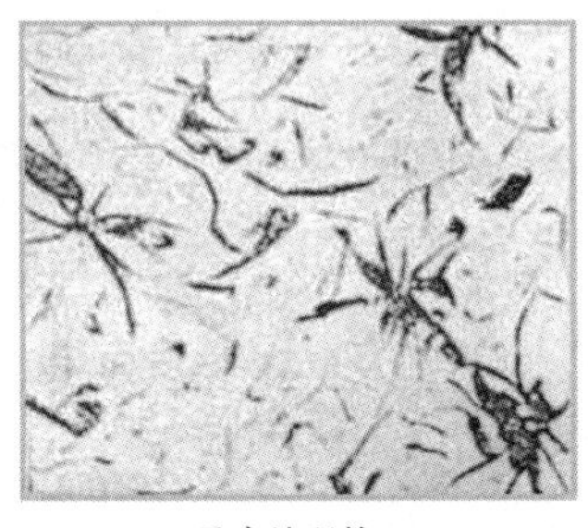
孕育处理前

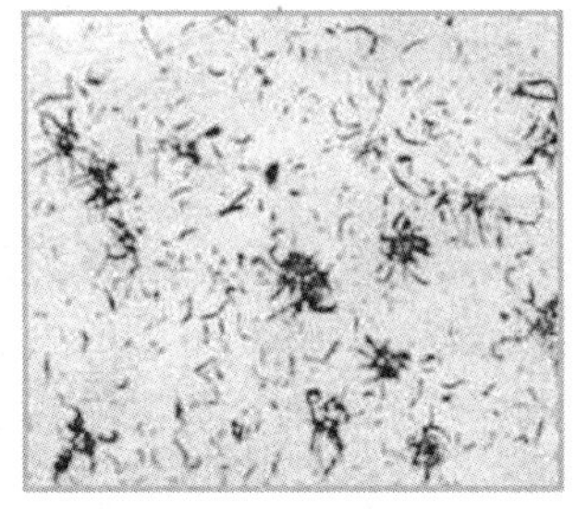
孕育处理后

图3-27　灰铸铁孕育处理前后的显微组织

（3）灰铸铁的热处理

热处理不能改变石墨的形态和分布，对提高灰铸铁整体力学性能作用不大，因此生产中主要用来消除铸件内应力、改善切削加工性能和提高表面耐磨性等。

① 去应力退火　一些形状复杂和尺寸稳定性要求较高的重要铸件，如机床床身、柴油机气缸等，为了防止变形和开裂，须进行去应力退火。其工艺是：加热温度500～550℃，加热速度为60～120℃/h。温度不宜过高，以免发生共析渗碳体的球化和石墨化。保温时间则取决于加热温度和铸件壁厚，一般是：壁厚≤20mm时，保温时间为2h，壁厚每增加25mm，保温时间增加1h。冷却速度为20～50℃/h，冷却到150～220℃后进行空冷。

② 高温退火　灰铸铁件表层和薄壁处产生白口组织难以切削加工，为了消除铸铁白口组织、降低硬度，需要进行高温退火。退火在共析温度以上进行，使渗碳体分解成石墨和铁素体，其工艺是：加热到850～900℃，保温2～5h，然后随炉冷却，至250～400℃后出炉空冷。退火铸铁的硬度可下降20～40HB。

③ 表面淬火　有些铸件如机床导轨、缸体内壁等，因需要提高硬度和耐磨性，可进行表面淬火处理，如高频表面淬火、火焰表面淬火和激光加热表面淬火等。淬火后表面硬度可达50～55HRC。

（4）灰铸铁的工程应用

我国灰铸铁的牌号“HT”表示“灰铁”，是汉字拼音的首字母组成，后面的数字表示最低抗拉强度。灰铸铁广泛应用于汽车工业、机械设备、建筑装饰、管道工业等领域。在汽车工业中，利用其良好的耐磨性和抗冲击性，可以用于制造底盘、飞轮、转子、引擎块、制动鼓和制动盘等。在机械设备制造中，灰铸铁常用于制造机体和机械工具，例如传动箱、飞轮、减速器、滑轨轮、摆轮、风扇和车轮等；制造承受压力和振动的零件，例如机床床身、各种箱体、壳体、泵体、缸体等。在建筑装饰领域中也有广泛应用，可以制作门环、门铃、门把手、电线盒、花盆和铁艺等装饰。在管道工业中，可以用于制造水管、燃气管、排水管道等各种耐腐蚀、密封性好的管件。灰铸铁的常用牌号、性能及应用见表3-23。

表3-23　灰铸铁的牌号、性能及应用（摘自GB/T 9439—2023）

牌号	铸件壁厚/mm	单铸试棒或并排试棒抗拉强度 R_m/MPa	应用
HT100	5～40	100～200	主要用于承受轻载荷的铸件。制造盖、底座、外罩、托盘、手轮、支架等
HT150	2.5～5 5～10 10～20 20～40 40～80 80～150 150～300	150～250	主要用于制造泵体、轴承座、阀壳、管子及管路附件等
HT200	2.5～5 5～10 10～20 20～40 40～80 80～150 150～300	200～300	用于制造承受中等载荷的铸件，例如一般机床床身及中等压力液压筒、液压泵和阀的壳体等

续表

牌号	铸件壁厚/mm	单铸试棒或并排试棒抗拉强度 R_m/MPa	应用
HT225	5～10 10～20 20～40 40～80 80～150 150～300	225～325	用于制造气缸、齿轮、机体、飞轮、齿条、衬筒等
HT250	5～10 10～20 20～40 40～80 80～150 150～300	250～350	用于制造阀壳、液压缸、气缸、联轴器、机体、齿轮、齿轮箱外壳、飞轮、衬筒、凸轮、轴承座等
HT275	10～20 20～40 40～80 80～150 150～300	275～375	用于制造机体、齿轮、轴承、机床卡盘、机床床身、液压筒等
HT300	10～20 20～40 40～80 80～150 150～300	300～400	用于制造齿轮、凸轮、机床卡盘、剪床、压力机的机身、导板、自动车床及其它较重负荷机床的床身、滑阀的壳体等
HT350	10～20 20～40 40～80 80～150 150～300	350～450	用于制造承受高载荷的铸件。制造机床、压力机、受力较大的机座、高压液压筒、液压泵和滑阀的壳体等

3.6.3.2 球墨铸铁及其工程应用

将铁液进行球化处理和孕育处理，使石墨以球状存在，由此获得的铸铁称为球墨铸铁。与灰铸铁的大层片状石墨形态不同，球墨铸铁经过球化处理后的石墨呈球状，对基体的破坏作用和在基体中引起的应力集中显著下降，因此球墨铸铁既具有很高的强度，又有良好的塑性和韧性，其综合力学性能接近于钢，同时其铸造性能好，成本较低，生产方便，在工业中得到了广泛的应用。

(1) 球墨铸铁的化学成分和球化处理

球墨铸铁的化学成分要求比较严格，一般范围是：$w_C=3.6\%\sim3.9\%$，$w_{Si}=2.2\%\sim2.8\%$，$w_{Mn}=0.6\%\sim0.8\%$，$w_S<0.07\%$，$w_P<0.1\%$。生产球墨铸铁时需要进行球化处理，即向铁水中加入一定量的球化剂和孕育剂，以获得细小均匀分布的球状石墨。国外使用球化剂主要是金属镁，实践证明，铁水中 $w_{Mg}=0.04\%\sim0.08\%$时，石墨就能完全球化。我国普遍使用稀土镁球化剂，镁是强烈阻碍石墨化的元素，为了避免白口，并使石墨球细

小、均匀分布，一定要加入孕育剂，常用的孕育剂为硅铁和硅钙合金等。

（2）球墨铸铁的牌号、组织和性能

我国球墨铸铁牌号用“QT”标明，其后两组数值表示最低抗拉强度和断后伸长率。球墨铸铁的基体组织包括铁素体、珠光体或铁素体＋珠光体，显微组织照片如图 3-28 所示。

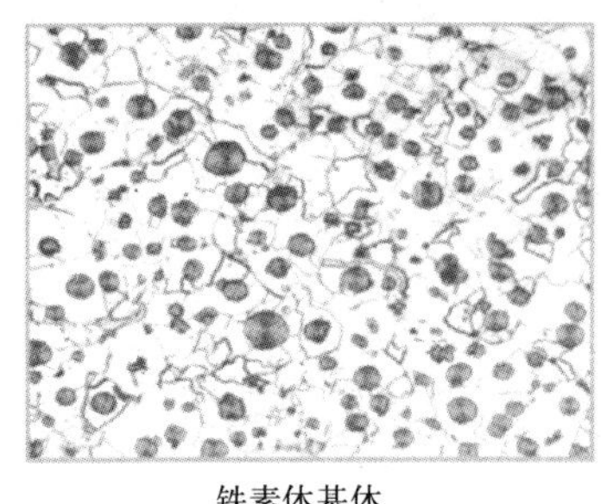
铁素体基体

珠光体基体

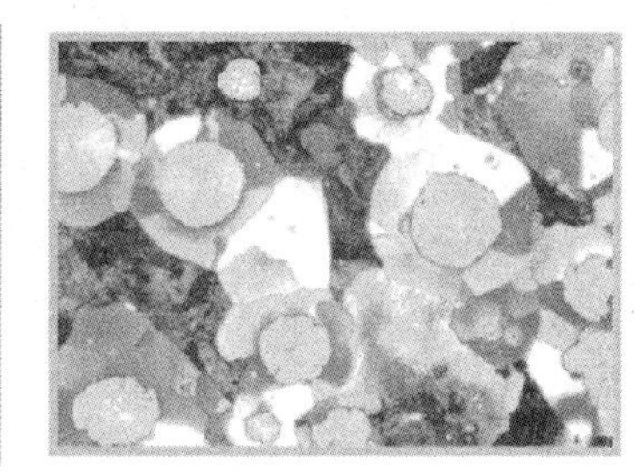
铁素体+珠光体基体

图 3-28 不同基体球墨铸铁的显微组织

球墨铸铁的抗拉强度远远超过灰铸铁，而与钢相当。其突出特点是屈强比（$\sigma_{0.2}/\sigma_b$）高，约为 0.7～0.8，而钢一般只有 0.3～0.5。通常在机械设计中，材料的许用应力根据 $\sigma_{0.2}$ 来确定，因此对于承受静载的零件，使用球墨铸铁比铸钢还节省材料重量更轻。

球墨铸铁具有较好的疲劳强度。试验表明，球墨铸铁的扭转疲劳强度甚至超过 45 钢，在实际应用中，大多数承受动载的零件是带孔和台肩的，因此完全可以用球墨铸铁来代替钢制造某些重要零件，如曲轴、连杆、凸轮轴等。

（3）球墨铸铁的热处理

球墨铸铁中球状石墨 G 对基体的割裂作用大大减弱，基体强度的利用率大大提高，基体组织对球铁机械性能起重要作用，热处理强化效果大，是球铁必不可少的工序。球墨铸铁的热处理与钢相似，但由于含有较高的硅、碳、锰等，因此共析转变温度较高、其奥氏体化的加热温度高于碳钢。此外，铸铁的 C 曲线右移，并形成两个“鼻尖”，淬透性比碳钢好，因此中、小铸件可采用油淬，并较易实现等温淬火工艺，获得下贝氏体基体。球墨铸铁的热处理主要有退火、正火、调质、等温淬火等。

① 退火。退火的目的在于获得铁素体基体。球化剂增大铸件的白口化倾向，当铸件薄壁处出现自由渗碳体和珠光体时，为了获得塑性好的铁素体基体，并改善切削性能，根据铸铁铸造组织不同，可采用以下两种退火工艺；高温退火：存在自由渗碳体时，进行高温退火。加热到 900～950℃，保温 2～5h，随炉冷却至 600℃左右出炉空冷。低温退火：铸态组织为铁素体加珠光体加石墨而没有自由渗碳体时，采用低温退火。加热到 720～760℃，保温 3～6h，随炉冷至 600℃后出炉空冷。

② 正火。正火的目的在于得到珠光体基体（占基体 75%以上），并细化组织，提高强度和耐磨性。根据加热温度不同，分高温正火（完全奥氏体化正火）和低温正火（不完全奥氏体化正火）两种。高温正火：加热到 880～920℃，保温 3h，然后空冷。为了提高基体中珠光体的含量，还常采用风冷、喷雾冷等加快冷却速度的方法，保证铸铁的强度。低温正火：加热到 840～860℃，保温一定时间，使基体部分转变为奥氏体，部分保留铁素体，空冷后得到珠光体和少量破碎铁素体的基体，提高铸铁的强度，保证其较好的塑性。

③ 调质处理。要求综合力学性能较高的球墨铸铁零件，如连杆、曲轴等，可采用调质处理。其工艺为：加热到 850～900℃，使基体转变为奥氏体，在油中淬火得到马氏体，然

后经550～600℃回火，空冷，获得回火索氏体组织。调制处理一般只适用于小尺寸的铸件，尺寸过大时，内部淬不透，不能保证性能需求。回火索氏体基体的球墨铸铁不仅强度高，而且塑性、韧性比正火得到的珠光体基体的球墨铸铁好。

④ 等温淬火。球墨铸铁经等温淬火后可获得下贝氏体基体，同时具有高的强度以及良好的塑性和韧性。等温淬火的工艺为：加热到奥氏体区（840～900℃），保温后在300℃左右的等温盐浴中冷却并保温，使基体在此温度下转变为下贝氏体。等温处理后，球墨铸铁的强度可达1200～1450MPa，冲击韧度为300～360kJ/m^2，硬度为38～51HRC。等温盐浴的冷却能力有限，一般只能用于截面不大的零件，例如受力复杂的齿轮、曲轴、凸轮轴等。

（4）球墨铸铁的工程应用

球墨铸铁具有高强度、良好的韧性和耐磨性、高疲劳极限和良好的冲击韧性，能够承受较大的压力和冲击，因此在建筑、机械制造、交通运输、水处理、能源等领域具有较广泛的应用。在建筑结构中，常用于制作支架、锚具、地脚螺栓等构件。在机械制造中，用于制造内燃机车零件、机床零件、起重机部件、农机具部件等。在汽车制造中，球墨铸铁常用于制造发动机缸体、曲轴箱、齿轮箱、缸套、摇臂、活塞环等关键部件。在水处理领域，常用于制造管道、阀门和泵壳等设备。在能源领域，球墨铸铁还被广泛应用于风力发电装备、核电设备等关键部件的制造。我国球墨铸铁牌号用“QT”标明，其后两组数值表示最低抗拉强度和断后伸长率，其具体牌号、性能及应用见表3-24。

表3-24　球墨铸铁的牌号、性能及应用（摘自GB/T 1348—2019）

牌号	铸件壁厚 t/mm	屈服强度 $R_{p0.2}$（min）/MPa	抗拉强度 R_m（min）/MPa	断后伸长率 A/%	应用
QT350-22L	$t\leqslant30$	220	350	22	用于制造寒冷地区工作的汽车部件、起重机部件、农机部件等
	$30<t\leqslant60$	210	330	18	
	$60<t\leqslant200$	200	320	15	
QT350-22R	$t\leqslant30$	220	350	22	用于制造核燃料贮存运输容器、风电轮毂、阀门、阀体、阀盖等
	$30<t\leqslant60$	220	330	18	
	$60<t\leqslant200$	210	320	15	
QT350-22	$t\leqslant30$	220	350	22	
	$30<t\leqslant60$	220	330	18	
	$60<t\leqslant200$	210	320	15	
QT400-18L	$t\leqslant30$	240	400	18	用于制造承受冲击、振动的铸件。例如，农机具零件、汽车、拖拉机牵引杠、驱动桥壳体、轮毂、离合器壳体、中低压阀门等
	$30<t\leqslant60$	230	380	15	
	$60<t\leqslant200$	220	360	12	
QT400-18R	$t\leqslant30$	250	400	18	
	$30<t\leqslant60$	250	390	15	
	$60<t\leqslant200$	240	370	12	
QT400-18	$t\leqslant30$	250	400	18	
	$30<t\leqslant60$	250	390	15	
	$60<t\leqslant200$	240	370	12	
QT400-15	$t\leqslant30$	250	400	15	
	$30<t\leqslant60$	250	390	14	
	$60<t\leqslant200$	240	370	11	
QT450-10	$t\leqslant30$	310	450	10	
	$30<t\leqslant60$	—	—	—	
	$60<t\leqslant200$	—	—	—	

续表

牌号	铸件壁厚 t/mm	屈服强度 $R_{p0.2}$（min）/MPa	抗拉强度 R_m（min）/MPa	断后伸长率 A/%	应用
QT500-7	$t \leqslant 30$	320	500	7	用于制造机器座架、传动轴、飞轮、机油泵齿轮、传动轴滑动叉等
	$30 < t \leqslant 60$	300	450	7	
	$60 < t \leqslant 200$	290	420	5	
QT550-5	$t \leqslant 30$	350	550	5	
	$30 < t \leqslant 60$	330	520	4	
	$60 < t \leqslant 200$	320	500	3	
QT600-3	$t \leqslant 30$	370	600	3	用于制造载荷大、受力复杂的零件。例如，汽车、拖拉机的曲轴、磨床、铣床、车床的主轴、空压机、冷冻机的缸体等
	$30 < t \leqslant 60$	360	600	2	
	$60 < t \leqslant 200$	340	550	1	
QT700-2	$t \leqslant 30$	420	700	2	
	$30 < t \leqslant 60$	400	700	2	
	$60 < t \leqslant 200$	380	650	1	
QT800-2	$t \leqslant 30$	480	800	2	
	$30 < t \leqslant 60$	—	—	—	
	$60 < t \leqslant 200$	—	—	—	
QT900-2	$t \leqslant 30$	600	900	2	用于制造高强度零件。例如，汽车、拖拉机传动齿轮、内燃机凸轮轴、曲轴、高强度齿轮等
	$30 < t \leqslant 60$	—	—	—	
	$60 < t \leqslant 200$	—	—	—	

注：本表数据适用于单铸试样、附铸试样和并排铸造试样；字母“L”表示低温，字母“R”表示室温。

3.6.3.3 蠕墨铸铁及其工程应用

蠕墨铸铁是20世纪60年代发展起来的一种新型铸铁，是液态铁水经蠕化处理和孕育处理所得到的。蠕墨铸铁的石墨形态具有介于片状和球状之间的中间形态（见图3-29），其石墨片的长厚比较小，端部较钝，为蠕虫状。蠕化剂目前主要采用镁钛合金、稀土镁钛合金或稀土镁钙合金等。蠕墨铸铁的强度接近于球墨铸铁，并且有一定的韧性、较高的耐磨性，同时又有和灰铸铁一样的良好的铸造性能和导热性。

灰铸铁

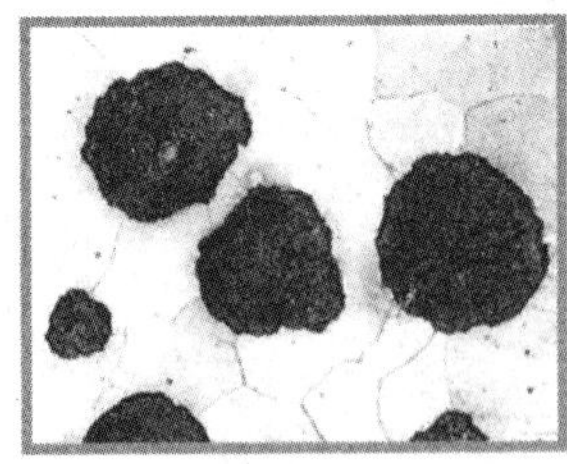
球墨铸铁

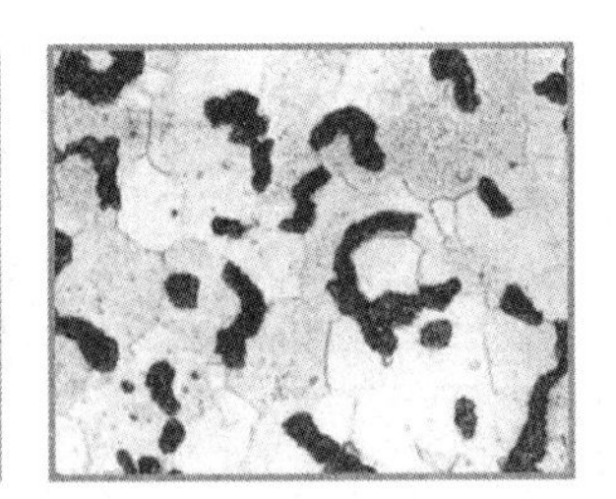
蠕墨铸铁

图3-29 不同铸铁的石墨形态

蠕墨铸铁的牌号以“RuT”表示，其后的数字表示最低抗拉强度。它已成功地用于高层建筑中的高压热交换器、内燃机、气缸、缸盖、气缸套、钢锭模、液压阀等铸件。常用蠕墨铸铁的牌号、性能及应用见表3-25。

表 3-25　蠕墨铸铁的牌号、性能及应用（摘自 GB/T 26655—2022）

牌号	抗拉强度 R_m/MPa ≥	屈服强度 $R_{p0.2}$/MPa ≥	断后伸长率 A/% ≥	典型的布氏硬度范围 HBW	主要基体组织	应用
RuT300	300	210	2.0	140～210	铁素体	用于制造受冲击和热疲劳的零件，例如，排气管、变速箱体、钢锭模、大功率内燃机缸盖、增压器壳体、农机零件等
RuT350	350	245	1.5	160～220	铁素体＋珠光体	用于制造要求较高强度并承受热疲劳的零件，例如，机床底座、联轴器、大功率内燃机缸盖、钢锭模、铝锭模、保护板、变速箱体等
RuT400	400	280	1.0	180～240	铁素体＋珠光体	用于制造有综合强度、刚度、导热性和耐磨性的零件，例如，重型机床件、大型齿轮箱体、制动鼓、起重机卷筒、钢锭模、铝锭模、玻璃模具等
RuT450	450	315	1.0	200～250	珠光体	用于制造要求高强度或高耐磨性的零件，例如，钢珠研磨盘、活塞环、刹车鼓、玻璃模具、内燃机缸体、气缸套、载重货车制动盘、泵壳和液压件等
RuT500	500	350	0.5	220～260	珠光体	

注：本表数据来自于单铸试样的力学性能；布氏硬度（指导值）仅供参考。

3.6.3.4　可锻铸铁及其工程应用

可锻铸铁中的石墨主要是由白口铸铁通过退火处理得到，它是一种高强度铸铁，有较高的强度、塑性和冲击韧度，可以部分代替碳钢。可锻铸铁有铁素体和珠光体两种基体。黑心可锻铸铁以“KTH”表示，珠光体可锻铸铁以“KTZ”表示，白心可锻铸铁以“KTB”表示。其后的两组数字表示最低抗拉强度和伸长率。

可锻铸铁生产分两个步骤。第一步，先铸造成白口铸铁，不允许有石墨出现，否则在随后的退火中，碳在已有的石墨上沉淀，得不到团絮状石墨；第二步，进行长时间的石墨化退火处理。可锻铸铁的退火过程如图 3-30 所示。将白口铸铁加热到 900～960℃，长时间保温，使共晶渗碳体分解为团絮状石墨，完成第一阶段的石墨化过程。随后以较快的速度（100℃/h）冷却通过共析转变温度区，得到珠光体基体的珠光体可锻铸铁。若第一阶段石墨化保温后慢冷，使奥氏体中的碳充分析出，完成第二阶段石墨化，并在冷却至 720～760℃后继续保温，使共析渗碳体充分分解，完成第三阶段石墨化，在 650～700℃出炉冷却至室温，可以得到铁素体基体的可锻铸铁。由于铸件表层脱碳而使心部的石墨多于表层，铸件断口心部呈灰黑色，表层呈白色，故称为黑心可锻铸铁。

白心可锻铸铁在氧化性气氛中进行退火，表层为铁素体，心部为珠光体加石墨，铸件断口心部呈白亮色。由于退火周期长，很少应用。

可锻铸铁常用来制造形状复杂、承受冲击和振动载荷的零件，如汽车、拖拉机的后桥外壳，管接头、低压阀门等。这些零件用铸钢生产时，因铸造性不好，工艺上困难较大；而用灰铸铁时，又存在性能不能满足要求的问题。与球墨铸铁相比，可锻铸铁具有成本低、质量

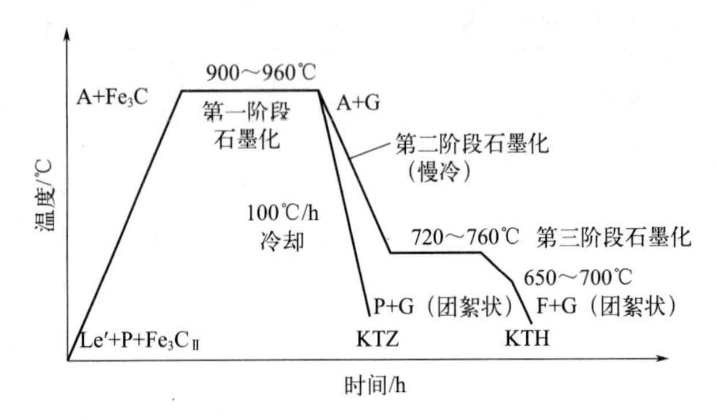

图 3-30　黑心可锻铸铁的石墨化退火工艺曲线

稳定、铁水处理简单等优点，尤其对于薄壁件，若采用球墨铸铁易生成白口，需要进行高温退火，采用可锻铸铁更为适宜。表 3-26 列出了我国常用可锻铸铁的牌号、性能及用途。可锻铸铁的生成周期很长，工艺复杂，成本较高，因此，随着稀土镁球墨铸铁的发展，不少可锻铸铁的零件已逐渐被球墨铸铁代替。

表 3-26　可锻铸铁的牌号、力学性能及用途（摘自 GB/T 9440—2010）

类别	牌号	试样直径/mm	力学性能				用途举例
			R_m/MPa	$R_{p0.2}$/MPa	A/%	硬度 HBW	
			不小于				
黑心可锻铸铁	KTH300-06	12 或 15	300	—	6	≤150	弯头、三通管件、中低压阀门等
	KTH330-08		330	—	8		扳手、犁刀、犁柱、车轮壳等
	KTH350-10		350	200	10		汽车、拖拉机前后轮壳、差速器壳、转向节壳、制动器及铁道零件等
	KTH370-12		370	—	12		
珠光体可锻铸铁	KTZ450-06		450	270	6	150～200	载荷较高和耐磨损零件，如曲轴、凸轮轴、连杆、齿轮、活塞环、轴套、耙片、万向接头、棘轮、扳手、传动链条等
	KTZ550-04		550	340	4	180～230	
	KTZ650-02		650	430	2	210～260	
	KTZ700-02		700	530	2	240～290	

3.6.3.5　特殊性能铸铁及工程应用

随着生产工业的发展，不仅要求铸铁具有更高的力学性能，有时还要求它具有某些特殊性能，如耐磨、耐热及耐蚀性等。为此，通过向铸铁中加入一定量的合金元素，以获得合金铸铁，或称为特殊性能铸铁。这些铸铁与相似条件下使用的合金钢相比，熔炼简单，成本低廉，有良好的使用性能，但它们的力学性能比合金钢低，脆性较大。

（1）耐磨铸铁

在磨粒磨损条件下工作的铸铁应具有高而均匀的硬度。白口铸铁就属于这类耐磨铸铁，但白口铸铁脆性较大，不能承受冲击载荷，因此在生产中常采用激冷的办法来获得冷硬铸铁。即用金属型铸造铸件的耐磨表面，其它部位采用砂型。同时调整铁水的化学成分，利用高碳低硅，保证白口层的深度，而心部为灰铸铁组织，有一定的强度。用激冷方法制造的耐磨铸铁，已广泛应用于轧辊和车轮等零件。在润滑条件下受黏着磨损的铸件，要求在软的基体上牢固地嵌有硬的组成相。软基体磨损后形成沟槽，可保存油膜。珠光体组织满足这种要求，铁素体为软基体，渗碳体为硬组成相，同时石墨片起储油和润滑作用。为了进一步改善珠光体灰铸铁的耐磨性，常将铸铁的磷质量分数提高到 0.4%～0.6%，生成磷共晶（F+Fe_3P，P+Fe_3P 或 F+P+Fe_3P），呈断续网状的形态分布在珠光体基体上，磷共晶硬度高，使其更加耐磨。在此基础上，还可加入 Cr、Mo、W、Cu 等合金元素，改善组织，提高基体强度和韧性，从而使铸铁的耐磨性能得到更大的提高，如高铬耐磨铸铁、奥-贝球墨铸铁等都是近十几年来发展起来的新型合金铸铁。

（2）耐热铸铁

在高温下工作的铸铁，如炉底板、换热器、坩埚、热处理炉内的运输链条等，必须使用耐热铸铁。灰铸铁在高温下表面要氧化和烧损，同时氧化气体沿石墨片边界和裂纹内渗，造成内部氧化，并且渗碳体会高温分解成石墨，导致热稳定性下降。加入 Al、Si、Cr 等元素，一方面在铸件表面形成致密的氧化膜，阻碍继续氧化；另一方面提高铸铁的临界温度，使基体变为单相铁素体，不发生石墨化过程，从而改善铸铁的耐热性。球墨铸铁中，石墨为孤立分布，互不相连，不形成气体渗入通道，故其耐热性更好。

常用的耐热铸铁有中硅球墨铸铁 RTQSi5（w_{Si} 为 5.0%～6.0%）、高铝球墨铸铁 RTQA122（w_{Al} 为 21%～24%）、铝硅球墨铸铁 RTQA14Si4 和 RTQA15Si5（w_{Al} 为 4.0%～5.0%、w_{Si} 为 4.4%～5.4%）、高铬耐热铸铁 RTCr16（w_{Cr} 为 15%～18%）等。

（3）耐蚀铸铁

耐蚀铸铁是指在腐蚀介质中工作时具有耐蚀能力的铸铁，主要用于化工部件，如阀门、管道、泵、容器等。普通铸铁的耐蚀性差，因为组织中的石墨和渗碳体促进铁素体腐蚀。目前生产中，主要通过加入 Si、Cr、Al、Mo、Cu、Ni 等合金元素形成保护膜，或使基体电极电位升高，可以提高铸铁的耐蚀性能。常用耐蚀铸铁有高硅、高硅钼、高铝、高铬等耐蚀铸铁。目前，应用最广的是高硅耐蚀铸铁，其中 w_{Si} 高达 14%～18%，在含氧酸（如硝酸、硫酸等）中的耐蚀性能不亚于 1Cr18Ni9 不锈钢。对于在碱性介质中工作的零件，可采用 w_{Ni} 为 0.8%～1.0%、w_{Cr} 为 0.6%～0.8%的抗碱铸铁。为改善在盐酸中的耐蚀性，可加入质量分数为 2.5%～4.0%的钼。

本章小结

钢铁材料工程是材料工程中最重要的部分，本章系统地介绍了钢的合金化原理、碳素钢、合金结构钢、合金工具钢、特殊性能钢及铸铁的材料工程方面的基础知识和基本理论，重点介绍了机械零件的失效分析和选材以及典型的工程应用。

思考题与练习题

1. 拟用 T12 制作不受冲击、要求高硬度的钻头和锉刀，工艺路线为：锻造→热处理→机加工一热处理→磨加工，请说明 T12 应选用什么预备热处理和最终热处理工艺，才能满足上述性能要求？最终热处理后的组织是什么？

2.1912 年 4 月 14 夜晚，“泰坦尼克号”与一座冰山相撞，造成右舷船艏至船中部破裂，4 月 15 日凌晨 2 时左右，泰坦尼克船体断裂成两截后沉入大西洋底。1938 年 3 月 14 日清晨，比利时的哈什尔大铁桥在严寒中突然一声巨响，断为 3 段跌入河中。上述材料的断裂现象是在低温下产生的，所以称之为“冷脆”。为了避免发生上述事故，从材料的性能和成分的角度应如何考虑？

3. 某汽车变速箱齿轮，$\sigma_b \geqslant 1080$MPa，冲击功 $aku_2 \geqslant 55$J，齿面硬度≥HRC58。采用 20CrMnTi 来制造，应采用什么样的热处理工艺来满足使用性能要求？

4. 采用 60Si2Mn 制造汽车板簧，其热成形制造弹簧的工艺路线大致如下：扁钢剪断→加热压弯成形→热处理→喷丸→装配。若想获得高的弹性极限和屈服极限，应选择什么热处理工艺？

5. 采用 GCr15 钢制备滚珠轴承，预先热处理采用什么工艺？预先热处理里后的组织是什么？

6. 在灰铸铁中，为什么碳含量和硅含量越高时，铸铁的抗拉强度和硬度越低？

7. 机床的床身和箱体为什么采用灰铸铁铸造为宜？能否用钢板焊接制造？

自测题

1. 钢中常存杂质元素有哪些？对钢的性能有何影响？

2. 指出下列钢的类别，钢中数字和符号的含义。Q235、T8、45、40Cr、GCr15

3. 为什么低合金高强度钢中基本上都含有不大于 1.8%的 Mn？

4. 为下列零件从括号内选择合适的制造材料，说明理由，并指出应采用的热处理方法。

（1）受冲击载荷的齿轮（40MnB、20CrMnTi、KT250-4）

（2）桥梁构件（Q345、40 钢、30Cr13）

（3）高速切削刀具（W18Cr4V、T8、9SiCr）

（4）凸轮轴（9SiCr、40Cr、GCr15）

5. 在高速钢中，合金元素 W、Mo、V、Cr 的主要作用是什么？

6. 高速钢中产生二次硬化现象的原因是什么？

7. 高速钢淬火后三次回火的目的是什么？这种回火在组织上引起什么样的变化？

8. 高碳高铬冷作模具钢的化学成分以及热处理特点是什么？

9. 简述热作模具钢应具备的基本性能。

10. 在铸铁石墨化过程中，如果第一、第二阶段完全石墨化，第三阶段完全石墨化或部分石墨化或未石墨化时，它们各获得哪种组织的铸铁？

参考文献

[1] 王引真．材料工程基础[M]. 青岛：中国石油大学出版社，2015：288.

[2] 李涛，杨慧．工程材料[M]. 北京：化学工业出版社，2013：124.

[3] 倪红军，黄明宇[M]. 工程材料．南京：东南大学出版社，2016：257.

[4] 李占君．机械工程材料[M]. 成都：电子科技大学出版社，2016：132.

[5] 毕大森．材料工程基础[M]. 北京:机械工业出版社,2011:291.
[6] 李镇江,赵朋成．工程材料性能与应用基础[M]. 北京:化学工业出版社,2013:169.
[7] 王正品,李炳,要玉宏．工程材料[M]. 北京:机械工业出版社,2021:124.
[8] 赵峰,冯光勇．工程材料[M]. 天津:天津大学出版社,2021:112.
[9] 朱敏．工程材料[M]. 北京:冶金工业出版社,2021:189.
[10] 王浩,薛维华,高志玉．工程材料学[M]. 北京:冶金工业出版社,2020:167.
[11] 于文强,姜学波．工程材料[M]. 北京:机械工业出版社,2021:201.
[12] 王国栋,尚成嘉,刘振宇．工程钢铁材料[M]. 北京:化学工业出版社,2016.
[13] 马运义,吴有生,方志刚．舶装备与材料[M]. 北京:化学工业出版社,2016.
[14] 方志刚,高性能船舶用金属材料[M]. 北京:化学工业出版社,2015.
[15] 周明胜,田民波,戴兴建．材料与应用[M]. 北京:清华大学出版社,2017.
[16] 阎昌琪,王建军,谷海峰．反应堆结构与材料[M]. 哈尔滨:哈尔滨工程大学出版社,2015.
[17] 戴永佳,王化明,詹毅,等．用钢发展历史与现状分析[J]. 水运,2012,12(6):35-36.
[18] 刘振宇,周砚磊,狄国际,等．强度厚规格海洋平台用钢研究进展及应用[J]. 中国工程科学,2014,16(2):31-38.
[19] 付魁军,及玉梅,王佳骥,等．大线能量焊接用船体结构钢的研究进展[J]. 鞍钢技术,2011,(6):7-12.

第 4 章

有色金属材料工程

本章导读

有色金属材料是指除了钢铁材料以外的所有金属材料的总和，常用的有色金属材料包括铝合金、铜合金、钛合金、镁合金等。人类应用有色金属材料的历史很早，“青铜器时代”就是明证。现在，有色金属材料的种类繁多，应用范围广泛，不仅涉及国民经济的各个领域，而且在很多地区成为人文习俗的一部分，最典型的如金银首饰。与钢铁材料多作为结构材料使用不同，有色金属材料不仅可以用于结构领域，而且呈现各种独特的功能特性。因此，有色金属材料在材料研究和应用中占有非常重要的一席之地。本章将引导学生对有色金属材料的基本概念和分类，以及代表性材料的基本理论和工程应用进行学习，有助于学生了解和认识有色金属材料，并结合典型的工程应用例子，学会在生产和生活中如何正确选择和应用有色金属材料。

本章的学习目标

1. 熟练掌握有色金属材料相关的基本概念和分类。

2. 能够应用专业知识，针对实际生产和生活问题，提出有色金属材料的原材料选择方案。

教学的重点和难点

1. 有色金属材料的强化机制。

2. 有色金属材料中添加元素的作用及其机理。

3. 有色金属材料的热处理，重点是铝合金的强化及热处理特点以及钛合金的热处理工艺。

4. 有色金属材料的典型工程应用。

4.1 概述

在英语中，“有色金属”对应于“nonferrous metals”，直译成汉语就是非铁类金属。《大辞海（材料科学卷）》中对“有色金属”的定义为：“元素周期表中除铁、铬、锰三种金属以外的所有金属元素的统称”。所以有色金属材料就是除了铁、锰、铬以外的所有金属材料，常用的有色金属材料包括铝、铜、钛、镁等单质金属及其合金。在人类文明发展史上，有色金属材料扮演了很重要的角色。“青铜器时代”所使用的青铜就是铜合金的一种，属于有色金属材料。我国早在夏朝时期（公元前 2140 年）就已经掌握了青铜的冶炼和使用，将青铜用于制造各种工具、食器、乐器和兵器。西周时期的“何尊”（见图 4-1），是青铜祭器，尊底铭文中的“宅兹中国”是“中国”一词最早的文字记载。世界上最古老的关于青铜合金成分的文字记载出现在春秋战国时的《周礼·考工记》中，称为“六齐”：“六分其金而锡居一，谓之钟鼎之齐；五分其金而锡居一，谓之斧斤之齐；四分其金而锡居一，谓之戈戟之齐；三分其金而锡居一，谓之大刃之齐；五分其金而锡居二，谓之削杀矢之齐；金、锡半，谓之鉴燧之齐。”这段文字里的“金”就是铜，它系统描述了六种不同成分的青铜，也就是铜锡合金，通过改变铜元素和锡元素的相对含量可以制成六种不同用途的器具。“六齐”的存在表明我们的祖先很早就认识到了材料的性能与成分之间的密切关系，并将其用于指导实际生产。

钢铁的出现，虽然终结了“青铜器时代”，但是随着近现代科学技术的进步，金属的冶炼和制备技术得到了飞速发展，越来越多的非铁类金属材料，也就是有色金属材料被开发并得到广泛使用，有些甚至替代了传统钢铁材料。比如在汽车轮毂上，用铝合金做的轮毂比钢制轮毂重量轻，惯性阻力小，散热快，而且不容易生锈。与钢铁材料注重力学性能，多作为结构材料使用不同，有色金属材料不仅可以用于工程结构领域，而且还具有钢铁材料所没有的功能特性，比如优良的导电性。电力传输线缆所用的材料主要是铜、铝及其合金，其主要性能要求就是导电性。另外，有色金属材料不仅应用于国民经济的各个领域，而且在很多地区是传统人文习俗的一部分，最典型的如金银首饰。我国清水江流域的苗族银饰被视为苗族文化的象征，采用白银制作。因此，有色金属材料在材料研究和应用中占有很重要的一席之地。本章将引导学生对有色金属材料的基本概念和分类，以及代表性材料的基本理论和工程应用进行学习，有助于学生了解和认识有色金属材料，并结合典型的工程应用例子，掌握对有色金属材料选材、用材的方法和思路。

图 4-1　何尊

有色金属材料的种类很多，主要根据基体元素和性能特点来进行分类：

① 按照基体元素分类　铝及铝合金、铜及铜合金、钛及钛合金、镁及镁合金、镍及镍合金等等。

② 按照性能特点分类

有色金属
- 重有色金属：Cu，Co，Ni，Pb，Zn，Cd，Hg，Sn，Sb，Bi
- 轻有色金属：Al，Mg，Ca，Ba，K，Na
- 贵金属：Ag，Au，Ru，Rh，Pd，Os，Ir，Pt
- 轻稀有金属：Li，Be，Rb，Cs，Sr
- 难熔金属：Ti，Zr，Hf，V，Nb，Ta，Mo，W，Re
- 稀土金属：Sc，Y，Ln（镧系元素）
- 稀散金属：Ga，In，Tl，Ge
- 放射性金属：U，Ra，Ac，Th，Pa，Po

对于以下两类有色金属简单进行介绍。

① 稀散金属　Scattered metals，1922 年，著名地球化学家维尔纳茨基首次提出“稀散元素”的概念，泛指自然界含量低（一般为 $10^{-9}\sim10^{-6}$）、以分散状态存在和很少形成独立

矿物的一类元素。《大辞海》中，“稀有分散金属”的定义为：亦称“稀散金属”，在自然界中不形成独立矿床而以杂质状态分散在其它矿物之中的金属。维尔纳茨基当时所指的稀散元素为Cd、Ga、In、Tl、Ge、Se、Te、Re、Hf、Rb和Se，共11种元素，现在通常所指的是镓、铟、铊、锗、硒、碲和铼7种元素。而且，人们也已经发现有些稀散金属是可以形成独立矿床的。

② 放射性金属　放射性金属是指能够释放出人眼看不见的射线的金属元素，包括天然放射性金属（铀、钍等）和人造元素（钚、锔等）。这类金属放出的射线对人体器官有严重的损害作用，铀可作为核电站燃料，医学上利用镭的放射性来治疗癌症和顽癣。

4.2 铝及铝合金

铝的发展历史至今不过200多年，自1886年电解法制铝技术被发明以来，铝的生产成本大幅下降，生产规模和应用范围都逐渐增大，预计到2025年世界上铝产量和消费量可达8000万吨。铝是用量最多的一种有色金属材料。

我国在1949年时全国铝产量仅仅10t。新中国成立后，相继建设和投产了一批氧化铝厂、电解铝厂和铝加工厂，初步形成比较完备的铝工业体系，1958年电解铝产量就达到了4.85万吨，实现了我国铝工业从无到有。21世纪以来，我国铝工业进入快速发展阶段，从2001年开始就成为世界最大的电解铝生产国。2018年，我国电解铝产量3580万吨，铝加工材综合产量3527万吨，出口铝材520.98万吨。同时在高端铝材方面也取得了很大进展：易拉罐铝材已实现完全自给，并批量出口；南山铝业2017年开始出口航空铝板材给波音公司。但在一些领域仍未能取得关键性突破，尤其是航空铝材、汽车车身薄板、动力电池铝箔等仍需依靠进口。

总之，近年来，我国铝工业发展迅速，但与世界先进水平相比，仍有明显差距，需要不断创新研发。

与其它金属材料相比，铝及铝合金有下列特性。

（1）密度小、比强度高

纯铝的密度2.7g/cm^3，大约是铁和铜的1/3。通过合金化，铝合金的强度可大大提高，所以比强度要比一般低合金结构钢高得多。

（2）优良的物理、化学性能

① 导电性仅次于银、铜和金，室温电导率约为铜的64%。

② 导热性能好，导热系数235.2 W/(m·K)。

③ 磁化率极低，接近于非磁性材料。

④ 耐大气腐蚀性强，表面能生成致密的氧化膜，耐酸。

（3）加工性能良好

塑性好，可冷成形，易切削。可制备各种形状复杂的中空型材以及箔材、带材、线材等。

（4）面心立方晶体结构，无同素异构转变。不能像钢一样借助热处理进行相变强化。

铝的其它特性还包括无毒、吸声、耐低温等，而且铝的资源丰富，在地壳中含量位居金属元素第一位，平均含量8.8%。生产成本较低，1t电解铝的平均制造成本大约是1740元。

以上特性使铝合金得以广泛应用于航空航天、交通运输、包装容器、建筑工程、电子电气等领域。

4.2.1 纯铝

我们实际使用的纯铝并不是单纯的铝单质，而是铝含量超过 99.0%的铝合金，按照纯度高低可分为高纯铝和工业纯铝两类。

(1) 高纯铝　纯度为 99.93%～99.99%，主要用于科学研究及制作电容器等。

(2) 工业纯铝　纯度为 99.0%～99.9%，可用来制作铝箔、电线电缆、焊条、装饰材料、反光板和热交换器等。

两类纯铝的主要物理性能对比如表 4-1。

表 4-1　两类纯铝的主要物理性能

性能	高纯铝（99.996%）	纯铝（99.5%）
密度（20℃）/（kg·m^{-3}）	2698	2710
熔点/℃	660.24	约 650
比热容（100℃）/[J·（kg·K）$^{-1}$]	934.92	964.74
热导率（25℃）/[W·（m·K）$^{-1}$]	235.2	222.6（0 状态）
线膨胀系数 （20～100℃）/[μm·（m·K）$^{-1}$] （100～300℃）/[μm·（m·K）$^{-1}$]	 24.58 25.45	 23.5 25.6
弹性模量/MPa	—	70000
电导率/（S·m^{-1}）	64.94	59（0 状态）
电阻率/（μΩ·m^{-1}）（20℃）	0.0267（0 状态）	0.02922（0 状态）
磁导率/（H·m^{-1}）	1.0×10^{-5}	1.0×10^{-5}

4.2.2 铝的合金化及分类

4.2.2.1 铝的合金化

纯铝很软，强度太低，不能直接用于结构材料。必须加入其它合金元素，即适当的合金化后才能获得较高的强度，并保持良好的塑性和加工性能。铝合金的强化机制主要有以下几种。

(1) 固溶强化

合金元素加入纯铝中，形成铝基固溶体，使晶格发生畸变，增加位错运动阻力，从而提高强度。合金元素的固溶强化能力与其本身性质及固溶度有关。

(2) 时效强化（沉淀强化）

如果某种合金元素在铝中具有较大固溶度，且随温度下降，固溶度急剧减小，就可以将铝合金加热到某一温度后急冷，得到过饱和固溶体，再将过饱和固溶体在某一温度进行保温处理，使基体中析出弥散强化相，导致合金强度和硬度随时间的延长而增高，而塑韧性降低，这一过程称为时效。这种强化机理称为时效强化或者沉淀强化。

（3）过剩相强化

铝合金固溶处理时，如果某一合金元素含量超过其极限溶解度，超出部分不能溶入固溶体而以第二相出现，称为过剩相。过剩相多为硬而脆的金属间化合物，阻碍位错滑移和运动，提高合金强度和硬度，降低塑、韧性。过剩相在一定限度内，数量越多强化效果越好，但超过该限度时，合金由于过脆反而使强度急剧下降。

（4）细晶强化

细晶强化指细化基体（包括细化晶粒、亚结构及增加位错密度）和细化过剩相。具体实施方式：①沉淀强化效果不大的铝合金，常采用加入微量合金元素进行变质处理来细化组织；②可沉淀强化铝合金，加微量 Ti、Zr、Be 或稀土形成难熔化合物，作为非自发晶核细化基体晶粒；同时微量元素在沉淀强化处理时，溶入基体提高铝合金再结晶温度，并呈弥散第二相析出，有效阻止再结晶过程及晶粒的长大；③采用快速冷却的方法，增加合金的过冷度来细化晶粒。

铝合金力学性能的改善主要通过合金化实现，其合金化元素包括 Cu、Mn、Si、Mg、Zn、Sn、稀土元素等。表 4-2 列出了一些主添加元素及其作用。

表 4-2　铝合金中主要添加元素及其作用

元素	作用
Cu	通过固溶、沉淀强化强烈提高室温强度，提高耐热性，是高强度铝合金及耐热铝合金的主要合金元素
Mg	固溶强化效果较好，降低密度，具有良好的抗蚀性，沉淀强化效果小，须与其它元素配合加入
Mn	固溶度较低，产生的 $MnAl_6$ 相与 Al 电位相近，抗蚀性好，防锈铝合金中常加 Mn
Si	固溶度较低，且沉淀强化效果不大，主要借助于过剩相强化。二元 Al-Si 系合金共晶点较低，易于铸造，是铸造铝合金基础成分
Zn	铝中溶解度很大，固溶强化能力强，少量锌即能提高铝合金强度及抗蚀性。多元铝合金中锌易形成沉淀强化相，显著提高合金的沉淀强化效果
Li	显著降低铝合金密度，显著提高弹性模量。固溶强化能力有限，但时效甚至淬火中迅速形成的 Al_3Li 有序沉淀相，强化能力很强

4.2.2.2　铝合金分类

铝合金的二元合金相图一般如图 4-2，图中横坐标的 $w_{合金元素}$ 代表所添加主元素的质量分数，根据这个相图对铝合金进行分类，以图中 D 点为分界线主要分成两类。

① 变形铝合金　$w_{合金元素}$ 低于 D 点，加热时形成单相固溶体 α 相，塑性较好，适于变形加工，称为变形铝合金。

② 铸造铝合金　$w_{合金元素}$ 高于 D 点，由于冷却时有共晶反应发生，流动性好，适于铸造生产，称为铸造铝合金。

需要注意的是，对于变形铝合金，当 $w_{合金元素}$ 低于 F 点时，在固相区加热或冷却均不

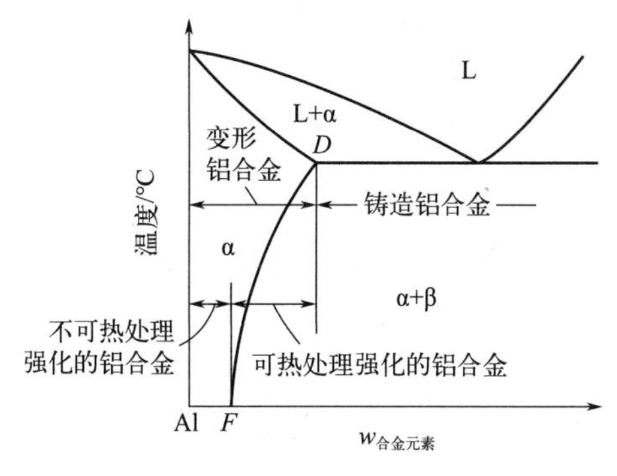

图 4-2　铝合金分类

发生相变，因此不能通过热处理进行强化，称为不可热处理强化的铝合金；与之相反，$w_{合金元素}$位于 F 和 D 点之间的铝合金可发生 α-β 的相变，所以可通过热处理来进行强化，称为可热处理强化的铝合金。

4.2.3　铝合金的热处理

4.2.3.1　退火处理

① 再结晶退火　目的是消除加工硬化，改善合金塑性，以便继续成形加工。工艺：加热到再结晶温度以上，保温后空冷。

② 低温退火　目的是消除内应力，适当提高塑性，利于随后进行小变形量成形加工，同时保留一定的加工硬化效果。工艺：再结晶温度以下（一般在 180～300℃）保温后空冷。

③ 均匀化退火　目的是消除铝合金铸件成分偏析及内应力，提高塑性，为后续加工做组织准备，减小加工及使用过程中变形开裂倾向。工艺：高温长时间保温后炉冷或空冷。

4.2.3.2　固溶处理

铝合金固溶处理的目的是为后续的时效做准备。如图 4-2 所示，对于可热处理强化的铝合金，其固溶处理的工艺路线是先将铝合金加热到固溶线以上的 α 相区，保温使第二相完全溶解从而获得单相 α 固溶体，而后快速冷却，得到过饱和的 α 固溶体。

固溶处理的注意事项：

(1) 加热温度必须超过固溶线，但不能过高，否则引起过热或过烧；

(2) 加热一般用盐浴炉或炉气循环电炉以精确控制炉温；

(3) 保温时间不能过长，防止晶粒长大；

(4) 冷却介质最常用的是水。

4.2.3.3　时效处理

固溶处理后得到的过饱和 α 固溶体是不稳定的，在室温下放置或低温下保温一段时间后，多余的溶质就会以第二相（β 相）的形式析出，这种现象称为脱溶或沉淀，使合金的强度和硬度明显升高，这个过程叫做时效或时效强化。其强化机制属于前面提到的时效（沉淀）强化。

根据是否需要加热，时效可简单分为两种：a. 在室温下，无需加热所进行的时效，叫自然时效；b. 需加热至一定温度的时效叫人工时效。由于时效涉及脱溶即溶质原子的扩散和再分配，所以适当提高温度有助于加快时效进程，因此自然时效和人工时效相比，为了达到类似的强化效果，前者所花费的时间要明显长于后者。图 4-3 给出了 Al-4.5Cu-0.5Mg-0.8Mn 合金在不同温度下进行等温时效屈服强度随时效时间的变化规律，可见：

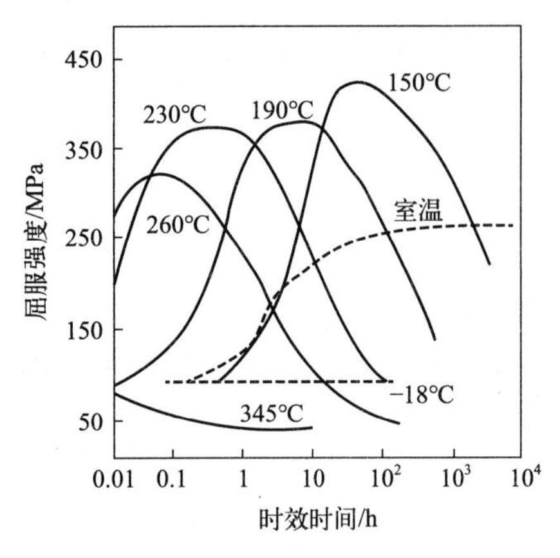

图 4-3 Al-4.5Cu-0.5Mg-0.8Mn 合金等温时效曲线

① 时效温度越高，时效所能获得的强度峰值越低，强化效果越差；

② 时效温度越高，时效速度越快，达到强度峰值所需时间越短；

③ 温度越低，过饱和固溶体越稳定，所以低温能够抑制时效的进行。

从图 4-3 还可以看出，对于铝合金而言，时效随时间延长，存在强度峰值，因此按照时效时间可以分为三个阶段：

（1）欠时效，合金强度不发生变化或变化很小，为过饱和溶质原子偏聚或亚稳相孕育析出时期；

（2）峰时效，合金获得增强效果最大的阶段，组织中强化相多为亚稳平衡相；

（3）过时效，亚稳相转变为平衡相，与基体脱离共格关系，应力场显著下降，合金明显软化。

时效的三个阶段从显微组织上来说实际上对应了脱溶的一般序列：溶质原子偏聚区（GP 区）→过渡相（亚稳相）→平衡相。铝合金的脱溶产物受合金化元素、合金成分、时效温度等因素的影响，需要具体问题具体分析，例如 Al-Cu 系合金可能出现两种过渡相 θ'' 和 θ'，而大部分合金系只存在一种过渡相。表 4-3 给出几种铝合金的脱溶序列。

表 4-3 主要铝合金系的脱溶序列

合金系	脱溶序列
Al-Cu	GP 区→θ''→θ'→θ（Al_2Cu）
Al-Ag	GP 区→γ'→γ（Al_2Cu）
Al-Zn-Mg	GP 区→η'→η（$MgZn_2$），GP 区→T'→T（$Al_2Mg_3Zn_3$）
Al-Mg-Si	GP 区→β'→β（Mg_2Si）
Al-Cu-Mg	GP 区→S'→S（Al_2CuMg）

4.2.3.4 铝合金的回归

自然时效后的铝合金，在 200～250℃短时间（几秒至几分钟）加热后，快速水冷至室温时，可以重新变软。这种现象称为回归。如再在室温下放置，则又能发生正常的自然时效，即再时效。以上过程可以重复进行。

铝合金发生回归原因：自然时效后铝合金一般只生成 GP 区（Al-Cu 系还有 θ'' 相），将该铝合金加热到稍高于 GP 区（θ'' 相）固溶线以上温度时，GP 区（GP 区和 θ'' 相）不稳定而重新溶解，使合金性能恢复到和新淬火时类似。

回归现象在实际生产中具有重要意义，时效后的铝合金工件，可利用回归后的软化状态进行各种冷变形操作。例如，飞机的铆接和修理中就可用到这一现象。

4.2.4 变形铝合金

4.2.4.1 变形铝合金牌号

我国变形铝合金的牌号采用四位字符体系，参见 GB/T 16474—2011《变形铝及铝合金牌号表示方法》。四位字符体系牌号的第一位、第三位和第四位为阿拉伯数字，第二位为英文大写字母（C、I、L、N、O、P、Q、Z 字母除外）。牌号的第一位数字表示铝及铝合金的组别，如表 4-4 所示。除改性合金外，铝合金组别按主要合金元素（6×××系按 Mg_2Si）来确定。主要合金元素指极限含量算术平均值为最大的合金元素。当有一个以上的合金元素极限含量算术平均值同为最大时，应按 Cu、Mn、Si、Mg、Mg_2Si、Zn、其它元素的顺序来确定合金组别。牌号的第二位字母表示原始纯铝或铝合金的改型情况，A 表示原始纯铝。最后两位数字用以标识同一组中不同的铝合金或表示铝的纯度。

表 4-4 变形铝合金系列及其牌号标记方法

牌号系列	主要合金元素	强化方式
1×××	工业纯铝	不可热处理强化
2×××	Cu	可热处理强化
3×××	Mn	不可热处理强化
4×××	Si	不可热处理强化（含 Mg 除外）
5×××	Mg	不可热处理强化
6×××	Mg 和 Si，并以 Mg_2Si 为强化相	可热处理强化
7×××	Zn	可热处理强化
8×××	其它合金元素，如 Li、Sn 等	可热处理强化
9×××	备用合金系列	—

1×××系铝合金，成型性好的 1100、1050 等合金，多用来制作器皿；表面处理性好的 1100 等合金，多用来制作建筑用镶板；耐蚀性好的 1050 合金多用来制作盛放化学药品的装置等；导电性好的 1060 用于导电材料。

2×××系铝合金，应用最广泛的可热处理变形铝合金，主要是 Al-Cu-Mg 系和 Al-Cu-Mn 系。通过固溶、沉淀强化强烈提高合金强度，主要强化相：Al_2Cu、Al_2CuMg、Mg_5Al_6、Al_6Mg_4Cu，强度、硬度高，故也称为硬铝。另外，它的加工性能好，耐蚀性差。Al-Cu-Mn 系为耐热硬铝合金，Mn 和 Cu 加入后形成在高温下具有很高硬度的 $CuMn_2Al$ 相，提高合金的耐热性。常用硬铝合金如 2A11、2A12 等，用于航空、交通工业中等以上强度的结构件，如飞机机身蒙皮、机翼翼梁等。硬铝可通过热处理（固溶＋时效）强化，也可形变强化。

3×××系和 5×××系铝合金退火状态塑性好，可加工硬化，抗腐蚀性能和焊接性能好，故称防锈铝。常用的 3×××系合金有 3A21，用于制造油罐、油箱、管道、铆钉等需要弯曲、冷拉或冲压加工的零件。5×××系合金的强度比 3×××系还高，常用的有 5A05，在航空工业中得到广泛应用，如制造管道、容器、铆钉及承受中等载荷的零件。

6×××系铝合金的沉淀强化相为 Mg_2Si，时效后强度低于 2×××系铝合金，但热状态下塑性好，易于锻造，故称为锻铝，适于制造中等强度的大型结构件。常用牌号有 6061、6A02。另外该系列合金由于加入 Mg，所以密度比 2×××系锻铝合金小，耐蚀性也好，是目前唯一对应力腐蚀不敏感的铝合金。一部分 2×××系铝合金（如 2A70、2A14）塑性较好，容易锻造，也被称为锻铝，用于制造喷气发动机压气机叶轮、导风轮等。

7×××系铝合金是室温强度最高的铝合金，所以被称为超硬铝，主要沉淀强化相 $CuAl_2$、$CuMgAl_2$、$MgZn_2$ 和 $Al_2Mg_3Zn_3$。其它优点还包括热塑性好、易加工成型。缺点是缺口敏感性大，疲劳极限低，高温下软化快，耐蚀性不高。用于航空及其它受力较大、较复杂而要求密度小的结构件如大梁、桁架、加强框、起落架等。常用牌号有 7075、7A09。

4.2.4.2 变形铝合金状态

变形铝合金的状态是指变形铝合金所制成产品在使用前所经过的热处理或加工状态。根据 GB/T 16475—2023《变形铝及铝合金状态代号》，变形铝合金的状态代号分为基础状态代号和细分状态代号。前者用一个大写英文字母表示，具体见表 4-5；后者紧跟在基础状态代号后，用一位或多位阿拉伯数字或英文大写字母表示，对应产品的基本处理或特殊处理。例如，T1 代号表示高温成型＋自然时效，适用于高温成型后冷却、自然时效，不再进行冷加工的产品。

表 4-5　变形铝合金状态的基础代号

代号	名称	说明与应用
F	自由加工状态	适用于在成型过程中，对于加工硬化和热处理条件无特殊要求的产品，其力学性能不做规定
O	退火状态	适用于经完全退火获得最低强度的产品状态
H	加工硬化状态	适用于通过加工硬化提高强度的产品，产品在加工硬化后可经过（也可不经过）使强度有所降低的附加热处理。H 后面必须跟有两位或三位阿拉伯数字
W	固溶处理状态	适用于固溶处理后，在室温下自然时效的一种不稳定状态。该状态不作为产品交货状态，仅表示产品处于自然时效状态
T	热处理状态（不同于 F、O、H）	适用于固溶处理后，可经过（也可不经过）加工硬化达到稳定的状态

4.2.5 铸造铝合金

铸造铝合金一般含有较多的合金元素（8%～25%），成分接近共晶点，具有良好的铸造性能和流动性，可铸造制成形状复杂的零件。

铸造铝合金具有与变形铝合金相同的合金体系，以及相同的强化机理（应变强化除外），同样可分为热处理强化型和不可热处理强化型。铸造铝合金和变形铝合金的主要差别在于：前者含硅较多，其含量超过多数变形铝合金中的硅含量，以提高流动性。

铸造铝合金由于组织粗大，伴有严重偏析，因此与变形铝合金相比，固溶处理温度更高，保温时间更长，以使粗大析出物尽量溶解，并保证固溶体成分均匀化。固溶处理一般用水冷却，且多采用人工时效。

铸造铝合金的基本分类如下：a. Al-Cu 合金；b. Al-Cu-Si 合金；c. Al-Si 合金；d. Al-Mg 合金；e. Al-Zn-Mg 合金；f. Al-Sn 合金。

按照 GB/T 8063—2017《铸造有色金属及其合金牌号表示方法》规定，铸造有色合金牌号由“Z”和基体金属的元素符号、主要合金元素符号以及表明合金元素名义含量的数字组成。当合金元素多于 2 个时，合金牌号中应列出足以表明合金主要特性的元素符号及其名义含量的数字。合金元素符号按其名义含量递减的次序排列。当名义含量相等时，则按元素符号字母顺序排列。当需要表明决定合金类别的合金元素首先列出时，不论其含量多少，该元素符号均应紧置于基体元素符号之后。除基体元素的名义含量不标注外，其它合金元素的名义含量均标注于该元素符号之后，当合金元素含量规定为大于或等于 1% 的某个范围时，取其平均含量整数值。必要时也可用带一位小数的数字标注。合金元素含量小于 1% 时，一般不标注，只有对合金性能起重大影响的合金元素，允许用一位小数标注其平均含量。对具有相同主成分，杂质限量有不同要求的合金，在牌号结尾加注“A、B、C……”等表示等级。后面在讲述其它合金的铸造态时，参照此处，不再赘述。

铸造铝合金的牌号示例：

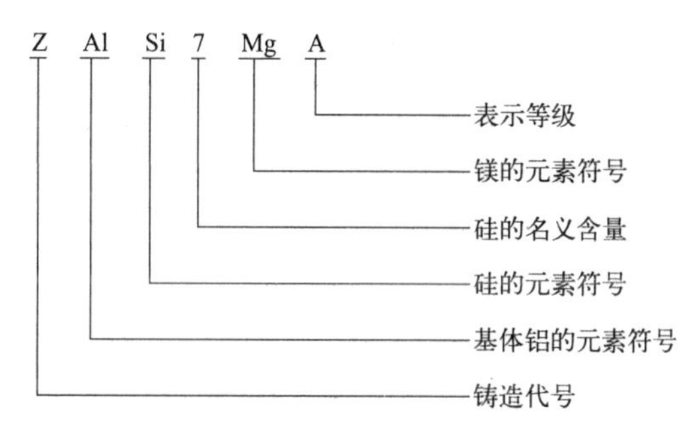

铸造铝合金还用代号来表示，由汉语拼音字母“Z”（表示铸造）和“L”（表示铝）加三位数字组成。第一位数字表示合金系列，其中 1、2、3、4 分别代表铝硅、铝铜、铝镁和铝锌系列，第二位和第三位数字分别表示顺序号。优质合金在数字最后还要标注大写字母“A”。下面着重介绍这四个系列铸造铝合金。

（1） Al-Si 系铸造铝合金

典型代表 ZAlSi12（ZL102），俗称“硅铝明”，工业应用最广。室温组织为共晶体组织（铝基 α 固溶体＋粗大针状硅晶体）＋少量板块状初晶硅，强度和塑性较差，因此在生产上常采用变质处理，即浇铸前向合金液中加入质量分数 2%～3% 的变质剂，浇铸后得到细小均匀的共晶体＋初晶 α 固溶体＋二次 Si 晶体，以提高性能。

为了提高 ZAlSi12 的强度，也可以添加 Cu、Mg、Mn 形成强化相（Al_2Cu、Mg_2Si 等），获得能进行时效强化的特殊硅铝明。

Al-Si 系铸造铝合金的铸造性能好，具有优良的耐蚀性、耐热性和焊接性能，中等强度，密度低，线收缩率较小，适于铸造常温下工作形状复杂的零件，例如制造仪表、电动机壳体、风机叶片、发动机活塞等。

（2） Al-Cu 系铸造铝合金

耐热性好，强度较高，密度大，铸造性能、耐蚀性能差。典型代表 ZAlCu5Mn（ZL201），室温强度、塑性较好，可制作在 300℃ 以下工作的零件，如内燃机汽缸头、汽车活塞等。

(3) Al-Mg 系铸造铝合金

又称耐蚀铸造铝合金。优点：耐蚀性高，强度高，密度小，切削性能良好。缺点：铸造性能和耐热性能差。强度和塑性综合性能最佳的镁含量为 9.5%～11.5%。典型代表 ZL301 (ZAlMg10)、ZL303 (ZAlMg5Si1) 等。主要用于制造外形简单、承受冲击载荷、在腐蚀性介质下工作的零件，如舰船配件、氨用泵体等。

(4) Al-Zn 系铸造铝合金

价格便宜，铸造性能良好，时效强化能力强，铸态下即具较高强度，可在不经热处理的铸态下直接使用，但耐蚀性差，热裂倾向大。典型代表 ZL401 (ZAlZn11Si7)、ZL402 (ZAlZn6Mg)。常用于制造形状复杂受力较小的汽车、拖拉机的发动机零件及其它仪器零件。

4.3 铜及铜合金

铜及铜合金有下列特性。

(1) 优异的物理、化学性能

纯铜的导电、导热性好，仅次于银，铜合金的导电、导热性有所降低但也很好。铜及铜合金具有较高的化学稳定性，在大气和水中均有优良的抗蚀性。纯铜无磁性。

(2) 良好的加工性能

铜及某些铜合金的塑性很好，容易冷、热加工成型，焊接性能好。铸造铜合金有良好的铸造性能。

(3) 具备特殊功能特性

纯铜无磁性，但某些铜合金具有磁性，例如铜钴镍 (50Cu-29Co-21Ni) 是一种永磁合金。锰铜系合金具有高阻尼特性，可用于减振降噪。以 Cu-Zn-Al 为代表的铜基形状记忆合金具有良好的形状记忆效应和相变伪弹性。

(4) 色泽美观

如 18K 金，即铜金合金，可制作首饰、装饰品。

4.3.1 纯铜

单质铜密度为 8.9g/cm^3，熔点 1083℃，面心立方结构，无同素异构转变。工业纯铜和纯铝一样，都是高纯度的铜合金，铜含量最高为 99.99%。纯铜呈紫红色，亦称紫铜，主要利用其导电、导热性或用于配制合金，例如无氧铜可用于耐热导电器材和电真空仪器仪表，磷无氧铜可用于排水管、冷凝管，汽油或气体输送管。纯铜的强度低，不适于做结构材料。工业纯铜的分类和牌号参照国标 GB/T 5231—2022。

4.3.2 铜的合金化及分类

铜中加入合金元素后，不仅可以获得较高的强度和硬度，而且还可以获得特殊的功能特性。

铜合金的分类方法有两种：a. 和铝合金一样，分为变形铜合金和铸造铜合金。值得注意的是，除高锡、高铅和高锰的专用铸造铜合金外，大部分铜合金既可作变形合金，也可作铸造合金；b. 按照所添加的主要合金元素来分类，一般分为黄铜、白铜和青铜。

以下在介绍铜合金牌号时，都是参照 GB/T 5231—2022。

4.3.2.1 黄铜

以锌为主要合金元素的铜合金称为黄铜。根据其成分特点又分为普通黄铜和特殊黄铜。

（1）普通黄铜

普通黄铜牌号以“H＋数字”表示，拼音字母“H”表示黄铜，H 后面的数字表示合金的平均含铜量。例如 H95 是指平均含铜量为 95％的黄铜，其实际含铜量介于 94％～96％之间。

黄铜中 Zn 含量对合金的力学性能影响很大，超过 47％以后，强度急剧下降，塑性很差，所以实际使用黄铜的 Zn 含量低于 47％。根据 Cu-Zn 二元合金相图，在这个成分范围内，随 Zn 含量增加，其室温显微组织相继出现 α 相和 β′相。α 相是 Zn 在 Cu 中的固溶体（最大固溶度 39％），晶格类型同纯铜，耐蚀性、塑性与纯铜相似。β′相是以 CuZn（体心立方电子化合物）为基的有序固溶体，硬而脆，冷加工困难，加热到 456～468℃时，转变为 β 相（有序固溶体），β 相塑性极高，可进行热加工。所以，根据退火组织中的组成相，普通黄铜又分为单相黄铜和双相黄铜。

单相黄铜：Zn 的质量分数小于 32％。具有良好的力学性能，耐蚀性和室温塑性好，适宜进行冷变形加工，制造冷变形零件，如弹壳、冷凝器管等。常用牌号有 H68、H70、H80 和 H95，H70 曾大量用作弹壳，有“弹壳黄铜”之称；H80 因色泽美观，故多用于镀层及装饰品。

双相黄铜：Zn 的质量分数 32％～47％。室温塑性较差，需加热到高温进行热加工，但强度高，适于制造受力件，如垫圈、铆钉、散热器等。常用牌号有 H59、H62，其中 H62 被誉为“商业黄铜”。

（2）特殊黄铜

为了获得更高的强度、耐蚀性和良好的铸造性能，在黄铜中加入铅、锡、铝、硅、锰、镍等元素，得到特殊黄铜。牌号：H（表示黄铜）＋主加元素符号（Zn 除外）＋铜平均百分含量＋主加元素平均百分含量。例如 HPb59-1 是指平均含 Cu 量为 59％、平均含 Pb 量为 1％，其余为 Zn 的铅黄铜。

铅黄铜：黄铜中加入铅主要目的是提高切削性能，同时提高合金的耐磨性，对强度影响不大，塑性略有降低，使零件获得高的光洁度。主要用于制作钟表零件、汽车、拖拉机及一般机器零件。常用牌号 HPb59-1、HPb60-2。

锡黄铜：黄铜中加入锡主要目的是提高耐蚀性，锡黄铜在淡水及海水中均耐蚀，故称“海军黄铜”。锡还能提高合金的强度和硬度，常用锡黄铜含 1％Sn，含锡量过多会降低合金的塑性。锡黄铜能较好地承受热、冷压力加工。主要用于制作船舶零件。常用牌号 HSn62-1。

铝黄铜：黄铜中加入少量铝能在合金表面形成坚固、致密的氧化膜，提高合金对气体、溶液及海水的耐蚀性；铝的强化效果高，能显著提高合金的强度和硬度。但铝含量过多时，将出现γ相，使合金的晶粒粗化，剧烈降低塑性，所以为了能进行冷变形，铝含量应低于4%。铝黄铜主要用于制作船舶、化工机械等高强、耐蚀零件。常用牌号HAl67-2.5、HAl61-1-1等。

硅黄铜：黄铜中加入少量硅能显著提高力学性能、耐磨性和耐蚀性。硅黄铜具有良好的铸造性能，并能进行焊接和切削加工。主要用于制作船舶和化工机械零件。常用牌号HSi80-3。

除了以上四种，还有锰黄铜主要用作船舶零件及轴承等耐磨零件，常用牌号HMn58-2；镍黄铜用作船舶用冷凝管、电机零件，常用牌号HNi65-5。

4.3.2.2 白铜

以镍为主要合金元素（Ni质量分数低于50%）的铜合金称为白铜。铜与镍无限互溶，故白铜合金的组织均为单相，不能热处理强化，主要借助固溶强化和加工硬化提高力学性能。根据其成分特点又分为普通白铜和特殊白铜。

（1）普通白铜

普通白铜具有较高的耐蚀性和抗腐蚀疲劳性能、优良的冷热加工性能。牌号以“B+数字”表示，拼音字母“B”表示白铜，B后面的数字表示Ni的平均含量。例如B19是指平均含镍量为19%的白铜。普通白铜常用牌号有B5、B19。用于在蒸汽和海水环境下工作的精密机械、仪表零件及冷凝器、蒸馏器、热交换器等。

（2）特殊白铜

在普通白铜基础上添加Zn、Mn、Al等元素形成，分别称铁白铜、锌白铜、锰白铜、铝白铜等。耐蚀性、强度和塑性高，成本低。牌号为：B（表示白铜）+主加元素符号+镍平均百分含量+主加元素平均百分含量。例如BMn40-1.5是指平均含Ni量为40%、平均含Mn量是1.5%的锰白铜。特殊白铜的常用牌号如BMn40-1.5（康铜，电工铜镍合金）、BMn43-0.5（考铜）。用于制造精密机械、仪表零件及医疗器械等。

4.3.2.3 青铜

以锌、镍以外的元素为主要合金元素的铜合金称为青铜，或者说除黄铜和白铜外的其他铜合金统称为青铜。牌号为：Q（表示青铜）+主加元素符号及其平均百分含量+其他元素平均百分含量，如QSn4-3是指平均含Sn量为4%、平均含Zn量是3%的锡青铜。

常用青铜根据主加合金元素不同分为锡青铜、铝青铜、硅青铜、铬青铜等。

（1）锡青铜

以Sn为主要合金元素的铜合金称为锡青铜，Sn含量一般为3%～14%。Sn含量$<5\%$，适于冷加工；Sn含量为5%～7%，适于热加工；Sn含量$>10\%$，适于铸造。

铸造时体积收缩小，热裂倾向小，有利于制造尺寸要求精确的复杂铸件和花纹清晰的工艺美术品；但凝固时形成分散缩孔，沿铸件断面均匀分布在枝晶间，导致铸件致密性差，在高压下容易渗漏。耐蚀性比纯铜和黄铜都高，在大气、蒸汽、海水和淡水中都具有良好耐蚀性，但在硫酸、盐酸和氨水中的耐蚀性较差。

锡青铜用于交通工具、精密仪表、化工机械中的耐磨零件和抗磁原件，以及弹簧、工艺美术品等。二元锡青铜易偏析，力学性能无法保证，很少使用。工业用锡青铜多加入锌、磷、铅、镍等合金元素，形成多元锡青铜，比如加入铅提高耐磨性和切削性能。常用牌号有

QSn4-3、QSn6.5-0.1 等。

(2) 铝青铜

以铝为主要合金元素的铜合金称为铝青铜，用铝代锡，降低成本，提高力学性能。Al 含量一般为 5%～12%。Al 含量为 5%～7%时塑性最好，随着 Al 增加，塑性急剧下降，超过 12%后塑性很差，加工困难。铝青铜的强度、硬度、耐磨性和耐腐蚀性能都超过锡青铜和黄铜。流动性好，几乎不生成分散缩孔，但容易产生集中缩孔，形成粗大柱状晶，使压力加工变得困难。铝青铜在大气、海水、碳酸及大多数有机酸中的耐蚀性都要强于锡青铜和黄铜。工业用铝青铜多加入锰、铁、镍等元素，显著提高合金强度、耐磨性及耐蚀性。铝青铜用于制造复杂条件下工作的高强度耐磨零件，如齿轮、轴套等。常用牌号有 QAl5、QAl7、QAl9-4 等。

(3) 硅青铜

以硅为主要合金元素的铜合金称为硅青铜，力学性能优于锡青铜，且价格稍低。具有很好的铸造性能和冷、热加工性能。硅在铜中的固溶度随温度变化较大，因此可以通过时效来获得高的强度和硬度。硅青铜可用于制造航空工业中弹簧、齿轮等耐蚀、耐磨零件。常用牌号有 QSi3-1。

4.4 钛及钛合金

自 1954 年 Ti-6Al-4V 合金被开发出来，由于航空航天技术的需要，钛材料的发展迅速，钛及钛合金已经成为航空航天中不可或缺的结构材料。钛合金的种类已发展到数百种，我国列入国家标准的牌号就达到几十种，高强钛合金、Ti_3Al 金属间化合物等在航空航天、化学工业、生物医疗产业得到了广泛的应用。

4.4.1 纯钛

钛元素的原子序数是 22，密度较小，为 $4.52g/cm^3$，和铝、镁一起被归为轻金属。纯钛的熔点 1668℃，属于难熔金属。主要性能特点如下。

① 密度较低，强度与钢相当，导致比强度高，比强度高于铝合金及高合金钢。

② 导热系数小，22.08 W/(m·K)，大概是铝的 1/3。

③ 无磁性，无毒，且与人体组织及血液有很好的相容性，是理想的生物医用材料。

④ 耐蚀性好，表面易形成稳定且致密的氧化膜，在大气和海水中均有良好的耐蚀性，尤其是海水中耐腐蚀性极强，超过不锈钢。

⑤ 存在同素异构转变，在 882.5℃以上为体心立方 β-Ti，以下为密排六方 α-Ti，利用这点可对钛合金进行热处理强化。

⑥ 塑性好，能经受大的冷变形，可进行变形强化，但变形抗力大，加工困难；切削加工易粘刀。

⑦ 化学性质活泼，易受氢、氧、氮的污染，冶炼和加工复杂，生产成本较高。

工业纯钛是指以钛为基体，并含有少量氧、氮、碳、氢、铁等杂质的致密金属，钛含量(质量分数) 可达 99%。

其中，氧、氮、碳进入钛中形成间隙固溶体，这三种元素扩大 α 相区，属 α 稳定元素。提高钛的强度和硬度，含量越高，硬度越高，同时降低塑性。为了保证塑性和韧性，三种元素含量分别控制在0.05%、0.15%和0.1%以下。氧、氮、碳还会提高塑-脆转变温度，所以对于低温使用的钛及钛合金，要尽量降低它们的含量，特别是氧含量。

氢扩大β相区，属β稳定元素。氢的存在主要会引起多种类型的氢脆（例如氢化物氢脆），氢含量控制在0.015%以下可避免氢化物氢脆，但不能避免其它类型氢脆。但氢在高温下可提高热塑性，在生产上可充分利用这点来进行热加工。

铁和硅在固溶范围内与钛形成置换固溶体，对性能影响不强烈，一般分别控制在0.3%和0.15%以下。

工业纯钛的退火组织为α-Ti，属于α钛合金，有TA0、TA1等13个牌号，其中“T”表示钛，“A”指工业纯钛，数字代表纯度。随着数字增大，纯度下降，杂质含量增多，强度提高，塑性下降。工业纯钛主要用于350℃以下工作、强度要求不高的零件，如石油化工用热交换器、反应器，海水净化装置及舰船零部件。

4.4.2 钛的合金化及分类

4.4.2.1 钛的合金化

钛加入其它元素后，会对α→β转变产生影响，使相变温度升高或降低，形成四种不同类型的二元相图，见图4-4。根据元素对相稳定性的影响，可以将加入元素分为三种。

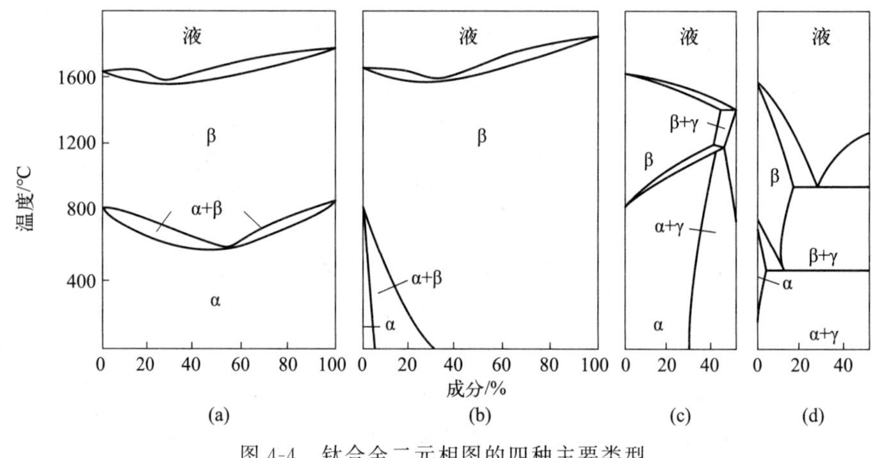

图4-4 钛合金二元相图的四种主要类型

(1) 中性元素

与Ti同族的元素Zr和Hf，与Ti有相同晶体结构和同素异构转变，与α-Ti及β-Ti形成连续固溶体，形成相图如图4-4（a）。对两相的稳定性影响都不大，所以叫中性元素。

另外，Sn、Ce、La、Mg对相变温度的影响也不明显，也属于中性元素。

(2) β稳定元素

① Mo、V、Nb、Ta，与β-Ti形成连续固溶体，与α-Ti形成有限固溶体，形成相图如图4-4（b）。降低α→β相变温度，扩大β相区，所以叫β稳定元素。

② Cr、W、H、Fe、Mn、Cu、Si等，与α和β-Ti均有限溶解，但在后者中溶解度更高，并有共析反应的相图，见图4-4（d）。会降低α→β相变温度，扩大β相区，所以也属于β稳定元素。

（3）α 稳定元素

这类元素有 Al、C、O、N、Sn、B 等，与 α 和 β-Ti 均有限溶解，并有包析反应，如图 4-4（c）。其升高 α→β 相变温度，扩大 α 相区，所以叫 α 稳定元素。

由上可知，合金元素的加入会对钛合金的显微组织产生影响，从而改变合金的各种性能，钛中常加入元素的作用如下。

① Al　Al 是钛合金中最主要的强化元素，起固溶强化的作用，Al 含量<7%时，随 Al 含量增加，强度提高，塑性下降不明显，但超过 7%后会出现脆性化合物 Ti_3Al，使塑性显著下降，所以钛合金中 Al 一般不超过 7%。

② Zr、Sn　常和其它元素同时加入，起补充强化的作用，提高耐热性，具有良好的压力加工性和焊接性能。

③ V、Mo　常用的稳定 β 相元素，起固溶强化作用，同时保持良好的塑性，提高合金的热稳定性，高温长时间工作时，组织稳定。

④ Mn、Fe、Cr　固溶强化效果好，稳定 β 相能力强，但高温组织不稳定，抗蠕变差。

⑤ Cu、Si　提高热强性。Cu 超过极限溶解度时产生时效强化作用；Si 超过 0.2%时形成 Ti_5Si_3 相，强度提高，但热稳定性下降。

⑥ RE　形成细小稳定的 RE 氧化物，产生弥散强化，提高耐热性和热稳定性。

图 4-5 总结了各类主要合金元素对钛在退火状态力学性能的影响规律，反映了合金元素的固溶强化效果。

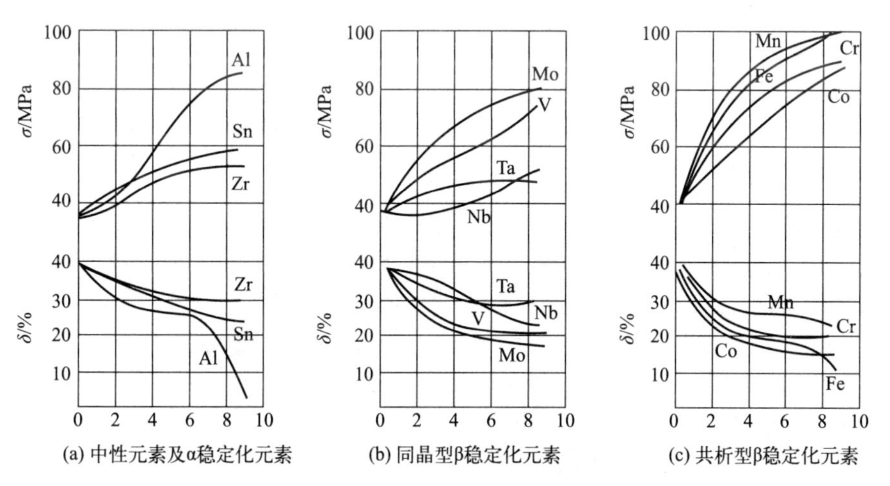

图 4-5　常用合金元素对钛合金强度和塑性的影响

4.4.2.2　钛合金的分类

根据室温稳定状态的组织，钛合金可简单分为三类：α 钛合金、β 钛合金和 α+β 钛合金，牌号分别以 TA、TB、TC 加上数字编号来表示。牌号的第一位用大写字母“T”表示钛及钛合金。牌号的第二位表示合金的类型，分别用大写字母 A、B 和 C 表示，A 表示工业纯钛、α 型和近 α 型合金，B 表示 β 型及近 β 型合金，C 表示 α+β 型合金。牌号中的阿拉伯数字按注册的先后自然顺序排序。相同牌号的超低间隙合金在数字后加大写字母“ELI”，数字与“ELI”之间无间隔。

（1）α 钛合金

含有 α 稳定元素，室温稳定状态基本为 α 相的钛合金。α 钛合金的室温强度较低（850MPa），低于 β 钛合金和 α+β 钛合金，但高温强度比它们高，且组织稳定，抗氧化性和抗蠕变性好，焊接性好，是发展耐热钛合金的基础；低温韧性、耐蚀性优越；不能淬火强化（Ti-2Cu 除外），主要依靠固溶强化，在退火状态下使用，强度不高、变形抗力大、热加工成形性差。

牌号有 TA5～TA9。典型牌号 TA7，成分为 Ti-5Al-2.5Sn，力学性能如图 4-6 所示，有较好的热塑性和热稳定性，可在 400℃下长期工作，主要用于冷成形半径大的飞机蒙皮和制造各种模锻件，以及超低温容器比如制造空间飞行器的燃料罐，是我国应用最多的一种 α 钛合金。

（2）β 钛合金

含有足够多的 β 稳定元素，在适当冷却速度下（空冷或水冷）使其室温组织绝大部分为 β 相的钛合金。但目前工业上应用的 β 钛合金均为（α+β）两相组织，采用淬火加时效处理后，得到 β 相和弥散分布的细小 α 相粒子。有较高的室温强度和优良的冲压性能，能通过时效处理大幅度提高室温强度，是发展高强钛合金潜力最大的合金。但高温组织不稳定，耐热性差，焊接性能也不好。

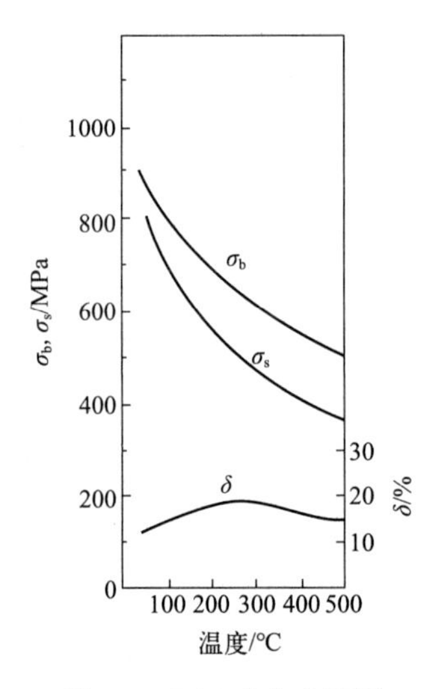

图 4-6　TA7 合金在不同温度下的力学性能

牌号有 TB2、TB3 等。典型牌号 TB7，成分为 Ti-32Mo，在还原性酸性介质中具有优良的耐腐蚀性能，是耐腐蚀钛合金。

（3）α+ β 钛合金

室温稳定组织为 α+β 两相，β 相含量（质量分数）一般为 10%～50%。综合力学性能好，塑性好、室温强度高，具有良好的耐热性和低温性能。可热处理强化（淬火+时效）。

牌号有 TC1～TC32。典型牌号 TC4，由美国研制成功，成分为 Ti-6Al-4V。时效处理后，显微组织为块状 α+β+针状 α，其中针状 α 是时效过程中从 β 相析出的。适于制造在 400℃下长期工作的零件，可用于制造火箭发动机外壳、航空发动机压气机盘和叶片，以及低温压力容器等。TC4 是钛合金中用量最大的。

除了以上三种主要钛合金，近年来还在 α+β 钛合金的基础上发展出了两种钛合金，即近 α 钛合金和近 β 钛合金（亚稳钛合金），这两种钛合金的退火组织实际上都是 α+β 两相组织，只不过所含的 β 相含量不同。

（4）近 α 钛合金

为了提高 α+β 钛合金的蠕变抗力，将 β 稳定元素控制在 2%以内，从而降低 β 相的含量，其室温稳定组织为 α 相+少量 β 相（一般<10%）。另外，所加入的元素还能抑制 α 相的脆化。这类钛合金的耐热性最好。牌号有 TA13、TA15～TA18 等。典型牌号 TA24，成分 Ti-3Al-2Mo-2Zr，是我国自主知识产权的钛合金，含 3%Al（α 稳定元素），对 α 相起固溶强化作用，含 2%Mo（β 稳定元素），强化 β 相并改善塑性；含 2%的 Zr（中性元素）改善焊接性能。TA24 具有中等强度及良好的冷、热加工性能，可焊性优良，最适合于制造形

状复杂的板材冲压、焊接零部件。

（5）近 β 钛合金

加入的 β 稳定元素含量低于 β 钛合金，使马氏体转变温度降低到室温以下，在较低的冷速下就能将高温 β 相保留至室温成为亚稳 β 相，从而获得非常好的冷加工性能。通过固溶时效处理，使 α 相析出，大幅度提高室温强度，同时获得良好的断裂韧性。用于制造航空航天及海洋工程中的高强结构件。典型牌号 TB19，成分 Ti-3Al-5Mo-5V-4Cr-2Zr，是我国具有自主知识产权的钛合金，具有高强、高韧和优良的耐海水腐蚀性能，综合性能优于美国的 Beta C，特别适合舰船的结构材料。

为了更好地理解钛合金分类与 β 稳定元素含量之间的关系，可参考图 4-7。

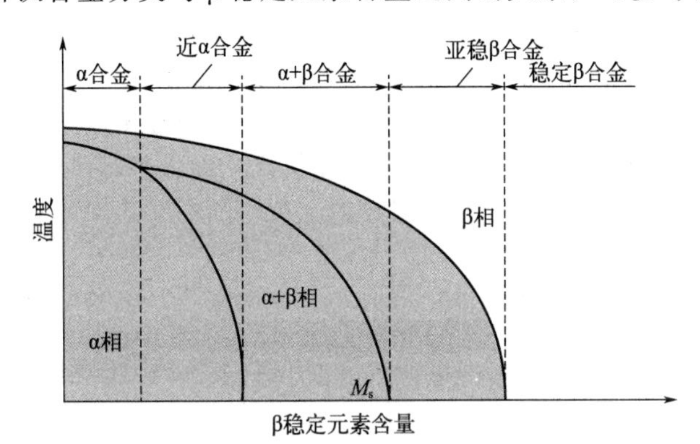

图 4-7　钛合金分类与 β 稳定元素含量的关系

M_s—马氏体转变开始温度

若按照性能特点分类，钛合金可分为低强钛合金、中强钛合金、高强钛合金、低温钛合金、铸造钛合金、粉末冶金钛合金等。下面简单介绍一下铸造钛合金和低温钛合金。

（1）铸造钛合金

为了降低形状复杂钛件的加工生产费用，铸造钛合金应运而生。钛合金难熔，高温液态非常活泼，能与气体和几乎所有耐火材料反应，所以其熔化和浇注都要在惰性气体保护或真空下进行。铸造钛合金具有较好的抗拉强度和断裂韧性，持久强度和蠕变强度与变形钛合金相近，只是塑性要低 40%左右，疲劳强度也低。铸造钛合金已用于铸造航空发动机压气机机匣、机轮轮壳等。其牌号是在前面所说三类钛合金的牌号前加中文拼音字母“Z”，表示铸造。如 ZTC4，就是 α+β 型铸造钛合金。

（2）低温钛合金

低温钛合金在低温下仍保持良好的塑性和韧性，可用于火箭、导弹上的低温高压容器和管道，如－253℃工作的液氧储箱。

4.4.3 钛合金的热处理

不同的热处理条件（加热温度、冷却速度等）下，钛合金会出现各种相变，得到不同的组织。适当的热处理可以控制这些相变并获得所希望的显微组织，从而改善合金的力学性能和工艺性能。在制定热处理工艺规范时，要充分考虑合金成分和原始组织状态。另外，由于钛在高温下化学性质活泼，在热处理时还需要考虑其表面防护问题，防止污染和氧化，并严防过热使 β 晶粒长大。钛合金的热处理类型较多，包括退火、时效、化学热处理、形变热处理等。

（1）退火

退火的目的是稳定组织，消除内应力，降低硬度和提高塑性。退火应用于各种钛合金，而且是 α 钛合金和含少量 β 相的 α+β 钛合金的唯一热处理方式。退火温度及随后的冷却速度会影响合金的组织和性能，应根据实际需要确定其冷却方式。主要有去应力退火、再结晶退火、双重退火、真空去氢退火等。

① 去应力退火

消除冷变形、铸造和焊接等工艺过程中产生的内应力，防止工件的应力腐蚀开裂等失效现象。退火温度一般在 450～650℃之间。保温时间取决于工件的截面尺寸、加工历史及需要消除应力的程度。机加工件一般 0.5～2 小时，焊接件 2～12 小时。

② 再结晶退火

消除加工硬化、稳定组织和提高塑性。退火温度一般高于或接近再结晶终了温度，低于相变温度。保温时间跟工件厚度有关系：＜5mm 工件，保温时间少于 0.5 小时；＞5mm 工件，保温时间适当延长，但最长不能超过 2 小时。保温后先炉冷至一定温度然后出炉空冷。

③ 双重退火

也叫两次退火，多用于耐热钛合金，以改善合金的塑性和断裂韧性，使组织更接近平衡态。双重退火需进行两次加热和空冷：第一次加热高于或接近再结晶终了温度，第二次加热低于再结晶温度。

④ 等温退火

为了稳定合金组织的一种热处理。在 β 转变点以下某一温度加热，随炉冷或转炉冷到规定的温度，并在该温度下保温一定时间，然后空冷到室温。能获得最好的塑性和热稳定性，适用于 α+β 钛合金。

⑤ 真空去氢退火

消除氢脆。退火温度 650～850℃之间，保温 1～6 小时，真空度不低于 1×10^{-1}Pa。

（2）淬火+时效

淬火＋时效目的是提高钛合金的强度和硬度，利用相变产生强化效果，也称强化热处理。适用于 α+β 钛合金和 β 钛合金。

淬火温度一般选在 α+β 两相区的上部，淬火后部分 α 保留下来，而细小的 β 转变为介稳 β 相或 α′或两者均有，经时效后获得好的综合力学性能。一般淬火温度为 760～950℃之间，保温 50～60 分钟，水冷。时效温度根据合金成分及零件性能要求调整，一般在 425～550℃之间，保温时间几小时至几十小时。

（3）形变热处理

将压力加工（热锻、热轧等）和热处理有效结合的一种热处理强化方式，可有效提高钛合金强度和塑性。按变形温度分为：①高温形变热处理，先在再结晶温度以上变形（变形量 40%～85%），淬火后再进行常规时效处理；②低温形变热处理，先在再结晶温度以下变形 50%，空冷再进行常规时效处理。α+β 钛合金可采用高温形变热处理，β 钛合金两种都可采用。

（4）化学热处理

目的是改善耐磨性，以及在还原性介质中的耐腐蚀性。与钢的化学热处理方法类似，包括渗氮、渗碳、渗硼、渗金属等。

4.5 镁及镁合金

镁是地球上储量最丰富的元素之一，储量占比达 2.77%。不仅陆地上，海水里也富含镁，含量为 0.13%。中国是镁资源大国，储量居世界第一，目前原镁的生产量占全世界的 2/3。

镁元素的密度只有 1.74g/cm^3，是所有金属结构材料中最低的。纯镁熔点 650℃，属于低熔点金属。镁的晶体结构是密排六方结构。主要性能特点如下。

① 密度小，强度和硬度低，但比强度高。抗疲劳和耐磨性不足。

② 导热性较好，室温导热系数 156W/(m·K)。

③ 中温性能好，能够在飞机和导弹上替代工程塑料和树脂基复合材料。

④ 阻尼减振性能好。

⑤ 对 X 射线和热中子的透射阻力低。

⑥ 易燃。可用于烟火工业。

⑦ 塑性变形能力低，冷加工困难，变形镁合金主要通过 200℃～350℃热变形成型。强化方法主要通过固溶强化和时效强化。

⑧ 镁是人体所必需的一种重要元素，镁合金具有较好的生物相容性，在人体环境中容易腐蚀，可作为生物可降解（吸收）医用金属材料。

⑨ 电极电位低，耐蚀性差，表面易形成疏松多孔的氧化镁。

工业纯镁的纯度可达 99.9%，但力学性能较差，不能用作结构材料。镁合金由于优异的性能（低密度、高比刚度和比强度）、优良的尺寸稳定性与良好的能量吸震性、高达 85% 以上的废料回收利用率、机械加工容易、焊接性能良好成为继钢铁、铝合金之后第三大金属工程材料，被誉为“21 世纪绿色工程材料”，开始越来越广泛地应用于航空、航天、交通工具、3C 产品、纺织和印刷行业等。

4.5.1 镁合金的分类

镁合金牌号，国际上采用美国试验材料协会（ASTM）的规定，我国的新牌号和国际接轨。根据国标 GB/T 5153—2016，纯镁牌号以 Mg 加数字的形式表示，Mg 后的数字表示 Mg 的质量分数。镁合金牌号以英文字母加数字再加英文字母的形式表示。前面的英文字母是其最主要的合金组成元素代号（见表 4-6），其后的数字表示其最主要的合金组成元素的大致含量。最后面的英文字母为标识代号，用以标识各具体组成元素相异或元素含量有微小差别的不同合金。

示例：

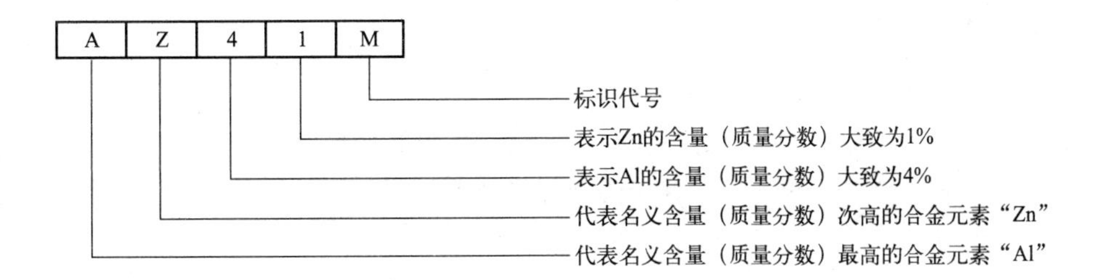

表 4-6 镁合金中合金元素代号

元素代号	元素名称	元素代号	元素名称	元素代号	元素名称
A	铝（Al）	K	锆（Zr）	S	硅（Si）
B	铋（Bi）	L	锂（Li）	T	锡（Sn）
C	铜（Cu）	M	锰（Mn）	W	钇（Y）
D	镉（Cd）	N	镍（Ni）	Y	锑（Sb）
E	稀土（RE）	P	铅（Pb）	Z	锌（Zn）
F	铁（Fe）	Q	银（Ag）		
H	钍（Th）	R	铬（Cr）		

镁合金的分类有三种方式，分别按照化学成分、成形工艺和是否含锆，其中化学成分主要是以五个合金元素 Mn、Al、Zn、Zr 和稀土为基础，成形工艺则分为铸造镁合金和变形镁合金，具体分类参看图 4-8。

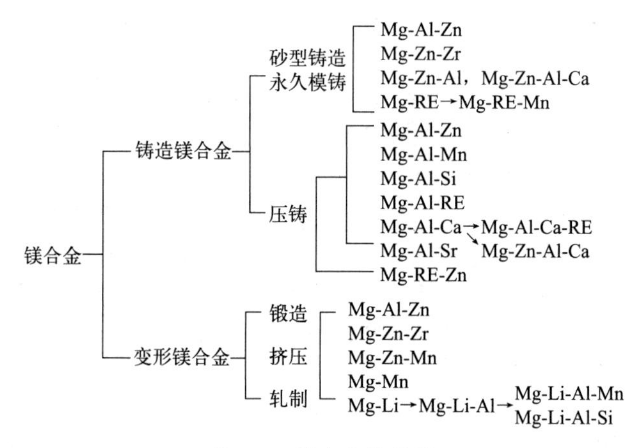

图 4-8 镁合金的分类

合金元素对镁合金的组织和性能有着重要影响。加入不同合金元素，可以改变镁合金共晶化合物或第二相的组成、结构以及形态和分布，得到性能完全不同的镁合金。镁合金的主要合金元素有 Al、Zn、Mn 等，有害元素有 Fe、Ni、Cu 等。

（1） Al

可改善铸造性能，提高强度。$Mg_{17}Al_{12}$ 在晶界上析出会降低抗蠕变性，所以铸造镁合金中铝含量控制在 7%～9%，变形镁合金中控制在 3%～5%。铝还能提高耐蚀性，但过多铝会导致应力腐蚀敏感性增加。

（2） Zn

可提高镁合金的抗蠕变性。Zn 含量超过 2.5%会降低耐蚀性，所以 Zn 含量要控制在 2%以下。Zn 还能提高应力腐蚀敏感性，明显提高疲劳极限。

（3） Mn

对强度影响不大，但降低塑性。加入 1%～2.5%Mn 的主要目的是提高合金的抗应力腐蚀倾向，从而提高耐蚀性和改善焊接性能。Mn 加入还能形成 MgFeMn 化合物，提高耐热性，同时也能去除过量的 Fe。

（4） Si

可改善压铸件的热稳定性和抗蠕变性能，主要是因为在晶界处形成细小弥散的 Mg_2Si，有较高的熔点和硬度。但在 Al 含量较低时，Mg_2Si 呈汉字形状，大大降低合金的强度和塑性。

（5） Zr

有较强的固溶强化作用。加入 0.5%～0.8%Zr 的细晶效果最好。Zr 还可以减少热裂倾向并提高力学性能和耐蚀性，降低应力腐蚀敏感性。

（6） Ca

可细化组织，提高抗蠕变能力。Ca 含量超过 1%，容易产生热裂倾向。Ca 的加入不利于耐蚀性。

（7）稀土元素

细化晶粒，显著提高耐热性，减少显微疏松和热裂倾向，改善铸造和焊接性能，耐蚀性不亚于其它镁合金。在改善力学性能的效果上：Nd 最好，Ce 和混合稀土次之，La 效果最差。

（8）有害元素

Fe、Ni、Cu、Co 加入少量（小于 0.2%）时，就会加速镁合金的腐蚀，属于有害元素。

4.5.2 典型镁合金

4.5.2.1 Mg-Al-Zn 合金

即 AZ 系镁合金，强度中等，但塑性好，室温强度、塑性和耐腐蚀性匹配较好，且价格较低，是目前牌号最多、应用最广的镁合金系列。室温组织主要由 α 相和在晶界处非连续网状分布的 β 相（$Mg_{17}Al_{12}$）组成。由于 β 相熔点低，高温易软化，使用温度不能超过 120℃，否则会导致合金强度和蠕变性能急剧下降。

常用牌号有 AZ31、AZ61、AZ80 为代表的变形镁合金和以 AZ91 为代表的铸造镁合金。其中，AZ 系铸造镁合金的应用更广泛，AZ91 是最常用的商业镁合金，该合金的高温力学性能和抗蠕变性能主要是通过添加 Ce 等稀土元素来提高。在欧洲有 85%以上的 AZ 系列产品均为铸件。铸造镁合金具有优良的铸造性能和切削加工性能，常用于航空动力系统，如发动机、直升机传动系统等的机匣及壳体类零部件。

4.5.2.2 Mg-Al-RE 合金

耐热镁合金。典型牌号 AE42 是耐热镁合金中综合性能最好的合金，缺点是稀土含量较高而增加了合金的成本，铸造性能也不理想。使用温度低于 150℃，在高于这个温度工作时，由于 $Al_{11}RE_3$ 相在 150℃以上会分解并形成 $Mg_{17}Al_{12}$，导致耐热性能急剧下降。

4.5.2.3 Mg-Zn-Zr 合金

即 ZK 系镁合金，属于高强度变形镁合金，其塑性变形能力较 AZ 系镁合金要差，因而通常采用变形+热处理来改善合金性能。典型牌号ZK61铸态镁合金由于力学性能好，因此在飞机轮毂、起落架支架等受力件上替代AZ91铸造镁合金使用。

另一个典型牌号ZK60，Zr的质量分数0.6%，晶粒细化效果和强化效果最好，其铸态组织由α相和Mg-Zn、$MgZn_2$共晶组织组成，共晶组织在铸态下主要以片层状、鱼骨状、颗粒状等分布于晶界和枝晶间。

4.5.2.4 Mg-RE合金

属于铸造镁合金，室温强度很高，高温性能好，工作温度高达280℃，具有优异的耐腐蚀能力，铸造性能差，含钇（Y）导致成本高。典型牌号WE54（Mg-5Y-4RE）和WE43（Mg-5Y-4RE），前者强度更高，后者综合力学性能良好，用于制造发动机变速箱和直升机传动箱。例如，欧洲直升机公司EC120民用直升机采用WE43制造变速箱壳体。美军水陆两栖突击车（AAAV）采用WE43A作为动力传送舱、变速箱的壳体。

4.5.2.5 Mg-Gd合金

属于高强镁合金，主要是利用Gd在Mg合金中有较大的固溶度（最大固溶度23.49%），且Gd的固溶度随温度变化较大，所以能同时对镁合金进行固溶强化和第二相强化。Mg-Gd的金属间化合物还具有较高的熔点，适合发展热稳定性好、强度高的镁合金。此外，通过添加Y、Zn等元素，可生成Mg-RE-Zn三元或多元金属间化合物，该化合物具有长周期堆垛有序结构（LPSO），该结构能在保持合金高强度的同时，提高合金的塑性。重庆大学与重庆市科学技术研究院联合开发了VW92E（Mg-Gd-Y-Zn-Zr）合金，具有优良的铸造性能、极佳的高温力学性能、良好的疲劳性能，各项指标均优于WE43A合金。

4.5.2.6 Mg-Li合金

Li的密度$0.534g/cm^3$，是最轻的金属，所以Mg-Li合金是工程应用中最轻的金属结构材料，比强度是钢铁的20倍以上，高于常见的其他种类合金。塑性好，即使在4K的极低温下仍能表现出高达12%的塑性。可吸收高能射线，是航天领域中优选的高性能镁合金材料。典型牌号有LZ91（Mg-9Li-1Zn）、LAZ933（Mg-9Li-3Al-3Zn）、LA141（Mg-14Li-1Al）。

本章小结

本章较为系统地介绍了有色金属材料的相关基本知识，详细介绍了四种常用有色金属材料即铝、钛、铜、镁及其合金的分类、牌号、相关热处理工艺、强化机理和应用。

思考题与练习题

1. 说明铝合金的基本时效规律及脱溶过程。
2. 说明铝合金的回归原因及其作用。
3. 试述H59和H68黄铜在组织和性能上的区别。
4. 说明在普通黄铜中加入铅、锡、铝、硅元素的目的。

5. α钛合金、β钛合金和α+β钛合金的主要性能特点有哪些？

6. 钛中主要杂质元素有哪些？会有哪些不利影响？

7. 说明钛合金双重退火的一般工艺流程。

8. 2A11铝合金如何实现细晶强化？

9. 钛、铜、镁这三种合金中，都能见到铝，试比较一下铝在这三种金属合金化中的作用。

10. 镁合金可以制作手机外壳，这是利用了镁合金的哪些特点？那么在日常使用时需要注意哪些问题？

自测题

1. 名词解释：有色金属材料，沉淀强化，变形铝合金，自然时效，人工时效，回归，峰时效，黄铜，白铜，青铜，钛合金中的中性元素、β稳定元素、α稳定元素，α+β钛合金，形变热处理。

2. 铝合金是如何分类的？

3. 铝合金的主要强化机制有哪些？

4. 钛合金是如何分类的？

5. 说明钛合金的主要热处理工艺。

参考文献

[1] 李若慧．清水江流域苗族节日习俗与银饰文化变迁研究[J]．贵州大学学报(社会科学版)，2019，37(1)：57.

[2] 翟秀静，周亚光．稀散金属[M]．合肥：中国科学技术大学出版社，2009.

[3] 章吉林，靳海明，卢建，等．铝及铝合金的应用开发[M]．长沙：中南大学出版社，2020.

[4] 朱张校，姚可夫．工程材料[M]．北京：清华大学出版社，2011.

[5] 潘复生，张丁非．铝合金及应用[M]．北京：化学工业出版社，2005.

[6] GB/T 16474—2011. 变形铝及铝合金牌号表示方法．

[7] GB/T 8063—2017. 铸造有色金属及其合金牌号表示方法．

[8] 张喜燕，赵永庆，白晨光．钛合金及应用[M]．北京：化学工业出版社，2005.

[9] GB/T 6611—2008. 钛及钛合金术语和金相图谱．

[10] GB/T 3620.1—2016. 钛及钛合金牌号和化学成分．

[11] 汶建宏，杨冠军，葛鹏，等．β钛合金的研究进展[J]．钛工业进展，2008，25(1)：33.

[12] 赵永庆，洪权，葛鹏．钛及钛合金金相图谱[M]．长沙：中南大学出版社，2010.

[13] 常辉，廖志谦，王向东．海洋工程钛金属材料[M]．北京：化学工业出版社，2016.

[14] 郑玉峰，顾雪楠，李楠，等．生物可降解镁合金的发展现状与展望[J]．中国材料进展，2011，30(4)：30.

[15] 潘复生，韩恩厚．高性能变形镁合金及加工技术[M]．北京：科学出版社，2007.

[16] GB/T 5153—2016. 变形镁及镁合金牌号和化学成分．

[17] 张津，章宗和，等．镁合金及应用[M]．北京：化学工业出版社，2004.

[18] 蒋斌，航空航天用镁合金的研究进展[J]．上海航天，2019，36(2)：22.

[19] 黄德明，陈云贵，唐永柏，等．AE42和Mg-Al-RE-Ca合金的压入抗蠕变性能[J]．稀有金属材料与工程，2006，12：1864.

[20] I. P. Moreno, T. K. Nandy, J. W. Jones, 等. Microstructural stability and creep of rare-earth containing magnesium alloys[J]. Scripta Materialia, 2003, 48(8): 1029.
[21] 王征远, 秦守益, 王先飞, 等. 热处理对 WE43 镁合金显微组织和力学性能的影响[J]. 特种铸造及有色合金, 2021, 41(3): 364.
[22] 李亚妮. 高性能 Mg-Gd-Y-Zn-Mn 合金组织与力学性能研究[D]. 重庆: 重庆大学, 2014.
[23] 小岛阳. 镁锂合金[J]. 金属, 1987, 57(5): 14.

第5章

高分子材料工程

本章导读

高分子材料是现代工业和高新技术的重要基石，其原料丰富、加工方便、性能优良，用途广泛，在材料领域中占有极其重要的地位，对现代科学技术的发展发挥着十分重要的作用。20世纪末高分子材料的总产量已达到20亿吨，与金属、陶瓷一起并列为三类最重要的材料。目前，高分子材料正向功能化、智能化、精细化方向发展，由结构材料向具有相应特定功能的功能材料方向扩展。通过本章的学习使学生熟悉高分子材料的基本概念、分类、性能和应用特点，了解与工程密切相关的塑料、橡胶、合成纤维等高分子材料的性能特点及主要应用，引导学生建立高分子材料的结构、性能与具体工程应用之间的对应关系。

本章的学习目标

1. 掌握高分子材料的概念及结构和性能特点。

2. 掌握各类高分子材料的组成及其作用，了解几种典型高分子材料的性能特点及主要应用。

教学的重点和难点

1. 重点掌握高分子材料的基本概念和结构特点。
2. 重点掌握工程塑料的结构及性能特点。
3. 难点：高分子材料的链结构及力学状态。

5.1 高分子材料概述

5.1.1 高分子材料的基本概念

高分子材料又称高分子或聚合物，它是由许多结构相同的简单单元通过共价键有规律地重复连接而成的相对分子质量很大的化合物。一般将相对分子质量为 10^4～10^6 的聚合物称为高聚物，而相对分子质量低于 10^4 的聚合物称为低聚物。

单体是指组成高分子化合物的低分子化合物。例如聚乙烯由乙烯单体聚合而成，聚氯乙烯是由氯乙烯单体聚合而成。高分子化合物分子为很长的链条，称为大分子链。大分子链有许多结构相同的基本单元重复连接而成，将最小重复的结构单元称为链节。大分子链中链节的重复次数称为聚合度，用 n 表示。例如，聚氯乙烯大分子链的结构如下：

$$\sim\sim CH_2-\underset{\displaystyle Cl}{\underset{|}{CH}}-CH_2-\underset{\displaystyle Cl}{\underset{|}{CH}}-CH_2-\underset{\displaystyle Cl}{\underset{|}{CH}}\sim\sim$$

可以简写为$\left[CH_2-\underset{\displaystyle Cl}{\underset{|}{CH_2}}\right]_n$，它是由许多$-CH_2-\underset{\displaystyle Cl}{\underset{|}{CH_2}}-$结构单元重复连接构成的，这个结构单元就是聚氯乙烯的链节。

5.1.2 高分子材料的分类

随着科技进步，高分子材料的合成研究得到了快速发展，新的合成方法不断出现，高分子材料迅速扩大，种类繁多，为了便于研究和讨论，根据不同的角度对高分子材料进行分类。

5.1.2.1 按来源分类

根据高分子的来源可分为三类，即天然高分子、半天然高分子和合成高分子。

天然高分子是指自然界天然存在的高分子化合物，例如存在于动物、植物体内的淀粉、蛋白质、纤维素等。人类最初利用天然高分子材料作为生活和生产资料，例如利用蚕丝、棉、毛织成织物，用木材、棉、麻造纸等。

半天然高分子化合物，也称为改性天然高分子材料，是指天然高分子化合物经化学改性后的材料，如由纤维素和硝酸反应得到的硝化纤维素。

合成高分子化合物，是指由单体通过一定的化学反应和聚合方法人工合成的高分子化合物。例如，由氯乙烯聚合得到的聚氯乙烯。将单体合成的聚合物再经过化学反应方法加以改性，可获得新的高分子材料。例如，将聚乙酸乙烯酯进行醇解，则获得聚乙烯醇。

5.1.2.2 按性质和用途分类

按照性质和用途高分子材料可分为塑料、橡胶、纤维、涂料、胶黏剂、高分子基复合材料和功能高分子材料，这是从材料角度进行分类的一种最常用的方法。

塑料是以合成树脂或化学改性的天然高分子为主要成分，再加入填料、增塑剂和其它添加剂，它通常可在加热、加压条件下塑制成形。通常按合成树脂的特性，塑料又分为热塑性塑料和热固性塑料；按用途又可分为通用塑料和工程塑料。

橡胶是指具有可逆形变的高弹性聚合物材料，在外力作用下可产生较大形变，其弹性变形度可达 100%～1000%，除去外力后能迅速恢复原状。橡胶可分为天然橡胶和合成橡胶。

纤维是指凡能保持长度比本身直径大 1000 倍的均匀条状或丝状的高分子材料。纤维可分为天然纤维和化学纤维两大类。天然纤维有棉花、羊毛、麻、蚕丝等；化学纤维指用天然的或合成的高分子化合物经过化学加工制得的纤维，前者称人造纤维，后者称合成纤维。以上三类为高分子材料中用量最大的三大品种。

高分子涂料是以聚合物为主要成膜物质，添加溶剂和各种添加剂制得，涂布于物体表面能形成坚韧的薄膜，主要起装饰和保护作用。胶黏剂是以合成或天然高分子化合物为主体制成，通过黏合的方法将两种物体表面黏结在一起的胶黏材料。

高分子基复合材料是以高分子化合物为基体，添加各种增强材料制得的一种复合材料，它综合了原有材料的性能特点，并可根据需要进行材料设计。

功能高分子材料泛指具有独特物理特性（如光、电、磁等）或化学特性（如反应、催化等）或生物特性（治疗、相容性、生物降解等）的新型高分子材料。

5.1.2.3 按高分子主链元素构成分类

高分子化合物按主链元素构成可分为碳链聚合物、杂链聚合物、元素有机聚合物和无机高分子等。碳链聚合物是指大分子主链全部由碳元素构成，绝大部分烯烃类和二烯烃高分子化合物属于这一类，如聚乙烯、聚丙烯、聚苯乙烯等。杂链聚合物的大分子主链中除了有碳元素外，还有氧、氮、硫、磷等杂元素，工程塑料、合成纤维大多是杂链聚合物，如聚醚、聚酯、聚酰胺、硅油等。元素有机聚合物指大分子主链上不含有碳元素，但侧链上含有碳原子，主链主要由硅、氧、铝、硼、钛、氮、锡、磷等元素组成，例如有机硅橡胶。无机高分子是指主链和侧链均不含有碳原子的高分子，如聚硅烷、链状硫等。

5.1.3 高分子材料的结构

高分子材料的分子链很庞大，由许多个结构单元组成，因此高分子材料的结构很复杂。高分子材料的结构可分为链结构和聚集态结构两部分。链结构是指单个高分子链的结构与形态，包括构造、构型、构象等。高分子的聚集态结构指的是由众多大分子链排列堆砌而形成材料整体的内部结构，包括结晶、取向等。高分子的链结构决定了高分子的基本性能，而聚集态结构则直接影响高分子的使用性能。

5.1.3.1 高分子材料的链结构

（1）大分子链的组成

大分子链的组成包括大分子链的化学成分、结合键和键接方式等。根据大分子链组成元素的不同，高分子可分为碳链高分子、杂链高分子和元素有机高分子三类，高分子材料的化学组成不同，高分子材料的性能也不相同。

大分子链中原子间及链节间均为共价键结合。化学组成不同，其键长与键能也不同，这种结合力称为高分子化合物的主价力，其大小对高分子化合物的性能具有重要影响。

键接方式是指结构单元在分子链中的连接方式。在缩聚和开环聚合中，结构单元的链接方式一般是明确的，但在加聚过程中，单体的链接方式有所不同。例如单取代烯烃化合物 $CH_2=CHR$，其结构不对称，通常把有取代基的碳原子称为头，把没有取代基的碳原子称为尾。这类聚合物在聚合过程中可能有三种不同的链接方式；头-头键接、尾-尾键接和头-尾键接，也有可能是不同方式同时出现的无规链接。图 5-1 为聚氯乙烯高分子链的三种不同链接方式。结构单元的不同键接方式对高分子材料的性能会产生较大的影响，如聚氯乙烯链结构单元主要是头-尾相接，若含有少量的头-头键接，会导致热稳定性下降。双烯类聚合物的链接方式更为复杂，根据结构单元的键接方式及双键开启位置不同而有 1,4 加聚、1,2 加聚或 3,4 加聚。

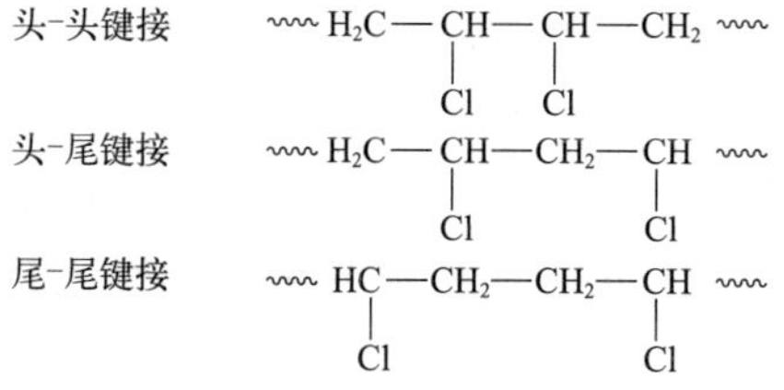

头-头键接　〰 $H_2C—CH(Cl)—CH(Cl)—CH_2$ 〰

头-尾键接　〰 $H_2C—CH(Cl)—CH_2—CH(Cl)$ 〰

尾-尾键接　〰 $HC(Cl)—CH_2—CH_2—CH(Cl)$ 〰

图 5-1　聚氯乙烯高分子链的三种不同链接方式

（2）大分子链的形态

大分子链的形态按其几何形状可分为三种：线型、支化型和体型（交联型或网型）三类，如图 5-2 所示。多数高分子都是线型的，各链节以共价键连接成线型长链分子，分子长链可以蜷曲成团，也可以伸展成直线。线型高分子的分子间没有化学键结合，在受热或受力情况下分子间可以互相移动，因此线型高分子可以在适当的溶剂中溶解，加热时可以熔融，易于加工成型，这类高分子材料有较高的弹性、较好的塑性和较低的硬度，是典型的热塑性材料的结构。支化型高分子是指在主链的两侧以共价键连接相当数量的支链，其形状有星形、树枝形、梳形等。支化型高分子的化学性质与线型高分子相似，加热可熔化，也可溶于有机溶剂，也可反复加工成型，但支化对物理机械性能都有明显影响。体型高分子是在线型或支化型分子链之间，通过链节以共价键连接起来形成三维空间网状的大分子。体型高分子不溶于任何溶剂，也不能熔融，只能以单体或预聚体的状态进行成型，一旦受热固化后便不能再改变形状，称作热固性树脂，这类高分子材料的硬度高、脆性大、无弹性和塑性，具有较好的耐热性和耐蚀性。

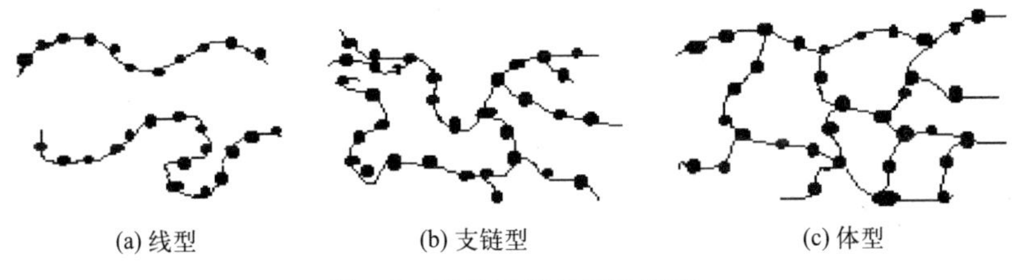

图 5-2　高分子链的三种形态

（3）大分子链的空间构型

大分子链的空间构型是指大分子链中由化学键所固定的原子或取代基在空间的排列方式，表征分子中最近相邻原子间的相对位置，这种排列是稳定的，要改变构型，必须经过化学键的断裂和重组。高分子的构型包括几何异构体和旋光异构体。

几何异构也称为顺反异构，因大分子主链上存在双键，双键上的基团在双键两侧排列的方式不同而有顺式和反式之分，它们称为几何异构体。例如，天然橡胶的主要成分是顺式 1,4-聚异戊二烯，它具有很低的玻璃化温度和较低的相对密度，柔软而具有弹性；古塔波胶为反式聚异戊二烯，是玻璃化温度较高、弹性和溶解性很差的塑料。

旋光异构是指有机物能构成互为镜像的两种异构体，表现出不同的旋光性，称为旋光异构体。例如饱和碳氢化合物分子中的碳，以 4 个共价键与原子或基团相连，形成一个四面体，其中碳原子位于四面体的中心，4 个基团位于四面体的顶点，当 4 个基团都不相同时，该碳原子称为手性碳原子，以 C^* 表示。结构单元为-CH_2-C^* HR-型的高分子，由于 C^* 两边所连接的链节不同，因而 C^* 为不对称碳原子，这样每个链节就有 D 和 L 两种旋光异构体，它们在高分子链中有三种键接方式：假若高分子全部由一旋光异构单元键接而成，则称为全同立构；由两种旋光异构单元交替键接，称为间同立构；两种旋光异构单元完全无规键接时，则称为无规立构，如图 5-3 所示。如果把主链上的碳原子排列在平面上，则全同立构链中的取代基 R 都位于平面同侧，间同立构中 R 交替排列在平面的两侧，无规立构中的 R 在两侧任意排列。

不同构型会影响高聚物材料的性能，例如全同立构的聚苯乙烯，其结构比较规整，能结晶，软化点为 240℃；而无规立构的聚苯乙烯结构不规整，不能结晶，软化点只有 80℃。

(a) 全同立构

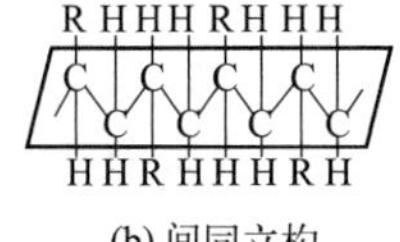

(b) 间同立构

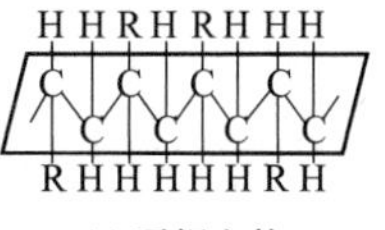

(c) 无规立构

图 5-3　高分子链的立体构型

（4）大分子链的大小

大分子链大小的量度最常用的是分子量。因为高分子化合物不同于低分子化合物，其聚合过程比较复杂，生成物是具有相同化学组成、聚合度不等的同系物组成的混合物，所以分子量不是均一的，有一定的分布，具有“多分散性”，只能用统计平均值来表示，如数均分子量 M_n 和重均分子量 M_w。要清晰地表明高分子链的大小，除了给出统计平均值外，还必须用分子量分布来表示。分子量和分子量分布是影响高分子材料性能的重要因素。实验表明，只有高分子材料的分子量达到某一数值后，才能显示出有实用价值的机械强度，但分子量增加后，分子间的相互作用力也增强，导致高温流动黏度增加，使加工成型变得困难。

（5）大分子链的构象

高分子链的主链都是以共价键连接起来的，具有一定的键长和键角，高分子链在不停地运动，在运动时保持键角和键长不变的情况下可绕轴任意旋转，称为单键的内旋转，如图 5-4 所示。高分子链很长，每个单键都在内旋转，单键内旋转使原子排列位置不断变化，因此，由于单键内旋转而产生的原子在空间占据不同位置所构成的分子链的不同形态称为高分子链的构象。由于热运动，分子的构象在时刻改变着，因此高分子链的构象具有统计性，由统计规律可知，分子链成蜷曲构象的几率较大，称这种不规则的蜷曲的高分子链的构象为无规线团。构象与构型的根本区别在于，构象通过单键内旋转可以改变，而构型无法通过内旋转改变。

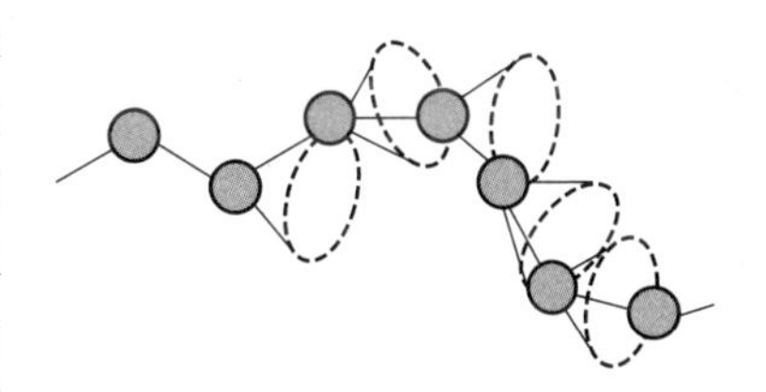

图 5-4　大分子链的内旋转

（6）大分子链的柔顺性

大分子链能够改变其构象的性质，称为柔顺性。在拉力作用下，大分子链可以伸展拉直，外力去除后，又缩回到原来的蜷曲线团状。分子内旋转是导致分子链柔顺性的根本原因，而分子链的内旋转又主要受其分子结构的制约，因而分子链的柔顺性与其分子结构密切相关。首先，主链结构对高分子链柔顺性的影响很显著。对于碳链高分子，由于碳氢化合物的极性最小，分子间相互作用弱，有较小的内旋转势垒，因而大多具有较大的柔顺性；对于杂链高分子，例如当主链结构中含 C—O、C—N、Si—O 时，由于 O、N 原子键合的原子数比 C 原子结合的原子数少，其内旋转的位阻比—C—C—键小，因而柔顺性比碳链高分子好；此外，当主链中含有共轭双键、芳环、芳杂环，链上可以内旋转的单键比例相对减少，分子链的刚性增加，如聚乙炔、聚苯醚、聚碳酸酯等。其次，侧基极性的强弱对高分子链柔顺性的影响很大。对于极性侧基，极性越大，极性基团数目越多，分子内和分子间的相互作用越大，单键的内旋转越困难，分子链的柔顺性就越差。如聚氯乙烯柔顺性比聚乙烯差。对于非极性侧基，则主要考虑其体积的大小和对称性，侧基的体积越大，单键内旋转的空间位阻效应越大，内旋转困难，使链的柔顺性降低；对称性侧基会使主链间的距离增大，分子链间相互作用力减弱，内旋转位垒降低，因而柔顺性增加。如聚异丁烯的柔顺性大于聚乙烯。再次，相对分子量对柔顺性也有影响。假若相对分子质量低，可内旋转的单键数目少，那么分子的构象数也少，分子链的刚性大。小分子的物质都没有柔顺性，就是这个缘故。如果相对分子质量高，单键数目多，因内旋转产生的构象数就多，分子链的柔顺性就好。但相对分子质量增大到一定数值时，分子链的构象服从统计规律，分子量对柔顺性的影响不大。此外，高分子的交联也对链的柔顺性产生影响，高分子的轻度交联，交联点间链段足够长，对高分子柔顺性基本没影响，随着交联度增加，链段运动能力下降，单键内旋转受到限制，高分子链柔顺性下降，交联度很高时，高分子链失去柔顺性。

5.1.3.2 高分子材料的聚集态结构

高分子的聚集态结构是指高分子链之间的几何排列和堆砌结构，它包括非晶态结构、晶态结构、液晶态结构、取向态结构和共混聚合物的织态结构等。高分子的链结构是决定高分子材料基本性质（密度、溶解度等）的主要因素，而高分子材料的聚集态结构是决定高聚物本体性质的主要因素，因此，高分子的聚集态结构对高分子材料性能的影响比高分子链结构更直接、更重要。对于实际应用中的高分子材料，其使用性能很大程度上还取决于加工成型过程中形成的聚集态结构。

（1）聚合物的非晶态

聚合物的非晶态是指聚合物中分子链的堆砌不具有长程有序性，完全是无序的，非晶态聚合物也称为无定形聚合物。关于非晶态聚合物的结构，目前有两种有代表性的模型，即无规线团模型和两相球粒模型。前者认为，在非晶态聚合物中分子链的构象呈无规线团状，线团分子之间是任意相互贯穿和无规缠结的，链段的堆砌不存在任何有序的结构；后者认为无定形聚合物中包括“粒子相”和“粒间相”两部分，粒子相又分为有序区和在有序区周围的粒界区，在有序区中，分子链折叠平行排列，较为规整，而粒界区是由折叠链的弯曲部分、链端、分子链缠绕点和连接链组成，粒间相由无规线团、低分子物、分子链末端和连接链组成。

（2）聚合物的结晶态

线型、支化型和交联少的体型高聚物在一定条件下，可以固化为晶态结构，即大分子链整齐的排列成为具有周期性结构的有序状态，但是由于分子链的运动较为困难，不可能进行完全晶化，实际高分子材料结晶大多是晶相与非晶相共存的，要获得完全晶态的聚合物是很困难的，通常用结晶度也就是聚合物中结晶区域所占的百分数来表示聚合物的结晶程度。根据结晶条件不同可形成多种形态的晶体，包括单晶、球晶、伸直链晶、纤维状晶核和串晶等。

单晶是具有一定几何外形的薄片状晶体，一般聚合物的单晶只能从极稀溶液（浓度约0.01%～0.1%）中缓慢结晶时生成。球晶是高聚物结晶的一种最常见的特征形式，是一种圆球状的晶体，尺寸较大，一般是由结晶型聚合物从浓溶液中析出或由熔体冷却时形成的。球晶在正交偏光显微镜下可观察到其特有的黑十字消光图像。图5-5是聚左旋乳酸的球晶偏光显微镜照片，从图中可以看出清晰的圆球状轮廓。

聚合物在非常高的压力下结晶可以形成伸直链晶，伸直链晶片是由完全伸展的分子链平行规整排列而成的小片状晶体，晶体中分子链平行于晶面方向，晶片厚度基本与伸展的分子链长度相当。纤维状晶是在流动场的作用下使高分子链的构象发生畸变，分子链成为沿流动方向平行排列的伸展状态，分子链方向与纤维轴平行。聚合物串晶是一种类似于串珠式的多

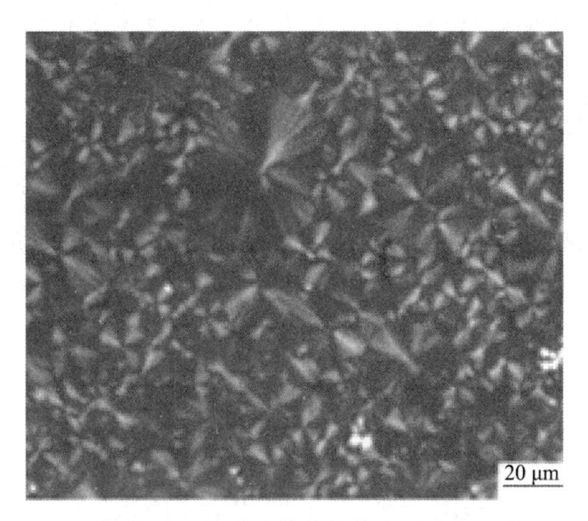

图 5-5 聚左旋乳酸球晶的偏光显微镜照片

晶体，是高分子熔体或溶液在应力作用下结晶时形成的。

聚合物自身的化学结构是影响其结晶性的重要因素，聚合物的化学结构越简单，越容易结晶；主链上若带有侧基，则侧基体积越小，对称性越好，越容易结晶；分子链上带有极性基团，使分子间作用力变大，则容易结晶。

5.1.4 高分子材料的性能

5.1.4.1 高分子材料的力学性能

（1）高分子材料的力学状态

对一定尺寸的线型非晶态聚合物施加一定的外力，并以一定的速度升高温度，测定试样形变随温度的变化，可以得到如图 5-6 所示的温度-形变曲线。图中 T_g 是玻璃化转变温度，对应从玻璃态到高弹态的转变温度，T_f 是黏流温度对应从高弹态到黏流态的转变温度。线型非晶态高分子在不同的温度范围呈现三种力学状态，玻璃态、高弹态和黏流态。在 T_g 温度以下称为玻璃态，由于温度较低，分子热运动能低，无法克服链内旋转的势垒，链段运动处于被冻结状态，只有侧基、链节、短支链等小运动单元的局部振动及键长键角的变化，因此，变形度小，弹性模量较高，此时聚合物受力的变形符合胡克定律，外力去掉后，形变立即消失，恢复原状。在 T_g 温度以上、T_f 温度以下这一区间称为高弹态，在这一区间，链段具有充分的运动能力，但此时的热能还不足以使整条分子链运动。在外力作用下，一方面通过链段运动使分子链呈现伸展的构象，另一方面由于链段自发地热运动，使分子链恢复卷曲的构象，以抵抗外力的作用，这两种作用趋于平衡，因而温度-形变曲线上出现平台区。处于这一区间的高聚物，在较小的外力作用下就可以发生较大的形变，而弹性模量显著降低，且当外力去除后，形变可以恢复，弹性是可逆的，聚合物表现为柔软而富有弹性。温度高于 T_f 后，分子活动能力很大，在外力作用下，变形度迅速增加，弹性模量再次很快下降，大分子链可以相对滑动产生黏性流动，此时宏观上形变是不可逆的。

对于完全晶态的线型高聚物，则和低分子晶体材料一样，没有高弹态。对于部分结晶的线型高聚物，由于晶区和非晶区共存，非晶区在不同温度下，也一定要发生上述两种转变，然而随着结晶度的不同，部分结晶线型高聚物的温度-形变曲线是不同的。结晶度较小时，聚集态结构中非晶区是连续相，晶区是分散相，起着类似交联点的作用，外界载荷由非晶区来承受，这种情况下，温度-形变曲线与非晶高分子的温度-形变曲线类似。当结晶度大于40%后，部分结晶线型高分子内部的晶区彼此衔接，成为贯穿整个材料的连续相，起到承担外界载荷的作用，材料变得坚硬，宏观上观察不到有明显的玻璃化转变（见图 5-7），当温度升高到结晶熔点时，结晶高聚物的晶区熔融，高聚物是否进入黏流态与高聚物的分子量有关，如果高聚物的分子量不太大，非晶区的黏流温度低于晶区的熔点，则晶区熔融后，高聚物便成为黏性流体；如果分子量足够大，以至于非晶区的黏流温度高于晶区的熔点，则晶区熔融后将出现高弹态，继续升高温度到黏流温度以上，才进入黏流态。

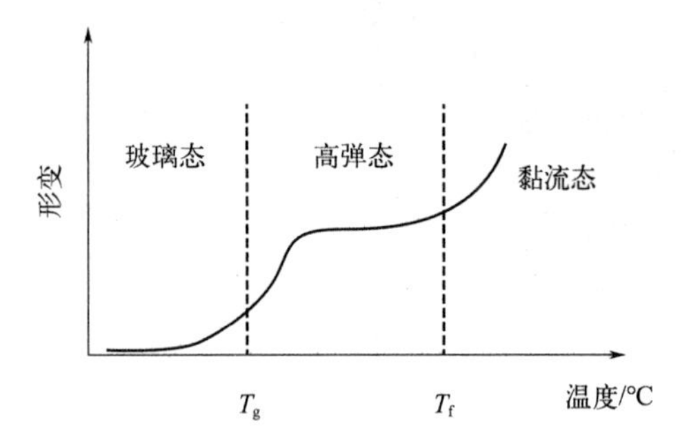

图 5-6　非晶态线型高聚物的温度-形变曲线

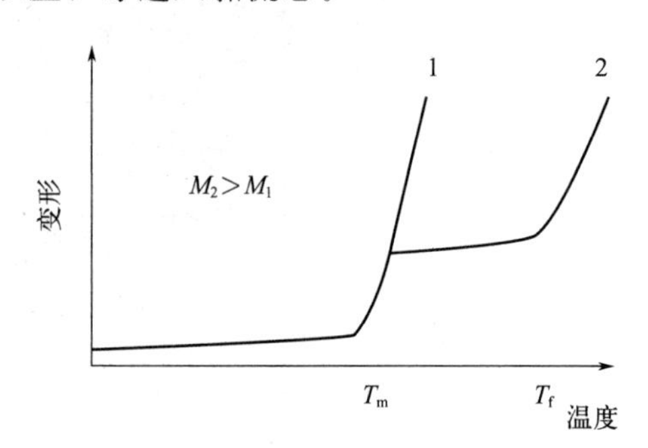

图 5-7　部分结晶线型高聚物的温度-形变曲线

对于体型高聚物，由于具有空间网状交联结构，其交联点的密度对高聚物的力学状态有重要影响。如果交联点密度较小，高聚物具有高弹态，弹性好；如果交联点密度很大，高聚物的高弹态消失，其性能硬而脆。体型聚合物大分子链由于相互交联而不能发生相互滑动，链段运动也受到很大束缚，所以没有黏流态出现。

（2）高分子材料的力学性能特点

与金属材料比较，高分子材料的力学性能具有如下特点。

① 强度低　高聚物的强度平均为 100MPa，比金属低得多，但由于其重量轻、密度小，许多高聚物的比强度还是很高的，某些工程塑料的比强度高于钢铁材料。

② 弹性高、弹性模量低，弹性变形量大　高聚物的弹性模量低，约为 2～20MPa，一般金属材料为 $1\times10^3\sim2\times10^5$ MPa；高聚物的弹性变形可达到 100%～1000%，而一般金属材料仅有 0.1%～1.0%。

③ 黏弹性　高聚物的黏弹性是指高聚物材料既具有弹性材料的一般特性、又具有黏性流体的一些特性，即受力同时发生高弹性变形和黏性流动，变形与时间有关。黏弹性产生的主要原因是链段运动遇到困难，需要时间来调整分子链的构象来适应外力的作用，应力作用的速度愈快，链段愈来不及作出反应，则黏弹性愈显著。黏弹性的主要表现有蠕变、应力松弛和内耗等。

④ 塑韧性　高聚物的塑性好，在非金属材料中，高聚物的韧性也较好，由于冲击韧性与抗拉强度与断裂伸长率都有直接关系，所以与金属材料相比，高聚物的冲击韧度较小，仅为金属材料的百分之一数量级。

⑤ 良好的减摩、耐磨性　许多高分子材料的摩擦系数很低，自润滑性能好，在无润滑和少润滑的条件下，它们的耐磨、减摩性能是金属材料无法比拟的。

5.1.4.2　高分子材料的物理和化学性能

同金属材料相比，高分子材料的物理、化学性能有如下特点。

① 良好的绝缘性　高聚物分子的化学键为共价键，不能电离，没有自由电子和可移动的粒子，因此是良好的绝缘体。

② 良好的隔热隔音性　高聚物分子细长、卷曲，在受热受声后振动困难，对热和声有良好的隔离性能。

③ 低耐热性　高聚物的耐热性是指它对温度升高时抵抗性能降低的能力。用高聚物开始软化或变形的温度来表示，是使用温度的上限值。同金属材料相比，高聚物在受热过程中，大分子链和链段容易产生运动，高聚物的耐热性是较低的，这是高聚物的一大不足。

④ 高的化学稳定性　高聚物大分子链以共价键结合，没有自由电子，因此不发生电化学反应，也不易与其他物质发生化学反应，具有高的化学稳定性，耐水、无机试剂、耐酸和碱的腐蚀。例如称为塑料王的聚四氟乙烯，不仅耐强酸、强碱等强腐蚀剂，甚至在沸腾的王水中也很稳定。

⑤ 易老化　老化是指高分子材料在长期储存和使用过程中，由于受到氧、光、热、机械力、水蒸气、微生物等各种外部因素的作用，使性能随时间不断恶化，逐渐丧失使用价值的过程。老化是高聚物的一个主要缺点，其根本原因是高分子链的交联和裂解。性能恶化表现为：失去弹性、出现龟裂、变硬、变软、变黏、变色等。导致高分子材料老化的因素包括内因和外因，因而防止高分子材料的老化，延长其储存和使用期限。应从两方面入手，一方面改进聚合物本身的链结构，减少高分子材料不稳定的端基，引进耐老化的结构；另一方面采用加入特定的防老化剂，如抗氧剂、热稳定剂、紫外线吸收剂等，或对材料进行物理防护，如表面涂漆、镀金属等方法来抑制光、热、氧等外因对聚合物的老化。

5.2 高分子材料的合成

高分子化合物是由低分子化合物（单体）经聚合反应所制得分子量很大的物质。将聚合反应按单体和聚合物在组成和结构上发生的变化分类，聚合反应分成加聚反应和缩聚反应两大类。

5.2.1 加聚反应

单体间因加成而聚合起来的反应称作加聚反应，加聚反应过程中没有低分子物质生成。加聚反应的产物称作加聚物，加聚物的化学组成与其单体相同，仅仅是电子结构有所改变，加聚物的分子量是单体分子量的整数倍。烃类聚合物或碳链聚合物大多是烃类单体通过加聚反应合成。例如氯乙烯合成聚氯乙烯的反应。

$$n\mathrm{CH_2{=}\underset{\displaystyle Cl}{\underset{|}{CH}}} \longrightarrow \mathrm{\left[CH_2 - \underset{\displaystyle Cl}{\underset{|}{CH}} \right]_{\mathit{n}}}$$

加聚反应中所使用的催化剂不同，反应通过不同的活性中心来进行，根据反应中活性中心的种类，加聚反应可分为自由基聚合、阳离子聚合、阴离子聚合和配位聚合。

5.2.1.1 自由基聚合

自由基聚合是单体在引发剂或光、热、辐射等物理能量激发下转化成自由基而引起的聚合反应。自由基是由共价键发生均裂反应产生的，即构成共价键的一对电子拆成两个带一个电子的基团，这种带独电子的基团即为自由基。自由基聚合可以分为链引发、链增长、链终止和链转移四个基元反应。

(1) 链引发

链引发反应是指由初级自由基与单体反应形成单体自由基的过程，是形成自由基活性中心的反应。引发剂引发、热引发、光引发、高能辐射引发、等离子体引发等方法是自由基聚合反应通用的引发方法，其中引发剂引发在工业上应用最广泛，常用的引发剂主要是偶氮化合物［如偶氮二异丁腈（AIBN）］、过氧化合物［如过氧化二苯甲酰（BPO）］和氧化-还原体系（如过硫酸钾）三类。

(2) 链增长

链引发反应形成的单体自由基具有很高的活性，可与第二个单体发生加成反应形成新的自由基，这种加成反应可以一直进行下去，形成越来越长的链自由基，这一过程称为链增长反应。链增长反应是放热反应，反应活化能较低，所以反应速率极快，一般在 0.01s 至几秒内即可使聚合度达到几千，甚至上万，在反应的任一瞬间，体系中只存在未分解的引发剂、未反应的单体和已形成的大分子，不存在聚合度不等的中间产物。链增长反应中，结构单元的结合可能存在“头-尾”和“头-头”（或“尾-尾”）两种方式，按头-尾方式连接时，取代基与独电子在同一碳原子上，有共轭稳定作用，形成的自由基较稳定，反应活化能较低；而按头-头方式连接时无此种共轭效应，自由基比较不稳定，反应活化能就较高。因此，在烯类单体的自由基聚合中，单体主要按头-尾方式连接。

(3) 链终止

链终止反应是指链自由基活性中心消失，生成稳定大分子的过程。链终止反应绝大多数为两个链自由基之间的反应，也称双基终止，反应的结果是两个链自由基同时消失，体系自由基浓度降低。双基终止有偶合终止和歧化终止两种方式。两个链自由基的独电子相互结合形成共价键，生成一个大分子链的反应称为偶合终止，偶合终止的结果为大分子的聚合度约为链自由基重复单元数的两倍。一个链自由基上的原子（通常为氢原子）转移到另一个链自由基上，生成两个稳定的大分子的反应称为歧化终止，歧化终止的结果，虽不改变聚合度，但其中一条大分子链的一端为不饱和结构。偶合终止的反应活化能低，甚至不需要活化能，而歧化终止涉及共价键的断裂，反应活化能较偶合终止要高一些。以何种方式终止，与单体的种类和聚合反应条件有关。如苯乙烯自由基，较易发生偶合终止反应；甲基丙烯酸甲酯自由基，较易发生歧化终止反应。

除了双基终止，在某些聚合过程中，也存在一定量的单基终止。单基终止是指链自由基与某些物质（不是另外一个链自由基），如链转移剂、自由基终止剂反应失去活性的过程。对于均相聚合体系，双基终止是最主要的终止方式，但随着单体转化率的增加，单基终止反应随之增加，甚至成为主要终止方式。

(4) 链转移

在聚合过程中，链自由基还可能从单体、溶剂、引发剂或已形成的大分子上夺取一个原子而终止，同时使这些失去原子的分子转变成为新的自由基，该自由基能引发单体聚合，使聚合反应继续进行，称链转移反应。链转移反应不改变链自由基的数目，仅是活性中心转移到另一个分子、原子或基团，并形成新的活性链，通常也不影响聚合速率，而是降低了聚合度，改变了分子量和分子量分布。有时为了避免产物分子量过高，特地加入某种链转移剂对分子量进行调节。链自由基亦可能向已经终止了的大分子进行链转移反应，其结果形成支链大分子。

在工业生产中，自由基聚合所占的比例最大，例如高压聚乙烯、聚氯乙烯、聚苯乙烯、聚甲基丙烯酸甲酯、聚丙烯腈、丁苯橡胶、丁腈橡胶等通用树脂或合成橡胶都是通过自由基聚合生产出来的。

5.2.1.2 阳离子聚合

阳离子聚合和自由基聚合过程相似，也包括链引发、链增长、链转移和链终止四个基元反应，不同的是反应所用的催化剂和单体的种类不同。能够进行阳离子聚合的单体多数是带有强供电取代基的烯烃（如异丁烯、乙烯基乙醚），具有显著共轭效应的单体（如苯乙烯、丁二烯、异戊二烯），含氧、氮原子的不饱和化合物（如甲醛）和环状化合物（如四氢呋喃）等。

阳离子聚合反应所用的引发剂通常是缺电子的亲电试剂，主要有三类：质子酸（H_2SO_4、H_3PO_4、$HClO_4$、CF_3COOH 等），Lewis 酸（BF_3、$AlCl_3$、$FeCl_3$、$TiCl_4$ 等），有机金属化合物（三乙基铝、二乙基氯化铝等）。质子酸可直接提供质子进攻烯烃单体而引发聚合，引发活性的强弱取决于其提供质子的能力和阴离子的亲核性。Lewis 酸引发时常需要在质子给体或碳阳离子给体的存在下才能有效进行，质子给体是一类能析出质子的化合物（如水、卤化氢、醇、有机酸等），碳阳离子给体是一类能析出碳阳离子的化合物（如卤代烃、酯、醚、酸酐等），它们与 Lewis 酸作用产生质子或碳阳离子引发单体聚合。有机金属化合物在溶剂中能离解成阳离子引发单体聚合。

阳离子聚合反应中离子聚合的链增长活性中心带有相同电荷，不能双基终止，只能单基终止。阳离子聚合链增长反应活化能较低，略低于自由基聚合的链增长反应活化能，因此链增长反应速率很快。阳离子聚合反应受到温度、溶剂和反离子等因素的影响，往往出现聚合反应速率随温度降低而增加的现象，因此，为制备高分子量的聚合产物，阳离子聚合一般要在相当低的温度下进行，例如工业上合成聚异丁烯时的温度是－100℃。

阳离子聚合实际应用的例子很少，一方面是因为适合于阳离子聚合的单体种类少，另一方面是其聚合条件苛刻，如需在低温、高纯有机溶剂中进行，这些限制了它在工业上的应用。聚异丁烯和丁基橡胶是工业上用阳离子聚合的典型产品。

5.2.1.3 阴离子聚合

当双键碳原子上有吸电子取代基时，双键上的电子云密度会降低，容易受亲核试剂的进攻，产生碳负离子，新产生的碳负离子又可以作为亲核试剂进攻另一个双键，从而引起的聚合反应为阴离子聚合反应。阴离子聚合的单体有带吸电子取代基的烯类、共轭烯烃、羰基化合物等。烯类单体中取代基的吸电子能力越强，越容易发生阴离子聚合反应。

阴离子聚合反应同样包括链引发、链增长、链转移和链终止四个基元反应。按引发机理不同可将阴离子聚合的引发反应分为两大类：电子转移引发和亲核加成引发。前者所用引发剂是可提供电子的物质，如碱金属；后者则采用能提供阴离子的阴离子型或中性亲核试剂作为引发剂，如烷基金属和金属络合物。引发阶段形成的活性阴离子继续与单体加成，形成活性增长链。阴离子聚合反应中的负离子活性中心特别稳定，如果所用的单体、催化剂以及惰性溶剂都非常纯净，则通常无终止反应发生。因此，负离子加聚反应一经引发，就一直反应到单体耗尽为止，在单体消耗结束后，高分子链仍具有活性，若再加入同一种或不同的单体，聚合反应仍可进行。当体系中存在杂质时，阴离子聚合则发生链终止反应。

与自由基聚合、阳离子聚合相比，阴离子聚合难以发生链转移和链终止反应，因此，大多数阴离子聚合反应，尤其是非极性烯烃类单体如苯乙烯、丁二烯等的阴离子聚合，假若聚合体系很干净的话，本身是没有链转移和链终止反应的，即是活性聚合。阴离子活性聚合方法具有重要的工业应用，由于不存在链转移和链终止等副反应，通过阴离子活性聚合可以有效地控制聚合产物的分子量、分子量分布和分子结构。此外，阴离子活性聚合还可用来合成种类繁多、具有特定性能的多组分共聚物及具有特殊形状的模型聚合物等。

5.2.1.4 配位聚合

配位聚合最早是由 Natta 提出用于解释 α 烯烃在 Ziegler-Natta 引发剂作用下聚合机理的新概念。Ziegler-Natta 引发剂由过渡金属化合物和金属烷基化合物组成，如 $Al(C_2H_5)_3$-$TiCl_4$。配位聚合时单体与带有非金属配位体的过渡金属活性中心先进行配位，构成配位键后使其活化，进而按离子型机理进行增长反应。如活性链按阴离子机理增长就称为配位阴离子聚合；若活性链按阳离子机理增长就称为配位阳离子聚合，而重要的配位催化剂大都是按配位阴离子机理进行的。

配位离子聚合的特点是在反应过程中，催化剂活性中心与反应系统始终保持化学结合（配位络合），因而能通过电子效应、空间位阻效应等因素，对反应产物的结构起着重要的选择作用。此外，可以通过调节络合催化剂中配位体的种类和数量，改变催化性能，从而达到调节聚合物的立构规整性的目的。用配位聚合方法能得到立构有规的聚合产物，因此，配位聚合又称为定向聚合。例如，采用配位聚合能使乙烯在常压下聚合，得到基本上没有支链的低压聚乙烯。

5.2.2 缩聚反应

单体因缩合而聚合起来的反应称作缩聚反应，其主产物称作缩聚物。缩聚反应往往是官能团间的反应，除形成缩聚物外，根据官能团种类的不同，还有水、醇、氨或氯化氢等低分子副产物产生。由于低分子副产物的析出，缩聚物结构单元要比单体少若干原子，其分子量不再是单体分子量的整数倍。缩聚反应在高分子合成反应中占有重要地位，按生成聚合物的分子结构分类可分为线型缩聚反应和体型缩聚反应。

5.2.2.1 线型缩聚反应

参加缩聚反应的单体都只含有两种反应官能团，反应中分子沿着链端向两个方向增长，结果形成线型高分子，此类反应称为线型缩聚反应，如二元酸与二元醇生成聚酯的反应。

缩聚反应不同程度上都存在逆反应，平衡常数小于 10 的缩聚反应，聚合时必须充分除去小分子副产物，才能获得较高分子量的聚合产物，通常称做可逆缩聚反应，如由二元醇、三元胺与二元羧酸合成聚酯、聚酰胺的反应。平衡常数大于 10 的缩聚反应，官能团之间的反应活性非常高，聚合时几乎不需要除去小分子副产物，即可获得高分子量的聚合物，如由二元酰氯同二元胺生成聚酰胺的反应。

缩聚产物的平均聚合度依赖于官能团的反应程度，也即参加了反应的官能团数与初始官能团数目的比值，反应过程中，除了有单体成环、脱水等副反应外，还会发生增长链裂解和交换反应，可以通过控制原料单体的摩尔配比，加入端基封锁剂等方法来控制。

5.2.2.2 体型缩聚反应

体型缩聚反应是指参加缩聚反应的单体之一含有多个反应功能基时，反应中分子会向几个方向增长，导致形成支化或交联的体型结构聚合物的反应。交联的体型聚合物都具有力学强度和很高的耐热性，受热后不易软化更不能流动，不能反复塑制，因此也被称为热固性聚合物。

多官能团单体缩聚时，一开始生成侧链带有官能团的缩聚物，随着反应的进行，聚合物上支链增加，达到某一反应程度时，反应体系黏度会突然增大，由液体变成凝胶，从而失去流动性，这种现象称为凝胶化现象。出现凝胶时的反应程度称为凝胶点。体型缩聚在凝胶点以前，体系中除了有体型聚合物网络外，还有部分分子量较小的支化型或者线型聚合物，聚合物体系还具有一定的可溶性和可流动性。此时如继续加热反应至凝胶点以上，整个体系将变成一个分子量无限大的体型大分子，聚合物不溶不熔，将无法加工成型。因此，为了便于热固型聚合物的加工，反应必须在凝胶点以前终止，然后将反应物置于特定模具，在成型过程中进行交联反应，制备成品。

5.3 高分子材料的成型和加工

高分子材料的成型加工是获取具有实用价值的高分子材料制品的主要途径，高分子材料的加工方法有很多，其中最主要及最常用的加工方法是挤出成型、注射成型、压制成型和吹塑成型这四种。

5.3.1 挤出成型

挤出成型是高分子材料加工领域中所占比例最大的成型加工方法，它是将粒状或粉状的塑料加入挤出机料筒内加热熔融，使之呈黏流态，利用挤出机的螺杆旋转（柱塞）加压，迫使塑化好的塑料通过具有一定形状的挤出模具（机头）口模，成为形状与口模相仿的黏流态熔体，经冷却定型，借助牵引装置拉出，使其成为具有一定几何形状和尺寸的塑件。挤出成型的特点是生产过程是连续的，模具结构简单，尺寸稳定，生产效率高，成本低，应用范围广。挤出成型几乎能加工所有的热塑性塑料和某些热固性塑料，其制品有管材、板材、棒材、片材、薄膜、单丝等。此外，挤出成型还可用于粉料造粒、塑料着色、树脂掺和及共混改性等。

挤出设备有螺杆挤出机和柱塞式挤出机两大类，前者为连续式挤出，后者为间歇式挤出。螺杆挤出机又可分为单螺杆挤出机和多螺杆挤出机，目前单螺杆挤出机是生产上用得最多的挤出设备，其基本结构如图 5-8 所示。

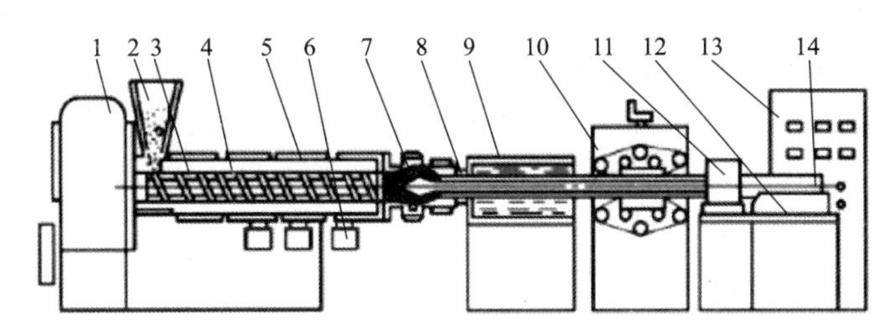

图 5-8 单螺杆挤出机结构

1—传动装置；2—料斗；3—螺杆；4—机筒；5—加热系统；6—冷却风机；7—口模；8—定型套；9—冷却水槽；10—牵引机构；11—切断机构；12—堆放或卷曲机构；13—控制柜；14—管形型材

传动装置是带动螺杆转动的部分，通常由电动机、减速机构等组成。加料装置一般都采用锥形加料斗，加料斗内有切断料流、标定料量和卸除余料等装置。螺杆是挤出机的关键部件，通过螺杆的转动，对料筒内塑料产生挤压作用，使塑料发生移动，得到增压和部分的由摩擦产生的热量。

机筒是挤出机的主要部件，塑料的塑化和加压过程都在其中进行。机筒有整体式和组装式两种，整体式一般能保证有较高的精度，生产中使用较多；组装式可根据需要加长或缩短。机筒外部设有分区加热和冷却装置，以便对塑料加热和冷却。加热方法有电加热、电感应加热和远红外加热等。冷却系统的作用是防止塑料过热或在停机使之快速冷却，以免树脂降解。冷却方法有水冷和空气冷却两种。

机头是口模与机筒之间的过渡连接部分，其长度和形状取决于物料的种类、制品的形状、加热方式以及挤出机的大小、形式等。口模是制品横截面的成型部件，它是用螺栓或其他方法固定在机头上的。机头和口模通常为一个整体，习惯上统称为机头。机头的作用是将处于旋转运动的塑料熔体转变为平行直线运动，使塑料进一步塑化均匀，并将熔体均匀而平稳地导入口模，同时赋予必要的成型压力，使塑料易于成型且获得结构密实、形状准确的制品。机头和口模的组成部件包括滤网、多孔板、分流器、模芯、口模和机颈等部件。

挤出过程中，从原料到产品需要经历三个阶段：第一阶段是塑化，即在挤出机上进行塑料的加热和混炼，使固态塑料转变为均匀的黏性流体；第二阶段是成型，就是利用挤出机的螺杆旋转（柱塞）加压，在压力的作用下使黏性流体通过具有一定形状的挤出模具口模而得到形状与口模截面形状相似的连续型材；第三阶段是定型，就是用冷却的方法使从机头中挤出的塑料的既定形状稳定下来，型材由塑性状态变为固体状态。挤出过程的工艺条件，即温度、压力、挤出速度及牵引速度对制品的质量影响很大，特别是第一阶段，更能影响制品的物理力学性能及外观。

5.3.2 注射成型

注射成型是热塑性塑料成型中应用得最广泛的一种成型方法，是将粒状或粉状塑料加入到注射机的料筒，经加热熔化呈流动状态，然后注射机的柱塞或移动螺杆高压高速推动熔融的塑料通过料筒前端的喷嘴，快速射入到已经闭合的模具型腔，充满模腔的熔体在受压的情况下，经冷却（热塑性塑料）或加热（热固性塑料）固化后，开模得到与模具型腔相应的制品，这个过程也即是一个成型周期。注射成型是一种间歇的操作过程，其特点是生产周期短、生产效率高，易于实现自动化生产，能一次成型外形复杂、尺寸精确的制品，制品种类繁多，但设备价格高，模具制造费用较高。绝大多数的热塑性塑料及多种热固性塑料都可用此方法来成型。

注射成型机简称注射机，其类型很多，按外形特征分为立式、直角式、卧式等。按塑化方式和注射方式，注射机又可分为柱塞式和螺杆式，螺杆式注射机是目前产量最大、使用最广泛的注射机。螺杆式注射机由注射装置、合模装置和液压及电器控制系统三部分组成，其结构如图 5-9 所示。

注射装置一般由塑化部件（机筒、螺杆、喷嘴等）、料斗、计量装置、螺杆传动装置、注射油缸和移动油缸等组成。注射装置的主要作用是使塑料原料均匀塑化成熔融状态，并以足够的压力和速度将一定量的熔体注射到成型模具的型腔中。合模装置（锁模装置）主要由模板、拉杆、合模机构、制件顶出装置和安全门组成。合模装置的主要作用是实现注射成型模具的启闭并保证其可靠的闭合。液压和电气控制系统的主要作用是满足注射机注射成型工艺参数（压力、注射速度、温度、时间）和动作程序所需的条件。

注射成型模具主要由浇注系统、成型零件和结构零件三大部分组成。浇注系统是指塑件

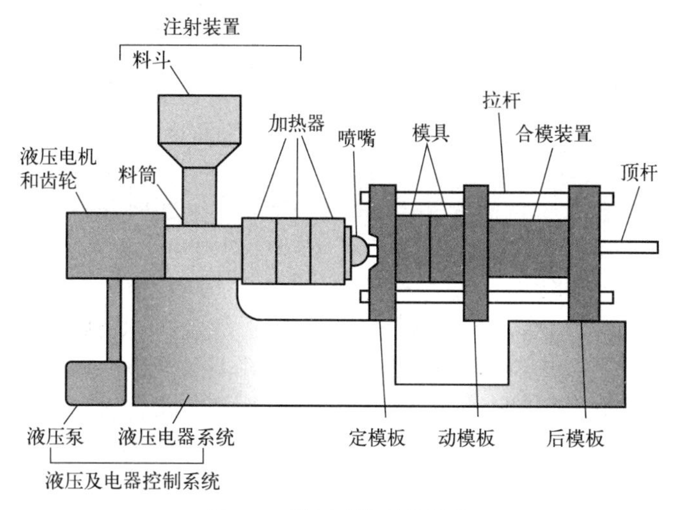

图 5-9　螺杆式注射机结构

熔体从喷嘴进入型腔前的流道部分，包括主流道、分流道、浇口等。成型零件是指构成零件形状的各种零件，包括动模和定模型腔、型芯等。结构零件是指构成模具结构的各种零件，包括导向、脱模、抽芯、分型等动作的各种零件，如图 5-10 所示。

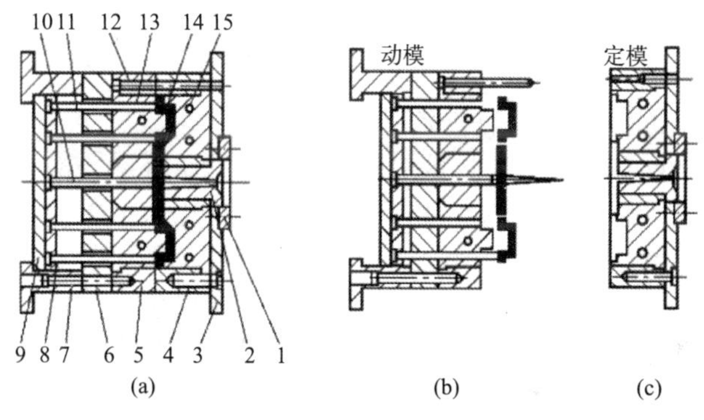

图 5-10　注射成型模具结构

1—定位环；2—主流道衬套；3—定模底板；4—定模板；5—动模；6—动模底板；7—模座；8—顶底板；9—顶出底板；10—回程杆；11—顶出杆；12—导向柱；13—凸模；14—凹模；15—冷却水通道

模具有加热或冷却装置。塑料熔体注入型腔后，根据塑料和制品的不同，要求模具有不同的温度，一般将冷却介质（通常为水）通入模具的专用管道中以冷却模具，而对熔融温度较高的塑料，为降低熔料冷却速度，要求对模具进行加热，加热方法有电加热、热油或热水等。

注射成型工艺过程主要包括成型前的准备、注射过程、制件的后处理等。成型前的准备包括原料的检验、预热及干燥；嵌件的预热和安放、试模等。注射过程包括加料、塑化、注射入模、保压冷却和脱模等几个步骤，若就塑料在注射成型中的实质变化而言，可看成是塑料的塑化和熔体充满型腔与冷却定型两大过程。

塑化是指塑料在机筒内经加热达到充分熔融状态，经螺杆旋转和柱塞的推挤达到组分均匀并具有良好可塑性熔体的过程。塑化是注射成型的关键过程，直接关系到塑件的产量和质量。对塑化的要求是：塑料在进入模腔之前应达到规定的成型温度且熔体温度应均匀一致，热分解物质控制在最低限度，能在规定的时间内提供足够数量的熔融塑料保证生产顺利进行。

注射的过程可分为充模、保压、倒流、浇口冻结后的冷却和脱模五个阶段。充模是指塑化良好的熔体在柱塞（螺杆）推挤下，由机筒前端经喷嘴和模具浇注系统注入模具并充满型腔的过程。熔体在模具中冷却收缩时，继续保持施压状态的柱塞或螺杆迫使浇口附近的熔料不断补充入模具中，使型腔中的塑料能成型出形状完整而致密的塑件，这一阶段称为保压，直到浇口冻结时，保压结束。倒流阶段是从柱塞（螺杆）后退时开始，如果浇口处熔料尚未冻结，这时候模腔的压力比流道内高，会发生型腔中熔料通过浇口流向浇注系统的倒流现象，使塑件产生收缩、变形及质地疏松等缺陷；如果柱塞（螺杆）后退时浇口处熔料已冻结，或者在喷嘴中装有止逆阀，倒流阶段就不存在。模腔浇口冻结后，就进入冷却阶段，封闭在模腔内的熔体的压力随冷却时间的延长进一步下降直至开模。制件在模具型腔中的冷却时间应以制件在开模顶出时具有足够的刚度，不致引起制件变形为限。过长的冷却时间不仅会延长生产周期，降低生产效率，而且会使制件产生过大的型腔包附力，造成脱模阻力增大。塑件冷却到一定的温度即可开模，在推出机构的作用下将塑料制件推出模外，脱模时，型腔压力要接近或等于外界压力，脱模顺利，塑件质量较好。

注射成型用于橡胶加工时通常叫注压，其所用的设备和工艺原理同塑料的注射有相似之处。橡胶的注压是以条状或块粒状的混炼胶加入注压机，注压入模后须停留在加热的模具中一段时间，使橡胶进行硫化反应，才能得到最终制品。橡胶的注压类似于橡胶制品的模型硫化，只是压力传递方式不一样，注压时压力大、速度快，比模压生产能力大、劳动强度低、易自动化，是橡胶加工的方向。

5.3.3 压制成型

压制成型是高分子材料成型加工技术中历史最久，也是最重要的方法之一，广泛用于热固性塑料和橡胶制品的成型加工。根据物料的性能、形状以及成型加工工艺的特点，压制成型可分为模压成型和层压成型。

模压成型是将一定量的粉状、粒状、碎屑状或纤维状的聚合物材料放入加热的阴模模槽中，合上阳模后加热，并在压力作用下使物料熔融流动并均匀充满模腔，再经冷却固化，脱膜后得到与模腔形状相仿制品（如图 5-11 所示）。

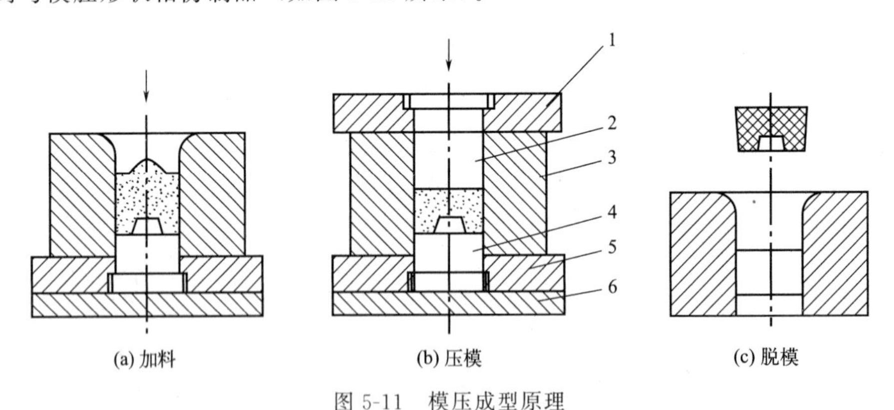

图 5-11　模压成型原理

1—凸模固定板；2—上凸模；3—凹模；4—下凸模；5—下凸模固定板；6—垫板

模压成型工艺的种类很多，主要有模塑粉模压法、吸附预成型坯模压法、团状模塑料及散状模塑料模压法、片状模塑料模压成型、高度短纤维料模压成型、定向铺设模压成型。模压成型设备和模具较简单，间歇操作，生产控制方便，但其生产周期长且生产效率低，不能成型形状复杂和较厚制品。目前，模压成型技术在热固性塑料和部分热塑性塑料（如氟塑料、超高相对分子质量聚乙烯、聚酰亚胺等）加工中仍然是应用范围最广且居主要地位的成型加工方法。

层压成型就是以片状或纤维状材料作为填料，在加热、加压条件下把多层相同或不同材料的片状物通过树脂的黏结和熔合，压制结合成为一个整体的方法。层压成型较多的是制造增强热固性塑料制品的重要方法。层压制品所用的树脂主要有环氧树脂、酚醛树脂、不饱和聚酯树脂、氨基树脂等。

层压成型过程主要由浸渍、压制和后加工处理三个阶段组成。浸渍上胶工艺是制造层压制品的关键，主要包括树脂溶液的配制、浸渍和干燥工序。热压过程是使树脂熔融流动渗入到增强材料中去，并使之交联硬化，压力起到压紧附胶材料、促进树脂流动和排除挥发物的作用。后加工是修整去除压制好的制品的毛边及进行机械加工制得各种形状的层压制品。

5.3.4 吹塑成型

吹塑成型为塑料材料的二次成型，是将处于高弹态的型坯放到模具型腔中，在型坯中通入压缩空气吹胀，使型坯紧贴于模具型腔壁，经冷却定型脱模为成品的成型加工工艺。吹塑成型一般是通过黏弹形变来实现材料的再成型，所以这种方法仅适用于热塑性塑料的成型。吹塑成型生产效率高，产品经过定向拉伸变形，抗拉强度高，能较好地保证制品的外部形状和尺寸，能成型用其他方法无法成型的中空制品。根据型坯成型方式的不同，吹塑成型可分为挤出吹塑和注射吹塑两种，生产中挤出吹塑是最主要的方法。

挤出吹塑是通过挤出机将塑料熔融并成型管坯，再闭合模具夹住管坯，插入吹塑头，通入压缩空气，在压缩空气的作用下型坯膨胀并附着在型腔壁上成型，成型后进行保压、冷却、定型并放出制品内的压缩空气、开模取出制品、切除尾料。注射吹塑是用注射成型法先将熔体注入带吹气芯的管坯模具中成型管坯、启模、管坯带着芯管转到吹塑模具中，再闭合吹塑模具，将压缩空气通入芯管吹胀管坯成型制品。

挤出吹塑的生产效率高、设备简单、适用性广，能制造注射成型无法脱出型芯的小口容器，为主要的生产中空制品的工艺过程。注射吹塑所得到的容器不形成接合缝，光洁度高，透明性好，壁厚均匀，力学强度高，但模具和设备要求高，价格昂贵，成型能耗大，成型周期较长，主要适用于生产小型制件。

5.4 高分子合成材料

5.4.1 塑料

塑料是一种以有机合成树脂为主要成分，适当加入（或不加）添加剂所制得的高分子材料，它通常可在一定温度和压力条件下塑制成型，故称为塑料。塑料是一类重要的高分子材料，具有质轻，比强度高，优异的电绝缘性能和耐化学腐蚀性能，减摩、耐磨性能好，容易成型加工等特点，是消费量最大的高分子材料，具有广泛的应用领域。

塑料的种类繁多，分类依据不同。塑料按用途可分为通用塑料、工程塑料和特种塑料。通用塑料指产量大、成本低、用途广的品种，如聚烯烃、聚氯乙烯、聚苯乙烯、酚醛塑料和氨基塑料等，主要用作日常生活用品、包装材料和一般零件。工程塑料是指可作为工程材料使用的塑料，它们具有良好的力学性质和尺寸稳定性，能代替金属作结构材料，主要有聚酰胺、聚碳酸酯、聚甲醛、ABS、聚砜、聚苯醚等。此外，还有特种塑料，如氟塑料、硅塑料等。

塑料依据工艺性能（或热行为）可分为热塑性塑料和热固性塑料。热塑性塑料分子结构为线型或带支链型，受热后能软化和熔化，具有可塑性，可进行各种成型加工，冷却时硬化，再受热，又可软化、熔融、加工，即具有多次反复塑化成型性，这类塑料一般韧性较好，但刚性、耐热性和尺寸稳定性较差。典型的热塑性塑料有聚乙烯（PE）、聚丙烯（PP）、聚苯乙烯（PS）、聚氯乙烯（PVC）、ABS、有机玻璃（聚基丙烯酸酯 PMMA）、聚甲醛（POM）、聚酰胺（PA）（尼龙）、聚碳酸酯（PC）等。热固性塑料是体型结构的高分子聚合物，在有固化剂存在受热软化（或熔化）并同时发生固化反应，形成立体网状结构，再受热直至分解也不会软化，不具备重复加工性，这类塑料刚性和耐热性好，不易变形。典型热固性塑料有酚醛树脂、环氧树脂、脲醛树脂等。

5.4.1.1 塑料的组成

单一组分的塑料基本上由树脂组成，不加任何添加剂，典型的是聚四氟乙烯。大多数塑料是多组分体系，除基本组分树脂外，为了改善性能或降低成本还加入各种各样的添加剂。塑料的各主要组分及其作用如下。

① 树脂　树脂是塑料的主要成分，它胶黏着塑料中的其它一切组成部分，并使其具有成型性能。树脂决定塑料的基本性能和用途。单一组分塑料中树脂含量几乎达 100%，在大部分塑料中，树脂的含量约为 40%～80%。

② 填料及增强剂　为提高塑料制品的强度和刚性，可加入各种纤维状材料作增强剂，最常用的是玻璃纤维、石棉纤维、碳纤维、石墨纤维和硼纤维等。塑料中填料的主要作用是降低成本和收缩率，也有改善塑料某些力学及物理化学性能的作用，常用的填料有云母粉、石墨粉、炭粉、氧化铝粉、木屑等。

③ 增塑剂　用来增加树脂的加工性能、柔顺性和延展性的物质，常用沸点较高、不易挥发、与聚合物有良好混溶性的低分子油状物，增塑剂分布在大分子链之间，增加大分子链间距离，降低分子间相互作用力，增加聚合物分子链的运动性，增加大分子链的柔顺性。同时，增塑剂也使制品的模量降低、刚性和脆性减小。常用增塑剂有邻苯二甲酸酯类如邻苯二甲酸二丁酯（DBP）、邻苯二甲酸二辛酯（DOP）、磷酸酯类、氯化石蜡等。

④ 稳定剂　为了防止塑料在光、热、氧等条件下过早老化，提高树脂在受热和光等作用时的稳定性，延长制品的使用寿命，常加入稳定剂，又称为防老剂，它包括抗氧剂、热稳定剂、紫外吸收剂等。能抑制和延缓聚合物氧化过程的助剂称为抗氧化剂，主要有取代酚类、芳胺类、亚磷酸酯类等。热稳定剂主要用于聚氯乙烯及其共聚物，在热加工过程中，达到熔融流动之前常有少量大分子链断裂放出 HCl，而放出的 HCl 会进一步加速分子链断裂，加入热稳定剂可中和分解出来的 HCl，防止大分子进一步发生断链，常用的热稳定剂有金属盐类和皂类。紫外线吸收剂是一类能吸收紫外线或减少紫外线透射作用的化学物质，它能将紫外线的光能转换成热能或无破坏性的较长光波的形式，从而把能量释放出来，使聚合物免遭紫外线破坏，常用的紫外线吸收剂有多羟基苯酮类、水杨酸苯酯类、磷酰胺类等。

⑤ 固化剂　在热固性塑料成型时，线型的聚合物转变为体型交联结构的过程称为固化。在固化过程中加入的、对固化起催化作用或本身参加固化反应的物质称为固化剂。常用的固化剂有胺类、酸酐类、咪唑类和有机过氧化物等。如酚醛树脂固化时所用的六次甲基四胺和不饱和聚酯树脂固化时加入的过氧化二苯甲酰，广义而言，各种交联剂也都可视为固化剂。

⑥ 润滑剂　能提高塑料在加工成形过程中的流动性和脱模能力，防止塑料在成型加工

过程中发生粘模现象，同时可使制品光亮美观。润滑剂可分为内润滑剂和外润滑剂两种。外润滑剂的主要作用是使聚合物熔体能顺利离开加工设备的热金属表面，利于脱模，它与聚合物的相容性差，一般不溶于聚合物，只能在聚合物与金属界面处形成薄薄的润滑剂层。内润滑剂与聚合物具有良好的互溶性，能降低聚合物分子间的内聚力，从而有助于聚合物流动并降低内摩擦所导致的升温。最常用的外润滑剂有固体石蜡、低分子量聚乙烯、硬脂酸等；内润滑剂有脂肪醇、脂肪酸低级醇酯、磷酸酯等。

除此之外，还可根据塑料制品的性能和用途不同，加入其它的添加剂，如可以赋予塑料制品各种色彩的着色剂，减少塑料燃烧性能的阻燃剂，制备泡沫塑料的发泡剂，减少和消除制品表面静电荷形成的抗静电剂等。

5.4.1.2 热塑性塑料

(1) 聚乙烯

聚乙烯是指由乙烯单体自由基聚合而成的聚合物，其分子结构式为$\leftarrow CH_2 — CH_2 \rightarrow_n$，简称为PE。聚乙烯为线型聚合物，属于高分子长链脂肪烃，分子对称且无极性基团存在，分子链规整柔顺，易于结晶。

根据合成方法不同聚乙烯分为高压、中压和低压三种。高压法合成聚乙烯分子链支链较多，结晶度和密度较低，也叫低密度聚乙烯（LDPE），是最早工业化的聚乙烯品种。低压法合成的聚乙烯是在低温、低压下进行聚合，不仅副反应少，而且基本上为配位聚合，因此，分子基本为线形，相互排列较为紧密，密度较高，也称为高密度聚乙烯（HDPE）。

聚乙烯无臭、无味、无毒，外观呈乳白色的蜡状半透明固体，密度小于水；易燃且离火后继续燃烧，透水率低，对有机蒸气透过率则较大；聚乙烯的透明度随结晶度的增加而下降。

聚乙烯的力学性能一般表现为软而韧，拉伸强度比较低，表面硬度也不高，抗蠕变性差，只有抗冲击性能比较好。这是由于聚乙烯分子链是柔性链，且无极性基团存在，分子链间吸引力较小，但是由于聚乙烯是结晶度比较高的聚合物，结晶部分赋予材料一定的承载能力，所以聚乙烯的强度主要是由结晶时分子的紧密堆砌程度所提供的，聚乙烯的力学性能随着分子量的增大而提高，分子量超过150万的聚乙烯是极为坚韧的材料，可作为性能优异的工程塑料使用。

聚乙烯属于烷烃类惰性聚合物，具有良好的化学稳定性。在常温下不受稀硫酸和稀硝酸的侵蚀，盐酸、氢氟酸、磷酸、甲酸、乙酸、氨及胺类、过氧化氢、氢氧化钠、氢氧化钾等对聚乙烯均无化学作用，但它不耐强氧化剂，如发烟硫酸、浓硫酸和铬酸等。

聚乙烯无极性，而且吸湿性很低（吸湿率小于0.01%），因此电性能十分优异。聚乙烯的介电损耗很低，而且介电损耗和介电常数几乎与温度和频率无关，因此聚乙烯可用于高频绝缘。

聚乙烯容易光氧化、热氧化、臭氧分解。在紫外线作用下容易发生光降解，聚乙烯受辐射后可发生交联、断链，产生不饱和基团，但主要倾向是交联反应。

聚乙烯的耐热性不高，其热变形温度在塑料材料中是很低的，低密度聚乙烯的使用温度在80℃左右，高密度聚乙烯在无载荷的情况下，长期使用温度也不超120℃，而在受力的条件下，即使很小的载荷，它的变形温度也很低。聚乙烯的耐低温性很好，脆化温度可达−50℃。聚乙烯的热导率在塑料中属于较高的，因此，不宜作为良好的绝热材料。另外，聚乙烯的线膨胀系数比较大，其制品尺寸随温度改变变化较大。聚乙烯三种合成方法及性能比较见表5-1。

表 5-1 聚乙烯的不同合成方法及性能比较

合成方法		高压法	中压法	低压法
聚合条件	压力/MPa	100 以上	3～4	0.1～0.5
	温度/℃	180～200	125～150	60 以上
	催化剂	微量 O_2 或有机化合物	CrO_3、MoO_3 等	$Al(C_2H_5)_2+TiCl_4$
	溶剂	苯或不用	烷烃或芳烃	烷烃
聚合物性质	结晶度/%	64	93	87
	密度/（g/cm^3）	0.910～0.925	0.955～0.970	0.941～0.960
	抗拉强度/MPa	7～15	29	21～37
	软化温度/℃	14	135	120～130
使用范围		薄膜、包装材料、电绝缘材料	桶、管、电线绝缘层或包皮	桶、管、塑料部件、电线绝缘层或包皮

聚乙烯品种不同，其用途也有所不同，使用领域主要有电线绝缘、管材、薄膜（农膜、包装薄膜等）、容器、板材等。高压聚乙烯一半以上用于薄膜制品，其次是管材、注射成型制品、电线包覆层等。中、低压聚乙烯则以注射成型制品及中空制品为主，包括各种注塑制品、中空容器、各种薄膜与高强度超薄薄膜、拉伸带与单丝、各种管材等。超高相对分子质量聚乙烯（一般指分子量超过 150 万）具有优异的综合性能，其抗冲击性能是现有塑料中最好的，极优的耐磨性，吸水率是工程塑料中最小的，是一种新型的工程塑料，主要用作耐摩擦和抗冲击的机械零部件，代替部分钢材和其他耐磨材料。如齿轮、轴承衬瓦、轴套、导轨、栓塞等。此外，还可制造人体关节、体育器械、特种薄膜、大型容器罐、异形管材板材，在宇航、原子能、船舶、军工及低温工程等方面应用也受重视。

（2）聚丙烯

聚丙烯是由丙烯单体聚合而成，简称 PP，其分子结构式为

$$\left[CH_2-\underset{\displaystyle CH_3}{\underset{|}{CH_2}} \right]_n$$

聚丙烯大分子链上侧甲基的空间位置有三种不同的排列方式，即等规、间规和无规。等规聚丙烯的结构规整性好，具有高度的结晶性，熔点高，硬度和刚度大，力学性能好；无规聚丙烯为无定形材料，是生产等规聚丙烯的副产物，强度很低，其单独使用价值不大，但作为填充母料的载体效果很好，还可作为聚丙烯的增韧改性剂等；间规聚丙烯的性能介于前两者之间，结晶能力较差，硬度与刚度小，但冲击性能较好。

聚丙烯生产均采用 Ziegler-Natta（齐格勒-纳塔）催化剂，其聚合工艺基本上与低压聚乙烯相同，目前生产的聚丙烯 95% 皆为等规聚丙烯，无规聚丙烯是生产等规聚丙烯的副产物，而间规聚丙烯是采用特殊的齐格勤催化剂并于−78℃低温聚合而得到的。

聚丙烯是无毒、无味、无臭的乳白色蜡状物，熔点 165℃，脆点−10～−20℃，透明程度比聚乙烯好，且透明度随结晶度下降而增大。聚丙烯易燃，火焰有黑烟，燃烧后滴落并有石油味。

聚丙烯是一种非极性的聚合物，具有优异的电绝缘性能，且电性能基本不受环境湿度及电场频率改变的影响，是优异的介电材料和电绝缘材料，可作为高频绝缘材料使用。

聚丙烯的力学性能与聚乙烯相比，其强度、刚度和硬度都比较高，但在塑料材料中仍属于

偏低的。聚丙烯的冲击强度对温度的依赖性很大，其冲击强度较低，特别是低温冲击强度低。

聚丙烯具有良好的耐热性，可在100℃以上使用，轻载下可达120℃，无载条件下最高连续使用温度可达120℃，短期使用温度为150℃。聚丙烯的耐沸水、耐蒸汽性良好，特别适于制备医用高压消毒制品。聚丙烯具有很高的耐化学腐蚀性，在室温下不溶于任何溶剂，但可在某些溶剂中发生溶胀，聚丙烯可耐除强氧化剂、浓硫酸以及浓硝酸等以外的酸、碱、盐及大多数有机溶剂（如醇、酚、醛、酮及大多数羧酸等）。聚丙烯的耐候性差，由于叔碳原子上H的存在，聚丙烯易受光、热、氧的作用发生降解和老化。

聚丙烯的性能优良，并且易于通过共聚、共混、填充、增强等方法进行改性，同时原料来源广，价格低，使聚丙烯的应用十分广泛，涉及化工、建筑、轻工、家电、包装、交通运输、民用、国防等各个领域。例如聚丙烯可以制成各种工业部件、电器用品、家庭厨房用具、包装薄膜、医疗器械、高频绝缘材料、化工管道等，以及汽车及机械零部件等。

(3) 聚氯乙烯

聚氯乙烯是氯乙烯单体在过氧化物、偶氮化合物等引发剂的作用下，或在光、热作用下按自由基聚合反应的机理聚合而成的聚合物，简称PVC，其结构式如下：

$$\left[CH_2-\underset{\underset{Cl}{|}}{CH} \right]_n$$

聚氯乙烯是最早工业化的塑料品种之一，产量仅次于聚乙烯，其主要聚合方法有本体聚合、悬浮聚合、乳液聚合、微悬浮聚合和溶液聚合，目前工业上是以悬浮聚合方法为主。

聚氯乙烯是白色或淡黄色的坚硬粉末，半透明有光泽。聚氯乙烯分子链中含有电负性较强的氯原子，增大了分子链间的相互吸引力，同时由于氯原子的体积较大，有明显的空间位阻效应，就使得聚氯乙烯分子链刚性增大，所以聚氯乙烯的拉伸强度、压缩强度较高，硬度、刚性较大，但断裂伸长率和冲击强度较小。

聚氯乙烯软化点低，约75～80℃，黏流温度约为160℃，140℃时聚合物已开始分解，到180℃迅速分解，在现有的塑料材料中，聚氯乙烯是热稳定性特别差的材料之一，受热分解脱出氯化氢，并形成多烯结构，最高连续使用温度为65～80℃。

聚氯乙烯属于极性高聚物，因此电绝缘性能不如聚烯烃类塑料，但介电常数、介电损耗、体积电阻率和击穿电压较大。聚氯乙烯的电性能受温度和频率的影响较大，一般只能用于中低压及低频绝缘材料。

聚氯乙烯能耐许多化学药品，除了浓硫酸、浓硝酸对它有损害外，其他大多数的无机酸、碱、多数有机溶剂、无机盐类以及过氧化物对聚氯乙烯均无损害。聚氯乙烯在光、氧、热的长期作用下，容易发生降解，引起制品颜色的变化。聚氯乙烯的分子链组成中含有较多的氯原子，赋予了材料良好的阻燃性，其氧指数约为47%。

聚氯乙烯的应用极为广泛，可用作建筑材料、工业制品、电气绝缘材料、日用品、发泡材料、密封材料等。例如电线的绝缘层，目前几乎完全代替了橡胶；在汽车方面可作为方向盘、顶盖板、缓冲垫等；可用作各种型材（管、棒、异型材）、门窗框架、室内装饰材料、下水管道等。

(4) 聚苯乙烯

聚苯乙烯是由苯乙烯单体通过自由基聚合反应制得的，简称PS，分子结构式如下：

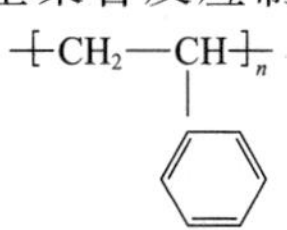

一般工业上生产聚苯乙烯的方法有本体聚合、溶液聚合、悬浮聚合和乳液聚合四种，制得的聚苯乙烯分子量一般为 20 万左右。

聚苯乙烯的主链是饱和碳链，交替连接着侧苯基，由于侧苯基的体积较大，有较大的位阻效应，大分子链运动困难，而使聚苯乙烯的分子链变得刚硬，因此，聚苯乙烯刚性、脆性较大，拉伸时无屈服现象，其拉伸、弯曲等常规力学性能在通用塑料中是很高的，但其冲击强度很低。

聚苯乙烯为无色、无味、无臭、表面光滑、透明树脂，制品质硬似玻璃，燃烧时发浓烟并带有松节油气味。聚苯乙烯是无定形高分子聚合物，由于大体积的侧苯基无规排列，使得聚苯乙烯具有很高的透明性，透明度达 88%～92%，被称为三大透明塑料之一，其折射率为 1.59～1.60，因苯环的存在，其双折射较大，不能用于高档光学仪器。

聚苯乙烯的耐热性能较差，热变形温度为 70～90℃，最高使用温度为 60～80℃。聚苯乙烯的热导率较低，基本不随温度的变化而变化，是良好的绝热保温材料。

聚苯乙烯是非极性的聚合物，具有良好的介电性能和绝缘性，其介电性能与频率无关。聚苯乙烯的吸湿率很低，在常温下，即使长期与潮湿空气接触，也完全不吸水，因此电学性能不受环境湿度的影响。聚苯乙烯的表面电阻和体积电阻均较大，又不吸水，因而易产生静电。

聚苯乙烯的化学稳定性比较好，可耐各种碱、一般的酸、盐、矿物油、低级醇及各种有机酸，但不耐氧化酸，如硝酸和氧化剂的侵蚀。此外，由于聚苯乙烯带有苯基，因此聚苯乙烯的耐气候性不好，如果长期暴露在日光下会变色变脆，其耐光性、氧化性都较差，但具有较优的耐辐射性。

聚苯乙烯广泛应用于电视机、录音机及各种电器的配件、仪表壳体及高频电容器等，还可用于一般光学仪器、透明模型、灯罩、仪器罩壳及包装容器等。

（5） ABS 塑料

ABS 塑料是丙烯腈（A）、丁二烯（B）和苯乙烯（S）三种单体共聚组成的三元共聚物，是一种重要的工程塑料，ABS 的名称来源于这三种单体英文名字的首字母，其分子结构式如下：

$$\left[CH_2-\underset{\displaystyle CN}{\underset{|}{CH}}\right]_x\left[CH_2-CH=CH-CH_2\right]_y\left[CH_2-\underset{\displaystyle C_6H_5}{\underset{|}{CH}}\right]_z$$

此结构式只简单表示 ABS 为三元共聚物，并不代表实际化学结构和链结构。实际上 ABS 是复杂的聚合物共混体系，具有两相结构，苯乙烯-丙烯腈树脂相为连续相，约占 70%～90%，聚丁二烯橡胶相为分散相约占 10%～30%，构成所谓“海-岛”结构，树脂相和橡胶相的界面是接枝层。

ABS 塑料综合了三种成分的优良性能“坚韧、质硬、刚性”，丙烯腈使其有良好的表面硬度和耐化学腐蚀性，丁二烯使其具有橡胶韧性和耐低温性能，而苯乙烯则赋予其良好的加工性和着色性。

ABS 塑料具有优良的力学性能，冲击强度和耐磨性高，抗蠕变性能好，尤为突出的是冲击性能，而且冲击强度在低温下也不迅速下降。

ABS 是无定形聚合物，无明显熔点，熔融范围为 160～190℃，热变形温度为 93～118℃，脆化温度为－70℃，一般 ABS 的使用温度范围为－40～100℃，ABS 是热塑性树脂中线膨胀系数较小的一种。ABS的热稳定性较差，在250℃时即能分解，易燃，无自熄性。

ABS的电绝缘性较好，并且几乎不受温度、湿度和频率的影响，可在大多数环境下使用。ABS不受水、无机盐、碱及多种酸的影响，但可溶于酮类、醛类及氯代烃中，受冰乙酸、植物油等侵蚀会产生应力开裂。因分子内有双键，所以ABS塑料的耐候性差，在紫外光的作用下易产生氧化降解。

ABS塑料适宜于制造机械强度要求较高的制品，主要应用于汽车、电子电器和各种设备零件。ABS塑料在汽车中使用的量仅次于聚氨酯和聚丙烯，如仪表板壳、车内装饰件、挡泥板、隔音板等汽车零部件。ABS由于具有高光泽，易成型，成型后收缩率低，所以在家电和小家电中更有着广泛的市场，如电风扇、空调、冷气机、吸尘器中也使用了很多ABS制作的零件，电饭煲、微波炉、果汁机等厨房用具也大量使用了ABS制作的零件。在机械和仪表工业中用于制造齿轮、叶轮泵、轴承、管道、电机外壳、仪表盘、仪表箱等。此外，ABS塑料可以制造各种规格用途的管材，用于化学工业气体、油类、化工物料及农业喷灌等，还可以制造包装容器、乐器、体育用品、活动房屋等。

（6）聚酰胺

聚酰胺（polyamide）简称PA，俗称尼龙（nylon），是指分子主链上含有酰胺基团（$-NH-\underset{\underset{O}{\|}}{C}-$）的高分子化合物。聚酰胺是开发最早的工程塑料，产量居于首位，约占工程塑料的总产量的三分之一。

聚酰胺的合成主要有两种途径，一是由二元酸和二元胺或其衍生物通过缩聚反应制得，例如聚酰胺66，是由己二胺（6个碳原子）和己二酸（6个碳原子）缩聚反应制得；二是将ω-氨基酸进行缩聚或内酰胺开环聚合制得，例如己内酰胺开环聚合制得聚酰胺6。

聚酰胺分子链段中重复出现的酰胺基是一个带极性的基团，这个基团上的氢能够与另一个分子的酰胺基团链段上的羰基上的氧结合形成相当强大的氢键，有利于大分子链排列规整，易发生结晶化。聚酰胺分子链结构具有对称性，对称性越高，越易结晶，但也有一部分的非晶存在，非晶部分的极性酰胺基团（亲水基团）与水作用，具有吸水性。在聚酰胺分子链结构中还含有亚甲基（$-CH_2-$）、脂肪链和芳香基团，是影响聚酰胺柔顺性、刚性、耐热性等性能的重要因素，聚酰胺分子链末端还有氨基和羧基存在，在高温下有一定的化学反应性。

聚酰胺是典型的结晶型高聚物，而且分子间的作用力较大，因而聚酰胺有较高的熔点和良好的力学性能，其比抗拉强度高于金属，比抗压强度与金属相近，因此可部分代替金属材料应用。聚酰胺的疲劳强度低于钢，但与铸铁和铝合金等金属材料相近。由于聚酰胺易吸湿，随着吸湿量的增加，聚酰胺的屈服强度和疲劳强度均下降。聚酰胺分子中亚甲基（$-CH_2-$）的存在使得分子链比较柔顺，因而具有较高的韧性。聚酰胺具有优良的耐摩擦性能和耐磨耗性能，其摩擦系数为0.1～0.3，它是一种自润滑材料，有时可以在无润滑的状态使用。

聚酰胺分子链中含有极性的酰胺基团，会影响其电绝缘性，在低温和干燥的条件下具有良好的电绝缘性，但在潮湿的条件下，体积电阻率和介电强度均会降低，介电常数和介质损耗也会明显增大。聚酰胺的热变形温度不高，一般为80℃以下，其热导率很低，线膨胀系数比较大，为金属的5～7倍，而且会随温度的升高而增加。聚酰胺具有良好的化学稳定性，由于具有高的内聚能和结晶性，所以聚酰胺不溶于普通溶剂（如醇、酯、酮和烃类），能耐许多化学药品，它不受弱碱、弱酸、醇、酯、酮、润滑油、油脂、汽油及清洁剂等的影响。

聚酰胺的耐候性能一般，如果长时间暴露在大气环境中，会变脆，力学性能明显下降。

聚酰胺的品级繁多，可以满足不同领域的一般需求，广泛地用于制造各种机械、电气部件，如轴承、齿轮、辊轴、滚子、滑轮、涡轮、风扇叶片、垫片、阀座、储油容器、绳索、砂轮胶黏剂、接头等。

(7) 聚碳酸酯

聚碳酸酯是指分子主链中含有碳酸酯 $\left(\mathrm{ORO}-\overset{\mathrm{O}}{\overset{\|}{\mathrm{C}}}\right)$ 重复单元的线型高聚物，简称 PC。根据重复单元中 R 基团种类的不同，可以分为脂肪族、脂环族、芳香族等几个类型的聚碳酸酯，目前用作工程塑料的聚碳酸酯只有双酚 A 型的芳香族聚碳酸酯，其结构通式为：

$$\left[\mathrm{O}-\mathrm{C_6H_4}-\underset{\mathrm{CH_3}}{\overset{\mathrm{CH_3}}{\underset{|}{\overset{|}{\mathrm{C}}}}}-\mathrm{C_6H_4}-\mathrm{O}-\overset{\mathrm{O}}{\overset{\|}{\mathrm{C}}}\right]_n$$

聚碳酸酯的分子主链是由柔顺的碳酸酯链与刚性的苯环相连接，从而赋予了聚碳酸酯许多优异的性能。聚碳酸酯分子主链上的苯环结构使分子链的刚性很大，醚键又使分子主链具有一定的柔顺性，所以聚碳酸酯是一种既刚又韧的材料，它的拉伸、弯曲和压缩强度都较高，尤其是它的冲击性能十分突出，优于一般的工程塑料，抗蠕变性能也很好，要优于聚酰胺和聚甲醛。聚碳酸酯的耐疲劳强度低、缺口敏感性高、不耐磨损、易产生应力开裂。

聚碳酸酯分子主链的刚性及苯环的体积效应，使它的结晶能力较差，基本属于无定形聚合物，具有优良的透明性，透光性高，透光率大于 87%，最高可达 90%以上，接近于玻璃。

聚碳酸酯具有很好的耐热和耐寒性，热变形温度达 130～140℃，脆化温度在－100℃以下，甚至在－180℃的低温下仍具有一定的韧性，长期使用温度可在－100～130℃，它的热导率及比热容都不高，线膨胀系数较小。聚碳酸酯的分子极性小，电性能不如聚烯烃类，但仍有较好的电绝缘性，且由于其吸湿性小，因此可在潮湿的条件下保持良好的电性能。

聚碳酸酯具有一定的耐化学药品性，在室温下耐水、有机酸、稀无机酸、氧化剂、盐、油、脂肪烃、醇类，但它受碱、胺、酮、酯、芳香烃的侵蚀，并溶解于三氯甲烷、二氯乙烷、甲酚等溶剂。聚碳酸酯分子主链上的酯基对水很敏感，尤其在高温下易发生水解现象。聚碳酸酯还具有很好的耐候和耐热老化的能力，在户外暴露两年，性能基本不发生变化。

聚碳酸酯可以广泛地应用在交通运输、机械工业、电子电气、包装材料、光学材料、医疗器械、生活日用品等方面。例如，可应用在大型灯罩、防护玻璃、照相器材、眼科用玻璃、飞机座舱玻璃等；利用其透明性和耐热性还可用于纯净水和矿泉水的周转桶、热水杯、奶瓶、餐具等；在医疗器械方面，可用于齿科器材、药品容器、手术器械；在电子电气方面，聚碳酸酯属于 E 级绝缘材料，可用于制备线圈骨架、绝缘套管、接插件等，薄膜可用于电容器、录音带、录像带等。此外，近些年来，聚碳酸酯还广泛地用于光盘、储存器等方面。

(8) 聚甲醛

聚甲醛又名聚氧化次甲基，分子主链中含有—CH_2—O—结构的高聚物，简称 POM。聚甲醛分为均聚甲醛和共聚甲醛两种，均聚甲醛是以甲醛为单体制备；共聚甲醛是三聚甲醛与其它单体，如二氧五环开环共聚制得。均聚甲醛力学性能稍高，但热稳定性不及共聚甲醛，并且共聚甲醛合成工艺简单，易于成型加工，所以目前国内外聚甲醛均以共聚甲醛为主。聚甲醛的产量仅次于尼龙和聚碳酸酯，在工程塑料中居第三位。

聚甲醛为线型聚合物，分子主链主要有—C—O—键组成，结构规整对称，是一种没有侧链、堆砌紧密、高密度的结晶性聚合物，结晶度大（70%以上）。聚甲醛的外观呈乳白色，表面光滑且有光泽。

聚甲醛具有优异的力学性能，具有较高的弹性模量、硬度、刚性和冲击强度，是塑料中力学性能最接近金属材料的品种之一，其比强度接近金属材料。此外，聚甲醛的耐疲劳性和耐蠕变性都很好，而且其蠕变值随温度的变化较小，即在较高的温度下仍然保持较好的耐蠕变性，是耐疲劳性最好的热塑性塑料。聚甲醛的摩擦系数和磨耗量都很小，动、静摩擦系数几乎相同，而极限值又很大，因此聚甲醛具有优异的耐磨性能。

聚甲醛具有较高的热变形温度，在不受力的情况下，聚甲醛的短期使用温度可达140℃，长期使用温度不超过100℃。聚甲醛的电绝缘性能优良，它的介电损耗和介电系数在很宽的频率和温度范围内变化很小，几乎不受温度和湿度的影响，即使在水中浸泡或者在很高的湿度下，仍保持良好的耐电弧性能。在室温下，聚甲醛的耐化学药品性能非常好，能耐醛、酯、醚、烃、弱酸、弱碱等，但是在高温下不耐强酸和氧化剂。聚甲醛的耐候性不理想，长期暴露在大气中易老化，表面会发生粉化及龟裂的现象。

聚甲醛具有十分优异的综合性能，可替代有色金属和合金制作各种结构零部件，尤其适合于制造耐摩擦、磨损及承受高载荷的零件，如齿轮、滑轮、轴承等，并广泛地应用于汽车工业、精密仪器、机械工业、电子电气、建筑器材等方面。

（9）氟塑料

氟塑料是各种含氟的塑料的总称，由含氟单体如四氟乙烯、六氟丙烯、三氟氯乙烯、偏氟乙烯、氟乙烯等单体通过均聚或共聚制得，常用的氟塑料有聚四氟乙烯（PTFE），约占85%，其他还有聚偏氟乙烯、聚三氟氯乙烯、四氟乙烯-乙烯共聚物、偏氟乙烯-三氟氯乙烯共聚物、四氟乙烯-六氟丙烯共聚物等。氟是电负性最强的元素，C-F 键的键能很高，此外由于氟原子很小，能紧密地排列在碳原子链周围，对 C-C 键起了很好的屏蔽作用，因此氟塑料具有一系列突出的性能，例如化学稳定性和热稳定性好、电绝缘性能优良、摩擦系数和吸水率低等。下面主要介绍聚四氟乙烯的性能特点和应用。

聚四氟乙烯的商品名又称为特氟隆（Teflon），俗称塑料王，为白色粉状或颗粒状，无臭、无味、无毒，密度较大，结晶度高（90%～95%），几乎不吸水。

聚四氟乙烯坚韧而无回弹性，大分子间的相互作用力较小，因此抗拉强度中等，在应力长期作用下会变形，断裂伸长率较高，硬度较低。聚四氟乙烯具有极为优异的自润滑性，其摩擦系数是所有塑料中最低的，且不随温度变化，只有表面温度高于熔点时，才急剧增大。

聚四氟乙烯具有优良的耐高低温性能，熔点为327～342℃，在400℃以上才显著分解，在－250℃下不发脆，长期使用温度为－200～260℃。聚四氟乙烯的耐化学腐蚀性极为优异，原因是易受化学侵蚀的碳链骨架被键合力很强的氟原子严密地包围起来，聚合物主链不受任何化学物质侵蚀，有机溶剂、强碱、强酸、强氧化剂甚至王水对它都不起作用。聚四氟乙烯的耐大气老化性十分突出，即使长期在大气中暴露，表面也不会有任何变化。

聚四氟乙烯是一种高度非极性材料，介电性能极其优异，不受湿度和腐蚀性气体的影响，其体积电阻率和表面电阻率在所有工程塑料中处于最高水平，即使长期浸在水中，其体积电阻率也没有明显下降，在100%相对湿度的空气中，其表面电阻率也保持不变。聚四氟乙烯的电绝缘性和耐电弧性优良。

聚四氟乙烯因具有优异的性能，在国防、电子、航空航天、化工、冷藏、机械、食品和医药等领域得到广泛的应用，可用于耐腐蚀材料如管、容器、反应器、阀门、泵、隔膜等；在机械设备中可制得要求耐磨减磨的轴承、导轨、活塞杆、密封圈等；在医用材料方面，利用聚四氟乙烯的耐热、疏水、对生物无副作用和不受生物体侵蚀等特点，可制造各种医疗器具，如瓶、管、注射针和消毒垫等；还可以作为人体组织修复材料（人造皮）和人工脏器材料（如人造血管、人造心肺装置等）；利用它的无毒和不黏性，在食品工业中广泛用作脱膜剂，在厨房用具中作为不粘锅、抽油烟机的涂层。

目前氟塑料已成为宇航、机械、化工、建筑等部门不可缺少的一种新型材料，特别适用于一些既要求耐高温，又要求耐低温，同时要求化学惰性好的场合。

5.4.1.3 热固性塑料

（1）酚醛树脂

酚醛树脂是指由酚类化合物与醛类化合物经加成缩聚反应制得的一类聚合物的统称。常见的酚类化合物有苯酚、甲酚、二甲酚、间苯二酚、双酚 A 等，醛类化合物有甲醛、乙醛、多聚甲醛、糖醛等。热固型酚醛树脂一般是在碱性条件（pH＝8～11）下进行的，常用的催化剂有氢氧化钠、氢氧化钡、氨水等。目前，应用最多的酚醛树脂是由苯酚和甲醛缩聚而成的产物，简称 PF。

酚醛树脂的拉伸强度、抗压强度及弹性模量都比较高，长期经受高温后的强度保持率高，但抗冲击性能差，属于易脆性材料。酚醛树脂结构中含有许多酚基，因此吸水性大，含水量的增加使其拉伸强度和弯曲强度下降，而冲击强度上升。

酚醛树脂的耐化学药品性能优良，可耐有机溶剂、弱酸和弱碱，但不耐浓硫酸、硝酸、强碱及强氧化剂的腐蚀。酚醛树脂的电绝缘性能较好，有较高的绝缘电阻和介电强度，但其介电常数和介电损耗比较大。此外，电性能还会受到温度和湿度的影响，特别是含水量大于5%时，电性能会迅速下降。酚醛树脂具有优良的耐热性，200℃以下基本是稳定的，一般可在不超过 180℃条件下长期使用。酚醛树脂在高温下热降解时吸收大量的热能，同时形成具有隔热作用且强度较高的炭化层，这种热降解高残炭特性使其具有独特的抗烧蚀性。酚醛树脂还具有良好的阻燃性，且具有低烟释放、低烟毒性等特征。

酚醛树脂由于原料易得、合成方法简单以及树脂固化后性能能够满足许多使用要求。因此，酚醛树脂已广泛地在电子、电气、仪表、机械、化工、航空、航天等领域，用于制造各种层压塑料、浸渍成型材料、涂料和各类用途黏结剂等。

（2）环氧树脂

环氧树脂是指分子中含有两个或两个以上环氧基团（$\underset{\backslash\ O\ /}{CH_2—CH—}$）并在适当的化学固化试剂存在下形成三维网状固化物的总称，是一类重要的热固性树脂。

环氧树脂的品种很多，按照化学结构大体上可分为 5 类：缩水甘油醚类、缩水甘油酯类、缩水甘油胺类、线形脂肪族类和脂环族类。工业上用量最大的环氧树脂品种是缩水甘油醚型环氧树脂，而其中又以由二酚基丙烷（简称双酚 A）与环氧氯丙烷缩聚而成的环氧树脂（简称双酚 A 型环氧树脂）为主，通常所说的环氧树脂一般就是指这种环氧树脂，其合成反应如下：

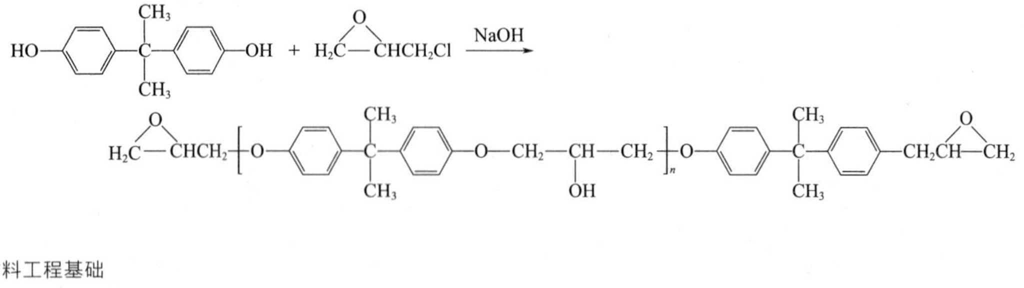

$$HO—C_6H_4—C(CH_3)_2—C_6H_4—OH + \underset{\backslash\ O\ /}{H_2C—CHCH_2Cl} \xrightarrow{NaOH}$$

$$\underset{\backslash\ O\ /}{H_2C—CHCH_2}\!\!\left[O—C_6H_4—C(CH_3)_2—C_6H_4—O—CH_2—\underset{OH}{CH}—CH_2\right]_n\!\!O—C_6H_4—C(CH_3)_2—C_6H_4—\underset{\backslash\ O\ /}{CH_2CH—CH_2}$$

环氧树脂中固有的极性羟基、醚键和活性很大的环氧基，使环氧树脂的分子和相邻界面产生配位作用或化学键接，对绝大多数金属和非金属具有很强的黏附力。此外，环氧树脂固化时收缩率低，有助于形成一种强韧的、内应力较小的黏合键，并且固化反应没有挥发性副产物放出，所以在成型时不需要除去挥发性副产物，进一步提高环氧树脂体系的黏结强度。

固化后的环氧树脂，不再具有活性基团和游离的离子，因此具有优异的电绝缘性。固化后环氧树脂的主链是醚键和苯环，三维交联结构致密又封闭，具有优良的耐碱性、耐酸性和耐溶剂性，尤为突出的是耐大多数霉菌，可以在苛刻的热带条件下使用。

环氧树脂具有的优良特性，可作为涂料、胶黏剂、绝缘材料和复合材料等的树脂基体，广泛应用于机械、电子、化工、建筑、汽车及航空航天等领域。例如电机、变压器、互感器及高压电缆的绝缘材料，电器的包封材料和电子元件的灌封材料。用玻璃纤维增强环氧树脂，俗称“环氧玻璃钢”，是一种性能优异的工程材料。环氧树脂胶黏剂有“万能胶”之称，是结构胶黏剂的重要品种。

常用塑料的力学性能和用途列于表 5-2 中。

表 5-2 常用塑料的力学性能和用途

塑料名称	拉伸强度 /MPa	压缩强度 /MPa	弯曲强度 /MPa	冲击韧度 /（kJ/m^2）	使用温度 /℃	用途
聚乙烯	8～36	20～25	20～45	>2	−70～100	一般机械构件，电缆包覆，耐蚀、耐磨涂层等
聚丙烯	40～49	40～60	30～50	5～10	−35～121	一般机械零件，高频绝缘，电缆、电线包覆等
聚氯乙烯	30～60	60～90	70～110	4～11	−15～55	化工耐蚀构件，一般绝缘、薄膜、电缆套管等
聚苯乙烯	≥60	—	70～80	12～16	−30～75	高频绝缘，耐蚀及装饰，也可作一般构件
ABS	21～63	18～70	25～97	6～53	−40～90	一般构件，减磨、耐磨、传动件，一般化工装置、管道、容器等
聚酰胺	45～90	70～120	50～110	4～15	<100	一般构件，减磨、耐磨、传动件，高压油润滑密封圈，金属防护、耐磨涂层等
聚甲醛	60～75	约 125	约 100	约 6	−40～100	一般构件，减磨、耐磨、传动件，绝缘、耐蚀件及化工容器等
聚碳酸酯	55～70	约 85	约 100	65～75	−100～130	耐磨、受力、受冲击的机械和仪表零件，透明、绝缘件等
聚四氯乙烯	21～28	约 7	11～14	约 98	−180～260	耐蚀件，耐磨件，密封件，高温绝缘件等

续表

塑料名称	拉伸强度/MPa	压缩强度/MPa	弯曲强度/MPa	冲击韧度/（kJ/m^2）	使用温度/℃	用途
酚醛塑料	21～56	105～245	56～84	0.05～0.82	约110	一般构件，水润滑轴承，绝缘件，耐蚀衬里等，做复合材料
环氧塑料	56～70	84～140	105～126	约5	−80～155	仪表构件，电气元件的灌注，金属涂覆、包封、修补，作复合材料

5.4.2 橡胶

橡胶是一种具有高弹性的高分子材料，在很宽的温度范围（−50～150℃）内均具有优异的弹性，又称为高弹体。这类物质通常为无定形态，分子量很高（几十万到数百万），分子链呈卷曲状，分子间作用力小，玻璃化转变温度Tg比较低（−30～−110℃），施加较小的外力就会发生较大的形变，可达1000%及以上，去掉外力后，形变又能迅速地回复，具有可逆性。

橡胶按其来源可分为天然橡胶和合成橡胶，天然橡胶是从自然界含胶植物中制取的一种高弹性物质，合成橡胶是人工合成的方法制得的高分子弹性材料。按用途可分为通用橡胶和特种橡胶，通用合成橡胶的性能与天然橡胶接近，广泛用于制造轮胎及其他制品，如丁苯橡胶、顺丁橡胶、丁基橡胶、合成异戊二烯橡胶、乙丙橡胶等；特种合成橡胶是指具有特殊性能的如耐候性、耐热性、耐油、耐臭氧等，并用于制造在特定条件下使用的橡胶制品，如丁腈橡胶、硅橡胶、聚氨酯橡胶等。

5.4.2.1 橡胶的组成

橡胶是以生胶为主要成分，添加各种配合剂（硫化剂、硫化促进剂、防老剂、填充剂、发泡剂、着色剂等）和增强材料制成的。橡胶的配合剂是为了使橡胶获得某些必要的性能，不同用途的橡胶，在生胶中加入的配合剂的品种和数量各不相同。

生胶是指无配合剂、未经硫化的橡胶，是橡胶制品的主要成分，它是线型的或含有支链型的长链状分子，分子中含有不稳定的双键，性能上有许多缺点，不能直接用来制造橡胶制品，只有在经过特殊的物理、化学过程，即所谓的硫化处理之后，才具有橡胶的各种特性。

硫化剂是用来使生胶的结构由线型转变为交联体型结构，从而具有一定强度、韧性、高弹性的物质。由于天然橡胶最早是采用硫黄交联的，所以将橡胶的交联过程称为“硫化”。所谓“硫化”就是将一定量的硫化剂加入生胶中，在规定的温度下加热、保温的一种加工过程，它使塑性的胶料变成具有高弹性的硫化胶。硫化剂的品种很多，常用的有硫磺和含硫化合物、有机过氧化物、有机多硫化物、树脂类化合物、金属氧化物等。

硫化剂促进剂是用来促进硫化过程，缩短硫化时间，降低硫化温度，改善橡胶性能。常用促进剂有二硫化氨基甲酸盐、黄原酸盐类、噻唑类、硫脲类和部分醛类及醛胺类等有机物。

活化剂又称助促进剂，是用来提高促进剂的活性，加速硫化过程的，几乎所有促进剂都必须在活化剂存在情况下，才能充分发挥其促进效能。常用活化剂多为金属氧化物，如氧化锌、氧化镁等，且由于金属氧化物在脂肪酸存在下，对促进剂才有较大活性，所以通常是与硬脂酸并用。

补强剂是指那些能提高硫化胶的强度、耐磨性等机械性能的物质，如炭黑、氧化锌、白炭黑、活性陶土、活性碳酸钙等，其中用量最多、效果最好的是炭黑。

填充剂又叫增容剂，主要用来增加橡胶容积，节约生胶，降低生产成本。通常用的填充剂有未经活化处理的碳酸钙、碳酸镁、陶土、滑石粉、云母粉及硫酸钡等。

增塑剂是一类分子量较低的化合物，降低橡胶分子链间的作用力，增加橡胶的塑性和柔韧性，并使其他配合剂与生胶混合均匀，改善加工、成型等工艺过程。常用的增塑剂有石油系列、煤油系列和松焦油系列增塑剂。

防老剂用来防止或延缓橡胶老化的物质，其品种很多，按作用机理，防老剂可分为物理防老剂和化学防老剂两大类。物理防老剂如石蜡等，是在橡胶表面形成一层薄膜而起到屏障作用；化学防老剂有胺类防老剂和酚类防老剂，可破坏橡胶氧化初期生成的过氧化物，从而延缓氧化过程。

除上述配合剂外，常用的配合剂还有增黏剂、润滑剂、着色剂等，某些特种用途的橡胶用的特种添加剂，还有专门的配合剂，如发泡剂、硬化剂、阻燃剂等。

5.4.2.2 合成橡胶

(1) 丁苯橡胶

丁苯橡胶（SBR）是丁二烯和苯乙烯两种单体共聚得到的高聚物弹性体，是最早工业化的合成橡胶，也是产量和消耗量最大的合成橡胶，占合成橡胶总量的60%，其分子结构式如下：

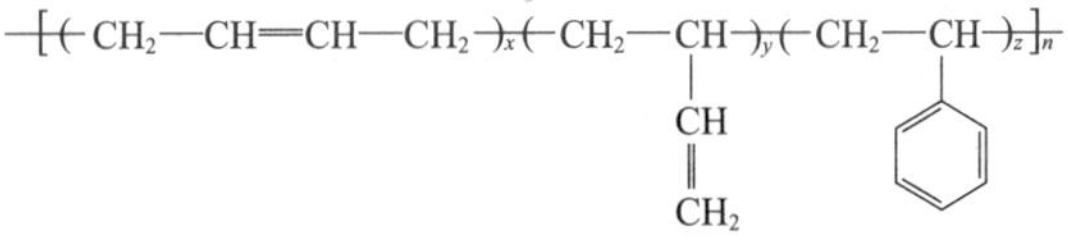

$$\left[\left(CH_2-CH=CH-CH_2\right)_x\left(CH_2-\underset{\underset{\displaystyle CH_2}{\|}}{\underset{|}{\underset{\displaystyle CH}{CH}}}\right)_y\left(CH_2-\underset{\displaystyle C_6H_5}{\underset{|}{CH}}\right)_z\right]_n$$

丁苯橡胶与天然橡胶一样都属于链烯烃，但其不饱和度（双键含量）比天然橡胶低，由于分子链侧基的弱吸电子效应和位阻效应，双键的反应活性也略低于天然橡胶，因此，丁苯橡胶的耐热性、耐老化性、耐水性、耐油性均优于天然橡胶。丁苯橡胶结构不规整，不能结晶，弹性和强度要低于天然橡胶。丁苯橡胶的内聚能密度高于天然橡胶，分子间作用力大，拉伸时不易滑动，所以耐磨性高于天然橡胶，其抗湿滑性能好，对路面的抓着力大。丁苯橡胶的加工性能不如天然橡胶，不容易塑炼，可以通过调整配方和工艺条件来改善丁苯橡胶的力学性能和加工性能的不足。

丁苯橡胶的综合性能良好，价格低，在多数场合可以代替天然橡胶使用，目前主要应用于轮胎工业、汽车部件，也应用于胶管、胶带、胶鞋以及其他橡胶制品。高苯乙烯丁苯橡胶适于制造高硬度、质轻的制品，如硬质泡沫鞋底、硬质胶管、软质棒球、打字机用滚筒、滑冰轮、铺地材料、工业制品和微孔海绵制品等。

(2) 异戊橡胶

异戊橡胶（IR），由异戊二烯在催化剂的作用下，通过本体聚合或溶液聚合制得的一种重要合成橡胶，根据异戊二烯单元结构的不同，聚异戊二烯橡胶有四种异构体，即顺式1,4-聚异戊二烯橡胶、反式1,4-聚异戊二烯橡胶、顺式3,4-聚异戊二烯橡胶和1,2-聚异戊二烯橡胶。异戊橡胶主要指高顺式1,4-聚异戊二烯橡胶，因其结构和性能与天然橡胶近似，故又称合成天然橡胶，分子结构式如下：

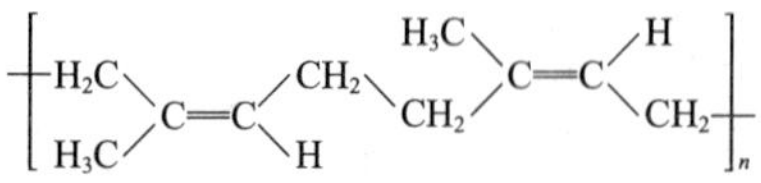

$$\left[\begin{matrix} H_2C \\ H_3C \end{matrix}\!\!\begin{matrix}\\ \end{matrix} C{=}C \begin{matrix} CH_2 \\ H \end{matrix} \quad \begin{matrix} \\ CH_2 \end{matrix}\; \begin{matrix} H_3C \\ \end{matrix} C{=}C \begin{matrix} H \\ CH_2 \end{matrix}\right]_n$$

异戊橡胶具有与天然橡胶相似的化学组成、立体结构和物理机械性能，是综合性能最好的一种通用合成橡胶。异戊橡胶的顺式-1,4结构含量没有天然橡胶高，聚合物结构的规整性较低，非橡胶成分的含量较少，聚合物分子链中没有官能基团，结晶性能比天然橡胶差，并且带部分支链和凝胶。

异戊橡胶具有优良的弹性、密封性、耐蠕变性、耐磨性、耐热性和抗撕裂性，抗张强度和伸长率与天然橡胶接近，但它的生胶强度、黏着性、加工性能以及硫化胶的抗撕裂强度、耐疲劳性等均稍低于天然橡胶。异戊橡胶的吸水性小，电性能及耐老化性能好。缺点是硫化速度较天然橡胶慢，炼胶时易黏辊，成型时黏度大，而且价格较贵。

异戊橡胶可单独使用，也可与天然橡胶、顺丁橡胶等配合使用，被广泛用于制造轮胎（除航空和重型轮胎外，均可代替天然橡胶）和其他工业橡胶制品，如胶管、胶带、胶鞋、胶黏剂、工艺品、医疗制品、运动器材等。

（3）氯丁橡胶

氯丁橡胶（CR）是利用2-氯-1,3-丁二烯单体采用自由基乳液均聚或与少量其他单体共聚而成的一种高分子弹性体，有“万能橡胶”之称，结构式如下：

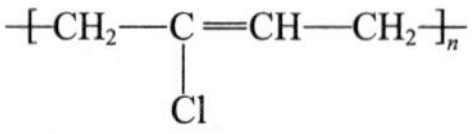

$$\left[CH_2-\underset{\underset{Cl}{|}}{C}=CH-CH_2 \right]_n$$

氯丁橡胶大分子链上主要含有反式-1,4-结构，分子中含有氯，属于极性橡胶，分子规整度高，有较强的结晶性，自补强性大，分子间作用力大，在外力作用下分子间不易产生滑移，因此氯丁橡胶与天然橡胶有相近的物理机械性能，拉伸强度、拉断伸长率、耐磨性都接近于天然橡胶，回弹性和抗撕裂性仅次于天然橡胶而优于一般合成橡胶。

氯丁橡胶有很好的耐热、耐臭氧、耐天候老化性能，其耐臭氧、耐天候老化性仅次于乙丙橡胶和丁基橡胶，而大大优于其他通用型橡胶。此外，氯丁橡胶的化学稳定性较高，耐水性良好，优于天然橡胶和丁苯橡胶；具有较好的耐油性、耐非极性溶剂性能，仅次于丁腈橡胶，优于其他通用橡胶。氯丁橡胶的结构紧密，因此气密性好，优于天然橡胶。它的耐燃烧性是橡胶中最好的，氯的存在，使其具有较强的耐燃性和优异的抗延燃性，离火自熄。氯丁橡胶的黏结性好，因而被广泛用作胶黏剂。

氯丁橡胶的缺点是低温性能较差，原因是它的内聚力较大，限制分子的热运动，特别在低温下热运动更困难，低温使用范围一般不超过−30℃，耐寒性不好。氯丁橡胶因分子中含有极性氯原子，所以绝缘性差，只能用于电压低于600V的场合。此外，贮存稳定性差，贮存过程中易结晶硬化。

氯丁橡胶的用途广泛，主要应用在阻燃制品、耐油制品、耐天候制品、胶黏剂等领域，如广泛用于耐热、耐燃输送带，耐油、耐化学腐蚀的胶管，电线电缆外包皮、门窗密封条、公路填缝材料和桥梁支座垫片等；用作胶黏剂，其粘接强度高，用于金属、木材、橡胶、皮革等材料的黏接。

（4）丁腈橡胶

丁腈橡胶是以丁二烯和丙烯腈为单体经乳液共聚而制得的高分子弹性体，其结构式如下：

$$-\!\!\left[CH_2-CH=CH-CH_2\right]_x\!\!-\!\!\left[CH_2-\underset{\displaystyle CN}{\underset{|}{CH}}\right]_y-$$

丁腈橡胶的分子结构不规整，分子链上存在双键且引入了强极性的氰基团，属于非结晶的极性不饱和橡胶。丙烯腈含量越高，极性越强，分子间力越大，分子链柔性也越差，但双键数目随丙烯腈含量的提高而减少，即不饱和程度随丙烯腈含量的提高而下降。

丁腈橡胶中丙烯腈的含量对丁腈橡胶的性能有重要影响，其含量一般为 15%～50%。丙烯腈含量越多，加工性能变好，耐热性、耐磨性提高，但弹性降低，耐寒性能降低。此外，丁腈橡胶的相对分子质量及分布对其性能也有一定的影响。当相对分子质量大时，由于分子间作用力增大，大分子链不易移动，拉伸强度和弹性等力学性能提高，可塑性降低，加工性变差。当相对分子质量分布较宽时，由于低分子量级分的存在，使分子间作用力相对减弱，分子易于移动，改进了可塑性，加工性较好，但相对分子质量分布过宽时，低分子量级分过多会影响硫化交联，使拉伸强度和弹性等力学性能受到损害。

丁腈橡胶由于分子结构中含有腈基，具有优异的耐非极性油和非极性溶剂的性能，腈基的极性增大了分子间力，从而使耐磨性提高，其耐磨性比天然橡胶高 30%～45%。丁腈橡胶的耐热性优于天然橡胶、丁苯橡胶等通用橡胶，选择适当配方，最高使用温度可达 130℃。丁腈橡胶的结构紧密，气密性好，丙烯腈的引入提高了分子链结构的稳定性，耐化学腐蚀性优于天然橡胶，但对强氧化性酸的抵抗能力较差，耐臭氧性能优于通用的二烯烃类不饱和橡胶，次于氯丁橡胶。丁腈橡胶的分子极性，导致其成为半导电胶，是电绝缘性最差的橡胶，不能作为电绝缘材料使用，腈基易被电场极化，从而降低了介电性能。

丁腈橡胶是以耐油性和耐非极性溶剂著称的特种合成橡胶，广泛用于制备各种耐油橡胶制品，如接触油类的胶管、胶辊、密封垫圈、储槽衬里、飞机油箱衬里以及大型油囊等以及抗静电制品。

(5) 硅橡胶

硅橡胶是由硅氧烷与其他有机硅单体共聚所得的高分子有机硅化合物，是一种分子链兼具有无机和有机性质的高分子弹性体。硅橡胶的分子主链由硅原子和氧原子交替组成（—Si—O—Si—）的无机结构，分子呈螺旋状结构，侧基是有机基团主要为甲基、乙基、苯基、乙烯基等，其结构通式如下：

$$-\!\left(\underset{R}{\overset{R}{Si}}-O\right)_m\!-\!\left(\underset{R^2}{\overset{R^1}{Si}}-O\right)_n\!-$$

其中 R、R^1、R^2 为甲基、乙烯基、苯基、氟原子、氰基等。

硅橡胶分子链中硅氧键的极性和取代基的体积很大，主链高度饱和，柔顺性好，分子内和分子间作用力较弱，链本身的活动性较强。硅橡胶分子主链高度饱和，Si—O 键的键能比 C—C 键能大得多，因此更稳定。

硅橡胶具有优异的耐高、低温性能，在所有的橡胶中具有最宽广的工作温度范围（－100～350℃）。硅橡胶显著的特征是高温稳定性，虽然常温下硅橡胶的强度仅是天然橡胶的一半，但在 200℃以上的高温环境下，硅橡胶仍能保持一定的柔韧性、回弹性和表面硬度，且力学性能无明显变化。硅橡胶的玻璃化温度一般为－70～－50℃，特殊配方可达－100℃（例如二甲基硅橡胶的玻璃化转变温度为－130℃），表明出优异的低温性能。

硅橡胶具有优异的耐热氧老化、耐气候老化及耐臭氧老化性能，硅橡胶中 Si—O—Si 键对氧、臭氧及紫外线等十分稳定，不加任何添加剂就具有优良的耐候性，硅橡胶硫化胶在自由状态下室外暴晒数千年后性能无显著变化。

硅橡胶具有优异的绝缘性能，耐电晕性和耐电弧性也非常好。硅橡胶在受潮、温度升高、频率变化时的电绝缘性能变化很小。硅橡胶具有优良的耐油、耐溶剂性能，它对脂肪族、芳香族和氯化烃类溶剂在常温和高温下的稳定性非常好，它不耐酸碱，遇酸碱发生解聚。硅橡胶对人体无毒性反应，虽长期与人体组织、分泌液和血液接触也不会起变化，对肌体组织的反应性非常小，具有抗凝血作用。硅橡胶具有良好的加工性，可制成各种形状和规格的制品。

硅橡胶主要缺点是常温下其硫化胶的拉伸强度、撕裂强度和耐磨性等比天然橡胶和其他合成橡胶低，耐酸、碱性差，且价格较高。

硅橡胶具有独特的综合性能，可应用在许多其他橡胶无法使用的场合，尤其是良好的生物相容性，使其广泛用于医疗器械领域，在我国已先后制成各种医用硅橡胶制品，如多种口径的导管、静脉插管、脑积水引流装置、人造关节等。此外，硅橡胶还可以用于汽车配件、电子配件，火箭、导弹、飞机的一些零件及电绝缘材料等。

常用橡胶的性能和用途可列于表 5-3。

表 5-3　常用橡胶的性能和用途

名称	代号	抗拉强度/MPa	延伸率/%	使用温度/℃	性能	用途
天然橡胶	NR	25～30	650～900	−50～120	高强、绝缘、防振	通用制品、轮胎
丁苯橡胶	SBR	15～20	500～800	−50～140	耐磨	通用制品、胶板、胶布、轮胎
顺丁橡胶	BR	18～25	450～800	120	耐磨、耐寒	轮胎、运输带
氯丁橡胶	CR	25～27	800～1000	−35～130	耐酸碱、阻燃	管道、电缆、轮胎
丁腈橡胶	NBR	15～30	300～800	35～175	耐油、水、气密封	油管、耐油垫圈
乙丙橡胶	EPDM	10～25	400～800	150	耐水、气密封	汽车零件、绝缘体
聚氨橡胶	UR	20～35	300～800	80	高强、耐磨	胶辊、耐磨件
硅橡胶	SIR	4～10	50～500	−70～275	耐热、绝缘	耐高温零件
氟橡胶	FPM	20～22	100～500	−50～300	耐油、耐碱、耐真空	化工设备衬里、密封件
聚硫橡胶	—	9～15	100～700	80～130	耐油、耐碱	水龙头衬垫、管子

5.4.3　合成纤维

5.4.3.1　纤维的定义及分类

合成纤维是指以石油、天然气、煤和石灰石等为原料，经过提炼和化学反应合成高分子化合物，再经过熔融或溶解后纺丝制得的，能保持长度比本身直径大 1000 倍以上且具有一定柔韧性和强度的纤细状高分子材料均称为纤维。

合成纤维可分为通用合成纤维、高性能合成纤维和功能合成纤维。涤纶、锦纶、腈纶和丙纶是四大通用合成纤维，产量大，应用广。高性能合成纤维是由刚性链聚合物（芳香聚酰胺、聚芳酯和芳杂环聚合物）和柔性链聚合物（聚烯烃）纺丝制造的强度大、模量大的纤维，不但能作为纺织品应用，也是先进复合材料的增强体。功能合成纤维是具有除力学和耐热性能外的特殊性能，如光、电、化学（耐腐蚀、阻燃）、高弹性和生物可降解性等的纤维，产量虽小，但附加值高。

5.4.3.2 成纤聚合物的特征

成纤聚合物是能制成纤维的合成高分子聚合物。合成高分子聚合物品种很多，但并不是所有高分子聚合物都能用于制成纤维。为使聚合物能够加工成纤维，要求其具有较好的纺丝性能和加工性能，通常作为成纤聚合物应具有如下特征。

① 成纤聚合物均为线型高分子，主链的支化度很低，且没有庞大侧基，用这类高分子纺制的纤维能沿纤维纵轴方向拉伸而有序排列。纤维受到拉力时，大分子能同时承受作用力，使纤维具有较高的拉伸强度和适宜的延伸度及其它物理-力学性能。

② 成纤聚合物应具有适当高的相对分子质量和较窄的相对分子质量分布。分子量高的才能制成强度好的纤维，分子量分布窄比宽好。若分子量低于某个临界值，将不能成纤或强度很差，而分子量高到一定数值后，会给纺丝的黏度，流动性带来不利影响。

③ 成纤聚合物一般都要求是半结晶结构的聚合物，结晶区的存在使纤维具有较高的强度和模量，而非结晶区的存在使纤维具有一定的弹性、耐疲劳性和染色性。半结晶结构能使原来排列不规整的分子链，经过拉伸取向而沿着纤维轴进行有序排列的这种状态固定下来。

④ 成纤聚合物的分子链间必须有足够强的作用力，分子间作用力越大，纤维的强度越高。

⑤ 成纤高聚物应具有可溶性或可熔性，只有这样才能将高聚物溶解或熔融成溶液或熔体，再经纺丝、凝固或冷却形成纤维，否则就不能进行纺丝。

5.4.3.3 聚合物的纺丝方法

聚合物常用的纺丝方法主要有三种，熔融纺丝、湿法纺丝和干法纺丝。目前合成纤维生产中以熔融法纺丝为主，其次是湿法纺丝，干法纺丝使用较少。

① 熔融纺丝　将高分子化合物加热到熔点以上，使它成为黏稠的熔体，熔体在压力下通过喷丝头小孔而形成液体细流，经冷却、卷绕等处理而成为初生纤维的纺丝方法。熔融法纺丝的主要优点是设备结构简单，可分段加热，树脂熔融均匀，加热熔融高聚物时间短，生产效率高。凡能熔融或转变成黏流态而不发生显著分解的成纤聚合物都可采用熔融纺丝。

② 湿法纺丝　是将聚合物溶解于合适的溶剂中，制成适当浓度的黏稠的纺丝液，再由喷丝孔喷出黏液细流，进入凝固浴，黏液细流中的溶剂向凝固液扩散，而凝固浴中的凝固剂向黏液细流扩散，聚合物在凝固浴中析出，形成纤维。湿法纺丝的成形过程比较复杂，纺丝速度受溶剂和凝固剂的双扩散、凝固浴的流体阻力等因素影响，所以纺丝速度较慢。湿法纺丝的设备投资费用比较大，成本高而且对环境污染较为严重。目前腈纶、维纶、氯纶、黏胶纤维以及某些由刚性大分子构成的成纤高聚物都需要采用湿法纺丝。

③ 干法纺丝　需要将聚合物溶解在溶剂中配成适当浓度的纺丝溶液，而后段过程与熔融纺丝相似，从喷丝头喷出来的黏液细流不是进入凝固浴，而是导入纺丝甬道，在甬道中利用热空气使黏液细流中的溶剂挥发，蒸气被热空气带走，而高聚物再随之凝固成纤维。干法纺丝的速度取决于溶剂挥发快慢，常用的溶剂为丙酮、二甲基甲酰胺等，一般适用于生产化学纤维长丝。

5.4.3.4 常用合成纤维

(1) 聚酰胺纤维

聚酰胺纤维是用聚酰胺树脂制得的纤维，商品名称为锦纶或尼龙，是最早工业化的合成纤维。聚酰胺 6、聚酰胺 66 和聚酰胺 1010 等都可以纺丝制成纤维。工业上，聚酰胺纤维是采用熔融纺丝方法制得。

聚酰胺纤维具有一系列优良的性能。它的密度小，在所有纤维中密度仅高于聚乙烯纤维和聚丙烯纤维。因为分子链上含有酰胺键，可以通过氢键的作用，加强酰胺基之间的连接，从而使纤维获得较高的强度，其强度比棉花高 2～3 倍；聚酰胺纤维的耐磨性居纺织纤维之首，是羊毛的 10 倍，棉花的 20 倍；由于其分子链上有许多亚甲基的存在，使聚酰胺纤维柔软且富有弹性，回弹性和耐疲劳性优良。它还具有良好的耐碱性和电绝缘性，但耐酸、耐热和耐光性能较差；聚酰胺纤维的吸湿性低于天然纤维和再生纤维，但在合成纤维中其吸湿性仅次于维纶。

聚酰胺纤维的缺点是耐光性较差，在长时间的日光或紫外线照射下，强度下降，颜色发黄；它的耐热性较差，在 150℃下 5h 即变黄，强度和伸长率明显下降，收缩率增大；聚酰胺纤维的初始模量比其他大多数纤维都低，因此在使用过程中容易变形。

聚酰胺纤维应用非常广泛，在服装领域内，聚酰胺纤维凭其柔软、质轻、弹性、耐磨性等优点用于多种服饰，如运动衣、健美服、游泳衣、滑雪衫、针织内衣等。聚酰胺纤维优良的弹性及优越的耐磨性是制造工业滤布和造纸毛毡的理想材料，它还可用来制作渔网、绳索和安全网等，此外广泛用作传动运输带、消防软管、缝纫线、安全带和降落伞等多种产业用品。聚酰胺纤维可用于配套特种军用纺织品，如降落伞及其配套的伞面、伞带和伞绳及飞机救生筏、拦阻网、帐篷等其他国防和军工方面的纺织品。在医疗卫生纺织品方面，采用聚酰胺弹力丝做经纱，高弹包芯氨纶丝做纬纱织造制成医用筒、弹性绷带等。

（2）聚酯纤维

聚酯纤维是主链含有酯基的一类聚合物经纺丝而制成的纤维，聚酯纤维品种很多，主要包括聚对苯二甲酸乙二醇酯（PET），聚对苯二甲酸丙二醇酯（PTT）、对苯二甲酸丁二醇酯（PBT）、聚萘酯（PEN）等纤维。其中以聚对苯二甲酸乙二醇酯（PET）经熔融纺丝制成的合成纤维为主，商品名称为涤纶。

聚酯纤维为高度对称芳环的线形聚合物，易于取向和结晶，具有较高的强度，其强度与断裂伸长率与纤维纺丝过程中的拉伸和热处理工艺密切相关，改变拉伸和热处理条件，可制成高强低伸或低强高伸等不同性能的纤维。聚酯纤维具有优良的弹性，弹性模量比聚酰胺纤维高，在较小的外力作用下不易变形，当受到较大外力作用而产生形变时，取消外力后，其回复原状的能力较强，形变回复能力与羊毛相近，耐皱性超过其他纤维。聚酯纤维的耐磨性仅次于聚酰胺纤维，但比其他合成纤维高出几倍。聚酯纤维的耐热性好，170℃以下短时间受热引起的强度损失，温度降低后可恢复。聚酯纤维具有很好的热稳定性，温度升高时，聚酯纤维的强度损失小，且不易收缩变形。在室温下，聚酯纤维能耐弱酸、弱碱和强酸，但不耐强碱，对丙酮、苯、卤代烃等有机溶剂较稳定，但在酚类及酚类与卤代烃的混合溶剂中能溶胀。聚酯纤维具有静电现象，由于其吸湿性低，表面具有较高的比电阻，当两物体接触、摩擦又立即分开后，聚酯纤维表面易积聚大量电荷而不易逸散，产生静电。

聚酯纤维的原料价格低廉，成型与加工自动化程度高，发展速度很快，已成为产量最大的合成纤维品种，用途广泛。由于聚酯纤维的弹性好，织物具有易洗易干、保型性好的特点，是理想的纺织材料，它既可以纯纺也可以与其他纤维混纺制成各种机织物和针织物。在工业上高强度聚酯纤维可用作轮胎帘子线、运输带、消防水管、缆绳、渔网等，也可用作电绝缘材料、耐酸过滤布和造纸毛毯等。用聚酯纤维制作无纺织布可用于室内装饰物、地毯底布、医药工业用布、絮绒、衬里等。

（3）聚丙烯腈纤维

聚丙烯腈纤维通常是指含85%以上丙烯腈和少量其他单体的共聚物制成的合成纤维，国内商品名称为腈纶。丙烯腈均聚物的大分子链上的氰基极性大，大分子间作用力强，分子排列紧密，其纺制的纤维硬脆、难于染色，为此，聚合时加入少量其他单体进行共聚。一般聚丙烯腈纤维的化学组成包括三部分，第一部分为丙烯腈，它是聚丙烯腈纤维的主体，对纤维的许多化学、物理及机械性能起着主要的作用；第二部分为结构单体，加入量为5%～10%。通常选用含酯基的乙烯基单体，如丙烯酸甲酯、甲基丙烯酸甲酯或乙酸乙烯酯等，这些单体的取代基极性较氰基弱，基团体积又大，可以减弱聚丙烯腈大分子间的作用力，改善纤维的手感和弹性，克服纤维的脆性，也有利于染料分子进入纤维内部；第三单体又称染色单体，是使纤维引入具有染色性能的基团，改善纤维的染色性能，一般选用可离子化的乙烯基单体，加入量约0.5%～3%。聚丙烯腈纤维在外观、手感、弹性、保暖性等方面都类似羊毛，因此有“合成羊毛”之称。

聚丙烯腈纤维的强度虽不如涤纶和锦纶，但比羊毛要好，其强度高出羊毛1～2.5倍，弹性模量高，仅次于聚酯纤维，比聚酰胺纤维高2倍。聚丙烯腈纤维在湿态下强度降低，其原因是聚丙烯腈纤维中的第三单体含有亲水性基团，可使纤维在水中发生一定的溶胀，造成大分子间作用力减弱。除含氟纤维外，腈纶的耐光性与耐气候性能，是天然纤维和化学纤维中最好的，腈纶分子结构中含氰基，有优良的耐晒性，在室外曝晒一年强度仅降低20%，而聚酰胺纤维、黏胶纤维等强度则完全破坏。一般浓度的酸和碱对聚丙烯腈纤维的降解影响不大，但是能使其侧氰基发生水解，聚丙烯腈纤维在碱中的稳定性要比在酸中低得多，在热稀碱、冷浓碱溶液中会变黄，在热浓碱溶液中会立即被破坏。

聚丙烯腈纤维价格便宜，是羊毛和棉花的最佳替代品，在服装、装饰、产业三大领域有广泛的应用。根据不同用途，聚丙烯腈纤维可纯纺或与天然纤维混纺，织成毛毯、地毯等，还可与棉、人造纤维、其他合成纤维混纺，织成各种衣料和室内用品，也可应用在户外使用的织物，如帐篷、窗帘、毛毯等。

将聚丙烯腈纤维经过高温处理可以得到碳纤维和石墨纤维。如在200℃左右的空气中保持一定时间，使其碳化，可以获得含碳93%左右的耐高温1000℃的碳纤维。若在2500～3000℃下继续进行热处理，可以获得分子结构为六方晶格的石墨纤维。石墨纤维是目前已知的热稳定性最好的纤维之一，可耐3000℃的高温，并具有很高的化学稳定性、良好的导电性和导热性。碳纤维是宇宙飞行、火箭、喷气技术以及工业上高温、防腐蚀领域的良好材料。

（4）聚丙烯纤维

聚丙烯纤维，商品名称为丙纶，是由等规聚丙烯经熔融纺丝制成的合成纤维。聚丙烯纤维最大的优点是质地轻，是常见化学纤维中密度最轻的品种。聚丙烯纤维的强度高，断裂伸长率和弹性都好；由于聚丙烯纤维的吸湿度极低，因此，其干、湿强度和断裂强度几乎相等；聚丙烯纤维的耐磨性也很好，尤其是耐反复弯曲的寿命长，优于其他的合成纤维。聚丙烯纤维耐热性及耐老化性能差，它的熔点较低（165～173℃），软化点温度比熔点要低10～15℃，对光、热稳定性差。聚丙烯纤维有较好的耐化学腐蚀性，耐酸、碱及其他化学药品的稳定性优于其他合成纤维，除了浓硝酸、浓的苛性钠外，聚丙烯纤维对酸和碱抵抗性能良好，对有机溶剂的稳定性稍差。聚丙烯纤维的电绝缘性良好，体积电阻率很高，但加工时易产生静电。聚丙烯纤维的吸湿性和染色性在化学纤维中最差，普通的染料均不能使其着色，有色聚丙烯纤维多数是采用纺前着色生产的。

聚丙烯纤维广泛用于绳索、渔网、安全带、箱包带、缝纫线、过滤布、电缆包皮、造纸用毡和纸的增强材料等产业领域。用聚丙烯纤维制成的地毯、沙发布和贴墙纸等装饰织物及絮棉等，不仅价格低廉，而且具有抗沾污、抗虫蛀、易洗涤、回弹性好等优点。聚丙烯纤维可制成长毛绒产品，如鞋垫、大衣衬、儿童大衣等；与其他纤维混纺，制作儿童服装、工作服、内衣、起绒织物及绒线等。聚丙烯纤维的非织造布可用于一次性卫生用品，如卫生巾、手术衣、帽子、口罩、尿片面料等。

5.4.4 胶黏剂和涂料

5.4.4.1 胶黏剂的分类和组成

胶黏剂又称黏合剂，是一种靠界面作用（化学力或物理力）把各种固体材料牢固黏结在一起的物质。胶黏剂品种繁多，可按多种方法进行分类。按照胶黏剂基体材料的来源可分为无机胶黏剂和有机胶黏剂，有机胶黏剂又分为天然胶黏剂和合成胶黏剂，合成胶黏剂的品种多，用量大，约占总量的60%～70%。按照粘接处受力的要求可分为结构型胶黏剂和非结构型胶黏剂，结构型黏合剂用于能承受载荷或受力结构件的黏接，黏合接头具有较高的粘接强度；非结构型胶黏剂用于不受力或受力不大的各种应用场合。按固化方式的不同，胶黏剂可分为水基蒸发型、溶剂挥发型、化学反应型、热熔型和压敏型等。

胶黏剂一般是以聚合物为主要成分的多组分体系。除主要成分（基料）外，还有许多辅助成分（固化剂、稀释剂、增塑剂、填料、偶联剂、引发剂、促进剂、增稠剂等），可对主要成分起到一定的改性或提高品质的作用。

① 基料　胶黏剂的主要成分，决定其性能，一般是具有流动性的化合物，包括天然高分子（淀粉、天然橡胶）、合成高分子化合物（合成树脂、合成橡胶等）和无机化合物等。粘接接头的性质主要受基料性能的影响，而基料的流变性、极性、结晶性、分子量及分布又影响其物理机械性能。

② 固化剂　一种使原来热塑性的基料，交联形成体型结构，提高胶黏剂性能的物质。按被固化对象不同可将固化分为物理固化（主要为由于溶剂的挥发，乳液的凝聚，熔融体的凝固等）和化学固化（实质是低分子化合物与固化剂起化学反应变为大分子，或线型分子与固化剂反应变成网状大分子）。

③ 增塑剂　一种能降低高分子玻璃化温度和熔融温度，改善流动性，降低胶层刚性，增加韧性的物质。胶黏剂中常用的增塑剂有邻苯二甲酸酯类、磷酸酯类、己二酸酯和癸二酸酯等。

④ 填料　具有降低固化时的收缩率，提高尺寸稳定性、耐热性和机械强度，降低成本等作用。常用作填料的有石棉粉、铝粉、云母、石英粉、碳酸钙、钛白粉、滑石粉等。

⑤ 偶联剂　分子结构中含有特殊的极性和非极性官能团，它们通过分子间力或化学键力，增加胶层物质（基料、填料等）之间以及胶与被黏材料的结合力，增加强度。常用的偶联剂有硅烷系列、有机铬偶联剂、钛酸酯系列。

⑥ 稀释剂　低分子量液体，黏度小，起到降低黏合剂的黏度，调节干燥速度等作用。

为了改善胶黏剂性能，有时加入特殊性能的添加剂，如防老化剂、防霉剂、增黏剂、阻聚剂、稳定剂、络合剂等。

5.4.4.2 常用胶黏剂

(1) 环氧树脂胶黏剂

合成树脂采用环氧树脂或者环氧树脂与其他树脂的混合物，配以不同的固化剂、填料、稀释剂等助剂，可以得到不同品种和用途的环氧树脂胶黏剂。环氧树脂黏合剂的常见组分如下。

① 环氧树脂　用作胶黏剂的环氧树脂，分子量一般为300～7000，主要有两类。一类是缩水甘油基型环氧树脂，包括常用的双酚A型环氧树脂、环氧化酚醛、丁二醇双缩水甘油醚环氧树脂等。另一类是环氧化烯烃，如环氧化聚丁二烯等。

② 固化剂　固化剂是环氧树脂胶黏剂必不可少的组分。环氧树脂固化剂可分为有机胺类固化剂、改性胺类固化剂、有机酸酐类固化剂等。有机胺类固化剂包括脂肪胺和芳香胺，是环氧树脂最常用的一类固化剂。脂肪胺（如乙二胺、二乙烯三胺等）能在常温下固化，固化速度快、黏度低、使用方便，在固化剂中使用较为普遍；芳香胺（如间苯二胺等）分子中存在很稳定的苯环，固化后的环氧树脂耐热性较好。采用改性胺固化剂可改进与环氧树脂的混溶性，提高韧性、耐候性等，常用的改性胺固化剂有591固化剂（二乙烯三胺与丙烯腈的加成物），703固化剂（乙二胺、苯酚、甲醛缩合物）等。有机酸酐固化剂有顺丁二烯酸酐、邻苯二甲酸酐、马来酸酐、均苯四酐、桐油改性酸酐等，与胺类固化剂相比，酸酐类固化剂的固化速度较慢、固化温度较高，但酸酐固化的环氧胶有较好的耐热性和电性能。

③ 增塑剂和增韧剂　增塑剂可以增加环氧树脂的流动性，降低树脂固化后的脆性，提高低温韧性，一般就是塑料中常用的那些增塑剂。增韧剂多为高分子化合物，参与固化反应，能大幅度改进环氧胶的韧性，常用的有低分子量聚酰胺、低分子量聚硫橡胶、液体丁腈胶、羧基丁腈胶等。

④ 稀释剂　稀释剂的作用是降低环氧树脂的黏度，增加其流动性和渗透性，便于操作。稀释剂分非活性稀释剂和活性稀释剂两大类，活性稀释剂是分子中含有活性基团的低分子物，不仅可使胶的黏度下降，还参与固化反应，有时还能改善环氧胶的性能，常用的活性稀释剂有环氧丙烷丁基醚、乙二醇缩水甘油醚、甘油环氧树脂等；非活性稀释剂是分子中不含有活性基团，不参加固化反应，仅起稀释、降低黏度的作用，常用的非活性稀释剂有苯、甲苯、二甲苯、丙酮等。

⑤ 填料　填料可降低成本，改进某些性能，降低固化收缩率和热膨胀系数等。常用的填料有石棉纤维、玻璃纤维、云母粉、瓷粉、滑石粉、石英粉、氧化铝、石墨粉等。

环氧树脂胶黏剂对金属、木材、陶瓷、玻璃、硬塑料和混凝土都有很高的黏附力，故有“万能胶”之称，主要用于砂轮、电子元器件的密封或包封、集成电路、高压开关、汽车、航空航天等领域。

(2) 酚醛树脂胶黏剂

酚醛树脂是最早用于黏合剂工业的合成树脂，它是由苯酚（或甲酚、二甲酚、间苯二酚）与甲醛在酸性或碱性催化剂存在下缩聚而成的，随着苯酚与甲醛用量配比和催化剂的不同，可生成热固性酚醛树脂和热塑性酚醛树脂两大类。酚醛树脂胶黏剂的黏接力强，耐高温，可在300℃以下使用，其缺点是性脆，剥离强度差。

酚醛树脂通常还可以加入其他填料以改善其性能，一般采用某些柔性好的线型聚合物，如合成橡胶、聚乙烯醇缩醛、聚酰胺树脂等混入酚醛树脂中，或将某些黏附性强的、耐热性好的聚合物或单体与酚醛树脂用化学方法制成接枝或嵌段共聚物，来提高酚醛树脂胶黏剂的韧性和剥离程度，从而可制得一系列性能优异的改性酚醛树脂胶黏剂，主要如下。

① 酚醛-缩醛树脂胶黏剂　热塑性的聚乙烯醇缩醛树脂改性的酚醛树脂，机械强度高，柔韧性好，极佳的耐寒、耐大气老化性能，可用于木材和金属的胶接。

② 酚醛-丁腈橡胶胶黏剂　橡胶改性的酚醛树脂柔韧性好、耐温等级高，具有较高的胶接力。以丁腈橡胶改性酚醛树脂的应用最为广泛，它广泛用于金属、非金属的胶接。

③ 苯酚-三聚氰胺共缩合树脂胶黏剂　可采用苯酚、三聚氰胺与甲醛同时加入反应，或顺序加入后再反应；也可采用将分别制造的酚醛树脂与三聚氰胺树脂共混的方法得到苯酚-三聚氰胺共缩合树脂胶黏剂，可以改进酚醛树脂固化所需温度高、时间长的缺点。

在合成胶黏剂领域中，酚醛树脂胶黏剂是用量最大的品种之一，大量用于木材加工工业中，也可用于胶接金属、陶瓷。改性酚醛树脂胶黏剂如酚醛缩醛、酚醛丁腈、酚醛-环氧等胶黏剂在金属结构胶中均占有十分重要的地位。此外，酚醛树脂的生产原料为酚类和醛类化合物，游离酚和醛，尤其是游离甲醛对人体和环境有害，因此需严格控制它们的含量。

（3）氯丁橡胶胶黏剂

氯丁橡胶胶黏剂是以氯丁橡胶为粘料并加入其他助剂如填料、硫化剂、防老剂、溶剂等而制得的胶黏剂。它是合成橡胶胶黏剂中产量最大、用途最广的一个品种，按照制备方法，氯丁橡胶胶黏剂可分为溶液型、乳液型和无溶剂液体型三种，目前仍以溶液型用量最大。

氯丁橡胶分子结构中有电负性较强的氯原子，可提供黏结所需的极性，不需硫化就有很好的凝聚力，对多种材料有很好的粘接性能。大部分氯丁橡胶胶黏剂为室温固化接触型的，涂胶于表面，经过适当的晾干、合拢接触后，便能够瞬时结晶，有很大的初黏力，被黏材质涂胶晾干后一经接触便有很强的黏结强度；黏结软性材质时，能够缓解由于膨胀、收缩所引起的应力集中。氯丁橡胶胶黏剂有良好的耐水、耐老化、耐曲挠性，但它的耐热性较差，耐寒性也不好。此外，溶剂型氯丁橡胶胶黏剂稍有毒性，储存稳定性差，容易分层、凝胶、沉淀等。

氯丁橡胶胶黏剂使用方便，价格低廉，是一种通用性很强的胶黏剂，对大多数材料都有良好的粘接性能，被誉为非结构型的万能胶。它广泛应用于建筑、装饰、制造、皮革、汽车等行业，可用于金属、玻璃、陶瓷、橡胶、皮革、织物、石棉和木材等不同材料的粘接，在性能上是其他胶黏剂不能比的。

5.4.4.3　涂料

涂料是指用特定的施工方法涂覆到物体表面后经固化使物体表面形成美观而有一定强度的连续性保护膜，或者形成具有某种特殊功能涂膜的一种物质。涂料有保护作用（如避免外力碰伤、摩擦，防止大气、水等的腐蚀等），装饰作用（使制品表面光亮美观），标志作用（利用涂料制作各种标志牌）和特殊作用（例如绝缘涂料、导电涂料、杀菌涂料等）。

（1）涂料的组成

涂料是一种较为复杂的多组分体系，按照涂料中各组分所起的作用，可将其分为主要成膜物质、次要成膜物质和辅助成膜物质。

① 主要成膜物质　是涂料的基础，其作用是将涂料中其他组分黏结在一起形成一体，并具有能黏附着于被涂物质表面形成坚韧的保护膜的能力。主要成膜物质一般为高分子化合物或成膜后能形成高分子化合物的有机物质，如油料、天然树脂、合成树脂等。

② 次要成膜物质　主要是颜料和填料，它们不能离开主要成膜物质而单独形成涂膜。颜料是一种不溶于水、溶剂或涂料基料的微细粉末状有色物质，能均匀地分散在涂料介质中，涂于物体表面形成色层，有增加色彩、遮盖力、耐久性、机械强度和对金属底材的防腐性的作用。填料又称为体质颜料，它们不具有遮盖力和着色力，而是能改进涂料的流动性，提高膜层的力学性能、耐久性和光泽等，并可降低涂料的成本。

③ 辅助成膜物质　不能构成涂膜或不是构成涂膜的主体，但对涂膜的形成和最终性能起到关键的作用，主要是溶剂和辅助材料。

溶剂又称稀释剂，能溶解或稀释固体或高黏度的成膜物质，使其成为有适宜黏度的液体，便于施工。溶剂最后并不留在干结的涂膜中，而全部挥发掉，所以又称挥发组分。常用的有机溶剂有松香水、酒精、汽油、苯、二甲苯、丙酮等。

辅助材料不能单独自己形成涂膜，在涂料成膜后可作为涂膜中的一个组分而存在，在涂料配方中用量很少，但能显著改善涂料或涂膜的某一特定性能。常用的有催干剂、固化剂、催化剂、引发剂、增塑剂、紫外光吸收剂、抗氧化剂、防老剂等。某些功能性涂料还需采用具有特殊功能的助剂，如防火涂料用的阻燃剂等。

（2）涂料的分类

涂料应用广、功能多，品种已多达近千种，可从不同的角度对其进行分类。按涂料的用途分类可分为建筑涂料、汽车涂料等；按涂料形态分类可分为溶剂型涂料、高固体量涂料、无溶剂型涂料、水性涂料、非水分散涂料、粉末涂料等；按施工方法进行分类可分为刷用漆、喷漆、浸漆、烘漆、自泳涂料等；按涂层的作用分为防锈涂料、防腐涂料、绝缘涂料、防水涂料、耐高温涂料等；按成膜物质分类可分为醇酸树脂漆、环氧树脂漆等；按所含颜料情况可分为清漆、磁漆、厚漆等。

（3）常用涂料

① 醇酸树脂涂料　是以醇酸树脂为成膜物质的一类涂料。醇酸树脂是由多元醇、多元酸与脂肪酸通过酯化作用缩聚制得的。常用的多元醇有甘油、季戊四醇、乙二醇等，常用的多元酸有邻苯二甲酸酐、常用的油类有椰子油、蓖麻油、豆油、亚麻油、桐油等。

醇酸树脂分为两类。一种是干性油醇酸树脂，是采用不饱和脂肪酸制成的，能直接涂成薄层，在室温和氧存在下转化成连续的固体薄膜。另一种是不干性油醇酸树脂，是使用不干性油来改性聚酯制成的醇酸树脂，它不能直接作涂料用，需与其他树脂混合使用。

醇酸树脂涂料具有附着力强、漆膜柔韧坚固、耐摩擦、光泽好、保光性和耐候性好等优点，是重要的涂料品种之一，其产量约占涂料工业总量的20％～25％，可制成清漆、底漆和腻子，且施工方便，广泛用于桥梁等建筑物以及机械、车辆、船舶、飞机、仪表等涂装。

② 环氧树脂涂料　将组成中含有较多环氧基团的涂料统称为环氧树脂涂料。环氧树脂本身是热塑性的，要使环氧树脂制成有用的涂料，就必须使环氧树脂与固化剂或植物油脂肪酸进行反应，交联成为网状结构的大分子，才能显示出各种优良的性能。

环氧树脂涂料组成主要包括：环氧树脂（或改性环氧树脂）＋增塑剂＋固化剂＋助剂＋颜料、填料＋溶剂。根据固化剂的类型，环氧树脂涂料可分为胺固化型涂料、酸酐固化型涂料、合成树脂固化型涂料等。

环氧树脂涂料具有优良的黏结力，保色性好，耐化学品性能好。此外，它还有较好的热稳定性和电绝缘性，但是它的耐候性比较差，易粉化。环氧树脂中具有羟基，耐水性也较差。

环氧树脂涂料是合成树脂涂料的四大支柱之一，应用非常广泛，包括用于防腐蚀涂料、舰船涂料、电器绝缘涂料、食品罐头内壁涂料、水性涂料、地下设施防护涂料和特种涂料等。

③ 聚氨酯涂料　以聚氨酯树脂为主要成膜物质的涂料。聚氨酯树脂是含有氨基甲酸酯—NHCOO—基团的聚合物，通常由多异氰酸酯（含—NCO 基团）或其加成物与含活泼氢（主要是羟基中的活泼氢）的聚多元醇反应而成。选用不同的异氰酸酯与不同的聚酯、聚醚、多元醇或与其他树脂配用可制得许多品种的聚氨酯漆。

聚氨酯涂料的类型和品种很多，分类方式也不同。按照包装类型可分为单组分聚氨酯涂料和双组分聚氨酯涂料。单组分聚氨酯涂料使用方便，打开包装即可使用，但性能较差；双组分聚氨酯涂料使用时需先混合，性能较好，但必须现用现配，并在一定时间内用完，否则混合后的涂料发生化学反应将无法使用。双组分聚氨酯涂料又分为催化固化型聚氨酯涂料和羟基固化型聚氨酯涂料。按照所使用的分散介质可分为有机溶剂型、无溶剂型、高固体型、水分散型、粉末涂料类等。按照涂料的固化形式可分为常温固化型和加热固化型，大多数聚氨酯涂料既可常温固化也可加热固化，加热固化后的涂料性能优于常温固化。

聚氨酯涂料具有一系列优良的特点，其耐磨性特强，是各类涂料中最突出的，具有优异的保护功能，它还具有良好的附着力、耐热性、耐溶剂性、耐化学性，且漆膜丰满光亮，是一类综合性能优异的涂料。

聚氨酯涂料在国防、基建、化工防腐、电气绝缘、木器涂装等方面都得到广泛的应用，其中溶剂型双组分聚氨酯涂料可以配制清漆、各种色漆、底漆、对金属、木材、塑料、水泥、玻璃等基材都可以涂饰，可以刷涂、滚涂，喷涂，可以室温固化成膜，也可以烘烤成膜，是最重要的涂料产品。

此外，还有酚醛树脂涂料，例如清漆、绝缘漆、耐酸漆、地板漆等；氨基树脂涂料，涂膜光亮、坚硬，广泛用于电风扇、缝纫机、化工仪表、医疗器械和玩具；有机硅涂料，耐高温性能好，且耐大气、耐老化，用于高温环境。

本章小结

本章较为系统地介绍了高分子材料的基本概念、结构、性能、合成及成型工艺，介绍了塑料、橡胶、合成纤维、胶黏剂和涂料的组成、常用材料的性能特点及应用。

思考题与练习题

1. 高分子材料力学性能的最大特点是什么？

2. 试解释出现下列现象的原因：

（1）尼龙的蠕变在高温下更易出现；

（2）法兰盘的橡胶垫片不再密封；

（3）汽车加热器胶皮管时常发生破裂；

（4）紧紧缠绕在物体上的橡胶带，数月后即失去弹性并发生断裂。

3. 试简述常用工程塑料的种类、性能特点及应用。

自测题

1. 名词解释：高分子化合物、单体、链节、聚合度、热塑性塑料
2. 简述高聚物大分子链的结构和形态，它们对高聚物的性能有何影响。
3. 简述线形非晶态高分子材料的力学状态。
4. 解释高分子材料的老化现象，并说明防护措施。
5. 塑料是由哪些物质组成的？每种物质的作用是什么？
6. 纤维的含义与分类是什么？
7. 成纤聚合物在结构上应具有哪些特征？

参考文献

[1] 杜双明，王晓刚．材料科学与工程概论[M]. 西安：西安电子科技大学出版社，2011：157.
[2] 柴春鹏，李国平．高分子合成材料学[M]. 北京：北京理工大学出版社，2019：106.
[3] 高长有．高分子材料概论[M]. 北京：化学工业出版社，2018：227.
[4] 贾红兵，宋晔，王经逸．高分子材料[M]. 3 版．南京：南京大学出版社，2019：54.
[5] 张春红，徐晓东，刘立佳．高分子材料[M]. 北京：北京航空航天大学出版社，2016，108.
[6] 梁晖，卢江．高分子科学基础[M]. 北京：化学工业出版社，2014，67.
[7] 杨明波．材料工程基础[M]. 北京：化学工业出版社，2008：216.
[8] 闫康平，吉华，罗春晖．工程材料[M]. 北京：化学工业出版社，2017：187.
[9] 甘争艳，陈晓峰．高分子材料成型工艺[M]. 北京：化学工业出版社，2016：26.
[10] 朱张校，姚可夫．工程材料[M]. 5 版．北京：清华大学出版社，2011：225.
[11] 徐燕铭．船舶与海洋工程材料[M]. 哈尔滨：哈尔滨工业大学出版社，2020：183.
[12] 王者辉．应用高分子材料(英文版)[M]. 北京：化学工业出版社，2016：13.
[13] 李坚，俞强，万同等．高分子材料导论(英文版)[M]. 北京：化学工业出版社，2014：29.
[14] 王荣伟，杨为民，辛敏琦等．ABS 树脂及其应用[M]. 北京：化学工业出版社，2016：25.
[15] 李继新．高分子材料应用基础[M]. 北京：中国石化出版社，2016：142.
[16] William D. Callister Jr. 材料科学与工程导论[M]. 原书第 9 版．北京：科学出版社，2017：325.
[17] 温笑菁．材料科学基础 高分子材料分册[M]. 哈尔滨：哈尔滨工业大学出版社，2015，67.
[18] 李锦春，邹国享．高分子材料成型工艺学[M]. 北京：科学出版社，2021，173.
[19] 胡裕龙，孔晓东．船舶工程材料[M]. 北京：科学出版社，2019，233.
[20] 吕江波，林兰芳，徐毅群．船舶工程材料[M]. 大连：大连海事大学出版社，2020，184.
[21] 马运义．船舶装备与材料[M]. 北京：化学工业出版社，2016，80.
[22] 许维钧．核材料老化与延寿[M]. 北京：化学工业出版社，2015，42.
[23] 陈宪刚．浅谈舰船用高分子阻尼材料的现状及应用[J]. 橡胶资源利用，2022，2：11-14
[24] 沈艳，刘佩华．船用高分子材料的应用现状及前景[J]. 广州化工，2010，38(12)：64-66.
[25] 韦定江，苑志江，蒋晓刚．橡胶在舰船中应用现状及发展[J]. 中国新技术新产品，2021，3：62-64.

第 6 章

陶瓷材料工程

本章导读

陶瓷材料是人类生活和生产中不可缺少的一种材料，其制品的应用范围涉及到国民经济的各个领域。随着生产力的发展和技术水平的提高，陶瓷材料的发展经历了传统陶瓷材料、先进陶瓷材料和陶瓷基复合材料不同阶段。以硅酸盐为基础的传统陶瓷、玻璃、水泥和耐火材料已经形成相当规模的产业，被广泛地使用在工业、农业、国防和人们的日常生活中，成为国民经济的支柱产业之一。新型陶瓷材料因具有耐高温、耐腐蚀、高强度、高硬度、多功能等多种优越性能，在各工业部门及空间技术、电子技术、激光技术、光电子技术、红外技术、能源开发和环境科学等新技术领域中得到了广泛应用，集几种材料优点于一体的陶瓷基复合材料的研究和开发也在积极地进行。

通过本章的学习，使学生掌握陶瓷材料的基本结构、制备工艺、性能特点等基本理论和基本知识，掌握传统陶瓷、新型结构陶瓷、功能陶瓷的典型工程应用，培养学生建立陶瓷材料的微观结构、性能特点与具体工程应用之间的对应关系。

本章的学习目标

1. 掌握陶瓷材料的结构、性能特点，了解陶瓷材料的制备工艺。
2. 了解不同陶瓷材料的用途，掌握典型的氧化物陶瓷、氮化物陶瓷以及碳化物陶瓷的性能特点及工程应用。
3. 掌握重要功能陶瓷材料的性能特点及工程应用。

教学的重点和难点

1. 重点掌握陶瓷材料的结构特点、制备工艺。
2. 重点掌握氧化物陶瓷的性能特点及工程应用。
3. 难点：陶瓷材料的制备工艺。

6.1 陶瓷材料概述

6.1.1 陶瓷材料的定义及分类

6.1.1.1 陶瓷材料的定义

陶瓷材料的传统定义是指陶器和瓷器的总称，包括玻璃、搪瓷、耐火材料、砖瓦、水泥、石膏等。从狭义来定义是指以黏土及其它天然矿物为原料，经粉碎加工、成型、高温烧制的制品。随着生产的发展和科学技术的进步，制造出许多新品种的陶瓷材料，现今意义上的陶瓷材料已有了巨大的变化，因此，从广义的定义来讲，陶瓷材料是指经高温烧制的无机非金属材料的总称。综上所述，陶瓷材料的精确定义是指用天然原料或人工合成的粉状化合物，经过成形和高温烧结制成的，由无机化合物构成的多相固体材料。

6.1.1.2 陶瓷材料的分类

随着科技的发展，陶瓷材料及产品种类日益增多，陶瓷材料的分类有不同依据，通常按照以下几种形式进行分类。

(1) 按化学成分分类

陶瓷材料按照化学成分进行分类可分为氧化物陶瓷、氮化物陶瓷、碳化物陶瓷、硼化物陶瓷。氧化物陶瓷种类繁多，在陶瓷家族中占有非常重要的地位，最常用的氧化物陶瓷是Al_2O_3、SiO_2、MgO、ZrO_2、CeO_2、CaO、Cr_2O_3及莫来石（$3Al_2O_3 \cdot 2SiO_2$）和尖晶石（$MgAl_2O_4$）等。氮化物陶瓷中应用最广泛的是Si_3N_4，它具有优良的综合力学性能和耐高温性能，此外TiN、BN、AlN等氮化物陶瓷的应用也日趋广泛。碳化物陶瓷一般具有比氧化物陶瓷更高的熔点，最常用的是SiC、WC、BiC、TiC等，碳化物容易被氧化，因此碳化物陶瓷在制备过程中应有气氛保护。硼化物陶瓷的应用不是很广泛，主要是作为添加剂或第二相加入其他陶瓷基体中，以达到改善性能的目的，常用的有TiB_2、ZrB_2等。

(2) 按性能和用途分类

陶瓷材料按照性能和用途可分为结构陶瓷和功能陶瓷。结构陶瓷作为结构材料用来制造结构零部件，主要利用其力学性能，如强度、韧性、硬度、模量、耐磨性、耐高温性能等。功能陶瓷则作为功能材料用来制造功能器件，主要利用其物理性能，如电性能、磁性能、热性能、光性能、生物性能等。例如压电陶瓷主要利用其压电效应用于制作超声波探测器、位移或压力传感器等；铁电陶瓷主要使用其电磁性能，用来制造电磁元件；介电陶瓷用来制造电容器；超导陶瓷利用其超导特性使用在磁悬浮列车、无电阻损耗的输电线路等。

(3) 按习惯进行分类

按照习惯，一般分为传统陶瓷和新型陶瓷两大类。传统陶瓷又称为普通陶瓷，主要指硅酸盐陶瓷材料，其中占主导地位的化学组成为SiO_2。这类材料按其性能特点和用途，可分为日用陶瓷、建筑陶瓷、电器陶瓷、化工陶瓷、多孔陶瓷等。新型陶瓷又叫特种陶瓷，指一些具有优良力学性能，特殊物理、化学性能或特殊功能的陶瓷。

6.1.2 陶瓷材料的制备工艺

陶瓷材料的制备工艺比较复杂，但基本的工艺包括：原材料的制备、坯料的成形、坯料的干燥和制品的烧成或烧结等4大步骤，通常还把表面加工作为最后一道工序。

6.1.2.1 原料的制备

(1) 天然原料

传统硅酸盐陶瓷材料所用的原料大部分是天然原料，天然原料一般需要加工，即通过筛选、风选、淘洗、研磨以及磁选等，分离出适当颗粒度的矿物组成粉体。

天然原料通常可分为可塑性原料、弱塑性原料及非塑性原料三大类。

可塑性原料的主要成分是高岭土、伊利石、蒙脱石等黏土矿物，多为细颗粒的含水铝硅酸盐，具有层状晶体结构。当其用水混合时，有很好的可塑性，在坯料中起塑化和黏合作用，赋予坯料以塑性或注浆成型能力，并保证干坯的强度及烧成后的使用性能，如机械强度、热稳定性和化学稳定性等。

弱塑性原料主要有叶蜡石和滑石，这两种矿物也都具有层状结构特征，与水结合时具有弱的可塑性。

非塑性原料的种类很多，其中最重要的是二氧化硅（SiO_2），SiO_2 在地壳中的丰度约为60%，含二氧化硅的矿物种类很多，部分以硅酸盐化合物的状态存在，构成各种矿物、岩石；另一部分则以独立状态存在，成为单独的矿物实体，其中结晶态二氧化硅统称为石英。它质硬、化学稳定性高、难熔、能降低坯料的黏度或可塑性。烧成时部分石英溶解在长石熔体中，能提高液相的黏度，而未熔解的石英颗粒，则构成坯体的骨架，可防止坯体发生软化变形等缺陷。另一类重要的非塑性原料是含碱及碱土金属离子的原料，长石是典型代表，如斜长石、钠长石、钾长石、钙长石等。长石在陶瓷生产中是作为熔剂使用的，长石在高温下熔融，形成黏稠的玻璃熔体，是坯料中碱金属氧化物（K_2O，Na_2O）的主要来源，能降低陶瓷坯体组分的熔化温度，有利于成瓷和降低烧成温度；熔融后的长石熔体能溶解部分高岭土分解产物和石英颗粒，促进莫来石晶体的形成和长大，赋予了坯体的力学强度和化学稳定性；长石熔体能填充于各结晶颗粒之间，有助于坯体致密和减少空隙。冷却后的长石熔体，构成了瓷的玻璃基质，增加了透明度，并有助于瓷坯的力学强度和电气性能的提高。

(2) 合成原料

陶瓷在发展过程中天然原料已不能满足使用要求，需要高纯度、可控化学组成的原料，此时所需的原料只能用化学合成方法来生产。化学合成法即由离子、原子、分子通过反应、成核和生长获得细颗粒的方法，这种方法获得的粉体纯度高、均匀性好、颗粒细小、粒度可控，是制备特种陶瓷粉体的主要方法，主要包括有固相法、液相法和气相法。

固相法是以固态物质为原料，通过固相反应获得粉体的方法。固相法原料本身是固体，所得的固相粉体和最初固相原料可以是同一物质，也可以不是同一物质。常用的固相法有热分解法和固相反应法。热分解法是指固相热分解生成新固相系统的反应，往往生成两种固体，所以要考虑同时生成两种固体时导致反应不均匀的问题。固相反应法是按最终合成所需组成的原料混合，再用高温使其反应的方法，其一般工艺流程如图6-1所示。首先按规定的组成称量混合，通常用水等作为分散剂，在玛瑙球的球磨内混合，然后通过压滤机脱水后再用电炉焙烧，通常焙烧温度比烧成温度低。将焙烧后的原料粉碎到1～2μm，粉碎后的原料再次充分混合而制成烧结用粉体。

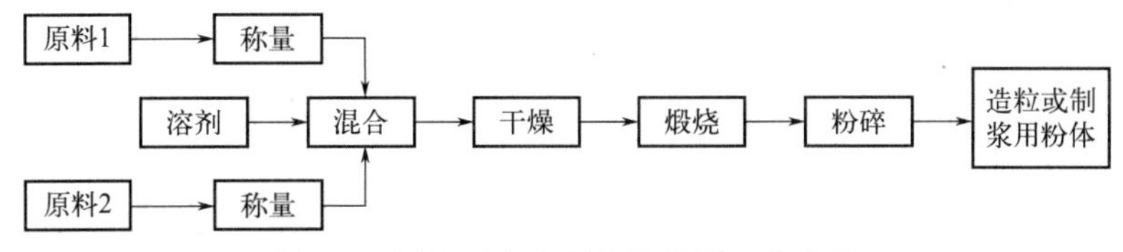

图 6-1 固相反应法制备粉体的工艺流程

液相法是以均相的溶液为出发点，通过各种途径使溶质与溶剂分离，溶质形成一定形状和大小的颗粒，得到所需粉末的前驱体，热解后得到粉体。常用的液相法有共沉淀法、水解法、喷雾法、水热法、蒸发溶剂热解法和溶胶-凝胶法。

气相法是直接利用气体或者通过各种手段将物质变成气体，使之在气体状态下发生物理变化或化学反应，最后在冷却过程中凝聚长大形成纳米微粒的方法。气相法又大致可分为蒸发法、化学气相反应法、化学气相凝聚法和溅射法。

6.1.2.2 坯料的成型和干燥

坯料的成型是陶瓷工艺中很重要的一个基本工序。原料经过成型变成有一定形状、尺寸、强度和密度的半成品。按照粉末原料再成型时的状态，可将成型工艺主要分为三类，即可塑成型法、注浆成型法和压制成型法。

（1）可塑成型法

可塑成型法是在陶瓷生料中加入水或塑化剂后，制成具有充分可塑性的泥料团，然后在外力作用下发生塑性变形而成坯体的方法。这种方法在传统陶瓷中应用最多。根据成型操作的不同，可塑成型法可用手工、半机械和机械压制成型。

（2）注浆成型法

注浆成型法是指在粉料中加入适量的水或塑化剂形成相对稳定的悬浮液（浆料），将浆料浇注到石膏模中，让石膏模吸去水分，达到成型的目的，常用于制造形状复杂、精度要求不高的日用陶瓷、建筑陶瓷和美术陶瓷等。注浆成型的主要工艺方法有空心注浆、实心注浆、压力注浆、离心注浆、真空注浆等。

（3）压制成型法

压制成型在粉料中加入少量水或塑化剂，然后在金属模具中用较高压力将粉料压制成密实而坚硬的坯体的方法。这种方法应用范围广，适用于形状简单、尺寸较小的制品，主要用于特种陶瓷和金属陶瓷的制备。

除上述几种方法外，陶瓷成型还有注射成型、爆炸成型、反应成型等方法。常见成型方法优缺点对比如表 6-1 所示。

表 6-1 各种成型方法优缺点比较

成型方法	优点	缺点
石膏模注浆成型	工艺简单；可成型形状复杂的工件和空心件	劳动强度大，生产周期长，不易自动化；生坯密度小，强度低，收缩变形大
挤压成型	可以连续化批量生产，生产效率高，易于自动化操作；适合生产管、棒、蜂窝状陶瓷，环境污染小	机嘴结构复杂，加工精度要求高；坯体易变形，烧成收缩大

续表

成型方法	优点	缺点
压模成型	工艺稳定，生产效率高，设备简单，粉尘污染小；能成型厚度很薄（$<1\mu m$）的膜片，厚度均匀	干燥收缩大，烧成收缩大
模压成型	工艺简单，可批量生产，周期短，功效高，易于自动化；适合压制高 0.3～5mm、直径5～50mm 简单形状制品	设备功率高，模具制作工艺要求高，磨具磨损大；坯体有明显的各向异性，不适用于形状复杂制品的成型
等静压成型	坯体密度大，烧成收缩小，制品密度大，不易变形；适于形状复杂、大件且细长的制品	设备投资高，湿法等静压不易自动化，生产效率不高

成型后的坯体通常强度不高，含有较高的水分，有时含有一定量的添加剂和溶剂。为了便于运输和后续加工，成型后的坯体必须进行干燥处理。根据获取热能形式的不同，干燥方法可分为热空气干燥、辐射干燥、微波干燥等。

干燥是借助热能使坯料中的水分汽化，并由干燥介质带走的过程。在陶瓷坯体中，颗粒与颗粒间形成空隙，这些空隙形成了毛细管状的支网，水分在毛管内可以移动。在干燥过程中，坯体与介质之间同时进行着能量交换与水分交换两个作用，坯体的水分蒸发并被介质带走，同时降低了坯体表面的水分含量，此时表面水分含量与内部水分含量形成了一定的湿度差，内部水分就会通过毛细管作用扩散到表面，直到坯体中所有机械结合水全部除去为止。在排除机械结合水的同时，坯体的体积发生收缩，并形成一定气孔。

干燥可以分为三个阶段。第一阶段为干燥的初始阶段，水分能不受阻碍地进入周围空气中，干燥速度保持恒定而与坯体的表面积成比例，大小则由当时空气中的湿度和温度决定。这一阶段只有水的蒸发，没有气孔形成，脱水时黏土颗粒互相接近，体积收缩急剧进行，水分排出量与泥料的体积收缩相当。第二阶段的干燥主要是排除颗粒间隙中的水分，干燥速度下降，坯体在继续收缩时已出现气孔，由于水分的输送主要通过毛细管进行，干燥时水分在坯体内蒸发，水蒸气要克服较大的扩散阻力才能进入周围空气中，实际生产中，干燥只进行到第二阶段即结束，此时坯体已具有一定的机械强度可以被运输及修坯和施釉等。第三阶段主要是排除毛细孔中残余的水分及坯体原料中的结合水，这需要采用较高的干燥温度，仅靠延长干燥时间是不够的。

6.1.2.3 烧结

坯体经过成形及干燥过程后，颗粒间只有很小的附着力，因而强度相当低，要使颗粒间相互结合以获得较高的强度，通常是使坯体经过一定的高温烧结。烧结是指多孔状陶瓷坯体在高温条件下通过一系列物理和化学变化过程，粉体颗粒表面积减小、孔隙率降低、力学性能提高的致密化过程。

烧结过程发生的主要变化是颗粒间接触界面扩大并逐渐形成晶界；气孔从连通逐渐变成孤立状态并缩小，最后大部分甚至全部从坯体中排出，使成形体的致密度和强度增加，成为具有一定性能和几何外形的整体。烧结过程可以用图 6-2 来说明。图中（a）表示烧结前成型体中颗粒的堆积情况，可以看出，颗粒有的彼此点接触，有的则互相分开，保留较多的空隙，颗粒间松散接触。（a）→（b）表明烧结过程中随着烧结温度的提高和时间的延长，开始产生颗粒间的键合和重排过程，颗粒因重排而相互靠拢，大孔隙逐渐消失，气孔的总体积逐渐减少，点接触转变为面接触，颗粒间开始形成颈部。（b）→（c）过程中颗粒间晶界面积增加，晶界向小晶粒方向移动并逐渐消失，晶粒逐渐长大。(c) → (d) 表明，随着传质的继续，颗粒粒界开始移动，粒子长大，气孔逐渐迁移到粒界上消失，颗粒之间互相堆积形成多晶聚合体，结果如图 (d) 所示。

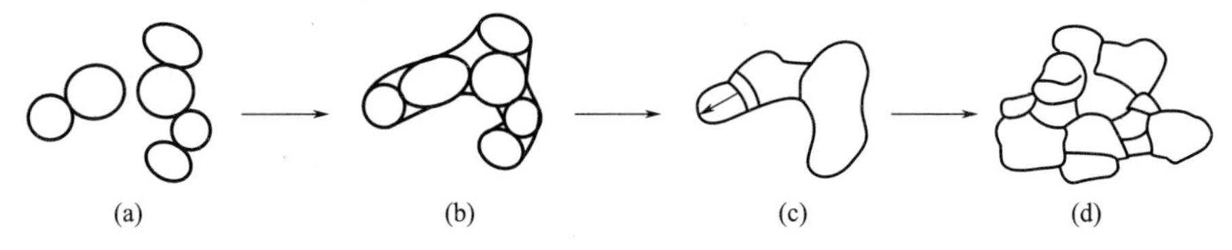

图 6-2 陶瓷烧结

烧结方法有很多，目前应用较多的主要有热压烧结、热等静压烧结、放电等离子体烧结、气氛烧结、反应烧结、微波烧结、爆炸烧结等方法，这些方法各有优缺点，下面就简要介绍较为常用的前三种方法。

(1) 热压烧结

热压烧结是在烧结过程中同时对坯料施加压力，加速致密化的过程，是成型和烧结同时完成的一种方法。热压烧结优点如下：首先，热压时粉料处于热塑性状态，形变阻力小，易于塑性流动和致密化，因此所需的成型压力仅为冷压法的 1/10；其次，由于同时加温加压，有助于粉末颗粒的接触、扩散、流动等传质过程，降低烧结温度和缩短烧结时间，因而抑制了晶粒的长大，容易得到细晶粒的组织；再次，热压法容易获得接近理论密度、气孔率接近于零的烧结体，容易实现晶体的取向效应，因而容易得到具有良好力学性能、电学性能的产品；最后热压烧结能生产形状较复杂、尺寸较精确的产品。热压法的缺点是过程及设备复杂，模具材料要求高，生产率低，生产成本高。热压技术已有 70 年历史，现在已广泛应用于陶瓷、粉末冶金和复合材料的生产。

(2) 热等静压烧结

热等静压工艺是将粉末压坯或装入包套的粉料装入高压容器中，使粉料经受高温和均衡压力的作用，被烧结成致密件。其基本原理是以密闭容器中的高压气体作为传压介质，使材料（粉料、坯体或烧结体）在加热过程中经受各向均衡的压力，借助高温和高压的共同作用促进材料的致密化。

热等静压有许多突出的优点：与传统的无压烧结或热压烧结工艺相比，陶瓷材料的致密化可以在较低的温度下完成，因此，能有效地抑制材料在高温下发生的不利反应或变化，例如晶粒异常长大和高温分解等；能够在减少甚至无烧结添加剂的条件下，制备出微观结构均匀且几乎不含气孔的致密陶瓷烧结体，显著地改善材料的各种性能；可以减少甚至消除烧结体中的剩余气孔，愈合表面裂纹，从而提高陶瓷材料的密度、强度；能够精确控制产品的尺寸与形状。热等静压烧结生产周期短、工序少、能耗低、材料损耗小，在特种陶瓷、硬质合金、难熔金属以及单相和复相纳米结构陶瓷方面得到了广泛应用。

(3) 放电等离子体烧结

放电等离子体烧结（spark plasma sintering，SPS）是近年来发展起来的一种新型材料制备工艺方法，又被称为脉冲电流烧结。利用气体电离形成的等离子体以及可控气氛对材料进行烧结，实现材料的超快速致密化。

SPS 的优点是烧结温度低、烧结时间短、烧结体密度高、晶粒细小且操作简单，可用于工业生产，能够实现快速、低温、高效烧结。SPS 的缺点是设备昂贵，温度可控性差。

6.1.3 陶瓷材料的组织与结构

陶瓷材料结构中主要含有离子键、共价键和既含离子键又含共价键的混合键。与价键相对应，以离子键结合的为离子晶体，以共价键结合的为共价晶体，因此陶瓷材料就包括了离子晶体、共价晶体、离子共价混合晶体和非晶体几种类型。陶瓷材料是一种多相的固体材料，其组织结构比金属材料的组织结构要复杂得多。陶瓷材料的典型组织由晶体相、玻璃相和气相组成，各组成相的结构、数量、大小、形状对陶瓷材料的性能有明显影响。

6.1.3.1 晶体相

晶体相是陶瓷材料的主要组成相，其结构、数量、形态和分布决定陶瓷的主要性能和应用。当陶瓷材料中有几种晶体相时，数量最多、作用最大的为主晶体相，其他次晶体相的影响也是不可忽视的。陶瓷中的晶体相主要有硅酸盐结构、氧化物结构和非氧化物结构等三种。

（1）硅酸盐结构

硅酸盐是普通陶瓷的主要原料，同时也是陶瓷组织中重要的晶体相，构成硅酸盐的基本单元是硅氧四面体［SiO_4］，如图 6-3 为其示意图，4 个氧原子构成四面体，硅原子位于四面体的间隙中。硅氧四面体只能通过共用顶角相互连接，连接方式不同，可以构成岛状、组群状、链状、层状和架状等硅酸盐结构，其结构如图 6-4 所示，并据此将硅酸盐进行分类，见表 6-2。

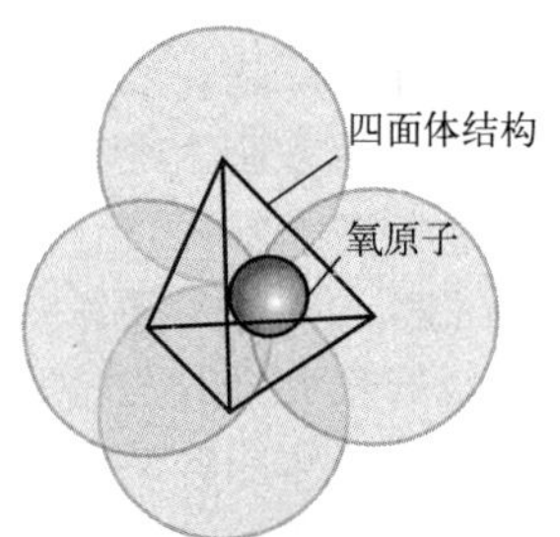

图 6-3 硅氧四面体结构

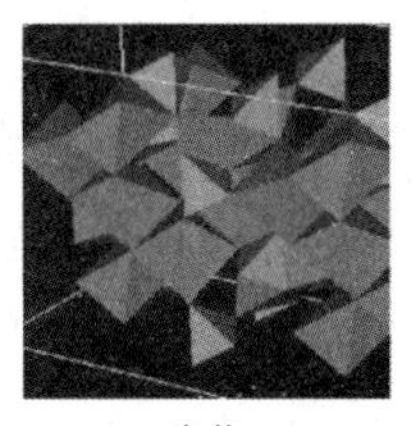

岛状

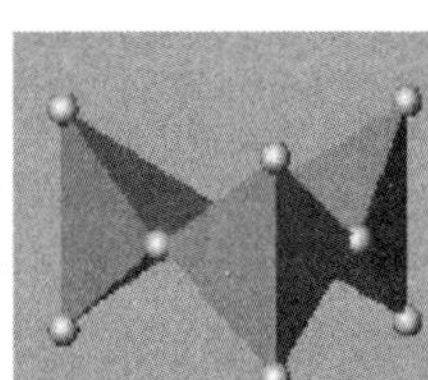

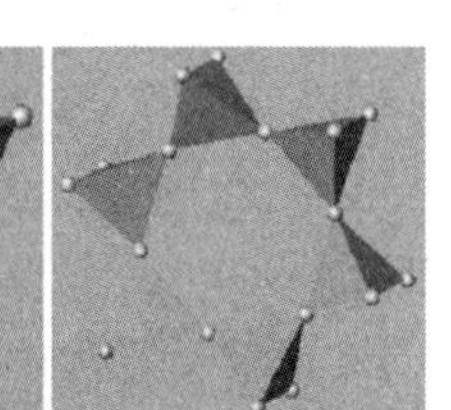

组群状（三节环、四节环、六节环）

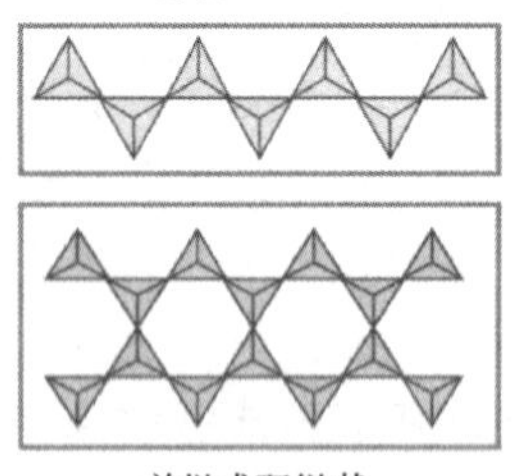

单链或双链状

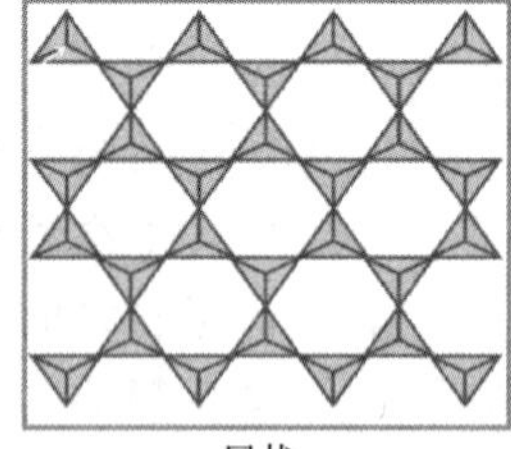

层状

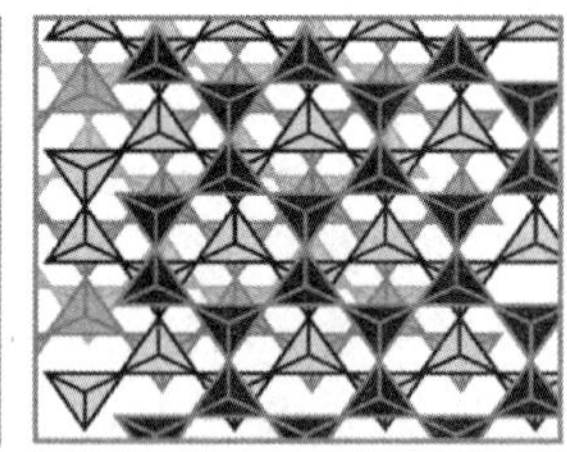

架状

图 6-4 硅酸盐结构

表 6-2 硅酸盐结构分类及举例

结构类型	$[SiO_4]^{4-}$ 共用 O^{2-} 数	形状	络阴离子	Si/O	实例
岛状	0	四面体	$[SiO_4]^{4-}$	1∶4	镁橄榄石 $Mg_2[SiO_4]$ 镁铝石榴石 $Al_2Mg_3[SiO_4]_3$

续表

结构类型	$[SiO_4]^{4-}$共用O^{2-}数	形状	络阴离子	Si/O	实例
组群状	1	双四面体	$[Si_2O_7]^{6-}$	2∶7	硅钙石 $Ca_3[Si_2O_7]$
	2	三节环	$[Si_3O_9]^{6-}$	1∶3	蓝锥矿 $BaTi[Si_3O_9]$
		四节环	$[Si_4O_{12}]^{8-}$	1∶3	斧石 $Ca_2Al_2(Fe,Mn)BO_3[Si_4O_{12}](OH)$
		六节环	$[Si_6O_{18}]^{12-}$	1∶3	绿宝石 $Be_3Al_2[Si_6O_{18}]$
链状	2	单链	$[Si_2O_6]^{4-}$	1∶3	透辉石 $CaMg[Si_2O_6]$
	2,3	双链	$[Si_4O_{11}]^{6-}$	4∶11	透闪石 $Ca_2Mg_5[Si_4O_{11}]_2(OH)_2$
层状	3	平面层	$[Si_4O_{10}]^{4-}$	4∶10	滑石 $Mg_3[Si_4O_{10}](OH)_2$
架状	4	骨架	$[SiO_2]^0$	1∶2	石英 SiO_2
			$[AlSi_3O_8]^{1-}$		钾长石 $K[AlSi_3O_8]$
			$[AlSiO_4]^{1-}$		方钠石 $Na[AlSiO_4]$ 4/3H_2O

（2）氧化物结构

氧化物结构是大多数陶瓷材料特别是特种陶瓷材料的主要组成和晶体相。它们主要由离子键结合，有时也有共价键。氧化物晶体相有 AO、AO_2、A_2O_3、ABO_3 和 AB_2O_4 等（A、B 表示阳离子）。氧化物结构的共同特点是氧离子（一般比阳离子大）进行紧密排列，金属阳离子位于一定的间隙之中，其中四面体和八面体间隙是最主要的间隙，依靠强大的离子键，形成非常稳定的离子晶体。

AO 类型的氧化物，例如 MgO 等，具有 NaCl 结构，如图 6-5（a）所示，金属离子和氧离子数量相等，氧离子作面心立方排列，金属离子填充在其所有八面体间隙之中，形成完整的立方晶格。AO_2 类型的氧化物有几种情况，例如典型萤石结构的氧化物 ThO_2 等，阳离子位于顶角和面心位置，呈面心立方排列，氧离子填充在四面体间隙中，如图 6-5（b）示。A_2O_3 类型的氧化物，如 Al_2O_3 等为典型刚玉结构，如图 6-5（c）所示，氧离子作近似紧密六方排列，其中 2/3 的八面体间隙为铝离子所填充。

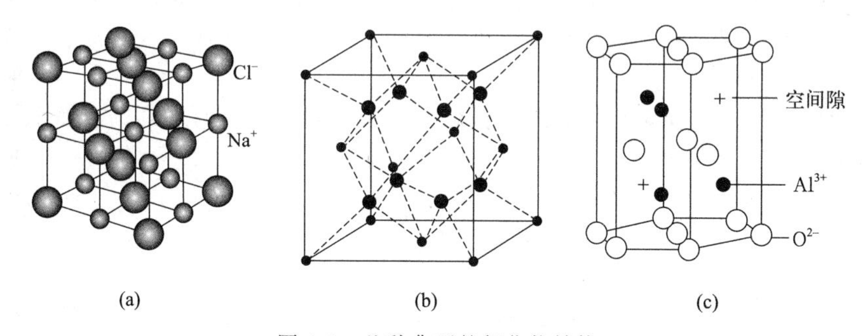

图 6-5　几种典型的氧化物结构

（a）NaCl 型结构；（b）萤石结构；（c）刚玉结构

（3）非氧化物结构

非氧化物是指不含氧的金属碳化物、氮化物、硼化物和硅化物，它们是特种陶瓷特别是金属陶瓷的主要组成和晶体相，主要由强大的共价键结合，但也有一定成分的金属键和离子键。

金属碳化物大多数是共价键和金属键之间的过渡键，以共价键为主。结构主要有两类。一类是间隙相，碳原子填入密排立方或六方金属晶格的八面体间隙之中，见图 6-6（a），如 TiC、ZrC、H_fC、VC、NbC 和 TaC 等。另一类是复杂碳化物，由碳原子或碳原子链与金属构成各种复杂的结构，如斜方结构的 Fe_3C、Mn_3C、Co_3C、Ni_3C 和 Cr_3C_2，立方结构的 $Cr_{23}C_6$、$Mn_{23}C_6$，六方结构的 WC、MoC 和 Cr_7C_3、Mn_7C_3 以及复杂结构的 Fe_3W_3C 等。

氮化物的结合键与碳化物相似，但金属性弱些，并且有一定程度的离子键。氮化硼（BN）具有六方晶格，如图 6-6（b）所示，与石墨的结构类似。氮化硅 Si_3N_4 和氮化铝 AlN 的结构都属于六方晶系。硼化物和硅化物的结构比较相近。硼原子间、硅原子间都是较强的共价键结合，能连接成链（形成无机大分子链）、网和骨架，构成独立的结构单元，而金属原子位于单元之间。典型的硼化物和硅化物的结构见图 6-6（c）和（d）。

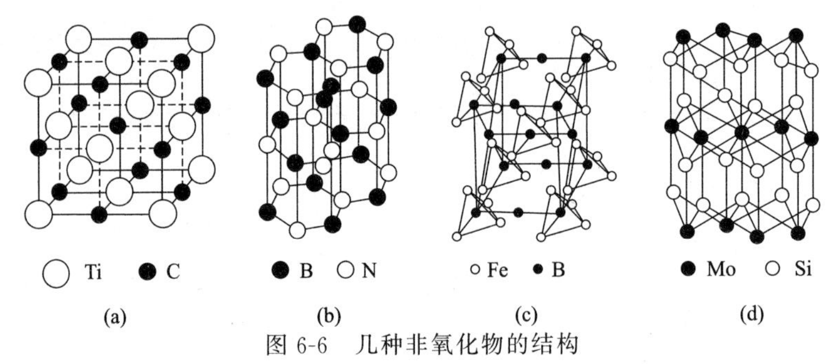

图 6-6 几种非氧化物的结构

（a）TiC 的结构；（b）六方 BN 的结构；（c）Fe_2B 的结构；（d）$MoSi_2$ 的结构

6.1.3.2 玻璃相

陶瓷坯体在烧成过程中，由于复杂的物理化学反应，产生不均匀（不平衡）酸性和碱性氧化物的熔融液相，这些液相的黏度较大，原子迁移困难，当冷却到熔点以下时原子不能排列成长程有序态，当继续冷却到玻璃化温度以下时，则凝固成非晶态，称之为玻璃态，在陶瓷中称为玻璃相。

玻璃相是陶瓷的重要组成相，它的主要作用是将晶体相粘连起来，填充晶体相之间空隙，提高材料的致密度；降低烧成温度，加快烧结过程；阻止晶体转变，抑制晶体长大；获得一定程度的玻璃特性，如透光性等。

玻璃相的熔点低，热稳定性差，在较低温度下即开始软化，对陶瓷的机械强度、介电性能、耐热耐火性等是不利的。因此，工业陶瓷必须控制玻璃相的含量，一般质量分数为 20%～40%。

6.1.3.3 气相

气相是陶瓷组织内部残留下来的孔洞，常以孤立状态分布在玻璃相中，或以细小气孔分布在晶界和晶内，是陶瓷生产工艺中不可避免地形成而保留下来的。除了多孔陶瓷以外，气孔的存在对陶瓷的性能都是不利的。气孔会造成应力集中，使陶瓷开裂，降低强度，增加脆性，介电损耗增大，电击穿强度下降，绝缘性降低，因此应控制工业陶瓷中气孔的数量、形状、大小和分布。一般来说，普通陶瓷的气孔率为 5%～10%，特种陶瓷在 5%以下，金属陶瓷则要求低于 0.5%。保温陶瓷和过滤多孔陶瓷等需增加气孔率，可高达 60%。

6.1.4 陶瓷材料的性能

6.1.4.1 陶瓷材料的力学性能

（1）弹性模量

弹性模量反映结合键的强度，陶瓷材料主要以离子键和共价键结合，所以具有很高的弹性模量，是各类材料中最高的（见表 6-3），比金属高若干倍，比高聚物高 2～4 个数量级。弹性模量对组织（包括晶粒大小和晶体形态等）不敏感，但受气孔率的影响很大，随着气孔率的增加，陶瓷的弹性模量急剧下降。温度升高弹性模量也会降低，特别是加热到 1/2 熔点以上的温度后，由于晶界产生滑移，弹性模量会急剧下降。

表 6-3 常见材料的弹性模量和硬度

材料	弹性模量/MPa	硬度 HV	材料	弹性模量/MPa	硬度 HV
橡胶	6.9	很低	钢	207000	300～800
塑料	1380	约 17	氧化铝	400000	约 1500
镁合金	41300	30～40	碳化钛	390000	约 3000
铝合金	72300	约 170	金刚石	1171000	6000～10000

（2）硬度

硬度和弹性模量一样，也决定于键的强度，所以陶瓷也是各类材料中硬度最高的，这是它的最大特点。例如，各种陶瓷的硬度多为 1000～5000HV，淬火钢仅为 500～800HV，高聚物最硬不超过 20HV（见表 6-3）。陶瓷材料的硬度随温度的升高而下降，但在高温下仍维持较高的数值。

（3）强度

陶瓷材料的理论强度很高，约为弹性模量的 1/10～1/5，但实际上一般只为 1/1000～1/100，甚至更低，表 6-4 中给出了一些典型数据。陶瓷材料的实际强度比理论值低得多，其主要原因如下：首先是陶瓷组织中存在晶界，晶界上存在空隙（如图 6-7 所示），晶界上原子间键被拉长，键强度被削弱。相同电荷离子的靠近产生斥力，可能造成裂缝。所以，消除晶界的不良作用，是提高陶瓷强度的基本途径；其次，陶瓷的实际强度受致密度、杂质和各种缺陷的影响也很大。例如热压氮化硅陶瓷，在致密度增大、气孔率近于零时，强度可接近理论值；再有陶瓷强度对应力状态特别敏感，同时强度具有统计性质，与受力的体积或表面有关，所以它的抗拉强度很低，抗弯强度较高，而抗压强度非常高（一般比抗拉强度高一个数量级）。

表 6-4 几种典型陶瓷的弹性模量和强度

材料	弹性模量/MPa	强度/MPa
滑石瓷	69×10^3	138
莫来石瓷	69×10^3	69
氧化硅玻璃	72.4×10^3	107

材料	弹性模量/MPa	强度/MPa
氧化铝瓷［α（Al_2O_3）：90%~95%］	365.5×10^3	345
烧结氧化铝（约5%气孔率）	365.5×10^3	207~345
烧结尖晶石（约5%气孔率）	237.9×10^3	90
烧结碳化钛（约5%气孔率）	310.3×10^3	1103
烧结硅化钼（约5%气孔率）	406.9×10^3	690
热压碳化硼（约5%气孔率）	289.7×10^3	345
热压氮化硼（约5%气孔率）	82.8×10^3	48~103

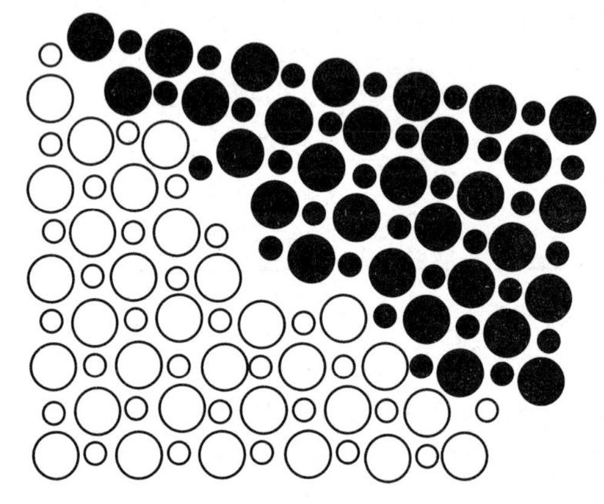

图 6-7　陶瓷晶界结构

（4）塑性

陶瓷在室温下几乎没有塑性，完全是脆性断裂。陶瓷晶体的滑移系很少，比金属少得多，位错运动所需要的切应力很大，接近于晶体的理论剪切强度。另外，共价键有明显的方向性和饱和性，而离子键的同号离子接近时斥力很大，所以主要由离子晶体和共价晶体构成的陶瓷材料的塑性极差，在受到外载荷作用时，不发生塑性变形而直接断裂。然而，在高温慢速加载的条件下，由于滑移系的增多，原子的扩散能促进位错的运动，以及晶界原子的迁移，特别是组织中存在玻璃相，陶瓷也能表现出一定的塑性。

（5）韧性

陶瓷材料是非常典型的脆性材料，受载时不发生塑性变形就在较低的应力下断裂，因此韧性极低，脆性极高。冲击韧度常在 $10kJ/m^2$ 以下，断裂韧性值也很低（见表 6-5），大多比金属低一个数量级以上。

表 6-5　几种典型陶瓷的断裂韧性

陶瓷	断裂韧性/$MPa\cdot m^{1/2}$	陶瓷	断裂韧性/$MPa\cdot m^{1/2}$
SiC	2.79	水泥	0.186
MgO	2.79	钠玻璃	0.62~0.78

陶瓷的脆性对表面状态特别敏感。陶瓷的表面和内部由于各种原因，如表面划伤、化学侵蚀、冷热胀缩不均等，很容易产生细微裂纹。受载时，裂纹尖端产生很高的应力集中，由于不能由塑性变形使高的应力松弛，所以裂纹很快扩展，表现出很高的脆性。

韧性低是陶瓷的最大缺点，是其作为结构材料的主要障碍。改善陶瓷韧性的方法主要有：预防在陶瓷中特别是表面上产生缺陷；在陶瓷表面形成压应力；消除陶瓷表面的微裂纹。

6.1.4.2 陶瓷的物理和化学性能

① 热膨胀性能　热膨胀是温度升高时物质原子振动振幅增加及原子间距增大所导致的体积增大现象。热膨胀系数的大小与原子间键强和晶体结构密切相关，一般原子间结合键强度高的材料热膨胀系数低；结构较紧密的材料热膨胀系数较大，所以陶瓷材料的热膨胀系数一般较小。

② 导热性　陶瓷材料的电子数量极少，其热传导主要依靠原子晶格的热振动，因此陶瓷材料的导热性比金属小。陶瓷材料的导热性受其组成和结构的影响较大，一般晶体结构越复杂的陶瓷，热导率越小。陶瓷中的气孔对传热不利，气孔越多，材料的热传导性越差。因此，陶瓷多为较好的绝热材料。

③ 热稳定性　热稳定性为陶瓷材料在不同温度范围波动时的寿命，指陶瓷材料承受温度的急剧变化而不被破坏的能力，一般用急冷到水中不破裂所能承受的最高温度来表达。热稳定性与材料的线膨胀系数和导热性有关，线膨胀系数大和导热性低的材料的热稳定性低。韧性低的材料的热稳定性也不高，所以陶瓷的热稳定性很低，比金属低得多，这是陶瓷的另一个主要缺点。

④ 化学稳定性　陶瓷材料的结构非常稳定，具有优良的抗化学腐蚀和抗电化学腐蚀的能力，对酸、碱、盐等腐蚀性很强的介质均有较强的抵抗能力，与许多金属的熔体也不发生作用。

⑤ 导电性　陶瓷的导电性变化范围很广。由于缺乏电子导电机制，大多数陶瓷是良好的绝缘体，不少陶瓷既是离子导体，又有一定的电子导电性。许多氧化物，例如 ZnO、NiO、Fe_3O_4 等实际上是重要的半导体材料。陶瓷材料的介电性能好，介电损耗很小，可用于制作高频、高温下工作的器件。

6.2 普通陶瓷

普通陶瓷也叫传统陶瓷，其主要原料由黏土、长石、石英组成。这类陶瓷质地坚硬、不氧化、耐腐蚀、不导电、成本低。通过改变组成配比，控制骨料、基体和助熔剂以及颗粒细度和坯体致密度，可以获得不同特性的普通陶瓷。例如，长石含量高时，熔化温度低而使陶瓷致密，表现在性能上即是抗电强度（绝缘耐压）高、耐热性能及力学性能差；黏土或石英含量高时，烧结温度高而使得陶瓷的抗电强度低，但有较高的耐热性和力学性能。普通陶瓷通常分为日用陶瓷和工业陶瓷两大类。

6.2.1 普通日用陶瓷

日用陶瓷主要为瓷器，一般要求具有良好的白度、光泽度、热稳定性和机械强度。日用陶瓷主要有长石质瓷、绢云母质瓷、骨灰质瓷和滑石质瓷等四种类型，主要用作日用器皿和瓷器。长石质瓷是目前国内外普遍使用的日用瓷，也用作一般制品；绢云母质瓷是我国的传统日用瓷；骨灰质瓷是较少用的高级日用瓷；日用滑石质瓷是近年来我国开发的一类新型日用瓷。四种类型陶瓷的配料、性能特点及应用列于表6-6。

表6-6 各种日用陶瓷的配料、性能特点及应用

日用陶瓷类型	原料配比/%	烧结温度/℃	性能特点	主要应用
长石质瓷	长石 20～30 石英 25～35 黏土 40～50	1250～1350	瓷质洁白，半透明，不透气，吸水率低，坚硬，强度高，化学稳定好	餐具、茶具、陈设陶瓷器、装饰美术瓷器和一般工业制品
绢云母质瓷	绢云母 30～50 高岭土 30～50 石英 15～25 其他矿物 5～10	1250～1450	同长石质瓷，但透明度、外观色调较好	餐具、茶具、工艺美术品
骨灰质瓷	骨灰 20～60 长石 8～22 高岭土 25～45 石英 9～20	1220～1250	白度高，透明度好，瓷质软，光泽柔和，但较脆，热稳定性差	高级餐具、茶具、高级工艺美术瓷器
日用滑石质瓷	滑石～73 长石～12 高岭土～11 黏土～4	1300～1400	良好的透明度、热稳定性，较高的强度和良好的电性能	高级日用器皿、一般电工陶瓷

6.2.2 普通工业陶瓷

普通工业陶瓷主要为炻器和精陶，其中炻器是陶器和瓷器之间的一种陶瓷。普通工业陶瓷按用途可分为建筑卫生瓷、电工陶瓷和化工陶瓷等。建筑卫生瓷通常尺寸较大，要求强度和热稳定性好，常用于铺设地面、砌筑和装饰墙壁、铺设输水管道以及制作卫生间的各种装置、器具等。电工陶瓷要求机械强度高，介电性能和热稳定性好，主要用于制作隔电、机械支撑以及连接用的绝缘材料。化工陶瓷主要要求耐各种化学介质侵蚀的能力强，常用作化学、化工、制药、食品等工业和实验室的实验器皿、耐蚀容器、管道、设备等。表6-7列出了几种普通工业陶瓷的基本性能。

表6-7 普通工业陶瓷的基本性能

陶瓷种类	日用陶瓷	建筑陶瓷	高压陶瓷	耐酸陶瓷
密度/(g/cm^3)	2.3～2.5	～2.2	2.3～2.4	2.2～2.3
气孔率/%	—	～5	—	<6
吸水率/%	—	3～7	—	<3
抗拉强度/MPa	—	10.8～51.9	23～35	8～12
抗压强度/MPa	—	568.4～803.6	—	80～120
抗弯强度/MPa	40～65	40～96	70～80	40～60
冲击韧度/(kJ/m^2)	1.8～2.1	—	1.8～2.2	1～1.5
线膨胀系数/(10^{-6}/℃)	2.5～4.5	—	—	4.5～6.0

续表

陶瓷种类	日用陶瓷	建筑陶瓷	高压陶瓷	耐酸陶瓷
导热系数/[W/(m·K)]	—	～1.5	—	0.92～1.04
介电常数	—	—	6～7	—
损耗角正切	—	—	0.02～0.04	—
体积电阻率/Ω·m	—	—	$\geqslant 10^{11}$	—
莫氏硬度	7	7	—	7
热稳定性/℃	220	250	150～200	(2)①

① 试样加热到220℃在20℃水中急冷不开裂的次数为2。

6.3 特种陶瓷

特种陶瓷是采用高度精选且具有特定化学组成的原料，按照便于进行结构设计和控制的工艺进行制备、加工，得到具有优异性能的陶瓷，也称为先进陶瓷或新型陶瓷。特种陶瓷与普通陶瓷主要区别如下：

① 在原料上突破了普通陶瓷以天然矿物为主要原料的界限，特种陶瓷一般以人工精制化工原料和合成原料为主要原料，如氧化物、氮化物、硅化物、硼化物、碳化物等。

② 普通陶瓷受不同产地的原料影响，即使同一类陶瓷，在成分和质地、微观结构上也有一定的差异。特种陶瓷成分由人工配比，多是用人工制造的纯化合物，其性质的优劣与产地无关。

③ 在制备工艺上，突破了普通陶瓷的生产工艺方法，而广泛采用超微细粉制备、真空烧结、等静压成型、热压烧结等现代化工艺手段。

④ 在性能上，特种陶瓷具有超越普通陶瓷的特殊性质和功能，例如高强度、高硬度、耐腐蚀或者在磁、电、光、声、生物等方面有特殊功能，从而使其在机械、电子、宇航、医学工程等方面尤其是高、精、尖领域得到了广泛应用。特种陶瓷可分为结构陶瓷和功能陶瓷两大类，其品种很多，下面介绍一些常见的特种陶瓷。

6.3.1 氧化物陶瓷

氧化物陶瓷是研究较早、较成熟，应用较广泛的结构陶瓷，可用一种元素的氧化物（如Al_2O_3、MgO等）为原料，也可能它们的晶格中除氧离子外还含几种元素的阳离子（如$BaTiO_3$、$ZnFe_2O_4$等），其原子结合以离子键为主，共价键为辅。常用的氧化物陶瓷包括Al_2O_3、ZrO_2、MgO、BeO等，它们的熔点大多在2000℃以上，在高温下具有优异的力学性能、化学稳定性、抗氧化性和电绝缘性等。氧化物陶瓷通常是将合成的原料粉末通过烧结而制成，各种陶瓷成型方法原则上都可用来成型氧化物陶瓷。

6.3.1.1 氧化铝陶瓷

氧化铝陶瓷是用途最广泛的氧化物陶瓷材料之一，一般指Al_2O_3含量大于75%、以α-Al_2O_3晶体为主晶相的陶瓷。α-Al_2O_3的结构是三方晶系，是自然界中唯一稳定存在的晶型，O排成密排六方结构，Al^{3+}占据间隙位置。由于化合价的原因，只能由两个Al^{3+}对三

个 O^{2-}，因而有 2/3 的间隙被占据。在自然界中存在含少量 Cr、Fe 和 Ti 的氧化铝。含 Cr 的氧化铝呈红色（红宝石），含 Fe、Ti 的氧化铝呈蓝色（蓝宝石）。实际生产中，氧化铝陶瓷按 Al_2O_3 含量可分为 75、95 和 99 等几种瓷。

氧化铝的熔点高达 2050℃，而且抗氧化性好，所以广泛用作耐火材料。较高纯度的 Al_2O_3 粉末压制成形、高温烧结后可得到刚玉耐火砖、高压器皿、坩埚、电炉炉管、热电套管［见图 6-8（a）］等。

氧化铝陶瓷的强度高于普通陶瓷 2～3 倍，硬度很高，耐磨性很好，有较高的抗蠕变性能和耐高温性能，可在 1600℃高温下长期工作，但其韧性低、脆性大、抗热振性差，不能承受环境温度的突然变化，广泛地用于制备刀具［见图 6-8（b）］、模轮、球阀和各种耐磨件。

氧化铝陶瓷具有很高的电阻率、良好的绝缘性能和低的热导率，在高频下的电绝缘性能尤为突出，是很好的电绝缘材料和绝热材料，可用作绝缘瓷、集成电路基片、内燃机火花塞等。

氧化铝陶瓷具有特殊的光学特性，对红外线、可见光透明。透明氧化铝陶瓷中 Al_2O_3 的纯度在 99.5%以上，为了更好地排除气孔，提高透明度，可在真空下烧结。透明氧化铝陶瓷可用作高压钠灯灯管［见图 6-8（c）］、红外观测窗等。

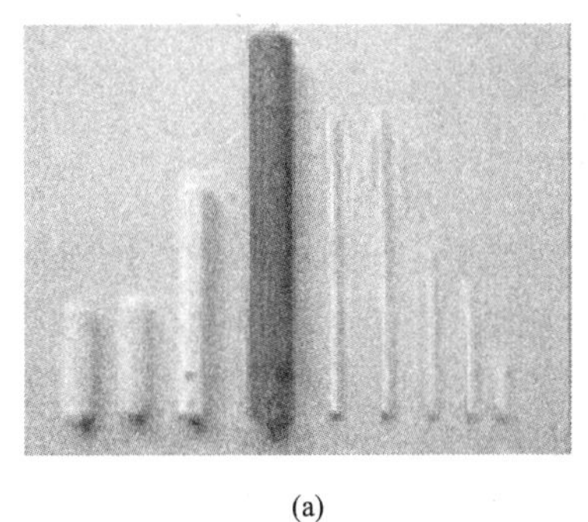
(a)

(b)

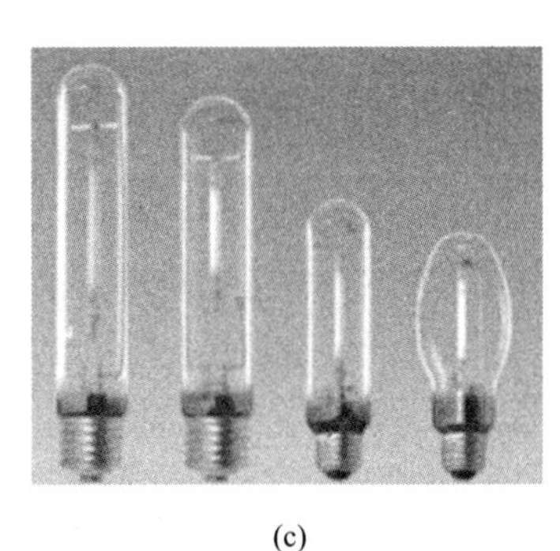
(c)

图 6-8 氧化铝陶瓷

（a）热电偶套管；（b）刀具；（c）高压钠灯灯管

6.3.1.2 氧化锆陶瓷

ZrO_2 有 3 种晶体结构，即立方相（c 相）、四方相（t 相）和单斜相（m 相），其中四方相向单斜相的转变属马氏体转变（1150℃）且是可逆的，伴有 7%的体积变化，导致陶瓷在烧结时容易开裂，因此，为避免 ZrO_2 在这个温度区的破坏性晶型转换发生，常需进行晶型的稳定化处理，即通过添加一些起稳定作用的物质，形成置换型固溶体，此固溶体以亚稳态保持到室温。例如常温下在单斜相的纯态 ZrO_2 中掺入一定量的 CaO、MgO 可生成部分稳定的 t-ZrO_2，若掺入一定量 Y_2O_3，则可得到完全稳定的 c-ZrO_2。

ZrO_2 陶瓷具有硬度高、强度高、韧性好、耐腐蚀等特性，利用其高硬度可以制作冷成型工具、整形模、切削工具、耐磨材料等。

ZrO_2 陶瓷的熔点在 2700℃以上，能耐 2300℃的高温，其推荐使用温度为 2000～2200℃。它能抗熔融金属的侵蚀，多用作铂、锗等金属的冶炼坩埚和 1800℃以上的发热体及炉子、反应堆绝热材料等。

特别指出，ZrO_2 陶瓷韧性是所用陶瓷中最高的，用作添加剂可大大提高陶瓷材料的强度和韧性。ZrO_2 陶瓷增韧机制有应力诱发相变增韧、相变诱发微裂纹增韧、表面强化增韧等几种。应力诱发相变增韧是指在应力作用下，亚稳态的 t-ZrO_2 可诱发相变转化为 m-ZrO_2，如图 6-9 所示。t-ZrO_2 弥散在其他陶瓷体中，由于两者膨胀系数不同，成形后的 t-ZrO_2 颗粒周围有不同的受力状况，当材料受到外应力时，基体对 t-ZrO_2 晶粒的压抑作用得到松弛，此时颗粒发生晶型转变：t-ZrO_2→m-ZrO_2，相变过程伴随约 5%的体积膨胀和 1%～7%的剪切应变，同时对基体产生一个压应变，阻碍裂纹扩展，使得主裂纹扩展需要更大的能量，即在裂纹尖端应力场作用下，t-ZrO_2 颗粒发生马氏体相变过程中，能吸收能量，进而提高断裂能，最终提高材料的断裂韧性。t-ZrO_2 在不同陶瓷中，室温下能保持 t-ZrO_2 的临界尺寸是不同的，当大于临界尺寸时，t-ZrO_2 不能在室温下保存变为 m-ZrO_2，并在其周围的陶瓷结构中形成微裂纹，在外力加载时这种均匀分布的微裂纹可缓和主微裂纹尖端的应力集中或通过裂纹分支来吸收能量，从而提高断裂能，达到增韧效果。表面 t-ZrO_2 陶瓷颗粒受到的约束较少，颗粒容易从 t-ZrO_2 转变为 m-ZrO_2，但是在基体内部的 t-ZrO_2 受到不同方向的压力作用仍然能保持亚稳定状态，造成材料表面的 m-ZrO_2 比材料基体内部的 m-ZrO_2 多，而相变产生的体积效应在材料表面积累形成残余压应力，可以抵消外加的部分拉应力，从而起到表面强化增韧。

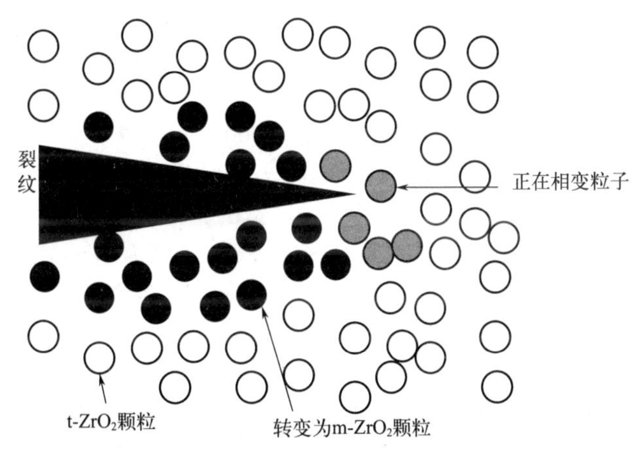

图 6-9 应力诱发相变增韧机理

各种氧化锆增韧陶瓷在工程结构陶瓷的研究和应用中不断取得突破。氧化锆增韧氧化铝陶瓷材料的强度达 1200MPa，断裂韧性为 $15.0MN \cdot m^{-3/2}$，分别比原氧化铝提高了 3 倍和近 3 倍。氧化锆增韧陶瓷可替代金属制造模具、拉丝模、泵叶轮等，还可制造汽车零件如凸轮、推杆、连杆等。

6.3.1.3 氧化铍陶瓷

氧化铍陶瓷是以氧化铍为主要成分的陶瓷。BeO 晶体属六方晶系，熔点为 2530～2570℃，可在 1800℃真空、2000℃惰性气氛、1800℃氧化气氛下长期使用，它是一种具有独特的热、电和机械性能的材料。高纯度氧化铍陶瓷非常安全，但是 BeO 粉末有剧毒性，制造时需要良好的防护措施。

氧化铍陶瓷最突出的性能是其导热系数大，与金属铝相近，是氧化铝陶瓷的 6～10 倍，氧化铍陶瓷的热膨胀系数不是很大，故抗热震性极好。BeO 陶瓷可用于大规模集成电路基板、晶体管散热壳、散热器件等。BeO 陶瓷的导热性能好且易于小型化，在激光领域的应用前景广阔，如 BeO 激光器比石英激光器的效率高，输出功率大。

BeO 陶瓷的导电率很低，具有低介电常数和低介电损耗，特别是高温下亦如此，使其在电子技术领域得到广泛应用。BeO 陶瓷目前已用于高性能、高功率微波封装件、高频电子晶体管封装、高电路密度的多片组件。采用 BeO 陶瓷可以将系统中产生的热量及时散去，保证系统的稳定性及可靠性。

BeO 在室温时的抗压强度虽比较低，不到 Al_2O_3 的四分之一，但它随温度上升发生的变化却较小，到 1600℃时可达到与 Al_2O_3 相等的抗压强度。

BeO 陶瓷的熔融温度高，化学性质稳定，高温下抵抗各种性质熔渣的腐蚀能力很强，BeO 陶瓷坩埚可用于熔融稀有金属和贵金属，特别是用在要求高纯金属或合金的场合下，BeO 陶瓷可用来熔融铀和钚。此外，这些坩埚还成功地被用来制造银、金和铂的标准样品。BeO 对于电磁辐射的高度“透明”性允许采用感应加热的方式来熔炼其中的金属样品。

BeO 陶瓷核性能良好，消散高能辐射的能力强，热中子阻尼系数大，具有较大的中子散射截面，对中子减速能力强，对 X 射线则有很高的穿透力，经常用作核反应堆中的中子减速剂、反射器和防辐射材料。BeO 陶瓷核辐照稳定性好，高温下强度好，热传导率高，适用于用作反应堆中的反射体、减速剂（慢化剂）和弥散相燃烧集体。BeO 可做核反应堆中的控制棒，它与 U_2O 陶瓷可以联合使用成为核燃料。

6.3.1.4 氧化镁陶瓷

氧化镁陶瓷是以 MgO 为主要成分的陶瓷，主晶相 MgO，属立方晶系的氯化钠结构。MgO 的熔点 2800℃，耐高温，但 MgO 在高于 2300℃易挥发，因此，MgO 制品限制在 2200℃以下使用。MgO 陶瓷的导热率略大于 Al_2O_3，但热膨胀系数特别大，而抗折强度又比较小，所以抗热震性能不是很好，它在机械强度上的特点是在高温下抗压强度较高，能经受住较大载荷。由于 MgO 属于碱性氧化物，故可抵抗熔融碱与碱性熔渣的侵蚀，适合做 Ag、Au 等贵金属熔炼的容器，也可作为碱性耐火材料制作窑炉的内衬材料等。MgO 在室温或高温下均易受酸性物质的侵蚀，仅对 HF 略能抵抗，这是因为其表面与 HF 作用生成一层稳定的 MgF_2 之后，可起保护作用。MgO 陶瓷高温下的比体积电阻高，介电损耗低，可使用在电子工业中。

6.3.2 氮化物陶瓷

典型的氮化物陶瓷材料有氮化硅、氮化硼、氮化钛、氮化铝和塞隆陶瓷等。氮化物陶瓷的特点是有很高的熔点和非常高的硬度，和氧化物陶瓷相比，抗氧化能力差。

6.3.2.1 氮化硅陶瓷

氮化硅陶瓷是以 Si_3N_4 为主要成分的陶瓷，氮化硅是键能高而稳定的共价键晶体，在自然界中并不存在，需要人工方法进行合成。氮化硅有 α-Si_3N_4 及 β-Si_3N_4 两种晶型，都属于六方晶系晶体，α-Si_3N_4 是低温型、针状结晶体，β-Si_3N_4 是高温型、颗粒状结晶体。按照制备工艺的不同，分为热压烧结氮化硅陶瓷和反应烧结氮化硅陶瓷两种。热压烧结制成的氮化硅陶瓷组织致密，气孔率接近于零，强度高；反应烧结制成的氮化硅陶瓷有 20%～30% 的气孔率，强度低。

氮化硅陶瓷的特点是硬度高而摩擦因数低，且有自润滑作用，可以在没有润滑剂的条件下使用，是优良的耐磨减摩材料；氮化硅的耐热温度比氧化铝低，而抗氧化温度高于碳化物和硼化物；在 1200℃以下时具有较高的力学性能和化学稳定性，并且热膨胀系数小、抗热冲击，所以可作优良的高温结构材料。另外，氮化硅陶瓷能耐各种无机酸（氢氟酸除外）和碱溶液侵蚀，是优良的耐腐蚀材料。热压烧结法制得氮化硅陶瓷，主要用于制造高温轴承、转子叶片、静叶片以及加工难切削材料的刀具等（见图 6-10）；反应烧结法得到氮化硅陶瓷主要用于制造耐磨、耐蚀、耐高温、绝缘、形状复杂及尺寸精度高的制品，如石油化工的密封环、高温轴承、热电偶套管、耐蚀水泵密封环和阀门等。

图 6-10　氮化硅陶瓷刀具和高温轴承

6.3.2.2　氮化硼陶瓷

氮化硼陶瓷的主要晶相是 BN。BN 主要有两种晶型，即六方 BN 和立方 BN，在高温高压下六方 BN 可转变为立方 BN。

六方 BN 的结构与性能与石墨类似，具有六方层状结构，颜色为白色，又称之为白石墨。它的硬度较低，可与石墨一样进行各种切削加工，并具有自润滑性。六方 BN 具有优良的电绝缘性和介电性能，在 2000℃仍是绝缘体，是理想的高温绝缘材料。六方 BN 导热性好，其热导率与不锈钢相当，是良好的散热材料，且热膨胀系数小，比金属和其他陶瓷低得多，故其抗热振性和热稳定性很好。六方 BN 具有极好的化学稳定性，高温下耐腐蚀，能抵抗 Fe、Al、Ni 等熔融金属的浸蚀。六方 BN 陶瓷可用于制作熔炼半导体的坩埚、冶金用的高温容器、半导体散热绝缘零件、高温绝缘材料、高温轴承、热电偶套、玻璃成型模具等。

立方 BN 的结构与性能与金刚石类似，其硬度仅次于金刚石，热稳定性高于金刚石，在高温下仍能保持足够高的力学性能和硬度，具有很好的红硬性。立方 BN 具有高的抗氧化能力，在 1925℃以下不会氧化，化学稳定性好，与金刚石相比尤其好，在高达 1100～1300℃的温度下也不与铁族元素起化学反应，因此特别适合于加工黑色金属材料，可用作金刚石的代用品，用于耐磨切削刀具、高温模具和磨料等。

6.3.3　碳化物陶瓷

碳化物陶瓷包括碳化硅、碳化硼、碳化钼、碳化铌、碳化钛、碳化钨、碳化钒等。该类陶瓷的突出特点是具有很高的熔点、硬度（近于金刚石）和耐磨性（特别是在侵蚀性介质中），但其缺点是耐高温氧化能力差（约 900～1000℃），脆性极大。

碳化硅陶瓷是最重要的非氧化物特种陶瓷。SiC 在地球上几乎不存在，仅在陨石中有所发现，因此，工业上应用的 SiC 粉末都为人工合成，通常大量生产 SiC 的工业方法是通过碳还原硅的氧化物而得到，也可用硅和碳直接在高温下反应合成 SiC。

SiC 为强共价键化合物，分子间质点吸引力很强，SiC 单位晶胞是由相同的［SiC_4］四面体构成，Si 原子处于 C 原子构成的四面体中心，Si 的配位数为 4。常见的晶型有 α-SiC 和 β-SiC，α-SiC 是高温稳定的六方晶系晶体，β-SiC 则是低温稳定的立方晶系晶体。β-SiC 在

2100℃时可以转化为 α-SiC，这种转化是不可逆的。

碳化硅陶瓷具有优良的力学性能、优良的抗氧化性、高的耐磨性以及低的摩擦系数等。碳化硅的最大特点是高温强度高，普通陶瓷材料在 1200～1400℃时强度将显著降低，而碳化硅在 1400℃时抗弯强度仍保持在 500～600MPa 的较高水平，因此其工作温度可达 1600～1700℃。碳化硅陶瓷的热传导能力较强，在陶瓷中仅次于氧化铍陶瓷，抗热震性能好。此外，碳化硅陶瓷的耐酸腐蚀性很好，还耐放射性元素的放射。

碳化硅陶瓷已经广泛应用于高温轴承、防弹板、火箭尾喷管的喷嘴、高温耐蚀部件以及高温和高频范围的电子设备零部件等领域。除用作磨料外，碳化硅陶瓷还用作高温耐火材料、窑具、电热元件、电动机及汽轮机的制造等。

碳化硅陶瓷在核工程领域中应用非常广泛，例如，作为包覆燃料颗粒的包覆层，核燃料元件的包壳材料是反应堆安全的重要屏障。随着核动力反应堆向高燃耗、长燃料循环寿命、高安全性趋势的发展，传统 Zr 合金包壳材料因其铀燃耗极限、高温腐蚀、氢脆、蠕变、辐照生长、芯/壳反应等缺陷，已不能满足未来第四代核能系统燃料元件对包壳材料的苛刻要求，碳化硅陶瓷具有更小的中子吸收截面、低衰变热、高熔点及优异的辐照尺寸稳定性等优点，以碳化硅为基体的陶瓷基复合材料成为新一代包壳材料研究的热点。

6.4 功能陶瓷

功能陶瓷是指具有电、光、磁以及部分化学功能的多晶无机固体材料，其功能的实现主要来自于它所具有的特定的电绝缘性、半导体性、导电性、压电性、铁电性、磁性、生物适应性等。功能陶瓷在特种陶瓷中占有重要地位，是现代信息、自动化等工业的基础材料。

6.4.1 压电陶瓷

压电陶瓷是指具有压电效应的陶瓷。压电陶瓷作为重要的功能材料在电子材料领域占据相当大的比例。

6.4.1.1 压电效应

在给无对称中心的晶体施加一应力时，晶体发生与应力成比例的极化，导致晶体两端表面出现符号相反的电荷；反之，当对这类晶体施加一电场时，晶体将产生与电场强度成比例的应变，这两种效应都称为压电效应。前者称为正压电效应，后者称为逆压电效应。

压电效应与晶体的对称性有关，其本质是对晶体施加应力时，改变了晶体的电极化，这种电极化只能在不具有对称中心的晶体内才有可能发生。具有对称中心的晶体不具有压电效应，因为这类晶体受到应力作用后，内部发生均匀变形，仍然保持质点间的对称排列规律，并无不对称的相对位移，因而正、负电荷中心重合，不产生极化，没有压电效应。如果晶体不具有对称中心，质点排列并不对称，在应力的作用下，它们就受到不对称的内应力，产生不对称的相对位移，结果形成新的电矩，呈现出压电效应。在 32 种点群的晶体中，仅有 20 种非中心对称的点群才具有压电效应。

6.4.1.2 压电陶瓷材料体系

常用的压电陶瓷有钛酸钡系、锆钛酸铅二元系及在二元系中添加第三种 ABO_3（A 表示二价金属离子，B 表示四价金属离子或几种离子总和为正四价）型化合物组成的三元系。如果在三元系统上再加入第四种或更多的化合物，可组成四元系或多元系压电陶瓷。

钛酸钡系压电陶瓷的压电效应较强，机电耦合系数大，在技术上有使用价值，但其有频率温度稳定性欠佳等缺陷，在一些应用领域还不能满足要求。在此基础上研究了置换 $BaTiO_3$ 所获得的 $PbTiO_3$、$PbZrO_3$ 或同 $BaTiO_3$ 有类似结构的 ABO_3 型铁电体，如 $NaNbO_3$、$NaTaO_3$、$KNbO_3$ 等。

在发展上述新型压电陶瓷的同时，进行了这些化合物相互间的固溶体陶瓷的研究，锆钛酸铅（PZT）二元系固溶体压电陶瓷是利用相界特征的压电材料，具有良好的压电性能，其机电耦合系数近 $BaTiO_3$ 的一倍。PZT 以其强又稳定的压电性能得到了广泛的应用，该种材料的出现使得压电器件从传统的换能器及滤波器扩展到引燃引爆装置、电压变压器及压电发电装置等。该系统通过加入少量物质或稍微变更组分能大大地改变机电耦合系数、介电常数和机械品质因素等特性，得到不同使用要求的许多材料。

三元系压电陶瓷的相界由点变线，易实现性能的优化。与 PZT 陶瓷相比，三元系压电陶瓷具有工艺性好、压电性能优异等特点。在工艺性方面，由于多种氧化物的出现，使最低共熔点降低，因而可使陶瓷的烧结温度降低，烧结过中 Pb 挥发减少，容易获得气孔率低、均匀致密的陶瓷。由于第三组元的加入，其性能可在更大的范围内加以调整，加之通过同价元素取代和添加杂质等方法改进，能得到比 PZT 性能更为优异的压电陶瓷材料体系。常见的三元系压电陶瓷材料有铌镁锆钛酸铅系、铌锌锆钛酸铅系、碲锰锆钛酸铅系、锑锰锆钛酸铅系等，四元系的研究工作也在不断深入，会有更为优良的压电陶瓷材料出现。

6.4.1.3 压电陶瓷的工程应用

压电陶瓷材料的发展深刻地改变了包括传感器技术、超声技术、表面波通信技术等一系列工业技术。

水声换能器是压电陶瓷在水声技术中的典型应用。水声换能器是用于水下通信和探测的换能器装置，是发射和接收超声波的声学器件，是各类舰船必不可少的重要传感器。水声换能器的研究始于第一次世界大战中，法国的郎之万利用石英晶体的逆压电效应向水中发射声波，通过正压电效应接收从水中返回的声波，根据脉冲声波的往复时间，进行一些水中测量。目前，压电式换能器是水声技术领域应用最广泛的一类换能器。压电陶瓷水声换能器的主要优点是：

① 不需要直流偏压和线圈，振动系统简单；

② 压电陶瓷换能器的尺寸小，且特性优异；

③ 压电陶瓷换能器可根据需要，制成任意的形状。

压电陶瓷在超声技术中的应用，例如超声清洗，超声乳化、分散；压电陶瓷能够产生高电压放电，可以用于高电压发生装置的压电点火器、引燃引爆、压电变压器等；压电陶瓷可以用于声学传感器和扬声器，如电声设备中的麦克风、扬声器、压电耳机；压电陶瓷可以将压力转变成电信号，用于传感器技术中，例如压电地震仪、压电驱动器，超声马达等。

6.4.2 超导陶瓷

超导陶瓷是指具有超导特性的陶瓷材料，与其他超导体的性质一样，超导陶瓷在完全导电性下电阻为零，处于外界磁场中完全抗磁。超导电现象是指电阻突然消失的现象，把具有超导电性质的物质叫做超导体，把电阻发生突然消失的温度叫作超导临界温度，通常用 T_c 表示。

氧化物高温超导陶瓷是以铜氧化物为组分的具有钙钛矿层状结构的复杂物质，在正常态时它们都是不良导体。同低温超导体相比，高温超导材料具有明显的各向异性，在垂直和平行于铜氧结构层方向上的物理性质差别很大。高温超导体属于第二类超导体，且具有比低温超导体更高的临界磁场和临界电流，因此是更接近于实用的超导材料。特别是在低温下的性能比传统超导体高得多。表6-8列出了目前高温超导陶瓷的几个主要体系。

表6-8 目前高温超导陶瓷的几个主要体系

材料体系	T_c/K
$La_{2-x}M_xCuO_{4-y}$（M=Ba，Sr，Ca；x=0.15；y 值很小）	38
$Nd_{2-x}Ce_xCuO_{4-y}$	30
$Ba_{1-x}K_xBiO_3$	30
$Pb_2Sr_2Y_{1-x}Ca_xCu_3O_8$	70
$RBa_2Cu_{2+m}O_{6+m}$（R：Y，La，Nd，Sm，Eu，Ho，Er，Tm，Lu） m=1（123） m=1.5（247） m=2（124）	 92 95 82
$Bi_2Sr_2Ca_{n-1}Cu_nO_{2n+4}$ n=1（2201） n=2（2212） n=3（2223）	 约10 85 110
$Tl_2Ba_2Ca_{n-1}Cu_nO_{2n+4}$ n=1（2201） n=2（2212） n=3（2223）	 85 105 125

目前，超导陶瓷的主要应用如下。

① 在电力系统方面　可以用于输配电，根据超导陶瓷的零电阻特性，可以无损耗地远距离输送极大的电流和功率；能制成超导储能线圈，用其制成的储能设备可以长期无损耗地储存能量，而且直接储存电磁能；超导陶瓷的电阻为零，因而没有热损耗，可以制造大容量、高效率的超导发电机及磁流体发电机等。

② 在交通运输方面　可以制造磁悬浮高速列车，它没有车轮，利用超导磁体（强抗磁性）和路基导体中感应涡流之间的磁性排斥力把列车悬浮起来，靠磁力在铁轨上“漂浮”滑行，具有速度高、运行平稳、无噪声、安全可靠等特点；还可制成超导电磁性推进器和空间推进系统，例如船舶电磁推进装置。

③ 在电子工程方面　利用超导体的性质（如约瑟夫逊效应）提高电子计算机的运算速度和缩小体积；制成超导体的器件，如超导量子干涉器，超导场效应晶体管，超导磁通量子器件等。

④ 在高能核实验和热核聚变方面　利用超导体的强磁场，使粒子加速以获得高能粒子，以及利用超导体制造探测粒子运动径迹的仪器；使用大体积高强度超导磁体，可以用于约束带电粒子的活动范围。

⑤ 在生物医学方面　用于核磁共振断层摄像仪、量子干涉仪、粒子线治疗装置等；也可以从血浆中分离红细胞，并且目前正在研究抑制和杀死癌细胞等。

6.4.3 磁性陶瓷

在磁场中能被强烈磁化的陶瓷材料称作磁性陶瓷，主要指铁氧体陶瓷。铁氧体是铁和其他金属的复合氧化物，即 $MO\text{-}Fe_2O_3$，其中 M 代表一价或二价金属，如 Mg、Ni、Co 等。铁氧体产生磁性主要是由于电子自旋引起磁矩而造成的。

铁氧体可分为硬磁、软磁、旋磁、矩磁、压磁等。硬磁铁氧体材料的矫顽力较大、磁感应强度高、不易磁化、也不易退磁，其材料主要有钡铁氧体和锶铁氧体，可用于磁铁、磁存储元件、扬声器、电表、助听器、录音磁头及微型电机的磁芯等。

软磁铁氧体的矫顽力小，能沿磁场方向强烈磁化，但也易去磁化。由于软磁铁氧体材料在高频下应用时具有高电阻率、高磁导率、低损耗等特点，同时具有性能稳定、机械加工性能高、可利用模具制成各种形状的磁芯、批量生产容易、成本低等优点，从而广泛应用于通信、电子、传感、音像设备、开关电源和磁头工业等方面。目前，工业生产的软磁铁氧体材料按晶体结构主要分为两大类：即立方尖晶石结构的铁氧体和平面型六角晶体结构磁铅石型的铁氧体。Mn-Zn 系和 Ni-Zn 系软磁铁氧体是尖晶石铁氧体中重要的两大材料体系。Mn-Zn 系软磁铁氧体主要在 1kHz～300MHz 频段使用，Ni-Zn 系软磁铁氧体材料具有高电阻率和多孔性，在 1MHz 以下使用时其性能不如 Mn-Zn 系铁氧体，而在 1MHz 以上使用时，由于它具有多孔性及高电阻率，其性能大大优于 Mn-Zn 系铁氧体。另外一种平面型六角晶体结构的铁氧体，化学式是 $Ba_3CO_2Fe_{24}O_{41}$（简称 Co_2Z），适用于 100～1000MHz 频段，且在 1000MHz 频段以下使用时，其磁导率基本不发生变化，由于它比尖晶石软磁铁氧体的共振频率高很多，因此在高于 300MHz 的频段使用时，具有比镍锌铁氧体更好的软磁特性。

6.4.4 敏感陶瓷

敏感陶瓷是指某些性能随外界条件（温度、湿度、气氛）的变化而发生改变的陶瓷材料，是某些传感器的关键材料之一。根据某些陶瓷的电阻率、电动势等物理量对热、湿、光、电压等变化特别敏感这一特性制作敏感元件，按其相应特性，可分别制作热敏、气敏、湿敏、压敏、光敏及离子敏感陶瓷。

6.4.4.1 热敏陶瓷

热敏陶瓷是一类电阻率随温度发生明显变化的陶瓷材料。按照热敏陶瓷的阻温变化，可分为正温度系数热敏陶瓷（PTC）、负温度系数热敏陶瓷（NTC）、临界温度系数热敏陶瓷（CTR）和线性阻温特性热敏陶瓷 4 大类，图 6-11 示出几种热敏电阻的阻温曲线。

PTC 陶瓷的电阻率随温度的升高而增大，在一定温度下电阻率增大量可达 $10^4 \sim 10^7 \Omega \cdot cm$。PTC 热敏电阻的材料主要为掺杂 $BaTiO_3$ 系陶瓷，用途极广，利用阻值在某温区内发生巨大突变，可用于精密温度测量及温度补偿、自控温发热、彩电消磁、过电流、过热保护及多种恒温、控温元器件等。

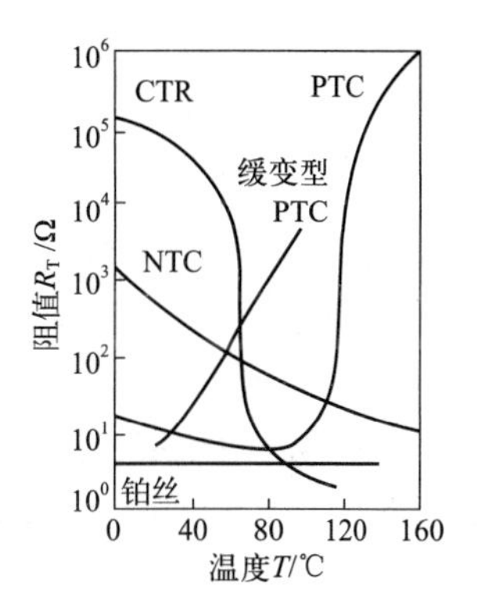

图 6-11 几种热敏电阻的阻温曲线

NTC 电阻材料主要是一些过渡金属氧化物半导体陶瓷，如 $CuO\text{-}MnO\text{-}O_2$ 系、$CoO\text{-}MnO\text{-}O_2$ 系、$NiO\text{-}MnO\text{-}O_2$ 系和 $Fe_2O_3\text{-}CoO\text{-}NiO\text{-}CuO$ 系等，主要用于通信及线路中温补偿及测温探头等。利用其阻温特性，可制成测温计、控温计、热补偿元件等；利用其线性伏安特性，可制成功率计、稳压器、限幅器、低频振荡器、放大器、调制器等；利用耗散常数与环境介质种类和状态的关系，可制成气压计、气体分析计、流量计、液位计等；利用其热惰性，可制成时间延迟器件等。

CTR 陶瓷是利用一些过渡金属氧化物的电阻值在某一特定温度下出现急剧变化，这种变化有可逆性和再现性，利用这种特性，可作电气开关或温度探测器，这一特定温度称为临界温度。主要材料为 V_2O_5 掺入 P_2O_5 和部分 Si、Ge、B、Ca、Mg、W 金属氧化物，在还原气氛中烧结而成，是一种具有开关特性的材料，可用于高灵敏度温度控制器、温度开关和火灾报警器等。

6.4.4.2 压敏陶瓷

压敏陶瓷是指电阻值随着外加电压变化有一显著的非线性变化的半导体陶瓷，具有非线性伏安特性，如图 6-12 所示。这类材料在某一临界电压（压敏电压）以下电阻值很高，几乎没有电流流过，但当电压超过其压敏电压时，电阻迅速下降，电流急剧增大。

压敏半导体陶瓷材料主要有 SiC、ZnO、$BaTiO_3$、Fe_2O_3、SnO_2、$SrTiO_3$ 等，其中 $BaTiO_3$、Fe_2O_3 利用的是电极与烧结体界面的非欧姆特性，而 SiC、ZnO、$SrTiO_3$ 利用的是晶界非欧姆特性。目前应用最广、性能最好的是 ZnO 压敏半导体陶瓷，其主要成分是 ZnO，并添加 Bi_2O_3、CoO、MnO、Cr_2O_3、Sb_2O_3、TiO_2、SiO_2、PbO 等氧化物经改性烧结而成。ZnO 压敏陶瓷具有优良的非线性、强耐浪涌能力及能在宽阔的范围内调变压敏电压等优越性能，已被广泛用作各种电子仪器、电视机、录音机和电力控制设备的低压和高压的过电压保护元件，还用作高能量浪涌吸收元件及高压稳压元件。

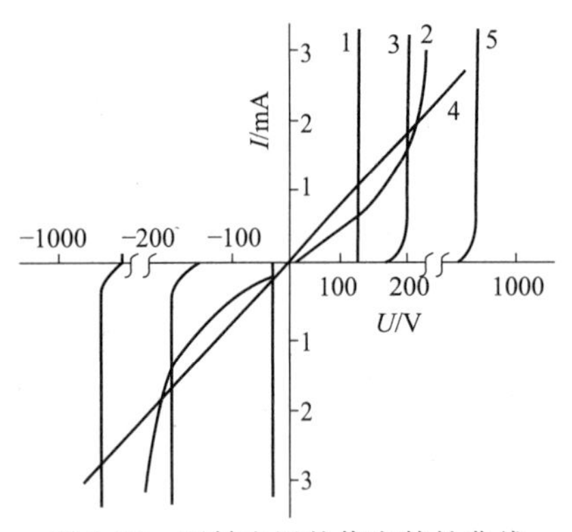

图 6-12　压敏电阻的伏安特性曲线

1—齐纳二极管；2—SiC 压敏电阻；3—ZnO 压敏电阻；4—线性电阻；5—ZnO 压敏电阻

6.4.4.3 气敏陶瓷

将气体参量转化成电信号的陶瓷材料称为气敏电阻陶瓷，它利用陶瓷的表面性质可制成气敏元件，对探测的气体有敏感性，同时又有稳定的物理和化学性质。实用性较大的气敏半导体陶瓷材料主要有氧化锡系、氧化锌系、氧化铁系等。

氧化锡（SnO_2）系是目前应用最广的气敏陶瓷，属表面吸附型材料，它出现最高灵敏温度约为 300℃，掺加 Pd、Mo、Ga、GeO_2 等可制成常温气敏元件。氧化锡（SnO_2）系气敏陶瓷的特点是灵敏度高且出现最高灵敏度的温度较低，从而使其最适宜检测微量浓度的气体，对许多可燃性气体，如氢气、一氧化碳、甲烷、乙烷、乙醇、丙酮或芳香族气体都有相当高的灵敏度。

氧化锌（ZnO）系最突出的优点是气体选择性强，出现最高灵敏度的温度约为 450℃，ZnO 系气敏陶瓷通常添加 Pt 和 Pd 等催化剂来提高灵敏度，掺加 Pt 的 ZnO 元件对异丁烷、丙烷、乙烷等有高的灵敏度；掺加 Pd 的 ZnO 元件对氢气和一氧化碳有高的灵敏性，而对碳氢化合物灵敏度较差。

Fe_2O_3 系气敏陶瓷元件是体控型气敏元件，主要有两种晶型，即 γ-Fe_2O_3 和 α-Fe_2O_3，前者灵敏度好，但热稳定性差一些；后者热稳定性好，但灵敏度较差一些。当还原性气体与 γ-Fe_2O_3 或 α-Fe_2O_3 接触时，其晶粒表面受到还原作用转变为 Fe_3O_4，电阻率迅速降低，因而表现出气敏特性。Fe_2O_3 系气敏陶瓷最大的特点是不用贵金属作催化剂，也可以得到较高的灵敏度，在高温下热稳定性好。

气敏陶瓷元件具有设备结构简单、灵敏度高、使用方便、价格便宜等优点，主要用于防灾报警，在防止火灾及检测计量等方面，用途很广。但目前气敏陶瓷材料还存在选择性差、灵敏性和稳定性有待进一步提高的问题。

6.4.4.4 湿敏陶瓷

湿敏陶瓷是指对空气或其他气体、液体和固体物质中水分含量敏感的陶瓷材料。湿敏电阻可将湿度的变化转换为电信号，易于实现湿度指示，记录和控制自动化。

优秀的湿敏传感器陶瓷应具备下列特性：高可靠性和长寿命；用于各种有腐蚀性气体的场合时，传感器的特性不变；用于多种污染环境（如油）其特性不漂移；传感器特性的温度稳定性好；能用于宽的湿度范围（如 0～100%相对湿度）和温度范围；在全湿度量程内，传感器的变化要易于测量；便于生产，价格便宜；有好的互换性。

目前应用最广的湿敏陶瓷，按材料属性可分为电子导电型和离子导电型两种，前者主要材料为 $Sr_{1-x}La_xSnO_3$ 系、ZrO_2-MgO 系、$MnWO_3$-V_2O_5 系和 TiO_2-SnO_2 系等；后者主要材料为 $MgCr_2O_4$-TiO_2 系、TiO_2-V_2O_5 系、$ZnCr_2O_4$-$LiZnVO_4$ 系和 $MgCr_2O_4$-Bi_2O_3 系等，此外还有电容型和频率型等。

$MgCr_2O_4$-TiO_2 系湿敏陶瓷是典型的高温烧结型多孔湿敏陶瓷结构，气孔率高达30%～40%，具有良好的透湿性能。$MgCr_2O_4$-TiO_2 系湿敏陶瓷的制造工艺可采用传统陶瓷的制造方法，但原料必须采用化学纯或分析纯级。$MgCr_2O_4$-TiO_2 系湿敏陶瓷具有很高的湿度活性，湿度响应快，对温度、时间、湿度和电负荷的稳定性高，是很有应用前途的湿敏传感器陶瓷材料，已用于微波炉的自动控制，根据处于微波炉蒸汽排口处的湿敏传感器的相对湿度反馈信息，调节烹调参数。

本章小结

本章较为系统地介绍了陶瓷材料的基本概念、结构及基本性能、主要制备工艺，讲述了不同种类普通陶瓷的性能特点和应用，重点介绍了特种陶瓷（结构陶瓷和功能陶瓷）的性能特点和相关工程应用。

思考题与练习题

1. 为什么陶瓷的抗拉强度远低于抗压强度？

2. 说出以下陶瓷的至少一种应用：（1）氧化铝陶瓷；（2）碳化硅陶瓷；（3）氮化硅陶瓷；（4）PZT 压电陶瓷。

3. 简述结构陶瓷材料的力学性能与金属材料相比，有何特点？说明原因。

4. 大规模集成电路有考虑用氧化铍陶瓷作为基板，是利用了它哪几种物理性能？

5. 氧化铍生产中应该采取安全保护措施，原因是什么？

自测题

1. 陶瓷材料的显微组织结构是什么？主要作用是什么？
2. 氧化锆陶瓷的增韧机理是什么？
3. 陶瓷晶体相主要有哪些结构类型？
4. 普通陶瓷和特种陶瓷的主要区别有哪些？
5. 硅酸盐结构的主要特点是什么？
6. 非氧化物陶瓷的共同特点是什么？

参考文献

[1] 周玉．陶瓷材料学[M]．北京：科学出版社，2004：239.

[2] 唐纳德 R. 阿斯克兰德，文德林 J. 莱特．材料工程基础[M]．雷莹，邵婷，译．北京：科学出版社，2021：101.

[3] 张锐，王海龙，许红亮．陶瓷工艺学[M]．北京：化学工业出版社，2007：50.

[4] 孙万昌，张毓隽．先进材料合成与制备[M]．北京：化学工业出版社，2016：143.

[5] 裴立宅．高技术陶瓷材料[M]．合肥：合肥工业大学出版社，2015：85.

[6] 马行驰，袁斌霞，李敏．工程材料[M]．西安：西安电子科技大学出版社，2015：168.

[7] 王迎军．新型材料科学与技术：上册．无机材料卷[M]．广州：华南理工大学出版社，2016：462.

[8] 于文斌，陈异，何洪，等[M]．材料工艺学．重庆：西南师范大学出版社，2019：137.

[9] 王者辉．材料导论(英文版)[M]．北京：化学工业出版社，2017：26.

[10] 张金升，王美婷．先进陶瓷导论[M]．北京：化学工业出版社，2006：277.

[11] 卢安贤．无机非金属材料导论[M]. 4 版．长沙：中南大学出版社，2015：73.

[12] 张启龙，杨辉．功能陶瓷与器件[M]．北京：中国铁道出版社，2017：68.

[13] 周胜明，田民波，戴兴建．核材料与应用[M]．北京：清华大学出版社，2017：468.

[14] 洪长青，董顺，张幸红．高性能陶瓷材料成型与制备[M]．哈尔滨：哈尔滨工业大学出版，2021：57.

[15] 王圈库．新型陶瓷材料在核工业中的应用[J]．机电产品开发与创新，2012，25(4)：19.

[16] 张文毓．耐磨陶瓷涂层研究现状与应用[J]．陶瓷，2013，11：12.

[17] 季伟，傅正义．特种陶瓷材料快速烧结新技术研究[J]．中国材料进展，2018，37(9)：662.

[18] 施涵，谭寿洪．裂变核反应堆中的陶瓷材料应用概述[J]．宁波工程学院学报，2011，23(3)：60.

[19] 赵健．船用螺旋桨防腐防污纳米陶瓷涂层技术快速解决方案[J]．船舶与海洋工程，2021，37(3)：66.

[20] 武创，郗雨林，王其红，等．纳米陶瓷涂层的性能及应用[J]．材料开发与应用，2011，26(3)：78.

[21] 周锦龙，胡朋，黄伟，等．浅谈陶瓷材料在船舶中的应用[J]．冶金与材料，2019，39(6)：172.

第7章

复合材料工程

本章导读

复合材料是人类在单一材料的基础上，通过优化设计，发展起来的一种新材料，具有单一材料所不具备的一些独特性能，使复合材料广泛应用于国民经济的各个领域。21世纪被认为是复合材料时代，可见其在材料研究中的重要性。本章将引导学生对复合材料的基本概念、组成、制备技术以及工程应用进行学习，有助于学生了解和认识复合材料，并结合典型的工程应用例子，掌握对复合材料选材、用材的方法和思路。

本章的学习目标

1. 熟练掌握复合材料工程相关的基本概念和基本理论。
2. 能够运用专业知识，解决复合材料的原材料选择、制备和成形过程中的问题，提出初步的解决方案。

教学的重点和难点

1. 复合材料工程相关的基本概念和基本理论。
2. 金属基复合材料的制备工艺，重点是液态法中的搅拌复合法和挤压铸造法。
3. 树脂基复合材料的制备工艺，重点是手糊成型法、缠绕成型工艺。
4. 金属基和树脂基复合材料的典型工程应用。

7.1 概述

在现代高技术迅猛发展的今天，特别是航空、航天和海洋开发领域的发展，使材料的使用环境更加恶劣，因而对材料提出了越来越苛刻的要求，要求材料同时拥有质轻、高强、高韧、耐热、抗疲劳、抗氧化及抗腐蚀等特性，也就是说希望一种材料身上就尽可能拥有更多、更强、更优的综合性能。传统的单一材料，金属、陶瓷、聚合物等虽然仍在不断地发展，但由于其自身的局限性无法实现这一目标，不能满足现代科技发展的需要。例如，金属材料的强度、模量和高温性能等已几乎开发到了极限；陶瓷的脆性，有机高分子材料的低模量、低熔点等固有的缺点极大地限制了其应用。所以，发展复合材料的目的就是实现单一材料无法比拟的、优秀的综合性能，极大地满足人类发展对新材料的需求。图7-1比较了结构用金属材料与复合材料的比强度和使用温度范围的关系。可见，通过复合使结构用材料的比强度和使用温度都大大提高。

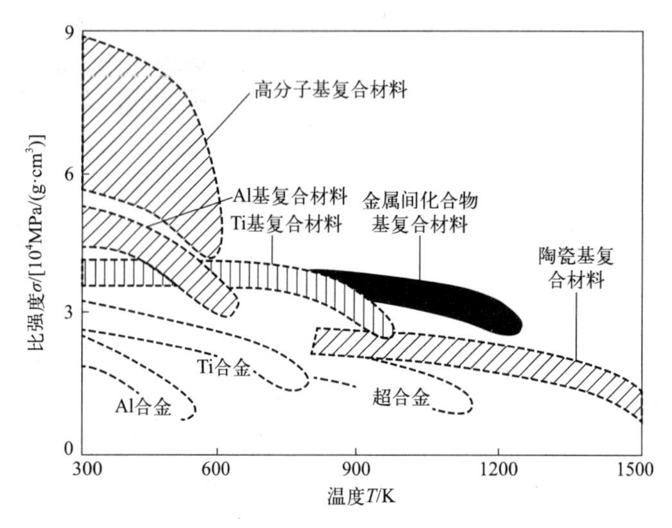

图 7-1　结构用材料的比强度与温度的关系

人类有意识地开始大规模制造和使用复合材料最早可追溯至 20 世纪初期，在苯酚塑料中添加木粉、石棉等其它物质制作出电器产品、日用品等。1942 年，玻璃纤维增强塑料（glass fiber reinforced plastic，GFRP），即我们所熟知的玻璃钢在美国问世，由于这种材料具有高比刚度、高比强度、耐腐蚀、易成形等优点，迅速得到了广泛的应用。20 世纪 60 年代，随着航天工业的发展，各种高性能纤维（碳纤维、硼纤维）增强的树脂基复合材料应运而生，进入了现代先进复合材料的开发时期。此后，金属基复合材料、陶瓷基复合材料、碳基复合材料等各种复合材料被不断开发和研制，复合材料的研究和应用越来越受到人们的重视，成为一种独立的材料分支。

7.1.1　复合材料的定义和分类

关于复合材料，不同的研究者、不同的时代有不同的理解，所以其定义也不尽相同。例如，1996 年，T. W. 克莱因等著，余永宁等译的《金属基复合材料导论》给出的复合材料定义：“把一些典型个体或基本的特性组合，而得到的物质”。2000 年，吴人洁主编的《复合材料》中给出的定义则是：“由两种以上异质、异形、异性的材料复合而成的新型材料”。与此相近，2003 年，鲁云等主编的《先进复合材料》对复合材料的定义是：“由两种或两种以上的具有不同的化学和物理性质的素材复合而成的一种材料”。国际标准化组织把复合材料定义为“由两种以上物理和化学上不同的物质组合起来而得到的一种多相固体材料”。本书引用的则是《材料大辞典》中对复合材料的定义，即“复合材料（composite materials）是由 2 种或 2 种以上不同性质的材料，通过物理或化学的方法在宏观上组成具有新性能的材料。各种材料在性能上互相取长补短，产生协同效应，使复合材料的综合性能优于原组成材料而满足各种不同的要求”。尽管不同定义的细节有所不同，但有几个要点是共同的：①复合材料应该含有两种以上性质不同的相；②复合材料的性能是单一组成材料所不具备的；③复合材料的综合性能要优于单一组成材料；④具有可设计性，可设计的自由度大。另外，对于现代复合材料，人们还认为它们是人工制造出来的，其成分也是人们有意识选择、优化的结果，所以对于自然界中早已存在的骨骼、竹子、木材等，虽然也满足复合材料的定义，但一般认为它们属于具有复合材料形态的天然材料。

根据复合材料的定义，我们可以知道复合材料中存在两种或两种以上的组成材料，即组成相。人们将其中含量较大、连续分布的组成相称为基体（matrix）；将含量较小、分散分布、一般起增强作用的组成相称为增强体或增强相（reinforcement elements）。显然，基体和增强体之间必然存在一个界面，界面处的化学成分有显著变化，界面将基体和增强体互相结合在一起，是一个过渡区域。所以，复合材料的基本组成就包括了基体、增强体和界面。关于复合材料的研究也围绕这三个方面展开，特别是其中的界面作用尤为重要。

复合材料可以按照不同的标准来进行分类。具体的分类如下。

（1）按基体的材质

① 树脂基复合材料（polymer matrix composites，PMCs），也被称为聚合物基或高分子基复合材料，以聚合物、高分子塑料或合成树脂为基体的复合材料。

② 金属基复合材料（metal matrix composite，MMCs），以纯金属、合金或金属间化合物为基体的复合材料。

③ 陶瓷基复合材料（ceramic matrix composites，CMCs），以陶瓷为基体的复合材料，包括了碳/碳复合材料。

（2）按增强体的形态

其分类示意图见图 7-2。

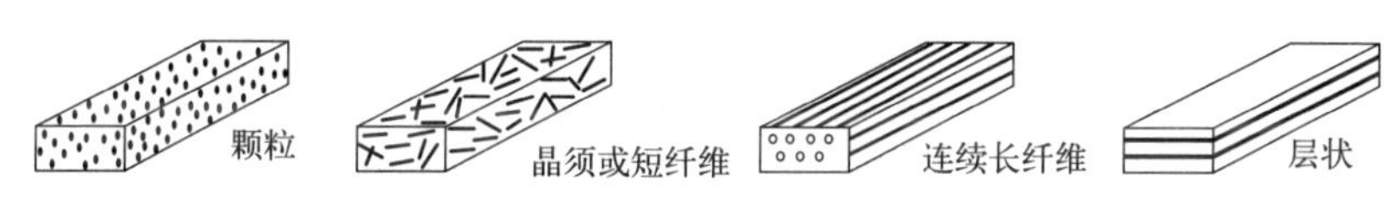

图 7-2 含有不同增强体材料的复合材料类型

①颗粒增强复合材料（particulate reinforced composites，PRCs），增强体为颗粒状，直径一般<50μm。

② 晶须增强复合材料（whisker reinforced composites，WRCs），增强体是晶须，短纤维也归入这类复合材料。晶须是纤维状单晶体，其长径比为 50～10000，直径<3μm，纯度高、缺陷少，其强度接近于完整晶体理论值。常用晶须及其特性见表 7-1。

表 7-1 复合材料常用晶须特性

晶须	晶体结构	长度/μm	直径/μm	密度/(g·cm^{-3})	弹性模量/GPa	抗拉强度/GPa	耐热温度/℃	热膨胀率/(10^{-6}/℃)
C	—	5～20	0.05～0.3	2.0	>250	>2.5	—	1.5～2.5
MgO	立方晶系	200～300	3～10	3.6	—	1～8	2800（熔化）	13.5
SiC	立方晶系	10～100	0.1～1.0	3.2	400～700	14	1600	4.0
TiB_2	六方晶系	数十 μm	数百 nm	4.5	430	—	2980（熔化）	8.6
AlN	六方晶系	<15mm	<120	3.3	340	—	—	4.0
Si_3N_4	六方晶系	5～200	0.1～1.6	3.2	380	1.4	1700（升华）	3.0
ZnO	六方晶系	2～50	0.2～3.0	5.8	—	—	1720（升华）	4.0

续表

晶须	晶体结构	长度/μm	直径/μm	密度/(g·cm⁻³)	弹性模量/GPa	抗拉强度/GPa	耐热温度/℃	热膨胀率/(10⁻⁶/℃)
SiO_2	斜方晶系	10～35	0.7～3.0	3.1	—	—	—	5.5
$Al_{18}B_4O_{33}$	斜方晶系	10～30	0.5～1.0	2.9	400	8	1200（软化）	1.9

③纤维增强复合材料（fiber reinforced composites，FRCs），增强体为连续纤维，例如玻璃纤维、碳纤维、硼纤维。常用纤维及其特性见表 7-2。

表 7-2　复合材料用增强纤维特性

纤维	直径/μm	密度/(g·cm^{-3})	弹性模量/GPa	抗拉强度/GPa	熔点,软化点/℃
B 纤维	100	2.57	420	3.5	2300
SiC 涂层硼纤维	100～200	2.7	400	3.1	2300
SiC 纤维（气相沉积法）	140	3.0	422	3.43	2700
SiC 纤维（热分解法）	14	2.55	206	2.9	2690
C 纤维（单丝）	70	9.0	150	2.0	3650
C 纤维（高弹性模量型）	7	1.95	400	2.0	3650
C 纤维（高强度型）	7	1.75	250	2.7	3650
Al_2O_3 纤维	250	4.0	250	2.4	2040
S 玻璃纤维	7	2.5	80	4.1	840
W 纤维	150～250	19.2	400	2.7	3400

④层状复合材料（laminated composites，laminates）：或层压复合材料，是两层或更多层材料结合在一起而组成的复合材料，各层材料的位向和形态可以不同。

（3）按用途

① 结构复合材料（structural composites），主要满足力学性能，用于制造受力构件。

② 功能复合材料（functional composites），主要满足功能特性，如导电、磁性、阻尼、吸声等功能。功能复合材料主要由功能体和基体组成，或由两种（或两种以上）功能体组成，用于制造功能元器件。

③ 结构-功能一体化复合材料（structure-function integrated composites），在满足力学性能的前提下，兼具有某种特定的功能特性，比如抗坠毁复合材料结构，它的结构性能是轻质高强，而功能特性就是吸能。

7.1.2 复合材料特点

（1）轻质高强

复合材料的轻质体现在它的密度普遍很低，例如玻璃纤维增强树脂基复合材料的密度

1.5～2.0g/cm^3，不到普通碳钢的1/4，比最轻的结构金属材料铝合金还要轻1/3左右。高强，顾名思义，其力学强度高，像玻璃纤维增强树脂基复合材料的抗拉强度能超过普通碳钢。更进一步，高强针对的是比强度，即强度与密度的比值，玻璃纤维增强树脂基复合材料的比强度不仅大大超过碳钢，而且可超过某些特殊合金钢。而碳纤维复合材料、有机纤维复合材料因密度更低、强度更高，因此具有更高的比强度。表7-3列出了几种常用结构材料的密度、拉伸强度、比强度等性能参数。

表7-3　常用金属材料和复合材料的密度和力学性能指标

材料种类	材料名称	密度 /（g·cm^{-3}）	抗拉强度 /MPa	比强度 /（Pa·m·kg^{-3}）
金属材料	高级合金钢	8.0	1280	160
	普通钢Q235	7.85	400	51
	LY12铝合金	2.8	420	150
热固性复合材料	玻璃纤维增强环氧树脂	1.73	500	289
	玻璃纤维增强聚酯树脂	1.80	290	161
	玻璃纤维增强酚醛树脂	1.80	290	161
	碳纤维增强环氧树脂	1.28	1420	1109
热塑性复合材料	30%短玻纤维增强尼龙66	1.34	170	127
	30%短玻纤维增强聚丙烯	1.12	90	80
	30%短玻纤维增强聚乙烯	1.61	112	69
	30%连续玻纤维增强聚乙烯	1.61	210	130

（2）可设计性好

复合材料可以根据不同的用途要求，灵活地进行产品设计，具有很好的可设计性。对于结构件来说，可以根据受力情况合理布置增强材料，达到节约材料、减轻质量的目的。对于有耐腐蚀性能要求的产品，设计时可以选用耐腐蚀性能好的基体树脂和增强材料。对于其他一些性能要求，如介电性能、耐热性能等，都可以方便地通过选择合适的原材料来满足要求。复合材料良好的可设计性还可以最大限度地克服其弹性模量、层间剪切强度低等缺点。

（3）电性能好

复合材料具有优良的电性能，通过选择不同的树脂基体、增强材料和辅助材料，可以将其制成绝缘材料或导电材料。例如，玻璃纤维增强的树脂基复合材料具有优良的电绝缘性能，并且在高频下仍能保持良好的介电性能，因此可作为高性能电机、电器的绝缘材料。这种复合材料还具有良好的透波性能，被广泛地用于制造机载、舰载和地面雷达罩。复合材料通过原材料的选择和适当的成型工艺可以制成导电复合材料，这是一种功能复合材料，在冶金、化工和电池制造等工业领域具有广泛的应用前景。

(4) 耐腐蚀性能好

树脂基复合材料具有优异的耐酸性能耐海水性能，也能耐碱盐和有机溶剂，因此，它是一种优良的耐腐蚀材料，用其制造的化工管道、贮罐、塔器等具有较长的使用寿命、极低的维修费用。

(5) 热性能良好

玻璃纤维增强的树脂基复合材料具有较低的导热系数，一般在室温下为 0.3～0.4kcal/(m·h·K)，只有金属的 1/100～1/1000，是一种优良的绝热材料。选择适当的基体材料和增强材料制作的陶瓷基复合材料可以作为耐烧蚀材料和热防护材料，有效地保护火箭、导弹和宇宙飞行器在 2000℃以上承受高温、高速气流的冲刷作用。

(6) 工艺性能优良

纤维增强的树脂基复合材料具有优良的工艺性能，可以通过缠绕成型、接触成型等复合材料特有的工艺方法生产制品。它能满足各种类型制品的制造需要，特别适合于大型制品、形状复杂、数量少制品的制造。金属基和陶瓷基复合材料的工艺性能相对要差一些。

(7) 弹性模量

金属基和陶瓷基复合材料具有较高的弹性模量，但是树脂基复合材料的弹性模量低得多，比结构钢小 10 倍，因此，制成品容易变形。用碳纤维等高模量纤维作为增强材料可以提高复合材料的弹性模量，另外，通过结构设计也可以克服其弹性模量差的缺点。

(8) 长期耐热性

金属和陶瓷基复合材料能在较高的温度下长期使用，但是树脂基复合材料不能在高温下长期使用，即使耐高温的聚酰亚胺基复合材料，其长期工作温度也只能在 300℃左右。

(9) 老化现象

在自然条件下，由于紫外光、湿热、机械应力、化学侵蚀的作用，会导致树脂基复合材料的性能变差，即发生所谓的老化现象。复合材料在使用过程中发生老化的程度与其组成、结构和所处的环境有关。

7.1.3 复合材料的复合法则

复合法则简单地将复合材料的力学特性表示为组成材料特性的线性叠加，其基本思想与金属材料的位错理论完全不同。当然，复合法则还在不断发展，形成各种表达式以应用于各种复合材料以及力学性能以外的特性。值得注意的是，复合法则所表达的“复合”或“复合化”的思想，成为从 20 世纪后叶以来新材料开发研究的潮流之一。

以纤维增强复合材料为例，关于复合材料的弹性模量，复合法则基本表达式如下：

$$E_c = E_f V_f + E_m (1 - V_f) \tag{7-1}$$

式中，E_c、E_f 和 E_m 分别表示复合材料、纤维和基体的弹性模量；V_f 表示纤维的体积分数。下标的 c、f 和 m 分别表示复合材料、纤维和基体。

关于复合材料的强度，则有：

$$\sigma_c = \sigma_f V_f + \sigma_m (1 - V_f) \tag{7-2}$$

式中，σ_c 和 σ_f 分别表示复合材料和纤维的强度；σ_m 表示复合材料断裂所对应的基体应力。

根据复合法则的导出过程，上述复合法则表达式成立的条件如下。

① 复合材料发生变形时，整体的应变与纤维、基体材料的应变三者相等，即 $\varepsilon_c = \varepsilon_f = \varepsilon_m$，这意味着复合材料的界面结合牢固，不发生界面剥离。

② 纤维强度不具有分散性，复合材料破断时纤维同时全部破断。

当复合材料发生弹性变形时，上述条件基本成立。而当基体进入塑性变形范围时，上述条件将难以满足。应当注意，复合材料所采用的陶瓷纤维的强度具有极大的分散性，往往产生多重破断。因此，复合法则尽管简单明了，但在使用时需要特别小心。尽管如此，关于强度的复合法则仍然作为一个“理想”的强度值，被经常用作实验值比较的一个基准，以衡量复合材料的增强效果。此外，复合法则还被应用于短纤维、颗粒和层状复合材料。复合法则的基本思想还被扩展用于评价复合材料的热性能和电性能，例如，热膨胀率、热导率和导电率等。关于复合材料比热容的复合法则如下：

$$C_c = C_f \rho_f V_f + C_m \rho_m (1 - V_f) \tag{7-3}$$

式中，C 表示比热容；ρ 表示密度。

7.2 复合材料的界面

复合材料是由两种及以上材料复合而成的，必然存在界面。复合材料中增强体与基体接触构成的界面，是一层具有一定厚度（纳米级以上）、结构随基体和增强体而异的、与基体有明显差别的新相——界面相（界面层）。界面是基体和增强材料的结合处，即二者的原子在界面形成原子作用力，起到桥梁和纽带作用。界面作为基体和增强材料之间传递载荷的媒介或过渡带。功能复合材料中界面对功能起着传递、阻挡、吸收和诱导等作用，产生协同效应。复合材料中的增强体不论是晶须、颗粒还是纤维，与基体在成型过程中都会发生不同程度的相互作用和界面反应，从而形成各种不同类型的界面。因此对界面的深入研究和有效调控，是获取高性能复合材料的关键。

我国对复合材料界面的研究非常重视，研究内容相当全面。例如在界面结构特征方面，采用各种电镜及配套能谱或能量损失谱仪、俄歇能谱、微区拉曼光谱，以及用动态力学谱等方法，证实界面并非理想的单分子层，而是具有一定厚度（纳米级～亚微米级），其结构与两相的本体结构不同。也证实了界面应具有最佳结合状态：结合过强导致复合材料脆性断裂；而适中的结合允许界面发生一定的松脱，利用拔出、脱粘和相间摩擦来吸收断裂功，从而提高复合材料力学性能；结合过弱，无法将应力由基体传递到增强体。在界面结合力的表征方面，我国设计制造了微顶出法测试设备，具有精度高、数据处理能力强的特点。对国际上存在的各种测试方法数据不一致问题，我国研究人员发现这是由于测试的加载方式不同，在受力区出现力学上的奇异性所致。

在改善聚合物基复合材料界面以提高其力学性能方面，我国工作主要集中在对增强体表面处理来提高两相界面相容性，同时也有少量减少界面残余应力的研究工作。在碳纤维方面研究了气、液、固态氧化，臭氧氧化和电解氧化处理法取得了实用性结果。此外，对碳纤维进行冷等离子体表面处理，以及电聚合与电沉积处理等方法均有明显的界面改善效果。就各种处理方法对提高界面剪切强度的机理性问题，以及复合材料剪切破坏断口形貌的分析也作了相应的研究，对其他增强体，如芳酰胺纤维和超高分子量聚乙烯纤维的冷等离子体法和电晕法表面处理也作了一定的研究。针对减弱由聚合物固化收缩而引起界面残余应力，我国也作了独特的研究工作，即采用螺环类化合物与环氧树脂共聚，得到一种收缩率可控的聚合物，在增强体上涂覆后制成复合材料，能有效地提高其冲击韧性，防止由于界面存在残余应力而导致材料发生脆性断裂。

金属基复合材料由于金属的活泼性，容易在界面上发生反应。适度的反应虽有助于界面结合，但反应严重时则产生脆性的反应产物，使复合材料产生低应力破坏。同时金属基体的合金组分，也会以金属间化合物或某元素富集在界面附近，产生对界面性能有害的作用。我国在这方面有大量的研究，对界面反应机理、防止措施、界面产物的形貌等，均作了深入细致的研究。例如采用对增强体（碳，硼纤维）表面进行陶瓷涂层，或对碳化硅等增强体表面进行氧化处理，达到阻止界面反应和改进对基体的浸润性作用。同时对基体含合金元素的调整也可以起到同样的效果，此外，采用超微硬度计，配合扫描电镜对界面附近微区的硬度变化来研究增强体对基体结构发生的近程作用，也取得了对界面认识上的深化。

其他如陶瓷基复合材料和碳/碳复合材料的界面问题，我国也有一定的研究。对于陶瓷基复合材料，增强体的作用主要是增韧，因此除了要求界面有适当的结合，利用脱粘、拔出来吸收断裂能，并使裂纹产生转移作用外，同时还要使两相的膨胀系数相近，以免由于过强的界面残余应力诱发裂纹萌生。此外，研究发现如果使界面上存在氧化物陶瓷的玻璃态，则有助于提高复合材料的韧性。对碳/碳复合材料的界面研究表明，由于基体碳和碳纤维的结构差异较大，因此常造成结合力很差。这样对作为耐蚀用途的碳/碳复合材料，在高温气流冲刷下发生剥蚀。研究表明在碳纤维的预成形体上先气相沉积一层难石墨化的玻璃碳，则明显改善复合材料的抗热振性能。另外也有不少研究致力于用陶瓷涂层来提高材料的抗氧化性。

总之，我国学者在复合材料界面研究方面是有成效的，也有不少有意义的结果，但总体上，理论深度略有不足，特别是在原子、分子尺度上的认识不够深入。

7.2.1 界面组成及分类

界面很小，其尺寸从几纳米到几微米，是一个区域。但其组成也很复杂，主要有以下几种：基体和增强体的部分原始接触面；基体和增强体相互作用产生的反应产物；析出的新相；产物、新相与基体和增强材料的接触面；基体与增强体的互扩散层；增强体表面的氧化物、涂层等。

根据增强体与基体的相互作用情况，界面可以归纳为三种类型：Ⅰ类界面，增强体与基体互不溶解、互不反应；Ⅱ类界面，增强体与基体不反应，但能相互溶解；Ⅲ类界面，增强体与基体相互反应，生成界面反应产物。三类界面间没有严格的界限，在不同的条件下，同样组成的物质，或在相同条件下不同组成的物质可以构成不同类型的界面。这三类界面在金属复合材料中的典型例子见表 7-4。

表 7-4　一些典型金属基复合材料界面类型

类型Ⅰ	类型Ⅱ	类型Ⅲ
纤维与基体互不反应也不溶解	纤维与基体互不反应但相互溶解	纤维与基体相互反应形成界面反应层
钨丝/铜 Al_2O_3 纤维/铜 Al_2O_3 纤维/银 硼纤维（表面涂 BN）/铝 不锈钢丝/铝 SiC 纤维/铝 硼纤维/铝 硼纤维/镁	镀铬的钨丝/铜 碳纤维/镍 钨丝/镍 合金共晶体丝/同一合金	钨丝/铜钛合金 碳纤维/Al（580℃） Al_2O_3 纤维/Ti B 纤维/Ti B 纤维/Ti-Al SiC 纤维/Ti SiO_2 纤维/Al

Ⅰ类界面相对而言是比较平整的，而且只有分子层厚度；界面上除了原组成物质外，基本上不会有其他物质，例如 TiB/Ti 基复合材料界面。如图 7-3 为 TiB 晶须与 Ti-6Al-5Zr-0.8Si 基体合金的界面照片，可见界面平直、干净，无界面反应。

Ⅱ类界面为原组成物质构成的不平整的溶解扩散界面，基体中的合金元素和杂质可能在界面上富集或贫化。例如，Pd/Ni 复合材料的界面形态，基体 Ni 向 Pd 进行扩散，形成 Ni+Pd 界面层，如图 7-4 所示。

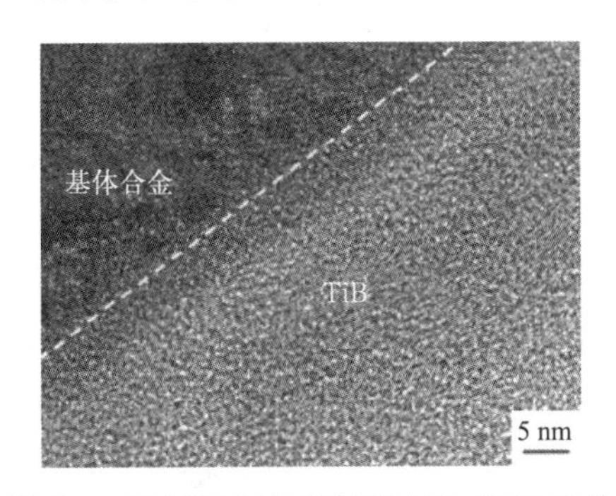

图 7-3 TiB/Ti 复合材料界面的 TEM 照片

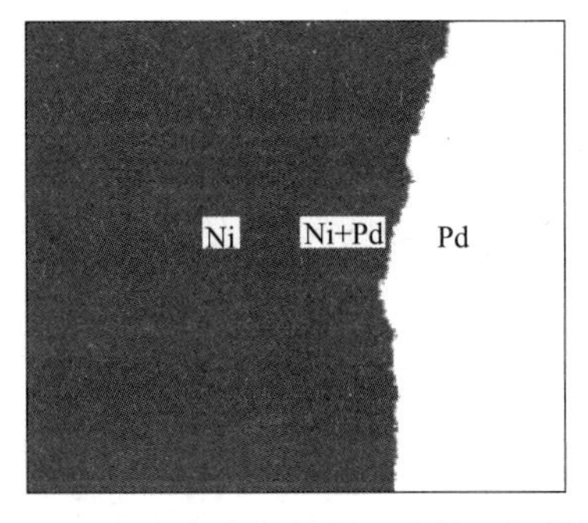

图 7-4 Pd/Ni 复合材料界面处的面扫描图像

Ⅲ类界面有微米或亚微米级厚度的界面反应产物，反应层一般不均匀。如图 7-5 给出了带有 C 涂层的 SiC 纤维增强的 Ti-6Al-4V 复合材料界面的扫描电镜照片和界面线扫描能谱结果，其界面处存在一层反应物，通过能谱结果分析这个反应物是 TiC。

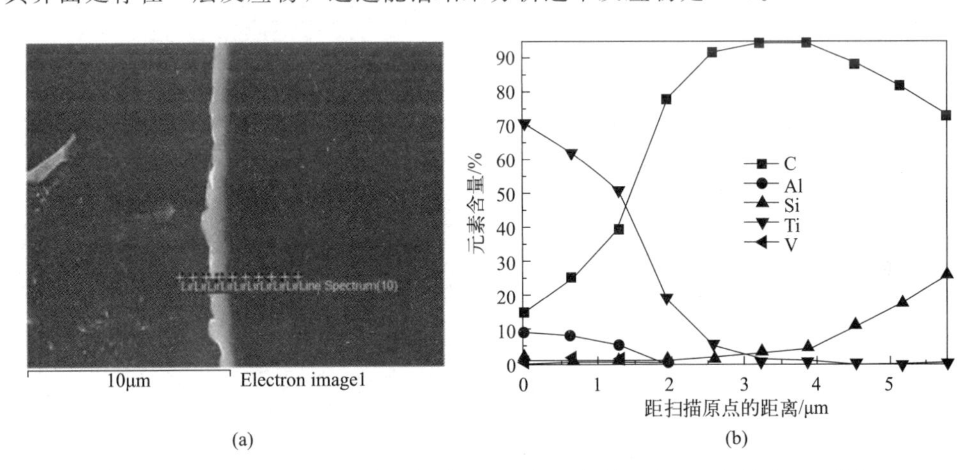

图 7-5 SiC/Ti-6Al-4V 复合材料界面的扫描电镜照片和界面线扫描能谱结果

7.2.2 界面效应

界面效应对复合材料具有重要的作用。界面效应既与界面结合状态、形态和物理-化学性质有关，也与复合材料各组分的浸润性、相容性、扩散性等密切相关。主要的界面效应如下。

① 传递效应　有一定结合强度的界面能传递力，即将外力由基体传递给增强材料，起到基体和增强材料之间的桥梁作用。

② 阻断效应　适当的界面能够有效阻止裂纹扩展，中断材料破坏，减缓应力集中。

③ 散射和吸收效应　光波、声波、热弹性波、冲击波等在界面上产生散射和吸收，使

材料具有透光性、隔热性、隔音性、耐机械冲击及耐热冲击性等。

④ 诱导效应　增强体的表面结构会诱导基体（通常是聚合物）的结构发生改变，由此产生一系列的性能变化，如高弹性、低膨胀、耐冲击和耐热等。

⑤ 不连续效应　在界面上物理性能存在不连续性和界面摩擦，如抗电性、电感应性、磁性、耐热性、尺寸稳定性等。

7.2.3 界面结合

为使材料具有良好的性能，需要在增强材料与基体界面上建立一定的结合力。界面结合方式主要有：机械结合、溶解浸润结合、反应结合或化学结合、静电结合、混合结合。结合力不能太弱，也不能太强。只有结合适中的复合材料，才呈现出高强度和高塑性。层状陶瓷复合材料中，界面层的作用是使贯穿裂纹发生偏折，以避免材料的突发性破坏，因而要求界面的性能与基体材料有显著的不同，即需要界面结合足够的弱；但如果界面结合过弱，复合材料基体层之间缺乏足够的约束力，则裂纹沿界面扩展只需较小的断裂功，材料的力学性能同样无法得到有效提高。因此界面结合强度与基体材料强度之间存在一个强度的最佳匹配。

图 7-6～图 7-8 给出了界面结合分别为强、适中、弱的三种层状陶瓷复合材料的典型载荷-位移曲线及其裂纹扩展路径。从图 7-6 中可以看出，对于界面强结合的层状复合材料，其基体层与界面层几乎完全烧结成一体，从外观上很难辨认出是层状材料。同时，材料的断裂方式也与基体材料大体相似，断裂过程中裂纹不发生偏折或只发生 1～2 次偏折，界面层偏折裂纹的作用没有充分发挥，因而增韧效果不明显，材料的强度高而韧性低。

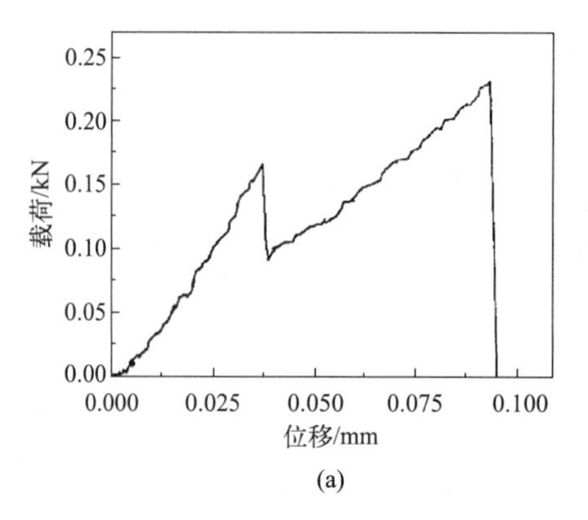

(a)

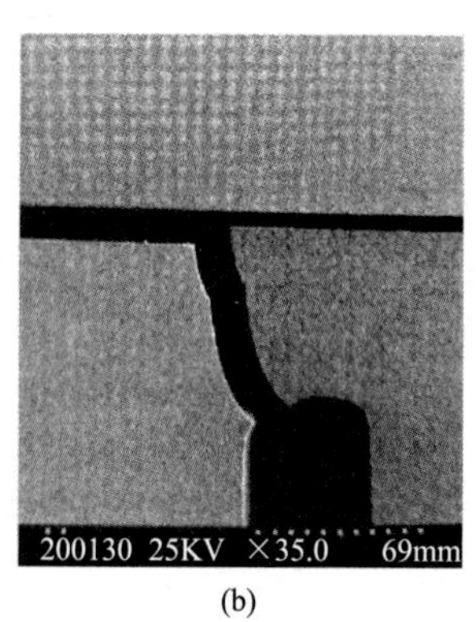

(b)

图 7-6　较强界面的层状复合材料断裂行为

（a）载荷-位移曲线；（b）裂纹扩展路径

图 7-7 中复合材料基体与界面的强度处于最佳匹配范围，材料具有较高的强韧性。由图可见，材料在最大载荷作用下发生裂纹扩展后，并不像在块体材料中那样裂纹一次完全贯穿整个试样，由于界面层对裂纹的偏折作用，穿层裂纹将转向成为界面裂纹，使材料仍具有一定的承载能力，同时材料的断裂位移大大增加。在整个断裂过程中，发生多次较大的裂纹偏折及一系列小的裂纹偏折，其断口呈不规则台阶状，同时在其载荷-位移曲线上出现多个峰值，因而复合材料的断裂韧性和断裂功远高于基体材料。

当界面结合过弱时，界面层仍能起到偏折裂纹的作用，但由于其强度较低，界面开裂所产生的能量消耗少，因而力学性能低于适中界面的复合材料。图 7-8 给出了此类材料的断裂行为。材料的裂纹扩展路径上可见许多小的裂纹偏折，而没有出现较大的裂纹偏折，使得材料的断口起伏相对较小。此外，材料的载荷-位移曲线上主应力峰后的次应力峰较少，峰值也不高，说明界面偏折裂纹的能力较适中界面有所下降。

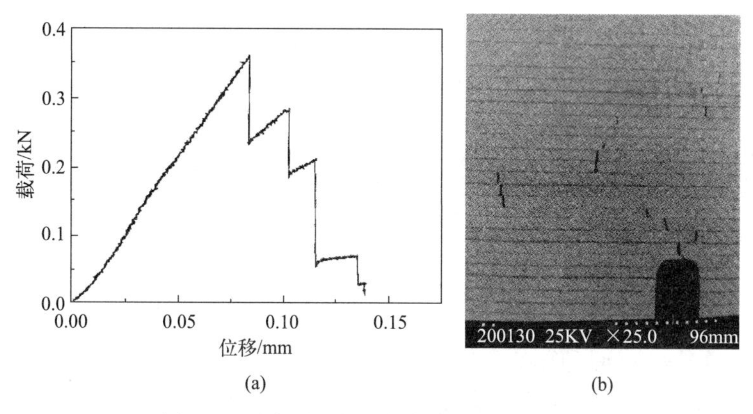

图 7-7 适中界面的层状复合材料断裂行为

（a）载荷-位移曲线；（b）裂纹扩展路径

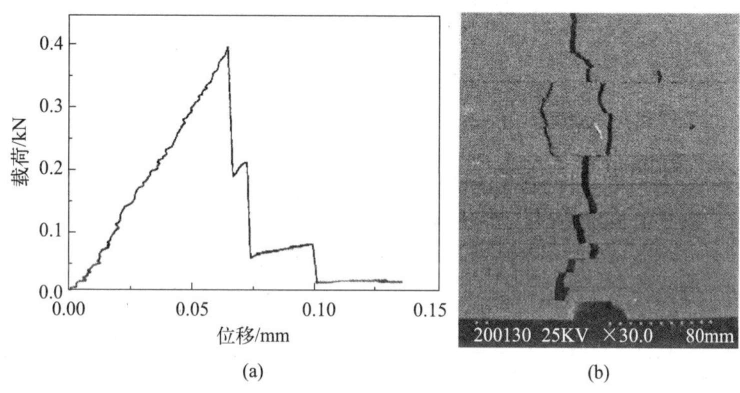

图 7-8 较弱界面的层状复合材料断裂行为

（a）载荷-位移曲线；（b）裂纹扩展路径

7.3 金属基复合材料

金属基复合材料的发展历史要晚于树脂基复合材料，一般把 20 世纪 60 年代，美国国家航空航天局（NASA）成功制备出 W 丝增强 Cu 基复合材料，作为金属基复合材料研究和开发的标志性起点。由此可见，金属基复合材料最初是为了满足航天领域对结构材料轻质高强的要求而诞生的。随后，金属基复合材料在汽车、体育用品等领域也得到了应用。当然，由于性能可靠性较低、制作工艺较为复杂、再现性较差以及废料处理和再利用等问题，导致金属基复合材料的应用远不如树脂基复合材料。

2018 年全世界金属基复合材料产量约 10 万吨，日本、美国、中国是三大生产国，日本的产量最高约占 70%。中国的产量约 2 万吨。中国虽有近 100 家生产碳纤维及其增强的铝基复合材料的企业，但总体上与日本企业技术相比还有一定的差距。在到 2025 年的这段时间内，中国碳纤维与石墨烯增强的铝基复合材料的复合增长率可达 15%，2025 年的产量可能超过 4 万吨，当然这可能是一个保守的预测。

金属基复合材料按基体材料种类分为镍基、铜基、铅基、锌基、铝基、镁基、钛基、高温金属基和金属间化合物基等复合材料，以铝基复合材料的产量最大。

金属基复合材料按增强体形态可分为颗粒增强、纤维强化、晶须强化、石墨烯强化复合材料。

20世纪70年代铝基复合材料进入实用化阶段，80年代开始一定规模的应用铝基复合材料制造航天器的一些零部件。1987年发射的“哥伦比亚号”航天器货舱桁架就是用硼纤维/铝复合材料制造的，这是铝基复合材料在航天器上的首次应用。2018年美国先进金属基复合材料的生产总值已经超过360亿美元，其中约80%为铝基复合材料。

中国航空工业西瑞公司的第二代“愿景”喷气机的机身全是用碳纤维增强的铝基复合材料制造的。CR929远程宽体大客机是中俄联合研制的双通道民用飞机，2018年12月26日它的铝基复合材料前机身全尺寸筒段（16m×6m）顺利总装下线。

7.3.1 金属基复合材料的制备工艺

金属基复合材料制备技术的要求如下：增强体按设计要求在金属基体中均匀分布；不能使增强体和基体材料的原有性能下降，特别是不能对高性能增强体（如连续纤维）造成损伤，应该力图使它们的优点叠加和互补；尽量避免增强体和金属基体之间各种不利的化学反应发生，通过合理选择工艺参数得到合适的界面结构和性能，充分发挥增强体的增强效果，以便保持金属基复合材料组织性能的稳定；工艺简单，适于批量生产，尽可能直接制成近终形状和尺寸的金属基复合材料零件。

制备难点如下。

① 合理选择制备温度　金属基体如钛、镍基合金、金属间化合物等金属材料，均具有较高的熔点，所以金属基复合材料需要在高温下制备，然而金属在高温下化学性质活泼，易发生氧化反应或与增强体发生界面反应。如铝基复合材料，铝的熔点660℃，在600℃以上高温条件铝与碳（石墨）纤维、硼纤维、碳化硅等增强体均有不同程度的界面反应，对界面结构和性能有重大影响。如何选择适当的制备温度从而严格控制界面反应是制备高性能金属基复合材料的关键。

② 改善浸润性　为了获得良好的结合，金属熔体需要渗入增强体的间隙中。但通常金属基体与增强体之间的润湿性差，甚至在制备温度下完全不润湿，如碳（石墨）/铝、碳（石墨）/镁、碳化硅/铝、氧化铝/镁等复合材料的基体金属与增强体之间浸润性很差。当采用增强纤维时，由于纤维很细，而且通常采用纤维束，一束纤维内包含数百根甚至上万根纤维，纤维间隙小到几个微米，此时基体金属需渗入到纤维之间，浸润性差是难以实现的。对于颗粒增强金属基复合材料，如浸润性差颗粒就不可能均匀地进入和分散在金属熔体中。因此采用液态法制备复合材料时，必须解决金属基体和增强体之间的浸润问题。在工艺上也可采用固态粉末冶金、扩散烧结等方法。

③ 将增强体按照设计要求、方向均匀分布于基体中比较困难　增强体的类型很多，包括单根纤维、纤维束、短纤维、晶须和颗粒等，它们的尺寸、形状、物理化学特性差别很大。如化学气相沉积硼纤维和碳化硅单纤维通常直径为100～140μm，碳（石墨）纤维直径为5～12μm且组成纤维束，晶须、颗粒一般大小在几微米或纳米尺度。增强体的大小、聚集状态、性能及其分布状态不同给金属基复合材料制备带来很大困难，在选用制造方法时需要充分考虑增强体的特点。

金属基复合材料的制备工艺可分为四大类：①固态法，是指基体处于固态制备金属基复合材料的方法，包括粉末冶金法、热压法、热等静压法、轧制法、热挤压法、拉拔法等；②液态法，是指金属基体处于熔融状态下与固态的增强材料复合在一起的方法，包括挤压铸造法、真空吸铸、真空压力浸渍法、搅拌复合法；③喷射与喷涂沉积法，包括等离子喷涂成型、等离子喷射成型；④原位自生成法。

7.3.1.1 固态法

固态法制备时，需要将金属粉末或金属箔与增强体（纤维、晶须、颗粒等）按设计要求以一定的含量、分布、方向混合排布在一起，再经加热、加压，将金属基体与增强体复合粘接在一起，形成复合材料。整个工艺过程处于较低的温度，金属基体与增强体均处于固态。由于温度较低，金属基体与增强体之间的界面反应不严重。固态法主要包括扩散黏结法（热压法、热等静压法）、形变法（热轧法、热挤压法、热拉法）和粉末冶金法等。

① 粉末冶金法　最早用来制备金属基复合材料的一种方法。但由于所制备复合材料性能较差，这种方法不适合制备长纤维增强的复合材料，而主要用于颗粒或晶须增强的金属基复合材料。粉末冶金法主要包括混合、固化和压制三个过程，一般是利用超声波或球磨等方法，将金属与增强体粉末混合均匀，然后冷压预成型，得到复合坯件，最后通过热压烧结致密化得到复合材料成品。优点：基体金属或合金的成分可自由选择，基体金属与颗粒之间不易发生反应；可自由选择颗粒的种类、尺寸和含量；可实现近终形成型。缺点：制造工序多、工艺复杂，制备成本较高；制备大尺寸和形状复杂的零件和坯料有一定困难；内部组织不均匀，存在明显的增强体偏聚；颗粒与基体的界面不如铸造复合材料等。

② 扩散黏结法　也可称为扩散焊接法。在加压状态下，通过长时间的高温，依靠接触部位原子间的相互扩散进行的。影响扩散黏结过程的主要参数是：温度、压力以及保温保压时间。另外，气氛对质量也有较大影响。扩散黏结工艺过程如图 7-9 所示：先将纤维与金属基体（主要以金属箔的形式）制成复合材料预制片，然后将预制片按设计要求切割成型，叠层排布（纤维方向）后放入模具内，加热加压并使其成型，冷却脱模后即制得所需产品。为保证热压产品的质量，加热加压过程可在真空或惰性气氛中进行，也可在大气中进行。扩散黏结法的主要优点是可以焊接品种广泛的金属，易控制纤维取向和体积分数。缺点主要是焊接耗时较长（需若干小时），较高的焊接温度和压力导致较高的生产成本，只能制造有限尺寸的零件。扩散黏结法在实际生产中主要分热压法和热等静压法，后者也是热压的一种方法，主要使用惰性气体加压，工件在各个方向上受到均匀压力的作用。

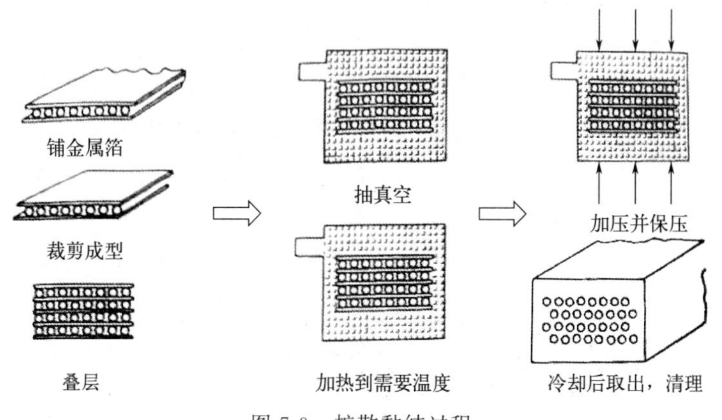

图 7-9　扩散黏结过程

③ 形变法　包括热轧法、热挤压法和热拉法。热轧法主要用来对金属基复合材料锭坯进一步加工成板材。热挤压和热拉主要用于将复合材料坯料进一步加工成各种形状的管材、型材、棒材等。复合材料经挤压、拉拔后，组织变得均匀、缺陷较少、性能明显提高，增强体短纤维和晶须还有一定的择优取向，轴向抗拉强度显著提高。

7.3.1.2 液态法

为了改善液态金属基体与固体增强材料之间的润湿性，控制高温下的界面反应，可以采用加压浸渗、增强体表面涂覆处理、基体中添加合金元素等措施。液态法的制备温度高，易发生严重界面反应，有效控制界面反应是液态法的关键。液态法主要有搅拌复合法、熔体浸渗法、挤压铸造法、共喷沉积法、热喷涂法等。

（1）搅拌复合法

将颗粒直接加入到基体金属熔体中，通过一定方式的搅拌，使颗粒均匀地分散在金属熔体中，并与之复合，然后浇铸成铸件等。它分为在液态下搅拌和在半固态下搅拌两种，前者借助强烈搅动，使液态合金产生涡流，并向涡流中加入颗粒，使其分散；后者先将合金降温至液-固两相区，搅拌半固态浆体，同时加入固体颗粒。搅拌复合法无需较大设备，工序少，对颗粒种类和尺寸适应范围广，操作简单，可以采用传统铸造方法成型，是应用最普遍的方法之一。缺点：颗粒与金属熔体的润湿性差，不易进入和均匀分散在金属熔体中，而是产生团聚；强烈的搅拌容易造成金属熔体的氧化和大量的吸入空气。

改善缺点的方法：①在金属熔体中添加合金元素改善浸润性，比如在铝熔体中加入钙、镁、锂等元素可有效减小熔体表面张力并增加与陶瓷颗粒的浸润性；②颗粒表面处理。增强颗粒表面往往被各种有机物污染或吸附了水分、有害气体，为此在复合前必须对颗粒进行处理，去除有害吸附物以改善与金属液的浸润。比如将颗粒进行热处理，在高温下使有害物质挥发去除，同时在表面形成极薄的氧化层；③复合过程的气氛控制。液体金属氧化生成的氧化膜阻止金属与颗粒的混合和浸润，大量气体的吸入又会造成大量的气孔，使复合材料的质量大大下降。为了防止液体金属的氧化和吸气，对复合过程的气氛控制十分重要。一般采用真空、惰性气体保护以及其他有效措施；④有效的机械搅拌是使颗粒与金属液均匀混合和复合的关键措施之一。强烈的搅拌和液体金属以高的剪切速度流过颗粒表面，能有效地改善金属与颗粒之间的浸润。具体措施包括高速旋转机械搅拌或超声波搅拌。

北京航空材料研究院先进复合材料国防科技重点实验室建立了一套用于颗粒增强铝基复合材料，集材料制备、铸锭重熔和浇注成型等多功能的设备。该设备主要包括搅拌复合（图7-10）和熔化铸造（图7-11）两大部分。搅拌复合系统主要由主工作腔体、加热体、坩埚、真空泵、电磁阀和搅拌装置组成。搅拌装置由炉盖和搅拌机构组成，炉盖和主工作腔体形成真空搅拌工作室。搅拌机构由搅拌器、水冷器、密封元件和电机等组成，并安装在炉盖上。

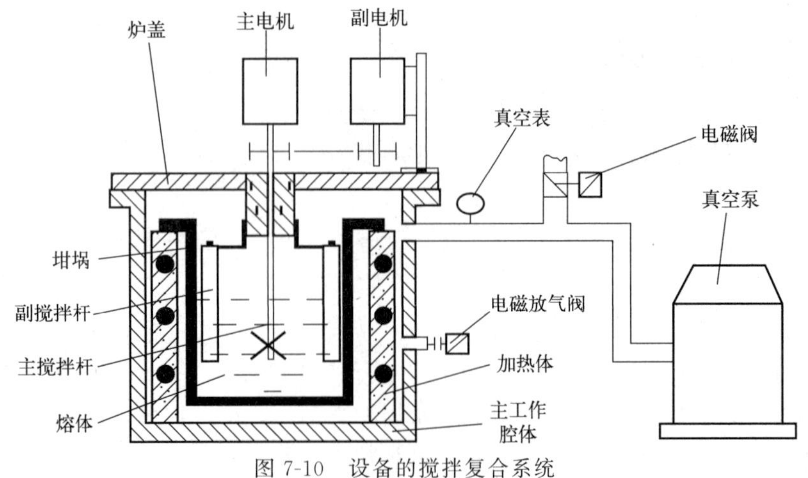

图 7-10 设备的搅拌复合系统

搅拌器包含两副同轴的主搅拌杆和副搅拌杆，这两种搅拌杆可实现双向旋转、无级调速。主搅拌杆转速为 0～1500 r/min，副搅拌杆的转速为 0～200 r/min。主搅拌杆具有很强的机械搅拌作用，将颗粒混入合金熔体并实现颗粒和熔体之间的润湿。副搅拌杆主要是将坩埚周围的颗粒推向坩埚中心，以便使主搅拌杆将它们带入熔体。主搅拌杆和副搅拌杆之间，以及副搅拌杆与水冷器之间均需要动态密封。水冷器可以使密封元件和转动支撑元件在高温工作环境下保持低的温度，避免了高温密封的困难，并增加元件的使用寿命和提高密封效果。

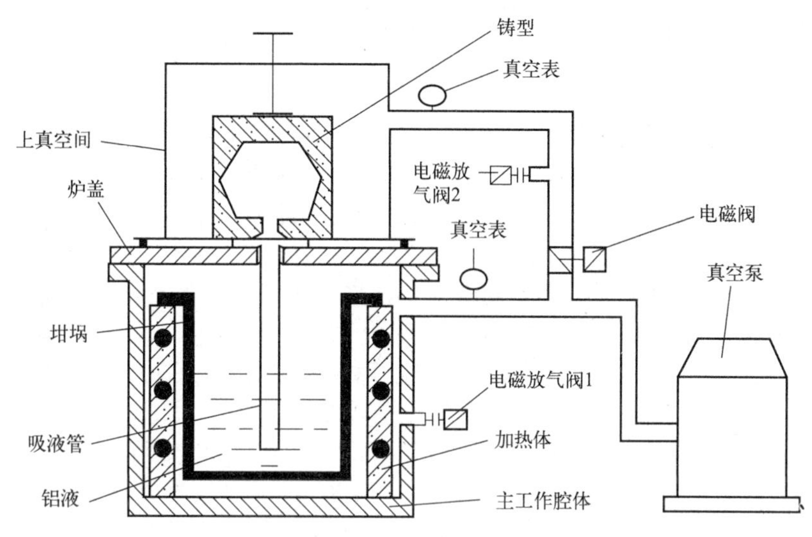

图 7-11　设备的铸造系统

熔化铸造过程包括铸锭重熔、熔体精炼（除气）和浇注铸型三个过程。熔化铸造主体设备是和图 7-10 的搅拌复合系统共有的。将搅拌装置移开，换上浇注时用的上工作腔，就可以进行铸型的浇注过程。铸锭在主工作腔体中的坩埚内重熔，熔化后，封闭主工作腔体，由真空系统制造真空，即实现对复合熔体的真空除气。设备由炉盖中间隔开，形成上下两个工作腔，工作腔之间实施密封，这样可以使它们处于不同的真空度，形成压差，因而完成真空压力浇注过程。上工作腔由真空罩和炉盖形成。铸型置于上工作腔，由液压系统施压压住铸型。下工作腔由主工作腔体和炉盖形成，加热体和坩埚在下工作腔。上、下工作腔由吸液管相连。

其铸造工艺原理是属于一种反重力铸造，液态金属自身的重力不是充型过程的驱动力，而是一种阻力，液态金属在外加压力下，克服重力的阻碍完成充型过程。反重力铸造可以通过调节外加压力的大小来改变充型压力，克服了自由重力浇注时压力有限的缺点。因此，可以通过提高外加压力来增加铸型的充型能力，可浇注形态复杂、薄壁的大型铸件。

先进复合材料国防科技重点实验室发展了一套熔模精密真空铸造工艺，可以获得形状复杂、表面光洁、内部质量高的复合材料铸件，开发了多种 SiC 颗粒增强铝基复合材料精密铸件产品，包括空间光学结构、航空液压系统零件、飞机粒子分离系统零件、发动机活塞和列车刹车盘等。

（2）熔体浸渗法

分为有压浸渗和无压浸渗两种。有压浸渗是预先把增强体用适当的黏结剂黏结，做成相应形状的预制件，放在金属压型内的适当的位置，浇注金属液，并加压使金属液渗入预制件间隙，凝固后得到金属基复合材料。这种方法可改善对增强体与金属液结合有重要影响的润湿性、反应性、密度差等重要因素的作用。主要缺点是难以制造形状复杂的构件、工艺过程复杂、成本高，另外高的浸渗压力对模具及其他的工装也提出了更高的要求。

无压浸渗工艺是在没有外加压力和真空的条件下，金属熔体借助强浸润性产生毛细管压力效应，自发渗入纤维、晶须或颗粒构成的多孔预制体间隙中，待冷却凝固后，获得致密的复合材料。无压浸渗过程是高温下金属熔融液体与增强体的一系列物理和化学作用过程，以典型的碳化硅陶瓷颗粒增强铝基复合材料为例，高温铝合金熔融液体在碳化硅陶瓷颗粒间的浸渗可以分为如下四个步骤：①孕育期；②高温铝合金液体在碳化硅颗粒间的浸渗；③高温铝合金液体在微小孔隙间的浸渗；④凝固形成复合材料。无压浸渗工艺的优点：①预制体可预先制成所需的各种形状，渗入后制品保形性好，尺寸可精确控制，后期只需简单加工便可使用。②由于无外加压力的作用，对于复杂或薄壁预制体仍适用，而且无需采用耐高温的模具或型壳来约束构件。③可以克服搅拌铸造工艺带来的铸造缺陷（气体和夹杂物的混入）以及颗粒分布不均匀（团聚、偏析）等问题。④由于无需外加压力和真空环境，对设备的要求较低、投资小。

无压浸渗技术已成功应用于许多金属基复合材料体系的制备上，尤其是高颗粒含量的SiC/Al、BC颗粒/Al和Al_2O_3颗粒/Al这三种复合材料，所制备材料的性能十分理想，制造成本也远低于压铸及真空压力浸渗法。美国已用来制造电子器材的封装材料、散热片等电子元件和光学元件等。例如，在F-22“猛禽”战斗机的自动驾驶仪、发电单元、飞行员头部上方显示器、电子计数测量阵列等关键电子系统上。20世纪90年代起，美国对这种技术进行了垄断和封锁，美国国防部将其列为非转让技术。为打破国外的技术封锁与禁运，满足我国对于先进金属基复合材料的需求，北京航空材料研究院先进复合材料国防科技重点实验室自1998年起独立自主地开始了无压浸渗金属基复合材料技术的探索研究工作，研制的SiC/Al复合材料致密度高、气密性好，符合军用电子器件的环境适应性要求。

（3）挤压铸造法

液态法制备金属基复合材料时，有两大难点是获得性能优异的复合材料所必须克服的。一是解决增强体与金属基体不浸润的问题，二是减少增强体与金属基体的界面反应。由于纤维、晶须、颗粒等增强体大多属于无机材料，具有与金属完全不同的物理性质，几乎都不能被金属液体自动浸润，必须采取加热加压等方式才能使其与金属复合。而金属与增强体在高温下一旦接触，在很短的时间里（以秒计）就会发生界面化学反应，造成增强体受损或产生脆性化合物，使复合材料难以达到较高的性能水平。挤压铸造是实现增强体与金属复合的简便方法，它所制造的金属基复合材料零部件已达到批量生产和进入实用的程度。

挤压铸造是通过压机将液态金属压入增强材料预制件中制造复合材料的方法，示意图见图7-12。其工艺过程是先将增强材料按照设计要求制成一定形状的预制件，经干燥预热后放入同样预热的模具中，浇入熔融金属，用压头加压，使液态金属渗入预制件，并在压力下凝固。挤压铸造法主要用于批量制造低成本陶瓷短纤维、颗粒、晶须增强铝、镁基复合材料的零部件，如用陶瓷纤维增强铝基复合材料制造汽车活塞。因铸造压力较高，铸件中的气孔和凝固收缩孔都很少。熔体在高压状态下，始终与四周的模具保持紧密接触，增大模具的散热效果，提高了熔体的凝固速度，所以容易获得组织致密、晶粒细小的凝固组织，从而保证铸件具有良好的力学性能。挤压铸造法用于制备金属基复合材料，具有以下特点：①浸润性不好的增强体与金属的复合完全能实现；②铸造时凝固时间短，基体组织较为细小；③制品局部复合化容易实现；④可以完成净成形复合材料制备；⑤制造成本较低。

挤压铸造的工艺条件：保证金属熔体凝固之前完全浸透纤维预制件而又不造成预制件的

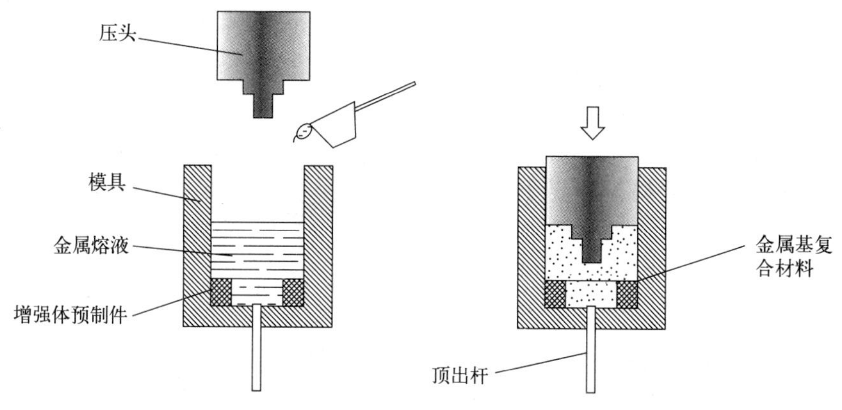

图 7-12　挤压铸造法

变形和开裂，是应达到的基本要求。金属液体一旦进入预制体、与纤维相接触，热量部分传给纤维，熔体前端温度迅速下降，浸渗到一定深度后部分熔体开始凝固，在纤维表面形成固态金属层，阻碍纤维之间流体的流动，甚至导致浸渗停止。减少熔体形成凝固层的速度，主要靠提高浇注温度和预制件预热温度来实现。但要注意，熔体浇注温度太高，会带来铸件冶金质量下降等问题，因而一般控制在液相线温度以上 50～60℃的范围。因此，预制件预热温度尽可能提高就成为该工艺的主要措施。

（4）喷射沉积法

也叫井喷沉积法、共喷沉积法、喷射共沉积法，是一种将金属熔体与增强颗粒在惰性气体推动下，通过快速凝固制备颗粒增强金属基复合材料的方法。基本过程是：液态金属基体通过特殊的喷嘴，在惰性气体气流的作用下，雾化成细小的液态金属流，喷向衬底，同时将颗粒加入到雾化的金属流中，与金属液滴混合在一起，同时沉积在衬底上，凝固形成复合材料。

优点：适用面广，一般基体、增强材料都可采用；生产工艺简单、效率高；冷却速度快、成分均匀、防偏析、晶粒细小；有效避免复合材料发生界面反应，增强颗粒分布均匀。

缺点：出现原材料被气流带走和沉积在效应器壁上等现象而损失较大；复合材料孔隙率较大以及容易出现疏松；液滴容易氧化。

7.3.1.3　原位自生成法

原位自生成法是指增强材料不是外加的，而是在复合材料制造过程中在基体中生成和生长的方法。根据增强材料的生长方式，可分为定向凝固法和反应自生成法。以原位自生成法制造的金属基复合材料中基体与增强材料间的相容性好，界面干净，结合牢固，特别当增强材料与基体之间形成共格或半共格关系时，能非常有效地传递应力，界面上不生成有害的反应产物，因此这种复合材料有较优异的力学性能。

（1）定向凝固法

增强材料以共晶的形式从基体中凝固析出，通过控制冷凝方向，在基体中生长出排列整齐的类似纤维的条状或片层状共晶增强材料。以这种方式生产的镍基、钴基定向凝固共晶复合材料已得到应用。

(2) 反应自生成法

增强材料是由加入基体中的相应元素之间反应、合金熔体中的某种组分与加入的元素或化合物之间反应生成的。主要用于制造金属间化合物复合材料。

7.3.2 典型金属基复合材料及其工程应用

7.3.2.1 航空航天

B/Al 复合材料是最早工业化生产的金属基复合材料，在美国哥伦比亚号航天飞机中，用于制造主骨架、肋条、桁架支柱、制动器支撑架等构件共 89 种 243 件构件，总质量 150kg，比原来铝合金构件质量减轻了 44%。B/Al 复合材料还用来制造喷气发动机风扇叶片、飞机机翼蒙皮和结构支撑件、飞机垂直尾翼和起落架部件。

SiC/Al 复合材料被用来制造飞机、发动机和卫星的结构件，如飞机上长 3m 的 Z 形加强板，战斗机尾翼平衡器，卫星支架以及超轻高性能太空望远镜的管、棒、桁架等。

用于航空航天工业的金属基复合材料，一般需要考虑的主要因素是：①轻质高强。在保持强度的情况下，材料自重要轻，这样可以减少燃料消耗，所以通常选用低密度陶瓷纤维作为增强材料；②抗疲劳性能好；③具有一定的耐高温性能；④对复合材料成型工艺要求较高，相应地制造成本也高。

7.3.2.2 机械制造

金属基复合材料用于机械制造业的前提是其制品具有其他材料不可替代的优点，或者其产品的制造成本接近用金属制造的成本。金属基复合材料在机械工业中最早被用于制造汽车发动机零件。日本本田公司用含 5%的 Al_2O_3 短纤维的铝基复合材料代替含镍铸铁用于制造汽车发动机活塞环附近的衬套，质量减轻 5%～10%，磨损量为铝合金的 1/5，导热系数为含镍铸铁的四倍，热疲劳寿命明显提高。此外，已经开发成功的有 SiC 颗粒增强铝基复合材料的整体活塞。Al_2O_3 颗粒增强铝基复合材料制造的汽车发动机的驱动轴，转速可以提高约 14%。用短切氧化铝和碳纤维增强的铝-硅合金复合材料的耐磨性和抗疲劳性好、高温稳定密度低、减振性强，丰田公司用它制造发动机缸体，使功率/质量比明显提高。

7.3.2.3 电子信息产业

电子信息产业，特别是微电子工业，对材料有较高的使用要求。SiC 颗粒增强铝基复合材料，可通过调节 SiC 颗粒的含量使其热膨胀系数与基材匹配，并且具有导热性好、尺寸稳定性优良、低密度、适合钎焊等性能，用它代替钢/钼基座，可以改善微电子器件的性能。硼/铝复合材料用作多层半导体芯片的支座，是一种很好的散热冷却材料，由于这种材料导热性好、热膨胀系数与半导体芯片非常接近，故能大大减少接头处的热疲劳。

石墨纤维增强铜基复合材料的强度和模量比铜高，又保持了铜的优异的导电和导热性能。通过调节复合材料中石墨纤维的含量及排布方向，可使其热膨胀系数非常接近任何一种半导体材料，因此被用来制造大规模集成电路的底板和半导体装置的支持电板，防止了底板的翘曲和半导体基片上裂纹的产生，提高了器件稳定性。

7.3.2.4 船舶与海洋工程

国外从事金属基复合材料船舶应用的单位主要是美国海军相关机构和与其合作的有关公

司。美国海军水面作战中心从20世纪80年代就开始从事金属基复合材料的合成与制备，包括不连续纤维增强的有SiC/Al、BC/Al、TiC/青铜、WC/青铜，连续纤维增强的有石墨/Al、SiC/Al和W/FeCrAlY等。总体来说，金属基复合材料在舰船上的应用较少，目前多用于舰船附属设备、船体结构、动力、电子系统等，比如铝基复合材料的大深度鱼雷壳体、船用磨损件、动力系统中的连杆、活塞、陀螺台架等产品，钛基和铜基复合材料用于舰船结构和舱板、水下工程构件、发动机叶片、柴油机活塞、燃气轮机叶片等。

① 美国　采用离心铸造技术制造的TiC/青铜复合材料用于海上补给船的拖拉绞盘摩擦鼓，在待磨耗平面上能够产生耐磨的TiC微粒子，增大耐磨性，使绞盘摩擦鼓的成本减少约7%，且使用寿命增加。还有铝包覆的NbTi/Cu复合材料导线用于扫雷系统，可减轻重量且可使磁场稳定。

② 俄罗斯　俄罗斯联邦中央结构材料研究院1999年采用AlB/1561铝合金复合材料板结构，与铝合金标准结构比较，压缩承载能力提高2倍，结构疲劳极限提高2～11倍，静态悬臂弯曲的承载能力提高1.2倍，它是解决具有动态维护原理的先进船舶强度的关键技术。俄罗斯远东联邦大学提出了一种3层玻璃金属复合材料的设计思想和制造方法，将玻璃金属复合材料用于深海潜艇耐压壳体。其结构是玻璃层位于两层金属蒙皮之间，玻璃层承受压应力，金属蒙皮承受拉应力。玻璃层成形过程中，通过拉伸金属蒙皮使玻璃层受压，阻止玻璃层产生表面微裂纹，从而大幅度地提高玻璃层的抗冲击性、静态及动态强度。与高强钛合金相比，玻璃金属复合材料的比强度高且造价低廉，价格为高强钛合金的1/17。

③ 中国　洛阳船舶材料研究所，自20世纪80年代中期研制成铝合金-钢爆炸复合板，并于1992年首次成功应用于琼州海峡“海鸥3号”双体客船铝质上层建筑与钢质船体甲板的过渡连接，后续又应用于导弹快艇等多条军艇和民船上。

7.4 树脂基复合材料

树脂基复合材料是以合成树脂为基体的复合材料。合成树脂是一种人工合成的高分子化合物，由于其性能和外形类似于天然树脂而得名，其表观可为液态、固态、半固态或假固态。根据固化方式的不同，可分为热固性树脂和热塑性树脂两种，不饱和聚酯树脂、环氧树脂、酚醛树脂等是最常用的热固性树脂，加固化剂并受热后，将形成不溶不熔的固化物，因此称为热固性树脂；聚乙烯、聚丙烯、聚氯乙烯、聚苯乙烯等具有线型分子链的结构，可反复受热成型，因此称为热塑性树脂。

在热固性树脂基复合材料中，树脂通过固化将增强材料黏结为一个整体起到传递载荷的作用，并赋予复合材料各种优良的综合性能，如电绝缘性、耐腐蚀性、耐高温性、工艺性等。树脂基体与增强材料的界面黏结状况对树脂基复合材料的力学性能、耐腐蚀性、耐老化性有很大影响，一般常用偶联剂对增强材料进行表面处理来改进界面性能。

在热塑性树脂基复合材料中，由于基体是热塑性树脂，其性能、加工方法等与热固性树脂基复合材料有较大差异。其优点为：轻质高强、耐腐蚀性和耐水性好，耐热性高于热固性复合材料，能够回收再利用。缺点为：蠕变性能差、耐候性不好、高温性能不足。加工上最大的不同，是热塑性树脂基复合材料不需要固化即可成型。

树脂基复合材料是第一代复合材料，美国在第二次世界大战期间采用玻璃纤维增强聚酯树脂复合材料来制造军用雷达罩、飞机机身和机翼等。我国1961年采用玻璃纤维增强酚醛树脂复合材料来制造用于远程火箭的烧蚀防热弹头。树脂基复合材料，特别是热固性树脂基复合材料是目前技术比较成熟、应用最广泛的一类复合材料。我国的C919大飞机制造采用了不少碳纤维增强的环氧树脂复合材料。用T300碳纤维（T代表碳）增强的环氧树脂零部件有翼梢小翼、方向舵和升降舵；用T300碳纤维增强的增韧环氧树脂有襟副翼、扰流板、后压框、垂尾、平尾；用T800碳纤维增强的增韧环氧树脂的有中央翼的上壁板、下壁板、前梁、后梁、展示梁；用玻璃纤维增强的环氧树脂复合材料制造的零部件有机头雷达罩、中央翼的翼身整流罩。

根据树脂基体的不同，热固性树脂基复合材料的分类如表7-5，其中不饱和聚酯树脂、环氧树脂和酚醛树脂是最常用的热固性树脂基体。根据性能的不同，热塑性树脂基复合材料的分类见表7-6。

表7-5　热固性树脂基复合材料的分类

<table>
<tr><td rowspan="3">热固性树脂基复合材料</td><td>环氧树脂基复合材料</td><td>高官能团环氧复合材料
环氧/酚醛复合材料</td></tr>
<tr><td>酚醛树脂基复合材料</td><td>低压酚醛复合材料
高压酚醛复合材料
改性酚醛复合材料
环氧酚醛复合材料</td></tr>
<tr><td>不饱和聚酯基复合材料
脲醛基复合材料
聚氨酯基复合材料
有机硅基复合材料
三聚氰胺基复合材料</td><td></td></tr>
</table>

表7-6　热塑性树脂基复合材料的分类

<table>
<tr><td rowspan="3">热塑性树脂基复合材料</td><td>通用热塑性树脂基复合材料</td><td rowspan="2">主要用玻璃纤维增强</td><td>聚乙烯（PE）
聚丙烯（PP）
聚氯乙烯（PVC）
聚苯乙烯（PS）
ABS树脂</td></tr>
<tr><td>工程塑料复合材料</td><td>聚酰胺（尼龙，PA）
聚碳酸酯（PC）
聚甲醛（POM）
聚酯（PBT）
聚苯醚（PPO）</td></tr>
<tr><td>高性能热塑性树脂基复合材料</td><td>用连续纤维增强（碳纤维、芳纶纤维、高强度玻璃纤维）</td><td>聚醚醚酮（PEEK）
聚醚酮（PEK）
聚苯硫醚（PPS）
热塑性聚酰亚胺（PI）
聚醚砜（PES）
液晶聚合物
聚芳醚砜酮（PPESK）</td></tr>
</table>

7.4.1　树脂基复合材料的制备工艺

树脂基复合材料的制造与传统的金属材料的制造是完全不同的。除少数产品以外，金属材料的制造基本上可以说是原材料的制造，将金属原材料经过不同的加工手段制成各种产品。而大部分树脂基复合材料在制造时，实际上是把复合材料的制造和产品的制造融为一体。也就是要把纤维、颗粒等增强体均匀地分布在基体树脂中，然后按产品设计的要求实现成型和固化等。因此，与金属材料的制造相比，树脂基复合材料的制造有很大的灵活性。根据增强体和基体材料种类的不同，需要应用不同的制造工艺和方法。树脂基复合材料的制造方法有很多，主要制造方法可以按基体材料的不同分为两类。一类是热固性复合材料的制造方法，另一类是热塑性复合材料的制造方法。实际生产中要根据产品的质量、成本、纤维和树脂的种类来选择适当的成型方法。以下将对这些主要的制造方法进行介绍，其中7.4.1.1～7.4.1.9属于热固性树脂基复合材料制造方法，其余为热塑性树脂基复合材料制造方法。

7.4.1.1 手糊成型法

所谓手糊成型工艺，是指用手工或在机械辅助下将增强材料和热固性树脂铺覆在模具上，树脂固化后形成复合材料的一种成型方法。图7-13给出了手糊成型技术示意图。手糊成型法是树脂基复合材料制造的最基本的方法，多用于玻璃纤维/聚酯树脂复合材料的产品制造，特别是对于量少、品种多及大型制品，更宜采用此法。但这种成型方法需要的操作人员多，操作者的技术水平对制品质量影响大，虽看似简单，但要获得优质制品也有相当难度。

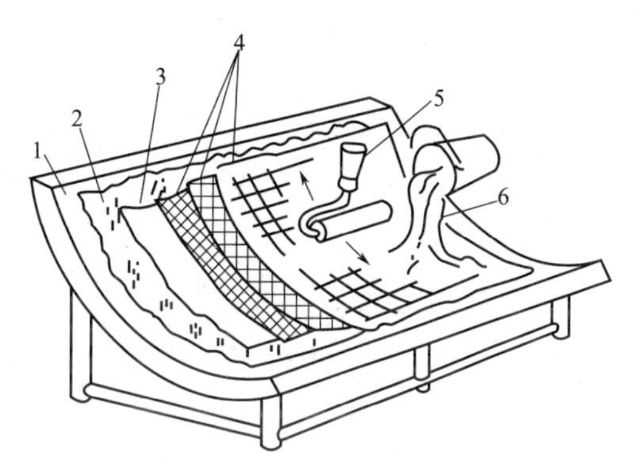

图7-13 手糊成型技术

1—模具；2—脱模剂；3—胶衣层；4—玻璃纤维布；5—压辊；6—树脂

与其他成型工艺相比，手糊成型工艺具有如下的优缺点。优点：操作简单、操作者容易培训；设备投资少、生产费用低；能生产大型和复杂结构的制品；制品的可设计性好，且容易改变设计；模具材料来源广；可以制成夹层结构。

缺点：是劳动密集型的成型方法，生产效率低；制品质量与操作者的技术水平有关；生产周期长；制品力学性能较其他方法低。

模具是手糊成型工艺中的主要装备，模具的结构形式和材料对复合材料制品的质量和生产成本有很大的影响，复合材料制品的外观及表面形态在很大程度上取决于模具表面的好坏，模具的寿命还直接影响复合材料的寿命。

(1) 模具设计的基本原则

① 要符合产品设计的精度要求 变形小的模具，其精度高，可保证制品尺寸准确。另外，要特别注意玻璃钢的收缩，玻璃钢的收缩与制品的形状、大小、厚度及增强方式等有关。一般根据经验给出收缩余量和变形余量。

② 要有足够的强度和刚度 防止生产过程中外力对模具的损坏，以延长模具的使用周期。

③ 要容易脱模 脱模难易度是评定模具设计的重要指标。一般大型密封容器，多采用拼装模；小型容器则采用不拆除的衬里或可溶性材料的内模；为了容易脱模和对制品无损伤，可在模具中设计气孔或水孔，允许注入压缩空气或高压水来帮助脱模；在模具的拐角处应尽量避免锐角。

④ 成本低，材料易得 模具的经济效益，不仅要考虑模具本身的造价，而且还要考虑其使用寿命。

(2) 模具的结构形式

模具分单模和对模两类，单模又分阴模和阳模两种。不论单模或对模都可以根据工艺要求设计成整体式或拼装式。几种常用的模具结构形式如下。

① 阴模　阴模的工作面向内凹陷［见图 7-14（a）］。所生产制品外表面光滑，尺寸准确。但凹陷深的阴模操作不便，排风困难，也不容易控制质量。阴模常用于生产船壳等外表面要求高的制品。

② 阳模　阳模的工作面是凸出的［见图 7-14（b）］。所生产的制品内表面光滑，尺寸准确，操作方便，质量容易控制，便于通风。在手糊成型工艺中大多采用阳模成型。

③ 对模　对模由阳模和阴模两部分组成［见图 7-14（c）］。所生产的制品内、外表面都很光滑，厚度精确。对模一般用来生产表面精度及厚度要求高的制品，但在装料、出料时要经常搬动，故不适合大型制品的生产。

④ 拼装模　拼装模的构造比较复杂，但是由于某些制品结构复杂或者是为了脱模方便，常将模具分成几块拼装。如大型缠绕容器的模具就是采用这种形式，在缠绕前将模块组合，固化后再从开孔处把模块拆除。

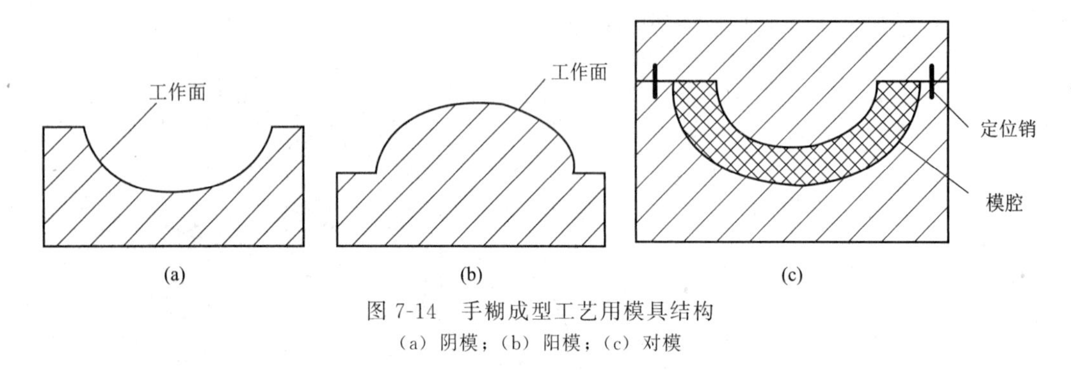

图 7-14　手糊成型工艺用模具结构
（a）阴模；（b）阳模；（c）对模

（3）模具材料选择

模具材料的基本性能要适应模具的制造要求与使用条件，根据模具的结构和使用情况，合理选用制模材料，是保证制品质量和降低成本的关键之一。模具材料应不受树脂和辅助材料的腐蚀，不影响树脂的固化，能经受一定温度范围的变化，价格便宜，来源方便，制造容易。常用的模具材料有木料、石蜡、水泥、金属、石膏、玻璃钢、陶土、可溶性盐等。

手糊成型工艺制造复合材料制品一般要经过如下工序。

① 原材料准备　所需原材料有玻璃纤维及其织物、合成树脂、辅助材料等。玻璃纤维织物的裁剪设计很重要，一般小型和复杂的制品应预先裁剪，以提高工效和节约用布。简单形状可按尺寸大小裁剪，复杂形状则需要用纸板做成样板，照样板裁剪。树脂胶液的配制是将树脂、固化剂或引发剂、促进剂、填料和助剂等混合均匀。常温固化的树脂具有很短的使用期，必须在凝胶以前用完。树脂胶液的配制直接关系到制品的质量。

② 模具准备　新模具要对照图纸组装，核对模具的形状、尺寸及脱模锥度；旧模具则要检查破损情况，根据实际情况进行修补和修整。

③ 涂刷脱模剂　主要有石蜡类脱模剂和溶液类脱模剂，涂刷前保证模具表面的水分、灰尘、污垢清除干净，涂刷时沿一个方向按顺序涂刷；涂刷后要仔细检查，保证涂刷均匀，不漏涂。

④ 喷涂或涂刷胶衣　为了改善玻璃钢制品的表面质量，延长使用寿命，在制品表面往往加一层厚度为 0.25～0.5mm 的胶衣层，它的树脂含量较高、性能较好，可以是纯树脂层或用表面毡增强。胶衣层的质量好坏，对制品的耐气候性、耐水和耐化学性能影响很大。

⑤ 糊制成型　胶衣层凝胶后（发软而不黏手）即可糊制。先在模具上刷一层树脂，然

后铺一层玻璃布，并注意排除气泡，涂刷时要用力沿布的径向；顺一个方向从中间向两头把气泡赶净，使玻璃布贴合紧密，含胶量均匀，如此重复，直至达到设计厚度。厚的玻璃钢制品应分次糊制，每次糊制厚度不应超过 7mm，否则厚度太大，固化发热量大使制品内应力大而引起变形、分层。

⑥ 固化　一般室温固化（15℃以上），湿度不高于 80%。温度过低、湿度过高都不利于聚酯树脂的固化。升高环境温度能够加速玻璃钢制品的固化反应，提高模具的利用率。手糊成型的环境温度最好是 25～30℃，这样的条件既适宜于施工操作，又可以缩短脱模时间。

制品在凝胶后，需要固化到一定程度才可脱模，脱模后继续在室温下固化或加热处理。

⑦ 脱模　当制品固化到脱模强度时，便可进行脱模。室温固化的不饱和聚酯玻璃锅制品一般在成型后 24 h 内可达到脱模强度。脱模后再放置一周左右即可使用，但是要达到最高强度值，往往需要很长的时间。为了缩短生产周期，常常采用加热后处理措施，环氧玻璃钢的热处理温度常控制在 150℃以内，不饱和聚酯玻璃钢不超过 120℃。

脱模最好用木制或铜制工具，以防将模具或制品划伤。

向预埋在模具上的管接头送入压缩空气（约 0.2MPa）或水，同时用木手锤敲打制品，注意不能损伤模具及制品的胶衣。当用压缩空气或水不能使制品脱模时，可用刮板等把制品边缘撬开一点间隙，然后插入楔子，把制品脱下。用刮板和楔子脱模时要注意不要损伤模具的边缘。

⑧ 修边　脱模后的制品要进行机械加工，去除飞边、毛刺，修补表面和内部缺陷。

⑨ 装配　大型玻璃钢制品往往分几部分成型，机加工后再进行拼接组装，组装时的连接方法有机械连接和黏结两种。最可靠的办法是两种方法同时使用。

⑩ 制品验收。

7.4.1.2 喷射成型工艺

喷射成型也称半机械化手糊法，是利用喷枪将玻璃纤维及树脂同时喷到模具表面制得玻璃钢的工艺方法。具体做法：加了引发剂的树脂和加了促进剂的树脂分别由喷枪上的两个喷嘴喷出，同时切割器将连续玻璃纤维切割成短切纤维，由喷枪的第三个喷嘴均匀地喷到模具表面上，用小辊压实，经固化而成制品，如图 7-15 所示。

在国外，喷射成型的发展方向是代替手糊成型工艺。优点：a. 利用粗纱代替玻璃布，降低材料费用；b. 半机械化操作，生产效率比手糊法高 2～4 倍，尤其对大型制品，这种优点更为突出；c. 喷射成型无接缝，制品整体性好；d. 减少飞边、裁屑和剩余胶液的损耗。缺点是树脂含量高、制品强度低、现场粉尘大、工作环境差。

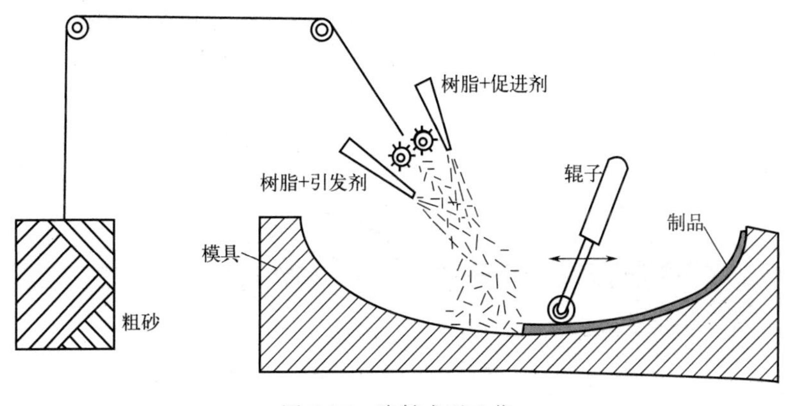

图 7-15　喷射成型工艺

7.4.1.3 袋压成型工艺

袋压成型工艺是在手糊成型制品上，借助橡胶袋或聚乙烯、聚乙烯醇袋，将气体压力施加到未固化的玻璃钢制品表面而使制品成型的工艺方法。袋压成型工艺也适合于用预浸料制造的复合材料。优点：制品两面较平滑，能适应聚酯、环氧及酚醛树脂，制品质量高，成型周期短。缺点：成本较高，不适用于大尺寸制品。

适合袋压法生产的制品有：原型零件；产量不大的制品；模压法不能生产的复杂制品；需要两面光滑的中小型制品。

袋压成型工艺可分为两种：加压袋法和真空袋法。①加压袋法，是在经手糊或喷射成型后未固化的玻璃钢表面放上一个橡胶袋。固定好上盖板，如图 7-16（a）所示，然后通入压缩空气或蒸气，使玻璃钢表面承受压力，同时受热固化而得制品。②真空袋法，是将经手糊或喷射成型后未固化的玻璃钢，连同模具，用一个大的橡胶袋或聚乙烯醇薄膜包上，抽真空，如图 7-16（b）所示，使玻璃钢表面受大气压力，固化后即得制品。

固化后的脱模、修边与手糊成型法相同。

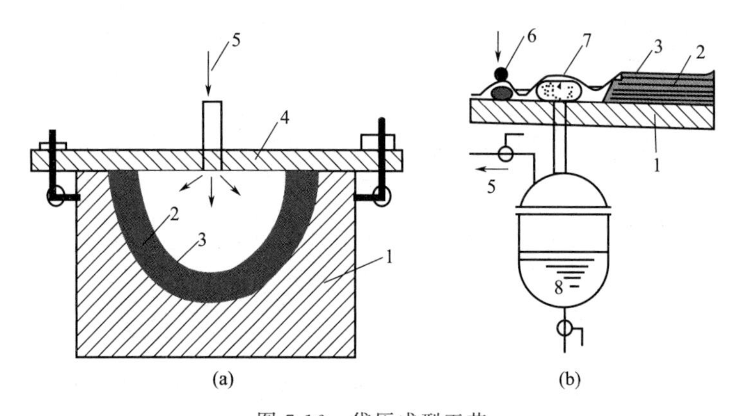

图 7-16 袋压成型工艺

（a）加压袋法；（b）真空袋法

1—模具；2—制品；3—橡胶袋；4—盖板；5—压缩空气或真空；6—压紧装置；7—缓冲材料；8—树脂

7.4.1.4 复合材料夹层结构制造工艺

复合材料夹层结构是由三层以上的结构组成的复合结构（图 7-17）。夹层结构有两层薄而高强度的面板材料，其间夹着一层厚而轻质的芯材。这是为了满足轻质高强要求而发展起来的一种结构形式。加入芯材的目的是维持两面板之同的距离，使夹层面板截面的惯矩和弯曲刚度增大，可有效弥补复合材料板弹性模量低、刚度差的缺点。

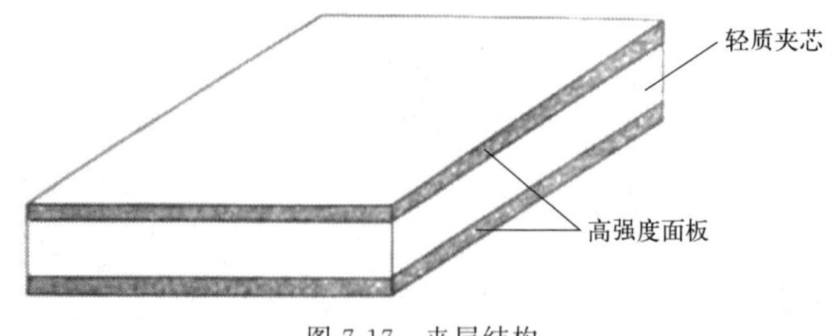

图 7-17 夹层结构

由于芯材的质量轻，所以用它制成的蜂窝夹层结构，能在同样承载能力下，大大地减轻结构的自重。夹层结构的面板材料可以用复合材料板、塑料板、铝板、胶合板等，面板材料是夹层结构的主要受力部分。夹芯材料有蜂窝芯材、泡沫塑料、强芯毯、栓皮等，它在夹层结构中起连接和支撑面层板的作用，承受的是剪切应力。

以玻璃钢夹层结构为例，它的优点包括比强度高、表面光洁、结构稳定性好、承载能力强、耐疲劳、隔声、隔热等。玻璃钢夹层结构广泛应用于航空工业、建筑工业和交通运输工业，主要用于制造隔墙板、地板、屋面材料等内部装饰材料。

复合材料夹层结构的制造方法有两种：湿法成型和干法成型。前者是指面板和蜂窝芯子的树脂在未固化的湿态下，直接在模具上胶接并固化成型。后者是将面板和蜂窝芯子分别固化成型后，再用黏结剂把它们黏结成蜂窝夹层结构。

7.4.1.5 层压成型工艺

层压成型工艺是把一定层数的浸胶布（纸）叠在一起，送入多层液压机，在一定的温度和压力下压制成复合材料板材的工艺。层压成型工艺属于干法、压力成型范畴，是复合材料的一种主要成型工艺。该工艺生产的制品包括各种绝缘材料板、人造板、塑料贴面板、覆铜箔层压板等。优点：制品表面光洁，质量较好且稳定，生产效率较高。缺点：只能生产板材，且产品的尺寸大小受设备限制。

生产工艺流程见图 7-18。

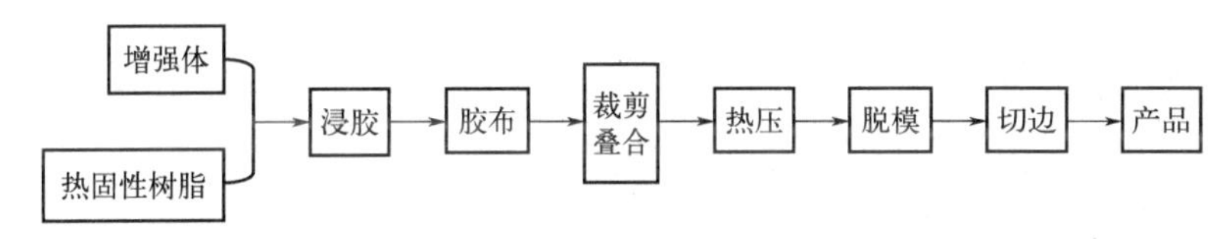

图 7-18　层压成型工艺流程

7.4.1.6 模压成型工艺

模压成型工艺是指将模压料置于金属对模中，在一定的温度和压力下，压制成型为复合材料制品的一种成型工艺。优点：生产效率高，制品尺寸精确，表面光洁，价格低廉，容易实现机械化和自动化，多数结构复杂的制品可一次成型，无需有损于制品性能的辅助加工（如车、铣、刨、磨、钻等），制品外观及尺寸的重复性好。主要缺点：压模的设计与制造较复杂，初次投资较高。

在模压成型工艺中所用的原料半成品称为模压料，通常也叫模塑料，是用树脂浸渍增强材料经烘干后制成。有两种模塑料：片状模塑料和团状模塑料。

片状模塑料（sheet molding compound，SMC）是以不饱和聚酯树脂为黏结剂制成的一种模塑料。制备方法是在不饱和聚酯树脂中加入增稠剂、无机填料、引发剂、脱模剂和颜料等组分配制成的树脂混合物，浸渍短切纤维或毡片，上下两面覆盖聚乙烯薄膜，经增稠后制得薄片状模塑料。适用于结构复杂的制品或大面积制品的成型。

团状模塑料（bulk molding compound，BMC）的组成与 SMC 相似，两者的主区别在于模压料的形态和制备工艺上的不同。制备方法是将树脂、增稠剂、填料、引发剂、脱模剂、颜料和增强材料等组分加入捏合机中捏合均匀，经增稠后制得团状模塑料。适合于小型的异型制品。

7.4.1.7 缠绕成型工艺

将连续纤维浸渍树脂胶液后，按照一定的规律缠绕到芯模上，然后在加热或常温下固化，制成一定形状制品的工艺称为缠绕成型工艺。缠绕成型法示意图如图 7-19。缠绕成型工艺按树脂基体的状态不同分为干法、湿法和半干法三种。

（1）干法

在缠绕前预先将玻璃纤维制成预浸渍带，然后卷在卷盘上待用。使用时将浸渍带加热软化后绕制在芯模上。优点：缠绕速度快，可达 100～200m/min；缠绕张力均匀；设备清洁，劳动条件得到改善；易实现自动化缠绕；可严格控制纱带的含胶量和尺寸，制品质量较稳定。缺点：缠绕设备复杂、投资较大。

（2）湿法

缠绕成型时玻璃纤维经集束后进入树脂胶槽浸胶，在张力控制下直接缠绕在芯模上，然后固化成型。优点：设备较简单，对原材料要求不高。缺点：纱带质量不易控制、检验，张力不易控制；缠绕设备要经常维护，容易发生纤维缠结。

（3）半干法

与湿法相比增加了烘干工序。与干法相比，缩短了烘干时间，降低了胶纱的烘干程度，使缠绕过程可以在室温下进行，既除去了溶剂，又提高了缠绕速度和制品质量。

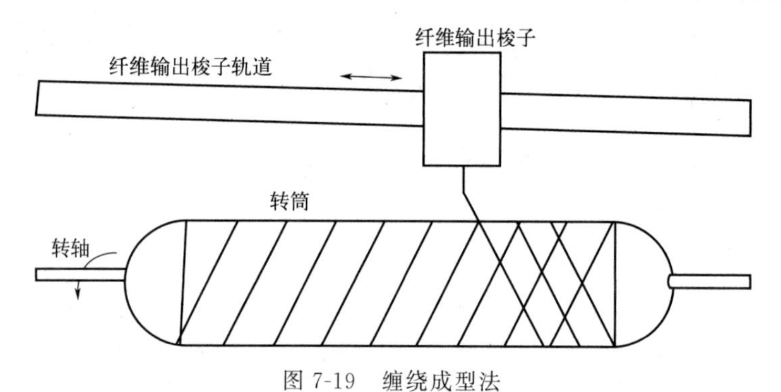

图 7-19 缠绕成型法

缠绕成型工艺的优点：所得复合材料制品比强度高，可超过钛合金；制品质量高而稳定，易实现机械化自动化生产；成本较低，通常采用无捻粗纱作原料，生产效率高；制品强度呈各向异性。缺点：层间剪切强度低；制品的几何形状有局限性，仅适用于制造圆柱体、球体及某些正曲率回转体制品，对负曲率回转体制品难以缠绕；设备及辅助设备较多，投资较大。

缠绕复合材料制品在民用工业及军用工业上得到了比较广泛的应用。

（1）压力容器

压力容器有受内压容器（如各种气瓶）和受外压容器（如鱼雷）两种，用于航空航天等运载工具及医疗等方面。

（2）管道

管道用于输送石油、水、天然气、化工流体介质等，可部分代替不锈钢，具有轻质、高强、防腐、耐久、方便的特点。

(3) 贮罐、槽车

各种用以运输或贮存酸、碱、盐、油介质的贮罐、槽车，具有耐腐蚀、质量轻、成型方便等优点。

(4) 军工制品

如火箭发动机外壳、火箭发射管、雷达罩、鱼雷、鱼雷发射管等。

7.4.1.8 拉挤成型工艺

拉挤成型工艺是将浸渍了树脂胶液的连续纤维，通过成型模具，在模腔内加热固化成型，在拉力作用下，连续拉拔出型材制品。该工艺适用于制造各种不同截面形状的管、棒、角形、工字形、槽形、板材等型材。优点：设备造价低，生产效率高，可连续生产任意长的各种异形制品，原材料的有效利用率高，基本上无边角废料。缺点：只能加工不含有凹凸结构的长条状制品和板状制品；制品性能的方向性强，剪切强度较低；必须严格控制工艺参数。

图 7-20 是拉挤成型工艺示意图。玻璃纤维无捻粗纱从纱架引出，经过导纱辊进入树脂槽中浸胶，然后进入预成型模，去除多余树脂，并在压实过程中排除气泡，再进入成型模，玻璃纤维和树脂在成型模中被挤压、拉拔，然后成型固化，最后经牵引切割成制品。

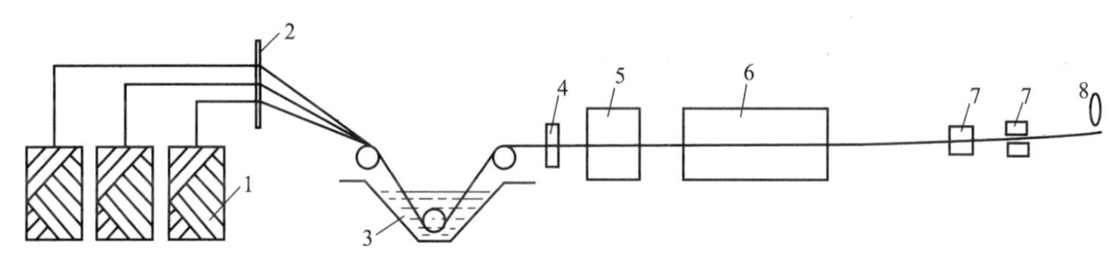

图 7-20 拉挤成型工艺

1—增强材料；2—分纱板；3—胶槽；4—纤维分配器；5—预成型模；6—成型模具；7—牵引器；8—切割器

7.4.1.9 树脂传递模塑成型工艺

树脂传递模塑（RTM）成型工艺是一种闭模成型技术，克服了手糊成型工艺的缺点，极大地减少了车间的苯乙烯浓度，符合越来越高的环保要求，因此，RTM 成型工艺在欧美得到普遍的重视。

RTM 成型工艺是将增强材料预先铺设在对模的模腔内，锁紧模具，用压力从预设的注入口将树脂胶液注入模腔，浸透增强材料后固化，脱模得到制品。RTM 成型工艺流程图如图 7-21 所示。

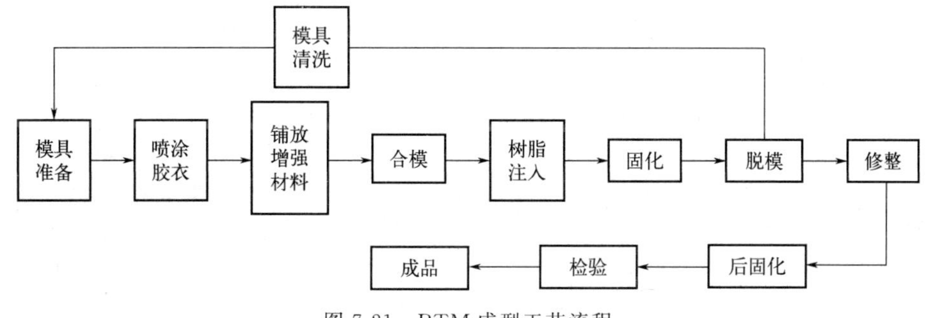

图 7-21 RTM 成型工艺流程

优点：闭模操作，不污染环境，苯乙烯的挥发量约为 59mg/m^3，远低于手糊成型的 354mg/m^3；成型效率高；可以制造两面光的制品；增强材料可以按设计进行铺放；原材料及能源消耗少；投资少。

7.4.1.10 热塑性树脂基复合材料成型工艺

热塑性复合材料的成型方法可以分为以下两类。

① 短纤维增强热塑性树脂基复合材料成型方法　注射成型工艺、挤出成型工艺。

② 连续纤维增强热塑性树脂基复合材料成型方法　片状模塑料冲压成型工艺、预浸料模压成型工艺、片状模塑料真空成型工艺、预浸纱缠绕成型工艺、拉挤成型工艺。

热塑性复合材料的成型工艺中，以短纤维增强的热塑性复合材料的成型工艺与热塑性树脂的加工工艺类同，只是对设备的要求不同，如用玻璃纤维作为增强材料时，要求增加螺杆的硬度和耐磨性。

类似于热固性复合材料的模压、层压成型工艺，热塑性复合材料成型时也可以先制成预浸料或片状模塑料，然后用其加工成复合材料制品。为了使复合材料达到良好的性能，基体对纤维的良好浸渍是需要的。由于热塑性树脂的黏度相当高，它对增强材料的浸渍比热固性树脂困难得多。故热塑性树脂的浸渍技术是热塑性复合材料成型工艺的关键技术。热塑性树脂的浸渍技术分成预浸渍和后浸渍两种形式。预浸渍是指增强材料被基体树脂完全浸润和浸渍。后浸渍仅是纤维和树脂的物理混合。

7.4.2 典型树脂基复合材料在水面舰船的应用

相较于金属材料，树脂基复合材料有着特有的优点，诸如质量轻、比强度大、比模量高、耐腐蚀、结构可设计性强等。在舰船建造中，以树脂基复合材料取代钢材，一方面可降低舰船结构重量，提升舰船综合性能指标，另一方面可对复合材料结构开展设计，充分发挥结构的力学性能。现阶段，舰船用复合材料，特别是应用于船体结构的复合材料，大多为树脂基复合材料。

应用于舰船的树脂基复合材料具有以下优点：①无磁性，是建造扫雷艇、猎雷艇的最佳结构功能材料；②介电性和微波穿透性好，非常适用于军用舰艇；③具有耐腐蚀性，抗海水生物附着；④能吸收高能量，冲击韧性好；⑤维护费用低。另外，以玻璃纤维为增强材料复合而成的玻璃钢，具有与钢相近的强度，除了耐水、耐腐蚀、可整体成型等树脂基复合材料的常规性能外，制造出的船体表面光洁平滑。由于这些独特优势，早在 20 世纪 40 年代中期，美国海军就已将复合材料中的玻璃钢用于舰船建造。我国将复合材料用于船舶建造起始于 1958 年，历经 50 多年的发展，我国已建造了 100 多种型号的复合材料船艇，包括渔船、游艇、帆船、赛艇、公务执法巡逻艇。

（1）舰艇结构

第一艘全玻璃纤维增强聚合物（GRP）的巡逻艇诞生于 20 世纪 60 年代初期，由美国海军制造，越战期间在内河上应用。早期的大部分 GRP 巡逻艇的长度都在 10m 以下，很少超过 20m，排水量一般不超过 10t。因为尺寸小，复合材料巡逻艇一般在内河和沿海航行。挪威皇家海军 1999 年服役的盾牌级全复合材料海军巡逻艇，完全采用复合材料夹层结构，即玻璃纤维和碳纤维薄板表面和聚氯乙烯泡沫芯层，由此简化船体和上层建筑，具有高的强度/重量比、好的冲击性能和低的红外、磁和雷达特性。比较同等尺寸的巡逻艇，采用 GRP 夹层结构的重量比铝的轻 10%，比钢的轻 36%。存在的主要问题是船体梁的刚度太低，船体梁挠度增加会带来很多问题，如铰接处和联结处的疲劳裂缝，从而导致螺旋桨轴线的错位。

复合材料在大型水面舰艇中主要用于上层建筑。瑞典皇家海军的维斯比级（Visby）护卫舰，采用复合材料夹层结构，即碳纤维和玻璃纤维混合增强聚合物薄板，包敷聚氯乙烯芯层。它是第一艘在舰体结构中有效利用碳纤维复合材料的海军舰艇，这种材料为上层建筑提供足够的电磁防护。而且采用复合材料后使舰体减重30%左右，降低了油耗，降低使用成本。采用复合材料制作护卫舰船体结构存在的最大问题是制造成本与钢材相比较高。

传统的钢桅杆采用开放式结构，突出在外，会干扰本舰的雷达和通讯系统，且易于腐蚀。美国海军于1995年着手研制先进的全封闭式桅杆/传感器系统，整个结构高28m，直径达10.7m，将各种天线和有关设备都统一整合在内，结构内部传感器的电波能以极低的损耗穿过结构物，结构的外部由能反射电波的复合材料板材构成。由于所有设备都在结构内部，可以防止风雨和盐分的侵害，对设备的维修保养十分有利。这种系统完全脱离了传统的桅杆概念，装备在斯普鲁恩斯（Spruance）级驱逐舰，取代原来钢桅杆的主要部分（即接近船尾的部分）。

出于对隐身性能的追求，海军舰艇倾向采用长桥楼结构。为了保证强度，同时减轻上层建筑重量，选用低模量材料来建造上层建筑是一种避免长桥楼与主船体之间有害交互作用的有效方法；再考虑到耐火性能，采用复合材料显然是一种比铝合金更好的选择。例如法国“拉斐特”级护卫舰的上层建筑采用复合材料。

（2）猎扫雷舰艇

由于玻璃钢的无磁性，是建造低磁和无磁要求舰船（尤其是反水雷舰艇）最佳的结构/功能材料。日本“江之岛”级扫雷舰，就是一艘大型玻璃钢扫雷舰，标准排水量570t、总长60m、型宽10.1m、型深4.5m，航速14nmi/h（1nmi=1.852km）。

（3）防护结构

复合材料可以应用在武器外罩和甲板防护板上，以及作为导弹冲击遮护板，免受炮火的冲击影响。美国海军在其Kidd级导弹驱逐舰上使用凯芙拉复合材料。新加坡皇家海军也采用复合材料设计新的NGPV级巡逻艇/护卫舰。该舰采用三体船的隐形设计，采用凯芙拉纤维复合材料夹层结构来制造舰体结构，增强对小型武器的抵抗力。

（4）其它

玻璃纤维增强酚醛复合材料已经应用在柴油机的滑轮组、油盘、凸轮罩、水泵、油泵、滑轮、舵轮和调速链轮齿中。重量减轻40%～70%，购置成本节省10%～40%，降低结构和空气噪声5～20dB，提高耐腐蚀/侵蚀、耐磨和耐疲劳性能。

B/环氧树脂等复合材料修复技术可用于船舶的应急抢修。

哈尔滨玻璃钢研究院研制的高强度大型复合材料护罩体，适用于海洋平台和舰船，可对浪花飞溅区的设备进行防护，延长设备的使用寿命。该护罩体采用乙烯基酯树脂基体，硼硅酸盐玻璃纤维织物为增强体，海洋环境下使用年限超过5年。

7.5 陶瓷基复合材料

陶瓷基复合材料是指以高性能陶瓷为基体，通过加入颗粒、晶须、连续纤维和层状材料等增强体而形成的复合材料。陶瓷基体主要有氧化物陶瓷（Al_2O_3，ZrO_2，TiO_2，SiO_2，MgO）、氮化物陶瓷（Si_3N_4，BN）、碳化物陶瓷（SiC，TiC，B_4C）以及混合氧化物陶瓷等。增强体材料主要有颗粒（SiC，TiC，Al_2O_3）、短纤维（玻璃，SiC，碳纤维，Al_2O_3）、晶须（SiC，Al_2O_3，TiB_2）、连续纤维（B，C，BN，SiC，Al_2O_3，ZrO_2，含硅玻璃）。

7.5.1 陶瓷基复合材料的制备工艺

陶瓷基复合材料的制造通常分为两个步骤：第一步是将增强材料掺入未固结（或粉末状）的基体材料中排列整齐或混合均匀；第二步是运用各种加工条件在尽量不破坏增强材料和基体性能的前提下制成复合材料制品。

根据陶瓷基复合材料的制造步骤，在加工制备复合材料时，要根据使用要求选择增强材料和基体，并相应选择制备工艺。

针对不同的增强材料，已经开发了多种制备技术。

① 对于以连续纤维增强的陶瓷基复合材料的制备普遍采用的是料浆浸渍工艺，然后再热压烧结；或将连续纤维编织制成预成型坯件，再进行化学气相沉积（CVD）、化学气相渗透（CVI）、直接氧化沉积；也可以利用浸渍-热解循环的有机聚合物裂解法制成陶瓷基复合材料。

② 对于颗粒弥散型陶瓷基复合材料，主要采用传统的烧结工艺，包括常压烧结、热压烧结或热等静压烧结，此外一些新开发的工艺如固相反应烧结、高聚物先驱体热解、CVD、溶胶-凝胶、直接氧化沉积等也可用于颗粒弥散型陶瓷基复合材料。

③ 对于晶须增强陶瓷基复合材料的制备方法有：将晶须在液体介质中经机械或超声分散，再与陶瓷基体粉末均匀混合，制成一定形状的坯件，烘干后热压或热等静压烧结；为了克服晶须在烧结过程中的搭桥现象，坯件制造采用压力渗滤或电泳沉积成型工艺。此外，原位生长工艺，CVD、CVI、固相反应烧结、直接氧化沉积等工艺也适合于制备晶须/陶瓷基复合材料。

本节介绍几种主要的制备技术。

(1) 冷压和烧结法

将粉末和纤维冷压，然后烧结是一种传统的陶瓷生产工艺。为了快速生产，可在一定条件下将陶瓷粉体和有机黏结剂混合后压制成型，除去有机黏结剂然后烧结成制品。在这种方法的生产过程中，通常会遇到烧结过程中制品收缩，同时最终产品中有许多裂纹的问题。如果增强体是纤维和晶须，会出现两个问题：①烧结时，发生陶瓷基体的收缩；②烧结和冷却时产生缺陷或内应力，这是因为增强材料具有较高的长径比、增强材料和基体的热膨胀系数不同、增强材料在基体中的排列方式不同等因素。

(2) 浆料浸渍热压法（slurry infiltration and hot-pressing process， SIHP）

目前制备纤维增强陶瓷基复合材料最常用的方法，用在纤维增强玻璃和纤维增强陶瓷复合材料中，主要包括两个步骤：①增强相渗入未固化基体中；②固化的复合材料被热压成型。工艺过程见图 7-22。首先让纤维通过一个浆料池，这个浆料由陶瓷粉末、溶剂（水或甲醇）和有机黏结剂组成，为了提高纤维在浆料中的浸润性还会加入一些润湿剂；浸渍后的纤维被卷到一个辊筒上，干燥后被切割并按照一定的要求层状排列，最后固化并热压成型。优点：工艺简单，成本较低。缺点：热压容易对纤维造成损伤，降低复合材料的力学性能；难以制备大型陶瓷基复合材料构件。

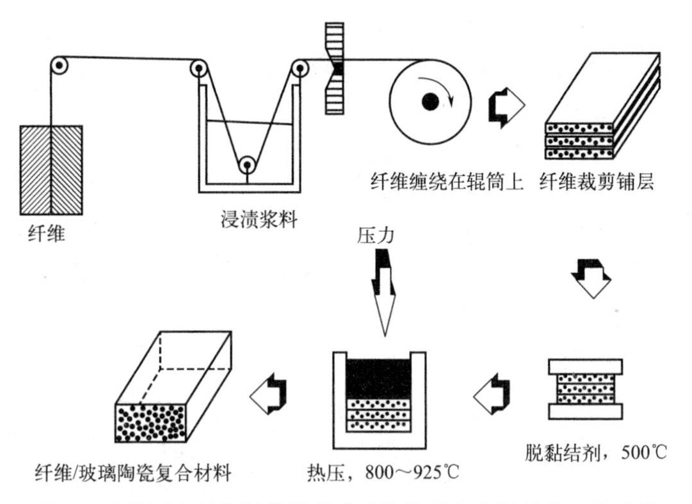

图 7-22　热压法制备纤维增强玻璃陶瓷基复合材料的工艺路线

（3）溶胶-凝胶法

溶胶凝胶（Sol-Gel）法是运用胶体化学的方法，将含有金属化合物的溶液，与增强材料混合后反应形成溶胶，溶胶在一定的条件下转化成为凝胶，然后烧结成复合材料的一种工艺。从凝胶转变成陶瓷所需的反应温度低于传统工艺中的熔融和烧结温度，特别适合于制造一些整体的陶瓷构件。

溶胶-凝胶法也可以与一些传统的制造工艺结合，发挥比较好的作用，如在浆料浸渍工艺中，将溶胶作为纤维和陶瓷的黏结剂，在随后除去黏结剂的工艺中，溶胶经烧结后变成了与陶瓷基体相同的材料，有效减少了复合材料的孔隙率。

（4）原位化学反应法

原位化学反应技术已经被广泛用于制造整体陶瓷件，该技术也可以用于制造陶瓷基复合材料，已广泛应用的有化学气相沉积法（chemical vapor deposition，CVD）和化学气相渗透法（chemical vapor infiltration，CVI）。

① CVD 法　CVD 法是利用化学气相沉积技术，通过一些反应性混合气体在高温状态下反应，分解出陶瓷材料并沉积在各种增强材料上形成陶瓷基复合材料的方法。

② CVI 法　CVI 法利用化学气相沉积技术，将大量陶瓷材料渗透进增强材料预制坯件，从而制成陶瓷基复合材料的方法，即化学气相渗透工艺。

图 7-23 是 CVI 的工艺示意图。

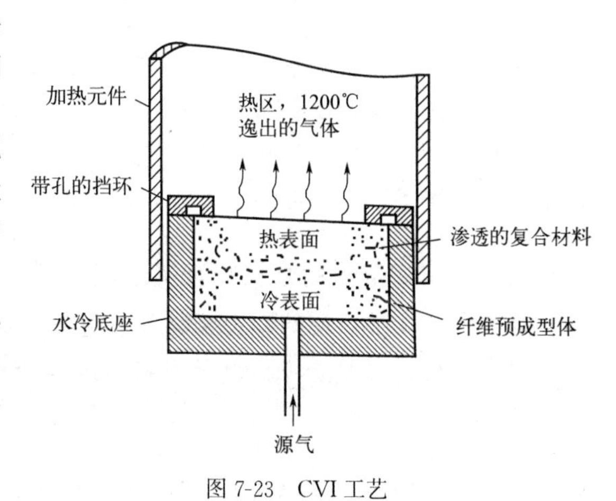

图 7-23　CVI 工艺

以 Al_2O_3 陶瓷基复合材料为例，反应性混合气体（$AlCl_3/H_2/CO_2$）在较低的沉积温度（950～1000℃）和压力（2～3kPa）下发生下列反应：

$$H_2(\text{气体})+CO_2(\text{气体})\longrightarrow H_2O(\text{气体})+CO(\text{气体})$$

$$2AlCl_3(\text{气体})+3\ H_2O(\text{气体})\longrightarrow Al_2O_3(\text{固体})+6HCl(\text{气体})$$

$$2AlCl_3(\text{气体})+3\ H_2(\text{气体})+3\ CO_2(\text{气体})\longrightarrow Al_2O_3(\text{固体})+3CO(\text{气体})+6HCl(\text{气体})$$

固态的 Al_2O_3 沉积在纤维表面，最后形成陶瓷基复合材料。

CVI 法相较于 CVD 法的特点如下：a. CVD 法的出现早于 CVI 法，应用于一些陶瓷纤维的制造和 C/C 复合材料的制备；CVI 法建立在 CVD 技术之上，被广泛应用于各种陶瓷基复合材料。b. CVI 工艺的制备温度和压力都明显低于 CVD 工艺，从而避免了对增强材料的损伤。c. CVI 制造的产品，实际密度可以达到理论密度的 93%～94%，能较好地保持纤维和基体的抗弯性能，在高温下有很好的机械性能，可以生产一些较大的、形状复杂的产品。d. CVI 工艺的主要缺点是生产时间较长，生产成本较大。

(5) 直接氧化法（Lanxide 法）

直接氧化法就是利用熔融金属直接与氧化剂发生氧化反应而制备陶瓷基复合材料的工艺方法。由 Lanxide 公司发明，所以又被称为 Lanxide 法。它的主要生产工艺是：将增强纤维或纤维预成型件置于熔融金属上面，并处于空气或其他气氛中，熔融金属中含有镁硅等一些添加剂。在纤维不断被金属渗透的过程中，渗透到纤维中的金属与空气或其他气体不断发生氧化反应，这种反应始终在液相金属和气相氧化剂的界面处进行，反应生成的氧化物沉积在纤维周围，形成含有少量金属、致密的陶瓷基复合材料。以金属铝为例，在空气或氮气中主要发生下列反应：

$$Al(\text{液体})+O_2(\text{气体})\longrightarrow Al_2O_3(\text{固体})$$

$$Al(\text{液体})+N_2(\text{气体})\longrightarrow AlN(\text{固体})$$

直接氧化法的缺点：残留金属含量较高，大约占到 5%～30%；难以制造尺寸较大、形状复杂的产品。

(6) 聚合物浸渍裂解法（polymer infiltration pyrolysis， PIP）

也被称为先驱体浸渍裂解法（precursor infiltration pyrolysis，PIP）。PIP 是近年来研究较多、发展迅速的陶瓷基复合材料制备工艺之一。该工艺以聚合物液相先驱体（或溶液）为浸渍剂，通过多循环交联固化、高温裂解，获得致密化的复合材料。最先用于以沥青或树脂高聚物先驱体制备 C_f/C 复合材料，逐渐推广到陶瓷基复合材料制备领域。优点：能够通过先驱体组分设计制备组分、结构可控的单相或者复相陶瓷；裂解温度较低，降低热处理过程对纤维的损伤；能够实现近净成型，减少后期加工成本，能够制备形状复杂的大型构件。缺点：聚合物先驱体裂解过程伴随较大的体积收缩，对纤维造成一定损伤；单次循环陶瓷收率较低，需要经多循环浸渍裂解处理，制造周期较长；制备的陶瓷基复合材料孔隙率较高。

7.5.2 典型陶瓷基复合材料及其工程应用

本节介绍 3 种典型的陶瓷基复合材料，分别是 C_f/SiC 复合材料、SiC_f/SiC 复合材料和 C/C 复合材料，以及这三类复合材料的工程应用。陶瓷基复合材料的商业化应用已经在多个领域展开，目前的应用主要分为两大类：一类在航空航天领域，另一类在非航天领域，主要利用了陶瓷基复合材料所具有的高强度、高模量、低密度和耐高温性能，特别是能耐受比高温合金更高的温度（提升工作温度 400～500℃），结构减重 50%～70%，是理想的高温结构材料。美国GE公司采用SiC纤维增强的陶瓷基复合材料制备第三级低压涡轮导向叶片，用在了第五代隐身战斗机F-35的F-136发动机上，这是陶瓷基复合材料在喷气发动机领域的首次商业应用。2014年中国航天科技集团有限公司第六研究院第11研究所研制生产的陶瓷基复合材料喷管首次参加地面试车，顺利通过了发动机方案验证。

7.5.2.1 C_f/SiC复合材料

C_f/SiC复合材料是利用C_f来增强增韧SiC陶瓷，从而改善陶瓷的脆性，实现高温结构材料所必需的性能，如抗氧化、耐高温、耐腐蚀等。C_f/SiC复合材料的优异性能决定了它在国防、航空、航天、交通等领域具有广阔的应用前景。

C_f/SiC陶瓷基复合材料的制备工艺主要包括聚合物浸渍裂解法（PIP）、化学气相渗透法（CVI）、浆料浸渍热压法（SIHP）和液相硅浸渍法（LSI）等。

（1）在航天热保护系统的应用

在航天领域，当飞行器进入大气层后，由于摩擦产生的大量热量，将导致飞行器（如航天飞机和导弹的鼻锥、导翼、机翼和盖板等）受到严重的烧蚀，为了减少飞行器的这种烧蚀，需要一个有效的热保护系统。C_f/SiC复合材料可以用作航空航天领域的热保护系统及热结构材料（例如航天飞机和导弹的鼻锥、导翼、机翼和盖板等，航空发动机浮壁、矢量喷管，火箭发动机推力室等）。

美国Allied Signal-Composites Inc. 研发的C_f/SiC复合材料制热保护系统在NASA的电弧射流测试中显示出优异的高温性能。波音公司测试了C_f/SiC复合材料制作的大平板隔热装置，证实这种热保护系统具有优异的热机械疲劳特性。

（2）在航空涡轮发动机的应用

用C_f/SiC复合材料制备涡轮发动机的某些构件可以提高发动机的燃烧温度，从而提高发动机的效率，同时，由于C_f/SiC复合材料的密度远低于高温合金，可以大大减轻发动机的质量。法国用C_f/SiC复合材料制成的喷嘴已用于狂风战斗机的M88发动机上。法国“海尔梅斯”号航天飞机的鼻锥帽也采用了这种材料。

将C_f/SiC复合材料用作冲压式发动机的喷管，测试发现其具有足够的强度，但在氧化环境中，只能使用较短时间。

国内对C_f/SiC复合材料的研究起步较晚，近年来，在西北工业大学、国防科技大学和中国航空工业集团有限公司第43研究所等单位的共同努力下，C_f/SiC复合材料的制备技术和性能等方面都取得了长足进步，与世界先进水平的差距在逐步缩小，并有多种航空航天用C_f/SiC复合材料构件通过了地面试车考核。

（3）刹车材料

C_f/SiC陶瓷基复合材料作为刹车材料，具有摩擦系数高且稳定、使用温度高、刹车系统体积小等优点，大大提高了刹车的安全性，作为新一代刹车材料具有广阔的应用前景。

C_f/SiC陶瓷基复合材料已成功应用到保时捷911Turbo高档轿车刹车系统。韩国DACC公司将其开发应用于F-16战斗机的刹车盘。

（4）卫星反射镜

C_f/SiC复合材料密度较低，刚度高，在低温下热膨胀系数小及导热性能良好，热性能和力学性能都比较理想，而且表面抛光效果极好，属于第四代卫星反射镜材料。

德国 DSS 和 IABG 公司，研发了用于美国 NGST 望远镜的 C_f/SiC 复合材料。NGST 作为哈勃望远镜的继任者，其主反射镜直径为 8m，观测范围从可见光到远红外区，体积是哈勃望远镜的 10 倍，但质量只有哈勃的 25%。

国防科技大学掌握了不同尺寸的 C_f/SiC 反射镜材料的制备工艺，已具备米级口径 C_f/SiC 复合材料反射镜的研制能力。

7.5.2.2 SiC_f/SiC 复合材料

SiC 陶瓷具有良好的高温强度、高温稳定性和高温抗氧化能力，但脆性大。用 SiC 纤维增强 SiC 陶瓷得到的 SiC_f/SiC 复合材料，既保持了 SiC 陶瓷良好的高温性能，又能在断裂过程中通过裂纹偏转、纤维断裂和纤维拔出等机理吸收能量，从而增强材料的强度和韧性，具有轻质、耐高温、抗氧化的优异特性，在航空、航天、核能等领域具有广泛的应用前景。目前为止，具体应用例子包括航空发动机燃烧室、喷口导流叶片、涡轮叶片、涡轮壳环、尾喷管，空天飞行器机翼前缘、舵面以及核燃料包壳管等部位。

SiC_f/SiC 陶瓷基复合材料的制备工艺主要包括聚合物浸渍裂解法（PIP）、化学气相渗透法（CVI）和反应浸渗法（RI）等。

日本 Nippon Carbon 公司和 Ube Industries 公司是国际市场最主要的 SiC 纤维生产厂家，总产量占到全球的 80%左右。我国已经实现了第一代 SiC 纤维工程化生产，突破了第二代 SiC 纤维研制关键技术。但我国 SiC 纤维研究基础较弱，起步较晚，在质量稳定性和工业化能力方面与发达国家的先进水平差距很大。

以下简单介绍几种 SiC_f/SiC 陶瓷基复合材料的具体应用例子。

法国 Snecma 公司于 20 世纪 80 年代成功研制出牌号为 Cerasepr 系列的 SiC_f/SiC 复合材料，并率先应用于 M88-2 发动机尾喷管部位。

美国 GE 公司与 CFM 公司合作研制的 SiC_f/SiC 复合材料涡轮罩环已经成功应用于空客 A320 和波音 737MAX 飞机的 LEAP 发动机。

美国 Solar Turbines 公司制造的 SiC_f/SiC 复合材料燃烧室衬里，其发动机经过了 35000h 的试验运转，排放的 CO 等尾气低于普通发动机。

日本先进材料航空发动机燃烧室的衬里、喷嘴挡板、叶盘等均采用了 SiC_f/SiC 复合材料。

总体而言，中温中载的 SiC_f/SiC 复合材料尾喷管构件已经实现实际应用和批量生产；高温中载的燃烧室构件正在进行装机验证，近期有望实现应用；涡轮转子和涡轮叶片等高温高载转动件研制技术发展较快，部分关键技术已取得突破。

7.5.2.3 C/C 复合材料

C/C 复合材料是以碳纤维或石墨纤维为增强体的碳基复合材料，其全质碳结构不仅保留了纤维增强材料优异的力学性能和灵活的结构可设计性，还兼具碳素材料诸多优点，如低密度、低的热膨胀系数、高导热导电性、优异的耐热冲击、耐烧蚀及耐摩擦性等，尤为重要的是，该材料的力学性能随温度升高不降反升，使其成为航空航天、汽车、医学等领域理想的结构材料。

C/C 复合材料制备工艺主要是液相浸渍法、等温化学气相渗透法（CVI）等，以及在传统 CVI 基础上发展的热梯度强制流动 CVI 法（FCVI）及化学液相气化渗透法（CLVI）。

陶瓷基复合材料可以满足吸气式高超声速飞行器多种构件（如前缘、机身大面积区域、控制面以及推进系统）热防护的需求。美国 NASA 将 SiC/HfC 多层复合涂层应用于 X-43A

高超声速飞行器C/C头部前缘和水平尾翼前缘上，该飞行器连续两次成功实现了6.91马赫（1马赫＝340.3m/s）和9.68马赫的飞行试验。

2004年中南大学黄伯云院士团队完成的“高性能C/C航空制动材料的制备技术”获国家技术发明奖一等奖，打破了国外对该技术的垄断。2005年西安超码科技有限公司研制的C/C飞机制动盘开始在B757-200型飞机上投入使用。

国内C/C复合材料产业化最早且产业化程度最高的属固体火箭发动机用C/C复合材料喷管喉衬。1984年西安航天复合材料研究所研制的C/C复合材料喉衬材料成功参与我国第一颗通信卫星的发射，填补了C/C复合材料在国内喉衬领域应用的空白。

C/C复合材料具有与人工骨相近的弹性模量及生物相容性，在生物医学领域具有广阔的应用前景。吉林碳素厂研究所生产的临床用碳质人工骨包括：碳质股骨头、股骨上下端、桡骨上下端、下颌骨、颅骨、肋骨等十余个品种。

C/C复合材料用于制作柴油机部件（如活塞及连杆），使柴油机使用温度从300℃提高至1100℃，热机效率提升至48％，而且由于C/C复合材料的热膨胀系数较低，在有效温度内无需密封环，简化了构件结构。

本章小结

本章较为系统地介绍了复合材料的相关基本知识、基本概念和基本理论，介绍了三种不同基体复合材料即金属基、树脂基和陶瓷基复合材料的制备方法和技术，介绍了这三种复合材料的应用，重点介绍了树脂基复合材料在船舶和海洋工程方面的应用。

思考题与练习题

1. 以碳纤维增强TiAl金属基复合材料为例，思考如何预防或减少该材料的界面反应？

2. 根据表7.1和表7.2给出的常用于复合材料的晶须和纤维的力学特性，推断作为复合材料增强体应该具备哪些力学性能？

3. 航天飞机的保护瓦是否能够选用陶瓷基复合材料？为什么？

4. 现在想用一种液态法来制造SiC颗粒增强的ZL101A复合材料，请问可以采用哪种方法？使用这种制造方法时如何保证复合材料的最终性能？请给出基本工艺流程。

5. 某大学几名学生在暑假期间想制作一艘无人小艇（长0.5m，宽0.3m）参加全国大学生船模大赛，比赛将在校园人工湖举办。由于经费有限，同时他们还想在船体上加装一些小型传感器，请问可以采用哪种复合材料来制作船体？用哪种制备方法？请给出基本工艺流程。

自测题

1. 名词解释：复合材料，树脂基复合材料，玻璃钢，复合材料的基体、增强体，复合材料的界面。

2. 复合材料的分类有哪些？

3. 树脂基复合材料为什么具有轻质高强的特点?
4. 玻璃钢制作中小型船舶有什么优势?
5. 简述热固性和热塑性树脂基复合材料的异同点。
6. 简述陶瓷基复合材料的性能特点。
7. 简述金属基复合材料的搅拌复合法。
8. 简述金属基复合材料的挤压铸造法。
9. 简述树脂基复合材料的手糊成型法。
10. 简述树脂基复合材料的缠绕成型法。

参考文献

[1] 鲁云,朱世杰,马鸣图,等. 先进复合材料[M]. 北京:机械工业出版社,2003.
[2] T. W. 克莱因,P. J. 威瑟斯著. 金属基复合材料导论[M]. 余永宁,房志刚译. 北京:冶金工业出版社,1996.
[3] 吴人洁. 复合材料[M]. 天津:天津大学出版社,2000.
[4] 师昌绪. 材料大辞典[M]. 北京:航空工业出版社,1994.
[5] 隋福楼. 复合材料的定义和分类探讨[J]. 有色矿冶,1990,4:39.
[6] 倪礼忠,陈麒. 复合材料科学与工程[M]. 北京:科学出版社,2002.
[7] 益小苏,许亚洪,唐邦铭,等. 复合材料结构-功能一体化技术与吸能结构的研究[J]. 材料工程,2004,4:3.
[8] 刘壮,马凤仓,刘平,等. β相区热加工对原位TiB增强钛基复合材料组织和力学性能的影响[J]. 功能材料,2021,9(52):09136.
[9] 李明,宁远涛,胡新,等. Pd/Ni和Pd(Y)/Ni复合材料的界面结构与界面扩散[J]. 贵金属,2002,23(2):21.
[10] 娄菊红,杨延清,胡晋智,等. SiC_f/C/Ti-6Al-4V复合材料界面特性研究[J]. 太原科技大学学报,2017,38(3):218.
[11] 肖力光,赵洪凯,汪丽梅,等. 复合材料[M]. 北京:化学工业出版社,2016.
[12] 益小苏. 先进复合材料技术研究与发展[M]. 北京:国防工业出版社,2006.
[13] 王祝堂. 铝基复合材料在某些中国飞机中的应用[C]. 2019年中国铝加工产业年度大会暨中国(邹平)铝加工产业发展高峰论坛,山东邹平,2019.
[14] 崔岩. 碳化硅颗粒增强铝基复合材料的航空航天应用[J]. 材料工程,2002,6:3.
[15] 秦拴狮. 舰船金属基复合材料发展现状及对策研究[J]. 材料导报,2003,17(10):68.
[16] 黄志雄,彭永利,秦岩,等. 热固性树脂基复合材料及其应用[M]. 北京:化学工业出版社,2006.
[17] 于霖,王天潇. 复合材料在舰船建造中的应用[J]. 科技创新导报,2019,26:80.
[18] 肇研,余启勇,董麒,等. 中国海洋工程复合材料的发展现状与思考[J]. 新材料产业,2013,11:26-30.
[19] 曹明法,陈军. 玻璃钢猎扫雷艇立体舱段试验模型的论证与设计[J]. 船舶,1994,1:21.
[20] 王子清. 39m玻璃钢试验艇体结构设计[J]. 船舶工程,1991,6:23.
[21] 张宇,谭振东,王广东,等. 防火隔热材料在海洋船舶上的应用研究[J]. 海洋技术,2009,28(1):85.
[22] 陈礼威,章向明,杨少红. 复合材料修复技术在船舶抢修中的应用[J]. 中国修船,2007,20(3):31.
[23] 陈先,张树华. 新型深潜用固体浮力材料[J]. 化工新材料,1999,27(7):15.
[24] 王威力,娄小杰,赵亮. 海洋用高强度大型复合材料护罩体的研制[J]. 广州化工,2014,42(14):162.
[25] 严侃,黄朋. 复合材料在海洋工程中的应用[J]. 玻璃钢/复合材料,2017,12:99.
[26] 高昂,胡明皓,王勇智,等. 深海高强浮力材料的研究现状[J]. 材料导报,2016,30(28):80.
[27] 骆海民,洪毅,魏康军,等. 复合材料螺旋桨的应用、研究及发展[J]. 纤维复合材料,2012,1(1):3-6.

[28] 代志双,宋平娜,高志涛,等. 纤维复合材料在海洋油气开发中的应用[J]. 海洋工程装备与技术,2014,1(3):249.
[29] 焦健,陈明伟. 新一代发动机高温材料-陶瓷基复合材料的制备、性能及应用[J]. 航空制造技术,2014,7:62.
[30] 高铁,洪智亮,杨娟. 商用航空发动机陶瓷基复合材料部件的研发应用及展望[J]. 航空制造技术 2014,6:14.
[31] 本刊编辑部. GE公司在F136发动机上开启陶瓷基复合材料应用的先河[J]. 航空科学技术,2009,2:6.
[32] 本刊编辑部. 航天科技六院11所陶瓷基复合材料喷管首次试车[J]. 玻璃钢/复合材料,2014,5:117.
[33] 刘万辉,王旭红,鲍爱莲. 复合材料[M]. 哈尔滨:哈尔滨工业大学出版社,2016.
[34] 陆有军,王燕民,吴澜尔. 碳/碳化硅陶瓷基复合材料的研究及应用进展[J]. 材料导报,2010,24(11):14.
[35] 张玉娣,周新贵,张长瑞,C_f/SiC陶瓷基复合材料的发展与应用现状[J]. 材料工程,2005,4:60.
[36] 黄禄明,张长瑞,刘荣军,等. C/SiC复合材料反射镜研究进展[J]. 宇航材料工艺,2016,6:26.
[37] 邹世钦,张长瑞,周新贵,等. 连续纤维增强SiC_f/SiC陶瓷复合材料的发展[J]. 材料导报,2003,17(8):61-64.
[38] 陈明伟,谢巍杰,邱海鹏,连续碳化硅纤维增强碳化硅陶瓷基复合材料研究进展[J]. 现代技术陶瓷,2016,37(6):393.
[39] 李贺军,史小红,沈庆凉,等. 国内C/C复合材料研究进展[J]. 中国有色金学报,2019,29(9):2142.

第 8 章

功能材料及应用

本章导读

功能材料是指在电、磁、声、光、热等方面具有特殊性质，或者在其作用下表现出特殊功能的材料。功能材料不承担结构支撑的作用，而是根据其功能特性用于制造各种具有独特功能的部件，在自动控制、电子、通信、能源、交通、冶金、化工、精密机械、仪器仪表、航空航天等领域均有重要的用途。

功能材料的种类繁多，而且涉及很多物理、化学、生物学乃至医学等多学科的知识，要想深入学习比较困难。从本书的定位出发，以及篇幅的限制，本章将主要介绍几类有代表性以及在船舶与海洋工程领域使用相对较多的功能材料，即纳米材料、磁性材料、智能材料、隐身材料和新能源材料。使学生通过对这些功能材料的学习，建立起对功能材料的基本认识，了解这些功能材料的基本概念、主要类型、特性和应用，并结合典型的工程应用例子，学会在生产和生活中如何正确选择功能材料。

本章的学习目标

1. 了解材料的功能特性，及其与传统力学性能的区别，可能的应用领域。
2. 熟练掌握功能材料相关的基本概念和主要类型。
3. 能够应用专业知识，针对实际生产和生活问题，提出功能材料的选择方案。

教学的重点和难点

1. 功能材料的基本概念和主要类型。
2. 功能特性的物理本质。
3. 功能材料的典型工程应用。

8.1 概述

功能材料是主要利用材料力学性能以外的其他特殊的物理、化学或生物医学等功能的材料的统称。功能材料在电、磁、声、光、热等方面具有特殊性质，或者在一定作用下表现出特殊功能，例如磁性材料、电子材料、信息记录材料、光学材料、敏感材料、能源材料、阻尼材料、形状记忆材料、生物技术材料、催化材料、特种功能薄膜材料等。功能材料常用于制造各种装备中具有独特功能的核心部件，在自动控制、电子、通信、能源、交通、冶金、化工、精密机械、仪器仪表、航空航天等领域均有重要的用途。

功能材料以功能特性为主，兼顾力学性能，而结构材料则强调满足力学性能，两者共同构建起了材料的世界。虽然功能材料这个词出现的比较晚，对功能材料的科学研究也比较晚，但应用功能材料的历史却比较悠久。比如可以指明方向的指南针，利用的就是材料的磁性。研究表明我国先秦古人就将磁石加工成磁性指向装置，至迟从唐代起，中国人就发明了人工磁化指南针，用于陆路、海陆指向以及堪舆等，中世纪前后指南针技术传到了中亚和欧洲，由于指南针在航海中所起的重要作用，指南针被认为是中国古代四大发明之一。中国古代科技史学家王振铎设计制作的中国古代指南针——司南，形状如勺，见图 8-1。

图 8-1　王振铎设计制作的磁勺

功能材料是新材料研究的前沿，也是新材料应用的核心，在国民经济与国防建设中起着十分重要的基础和先导作用。功能材料的种类繁多，用途广泛，附加值高，市场前景广阔，战略意义重大。

8.2 纳米材料

8.2.1 纳米材料的基本特征

纳米材料是指在三维空间中至少有一维处于纳米尺度范围（1～100nm）或由它们作为基本单元构成的材料，并且这些材料的性能不同于常规尺度的材料。若要准确把握纳米材料的概念，需要注意两点：①不是所有材料到了纳米尺度都有活性，如轻质碳酸钙就是个例外，所以，纳米材料不仅指尺度达到纳米，而且性能也要随之发生突变，对人类有价值；②不能忽略了基本单元为纳米尺度的块体材料，例如纳米晶金属块体，这些块体材料从外形看其尺度远超纳米，但其晶粒粒径为纳米尺度，也属于纳米材料的一种。

纳米材料具有尺寸小、比表面积大、表面能高以及表面原子比例大等特点，具有如下基本效应。

（1）小尺寸效应

纳米材料中的微粒小到与光波波长或其它相干波长等物理特征尺寸相当或更小时，晶体周期性的边界条件被破坏，非晶态纳米微粒表面层附近的原子密度减小，使材料的声、光、电等特性改变并出现新的特性的现象，称为小尺寸效应。

例如：纳米晶粒构成的铜片的塑性变形延伸率超过 5100%。

（2）量子尺寸效应

纳米材料中的微粒小到与光波波长或其它相干波长等物理特征尺寸相当或更小时，金属费米能级附近的电子能级由准连续转变为离散并使能隙变宽的现象，称为量子尺寸效应。例如，普通银是电的良导体，而纳米银在晶粒小于 20nm 时却变成了绝缘体。

（3）宏观量子隧道效应

纳米材料中的粒子具有穿过势垒的能力，称为量子隧道效应。宏观物理量在量子相干器件中的隧道效应称为宏观隧道效应。例如，磁铁当其晶粒尺寸达到纳米级时，由铁磁性变为顺磁性或软磁性。

（4）表面效应

纳米材料的微粒表面所占有的原子数目远远多于相同质量的非纳米材料，也就是比面积大、表面能高，使其表面原子极其活泼，容易与周围气体反应或吸附气体，这一现象被称为表面效应。例如，非易燃金属纳米颗粒在大气中会燃烧。

由于纳米材料的量子尺寸效应、小尺寸效应、表面效应和宏观量子隧道效应，使得它们在熔点、蒸气压、光学性质、化学反应活性和选择性、磁性、超导及塑性形变等许多物理和化学方面呈现出常规材料不具备的特性，使其在磁性、电子、光学、催化、传感、环保、能源、医药等诸多领域有广阔的应用前景。

当然，纳米材料也有潜在的危害性。2004 年 4 月，美国化学学会的报告指出，C_{60} 对鱼的大脑产生大范围的破坏，这是研究人员首次发现纳米微粒会对水生物种造成毒副作用的证据。

8.2.2 纳米材料及其分类

8.2.2.1 纳米材料的分类

① 纳米材料按维数可以分为四类：a. 零维纳米材料，指在空间三维尺度均为纳米尺度，如纳米颗粒、原子团簇等；b. 一维纳米材料，指在空间三维中有两维尺度处于纳米尺度，如纳米线、纳米带、纳米棒、纳米管等；c. 二维纳米材料，指在空间中有一维处于纳米尺度，如纳米片、纳米薄膜等；d. 三维纳米材料，最小构成单元为纳米结构，如纳米晶陶瓷、纳米晶金属。

② 按化学组分分类：包括纳米金属材料、纳米陶瓷材料、纳米高分子材料、纳米复合材料。

③ 按材料的物性分类：包括纳米半导体、纳米磁性材料、纳米铁电体、纳米超导材料、纳米热电材料等。

④ 按应用分类：包括纳米电子材料、纳米光电子材料、纳米磁性材料、纳米生物医用材料、纳米敏感材料、纳米储能材料等。

8.2.2.2 纳米材料的微观结构

纳米晶材料或纳米相材料是单相或多相的多晶体，其晶粒尺度至少有一维是纳米级。在纳米晶材料中，纳米晶粒和由此产生的高浓度晶界是两个重要特征。纳米相材料跟普通材料一样都由相同原子组成，只不过前者的原子排列成了纳米级的原子团。

（1）晶界结构

纳米晶材料的晶界上原子既存在有序排列（和粗晶多晶体相同），也存在无序排列（和粗晶多晶体不同）。有序和无序原子结构所占的比例与材料的制备和处理工艺过程有关。无序结构处于亚稳态，在外界作用下会放出能量并转变为稳定的有序结构。

(2) 晶粒结构

早期研究认为纳米晶粒内部结构和普通多晶体的粗大晶粒一样具有完整的晶体结构，然而最新研究表明两者存在很大差异，前者存在点阵偏离、晶格畸变和晶粒内部的密度降低。

(3) 结构稳定性

纳米晶材料中大量的晶界处于亚稳态，在一定条件下将向稳定态转变，表现为脱溶、晶粒长大或相变三种形式。纳米晶粒一旦长大成粗晶，就会失去其优异性能。

8.2.2.3 纳米材料的制备方法

制备纳米材料的方法可简单分为“自上而下”和“自下而上”两种。“自上而下”的方法是一个由大变小的过程，大块物体通过破碎、粉碎、研磨等方式，转变成纳米量级的颗粒。例如，初始粒径为 2μm 的工业煅烧 Al_2O_3 采用高能搅拌湿磨法，研磨 6 小时后得到平均粒径 70nm 的纳米 Al_2O_3 粉末。“自下而上”的方法是通过适当的化学反应，使原子进行有序排列，从分子、原子出发制备纳米材料。例如，采用溶胶/凝胶法，以异丙醇铝为原料，加入葡萄糖使其水解，生成溶胶后进行蒸发烧结，最终在 1000℃下，制得纳米 Al_2O_3 粉末(粒径小于 50nm)。

纳米材料的制备方法按其过程的物态分类，可以分为：气相法、液相法和固相法。①气相法包括惰性气体下蒸发凝聚法、物理气相法和化学沉积法等；②液相法包括水热法/溶剂热法、溶胶/凝胶法、水解法、微乳液法、溶剂挥发分解法等；③固相法包括高能球磨法、固相反应法等。

按照制备过程的变化形式分类，也可以分为化学法、物理法和综合法。表 8-1 总结了纳米材料的主要制备方法。

表 8-1 纳米材料的主要制备方法

纳米材料种类	化学法	物理法	综合法
量子点	湿化学合成法		外延生长
纳米颗粒	化学气相反应法 化学气相凝聚法 液相法 水热法、溶剂热合成法 喷雾热解和雾化水解法 微乳液法 热分解法	溅射法 球磨法	气体蒸发法 固相法 火花放电法 溶出法
一维纳米材料	化学气相沉积法 水热法、溶剂热合成法 电化学溶液法	电弧法	激光烧蚀法 热蒸发 模板法
二维纳米材料	热氧化生长法 化学气相沉积法 电镀 化学镀 阳极反应沉积法 LB 技术	真空蒸发法 溅射法 离子束	反应溅射 外延膜沉积技术

续表

纳米材料种类	化学法	物理法	综合法
三维纳米材料	电沉积法	惰性气体冷凝法 高能球磨法 非晶晶化法 严重塑性变形法 快速凝固法 高能超声-铸造工艺 高压扭转变形技术 深过冷直接晶化法	无压烧结、热压烧结 热等静压烧结、放电等离子烧结 微波烧结、预热粉体爆炸烧结 激光选择性烧结、原位加压成型烧结 烧结-锻压法、粉末冶金法 磁控溅射、燃烧合成熔化法 机械合金化-放电等离子烧结

8.2.3 纳米固体材料

8.2.3.1 量子点

量子点（quantum dots）是一种小到足以展现量子限域效应的纳米晶。量子点是典型的零维纳米材料，载流子在三个空间方向上的运动都受到限制。由于电子和空穴被量子限域，连续的能带结构变成具有分子特性的分立能级结构，受激后可以发射荧光。量子点独特的性质基于它自身的量子限域效应，在非线性光学、磁介质、催化、医药及功能材料等方面具有极为广阔的应用。

8.2.3.2 纳米颗粒

纳米颗粒（纳米粉体）的粒径为纳米尺度，比表面积大，并有高的扩散速率，用纳米粉体进行烧结，致密化的速度快，还可以降低烧结温度。因此，可以将纳米颗粒添加进常规陶瓷，以改善后者的综合性能。例如，把纳米 Al_2O_3 粉体加入粗晶 Al_2O_3 粉体中提高氧化铝坩埚的致密度和耐冷热疲劳性能。

纳米颗粒由于尺寸小、表面所占体积分数大、表面原子配位不全等使表面的活性位置增加，可作为催化剂使用，从而提高反应速度、增加反应效率、调节反应路径、降低反应温度。比如将金纳米粒子沉积在多孔氧化锆及硅酸盐组成的多孔纳米复合材料上，可以有效消除室内的甲醛。

纳米颗粒的尺寸比生物体内的细胞、红血球小得多，可利用纳米颗粒进行细胞分离、细胞染色以及制成特殊药物或新型抗体进行局部定向治疗等，例如以金纳米粒子为载体对胰腺癌的靶向治疗。

8.2.3.3 碳纳米球

纯碳原子可以构成 sp^3 杂化的金刚石晶体结构和 sp^2 杂化的层状石墨晶体结构，而在介于 sp^3 和 sp^2 之间还存在一系列具有封闭的笼状分子结构的碳家族，比如 C_{60}、C_{28}、C_{32} 等等，统称为富勒烯。碳纳米球 C_{60} 就是其中的代表，它的晶体结构和分子结构如图 8-2 所示。

C_{60} 分子在笼框内键力很强，结构十分稳定，晶格中分子格点间按照面心立方结构堆砌，靠范德华力连接。C_{60} 分子十分坚硬，以每小时 3 万公里的速度向金属靶撞击时不会破碎，并立即沿直线反弹回来。

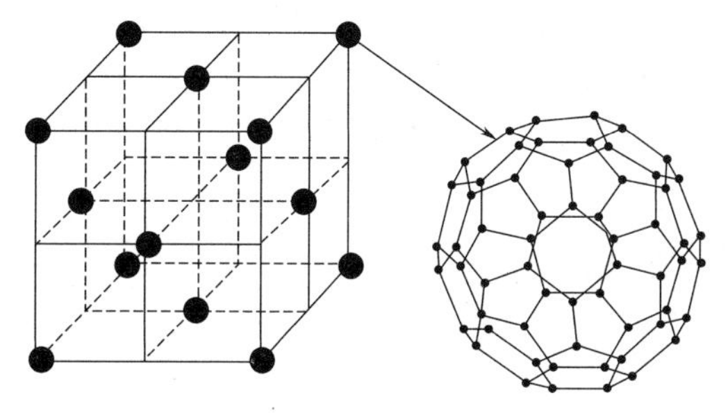

图 8-2 C_{60} 的晶体结构和分子结构

C_{60} 分子在其笼内或笼外都可以俘获其它原子或分子集团，内腔还可以容纳所有元素的阳离子，形成各类衍生物，具有非常奇异的特性，可以在许多领域获得应用。

① 超导电性。掺不同元素如 K、Rb 和 Tl 的 C_{60} 具有超导电性，例如 $Tl_2Rb_1C_{60}$ 的 T_c 达到了 48K。

② 非线性光学特性。掺杂的 C_{60} 是非常好的非线性光学材料。

③ 润滑作用。在 C_{60} 分子中的每个碳原子笼外挂上一个氟原子，得到 $C_{60}F_{60}$，这是一种白色粉末状的耐高温润滑剂。

④ 抗辐射性。将放射性元素置于 C_{60} 分子笼内，再注射到癌病变部位，可以极大地提高放射治疗的效力并降低副作用。

⑤ C_{60} 和其它材料一起构成异质结。例如，K_xC_{60}/ C_{60} 异质结，当 x 小时，它是高度有序的，具有金属性；当 x 大时，它是无序的，具有非金属性，由此来制备金属/非金属异质结。

8.2.3.4 碳纳米管

碳纳米管是一种由石墨烯片卷起来的直径只有几个纳米的微管，也可由不同直径的微管同轴的套构在一起形成管束，其管壁间的间隔约为石墨的层间距大小。所以，和富勒烯一样，碳纳米管在特性上更接近石墨烯而不是金刚石。碳纳米管还有螺旋形碳纳米管、杯状碳纳米管、碳吸管等。碳纳米管的基本特征如下。

① 超高的力学性能。碳纳米管由自然界最强的价键之一，即 sp^2 杂化形成的 C=C 共价键组成，因此碳纳米管是已知的强度最大、刚度最高的材料之一。其轴向弹性模量在 1～1.8 TPa之间。能承受大于 40%的张力应变，而不会出现脆性断裂、塑性变形或键断裂。

② 独特的电学性质。碳纳米管的能隙（禁带宽度）随螺旋结构或直径变化；电子在管中形成无散射的弹道输运；电阻振幅随磁场变化的 A-B 效应；低温下具有库仑阻塞效应和吸附气体对能带结构的影响。例如，碳纳米管稳定性好，又具有弹道传输的特性，有望利用其制得运算速度更快、体积更小的晶体管，以取代目前的硅晶体管。

③ 很高的热导率。碳纳米管的热传导机制中包含电子运动的热传导和晶格波热传导，所以碳纳米管的结构如直径、手性角甚至长度等，都会影响其热导率。实验表明，室温下直径为 1.7nm、长度为 2.6μm 的单壁碳纳米管，其轴向热导率为 3500 W/（m·K），远高于铜的热导率 385 W/（m·K）。

④ 独特的管状结构。碳纳米管的直径为纳米级，一般单壁碳纳米管的直径在 0.8～2.0nm，长度则可达微米至数十厘米级，具有很大的长径比，是准一维的量子线。同时，封闭的拓扑构型及不同的螺旋结构等因素使碳纳米管形成独特的管状结构，使其成为理

想的物理、化学乃至生物学研究的纳米尺度场所，且具有多种实用功能。例如，在碳纳米管内进行纳米化学反应的研究。利用碳纳米管上极小的微粒可以使碳纳米管在电流中的摆动频率发生变化的特点，科学家发明了能够称量单个病毒质量和单个原子质量的“纳米秤”。

碳纳米管的应用前景广阔，可用于纳米制造、电子材料和器件、生物医学、复合材料的增强体等方面。

8.2.3.5 石墨烯

石墨烯是由碳原子以杂化连接的单原子层构成的新型二维原子晶体。石墨烯的碳原子按六方网格点阵排列，是世界上最薄的二维纳米材料，其厚度仅为0.34nm。这种特殊结构赋予了石墨烯许多新奇的特性：

① 石墨烯的强度是已知材料中最高的，达130 GPa，是钢的100多倍。

② 石墨烯的载流子迁移率达$1.5\times10^4\ cm^2/(V\cdot s)$，是目前已知的具有最高迁移率的锑化铟的两倍，硅的10倍。

③ 热导率达$5\times10^3\ W/(m\cdot K)$，是金刚石的3倍。

④ 具有室温量子霍尔效应。

⑤ 具有室温磁性。

石墨烯的主要性能指标与碳纳米管相当甚至更高，而且避免了碳纳米管中难以克服的手性控制、金属型和半导体型分离以及催化剂杂质等难题。石墨烯晶片更容易使用常规加工技术，应用价值更高。石墨烯具有性能优异、成本低廉、可加工性好等优点，使其可用在传感器、纳米电子器件、电极材料、锂电池、超级电容、燃料电池、复合材料增强等方面。例如，用石墨烯制作的生物电子芯片能够检测血浆中的蛋白质病变。

图8-3给出了石墨、富勒烯（球）、单壁碳纳米管以及石墨四者之间在结构上的联系。

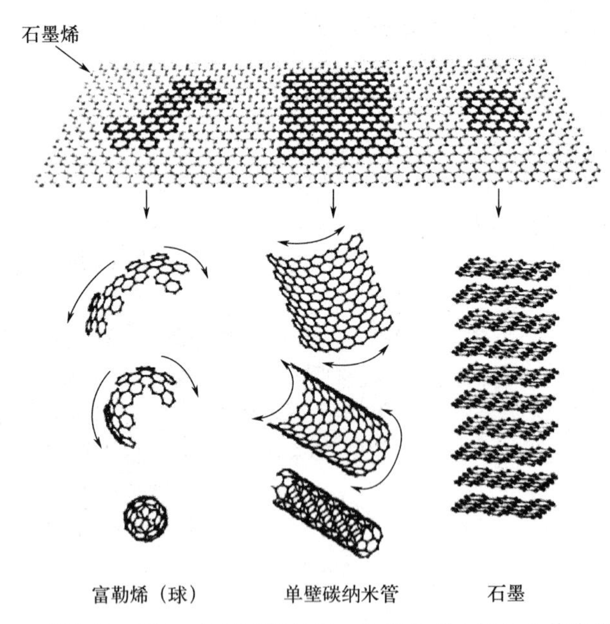

图8-3　富勒烯（球）、单壁碳纳米管、石墨的基本结构及其演化过程

8.2.3.6 金属纳米结构材料

金属纳米结构材料是指基本结构特征尺度在纳米量级（小于 100nm）的单相或多相金属材料，由于其结构特征尺寸极为细小，界面密度高，从而表现出许多与普通粗晶材料截然不同的物理化学及力学性能。与普通粗晶材料相比，纳米结构材料的性能在很大程度上取决于界面结构特征。

金属纳米结构材料主要包括纳米晶体材料（晶粒尺寸三维均在纳米尺度）、纳米孪晶材料（孪晶-基体层片厚度在纳米尺度）、纳米层状结构材料（二维层片结构厚度在纳米尺度）、梯度纳米结构材料（晶粒尺寸从纳米尺度梯度变化到宏观尺度）及混合纳米结构材料（纳米晶粒与粗晶粒混合结构）等。

（1）纳米晶体材料

传统的粗晶金属材料，降低晶粒尺寸在提高强度的同时增强材料的塑性。然而当晶粒尺寸缩小至纳米尺度时，虽然强度能够得到很大的提升，但塑性却未必得到改善，甚至会下降，这种现象尤其体现在金属材料的均匀延伸率上。另外，在纳米晶体材料制备过程中如果产生过多的微孔隙、杂质等，不仅力学性能没有改善，反而会被显著削弱，特别是塑性。

制备纳米晶体材料的方法很多，具体见表 8-1。以下主要介绍三种制备纳米晶金属块体材料的方法。

① 惰性气体冷凝法　惰性气体冷凝法是第一种制备纳米晶金属块体材料的方法，由德国科学家 H. V. Gleiter 等人首先提出。惰性气体冷凝法是将金属在惰性气体中蒸发，蒸发出的金属原子与惰性气体相碰后动能降低，凝结成的小粒子通过热对流输运到液氮冷却的旋转冷底板的表面，形成疏松的金属纳米粉末。收集粉末然后在高真空（$10^{-6}\sim10^{-5}$ Pa）下冷压（压力通常为 1～5 GPa）制成纳米晶金属块体材料。该方法适用范围广，微粉颗粒表面洁净，块体纯度高，相对密度较高。但为了防止氧化，制备的整个过程是在惰性气体保护和超高真空室内进行，所以存在设备昂贵、对制备工艺要求较高的缺点。另外，制备的材料中都存在杂质和孔隙等缺陷，影响了材料性能。

② 剧烈塑性变形法　也称严重塑性变形法。剧烈塑性变形法是将大块金属试样或坯料在施加压力的条件下，于相对低的温度中进行大的塑性形变，从而获得纳米晶粒组织。这种方法的特点是：所获得的纳米晶粒组织主要是大角晶界，只有这样材料性能才能出现质的变化；纳米晶粒组织应是均匀一致的，从而确保材料性能的稳定性；经过剧烈变形后的试样不能有机械损伤或破坏。目前已成功制得 Fe、Fe-1.2C、Al-Mg-Li-Zr、Ni_3Al、$Zn_{78}Al_{22}$ 等纳米纯金属和纳米合金块体材料。该方法的特点是适用范围较广，可制备体积大、致密度高、晶粒界面洁净的纳米块体材料，局限性在于制备成本较高，晶粒度范围较大。

其中常用的两种工艺是等通道角挤压和高压扭转，前者是将试样多次挤入专用模具中的两个具有相同断面的通道，使试样在通道拐角处发生剪切变形，但每次通过等通道后尺寸不发生变化，通过多道次的变形从而实现大应变量累积。后者是将圆盘状试样置于上杆和下模之间并施加数个 GPa 的压力，然后转动下模，利用摩擦力使试样出现剪切变形。高压扭转得到的试样一般是厚度 0.2～0.5mm、直径 10～20mm 的圆盘形状，为了得到纳米组织，一般需要扭转几个圈数。等通道角挤压得到的晶粒尺度通常大于高压扭转。比如，在纯金属中，前者的晶粒尺寸为 200～300nm，而后者是 100nm 甚至更小。但前者的试样体积大，而后者的试样过小。

③ 非晶晶化法　首先制备非晶态材料，然后经过适当热处理，控制非晶态固体的晶化

动力学过程使其转变成纳米尺寸的多晶材料。其主要过程是非晶态固体的获得和控制晶化过程，一般可以通过熔体激冷、高速直流溅射、等离子流雾化、固态反应等技术制备块状非晶材料。晶化过程可采用等温退火、分级退火、脉冲退火等方法来实现。采用非晶晶化法可制备铁、镍、钴基合金等纳米块体材料。该方法的优点是晶粒界面干净致密、样品中无微孔、晶粒度易控制、成本低廉、产量大。局限性是必须用非晶材料为前驱材料，仅适合于容易形成非晶的合金。

（2）纳米孪晶材料

孪晶界不但可以阻碍位错运动，同时又可以吸纳位错从而承受较大塑性形变，这是纳米孪晶材料与其它纳米结构材料最大的区别，也是最突出的优点之一。主要性能特点：①纳米孪晶结构能够实现强度与塑性同步提高；②高密度纳米孪晶的引入会导致材料应变速率敏感性的增加，变形过程中材料的可动位错的密度增加；③纳米孪晶结构可有效提高材料的阻尼能力和高温循环变形稳定性；④材料的断裂韧性和屈服强度同时随着纳米孪晶体积分数的增加而增加；⑤超高的加工硬化能力。

在低层错能金属中容易形成纳米孪晶，典型材料如脉冲电沉积技术制备的纯铜薄膜、利用动态塑性变形工艺制备的块体 304 奥氏体不锈钢和 Cu-Zn-Si 合金。

（3）纳米层状结构材料

层状结构材料是指异种金属组元经过特殊工艺实现冶金结合后形成的具有明显层界面的材料，也可称为金属层状复合材料。当组元层厚度减小至纳米尺度时，就得到了纳米层状结构材料，材料性能受组元层厚度（包括层内晶粒尺寸）、组元种类及层界面结构的影响，通常具有非常高的强度和硬度，但塑性较差。

以物理气相沉积法制备的铜基（Cu-X，X＝Ni，Ag，Nb 和 Cr 等）纳米层状材料为例，性能特点如下：①当组元层厚度减小到纳米尺度时，强度与组元层厚度不再遵从 Hall-Petch 关系，强度的变化趋势依赖于组元种类，有的仍有所升高，有的趋于稳定甚至下降；②组元层界面强化能力与组元材料的晶体结构有关，fcc-fcc 同结构组元体系其层界面的强化能力要弱于 fcc-bcc 异结构组元体系；③极值强度受组元层界面性质的控制，fcc 和 bcc 异结构组元体系高于 fcc-fcc 同结构组元体系；④易发生剪切带失稳变形（如压缩加载下），尤其是 fcc-fcc 同结构组元体系。

除了物理气相沉积法，累积叠轧技术也常被用来制备金属纳米层状材料，其力学性能具有良好的热稳定性，如累积叠轧制备的层厚为 10nm 的 Cu-Nb 层状材料，硬度 4.13 GPa，并且在 500℃退火 1 h 后仍能保持 4.07GPa 的硬度。

（4）梯度纳米结构材料

梯度纳米结构材料是指材料的结构单元尺寸（如晶粒尺寸）在空间上呈梯度变化，从纳米尺度连续增加到宏观尺度的一种纳米材料。或者说，这种材料的一部分由纳米结构组成，一部分由粗晶结构组成，且这两部分的结构单元尺寸呈梯度连续变化。梯度纳米结构的实质是晶界（或其他界面）密度在空间上呈梯度变化，因此对应着许多物理化学性能在空间上的梯度变化。结构单元尺寸的梯度变化有别于不同结构单元（如纳米晶粒、亚微米晶粒、粗晶粒）的简单混合或复合，有效避免了结构单元尺寸突变引起的性能突变，可以使具有不同尺寸的结构单元相互协调，充分利用彼此所对应的多种作用机制，使材料的整体性能和使役行为得到优化和提高。

在相同化学成分和相组成的情况下，梯度纳米结构有以下 4 种类型：①梯度纳米晶粒结构，结构单元为等轴状（或近似等轴状）晶粒，其尺寸由纳米至宏观尺度梯度分布；②梯度纳米孪晶结构，晶粒尺寸均匀分布，晶粒中的孪晶/基体层片厚度由纳米至宏观尺度梯度变化；③梯度纳米层片结构，结构单元为二维层片状晶粒，层片厚度由纳米至宏观尺度呈梯度变化；④梯度纳米柱状结构，结构单元为一维柱状晶粒，柱状晶粒直径由纳米至宏观尺度呈梯度变化。

梯度纳米结构材料的主要性能特点：①由表层至芯部，硬度呈梯度递减趋势。例如表层梯度纳米晶粒纯 Cu 样品，其表面层晶粒尺寸为十几纳米，硬度高达 1.65GPa，而心部的粗晶粒结构硬度仅为 0.75GPa，硬度呈梯度变化。②实现强度和塑性匹配，在相同强度下，梯度纳米结构样品的拉伸均匀延伸率是粗晶样品的数倍，兼备高强度和高拉伸塑性。③表层纳米晶粒结构由于其高强度可有效阻止疲劳裂纹的萌生，而心部的粗晶粒结构由于其高塑性可阻碍裂纹扩展，两种机制的共同作用可同时阻碍疲劳裂纹的萌生和扩展，因此能够大幅度提高材料的抗疲劳性能。④在金属材料表层制备出梯度纳米结构可以显著加速表面合金化动力学，降低合金化温度、缩短表面合金化处理时间。⑤梯度纳米结构表层具有比粗晶结构更优异的塑性变形能力和变形均匀性，可有效抑制金属材料在加工过程中“橘皮现象”的产生，改善材料的表面变形粗糙度和深加工性能。

(5) 混合纳米结构材料

混合纳米结构是指材料中同时存在纳米晶粒与非纳米晶粒，且两者无序混合。这种材料最常见的就是超细晶金属材料。虽然超细晶材料是指晶粒度在 100nm～1μm 的金属材料，但这里的晶粒度指的是平均粒径，所以实际上平均晶粒度在 100nm 的超细晶金属中含有较多的纳米晶粒。比如日本学者报道，通过向钨中加入碳化物弥散相，可显著降低钨的晶粒尺寸，当 TiC 的掺入量为 0.5%时，在氩气气氛下机械合金化得到的钨平均晶粒尺寸大约 71nm，这里面既有大于 100nm 的微米晶粒，也有纳米晶粒。

8.3 磁性材料

8.3.1 磁学基本知识

8.3.1.1 静磁现象

(1) 磁矩

物质磁性最直观的表现是两个磁体之间的吸引力或排斥力，我们把磁体中受力最大的区域称为磁极，类似于静电学中的正负电荷。磁极之间能发生相互作用，是因为磁极周围存在磁场。

通电直导线周围也会产生磁场，所以对于微小磁体所产生的磁场，我们可以用平面电流回路来产生。这种可以用无限小电流回路所表示的小磁体，定义为磁偶极子。磁偶极子磁性的大小和方向就用磁矩来表示，磁矩定义为磁偶极子等效平面回路的电流 i 和回路面积 S 的乘积，即 $\mu_m = iS$。μ_m 的单位是 $A \cdot m^2$，方向由右手螺旋定则确定，见图 8-4。

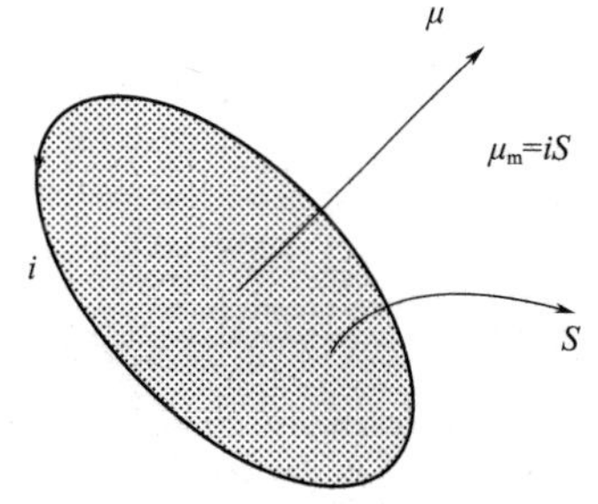

图 8-4　闭合电流产生的磁矩

物质的最小组成单元是原子，原子又由原子核和核外电子构成。在原子中，电子绕原子核做轨道运动，同时自己也在做自旋运动，所以电子同时具有轨道磁矩和自旋磁矩。原子核虽然也有磁矩，但是数值很小，可以忽略不计。因此原子的磁矩主要来自原子中的轨道磁矩和自旋磁矩之和。

（2）磁化强度

磁化强度是描述宏观磁体磁性强弱程度的物理量，用符号 M 表示。在磁体内取一个体积元 ΔV，则 ΔV 内部包含了大量的磁偶极子，这些磁偶极子的磁矩可表示为 μ_{m1}，μ_{m2}，…，μ_{mi}，…，μ_{mn}。单位体积磁体内磁偶极子具有的磁矩矢量和就是磁化强度 M。如果这些磁偶极子磁矩的大小相等且相互平行排列，则 $M=n\mu_m$。

（3）磁场强度和磁感应强度

人们一般将磁极受到作用力的空间称为磁场。磁场的强弱可以用磁场强度 H 或磁感应强度 B 两个参量来描述，它们都是矢量。

依照静电学，静磁学定义磁场强度 H 等于单位点磁荷在该处所受的磁场力的大小，其方向与正磁荷在该处所受磁场力的方向一致。设试探磁极的点磁荷为 m，它在磁场中某处受力为 F，则该处的磁场强度 H 为 $H = F/m$。磁场强度单位是 $A \cdot m^{-1}$。

在一些场合，确定磁场效应的量是磁感应强度 B，而不是磁场强度 H。在 SI 单位制中，$B=\mu_0(H+M)$，其中 μ_0 表示真空磁导率。

（4）磁化率和磁导率

磁体对其所处的外磁场会做出响应，发生磁化，产生一定的磁化强度，而磁化强度 M 和外磁场强度 H 之间存在以下关系：$\chi=M/H$，χ 称为磁体的磁化率，用于表征材料磁化的难易程度。

磁导率用来衡量材料本身支持内部磁场形成的能力，用符号 μ 表示。如同电流容易通过高电导率的物质，磁通也更容易穿过高磁导率的材料。磁导率是软磁材料的重要性能参数，从使用角度看，主要是初始磁导率 μ_i。μ_i 是指磁场强度趋近于零时磁导率的极限值，反映了软磁材料响应外界信号的灵敏度。

（5）退磁场

材料被磁化时所产生的磁性状态不仅依赖于磁化率，也取决于样品的形状。当一个有限大小的样品被外磁场磁化时，在它两端出现的自由磁极将产生一个与磁化强度方向相反的磁场，被称为退磁场 H_d，大小与磁体形状和磁极强度有关，存在如下关系：$H_d=-NM$。这里的 N 称为退磁因子，仅和材料的形状有关。

8.3.1.2 材料的磁化

磁性材料的应用基础是基于材料的磁化强度对外磁场明显的响应特性。这种特性可以由磁化曲线和磁滞回线来表征。通过研究材料的磁化曲线和磁滞回线，可以分析磁性材料的内禀性能。

（1）磁化曲线

磁化曲线是指磁体从磁中性状态被磁化到饱和状态，在此过程中探测到的磁感应强度（B）或磁化强度（M）与外加磁场（H）关系变化的曲线，揭示了材料对外加磁场的响应行为。在磁学研究中常使用 M-H 曲线，而在工程技术中多采用 B-H 曲线。

对于磁性材料而言，其 M-H 曲线中，随 H 的增加，M 不断增大，当 H 增大到一定值后，M 逐渐趋于一个定值，达到饱和磁化状态，此时的 M 称为饱和磁化强度 M_s，对应的磁场为饱和磁场 H_s。需要注意的是，在 B-H 曲线中，当 H 增大到一定值后，B 并不会趋于一个定值，而是以一个很小的斜率继续上升，存在一个“伪饱和”现象。

（2）磁滞回线

将磁体经历加磁-去磁-加反向磁场-去反向磁场-加磁，即反复磁化和去磁一周所形成的闭合 M-H 曲线或 B-H 曲线称为磁滞回线。

图 8-5 所示是磁性材料的磁化曲线（B-H）和磁滞回线。随着 H 从 0 增加到 H_s（饱和磁场），磁感应强度 B 从原点 0 到 a 点逐渐增大并达到饱和磁化状态，此时的 B 称为饱和磁感应强度（B_s）；然后去磁，B 并没有沿原路线返回到 0，其变化速率反而变慢，这种现象称为“磁滞”。H 降到 0 时，B 到达 b 点，保留了一定的数值，即磁体具有剩余磁感应强度（B_r）；必须加一个反向磁场 $-H_c$（矫顽力），才能使 B 变为 0；继续增大反向磁场到 $-H_s$，B 到达 $-B_s$，即在反向磁场下达到饱和状态；然后去磁，反向磁场降到 0，B 变为 $-B_r$；再加一个正向磁场，使 B 变为 0，完成一周循环。沿 $a \rightarrow b \rightarrow c \rightarrow a' \rightarrow b' \rightarrow c' \rightarrow a$ 所围成的曲线就是磁滞回线。

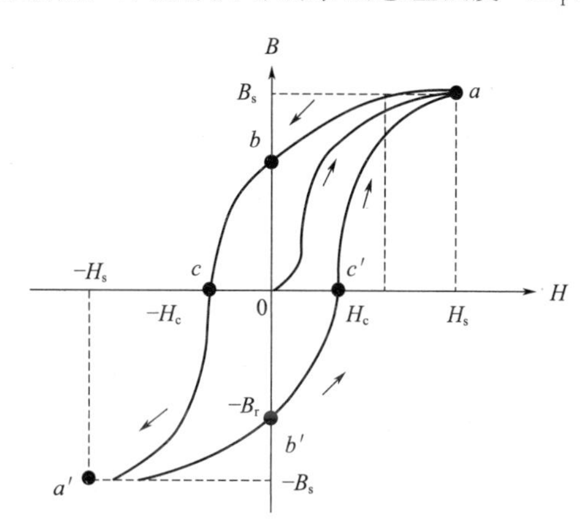

图 8-5　磁性材料的磁化曲线和磁滞回线

磁滞回线在第二象限的部分称为退磁曲线。由于退磁场的作用，在无外磁场的情况下，永磁材料将工作在第二象限，因此退磁曲线是考察永磁材料性能的重要依据。退磁曲线上每个点对应的 B 和 H 的乘积（BH）称为磁能积，用来表示永磁材料的能量大小，其最大值叫最大磁能积，用 $(BH)_{max}$ 表示。

磁化曲线和磁滞回线是磁性材料的重要特征，反映了磁性材料的许多特性，包括磁化率、饱和磁化强度、矫顽力、剩磁、最大磁能积等。

8.3.2　物质的磁性

所有物质都具有磁性，但并不是所有物质都能够作为磁性材料来应用。按照磁体磁化时磁化率的大小和符号，可以将物质的磁性分成五个种类：抗磁性、顺磁性、反铁磁性、铁磁性和亚铁磁性。

（1）抗磁性

在外磁场作用下，原子系统获得与外磁场方向相反的磁矩的现象。具有这种磁性的物质称为抗磁性物质，呈现一种微弱的磁性。磁化率 χ 为负值且很小，一般在 -1×10^{-5} 量级，且与温度无关；其磁化曲线是一条直线。抗磁性物质包括惰性气体、Cu、Zn、Au、水等。

（2）顺磁性

在外磁场作用下，磁化强度与外磁场同向，磁化率 >0 但数值很小，仅为 $10^{-6}\sim10^{-3}$ 量级，磁化率与温度有密切关系，符合居里—外斯定律，这种磁性被称为顺磁性。具有这种磁性的物质被称为顺磁性物质，包括一些金属和铁族元素的盐类，如 Li、Na、Al、V、Pd、Nd、空气、$FeCl_3$ 等。

(3) 反铁磁性

磁化率在奈尔温度（T_N）存在极大值。当温度高于 T_N 时，磁化率与温度的关系符合居里-外斯定律；当温度低于 T_N 时，磁化率随温度不是增大，反而减小并逐渐趋于定值。这种磁性被称为反铁磁性，具有这种磁性的物质被称为反铁磁性物质，包括过渡族元素的盐类及化合物，如 MnO、FeO、CoO、NiO、CrO、Cr_2O_3。

(4) 铁磁性

铁磁性是一种强磁性，磁化率远大于 0，数值在 $10^1 \sim 10^6$ 量级，只要很小磁场就能被饱和磁化。存在一个临界温度，即居里温度 T_C。当温度高于 T_C 时，磁化率与温度的关系符合居里-外斯定律，此时物质变为顺磁性。这种磁性被称为铁磁性。具有这种磁性的物质被称为铁磁性物质，包括 Fe、Co、Ni、3.5%Si-Fe、AlNiCo 等。

(5) 亚铁磁性

宏观磁性与铁磁性相同，但磁化率的数值略低，大约为 $10^0 \sim 10^3$ 量级。亚铁磁性物质包括 Fe_3O_4 和各种铁氧体。

由于抗磁性、顺磁性、反铁磁性的磁性都很微弱，因此在技术上很少应用。通常所说的磁性材料是指铁磁性或亚铁磁性物质。

8.3.3 磁性材料的分类、特点及应用

从实用的角度出发，磁性材料可以分为以下几类。

8.3.3.1 软磁材料

软磁材料是指矫顽力低、既容易受外加磁场磁化又容易退磁的材料。其主要特征是：

① 初始磁导率和最大磁导率高。所以软磁材料对外加磁场的灵敏度高。

② 矫顽力低。所以既容易被外加磁场磁化，又容易受外磁场或其它因素影响而退磁，而且磁滞回线窄，降低了磁化功率和磁滞损耗。

③ 饱和磁化强度高，剩余磁感应强度低。可以节省资源，便于产品向轻量化发展，迅速响应外磁场极性的反转。

④ 为了在实际使用中节省能源、降低噪声，软磁材料还应具备低的铁损，高的电阻率和低的磁致伸缩系数等特征。

⑤ 高的稳定性。

软磁材料是应用广泛、种类最多的一类磁性材料。现在所应用的软磁材料主要有：

① 纯铁及其合金，如电工纯铁、硅钢（Fe-Si）、坡莫合金（Fe-Ni）、仙台斯特合金（Fe-Si-Al），用于发电机、变压器、马达等；

② 软磁铁氧体，如 Mn-Zn 系、Ni-Zn 系、Mg-Zn 系等，多用于变压器、线圈、天线、磁头、开关等；

③ 非晶态软磁材料，如铁基非晶态合金、铁镍基非晶态合金、钴基非晶态合金、Co-Ta-Zr 系薄膜，用于高功率脉冲变压器、开关电源、防盗标签等；

④ 软磁复合材料，即由绝缘介质包覆的磁粉压制而成的软磁材料，又称磁粉芯，兼具金属软磁材料和软磁铁氧体的优势，如铁粉芯、铁硅铝磁粉芯等，用于储能电感器、滤波器、电感器等；

⑤ 纳米晶软磁材料。

1988 年，日本日立金属公司的 Yashizawa 等人在非晶合金基础上通过晶化处理开发出纳米晶软磁合金（Finemet）。根据传统的磁畴理论，因矫顽力与晶粒尺寸成反比，因此软磁材料的晶粒尺寸要尽可能大。但是在纳米晶软磁材料出现以后，人们发现由于纳米材料的宏观量子隧道效应，其矫顽力反而降低了。这是软磁材料研究的一个突破性进展。

纳米晶软磁材料的主要体系有 Finemet（Fe-Cu-Nb-Si-B）、Nanoperm（Fe-Zr-B-Cu）、Hitperm（Fe-Co-Zr-B-Cu）。其中最著名的为 Finemet，其组成为 $Fe_{73.5}Cu_1Nb_3Si_{13.5}B_9$，晶粒尺寸约为 10nm。

纳米晶软磁材料除具有高磁导率、低矫顽力等特点外，还有很低的铁芯损耗，综合磁性能最佳，成本低廉。Finemet 居里温度为 570℃，远高于 MnZn 铁氧体和 Co 基非晶材料，其饱和磁化强度接近 Fe 基非晶材料，为 MnZn 铁氧体的 3 倍，饱和磁致伸缩系数仅为 Fe 基非晶材料的 1/10，因此在高频段应用优于 Fe 基非晶态合金。

纳米晶软磁材料可以替代钴基非晶合金、晶态坡莫合金和铁氧体，在高频电力电子和电子信息领域用于制造功率变压器、脉冲变压器、高频变压器、磁感器、磁开关及传感器等。

8.3.3.2 永磁材料

也叫硬磁材料，这类材料经外磁场磁化后再去掉磁场还能保留较高剩余磁性，矫顽力高，能经受不太强的外磁场和其它环境因素的干扰。因为能长期保留较高剩磁，故称永磁材料；又因矫顽力高，能经受不太强的外磁场和其它环境因素的干扰，又称硬磁材料。其主要特征是：

① 剩余磁感应强度和剩余磁化强度都很高。

② 矫顽力高。

③ 最大磁能积高。

④ 从实用角度考虑，还要求具有高的稳定性，即当外界因素变化时磁性仍保持稳定的数值。

永磁材料种类多、用途广。现在所应用的永磁材料主要有：

① 金属永磁材料，主要包括铝镍钴（Al-Ni-Co）系和铁铬钴（Fe-Cr-Co）系两类永磁合金；

② 铁氧体永磁材料，这是一类以 Fe_2O_3 为主要组元的复合氧化物强磁材料，其电阻率高，特别适合在高频和微波领域应用；

③ 稀土系永磁材料，这是一类以稀土族元素和铁族元素为主要成分的金属间化合物，包括 $SmCo_5$ 系、Sm_2Co_{17} 系以及 Nd-Fe-B 系永磁材料，其磁能积高，应用领域广阔。

永磁材料制成的永磁体，其气隙能产生足够强的磁场，磁场对带电物体、离子或载电流导体产生相互作用来做功，实现能量、信息的转换。在通信、自动化、计算机、电机、仪器仪表、石油化工、磁生物医疗、玩具等领域得到广泛应用。

典型的永磁和软磁材料的磁滞曲线见图 8-6。

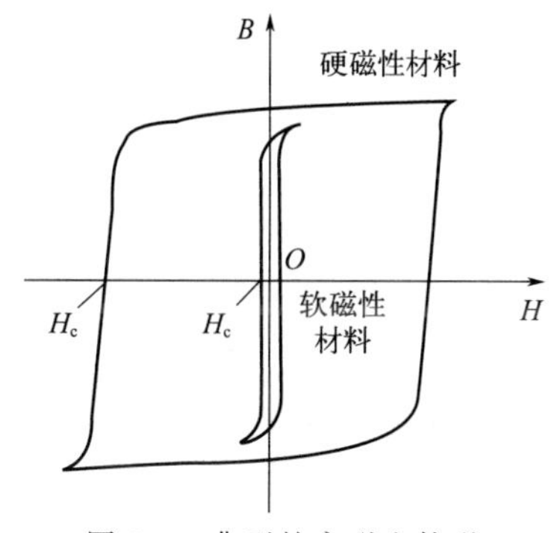

图 8-6　典型的永磁和软磁材料的磁滞曲线

8.3.3.3 磁性纳米材料

磁性纳米颗粒的矫顽力和磁滞回线与块体材料明显不

同，随颗粒尺寸的减小，矫顽力先是显著增大，变化幅度达到几个数量级，达到最大值，然后又会迅速减小甚至消失，表现出超顺磁性的磁滞回线。例如，直径 15nm 的铁粉其矫顽力是大块铁的 10^4 倍。

磁性纳米颗粒是制作磁记录材料和磁性液体的重要组成部分，另外，磁性纳米颗粒还被用于生物医药领域，如磁共振成像、肿瘤热疗技术等。

8.3.3.4 磁记录材料

磁记录材料是用于磁记录技术的磁性材料，包括磁记录介质材料和磁记录头（简称磁头）材料。磁记录时，先把需要记录的信息转变为电信号，再用记录磁头转变为磁信号存储在磁记录介质中；读取的时候，先将磁记录介质中的磁信号通过读写磁头转变为电信号，再将电信号转变为信息。

磁记录介质采用的是永磁体颗粒（如 γ-Fe_2O_3 颗粒）、磁光效应材料（如稀土-过渡族元素非晶态薄膜）和磁泡材料（如单晶石榴石外延膜）。而磁头材料经历了软磁材料（如坡莫合金）到磁电阻材料的发展过程，特别是巨磁电阻材料（GMR）在磁头上的应用，使磁存储密度得到大幅提升。

磁记录具有信息读写速度快、容量大、可擦写、价格低廉的优点。

8.3.3.5 磁流体

又称磁性液体或磁性胶体。它是由纳米级（一般小于 10nm）的磁性颗粒（Fe_3O_4、γ-Fe_2O_3、Fe、Co、Ni、Fe-Co-Ni 合金等），通过界面活性剂（羧基、胺基、羟基、醛基、硫基等）高度地分散、悬浮在载液（水、矿物油、酯类、有机硅油、氟醚油及水银等）中，形成稳定的胶体体系。即使在重力、离心力或强磁场的长期作用下，磁性颗粒也不发生团聚现象，能保持磁性能稳定，而且胶体也不被破坏。磁流体中的纳米磁性颗粒比单畴临界尺寸还要小，因此它能自发磁化达到饱和。同时由于颗粒尺寸较小，粒子磁矩受热扰动的影响而混乱分布。无外加磁场时，磁流体中的颗粒磁矩无定向排列，液体系统总磁矩为零，对外无磁性吸引力；当施加外加磁场时，颗粒磁矩立刻定向排列，表现出磁性。随磁场增加，磁化强度迅速增大直至饱和，去磁时，随磁场减小，磁化强度减小直至零，其磁滞回线呈对称的“S”型，几乎没有磁滞现象。

磁流体按磁性颗粒的种类，一般分为三类：铁氧体磁流体、金属磁流体、氮化铁磁流体。

磁流体最显著的特点是把液体特性与磁性有机结合。所以，磁流体在应用上的工作原理主要有以下几条：

① 通过磁场检测或利用磁性液体的物性变化；

② 随着不同磁场或分布的形成，把一定量的磁性液体保持在任意位置或者使物体悬浮；

③ 通过磁场控制磁流体的运动。

由于各个工作原理相互关联，所以应用时很少单独运用上述工作原理。以各自工作原理为主分类，其应用范围见表 8-2。

表 8-2 磁流体的基本工作原理和应用范围

基本工作原理	被利用的性质	功能	应用范围
物理变化	磁性	由温度引起的磁变化	温度的计量和控制
		确定位置	液面计；测厚仪

续表

基本工作原理	被利用的性质	功能	应用范围
物理变化	磁性	页面变形	水平仪；电流表
		内压变化	压力传感器；流量传感器
	磁光效应	光变化	磁力传感器；光学快门（相机）
保持作用	磁力	密封	轴、管密封；压力传感器
		可视化	磁畴检测；磁盘、磁带检测；探伤
	热传导	散热	扬声器；驱动器
	黏性、磁力	润滑	轴承
		阻尼	旋转阻尼；阻尼测量器；扬声器
		负载保持	加速度计；阻尼器；研磨；比重计；选矿；轴承等
流体运动	磁力、流动性	制导	油水分离；造影剂；致癌剂
	磁力	液体驱动	泵；液压变速装置
		液滴变形	传感器；传动器
	磁力、热传导	热交换	能量变换；热泵；热导管；变压器；磁制冷；发电
	流动性	位置控制	显示屏
		薄膜变形	界面层控制装置

8.3.3.6 磁热效应材料

也叫磁致冷材料或磁制冷材料，是指具有磁热效应、能够在磁场下发挥制冷作用的材料。磁热效应材料在磁场作用下，磁矩会沿磁场方向整齐排列，磁熵减小，材料温度升高，向外放热；若除去磁场，磁矩混乱排列，磁熵增加，材料温度降低，从外界吸热。如采用一种合适的循环，就可以降低环境温度。应用磁热效应材料的磁制冷技术，具有以下三个优势：①对环境友好，磁制冷采用固体制冷工质，所用系统循环回路为水等常用介质，解决了使用氟利昂等制冷剂所带来的臭氧层破坏和温室效应等问题；②高效节能，磁热效应材料的磁熵密度比气体大，其卡诺循环效率能达到60%～70%，是气体压缩制冷效率的5～10倍；③安全可靠，因为磁制冷由磁场驱动，无需压缩机，因此也没有零部件的磨损，噪声小、使用寿命长、可靠性高且便于维修。基于上述优点，磁制冷技术有望成为传统制冷技术的一种潜在替代方案。

按照工作温度的不同，可以将磁热效应材料分为三种：低温区（约20K以下），该温区是制备液氦的重要温区，顺磁盐的绝热退磁技术是获得mK级超低温的标准手段，典型材料如$Gd_3Ga_5O_{12}$（GGG）等；中温区（20～80K），该温区是液化氢、氮的重要温区，主要是稀土铝和稀土镍型材料；高温区（80K以上），主要是铁磁性材料，如重稀土及其合金、稀土-过渡金属化合物、过渡金属及合金。在这个区间的室温范围，即室温磁热效应材料有望取代传统氟利昂制冷剂。典型的室温磁热效应材料及其特点列于表8-3。其中$LaFe_{13-x}Si_x$化合物是中国科学院物理研究所研发的具有自主知识产权的磁制冷材料，其磁热效应与美国报道的第一代巨磁热效应材料$Gd_5Si_2Ge_2$相当。

表 8-3　典型的室温磁热效应材料

材料体系	优点	缺点
以 Gd 为代表的重稀土合金	磁矩大，传热好，磁热效应较强	原材料纯度要求高，相变温度单一，价格昂贵，易氧化
$Gd_5(Si,Ge)_4$ 系化合物	一级相变材料，有巨磁热效应	原材料纯度要求高，磁滞损耗大，价格昂贵
MnFe(P,As)系化合物	一级相变材料，居里温度可调，磁热效应强，成本较低	添加元素 As 有剧毒
$La(Fe,Si)_{13}$ 系化合物	居里温度可调，磁热效应强	驱动磁场大，居里温度低，磁滞损耗大
Ni-Mn 基 Heusler 合金	一级相变材料，居里温度可调，等温磁熵变高	滞后大，磁滞损耗高，驱动磁场大

8.3.3.7　巨磁电阻材料

在外磁场作用下材料的电阻发生变化，称为磁电阻效应。当这个变化值非常大时，比正常的磁电阻材料数值高一个数量级，称之为巨磁电阻效应，具有这种效应的材料称为巨磁电阻材料。巨磁电阻材料主要用于计算机硬盘和随机存储器，超微磁场传感器等。

8.3.3.8　半金属磁性材料

半金属（half-metallic）磁性材料是一种新型的功能材料，其新颖之处在于具有两个不同的自旋子能带，宏观上表现为具有金属性的磁性化合物，微观上具有导体和绝缘体双重性质。由于半金属铁磁体的特殊能带结构，导致具有100%的传导电子极化率，有望获得巨磁电阻效应。

8.4　智能材料

8.4.1　智能材料的定义与内涵

智能材料（intelligentmaterials）是能够感知环境（包括内环境和外环境）刺激，对之进行分析、处理、判断，并进行适度响应的具有仿生智能特征的材料。

智能材料的目标是要获得类似生物材料的结构及功能的“活”材料系统，能够自诊断、自修复、自增强等。智能材料的内涵包括：

① 具有感知功能，能检测并识别外界（或内部）的刺激信号，如应力、应变、热、电、光、磁等；

② 具有驱动特性和响应环境变化的功能；

③ 能以设定的方式选择和控制响应；

④ 反应灵敏、恰当；

⑤ 外部刺激条件消除后，能迅速回复到原始状态。

因此，智能材料的三个基本要素就是感知、反馈和响应。由于现有的单一均质材料通常难以完全拥有这三个基本要素，所以需要将两种或更多种材料进行复合，构成一个智能材料系统。从本质上来说，智能材料也是一种智能结构，由传感器、控制器和执行器三部分组成，这三个部分分别实现三个要素。

智能材料是信息技术融入材料科学的自然产物，标志着第五代新材料的诞生。智能材料具有十分重要的现实用途和应用前景。

8.4.2 智能材料的分类

按照组成智能材料的基材来分类，可分为以下几种：①金属系智能材料，包括形状记忆合金、磁致伸缩合金；②无机非金属系智能材料，包括压电陶瓷、形状记忆陶瓷、电致伸缩陶瓷、磁（电）流体；③高分子系智能材料，包括智能凝胶、压电聚合物、形状记忆聚合物、药物控释体系等。

按照智能材料的特征来分类，可分为以下几种：①传感器用智能材料，包括压电材料、形状记忆材料、应变仪和光纤；②信息处理器；③驱动器用智能材料，包括压电材料、形状记忆材料、磁（电）致伸缩材料、磁（电）流体等。

8.4.3 典型智能材料

8.4.3.1 智能光纤

光纤是光导纤维的简称，是一种能够传输光信息的光学纤维。

光纤作为传感器有如下优点：体积小，质量轻，抗电磁干扰，传输带宽高，可进行干涉测量从而提高检测灵敏度，兼具有感知和传输双重功能。

光纤可分为玻璃光纤和塑料光纤两大类。

① 玻璃光纤　纯石英玻璃光纤，包括纯石英玻璃光纤、稀土掺杂石英玻璃光纤、Nd-YAG 激光传输石英玻璃光纤；氟化物玻璃光纤（指由重金属氟化物玻璃熔融拉制的光纤）；硫系玻璃光纤（第六主族元素为主要成分的玻璃制成的光纤）。玻璃光纤的主要特点：易与光源耦合，有效波长范围宽，传输效率高，光损耗小。

② 塑料光纤　也被称为聚合物光纤，是由芯材和包覆层组成的纤维。芯材和包覆层都是透明的聚合物，如重氢化聚甲基丙烯酸甲酯、氟聚合物、聚苯乙烯、聚碳酸酯等。塑料光纤的工作原理：利用芯材和包覆层的折射率的区别，使光在其中发生全反射，从而达到光信号的传输。塑料光纤的主要特点：对光的传输损耗比玻璃光纤大，用于近距离（100m 内）传输；直径较粗，可挠性好，可弯曲成各种形状，质量轻，易加工，连接容易。

光纤可单独作为温度和应变传感器、红外传感器，也可以将其埋入复合材料构成智能结构和智能蒙皮，从而感知复合材料在加工成型以及使用过程中所受到的应力、温度和形变、微裂纹、振动等多种物理量，并对信号进行自动传输。

8.4.3.2 形状记忆材料

形状记忆材料是指具有形状记忆效应的材料。形状记忆效应是指某些材料经适当变形后，外界给予某种激励条件下，发生形状回复的特殊性能。之所以会呈现形状记忆效应，是因为这种材料发生热弹性马氏体相变所致。以最常见的激励条件也就是温度场为例，对这一现象可进行如下简单描述：材料在外加应力的作用下产生残余变形，将其加热到一定温度后，该材料会自动回复其原始形状及尺寸。在形状回复过程中，合金产生应力，对外界做功。这个过程的示意图如图 8-7 所示。

早在 1951 年，人们就在 Au-47.5%Cd 合金中观察到了形状记忆效应。后来人们又在陶瓷和聚合物中相继发现了形状记忆效应。所以形状记忆材料按照材料体系划分为形状记忆合金、形状记忆聚合物和形状记忆陶瓷，以及形状记忆复合材料。以下重点介绍形状记忆合金和形状记忆聚合物。

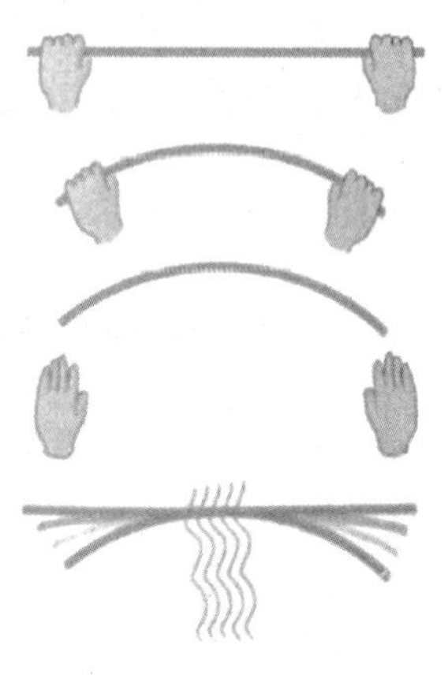

图 8-7 形状记忆效应

(1) 形状记忆合金

据统计，迄今已发现五十多种合金体系具有不同特性的形状记忆效应，注册专利过万。在已知的形状记忆合金体系中，近等原子比 NiTi 合金获得了最广泛的应用，这主要是因为该合金具有如下特性。

① 优良的形状记忆效应与超弹性。普通工程用多晶 NiTi 合金的形状可回复拉伸应变高达 8%，形状回复率高达 100%，并且循环稳定性较好。

② 良好的力学性能。力学强度及韧性与低（中）碳钢的同类性能相近。在现有的形状记忆合金中，NiTi 合金具有最佳的抗疲劳特性。

③ 良好的加工与成型能力。常见的金属材料加工手段，如铸造、锻压、轧制、挤压、焊接等，均适用于 NiTi 合金。加工塑性好，可被加工成很细的丝材或薄板（$<100\mu m$）。此外，NiTi 合金还可以通过非常规手段制备，如薄膜、微米管、多孔材料等。

④ 优良的耐腐蚀性能与生物相容性。

在二元 NiTi 合金基础上，还发展出了一系列具有不同独特用途的形状记忆合金类型：NiTiPd 和 NiTiHf 高温形状记忆合金，相变温度超过 150℃。NiTiNb 宽滞后形状记忆合金，相变温度滞后宽（可达 150℃）。NiTiCu 窄滞后形状记忆合金，相变温度滞后窄，具有较高的响应灵敏度。NiTiFe 低温形状记忆合金，相变温度最低至液氮温度。NiTiAl 高强形状记忆合金，屈服强度是 NiTi 合金的 2～3 倍。利用 NiTi 基合金的形状记忆效应和相变伪弹性制成的驱动器在航空领域，如管路紧固件、高精度温控阀、智能机翼/旋翼、发动机热端部件，在航天领域，如卫星天线、导弹诱饵、解锁机构等方面已经得到了实际应用或技术验证。

除了 NiTi 基合金，另外两种商用记忆合金，即 Cu 基和 Fe 基合金在形状记忆效应方面略微逊色，但价格便宜，易制备和加工。

近年来，还出现了磁性形状记忆合金，这种合金兼具有磁性和热弹性马氏体相变，所以不仅和常规形状记忆合金一样能够通过温度场驱动形状记忆效应，更重要的是能通过磁场来驱动形状记忆效应，其磁性形状记忆效应的机制有两种：①磁场驱动马氏体孪晶变体再取向，以 Ni-Mn-Ga 合金体系为代表，通过调整成分最大磁致应变接近 10%，高于 NiTi 合金；②磁场诱发马氏体逆相变，典型材料体系 Ni-Mn-Z（Z＝In，Sn，Sb 等）合金。磁性形状记忆合金具有输出应变大、响应频率高、可精确控制等优点，是一种新型的智能材料，可作为驱动器和传感器使用。

(2) 形状记忆聚合物

形状记忆聚合物是具有形状记忆效应的聚合物，其形状记忆效应机理不同于形状记忆合金的热弹性马氏体相变。在形状记忆聚合物中同时存在两种不同的相，即固定相（如交联结构、部分结晶区域或分子链之间的物理缠结等结构）和可逆相（分子链段）。其中固定相是指材料结构中记忆材料初始形状的成分，不受温度影响；而可逆相是指结构中随着温度的变化可发生软化和硬化转变的成分。以热驱动形状记忆聚合物为例，首先将聚合物加热至转变温度以上，此时处于初始形状 A；由于分子链段处于高弹态，我们可以对聚合物进行拉伸变形，得到形状 B，固定相也随之发生相应的移动；然后降温至转变温度以下，分子链段处于冻结状态，形状 B 被保留下来；再次加热，当温度升至转变温度以上后，由于固定相要回到初始位置，而且分子链段处于高弹态，聚合物恢复到初始形状 A。这里的转变温度可以是玻璃化转变温度，也可以是熔融转变温度。

形状记忆聚合物的分类：①根据有无化学交联点，分为热塑性和热固性形状记忆聚合物；②根据驱动形状回复的激励方式，分为热驱动、电驱动、光驱动、化学驱动和磁驱动形状记忆聚合物；③根据可记忆的临时形状的数目，分为两段、三段和多段形状记忆聚合物；④根据形状记忆过程中有无重新赋形，分为单向和双向形状记忆聚合物；⑤根据变形温度，分为低于 120℃的形状记忆聚合物和高于 120℃的高温形状记忆聚合物，前者包括聚氨酯、聚己内酯、聚降冰片烯、聚苯乙烯，后者包括聚酰亚胺类、聚醚醚酮类、全芳香液晶、环氧树脂类等。

相比于形状记忆合金和形状记忆陶瓷，形状记忆聚合物由于具有密度低、变形量大、赋形容易、易加工、驱动方式多样等优点，在医疗器件、航空航天、交通运输、智能器件等领域显示出巨大的应用前景。哈尔滨工业大学自主设计并研制的中国国旗锁紧展开机构，历经 202 天地火转移轨道飞行和 93 天环绕探测，飞行 4.75 亿公里后，于 2021 年 5 月 15 日在天问一号着陆器上成功完成了中国国旗可控动态展开，使我国成为世界上首个将形状记忆聚合物智能结构应用于深空探测工程的国家。

形状记忆聚合物相比于 NiTi 为代表的形状记忆合金，尤其在生物医学领域显示更大的优势，主要基于三个特点：①生物相容性更好、生物降解性可调控；②力学性能不仅可在很大范围内调控，且与人体组织匹配性更好；③制作简单，成本低。形状记忆聚合物可用在医疗器械（介入手术用的支架、手术缝合线等）、骨科（如骨折固定装置）、药物释放以及生物电子医学等领域。

(3) 形状记忆陶瓷

由于某些陶瓷中存在应力诱发的马氏体相变，因此也会显示出形状记忆效应。也有文献将陶瓷材料的形状记忆效应，归结于三种机理：①黏弹性恢复，典型材料如二氧化锆、云母、碳化硅、氧化铝等；②可逆马氏体相变恢复，主要是钙钛矿石类氧化物陶瓷（如钛酸钡）；③晶界与畴界之间的交互作用，如正铌酸镧陶瓷。

形状记忆陶瓷除了具有与普通陶瓷一样的性能特点比如力学性差、耐氧化、强度高、耐腐蚀以外，还表现出下列独有的特征：a. 形状记忆效应通常很小，远低于形状记忆合金，如 8mol.% CeO_2-0.5mol.% Y_2O_3-ZrO_2 陶瓷最大可恢复应变只有 1.18%；b. 形状恢复温度可以达到很高（高达几百甚至上千℃）；c. 循环稳定性差，而且循环过程中容易积累微裂纹。

过低的形状记忆效应限制了形状记忆陶瓷的发展和实际应用。

8.4.3.3 压电材料

压电效应包括正压电效应和逆压电效应。所谓压电效应是指某些电介质在力的作用下，极化状态发生变化，引起介质表面带电，表面电荷密度与应力成正比的效应。反之，施加激励电场，介质将产生机械变形，应变与电场强度成正比，称为逆压电效应。简而言之，压电效应能够实现机械能和电能的相互转换。

压电材料是具有压电效应的材料，可分为四类：①压电单晶材料，如水晶、$LiTaO_3$、$LiNbO_3$、Bi_2GeO、Li_2GeO_3、Li_3BO_4 等；②压电陶瓷，如 $BaTiO_3$、$PbTiO_3$、Pb（Ti，Zr）O_3（PZT）、改性 PZT 和其他三元系陶瓷材料；③压电薄膜，如 ZnO、CdS 以及 AlN 等；④高分子压电材料，如聚偏氟乙烯等。压电材料的主要参数有介电常数、压电常数、温度系数、介质损耗、机械品质因数、机电耦合系数等，不同用途的压电材料对上述参数有不同要求。压电材料主要用于制作压电器件，包括压电晶体器件如石英谐振器、晶体谐振器、晶体滤波器等；压电陶瓷器件如陶瓷滤波器、陶瓷变压器、机电陀螺等。这些器件用于通信、导航、广播、精密测量、计量、水声、医疗、探伤、乳化和搅拌、引燃引爆等方面。压电材料已成为国防、民用工业以至日常生活的重要功能材料。

压电复合材料是由两种或多种材料复合而成的压电材料。常见的压电复合材料为压电陶瓷和聚合物（例如聚偏氟乙烯和环氧树脂）的两相复合材料。这种复合材料兼具压电陶瓷和聚合物的长处，具有很好的柔韧性和加工性能，较低的密度，容易和空气、水、生物组织实现声阻抗匹配。此外，压电复合材料还具有压电常数高的特点。压电复合材料在医疗、传感、测量等领域有着广泛的应用。

8.4.3.4 磁致伸缩材料

磁致伸缩材料的重要特点是具有磁致伸缩效应，即磁体在外磁场中被磁化时，其长度及体积均发生变化的现象，它由焦耳发现，所以又称焦耳效应。

磁致伸缩材料是一种重要的功能材料，当改变外磁场时磁致伸缩材料的长度及体积均会发生变化，反之当材料发生变形或受力时材料内部的磁场也会随之发生变化。它具有电磁能和机械能相互转换的功能，是声呐换能器的重要材料，在桥梁减震、油井探测、海洋探测与开发、高精度数字机床、微位移传感器、高保真音响等方面有着广泛的用途。

磁致伸缩效应可分为线磁致伸缩和体积磁致伸缩，分别对应于磁场引起的长度变化和体积变化。在绝大部分磁性体中，体积磁致伸缩很小，实际的用途也很少，因此大量的研究工作和应用主要集中在线磁致伸缩领域，因而通常讨论的磁致伸缩是指线磁致伸缩。使用材料长度的变化量与原长度的比值 λ，也就是磁致伸缩系数来表示磁致伸缩量的大小，它的单位是 ppm（10^{-6}），即百万分之一，现有磁致伸缩材料的 λ 范围通常为几十 ppm 到几千 ppm。主要磁致伸缩材料及其特征见表 8-4。

表 8-4 磁致伸缩材料的分类及基本特征

材料	分类	组成	λ/ppm	特点
金属与合金铁氧体	传统磁致伸缩材料	镍基合金（Ni，Ni-Co，Ni-Co-Cr 等）和铁基合金（Fe，Fe-Ni，Fe-Al，Fe-Co-V 等），Fe_3O_4，Mn-Zn 铁氧体，Ni-Co 铁氧体，NiCo-Cu 铁氧体	20～80	磁致伸缩系数小，居里温度高，机械性能好
稀土金属间化合物	超磁致伸缩材料	Tb-Dy-Fe，SmFe	1500～2000	磁致伸缩系数大，材料抗拉伸能力弱，质地较脆
FeGa 合金	新型磁致伸缩材料	FeGa	约 400	磁致伸缩系数较大，强度高，脆性小

8.5 隐身材料

8.5.1 隐身技术简介

隐身技术，即目标特征信号控制技术，其目的是减少武器系统的目标特征信号，使其难以被探测系统发现和跟踪，通俗点说就是具有隐身性能，这些特征信号包括雷达、红外、声波和光学信号等。隐身性能已成为现代主战武器装备的重要战技指标之一，隐身武器的出现给现代战争模式带来了重要的影响，并成为决定战争胜负的一个重要因素。

实现隐身的技术手段有很多种，主要有隐身外形技术、隐身材料技术、无源干扰技术、有源隐身技术等。隐身材料技术是其中具有长期有效性和行之有效性的一种重要手段，是世界各国研究发展的重点。隐身材料已经广泛地在世界军事强国的武器装备上进行应用，并显示出良好的隐身效果。隐身材料可分为雷达吸波隐身材料、红外隐身材料、可见光隐身材料、激光隐身材料和多频谱兼容隐身材料等。

8.5.2 雷达吸波隐身材料

雷达吸波隐身材料是指通过材料自身对雷达波的吸收作用，减少目标的雷达散射截面积(RCS)，使雷达探测难以得到满意的回波，从而起到隐身作用的材料。基本原理：当雷达波辐射到隐身材料表面并加以渗透，隐身材料自身能将雷达波能量转换为其它形式（如机械能、电能或热能），并加以吸收，从而消耗掉雷达波部分能量，使其回波残缺而不完整，极大地破坏雷达的探测概率。理想情况下，如果隐身材料自身结构设计与阻抗匹配设计得当，再加上选材和成型工艺合理，隐身材料几乎可以完全衰减并吸收掉雷达波，达到全隐身的目的。

雷达吸波隐身材料主要由吸波剂与高分子材料比如树脂组成。主要有以下三种应用类型。

① 吸波型　a. 介电吸波型，依靠吸波剂的电阻来损耗入射雷达波能量，将电磁波能量转变为热能耗散掉；b. 磁性吸波型，当电磁波进来时，使磁性吸波剂的电子产生自旋运动，发生铁磁共振，从而吸收掉电磁波能量。

② 谐振型　又称干涉型，通过对电磁波的干涉相消原理实现电磁波的消减。

③ 衰减型　将吸波材料做成蜂窝结构夹在非金属材料的透波板之间，蜂窝结构内通常还会添加吸波剂，使入射电磁波一部分被吸收，一部分在蜂窝结构中经历多次反射干涉而衰减，达到相互抵消的目的。

按照实际使用形式分为：涂敷（涂层）型吸波材料和结构型吸波材料。本节介绍主要的几种涂敷型吸波材料和结构型吸波材料。

8.5.2.1 涂敷（涂层）型吸波材料

（1）高磁损耗吸波涂层

用各种铁磁性金属或合金粉末、铁氧体等制成的涂料是发展最早、应用最广的雷达吸波材料。

磁性金属和合金粉末对电磁波具有吸收、透过和极化等功能，而且温度稳定性好，介电常数较大。比如微米级的 Fe、Co、Ni 及其合金粉末。

铁氧体具有高磁导率、高电阻率和较好的阻抗匹配性能，主要通过自极化、磁滞损耗、畴壁共振及自然共振来损耗电磁波。主要缺点是密度大、温度稳定性较差。铁氧体材料包括：a. 尖晶石型铁氧体，分子式为 $MeFe_2O_4$，Me 为金属离子，如 Co^{2+}；b. 石榴石型铁氧体，分子式为 $R_3Fe_5O_{12}$，R 为三价稀土离子；c. 磁铅石型铁氧体，分子式为 $MeFe_{12}O_{19}$，Me 常见为 Ba^{2+}。

美国国家标准局研制的一种“超黑色”涂料喷涂到金属表面，可吸收 99%的雷达波能量。

(2) 磁性纤维吸波涂层

吸波涂层中使用的磁性吸波剂多为球状颗粒，在微波频率下的有效磁导率仅为 3H/m，而金属短纤维，更准确说是晶须的吸波性能更好。例如，法国将直径 1～5μm 的多晶铁晶须作为吸波剂，可在宽频带范围内实现高吸收，减重 40%～60%，该技术已用于法国军队的导弹和再入式飞行器上。美国 3M 公司研制的吸波涂层中使用了直径 0.26μm、长度 6.5μm 的多晶铁纤维，当纤维含量在 25%时，涂层在 6～16GHz 内吸收率为 10～30dB。

(3) 手性吸波涂层

手性吸波材料，是一种具有螺旋构造的各向同性电磁材料，在电磁场的作用下会产生电场和磁场的交叉极化，具有很好的吸波性能。与普通吸波材料相比，可以在较宽的频带上满足无反射要求，容易实现宽频吸收，因此手性材料在扩展吸波频带和低频吸波方面有很大的潜能。

手性微体主要有金属手性微体、微螺旋碳纤维以及手性导电聚合物。

① 金属手性微体具有高耐磨性、高弹性、良好的导电性等优点，制作工艺简单，是研究较早的一种手性吸波材料。典型手性吸波微体有金属铜丝、钢丝绕制成的螺旋圈，大多作为掺杂体掺入环氧树脂或石蜡等基底中。

② 螺旋炭纤维是一种有着特殊螺旋结构、具备良好电磁性能的炭纤维材料，具有耐摩擦、低密度、高电热传导性等特点。一般制备所得螺旋炭纤维是由两根直径为数百纳米的炭纤维相互缠绕在一起，呈现出双螺旋结构，两根炭纤维的旋向、螺径以及螺旋长度都相同。

③ 手性导电高聚物，具有相对稳定的螺旋链，导电性能良好，其合成方法有两种：一种是非手性单体在聚合过程中加入手性诱导剂来实现其空间螺旋结构，例如手性导电聚苯胺；另一种是利用手性单体在一定的反应条件、适合的催化剂作用下，直接聚合成具有螺旋结构的导电聚合物，例如手性导电聚噻吩、聚吡咯等。

(4) 导电高聚物涂层

具有微波电损耗或磁损耗功能的有机高聚物，优点：可设计性强（通过掺杂处理可调节其导电性能和吸波性能），结构多样化，合成加工方便，密度小。美国卡耐基－梅隆大学用视黄基席夫碱盐（Retimyl Shifflass Salts）制成的吸波涂层可使目标 RCS 减小 80%，而密度只有铁氧体的 1/10。导电高聚物还能够与其它材料复合，比如将其与无机磁损耗物质复合可开发新型轻质宽带吸波涂层。美国将导电高分子聚苯胺与氰酸盐混合后制成一种透明的导电吸波涂层，既可以直接喷涂，也可以与复合材料组成层合材料，能经受 510℃高温达 50 小时。

(5) 智能隐身涂料

传统被动雷达吸波材料成型后，其工作带宽、谐振频率、最大吸收深度等参数都是固定的，无法满足外部复杂多变电磁环境所需要的自适应隐身要求。将智能材料的概念引入到雷达吸波涂料中，使其能感知和分析不同的雷达波信号，瞬时调节表面区域的电磁波基本特征参量和化学常数等，以产生良好的隐身效果，从而得到智能隐身材料。主要包括以下几种。

① 有源吸波材料　在基体中嵌入半导体二极管或其它电磁敏感元件，无雷达波照射时，它们不吸收电磁波，而当受到雷达波照射时，这些电磁敏感元件自动开启，从而改变材料的吸收/反射电磁波特性。

② MIM结构　利用液晶分子各向异性的特性，设计得到含液晶体的MIM（Metal-insulator-metal）结构，另外在金属层与液晶层中加入一薄层橡胶材料，液晶层通过由金属层构成的电极产生的电场来对液晶分子的取向等状态进行调控，这种结构具有很好的可调控性，且响应时间很短。

③ 智能蒙皮　以导电高聚物为基础，将不同导电率的高聚物薄膜粘合在一起，然后再把各种机载电子装置、传感器等嵌入蒙皮内，得到智能蒙皮。

8.5.2.2 结构型吸波材料

结构型吸波材料是功能复合材料的一种，既能作为结构件，又能吸收电磁波。其结构设计多采用三明治形式，例如在两个蒙皮之间夹一层蜂窝状的损耗层。主要类型如下：

① 碳-碳增强塑料，用于高速飞行器的耐高温部位，能很好地抑制红外辐射并吸收雷达波。

② 含铁氧体的玻璃纤维增强塑料，可用于导弹尾翼上。

③ 填充石墨的增强塑料，在低温下仍保持韧性。

④ 玻璃纤维增强塑料，可作为飞机蒙皮，无需金属加强筋，并具有较好的吸收雷达波性能。

⑤ 碳纤维增强塑料，既能降低雷达波特征，也能降低红外线特征，可制作飞机蒙皮、机翼前缘等。

⑥ 碳化硅-碳纤维增强塑料，利用碳化硅耐高温、力学性能好、电阻率高等优点，再通过碳来调节电阻率，吸波性能优异。

⑦ 混杂纤维增强塑料，是将不同种类的纤维混在一起制成增强塑料。

⑧ 导电增强塑料，是将导电性增强体如纤维、颗粒加入到聚合物基体中制成。通过调节导电体的种类和含量可以改变其吸波特性。

8.5.3 红外隐身材料

温度在绝对零度以上的物体，都会向外界辐射出红外电磁波，即热辐射。红外电磁波是指波长在0.76～1000μm之间的电磁波，其在电磁波谱中位于微波和可见光之间，根据波长由小到大可分为近红外、中红外、远红外和极远红外四类。

红外隐身是指利用一定的技术手段降低或改变目标的红外辐射特征，使其与背景环境的红外辐射特征之差小于红外探测器的分辨率，实现红外频段下目标与背景融为一体而不被敌方红外探测器侦察到的技术。

由Stefan-Boltzmann定律可知，实际物体的总辐射能与物体的表面温度及其表面发射率成正比，通过降低物体表面温度或者调控目标表面发射率是实现红外隐身的两种基本途径。近年来研究较多的红外隐身材料按照其作用原理大致可以分为低红外发射率材料、控温材料、光子晶体以及智能红外隐身材料这几类。

（1）低红外发射率材料

低红外发射率材料按照化学组成可分为无机低发射率材料、有机低发射率材料和有机-

无机复合低发射率材料。无机低发射率材料隐身效果最显著，在红外隐身材料领域占主导地位，包括金属和半导体，例如铝粉就是最常用的一种金属类无机低发射率材料。有机-无机复合低发射率材料通过有机相和无机相的复合，弥补了各自的不足，无机相可以降低有机基团的饱和度，减弱分子振动及官能团在红外窗口的吸收强度，有机相则可以改善材料的力学和加工性能，二者之间的协同作用使复合材料的综合性能更加优良。

（2）控温材料

控温材料通过降低目标表面温度变化范围的方法来实现红外隐身，主要包括隔热材料和相变材料两类：a. 隔热材料是利用低热导率材料阻隔物体发出的热量，使其不会发散出来，主要有聚合物微球、空心陶瓷微珠、气凝胶等；b. 相变材料是指以潜热形式储存和释放能量的材料，利用其在相变时伴随的吸热或放热效应来保持温度不变，减小目标与环境间的温度差。其中固-液相变材料（例如石蜡、硬脂酸丁酯）具有潜热大、使用方便且容易控制的优势，应用较为广泛。实际使用时，通常是将相变材料微颗粒装到微胶囊里，再把微胶囊分散到聚合物基体中。

（3）光子晶体

光子晶体（photonic crystal）是一种由介电常数（或折射率）不同的介质材料在空间周期排布而成的人工微结构材料，按照介质材料在空间的排列构型可将其分为一维、二维和三维光子晶体。周期性结构能够在晶体内部产生“光子禁带”，对相应频率的入射电磁波产生全反射，调整光子晶体的结构使其对红外波段入射光全反射，即可达到发射率接近 0 的目的。

（4）智能红外隐身材料

智能红外隐身材料可以感知自身和背景环境的红外辐射特征差异，促使自身发生物理或化学变化，动态地调整自身的发射率，减小目标与环境的辐射对比度。根据诱导因素的不同，可分为电致变智能隐身材料和热致变智能隐身材料：a. 电致变智能隐身材料在不同电压或电流的作用下发生电化学氧化或还原反应，使得材料组分或材料结构发生可逆变化，导致透射率或发射率发生明显可逆变化。金属氧化物（如三氧化钨）和导电高聚物（如聚苯胺、聚噻吩及其衍生物）是两类极具应用前景的电致变色材料。b. 热致变智能隐身材料可随其自身温度变化自动调整热辐射特征，改变材料的红外发射率。目前报道最多的是钙钛矿氧化物和二氧化钒，当温度变化时，它们会在半导体和金属之间发生相变，导致红外发射率变化。

8.5.4 可见光隐身材料

可见光是人肉眼可见的光线，其波长在 $0.4\sim0.75\mu m$ 之间，常见的可见光探测器有望远镜、电视摄像机、微光夜视仪等。要实现可见光隐身，必须消除目标与背景环境的颜色差别，使目标颜色与背景颜色协调一致，这就是可见光隐身或伪装的原理。

（1）可见光隐身涂料

主要由成膜物质（如丙烯酸树脂、聚氨酯树脂）、迷彩颜料、可见光吸收剂（菁类染料、金属配合物燃料等）组成。

（2）智能隐身材料

可见光智能隐身材料是一种具有“变色龙”特性的材料系统，能够在光、电、热等外场刺激下改变目标颜色和亮度。

① 光致变色隐身材料　在一定波长和强度的光作用下，材料的分子结构发生变化，引起材料对光吸收峰值的变化，最终导致改变颜色，达到隐身目的。

② 热致变色隐身材料　通过温度控制器改变材料温度，使其呈现出与背景一致的亮度和色度。

③ 电致变色隐身材料　通电后改变材料的亮度和色度。其它内容可参考智能红外隐身材料。

(3) 纳米隐身材料

纳米隐身材料是指由纳米材料与其它材料复合而成的功能型隐身材料，多应用于工程、装备的表面及结构涂层中，该类涂层具有质量轻、厚度薄、红外发射率低等特点，同时兼具良好力学性能及吸波特性，被认为是最具潜力的功能型隐身材料。

美国普渡大学设计的纳米金属针隐身材料，将直径约 10nm、长度几百纳米的金属针装入锥形体中，金属针会改变锥形体周围的“折射率”，使其表面不再反射光，从而让锥形体内部的物体“消失不见”，达到遁形的效果。该设计是第一种适用于在可见光范围内遮盖任何大小物体的装置。

实际上，由于纳米材料在宽频范围内具有均匀的吸波特征，所以纳米材料在红外、雷达、激光等隐身技术领域均应用广泛。比如，在很多隐身材料制成的涂料中，很多颗粒状添加剂都是纳米尺度。

8.5.5 多波段隐身材料

也可称为多频谱兼容隐身材料，指的是这种材料能够减少多个不同波段的电磁波探测信号，实现复杂电磁波环境下的隐身效果。例如，激光与红外兼容隐身材料能够同时实现对激光和红外信号的隐身效果。

(1) 可见光与近红外兼容隐身材料

美国研制了一种人造聚酰胺细丝织成的织物，其中含有炭黑添加剂，另外将纱线或织物涂上伪装涂料，可以有效控制可见光和近红外特征，在沙漠、城市等环境中实现可见光隐身。

(2) 激光与红外兼容隐身材料

光子晶体是一种由不同介电常数的介质周期性排列组成的人工晶体。光子晶体具有两个重要的特性，分别是光子禁带和光子局域。前者在特定频率范围内对电磁波有高反射率，可以实现红外隐身效果；后者通过“光谱挖孔”效应，可以实现激光隐身效果，也就是说，在光子晶体上可以同时实现红外和激光隐身。

(3) 红外与雷达兼容隐身材料

纳米材料的表面原子比例高、悬挂键多，因此具有较强的表面活性，可增加对入射电磁波的吸收；同时，量子尺寸效应会使分裂的电子能级处在 $10^{-2}\sim10^{-4}$eV 范围内，为吸收入射电磁波创造了新通道。另外，红外光的波长远大于纳米颗粒的尺寸，导致纳米材料对红外光具有高透过率，使红外探测器接收到的反射信号变得很微弱，进而实现红外隐身效果。

(4) 多波段隐身超材料

超材料（metamaterials），或称功能导向型人工材料，其结构单元由人工设计，形成人工“原子”，这些人工“原子”的尺寸和性能参数依据功能导向进行调节设计，其尺寸通常大于真实原子。通过结构单元的人工设计可实现多波段的光谱调控，得到具有超常电磁响应的人工材料。超材料在电磁谐振频率附近可以提供数值为 0 甚至为负数的介电常数和磁导率，实现负折射、零折射、“隐身斗篷”等卓越的电磁波调控功能。光子晶体就是一种超材料。例如，利用方形金环和 Helmholtz 谐振腔阵列可实现 1.064μm 和 10.6μm 激光和红外隐身的兼容。

8.5.6 声隐身材料

舰艇的声辐射是由螺旋桨、操纵装置、主辅机激发的船体振动及流体流动噪声等引起的。舰艇的声辐射超过一定量级就会激发水雷引爆，并限制己方传感器探测性能。对于潜艇而言，噪声增加 10dB，它的暴露距离就会增大 1～3 倍。反之，噪声降低 5dB，它的暴露距离就会减小到原来的 1/3。所以舰艇的声隐身不仅直接关乎舰艇自身安危，而且还会严重影响舰艇作战效能。

声隐身技术主要用于舰船隐身中，通过控制舰船的声学特性，达到防止声呐探测的目的。实现声隐身的基本思路是降低噪声源的噪声强度和切断噪声传播途径，采用声隐身材料（包括吸声和隔声材料）是一种非常重要的方法。

吸声材料的吸声机理有三种：a. 利用材料的黏性内摩擦吸声，即阻尼损耗，声波进入材料后引起相邻质点运动速度不同，由相对运动而产生内摩擦，使相当一部分声能转化为热能从而引起声波衰减；b. 利用弹性弛豫过程吸声，声波进入材料后使材料分子由球形变为椭圆形，而分子链本身并无变化，这种弹性变形有明显的滞后，也就是说变形落后于应力的变化，这个过程会消耗能量，使声能转变为热能；c. 利用波形转换吸声，即入射纵波在黏弹性材料中引起的体积变化会产生波形变换，使纵波变换成具有高损耗因子的剪切波而达到吸声作用。

吸声材料的性能要求：a. 与传播介质（海水）的特性声阻抗匹配，使声波能无反射地进入吸声材料；b. 有很高的内耗，使声波在吸声材料中快速衰减。

目前最常用的是橡胶类和聚氨酯类材料如下：a. 橡胶类吸声材料（如丁苯橡胶、丁基橡胶、氯丁橡胶）的应用最早，俄罗斯的潜艇多采用。橡胶吸声材料需要在工厂先硫化成型，然后用粘贴法施工，工艺繁琐，为了达到吸声效果要做得很厚，而且时间长了易脱落。b. 聚氨酯类吸声材料，研究和应用晚于橡胶，英国最早开始研制和应用，其它北约国家的潜艇也有采用。

聚氨酯类材料与橡胶类吸声材料相比：a. 分子结构可设计性强，可以通过改变软硬段的比例、接枝、共聚等方法，控制主链的长度、支链的数量和体积以及交联度，进一步改善材料的声学性能；b. 黏结性好，不易脱落，有利于制备复合吸声材料，能进一步提高吸声性能；c. 制作工艺相对简单，不像橡胶材料的混炼工艺那么复杂。因此，聚氨酯类材料是继橡胶之后的第二代水下吸声材料。虽然其价格稍贵、水溶性差，但具有优异的水下吸声性能和极强的分子结构，在声学上具有可设计性，将成为未来水下吸声材料研究的主要方向。

为了保证吸声结构的表面等效阻抗与水的阻抗相匹配，同时增强覆盖层的消声效果，还需要在声隐身材料内部构造出特殊的声学结构，包括共振式吸声结构、渐变式吸声结构、夹心层吸声结构、微粒复合吸声结构、压电式复合吸声结构等。

潜艇的声隐身技术通常采用在潜艇壳体表面覆盖吸声材料（即消声瓦）。消声瓦敷设在潜艇表面既能大幅度吸收对方主动探测声波的能量，减少主动声呐的反射，又可降低艇体振动，减少潜艇内部产生的机械辐射噪声。

除了以上提到的消声瓦，压电材料也是一种吸声材料。压电复合材料是由压电颗粒（如锆钛酸铅 PZT)、导电颗粒（如炭黑）和聚合物基体一起混合得到的复合材料。其减振吸声机理是：导电微粒在基体材料中形成微观局部的电流回路，有效地将声能及振动能转换为电能，再经压电颗粒作用以热的形式耗散掉，起到吸声减振的作用。通过改变导电填料的含量，可以调整材料的阻抗，且其阻尼吸声的能力可随外界条件的变化而协调变化，是一种智能型的阻尼吸声材料。

正在发展中的新型吸声材料还包括高分子微粒材料、负泊松比材料、声子玻璃等。

8.6 新能源材料

8.6.1 新能源材料概述

进入新世纪以来，能源问题和环境污染问题，日益受到世界各国的广泛重视。开发和利用新能源是解决这两个问题、实现人类社会可持续发展的重要途径。新能源是相对传统能源而言的，一般指以采用新技术和新材料而获得的，在新技术基础上系统开发利用的能源。新能源包括太阳能、氢能、核能、生物质能、风能、地热能、海洋能等，与传统能源如石油、天然气和煤炭相比，新能源具有资源可持续、清洁、分布均衡等特点，是未来可持续能源系统的支柱。

新能源材料是指实现新能源的转化和利用以及发展新能源技术中所要用到的关键材料，它是发展新能源技术的核心和新能源应用的基础。从材料学的本质和能源发展的角度看，能储存和有效利用现有传统能源的新型材料也可以被划归到新能源材料。

新能源材料覆盖了锂离子电池材料、燃料电池材料、太阳能电池材料、反应堆核能材料、镍氢电池材料、新型相变储能和节能材料等。

8.6.2 锂离子电池材料

锂离子电池的优点：工作电压高，能量密度高，能量转换效率高达 96%，自放电率小，循环寿命长，具有高倍率充放电性，无记忆效应，不含重金属及有毒物质。锂离子电池在信息终端产品（手机、笔记本电脑、智能穿戴产品）中的应用已占据垄断地位。而在新能源汽车领域，锂离子电池也得到了大规模应用。

锂离子电池的工作原理如图 8-8。充电时，锂离子从正极脱出，通过电解质扩散到负极，并嵌入负极晶格中，同时得到由外电路从正极流入的电子，放电过程则与之相反。

所以锂离子电池的结构包括了正极、负极、电解质、隔膜、正极引线、负极引线、中心段子、绝缘材料等。以下主要介绍锂离子电池的负极和正极材料。

8.6.2.1 锂离子电池负极材料

负极作为锂离子电池的重要组成部分，其性能对电池整体各项指标有重要影响，要求负极所应用的材料具有高比容量和高输出电压、良好的循环性能和安全性、便宜、对环境无污染等特性。表 8-5 列出了几种主要的锂离子电池负极材料。

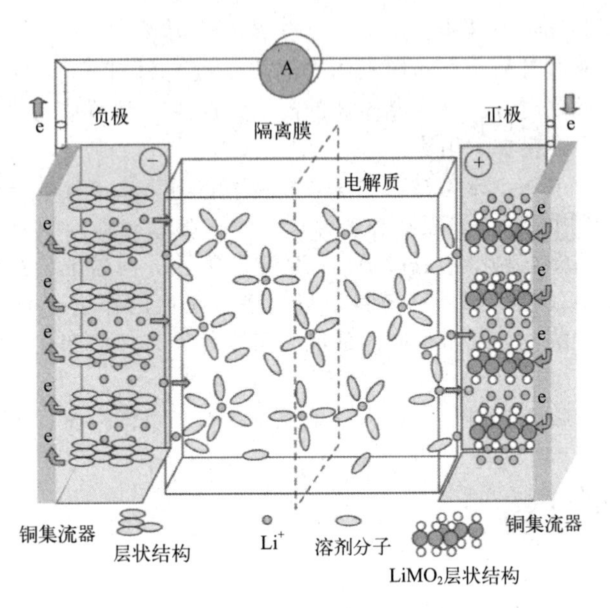

图 8-8 锂离子电池的工作原理

表 8-5 锂离子电池负极材料的演变过程

负极材料	金属锂	锂合金	碳材料（石墨）	氧化物（SnO）	纳米合金（纳米硅）
年份	1965	1971	1980	1995	2000
比容量/（mA·h/g）	3400	790	372	700	2000

①金属锂　由于异常活泼，在充电时重新回到负极的锂会与电解质反应，而且负极表面还会生成枝晶状锂，刺穿隔膜，接触到正极，引起电池短路。

② 锂合金　为解决金属锂的缺陷而研究，但最大问题是深度嵌锂和脱锂会引起较大的体积膨胀与收缩，导致电极材料粉化并脱落。

以上两种材料，随着摇椅式电池设计思想和碳负极材料的引入，已被淘汰。

③ 碳材料　典型的有石墨化中间相碳微珠、天然石墨和石墨化碳纤维。石墨化中间相碳微珠是一种球形碳材料，球形较低的比表面积、较高的堆积密度有利于制备电池时在有限的空间内放入尽可能多的活性物质，并且降低由于较高表面积带来的负效应。

④ 氧化物　过渡金属氧化物，包括 CoO、NiO、FeO、CuO 等，这类材料的可逆容量较高，循环性较好。

⑤ 硅基　硅和锂能形成 $Li_{12}Si_7$ 等多种锂硅合金，具有高容量、低脱嵌电压、电解液反应活性低等优点，而且硅的储量丰富，成本低。缺点是硅的脱锂反应伴随大的体积变化，造成材料结构的破坏，使循环性能恶化。

⑥ 石墨烯基负极材料　石墨烯的比表面积大，电性能良好，作为锂离子电池负极材料潜力巨大。

⑦ 硫化物负极材料　包括二元金属硫化物、硫氧化物等，与氧化物电极材料相比，比容量、能量密度和功率密度方面优势更大，而且价廉易得，化学性质稳定，安全无污染。

8.6.2.2 锂离子电池正极材料

锂离子电池正极材料按照晶体结构可分为三种：层状结构的 $LiMO_2$（M＝Co、Ni、

Mn)，尖晶石结构的 $LiMn_2O_4$，橄榄石结构的 $LiMPO_4$（M＝Fe、Mn、Co）。对于锂离子电池的正极材料的性能要求与负极材料基本相同，也是要求比容量高、循环性能好等。

（1） $LiMO_2$（M= Co、 Ni、 Mn）正极材料

$LiCoO_2$ 是一种半导体，是层状结构正极材料的典型代表，其晶体结构为 α-$NaFeO_2$ 型，属于六方晶系，氧原子呈 ABCABC 密堆积排列，在氧原子的层间，锂离子和钴离子交替占据层间的八面体位置。锂在 $LiCoO_2$ 中的室温扩散系数为 $10^{-12}\sim10^{-11}\ cm^2/s$，锂完全脱出对应的理论比容量为 274mA·h/g。实际使用中，如果脱出态的 Li_xCoO_2 中 x 超过 0.55，会导致电解液的分解和集流体的腐蚀，以及电极材料结构的不可逆相变，使循环性能恶化，所以 $LiCoO_2$ 的组分要控制在 $Li_{0.5}CoO_2$，这时可逆比容量降到 130～150mA·h/g。另外，为了提高充电安全性和循环性，需要进行表面修饰和掺杂。

$LiNiO_2$ 和 $LiMnO_2$ 都具有和 $LiCoO_2$ 一样的层状结构，只是局部结构扭曲不同。纯 $LiNiO_2$ 不易制备，且存在结构稳定性和充电安全性差的问题，所以需要进行掺杂，比如掺 Co 的 $LiNi_{1-x}Co_xO_2$。$LiMnO_2$ 在循环过程中易于向尖晶石结构转变，引起循环性能恶化，而且不能直接生成，导致其研究较少。

具有层状结构的 $LiNi_xCo_{1-2x}Mn_xO_2$，Mn 起到稳定结构的作用，Co 有利于提高电子电导，充放电中 Ni 从＋2 价变到＋4 价。该材料的可逆容量可达到 150～190mA·h/g，且具有较好的循环性和高的安全性，已在新一代高能量密度小型锂离子电池中得到应用。

（2） $LiMn_2O_4$ 正极材料

$LiMn_2O_4$ 为尖晶石结构，氧原子呈立方密堆积排列，锰占据一半八面体空隙位置，锂占据 1/8 四面体位置，空的四面体和八面体相互连接，形成锂离子的扩散通道。锂在 $LiMn_2O_4$ 中的室温扩散系数为 $10^{-14}\sim10^{-12}\ cm^2/s$，锂完全脱出对应的理论比容量为 148mA·h/g，实际为 120mA·h/g。

$LiMn_2O_4$ 的晶胞体积变化仅有 6%，所以该材料的结构稳定性较好。但存在高温循环和储存性能差的缺点，这是因为在深放电和高倍率充放电情况下，$LiMn_2O_4$ 的锰会被部分溶解，破坏尖晶石结构，造成电化学性能恶化。

$LiMn_2O_4$ 成本低，合成工艺简单，热稳定性高，耐过充性好，放电电压平台高，动力学性能优异，对环境友好，已在大容量动力电池中得到应用。

（3） $LiMPO_4$（M= Fe、 Mn、 Co）正极材料

$LiMPO_4$ 属于正交晶系，每个晶胞含有四个单位的 $LiMPO_4$，研究最多的是 $LiFePO_4$。锂在 $LiFePO_4$ 中的扩散系数较低，在 $10^{-16}\sim10^{-14}\ cm^2/s$ 量级，限制了该类材料的实际应用。但 $LiFePO_4$ 的成本低，结构稳定，热稳定性高，有望使用在动力电池和储能电池中。

另一种是 $LiMnPO_4$，通过掺杂等方法发现这种材料的脱嵌锂离子性能较好。

8.6.3 燃料电池材料

燃料电池（fuel cell）是一种把燃料和电池两种概念结合在一起的装置，能够将燃料和氧化剂反应产生的化学能直接转化为电能。从外表上看，它像蓄电池一样都有正负极和电解质等，所以把它称作电池，但实质上它不能“储电”而是一个“发电厂”。燃料电池从概念的提出至今已有大约 160 年的历史。

燃料电池的工作原理见图 8-9，发电原理与化学电源一样，由电极提供电子转移的场

所。阳极进行燃料（如氢）的氧化过程，阴极进行氧化剂（如氧）的还原过程。导电离子在电解质内迁移，电子通过外电路做功并构成电回路。但是燃料电池的工作方式与化学电源不一样，它的燃料和氧化剂不是储存在电池内，而是储存在电池外的独立储罐中（图 8-9 中的负载）。工作时，需要连续不断地向电池内输送燃料和氧化剂，同时排出反应产物和废热。电池本身只决定输出功率的大小，储存的能量则由储罐内的燃料和氧化剂的量决定。

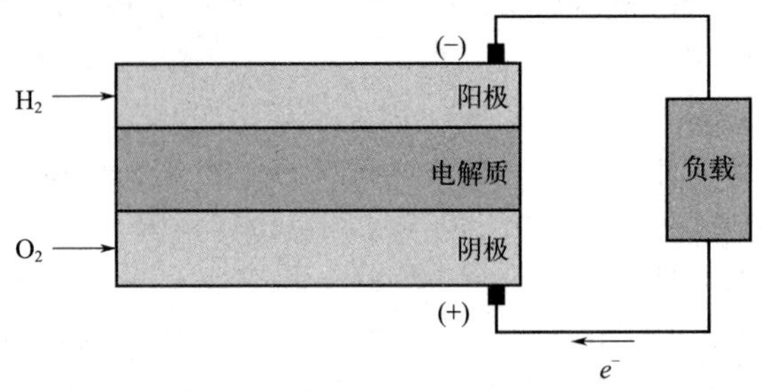

图 8-9　燃料电池的工作原理

燃料电池根据电解质的不同可分为五类：碱性燃料电池（alkaline fuel cell，AFC）、磷酸燃料电池（phosphoric acid fuel cell，PAFC）、熔融碳酸盐燃料电池（molten carbonate fuel cell，MCFC）、质子交换膜燃料电池（proton exchange membrane fuel cell，PEMFC）和固体氧化物燃料电池（solid oxide fuel cell，SOFC）。PEMPC 也被称为固体聚合物燃料电池。这些电池的基本特征见表 8-6。

表 8-6　燃料电池的类型和基本特征

类型	电解质	导电离子	工作温度/℃	燃料	氧化剂	应用领域
AFC	KOH	OH^-	50～200	纯氢	纯氧	航天，特殊地面应用
PEMFC	全氟磺酸聚合物	H^+	室温～100	氢气、重整氢	空气	电动汽车，潜艇推进，可移动动力源
PAFC	H_3PO_4	H^+	100～200	重整气	空气	特殊需求，区域性电站
MCFC	$(Li,K)_2CO_3$	CO_3^{2-}	650～700	净化煤气、天然气、重整气	空气	区域性电站
SOFC	Y_2O_3 掺杂 ZrO_2（YSZ）	O^{2-}	800～1000	净化煤气、天然气，	空气	区域性电站，联合循环发电

8.6.3.1　碱性燃料电池

关键材料为阳极、阴极和电催化剂材料。

① 电催化剂主要是贵金属和过渡金属，以及它们组成的合金，如 Pt-Ni。电催化使电极与电解质界面上的电荷转移反应得以加速。

② 疏水扩散电极采用碳粉（活性炭或炭黑），用黏结剂（聚四氟乙烯）黏合在一起。

③ 亲水电极由雷尼金属粉末烧结而成。

8.6.3.2　磷酸燃料电池

磷酸燃料电池（PAFC）关键材料为阳极、阴极、电解质载体、电解质、双极板材料，具体见表 8-7。

表 8-7 PAFC 主要组件所使用材料

组件		材料
阳极	催化层	聚四氟乙烯黏合 Pt/C，Pt 载量：$0.1mg/cm^2$
	扩散层	聚四氟乙烯处理的炭纸
阴极	催化层	聚四氟乙烯黏合 Pt/C，Pt 载量：$0.5mg/cm^2$
	扩散层	炭纸（疏水处理）
电解质载体		聚四氟乙烯黏合碳化硅
电解质		100%磷酸
双极板		复合炭板

8.6.3.3 熔融碳酸盐燃料电池

关键材料为阳极、阴极、隔膜、集流板或双极板材料。

阳极采用 Ni-Cr、Ni-Al 合金作为阳极电催化剂；阴极采用 NiO，正在开发的有 $LiCoO_2$ 等。

隔膜是 MCFC 的核心部件，要求强度高、耐高温熔盐腐蚀、有良好的离子导电性能。目前普遍采用 $LiAlO_3$ 粉末来制备。

双极板通常由不锈钢或各种镍基合金钢制备，使用最多的是 310 或 316 不锈钢。

8.6.3.4 质子交换膜燃料电池

关键材料为电催化剂、电极、质子交换膜、双极板材料。

电催化剂的要求：对特定的电极反应有良好的催化活性、高选择性，还要求能耐受电解质的腐蚀，有良好的导电性能。主要有贵金属，如铂、钯及其合金，硼化镍，碳化钨，钠钨青铜等。

电极采用多孔气体扩散电极，以增加电极的表面积，加大电流密度，由扩散层和催化层组成。扩散层是由炭纸或炭布制作，厚度 0.2～0.3nm；催化层由 Pt/C 电催化剂、(聚四氟乙烯乳液) PTFE 和质子导电聚合物组成。

质子交换膜材料采用的是全氟磺酸树脂，由美国 Dupont 公司首先研制成功。

双极板材料广泛采用的是无孔石墨板，正在开发的有表面改性的金属板和复合型双极板。无孔石墨板的制造比较费时，所以价格很高。金属板易于大规模生产，性价比高。

8.6.3.5 固体氧化物燃料电池

关键材料为电解质、电极、双极连接材料、密封材料。

电解质是 SOFC 的核心部件，主要作用是传导氧离子，隔绝阴极一侧氧气和阳极一侧氢气。采用固体氧化物，通常是萤石结构的氧化物，例如 6%～10% Y_2O_3 掺杂的 ZrO_2。

阴极和阳极可以都采用 Pt 等贵金属，但价格昂贵且高温易挥发，已很少采用。目前，阴极采用钙钛矿型复合氧化物 $La_{1-x}AMO_3$（La 为镧系元素，A 为碱土金属，M 为过渡金属），性能较好，用得较多的是掺杂锶的亚锰酸镧钙钛矿阴极。

阳极材料主要是 Ni-YSZ 金属陶瓷、氧化铈基（掺杂的 CeO_2 基）材料和钙钛矿型材料。Ni-YSZ 金属陶瓷应用较为广泛。掺杂的 CeO_2 基材料用于中低温 SOFC。钙钛矿型材料的高温稳定性突出。

双极连接材料除了用于连接阴阳极，还要隔离电池中的还原气体和氧化气体，主要材料有陶瓷氧化物（如 $LaCrO_3$）和金属合金（如 Cr 基合金）。

密封材料需要阻止氧化剂和燃料气体溢出，也要阻止它们在电池内部混合。主要使用刚性密封材料和压缩密封材料。

8.6.4 太阳能电池材料

太阳能的有效利用方式有光-热转换、光-电转换和光-化学转换三种方式，太阳能电池就是利用太阳光与材料相互作用直接产生电能的器件。由于半导体材料的禁带宽度（0～3eV）与可见光（1.5～3eV）部分重合，所以当太阳光照射到半导体上时，能够被部分吸收，产生光伏效应，太阳能电池就是利用这一效应制成的。太阳能电池已广泛应用于通信、交通、石油、气象、国防、航天等领域。

太阳能电池的工作原理利用了光伏效应，所以凡是能产生光伏效应的材料，比如单晶硅、多晶硅、非晶硅、砷化镓等都可以作为太阳能电池材料。太阳能电池的构造一般包括了 p 型/n 型半导体、电极、防反射膜、组件封装材料等。其中电极又包括表面电极和背电极：表面电极是在硅表面覆盖一层金属网格，增加入射光面积，同时又能导电；背电极则是在硅的底部引出的电极。

为了降低硅表面的反射，在表面会涂上一层反射系数很小的保护膜，即防反射膜。

太阳能电池的性能一般包括输入-输出特性、分光特性、照度特性和温度特性，其中半导体材料的转换效率是最重要的一个性能指标。各种太阳能电池的基本特征如表 8-8 所示。

表 8-8　不同类型太阳能电池的基本特征

电池类型	理论效率/%	最高实验效率/%	优点	缺点
单晶硅	30	25.6	效率高，工作寿命长	成本较高，进一步提高效率困难
多晶硅	30	21.3	成本较低，制备简单	效率还需提高且有提高空间
非晶硅	30	19.4	成本低廉，工艺简单	效率低且衰减较快，稳定性较差
CdTe	28	21.5	成本低廉，工艺简单	含有毒稀有元素 Cd
CIGS	29	22.3	成本低，稳定性较好，抗辐射能力较强	含稀有元素 In 和 Se
单晶 GaAs	30	27.5	效率高，抗辐射能力强	成本高，生产复杂且周期长
薄膜 GaAs	30	28.8	效率高，抗辐射能力强	成本高，生产复杂且周期长、
InP	29	22.6	抗辐射能力最强，稳定性好	成本过高，原材料具有稀缺性
CZTS	32.2	12.6	成本低，原材料来源广泛	效率低
有机(聚合物)太阳能电池	25	14	成本低，原材料来源广泛	效率低

续表

电池类型	理论效率/%	最高实验效率/%	优点	缺点
染料敏化太阳能电池	—	14.7	成本低，工艺简单	效率低
量子点太阳能电池	44	14.98	可拓展吸收光谱，稳定性较好	效率低
钙钛矿太阳能电池	31	23.7	成本低，工艺简单，效率高	含有毒元素Pb，稳定性较差

表8-8中所列的太阳能电池涵盖了其发展的三个阶段：第一代太阳能电池主要指单晶硅和多晶硅太阳能电池；第二代太阳能电池主要指薄膜型电池（如非晶硅薄膜）和其它半导体材质电池；第三代太阳能电池主要指正在研发的一些新概念电池，如有机太阳能电池、染料敏化电池、量子点电池等。

（1）太阳能电池单晶硅的制备

单晶硅的制备方式主要有两种，悬浮区域熔炼法和直拉法（Czochralski法），所得到的硅分别叫区熔单晶硅和直拉单晶硅。后者的制造成本低、机械强度高、易制备大直径单晶，所以是太阳能单晶硅的主要制备方式，所得单晶硅的品质高，无缺陷和杂质，晶体形状是圆形。

（2）太阳能电池多晶硅的制备

多晶硅采用铸造方式制备，优点是制备成本低，能耗也低，生长方便，易于大尺寸生长，缺点是含有较多的晶粒、缺陷和杂质，所以转换效率低于单晶硅。

（3）非晶硅

非晶硅太阳能电池是20世纪70年代发展起来的薄膜型太阳能电池。是在玻璃、不锈钢和特种塑料的衬底上用气相沉积法形成非晶硅薄膜。特点是具有较高的光吸收系数，比单晶硅高出一个数量级；禁带宽度比单晶硅大，制备的电池开路电压高；原材料和制造工艺成本低，易于大规模生产。应用于小型电子设备、照明等。

（4）Ⅲ-Ⅴ族化合物半导体材料

这类材料有许多优点，比如具有直接带隙的能带结构、光吸收系数大、只需几微米的厚度就能充分吸收太阳光等。

砷化镓（GaAs）是一种典型的Ⅲ-Ⅴ族化合物，禁带宽度1.43eV，是理想的太阳能电池材料，在空间飞行器主电源和小卫星电源中使用较多。特点：光电转换效率高；吸收系数大，所以可以做的很薄；耐高温性能好，在200℃下效率仍达到10%；抗辐射性能好；在同样转换效率下，GaAs开路电压大，短路电流小。缺点是比较昂贵、密度大、较脆。

制备GaAs的技术有液相外延技术（LPE）、金属有机物化学气相沉积技术（MOCVD）和分子束外延技术（MBE）。其中LPE已被逐步淘汰，目前规模化生产一般采用MOCVD。

（5）Ⅱ-Ⅵ族化合物半导体材料

主要有硫化镉（CdS）、碲化镉（CdTe）、磷化锌（Zn_3P_2）等。

CdS的带隙较宽，是一种重要的n型窗口材料，具有较好的光电导率和光的通透性。而CdTe的禁带宽度1.47eV，与太阳光匹配良好，理论转换率高达28%，是一种理想的光电转换太阳能电池材料。将 CdS 的窗口效应和 CdTe 的光电转换性结合制成的 CdS/CdTe 异质结薄膜太阳能电池，具有晶格失配度小、热膨胀失配率低、能隙大、稳定性高的优点。而且，它的价格和非晶硅太阳能电池相当，而转换效率更高，被公认为是非晶硅太阳能电池的强有力竞争者。国外已开始商业化生产 CdS/CdTe 异质结薄膜太阳能电池，大面积组件转换效率约为 9%。

（6）多元系化合物

多元系化合物包括铜铟锡（$CuInSe_2$，CIS）和铜铟镓锡（$CuInGaSe_2$，CIGS），是光学吸收系数极高的半导体材料。以它们为吸收层的薄膜太阳能电池不存在光致衰退问题，转换效率和多晶硅一样，而且价格低廉、性能良好、工艺简单，是最有潜力的第三代太阳能电池材料。

（7）有机半导体

有机半导体太阳能电池与传统太阳能电池相比，轻薄柔软，成本低廉，但缺点是转换效率偏低，使用寿命短，适合于给便携式小型电子设备提供能源。

有机半导体材料主要有以下几种：有机小分子化合物（酞菁类化合物）；有机大分子化合物（聚噻吩衍生物）；模拟叶绿素材料；有机-无机杂化体系。

（8）染料敏化纳米晶材料

染料敏化纳米晶太阳能电池转换效率超过 7%，接近多晶硅太阳能电池，而成本仅为后者的 1/10～1/5，使用寿命长达 15 年以上，结构简单，易于制造同，成本低廉，光稳定性好。其中 n 型半导体用的是多孔纳米晶氧化物（TiO_2 或 ZnO）。敏化层用的是有机光敏染料，主要起吸收太阳光产生电子的作用。

（9）钙钛矿

钙钛矿太阳能电池的光吸收层采用了钙钛矿材料，如有机金属卤化物（$CH_3NH_3PbX_3$，Perovskite）。钙钛矿太阳能电池光电转换效率超过 20.2%，具有综合性能优良、吸光系数高、成本低、制备工艺简单、稳定性高的优点，特别适合于制作高效柔性器件。加拿大学者 2013 年报道在大于 1cm^2 的柔性衬底上制备的钙钛矿柔性电池具有 10.2%的转换效率，是柔性太阳能器件发展中的一个里程碑。

（10）量子点

在量子点太阳能电池中，量子点既可作为吸光材料，也可作为电子传输或空穴传输材料。量子点太阳能电池具有如下优点：容易通过控制量子点尺寸调节吸收光谱，从而实现全光谱吸收；能够通过量子点的特殊物理性质实现多光子吸收、多激子产生、热载流子注入、中间带及叠层等物理效应及结构，从而为太阳能电池光电转换效率突破理论极限提供了潜在可能性，理论最高效率达到 44%。

本章小结

本章选取了几种代表性的功能材料，即纳米材料、磁性材料、智能材料、隐身材料和新能源材料，介绍了这些功能材料的基本概念和基本理论、主要类型、性能特点和工程应用。

思考题与练习题

1. 对纳米材料而言，“自上而下”和“自下而上”两种制备途径有何区别？
2. 智能材料的内涵是什么？
3. 吸声材料的机理是什么？
4. 在无人艇的设计中可以使用到哪些功能材料？

自测题

1. 名词解释：功能材料，纳米材料，磁性材料，智能材料，形状记忆效应，压电材料，隐身材料，新能源材料，红外隐身材料，雷达吸波材料，声隐身材料，燃料电池，太阳能电池。
2. 纳米材料按照维数是如何分类的？
3. 纳米孪晶材料的主要性能特点是什么？
4. 简述梯度纳米结构材料定义和分类。
5. 说明软磁材料和硬磁材料的区别。
6. 说明铁磁性和亚铁磁性的区别。
7. 简述磁流体的工作原理。

参考文献

[1] 黄伯云．材料大辞典[M]. 北京：化学工业出版社，2016.

[2] 黄兴．中国指南针史研究文献综述[J]. 自然辩证法通讯，2017，39(1)：85.

[3] 唐元洪，裴立宅，赵新奇．纳米材料导论[M]. 长沙：湖南大学出版社，2011.

[4] 胡程，王燕民，潘志东．采用一种高能搅拌磨湿法制备纳米氧化铝粉体[J]. 中国粉体技术，2009，15(3)：38.

[5] T. Yan，X. Guo，X. Zhang，et al. Low temperature synthesis of nano alpha-alumina powder by two-step hydrolysis[J]. Materials Research Bulletin，2016，73：21.

[6] 晁月盛，张艳辉．功能材料物理[M]. 沈阳：东北大学出版社，2006.

[7] 王莹，焦体峰，谢丹阳，等．金纳米颗粒制备及应用研究进展[J]. 中国无机分析化学，2012，2(4)：15.

[8] Y. Zhang，Y. Shen，X. Yang，et al. Gold catalysts supported on the mesoporous nanoparticles composited of zirconia and silicate for oxidation of formaldehyde[J]. Journal of Molecular Catalysis A：Chemical，2010，316(1)：100.

[9] C. R. Patra，R. Bhattacharya，D. Mukhopadhyay，et al. Fabrication of gold nanoparticles for targeted therapy in pancreatic cancer[J]. Advanced Drug Delivery Reviews，2010，62(3)：346.

[10] 陈敬中，刘剑洪，孙学良，等．纳米材料科学导论[M]. 北京：高等教育出版社，2010.

[11] 刘畅，成会明．碳纳米管[M]. 北京：化学工业出版社，2018.

[12] 卢柯．金属纳米结构材料[J]. 科学观察，2017，12(5)：21.

[13] 卢磊，卢柯．纳米孪晶金属材料[J]. 金属学报，2010，46(11)：1422.

[14] 马运柱，黄伯云，范景莲，等．纳米材料的制备[J]. 硬质合金，2002，19(4)：211.

[15] 余伟业．块体纳米晶金属材料研究与应用现状[J]. 新材料产业，2020，(4)：54.
[16] 陶乃镕，卢柯．纳米结构金属材料的塑性变形制备技术[J]. 金属学报，2014，50(2)：141.
[17] H. Gleiter. Nanocrystalline materials[J]. Progress in Materials Science，1989，33(4)：223.
[18] A. I. Ustinov，V. S. Skorodzievski，E. V. Fesiun. Damping capacity of nanotwinned copper[J]. Acta Materialia，2008，56(15)：3770.
[19] 申勇峰，卢磊，陈先华，等．纳米孪晶纯铜的强度和导电性[J]. 物理，2005，34(5)：344.
[20] 潘庆松，崔方，陶乃镕，等．纳米孪晶强化304奥氏体不锈钢的应变控制疲劳行为[J]. 金属学报，2022，58(1)：45.
[21] 秦佳，杨续跃，叶友雄，等．超低温轧制纳米孪晶Cu-Zn-Si合金的退火行为[J]. 稀有金属材料与工程，2016，45(5)：1340.
[22] 张广平，朱晓飞．高性能铜系层状金属材料设计：纳米尺度下强化能力与韧化能力思考[J]. 金属学报，2014，50(2)：148.
[23] 赵晓然，毛圣成，蔡吉祥，等．累积叠轧焊制备的Cu-Nb层状复合材料织构演变[J]. 电子显微学报，2017，36(6)：556.
[24] 周生刚，王涛，孙丽达．金属层状复合材料的研究现状[J]. 热加工工艺，2016，45(10)：15.
[25] S. Zheng，J. S. Carpenter，R. J. McCabe，et al. Engineering Interface Structures and Thermal Stabilities via SPD Processing in Bulk Nanostructured Metals[J]. Scientific Reports，2014，4(1)：4226.
[26] 卢柯．梯度纳米结构材料[J]. 金属学报，2015，51(1)：1.
[27] T. H. Fang，W. L. Li，N. R. Tao，et al. Revealing Extraordinary Intrinsic Tensile Plasticity in Gradient Nano-Grained Copper[J]. Science，2011，331(6024)：1587.
[28] H. Kurishita，S. Kobayashi，K. Nakai，et al. Development of ultra-fine grained W-(0.25-0.8)wt% TiC and its superior resistance to neutron and 3MeV He-ion irradiations[J]. Journal of Nuclear Materials，2008，377(1)：34.
[29] 严密，彭晓领．磁学基础与磁性材料[M]. 杭州：浙江大学出版社，2019.
[30] 宛德福，马兴隆．磁性物理学[M]. 成都：电子科技大学出版社，1994.
[31] 罗绍华，白静，温笑菁，等．功能材料[M]. 沈阳：东北大学出版社，2014.
[32] V. Franco，J. S. Blázquez，J. J. Ipus，et al. Magnetocaloric effect：From materials research to refrigeration devices[J]. Progress in Materials Science，2018，93：112.
[33] 郑新奇，沈俊，胡凤霞，等．磁热效应材料的研究进展[J]. 物理学报，2016，65(21)：217502.
[34] 包立夫，武荣荣，张虎．室温磁制冷材料的研究现状及发展前景[J]. 材料导报，2016，30(3)：17.
[35] 刘佩文．Ni-Mn-In-RE磁制冷合金的马氏体相变和磁学特性[D]. 哈尔滨：哈尔滨工程大学，2021.
[36] 赵燕平，由臣，宁保群．巨磁电阻材料及应用[J]. 天津理工学院学报，2003，19(3)：50.
[37] 任尚坤，张凤鸣，都有为．半金属磁性材料研究进展[J]. 物理，2003，32(12)：791.
[38]孙敏，冯典英，张玉龙，等．智能材料技术[M]. 北京：国防工业出版社，2014.
[39] 郑玉峰，Y. Liu. 工程用镍钛合金[M]. 北京：科学出版社，2014.
[40] 蒋成保，赵晓鹏，王树彬，等．智能材料[C]. 中国新材料产业发展报告(2006)—航空航天材料专辑. 2006.
[41] 赵建宝，吴雪莲，戈晓岚，等．形状记忆聚合物及其应用前景[J]. 材料导报，2015，29(11)：75.
[42] 杨增辉，张耀明，张新瑞，等．高温形状记忆聚合物研究进展[J]. 功能高分子学报，2022，35(4)：15
[43] 吴雪莲，杨建，屈阳，等．形状记忆聚合物智能材料在生物医学领域的应用[J]. 材料导报，2021，35(Z2)：492.
[44] 荣启光．陶瓷形状记忆效应的研究进展[J]. 功能材料，1996，27(6)：487.
[45]张玉龙，金学军，徐祖耀，等．Ce-Y-TZP陶瓷中的马氏体相变与形状记忆效应[J]. 上海交通大学学报，2001，35(3)：385.
[46] 张志力，翟洪祥，金宗哲，等．正铌酸镧陶瓷的形状记忆效应及其畴结构[J]. 硅酸盐学报，2003，31(9)：823.
[47] 乔祎，李纪恒，朱洁，等．新型功能材料-磁致伸缩材料[J]. 金属世界 2013，(5)：4.

[48] 近角聪信．铁磁性物理[M]. 兰州：兰州大学出版社，2002.
[49]张玉龙，李萍，石磊．隐身材料[M]. 北京：化学工业出版社，2018.
[50] 班国东，刘朝辉，叶圣天，等．新型涂覆型雷达吸波材料的研究进展[J]. 表面技术，2016，45(6)：140.
[51] 赵佳，姚艳青，杨煊赫，等．铁氧体及其复合吸波材料的研究进展[J]. 复合材料学报，2020，37(11)：268.
[52] 赵静，林艺，徐荣臻，等．手性吸波材料研究进展[J]. 功能材料 2013，44：1.
[53] 陈宇方，马国伟，周永江，等．智能雷达隐身材料研究现状[J]. 材料导报，2011，25(12)：40.
[54]刘晓明，任志宇，陈陆平，等．红外隐身超材料[J]. 材料工程，2020，48(6)：1.
[55] 叶圣天，刘朝辉，成声月，等．国内外红外隐身材料研究进展[J]. 激光与红外，2015，45(11)：1285.
[56] 文娇，李介博，孙井永，等．红外探测与红外隐身材料研究进展[J]. 航空材料学报，2021，41(3)：66.
[57] 谌玉莲，李春海，郭少云，等．红外隐身材料研究进展[J]. 红外技术，2021，43(4) 312.
[58] 刘欣伟，林伟，苏荣华，等．纳米材料在隐身技术中的应用研究进展[J]. 材料导报，2017，31：134.
[59] 范夕萍，窦建芝，郭瑞萍．国外可见光隐身材料的研究现状及最新进展[J]. 化学新型材料，2009，37(5)：9.
[60] 夏元佳，赵芳，李志尊，等．激光与红外兼容隐身材料的研究现状及发展趋势[J]. 化工新型材料，2022，50(5)：38.
[61] 汪心坤，赵芳，王建江．红外/雷达兼容隐身材料的研究现状与进展[J]. 红外，2019，40(7)：1.
[62] C. Zhang，C. Huang，M. Pu，et al. Dual-band wide-angle metamaterial perfect absorber based on the combination of localized surface plasmon resonance and Helmholtz resonance[J]. Scientific Reports，2017，7(1)：5652.
[63] 石云霞，奚正平，汤慧萍，等．水下吸声材料的研究进展[J]. 材料导报，2010，24(1)：49.
[64] 林忆宁．21世纪水面战舰设计的新攻略-隐身性和战斗力兼优[J]. 船舶工程，2004，26(5)：1.
[65] 张维俊．舰船隐身技术的研究现状及发展趋势[J]. 造船技术，2012，1：1.
[66] 石勇，朱锡，李永清，等．水下目标吸声材料和结构的研究[J]. 声学技术，2006，5：505.
[67] 陈月辉．声学功能橡胶[J]. 特种橡胶制品，2004，1：55.
[68] 张焱冰，任春雨，朱锡．水下目标声隐身功能梯度材料的研究概况[J]. 材料导报，2013，27(4)：59.
[69] 李永清，朱锡，孙卫红，等．高分子水声吸声材料的研究进展[J]. 舰船科学技术，2012，34(5)：7.
[70] 王育人，姜恒，陈猛，等．声子玻璃宽频水下强吸声材料研究[C]. 第十四届船舶水下噪声学术讨论会，中国重庆，2013.
[71] 吴其胜，张霞，戴振华．新能源材料[M]. 上海：华东理工大学出版社，2017.